全国高职高专院校药学类专业核心教材

药物制剂技术

（供药学、药品生产技术、药物制剂技术、药品经营与管理、药品质量与安全专业用）

主　编　肖　兰

副主编　梁伟玲　张雪飞　黄　娇　黄福荣

编　者　（以姓氏笔画为序）

马春娟（长春医学高等专科学校）

刘肖莹（哈尔滨医科大学大庆校区）

刘利军（长沙卫生职业学院）

李文婷（楚雄医药高等专科学校）

肖　兰（长沙卫生职业学院）

邹　毅（赣南卫生健康职业学院）

张　倩（通辽职业学院）

张　密（铁岭卫生职业学院）

张雪飞（通辽职业学院）

黄　娇（重庆三峡医药高等专科学校）

黄福荣（楚雄医药高等专科学校）

龚秋红（湖南食品药品职业学院）

崔娟娟（山东医学高等专科学校）

梁伟玲（山东中医药高等专科学校）

臧婧蕾（长沙卫生职业学院）

中国健康传媒集团

中国医药科技出版社

内 容 提 要

本教材为"全国高职高专院校药学类专业核心教材"之一，根据专业教学标准和本课程的教学要求编写而成。本教材内容紧密接轨药剂生产、质控、经营岗位的需求，对接药物制剂工技能标准、执业药师考试大纲、现行版药品标准及法规要求。内容主要包括药物制剂基础技术、常用剂型的特点和分类、常用制剂的制备与质控、药物新剂型与制剂新技术等。本教材为书网融合教材，即纸质教材有机融合电子教材、教学配套资源（PPT、微课、视频等）、题库系统、数字化教学服务（在线教学、在线作业、在线考试），使教学资源更加多样化、立体化。

本教材主要供高职高专药学、药品生产技术、药物制剂技术、药品经营与管理、药品质量与安全等专业师生教学使用。

图书在版编目（CIP）数据

药物制剂技术/肖兰主编 . —北京：中国医药科技出版社，2022.5
ISBN 978 – 7 – 5214 – 3141 – 4

Ⅰ. ①药… Ⅱ. ①肖… Ⅲ. ①药物 – 制剂 – 技术 – 教材 Ⅳ. ①TQ460.6

中国版本图书馆 CIP 数据核字（2022）第 060061 号

美术编辑　陈君杞
版式设计　友全图文

出版　**中国健康传媒集团** | 中国医药科技出版社
地址　北京市海淀区文慧园北路甲 22 号
邮编　100082
电话　发行：010 – 62227427　邮购：010 – 62236938
网址　www.cmstp.com
规格　889mm×1194mm $^1/_{16}$
印张　24 $^3/_4$
字数　714 千字
版次　2022 年 5 月第 1 版
印次　2024 年 1 月第 2 次印刷
印刷　大厂回族自治县彩虹印刷有限公司
经销　全国各地新华书店
书号　ISBN 978 – 7 – 5214 – 3141 – 4
定价　**69.00 元**

获取新书信息、投稿、为图书纠错，请扫码联系我们。

出版说明

为了贯彻党的十九大精神，落实国务院《国家职业教育改革实施方案》文件精神，将"落实立德树人根本任务，发展素质教育"的战略部署要求贯穿教材编写全过程，充分体现教材育人功能，深入推动教学教材改革，中国医药科技出版社在院校调研的基础上，于2020年启动"全国高职高专院校护理类、药学类专业核心教材"的编写工作。

党的二十大报告指出，要办好人民满意的教育，全面贯彻党的教育方针，落实立德树人根本任务，培养德智体美劳全面发展的社会主义建设者和接班人。教材是教学的载体，高质量教材在传播知识和技能的同时，对于践行社会主义核心价值观，深化爱国主义、集体主义、社会主义教育，着力培养担当民族复兴大任的时代新人发挥巨大作用。在教育部、国家药品监督管理局的领导和指导下，在本套教材建设指导委员会和评审委员会等专家的指导和顶层设计下，根据教育部《职业教育专业目录（2021年）》要求，中国医药科技出版社组织全国高职高专院校及其附属机构历时1年精心编撰，现该套教材即将付梓出版。

本套教材包括护理类专业教材共计32门，主要供全国高职高专院校护理、助产专业教学使用；药学类专业教材33门，主要供药学类、中药学类、药品与医疗器械类专业师生教学使用。其中，为适应教学改革需要，部分教材建设为活页式教材。本套教材定位清晰、特色鲜明，主要体现在以下几个方面。

1.体现职业核心能力培养，落实立德树人

教材应将价值塑造、知识传授和能力培养三者融为一体，融入思想道德教育、文化知识教育、社会实践教育，落实思想政治工作贯穿教育教学全过程。通过优化模块，精选内容，着力培养学生职业核心能力，同时融入企业忠诚度、责任心、执行力、积极适应、主动学习、创新能力、沟通交流、团队合作能力等方面的理念，培养具有职业核心能力的高素质技能型人才。

2.体现高职教育核心特点，明确教材定位

坚持"以就业为导向，以全面素质为基础，以能力为本位"的现代职业教育教学改革方向，体现高职教育的核心特点，根据《高等职业学校专业教学标准》要求，培养满足岗位需求、教学需求和社会需求的高素质技术技能型人才，同时做到有序衔接中职、高职、高职本科，对接产业体系，服务产业基础高级化、产业链现代化。

3. 体现核心课程核心内容，突出必需够用

教材编写应能促进职业教育教学的科学化、标准化、规范化，以满足经济社会发展、产业升级对职业人才培养的需求，做到科学规划教材标准体系、准确定位教材核心内容，精炼基础理论知识，内容适度；突出技术应用能力，体现岗位需求；紧密结合各类职业资格认证要求。

4. 体现数字资源核心价值，丰富教学资源

提倡校企"双元"合作开发教材，积极吸纳企业、行业人员加入编写团队，引入一些岗位微课或者视频，实现岗位情景再现；提升知识性内容数字资源的含金量，激发学生学习兴趣。免费配套的"医药大学堂"数字平台，可展现数字教材、教学课件、视频、动画及习题库等丰富多样、立体化的教学资源，帮助老师提升教学手段，促进师生互动，满足教学管理需要，为提高教育教学水平和质量提供支撑。

编写出版本套高质量教材，得到了全国知名专家的精心指导和各有关院校领导与编者的大力支持，在此一并表示衷心感谢。出版发行本套教材，希望得到广大师生的欢迎，对促进我国高等职业教育护理类和药学类相关专业教学改革和人才培养做出积极贡献。希望广大师生在教学中积极使用本套教材并提出宝贵意见，以便修订完善，共同打造精品教材。

数字化教材编委会

主　编　肖　兰
副主编　梁伟玲　张雪飞　黄　娇　黄福荣
编　者　（以姓氏笔画为序）
　　　　马春娟（长春医学高等专科学校）
　　　　刘肖莹（哈尔滨医科大学大庆校区）
　　　　刘利军（长沙卫生职业学院）
　　　　李文婷（楚雄医药高等专科学校）
　　　　肖　兰（长沙卫生职业学院）
　　　　邹　毅（赣南卫生健康职业学院）
　　　　张　倩（通辽职业学院）
　　　　张　密（铁岭卫生职业学院）
　　　　张雪飞（通辽职业学院）
　　　　黄　娇（重庆三峡医药高等专科学校）
　　　　黄福荣（楚雄医药高等专科学校）
　　　　龚秋红（湖南食品药品职业学院）
　　　　崔娟娟（山东医学高等专科学校）
　　　　梁伟玲（山东中医药高等专科学校）
　　　　臧婧蕾（长沙卫生职业学院）

前 言

本教材是根据全国高职高专院校药学类专业的培养目标要求，以体现高职教育核心特点、核心课程的核心内容、职业核心能力、数字资源核心价值为编写原则，由全国11所高职高专院校从事教学工作的教师悉心编写而成。

药物制剂技术系药学类专业的专业核心课课程。本课程的教学目标是培养学生"科学求实，质量第一"的药学职业素养，养成严谨规范、认真仔细的工作习惯，形成遵法守法、为患者负责的工作意识。使学生在药学岗位工作中能介绍各剂型的特点，解析制剂处方组成，进行剂型使用指导；能根据剂型特点、质量要求设计质量管理措施，进行质量检查；能进行无菌药物调配，制备质量合格的常用制剂。主要为学生毕业后到制药企业、医疗机构、医药公司、社会药店从事药品生产、制剂配制、制剂质控和剂型使用营销等工作奠定理论知识和技能基础。

本教材对接药物制剂工国家职业技能标准、国家药品标准和执业药师、药师等职业资格考试要求，力求做到"书证融通、育训结合"。主要内容包括常见剂型特点分类和处方组成及制备工艺和质控要求、制剂通用技术、药物新剂型和制剂新技术、药品调配技术、药物制剂的有效性与稳定性等。本教材以项目/任务安排教学内容，切合行动导向的职业教育教学要求。项目正文前设"学习目标"，明确知识、技能、素质目标，强化学习成果导向。项目前设"导学情景"，通过生活或工作情景引导学生思考，引发学习的积极性。任务中穿插"练一练""想一想"以便于教学过程中对学生重点知识掌握情况进行实时检测、训练学生综合应用知识解决实际问题的能力。项目中设计"看一看""药爱生命"以拓展药剂行业的新技术、提高学生的职业素质。"重点回顾"和"目标检测"的设计便于学生梳理知识、复习巩固。本教材为书网融合教材，即纸质教材有机融合电子教材、数字化教学资源（PPT、题库、微课、视频等）能满足线上线下混合教学、学生自主学习等多种需求。

本教材由肖兰担任主编，梁伟玲、张雪飞、黄娇、黄福荣担任副主编，负责全书的统稿和审定工作。教材共分为十一个项目，具体编写分工为：肖兰（项目一）、臧婧蕾（项目二）、刘肖莹（项目三任务一至四）、龚秋红（项目三任务五至七）、张倩（项目四任务一至二、任务七至八）、张雪飞（项目四任务三至六）、梁伟玲（项目五）、刘利军（项目六）、黄娇（项目七）、黄福荣（项目八任务一、任务五至七）、崔娟娟（项目八任务二至四）、邹毅（项目九任务一至四）、李文婷（项目九任务五至八）、张密（项目十）、马春娟（项目十一）。本教材可供高职高专院校的药学、药品生产技术、药物制剂技术、药品经营与管理、药品质量与安全等专业教学使用，同时也可作为药学工作者学习、培训的参考用书。

本教材在编写过程中，得到了各编者所在单位的大力支持，本次编写由刘利军老师兼任编写秘书，在此一并表示衷心的感谢。

由于受编者学识水平所限，不当和疏漏之处在所难免，恳请广大读者和有关院校师生在使用中提出宝贵意见，以便于进一步修订完善。

编　者

2022 年 4 月

目 录

项目一　认识药物制剂技术

PPT

学习目标

知识目标：

1. 掌握　剂型的概念、作用；药品标准、药用辅料的概念；《药品生产质量管理规范》的实施意义。

2. 熟悉　剂型的分类；药典的内容；药品生产管理的要求；药用辅料的要求。

3. 了解　药物制剂技术的研究内容、药用包材要求。

技能目标：

能介绍剂型的重要性，能将药品按剂型科学分类；能正确查询药典中有关药物制剂内容，能解析药品生产质量管理的意义。

素质目标：

形成服务临床、依法依规制药的意识，树立药学职业自豪感，养成科学严谨、认真负责的工作态度。

📖 导学情景

情景描述： 某药学专业大学生，去社会药房实习，带教老师安排其协助整理非处方药架，要求根据《药品经营质量管理规范》的要求，按剂型、用途及储存要求分类陈列药品。

情景分析： 为方便顾客选药，各药房陈列药品一般根据用途摆放，如感冒药、消化系统用药等；但在感冒药中又有片剂、胶囊剂、颗粒剂、口服液等剂型。

讨论： 药物为什么要加工成剂型使用？剂型对药物治疗效果有影响吗？

学前导语： 药物不能以原料药直接用于临床，必须加工制成不同剂型使用。剂型对药物有效性、安全性影响较大，需根据药物性质、临床应用选择适宜的剂型。本项目介绍剂型的概念、作用、分类和各剂型生产所依据的药品标准、遵守的药品质量管理规范及所用辅料、包材的要求。

任务一　认识药物制剂

一、剂型及剂型的作用

药物不能以原料药直接用于临床，必须加工制成一定的形式，以利于充分发挥药物的治疗作用、减少毒副作用及便于运输、储存和应用。

（一）剂型与制剂

剂型是适合于疾病的诊断、治疗或预防的需要而制备的不同给药形式，如片剂、胶囊剂、散剂、颗粒剂、注射剂、软膏剂、滴眼剂等。任何药物在供给临床使用前，必须根据药物的性质、不同的治疗目的制成适宜于医疗用途的药物剂型。各种剂型中的具体药品称为药物制剂，简称制剂，如阿司匹林片、胰岛素注射剂、红霉素眼膏等。

（二）剂型的作用

1. 剂型可影响药物治疗效果 不同的剂型对药物的治疗效果有显著的影响。如难溶性药物制成普通片剂，因药物溶出度差，导致生物利用度低，从而影响药物的治疗效果；将难溶性药物制成分散片或混悬液，可提高药物的溶出度，从而提高生物利用度，改善治疗效果。

2. 剂型可改变药物治疗用途 多数药物改变剂型，不改变药物的治疗用途，但有些药物改变剂型可改变其用途。如硫酸镁注射液，可抑制中枢神经系统、松弛骨骼肌，具有镇静、抗痉挛以及舒张血管平滑肌等作用，常用于治疗惊厥、妊娠高血压等。硫酸镁口服溶液有良好的导泻功能，可使肠内保有大量水分，从而机械地刺激肠蠕动而排便，用于治疗便秘、肠内异常发酵。

3. 剂型可改变药物作用速率 静脉注射剂、肺部吸入剂、舌下含片吸收快，起效快，常用于急救或应急处理；普通片剂、胶囊剂需经崩解、溶出、吸收等过程，药物起效慢；缓控释制剂、植入剂可使药物缓慢释放，可减少给药次数，药效持续时间长。

4. 剂型可降低药物毒副作用 氨茶碱是治疗哮喘病的常用药物，口服给药能引起心跳加快；若采用栓剂、直肠给药可减轻或消除心跳加快的副作用。高血压药物的缓释、控释制剂能减少血药浓度的峰谷现象，从而降低药物毒副作用。

5. 剂型可改变药物体内分布 静脉注射脂质体、微球、微囊等微粒，可被网状内皮系统的巨噬细胞吞噬，从而使药物浓集于肝、脾等器官，发挥药物的肝、脾靶向治疗作用。

二、剂型的分类

（一）按给药途径分类

剂型按给药途径分类，与临床应用紧密结合，还能反映剂型制备的特殊要求。

1. 经胃肠道给药剂型 药物剂型经口服后进入胃肠道，在胃肠道起局部作用或经胃肠道吸收而发挥全身作用，如常用的口服散剂、片剂、颗粒剂、胶囊剂、溶液剂、乳剂、混悬剂等。

2. 非经胃肠道给药剂型 除口服给药途径以外的所有其他剂型，可在给药部位起局部作用或被吸收后发挥全身作用。

（1）注射给药剂型 包括静脉注射、肌内注射、皮下注射、皮内注射及腔内注射等多种注射途径的注射液、注射用无菌粉末。

（2）呼吸道给药剂型 包括吸入喷雾剂、气雾剂、粉雾剂等。

（3）皮肤给药剂型 包括皮肤用溶液剂、洗剂、搽剂、软膏剂、硬膏剂、糊剂、贴剂等。

（4）黏膜给药剂型 包括滴眼剂、滴鼻剂、眼膏剂、含漱剂、舌下含片、口腔贴片等，可供口腔、眼、鼻等器官黏膜给药。

（5）腔道给药剂型 包括栓剂、阴道泡腾片、滴丸剂等，可用于直肠、阴道、尿道、耳道等给药。

（二）按形态分类

1. 液体剂型 如糖浆剂、芳香水剂、溶液剂、注射剂、洗剂、搽剂等。

2. 气体剂型 如气雾剂、喷雾剂等。

3. 固体剂型 如散剂、颗粒剂、丸剂、片剂、胶囊剂等。

4. 半固体剂型 如软膏剂、乳膏剂、糊剂等。

（三）按分散系统分类

剂型按分散系统分类是以剂型内在的结构特性进行分类，基本上可反映出药剂的均匀性、稳定性以及对制法的要求等，便于应用物理化学的原理来阐明各类剂型特征。

1. 溶液型 药物以分子或离子状态（质点直径小于1nm）分散于液体分散介质中所形成的均匀分散体系，也称为低分子溶液剂，如芳香水剂、溶液剂、糖浆剂、甘油剂、醑剂、溶液型注射剂等。

2. 胶体溶液型 药物以高分子（质点直径在1~100nm）分散在液体分散介质中所形成的均匀分散体系，也称高分子溶液剂，如胶浆剂、涂膜剂等。

3. 乳剂型 药物以微小液滴状态分散在另一种互不相溶液体分散介质中所形成的非均匀分散体系，如口服乳剂、静脉注射乳剂、部分搽剂等。

4. 混悬型 固体药物以微粒状态分散在液体分散介质中所形成的非均匀分散体系，如部分混悬洗剂、口服混悬剂等。

5. 气体分散型 液体或固体药物以微粒状态分散在气体分散介质中所形成的分散体系，如气雾剂。

6. 微粒分散型 药物以不同大小微粒呈液体或固体状态分散，如微球制剂、微囊制剂、纳米囊制剂等。

7. 固体分散型 固体药物以聚集体状态存在的分散体系，如片剂、散剂、颗粒剂、胶囊剂、丸剂等。

（四）按制法分类

将采用同样方法制备的剂型列为一类，有利于研究制备的共同规律。

1. 浸出制剂 采用浸出方法制成的剂型，如流浸膏剂、酊剂等。

2. 无菌制剂 采用灭菌方法或无菌技术制成的剂型，如注射剂、注射用冻干制品等。

📎 **练一练**

以下剂型中，按给药途径分类属于腔道给药，按形态分类属于固体剂型的是

A. 栓剂   B. 咀嚼片   C. 滴鼻剂

D. 喷雾剂   E. 溶液剂

答案解析

三、药物制剂技术的研究内容

药物制剂系指根据《中华人民共和国药典》、部（局）颁标准或其他规定处方，将原料药物加工制成具有一定规格的一定剂型的药物制品，简称制剂。药物制剂技术是研究药物制剂的基本理论、处方设计、制备工艺、质量控制、临床合理使用等内容的综合性学科。为制备安全、有效、稳定、经济、方便使用的药物，药物制剂技术的研究内容包括以下几个方面。

1. 药物制剂的基本理论 如研究表面活性剂形成胶束的理论以增加药物溶解度、提高药物的生物利用度。研究粉体学理论以解决固体物料的混合均匀性问题，保障固体制剂的含量均匀性。研究片剂的压缩成形理论，解决片剂制备问题。

2. 药物制剂的生产工艺技术 如研究三维混合技术以改善药物的混合均匀度，保证药品剂量的准确性。研究微粉化技术以改善难溶性药物的溶解度，提高药品生物利用度及临床治疗效果。如研究滴制法制备软胶囊生产工艺，以保障软胶囊的外观和内在质量。如研究沸腾干燥的干燥温度、进风量、干燥时间等工艺参数以保障制剂的水分含量、药物的稳定性。

3. 药物制剂的生产设备 制剂工艺的实施和质量的保障与制药设备的性能紧密相关。如粉碎设备流能磨粉碎效率高，成品粒径小，易于进行无菌清理，且可产生降温效应；适用于抗生素、酶、低熔点或热敏性物料的超微粉碎。如安瓿干燥灭菌的设备多采用热风循环隧道式烘箱，其整个输送隧道在密封系统内，有层流净化空气保护不受污染，烘箱内分为三个区，分别完成预热、高温灭菌和冷却过

程，冷却后的安瓿温度接近室温，以便下道工序进行灌装封口。

4. 药物制剂的新技术新剂型　研究制剂新技术新剂型的目的是实现高效、速效、长效、控释、定位靶向，以增强药物的治疗效果、降低毒副作用、增加药物的适用范围。如包合技术可防止挥发性成分挥发，提高药物稳定性、使液体药物粉末化、增大药物溶解度。将抗癌药物制成脂质体，可达到靶向、高效、低毒的效果；将药物制成经皮给药制剂可避免肝脏首过效应，提高了药物的有效性和安全性。多肽和蛋白质类药物因性质不稳定、极易变质，且对酶敏感、不易穿透胃肠黏膜，多以注射给药，患者顺应性差；黏膜给药系统可避免此类药物的首过效应、避免胃肠道对药物的破坏。

👁 **看一看**

药物递释系统

药物递释系统是根据药物的体内过程，按预设方式输送和定位、定时、定速释放药物的现代药物制剂，其目的是以适宜的剂型和给药方式，以最小的剂量达到最好的治疗效果、最大限度地降低毒副作用。如时辰药理学研究表明，疾病是有时间节律性变化的，可根据生物节律变化设计脉冲给药系统、时辰给药系统。自调式释药系统是依赖于生物体信息反馈，自动调节药物释放量的给药系统；如胰岛素自调式释药系统按患者体内血糖浓度的高低自动调节胰岛素释放量，使血糖水平始终保持在正常范围之内。透皮给药系统是指经皮肤贴敷方式用药，药物由皮肤吸收进入全身血液循环并达到有效血药浓度、实现疾病治疗或预防的一类制剂，具有安全、没有肝脏首过作用等特点。

5. 药物制剂的辅料　药用辅料是指药物制剂除主药以外的一切成分的统称。辅料与剂型紧密相连，辅料的研制对制剂技术的发展起着关键作用。如乙基纤维素、丙烯酸树脂等高分子材料的研制推动了缓、控释制剂的发展；微晶纤维素、可压性淀粉、低取代羟丙基纤维素等辅料的开发使粉末能直接压片。

6. 药物制剂的质量控制　为保障公众用药安全，必须在生产过程中控制一切可能影响药品质量的因素，对中间品、成品进行质量检验。如控制生产用水质量、控制生产环境中空气的质量；检查片剂的硬度、注射液的热原等。

7. 药物制剂的稳定性　研究药物制剂的物理、化学、生物变化的规律，以保障药品质量的稳定性。如研究界面现象、粉粒性质、流变学和热力学性质等以保障液体、固体制剂的质量符合临床应用要求，达到药品标准。

8. 药物制剂的体内过程　研究药物及其剂型在体内的吸收、分布、代谢与排泄过程，明确剂型因素、生物因素与药物疗效的关系，为药物剂型设计、合理使用提供依据。

任务二　认识药品标准

一、药品标准

药品标准是指对药品的质量规格及检验方法所做的技术规定，是药品的生产、流通、使用及检验、监督管理部门共同遵循的法定依据。法定的药品标准具有法律的效力，生产、销售、使用不符合质量标准的药品是违法行为。

《中华人民共和国药品管理法》（2019年版）第二十八条规定：药品应当符合国家药品标准。经国务院药品监督管理部门核准的药品质量标准高于国家药品标准的，按照经核准的药品质量标准执行；没有国家药品标准的，应当符合经核准的药品质量标准。国家药品监督管理部门颁布的《中华人民共和国药典》和药品标准为国家药品标准。第四十四条规定：药品应当按照国家药品标准和经药品监督管理部门核准的生产工艺进行生产。不符合国家药品标准的，不得出厂、销售。因此，在我国从事药物制剂工作者，必须掌握药品标准。

二、《中华人民共和国药典》

《中华人民共和国药典》（以下简称《中国药典》），依据《中华人民共和国药品管理法》组织制定和颁布实施。《中国药典》一经颁布实施，其所载同品种或相关内容的上版药典标准或原国家药品标准即停止使用。《中国药典》由一部、二部、三部、四部及其增补本组成。一部收载中药，二部收载化学药品，三部收载生物制品及相关通用技术要求，四部收载通用技术要求和药用辅料。除特别注明版次外，以下《中国药典》均指 2020 年版。

《中国药典》主要由凡例、通用技术要求和品种正文构成。凡例是为正确使用《中国药典》，对品种正文、通用技术要求以及药品质量检验和检定中有关共性问题的统一规定和基本要求。《中国药典》各品种项下收载的内容为品种正文。如二部品种正文内容根据品种和剂型的不同，按顺序可分别列有：品名（包括中文名、汉语拼音与英文名）、有机药物的结构式、分子式与分子量、来源或有机药物的化学名称、含量或效价规定、处方、制法、性状、鉴别、检查、含量或效价测定、类别、规格、贮藏、制剂、标注、杂质信息等。通用技术要求包括《中国药典》收载的通则、指导原则以及生物制品通则和相关总论等。通则主要包括制剂通则、其他通则、通用检测方法。制剂通则系为按照药物剂型分类，针对剂型特点所规定的基本技术要求。通用检测方法系为各品种进行相同项目检验时所应采用的统一规定的设备、程序、方法及限度等。指导原则系为规范药典执行，指导药品标准制定和修订，提高药品质量控制水平所规定的非强制性、推荐性技术要求。

三、药物制剂与药品标准

药典各部凡例中指出品种正文所设各项规定是针对符合《药品生产质量管理规范》（Good Manufacturing Practices，GMP）的产品而言。任何违反 GMP 或有未经批准添加物质所生产的药品，即使符合《中国药典》或按照《中国药典》未检出其添加物质或相关杂质，亦不能认为其符合规定。品种正文系根据药物自身的理化与生物学特性，按照批准的处方来源、生产工艺、贮藏运输条件等所制定的、用以检测药品质量是否达到用药要求并衡量其质量是否稳定均一的技术规定。因此生产药物制剂，首先应遵循 GMP 要求，再在制剂通则要求的指导上，依照各具体品种规定进行制备和质控，最终保障各项指标符合药品标准各项要求。

在经营、使用药物制剂的各岗位工作中，应遵循药品标准的各项规定管理和控制药品的质量；如在验收时通过外观性状判断药品是否质量合格，在仓储时依照贮藏条件设置库房管理要求。

❤ 药爱生命

《中国药典》2020 年版是以建立"最严谨的标准"为指导，以提升药品质量、保障用药安全、服务药品监管为宗旨进行编制的。本版药典通过完善凡例以及相关通用技术要求，进一步体现药品全生命周期管理理念。结合各类药品特性，将质量控制关口前移，强化药品生产源头以及全过程的质量管理，逐步形成以保障制剂质量为目标的原料药、药用辅料和药包材标准体系。本版药典编制秉承科学性、先进性、实用性和规范性的原则，标准体系更加完善、标准制定更加规范、标准内容更加严谨、与国际标准更加协调，药品标准整体水平得到进一步提升，在促进医药产业健康发展，提升《中国药典》国际影响力等方面必将发挥重要作用。作为未来的药学一线工作人员要树立"质量第一"的意识，严格按照药典要求生产合格的药品，以保护公众健康。

任务三 认识药品生产质量管理规范

一、概述

《药品生产质量管理规范》（Good Manufacture Practice，GMP）是药品生产和质量管理的基本准则，适用于药品生产的全过程和原料药生产中影响成品质量的关键工序。我国《药品管理法》第四十三条规定从事药品生产活动，应当遵守药品生产质量管理规范，建立健全药品生产质量管理体系，保证药品生产全过程持续符合法定要求。

GMP的中心指导思想是药品质量是在生产过程中形成的，不是检验出来的；因此要求制药企业从原料、人员、设施设备、生产过程、包装运输、质量控制等方面按国家有关法规达到相应的要求，形成一套可操作的作业规范。GMP的目标是将影响药品质量的人为差错减少到最低程度；防止一切对药品的污染和交叉污染；防止产品质量下降的情况发生；建立和健全完善的质量保证体系，确保GMP的有效实施。

二、《药品生产质量管理规范》的主要内容

《药品生产质量管理规范》共十四章，包括总则、质量管理、机构与人员、厂房与设施、设备、物料与产品、确认与验证、文件管理、生产管理、质量控制与质量保证、委托生产与委托检验、产品发运与召回、自检、附则，基本上涵盖影响药品质量的所有因素。主要内容是对制药企业生产过程的合理性、生产设备的适用性和生产操作的精确性、规范性提出强制性要求，即要求制药企业应具备良好的生产设备、合理的生产过程、完善的质量管理和严格的检测系统，确保最终产品质量符合法规要求。

如第二章质量管理明确了质量管理的目标，规定了质量保证、质量控制、质量风险管理的要求。第三章机构与人员明确了与药品生产相适应的管理机构建立的原则，规定了关键人员（如企业负责人、生产管理负责人、质量管理负责人和质量受权人）、培训、人员卫生的要求。第四章厂房与设施，规定了厂房、设施设计、建造、安装、维护等方面保障药品质量的原则及生产区、质量控制区、辅助区的要求。第五章设备规定了设备的设计、选型、安装、改造和维护必须符合预定用途，应当尽可能降低产生污染、交叉污染、混淆和差错的风险，便于操作、清洁、维护，必要时进行的消毒或灭菌；同时对设备的设计和安装、维护和维修、使用和清洁、校准及制药用水等方面明确了详细要求。第六章物料与产品，规定药品生产所用的原辅料、与药品直接接触的包装材料应当符合相应的质量标准，应当建立物料和产品的操作规程，确保物料和产品的正确接收、贮存、发放、使用和发运，防止污染、交叉污染、混淆和差错。第七章确认与验证规定企业的厂房、设施、设备和检验仪器应当经过确认，应当采用经过验证的生产工艺、操作规程和检验方法进行生产、操作和检验，并保持验证状态。第八章文件管理明确了文件是质量保证系统的基本要素；企业必须有内容正确的书面质量标准、生产处方和工艺规程、操作规程以及记录等文件；并详细规定了质量标准、工艺规程、批生产记录、批包装记录、操作规程和记录的内容和要求。

三、药品生产过程管理

药物制剂生产过程的管理至关重要，直接影响药品质量的合格率；其技术管理主要包括药品生产文件管理、生产操作管理、生产记录管理、物料平衡管理、清场管理、偏差管理。

1. 总体要求 所有药品的生产和包装均应当按照批准的工艺规程和操作规程进行操作并有相关记

录，以确保药品达到规定的质量标准。每批产品应当检查产量和物料平衡，确保物料平衡符合设定的限度。生产期间使用的所有物料、中间产品或待包装产品的容器及主要设备、必要的操作室应当贴签标识或以其他方式标明生产中的产品或物料名称、规格和批号。每次生产结束后应当进行清场，确保设备和工作场所没有遗留与本次生产有关的物料、产品和文件。下次生产开始前，应当对前次清场情况进行确认。应当尽可能避免出现任何偏离工艺规程或操作规程的偏差，一旦出现偏差，应当按照偏差处理操作规程执行。

2. 生产操作要求　生产开始前应当进行检查，确保设备和工作场所没有上批遗留的产品、文件或与本批产品生产无关的物料，设备处于已清洁及待用状态；检查结果应当有记录。生产操作前，还应当核对物料或中间产品的名称、代码、批号和标识，确保生产所用物料或中间产品正确且符合要求。生产时应当进行中间控制和必要的环境监测，并予以记录。每批药品的每一生产阶段完成后必须由生产操作人员清场，并填写清场记录。清场记录内容包括：操作间编号、产品名称、批号、生产工序、清场日期、检查项目及结果、清场负责人及复核人签名。清场记录应当纳入批生产记录。

任务四　认识药用辅料、药包材

一、药用辅料的概述

药用辅料系指生产药品和调配处方时使用的赋形剂和附加剂；是除活性成分或前体以外，在安全性方面已进行合理的评估，一般包含在药物制剂中的物质。在作为非活性物质时，药用辅料除了赋形、充当载体、提高稳定性外，还具有增溶、助溶、调节释放等重要功能，是可能会影响到制剂的质量、安全性和有效性的重要成分。

二、药用辅料的分类

药用辅料可从来源、用途、剂型、给药途径进行分类。同一药用辅料可用于不同给药途径、不同剂型、不同用途。

1. 按来源分类　可分为天然物、半合成物和全合成物。如淀粉、阿拉伯胶、琼脂等天然物；淀粉衍生物、纤维素衍生物等属于半合成物，是在天然物的基础上进行改构或衍生化而得；聚乙二醇、聚乙烯吡咯烷酮、泊洛沙姆等属于全合成物，是由简单的小分子化合物经过聚合反应或缩聚反应而成。

2. 按用于制备的剂型分类　可用于制备的药物制剂类型主要包括片剂、注射剂、胶囊剂、颗粒剂、眼用制剂、鼻用制剂、栓剂、丸剂、软膏剂、乳膏剂、吸入制剂、喷雾剂、气雾剂、凝胶剂、散剂、糖浆剂、搽剂、涂剂、涂膜剂、酊剂、贴剂、贴膏剂、口服溶液剂、口服混悬剂、口服乳剂、植入剂、膜剂、耳用制剂、冲洗剂、灌肠剂、合剂等。

3. 按用途分类　可分为溶剂、抛射剂、增溶剂、助溶剂、乳化剂、着色剂、黏合剂、崩解剂、填充剂、润滑剂、润湿剂、渗透压调节剂、稳定剂（如蛋白稳定剂）、助流剂、抗结块剂、矫味剂、抑菌剂、助悬剂、包衣剂、成膜剂、芳香剂、增黏剂、抗黏着剂、抗氧剂、抗氧增效剂、螯合剂、皮肤渗透促进剂、空气置换剂、pH调节剂、吸附剂、增塑剂、表面活性剂、发泡剂、消泡剂、增稠剂、包合剂、保护剂（如冻干保护剂）、保湿剂、柔软剂、吸收剂、稀释剂、絮凝剂与反絮凝剂、助滤剂、冷凝剂、络合剂、释放调节剂、压敏胶黏剂、硬化剂、空心胶囊、基质（如栓剂基质和软膏基质）、载体材料（如干粉吸入载体）等。如药用辅料聚乙二醇可用作溶剂和增塑剂等。

4. 按给药途径分类　可分为口服、注射、黏膜、经皮或局部给药、经鼻或吸入给药和眼部给药等。

三、《中国药典》对药用辅料的要求

（1）生产药品所用的辅料必须符合药用要求，其生产应符合药用辅料生产相关质量管理规范等规定。

（2）在特定的贮藏条件、期限和使用途径下，药用辅料应化学性质稳定，不易受温湿度、pH 值、光线、保存时间等的影响。

（3）药品研究和生产中研究者及上市许可持有人选用药用辅料应保证该辅料能满足制剂安全性和有效性要求，并加强药用辅料的适用性研究。适用性研究应充分考虑药用辅料的来源、工艺及其制备制剂的特点、给药途径、使用人群和使用剂量等相关因素的影响。应选择功能性相关指标符合制剂要求的药用辅料，且尽可能用较小的用量发挥较大的作用。

（4）药用辅料的标准主要包括两部分：①与生产工艺及安全性有关的项目，如性状、鉴别、检查、含量测定等项目；②影响制剂性能的功能性相关指标，如黏度、粒度等。药用辅料应满足所用制剂的要求，用于不同制剂时，需根据制剂要求进行相应的质量控制。药用辅料的残留溶剂应符合要求；药用辅料的微生物限度应符合要求；用于无除菌工艺的无菌制剂的药用辅料应符合无菌要求；用于静脉用注射剂、冲洗剂等的药用辅料照细菌内毒素检查法或热原检查法检查，应符合规定。

四、药包材的概述

药包材即直接与药品接触的包装材料和容器，系指药品生产企业生产的药品和医疗机构配制的制剂所使用的直接与药品接触的包装材料和容器。作为药品的一部分，药包材本身的质量、安全性、使用性能以及药包材与药物之间的相容性对药品质量有着十分重要的影响。药包材是由一种或多种材料制成的包装组件组合而成，应具有良好的安全性、适应性、稳定性、功能性、保护性和便利性，在药品的包装、贮藏、运输和使用过程中起到保护药品质量、安全、有效、实现给药目的（如气雾剂）的作用。

五、药包材的分类

药包材可以按材质、形制和用途进行分类。

1. 按材质分类　可分为塑料类、金属类、玻璃类、陶瓷类、橡胶类和其他类（如纸、干燥剂）等，也可以由两种或两种以上的材料复合或组合而成（如复合膜、铝塑组合盖等）。常用的塑料类药包材如药用低密度聚乙烯滴眼剂瓶、口服固体药用高密度聚乙烯瓶、聚丙烯输液瓶等；常用的玻璃类药包材有钠钙玻璃输液瓶、低硼硅玻璃安瓿瓶、中硼硅管制注射液瓶等；常用的橡胶类药包材有注射液用氯化丁基橡胶塞、药用合成聚异戊二烯垫片、口服液体药用硅橡胶垫片等；常用的金属类药包材如药用铝箔、铁制的清凉油盒。

2. 按用途和形制分类　可分为输液瓶（袋、膜及配件）、安瓿、药用（注射剂、口服或者外用剂型）瓶（管、盖）、药用胶塞、药用预灌封注射器、药用滴眼（鼻、耳）剂瓶、药用硬片（膜）、药用铝箔、药用软膏管（盒）、药用喷（气）雾剂泵（阀门、罐、筒）、药用干燥剂等。

六、《中国药典》对药包材的要求

《中国药典》四部收载了药包材通用要求指导原则，明确提出了以下要求。

（1）药包材的原料应经过物理、化学性能和生物安全评估，应具有一定的机械强度、化学性质稳定、对人体无生物学意义上的毒害。药包材的生产条件应与所包装制剂的生产条件相适应；药包材生

产环境和工艺流程应按照所要求的空气洁净度级别进行合理布局，生产不洗即用药包材，从产品成型及以后各工序其洁净度要求应与所包装的药品生产洁净度相同。根据不同的生产工艺及用途，药包材的微生物限度或无菌应符合要求；注射剂用药包材的热原或细菌内毒素、无菌等应符合所包装制剂的要求；眼用制剂用药包材的无菌等应符合所包装制剂的要求。

（2）药品应使用有质量保证的药包材，药包材在所包装药物的有效期内应保证质量稳定，多剂量包装的药包材应保证药品在使用期间质量稳定。

（3）药包材与药物的相容性研究是选择药包材的基础，药物制剂在选择药包材时必须进行药包材与药物的相容性研究。药包材与药物的相容性试验应考虑剂型的风险水平和药物与药包材相互作用的可能性，一般应包括以下几部分内容：①药包材对药物质量影响的研究，包括药包材（如印刷物、黏合物、添加剂、残留单体、小分子化合物以及加工和使用过程中产生的分解物等）的提取、迁移研究及提取、迁移研究结果的毒理学评估，药物与药包材之间发生反应的可能性，药物活性成分或功能性辅料被药包材吸附或吸收的情况和内容物的逸出以及外来物的渗透等；②药物对药包材影响的研究，考察经包装药物后药包材完整性、功能性及质量的变化情况，如玻璃容器的脱片、胶塞变形等；③包装制剂后药物的质量变化（药物稳定性），包括加速试验和长期试验药品质量的变化情况。

（4）药包材产品标准的内容主要包括三部分。①物理性能：主要考察影响产品使用的物理参数、机械性能及功能性指标，如橡胶类制品的穿刺力、穿刺落屑，塑料及复合膜类制品的密封性、阻隔性能等，物理性能的检测项目应根据标准的检验规则确定抽样方案，并对检测结果进行判断。②化学性能：考察影响产品性能、质量和使用的化学指标，如溶出物试验、溶剂残留量等。③生物性能：考察项目应根据所包装药物制剂的要求制定，如注射剂类药包材的检验项目包括细胞毒性、急性全身毒性试验和溶血试验等；滴眼剂瓶应考察异常毒性、眼刺激试验等。

❓ **想一想**

某药厂生产的拉坦噻吗滴眼液，辅料含氯化钠、苯扎氯铵、无水磷酸氢二钠、磷酸二氢钠一水合物，包装为聚乙烯滴眼容器。分析该滴眼液的辅料和药包材要求。

答案解析

实训1 查阅《中国药典》

一、实训目的

1. 掌握《中国药典》对药物制剂规定的相关内容。
2. 熟悉市售药品常用药包材类型。
3. 能正确查阅药典中关于药物制剂的相关规定。

二、实训指导

1.《中国药典》由一部、二部、三部、四部及其增补本组成。一部收载中药，二部收载化学药品，三部收载生物制品及相关通用技术要求，四部收载通用技术要求和药用辅料。《中国药典》主要由凡例、通用技术要求和品种正文构成。

2. 药包材系指药品生产企业生产的药品和医疗机构配制的制剂所使用的直接与药品接触的包装材料和容器。药包材是由一种或多种材料制成的包装组件组合而成，应具有良好的安全性、适应性、稳定性、功能性、保护性和便利性，在药品的包装、贮藏、运输和使用过程中起到保护药品质量安全有效，实现给药目的（如气雾剂）的作用。

三、实训药品与器材

1. 器材 手机、电脑、网络。

2. 药品 市售药品（含常用剂型如注射剂、滴眼剂、片剂、口服液体剂型、胶囊剂、散剂、颗粒剂、软膏剂、膜剂、贴剂等）。

四、实训内容

1. 查阅药典中以下关于药物制剂的相关规定。

（1）查找糊剂的制剂通则，写出其外观要求、检查项目。

（2）查找药用辅料十二烷基硫酸钠，写出其类别、贮藏要求。

（3）查找药物制剂硝苯地平片，写出其性状、规格。

（4）查找凡例中关于溶解度、粉末分等的规定，写出易溶、细粉的定义。

（5）查找可见异物检查法，写出可见异物的定义、灯检法检查人员的条件。

（6）查找中药制剂复方丹参滴丸，写出其处方、详细制法。

2. 通过查看实物或说明书，调查6种药物制剂（滴眼剂、胶囊剂、喷雾剂、注射液、冻干粉针剂、合剂、片剂、软膏剂、膜剂、贴剂）的包材，写出其按材质、用途和形制的分类。

五、思考题

1. 学习《药物制剂技术》课程，为什么需要掌握药品标准知识、学习查询药典？

2. 药包材为什么影响药品质量？可从哪些方面明确药包材产品标准以保障药品质量？

 目标检测

答案解析

一、A 型题（最佳选择题）

1. 以下剂型中，不属于经胃肠道给的剂型是（ ）

    A. 舌下含片　　　　　　B. 口服乳剂　　　　　　C. 口服片剂

    D. 颗粒剂　　　　　　　E. 口服胶囊剂

2. 以下剂型中，不属于黏膜给药剂型的是（ ）

    A. 滴眼剂　　　　　　　B. 舌下含片　　　　　　C. 栓剂

    D. 软膏剂　　　　　　　E. 注射剂

3. 以下不属于按给药途径分类的剂型是（ ）

    A. 滴眼剂　　　　　　　B. 半固体剂型　　　　　C. 栓剂

    D. 洗剂　　　　　　　　E. 注射剂

4. 以下关于《中国药典》的叙述，错误的是（ ）

    A. 一部收载中药，二部收载化学药品

    B. 主要由凡例、通用技术要求和品种正文构成

    C. 制剂通则系为按照药物剂型分类，针对剂型特点所规定的基本技术要求

  D. 通用技术要求主要指的是药品检验技术要求

  E. 凡例是为正确使用《中国药典》，对品种正文、通用技术要求以及药品质量检验和检定中有关共性问题的统一规定和基本要求

5. 以下关于 GMP 目标的叙述，错误的是（　　）

  A. 将影响药品质量的人为差错减少到最低程度

  B. 防止一切对药品的污染和交叉污染

  C. 药品质量是检验出来的

  D. 防止产品质量下降的情况发生

  E. 建立和健全完善的质量保证体系

6. 淀粉作为一种药用辅料，可充当填充剂；属于哪种分类方式（　　）

  A. 来源   B. 剂型   C. 给药途径

  D. 功能   E. 用途

7. 以下关于《中国药典》对药用辅料要求的叙述，错误的是（　　）

  A. 药用辅料应化学性质稳定

  B. 辅料应能满足制剂安全性和有效性要求

  C. 应加强药用辅料的适用性研究

  D. 药品所用的辅料可符合食用要求

  E. 生产药品所用的辅料必须符合药用要求

8. 以下关于《中国药典》对药包材要求的叙述，错误的是（　　）

  A. 药包材的原料机械强度无要求

  B. 药包材的生产条件应与所包装制剂的生产条件相适应

  C. 药包材的微生物限度或无菌应符合要求

  D. 药包材的原料的化学性质应稳定

  E. 药包材的原料机械对人体应无生物学意义上的毒害

9. 以下药包材的哪个方面的性质不会对药品质量产生重要的影响（　　）

  A. 本身质量   B. 安全性   C. 本身形态

  D. 使用性能   E. 药包材与药物之间的相容性

10. 以下不属于药物制剂生产过程中的技术管理的内容是（　　）

  A. 生产文件管理   B. 组织机构管理   C. 生产操作管理

  D. 清场管理   E. 偏差管理

二、B 型题（配伍选择题）

【1-4】以下药物剂型案例属于剂型的哪种作用

A. 剂型影响药物治疗效果

B. 剂型改变药物治疗用途

C. 剂型改变药物作用速率

D. 剂型降低药物毒副作用

E. 剂型改变药物体内分布

1. 氨茶碱栓剂较口服片剂副作用少（　　）

2. 将难溶性药物制成分散片（　　）

3. 硫酸镁注射液、口服液临床治疗疾病不同（　　）

4. 舌下含片比普通片剂起效快（　　）

三、X 型题（多项选择题）

1. 以下属于药物制剂技术研究内容的是（　　）

  A. 粉体学理论   B. 沸腾干燥技术   C. 粉碎设备

  D. 黏膜给药系统   E. 药用辅料

2. 药品标准是对药品的哪些方面所做的技术规定（　　）

  A. 生产环境   B. 质量规格   C. 检验方法

  D. 使用规范   E. 监督方式

3. 药用辅料系指生产药品和调配处方时使用的（　　）

  A. 赋形剂   B. 活性成分   C. 有效成分

  D. 增补剂   E. 附加剂

4. 药包材产品标准的内容主要包括以下哪几部分（　　）

  A. 机械性能   B. 物理性能   C. 外观形态

  D. 化学性能   E. 生物性能

四、综合问答题

1. 简述剂型对药物临床治疗的影响，并举例说明。

2. 简述剂型按给药途径、形态的分类，并查找具体药物制剂进行举例说明。

书网融合……

📄重点回顾   e微课   📄习题

项目二　药物制剂基础技术

学习目标

知识目标：

1. 掌握　无菌、灭菌、注射用水、纯化水的概念；制药用水的种类；纯化水、注射用水制备方法和质检项目。

2. 熟悉　洁净区的洁净控制要求；常用的物理灭菌法、化学灭菌法和无菌操作；空气净化技术的概念。

3. 了解　空气净化技术的机制；无菌检查法、微生物限度检查法；制药生产环境的基本要求、制药用水的基本要求。

技能目标：

能根据不同的物料性质，选择适当的灭菌方法；能根据制剂对生产的要求，选择合适的制药用水，控制对应洁净级别；能按要求和规程完成纯化水、注射用水的生产和制备，按照标准完成质量检测；

素质目标：

培养质量第一、依法依规制药的意识，养成严谨细致、精益求精的操作习惯。

导学情景

情景描述：2006年8月，卫生部发布紧急通知，停用安徽华源生物药业有限公司2006年6月以后生产的所有克林霉素磷酸酯葡萄糖注射液。经检查得知，6、7月生产的该药品的无菌检查、热原均不符合规定。

情景分析：克林霉素磷酸酯葡萄糖注射液属于无菌液体制剂，注射剂在生产和制备过程中容易被污染，因此对其灭菌有特殊要求。

讨论：注射剂为什么需要灭菌？灭菌效果与哪些因素有关？

学前导语：药物制剂的环境控制从微生物学角度而言，它不仅是指保持洁净环境，而是提高到防止药品微生物污染的概念。因此我们该如何有效控制生产过程中微生物污染呢？注射剂与其他制剂在灭菌中有什么区别？常用的灭菌方法有哪些？

任务一　药物制剂生产环境控制

PPT

一、概述

制药生产环境控制是药品生产管理的一项重要工作内容，涉及药品生产的全过程；也是药品生产质量保证的"保护伞"，能最大限度地降低药品生产过程中的污染、交叉污染以及人为污染等风险；是确保药品质量的重要手段，也是实施《药品生产质量管理规范》（以下简称GMP）制度的基本要求，在药品生产的各个环节都要强化制药卫生管理，落实各项制药卫生措施，以保证药品质量安全。

《药品生产质量管理规范》（2010 年修订）对生产环境的要求包括以下几个方面。

1. 环境设计要求 药品生产企业应有整洁的生产环境，根据厂房及生产防护措施综合考虑选址，厂房所处的环境应能最大限度地降低物料或产品遭受污染的风险。生产区的地面、路面及运输等不会对药品的生产造成污染，厂区设计按生产、行政、生活和辅助区进行规划、总体布局合理、不得互相妨碍，厂区和厂房内的人流、物流走向应合理。

2. 厂房设计要求

（1）厂房的选址、设计、布局、建造、改造和维护必须符合药品生产要求，应当能够最大限度地避免污染、交叉污染、混淆和差错，便于清洁、操作和维护。

（2）应当根据厂房及生产防护措施综合考虑选址，厂房所处的环境应当能够最大限度地降低物料或产品遭受污染的风险。

（3）应当对厂房进行适当维护，并确保维修活动不影响药品的质量。

（4）厂房应当有适当的照明、温度、湿度和通风，确保生产和贮藏的产品质量以及相关设备性能不会直接或间接地受到影响。

（5）厂房、设施的设计和安装应当能够有效防止昆虫或其他动物进入。

（6）生产、贮藏和质量控制区不应当作为非本区工作人员的直接通道。

（7）应当保存厂房、公用设施、固定管道建造或改造后的竣工图纸。

3. 人员要求

（1）所有人员都应当接受卫生要求的培训，企业应当建立人员卫生操作规程，最大限度地降低人员对药品生产造成污染的风险。

（2）人员卫生操作规程应当包括与健康、卫生习惯及人员着装相关的内容。生产区和质量控制区的人员应当正确理解相关的人员卫生操作规程。企业应当采取措施确保人员卫生操作规程的执行。

（3）企业应当对人员健康进行管理，并建立健康档案。直接接触药品的生产人员上岗前应当接受健康检查，以后每年至少进行一次健康检查。

（4）企业应当采取适当措施，避免体表有伤口、患有传染病或其他可能污染药品疾病的人员从事直接接触药品的生产。

（5）参观人员和未经培训的人员不得进入生产区和质量控制区，特殊情况确需进入的，应当事先对个人卫生、更衣等事项进行指导。

（6）任何进入生产区的人员均应当按照规定更衣。工作服的选材、式样及穿戴方式应当与所从事的工作和空气洁净度级别要求相适应。

（7）进入洁净生产区的人员不得化妆和佩戴饰物。

（8）生产区、仓储区应当禁止吸烟和饮食，禁止存放食品、饮料、香烟和个人用药品等非生产用物品。

（9）操作人员应当避免裸手直接接触药品以及与药品直接接触的包装材料和设备表面。

4. 设备要求

（1）设备的设计、选型、安装、改造和维护必须符合预定用途，应当尽可能降低产生污染、交叉污染、混淆和差错的风险，便于操作、清洁、维护，必要时进行的消毒或灭菌。

（2）应当建立设备使用、清洁、维护和维修的操作规程，并保存相应的操作记录。

（3）应当建立并保存设备采购、安装、确认的文件和记录。

二、药品生产空气洁净度控制要求

（一）概述

洁净区的布局应严格按照 GMP 要求进行设计和管理，必须符合相应的药品生产空气洁净度要求，包括达到"静态"和"动态"的标准。空气净化应采取综合性措施，为了获得良好的洁净结果。不仅应有合理的空气净化措施，而且对建筑、工艺、设备等也有相应要求，并有相应的严格维护管理制度。

（二）洁净区的洁净度控制要求

确定洁净室内洁净度标准时，必须考虑尘埃及微生物污染因素。GMP 将无菌药品生产所需的洁净区分为以下 4 个级别。

A 级 高风险操作区，如灌装区、放置胶塞桶和与无菌制剂直接接触的敞口包装容器的区域及无菌装配或连接操作的区域，应当用单向流操作台（罩）维持该区的环境状态。单向流系统在其工作区域必须均匀送风，风速为 0.36 ~ 0.54m/s（指导值）。应当有数据证明单向流的状态并经过验证。在密闭的隔离操作器或手套箱内，可使用较低的风速。

B 级 指无菌配制和灌装等高风险操作 A 级洁净区所处的背景区域。

C 级和 D 级 指无菌药品生产过程中重要程度较低操作步骤的洁净区。

以上各级别空气悬浮粒子的标准规定和洁净区微生物监控如表 2 - 1 和表 2 - 2 所示。

表 2 - 1 不同洁净度级别悬浮粒子的最大允许量

洁净级别	悬浮粒子最大允许数/m³			
	静态		动态[3]	
	≥0.5μm	≥5.0μm[2]	≥0.5μm	≥5.0μm
A 级[1]	3520	20	3520	20
B 级	3520	29	352000	2900
C 级	352000	2900	3520000	29000
D 级	3520000	29000	不作规定	不作规定

注：①为确认 A 级洁净区的级别，每个采样点的采样量不得少于 1 立方米。A 级洁净区空气悬浮粒子的级别为国际标准化组织 ISO 4.8，以≥5.0μm 的悬浮粒子为限度标准。B 级洁净区（静态）的空气悬浮粒子的级别 ISO 5，同时包括表中两种粒径的悬浮粒子。对于 C 级洁净区（静态和动态）而言，空气悬浮粒子的级别分别为 ISO 7 和 ISO 8。对于 D 级洁净区（静态）空气悬浮粒子的级别为 ISO 8。

②在确认级别时，应当使用采样管较短的便携式尘埃粒子计数器，避免≥5.0μm 悬浮粒子在远程采样系统的长采样管中沉降。在单向流系统中，应当应用等动力学的取样头。

③动态测试可在常规操作、培养基模拟灌装过程中进行，证明达到动态的洁净度级别，但培养基模拟灌装试验要求在"最差状况"下进行动态测试。

表 2 - 2 不同洁净度级别微生物的最大允许量[1]

洁净级别	浮游菌 cfu/m³	沉降菌 (f90mm) cfu/4h[2]	表面微生物	
			接触 cfu/碟	5 指手套 cfu/手套
A 级	<1	<1	<1	<1
B 级	10	5	5	5
C 级	100	50	25	–
D 级	200	100	50	–

注：①表中各数值均为平均值。

②单个沉降碟的暴露时间可以少于 4 小时，同一位置可使用多个沉降碟连续进行监测并累积计数。

👁 看一看

非最终灭菌产品洁净度级别要求

生物制品的生产操作应该在符合规定的相应级别的洁净区内进行，见表 2 - 3。

表2-3 非最终灭菌产品洁净度级别要求

洁净级别	无菌药品的洁净级别
B级背景下的A级	1. 处于未完全密封①状态下产品的操作和转运，如产品灌装（或灌封）、分装、压塞、轧盖②等 2. 灌装前无法除菌过滤的药液或产品的配制 3. 直接接触药品的包装材料、器具灭菌后的装配以及处于未完全密封状态下的转运和存放 4. 无菌原料药的粉碎、过筛、混合、分装
B级	1. 处于未完全密封状态下的产品置于完全密封容器内的转运 2. 直接接触药品的包装材料、器具灭菌后处于密闭容器内的转运和存放
C级	1. 灌装前可除菌过滤的药液或产品的配制 2. 产品的过滤
D级	口服制剂其发酵培养密闭系统环境（暴露部分需无菌操作） 酶联免疫吸附试剂等体外免疫试剂的配液、分装、干燥、内包装

注：①轧盖前产品视为处于未完全密封状态。
②根据已压塞产品的密封性、轧盖设备的设计、铝盖的特性等因素，轧盖操作可选择在C级或D级背景下的A级送风环境中进行。A级送风环境应当至少符合A级区的静态要求。

❓ 想一想2-1 ──────────

某药厂有两个生产车间，分别为口服固体制剂车间和非最终灭菌小容量注射剂车间。当两个车间HVAC（供热通风与空气调节）系统故障，导致停止使用一段时间后再开启系统时，某技术人员认为两个车间必须对浮游菌、沉降菌进行测试采样，保证采样点和采样频率必须与验证一致。

分析该做法是否有必要，为什么？

答案解析

三、空气净化技术

（一）概述

空气净化系指通过空气过滤，除去空气中悬浮的尘埃粒子和微生物，以创造洁净空气环境而进行空气调节的措施。

空气净化技术系指为达到某一净化要求或标准所采用的空气净化方法。

空气净化技术是一项综合性的技术，该技术除了合理地采用空气净化方法外，还必须与制冷、建筑、电控、设备、工艺等相互配合，有良好的管理措施和操作规程，严格进行维护管理。

（二）空气净化技术 🔲微课1

1. 过滤方式 空气净化技术一般采用空气过滤的方式，当含尘埃粒子的空气通过多孔过滤介质时，尘埃粒子被过滤介质的微孔截留或孔壁吸附，达到与空气分离的目的。常用空气净化技术通常采用的过滤方式有初效过滤、中效过滤和亚高效过滤或高效过滤。

（1）初效过滤 系指过滤空气中直径较大的尘埃粒子，以达到在空气净化过程中正常地进行，并有效地保护中效过滤器的目的。

（2）中效过滤 系指过滤空气中直径较小的尘埃粒子，以达到在空气净化过程中正常地进行，并有效地保护亚高效过滤或高效过滤器的目的。

（3）亚高效过滤或高效过滤 属于深层的末端过滤，以达到空气净化系统创造出高标准和高质量洁净空气的目的。根据《药品生产质量管理规范》（2010年修订）对洁净区的设置要求，净化系统基本上都选用高效过滤器作末端过滤。

2. 过滤机制 根据尘埃粒子与过滤介质的作用方式，空气过滤的机制大体分为：拦截作用和吸附作用。

（1）拦截作用 系指当尘埃粒子的粒径大于过滤介质微孔时，随着气流运动的粒子在过滤介质的机械屏蔽作用下被截留。

（2）吸附作用 系指当粒径小于过滤介质间隙的细小粒子通过介质微孔时，由于尘埃粒子的重力、静电、粒子运动惯性、分子间范德华力等作用，与间隙表面接触被吸附。

3. 制冷技术 药品生产的洁净厂房通常要满足温度18～26℃、湿度45%～65%的要求，因此需要应用制冷技术对空气净化系统的空气进行热量交换，以控制其温度和湿度，使其始终符合GMP的要求。

✎ **练一练2-1**

根据洁净区的设置要求，净化系统基本上选用（　　）作为末端过滤。

A. 初效过滤　　　　　　　　　B. 中效过滤

C. 高效过滤　　　　　　　　　D. 以上都可

答案解析

（三）洁净室的气流方向

进入洁净室的空气流向会影响到室内的洁净度，洁净室的气流方向有层流和紊流之分。

1. 层流（单向流） 是指洁净室的空气流向呈平行状态，气流中的尘埃不易相互扩散。能保持室内的洁净度，常用于A级洁净区，能保持室内的洁净度。层流根据流向不同又分为水平层流与垂直层流，如图2-1、图2-2所示。

（1）水平层流 以高效过滤器为送风口布满一侧壁面，对侧壁面为回风墙，气流以水平方向流动。为克服尘粒沉降，端面风速不小于0.35m/s。水平层流的造价比垂直层流低。

（2）垂直层流 以高效过滤器为送风口布满顶棚，地板全部做成回风口，使气流自上而下的平行流动。垂直层流的端面风速在0.25m/s以上，换气次数在400次/小时左右，其造价和运行费用都较高。

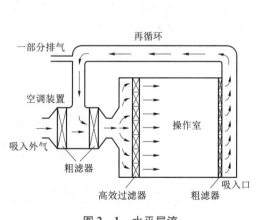

图2-1 水平层流

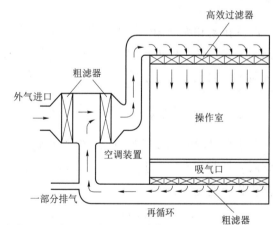

图2-2 垂直层流

2. 紊流 是指洁净室的空气呈不规则状态，气流中的尘埃易相互扩散，亦称乱流。含尘空气被洁净空气稀释后降低粉尘浓度，达到净化目的。在紊流的工作室内，空气的含尘浓度分布不均，不同区域之间的含尘浓度相差达到35%。可使空气洁净度达B级至D级。

3. 送风与回风形式 送风与回风形式对气流组织的影响较大，常见的送风形式有侧送风和顶部送风。

（1）侧送风 侧送风将送风口安装与送风管或墙上，向房间横向送入气流。如图2-3（b）所示。

（2）顶部送风 顶部送风将散流器安装与房间顶部送风口，使气流从风口向四周以辐射状射出，与室内空气充分混合。如图2-3（a）、（c）、（d）、（e）所示。

（3）回风 回风对气流组织影响不大，一般安装于墙下，以调节回风量和防止杂物被吸入。

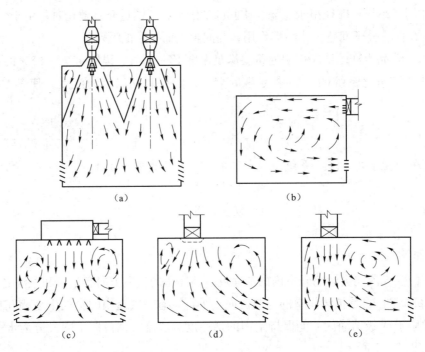

图2-3 紊流洁净室送、出风口布置形式

（a）密集流线形散发器顶送双侧下回；（b）上侧送风同侧下回；（c）孔板顶送双侧下回

（d）带扩散板高效过滤器风口顶送单侧下回；（e）无扩散板高效过滤器风口顶送单侧下回

PPT

任务二 灭菌技术、无菌操作技术

灭菌技术和无菌操作技术的目的是为了杀灭或除去所有微生物繁殖体和芽孢，最大限度地提高药物制剂的安全性，保护制剂的稳定性，保证制剂的临床疗效。因此，有效的灭菌方法和正确的操作方式，对药品的质量保障至关重要。

一、药物制剂微生物控制要求

基于药品的给药途径和对患者健康的危害以及药品的特殊性，《中国药典》对非无菌制剂药品的微生物限度控制标准进行了制定。其中非无菌化学药品制剂、生物制品制剂、不含原药材粉的中药制剂的微生物限度见表2-4。

表2-4 非无菌化学药品制剂、生物制品制剂、不含原药材粉的中药制剂的微生物限度标准

给药途径	需氧菌总数 （cfu/g、cfu/ml、cfu/10cm²）	霉菌和酵母菌总数 （cfu/g、cfu/ml、cfu/10cm²）	控制菌
口服给药[①]			
固体制剂	10^3	10^2	不得检出大肠埃希菌（1g或1ml）；含脏器提取物的制剂
液体以及半固体制剂	10^2	10^1	还不得检出沙门菌（10g或10ml）

续表

给药途径	需氧菌总数 （cfu/g、cfu/ml、 cfu/10cm²）	霉菌和酵母菌总数 （cfu/g、cfu/ml、 cfu/10cm²）	控制菌
口腔、黏膜给药制剂 　齿龈给药制剂 　鼻用制剂 　耳用制剂	10²	10¹	不得检出金黄色葡萄球菌、大肠埃希菌、铜绿假单胞菌（1g、1ml 或 10cm²）
皮肤给药制剂	10²	10¹	不得检出金黄色葡萄球菌、铜绿假单胞菌（1g、1ml 或 10cm²）
呼吸道吸入给药制剂	10²	10¹	不得检出金黄色葡萄球菌、大肠埃希菌、铜绿假单胞菌、耐胆盐革兰阴性菌（1g 或 1ml）
阴道、尿道给药制剂	10²	10¹	不得检出金黄色葡萄球菌、铜绿假单胞菌、白色念珠菌（1g、1ml 或 10cm²）；中药制剂还不得检出梭菌（1g、1ml 或 10cm²）
直肠给药 　固体以及半固图制剂 　液体制剂	10³ 10²	10² 10²	不得检出金黄色葡萄球菌、铜绿假单胞菌（1g 或 1ml）
其他局部给药制剂	10²	10²	不得检出金黄色葡萄球菌、铜绿假单胞菌（1g、1ml 或 10cm²）

注：①化学药品制剂和生物制品制剂若含有未经提取的动植物来源的成分以及矿物质，还不得检出沙门菌（10g 和 10ml）。

二、灭菌技术

灭菌技术是指采用适当物理或化学手段将物品中活的微生物杀灭或除去的方法或技术。药物制剂技术中常用的灭菌法分类如图 2-4 所示。

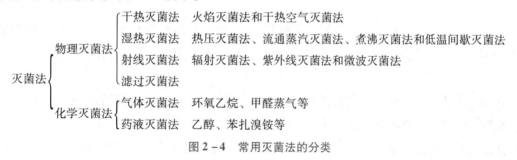

图 2-4　常用灭菌法的分类

（一）物理灭菌法

利用蛋白质与核酸具有遇热、射线不稳定的特性及过滤等方法杀灭或除去微生物的技术称为物理灭菌法，亦称物理灭菌技术。该技术包括热灭菌法、射线灭菌法和过滤除菌法。

1. 干热灭菌法　系指在干燥环境中加热灭菌的技术，其中包括火焰灭菌法和干热空气灭菌法。

（1）火焰灭菌法　系指用火焰直接灼烧而达到灭菌的方法。该方法灭菌迅速、可靠、操作简便，适用于耐火材质的物品与用具的灭菌，不适合药品的灭菌。

（2）干热空气灭菌法　系指用高温干热空气灭菌的方法。由于在干燥状态下，热穿透力较差，微生物的耐热性强，必须在高温下长时间作用才能达到灭菌的效果。为了确保灭菌效果，通常采用的灭菌温度与相应时间为 160~170℃灭菌 2 小时以上；170~180℃灭菌 1 小时以上或 250℃灭菌 45 分钟以上。主要用于玻璃瓶的干燥和灭菌，不适合橡胶、塑料以及大部分药品。

2. 湿热灭菌法　系指用饱和蒸汽、沸水或流通蒸汽进行灭菌的方法。由于该法具有蒸汽潜热大，热穿透力强,容易使蛋白质变性或凝固的特点,因此其灭菌效率在相同温度下远高于干热灭菌法,常用于对药品、容器、胶塞、无菌衣等遇高温和潮湿不发生变化或损坏的物品。湿热灭菌法是药物制剂生产过程中最常用的灭菌方法。湿热灭菌法分为热压灭菌法、流通蒸汽灭菌法、煮沸灭菌法和低温间歇灭菌法。

👁 看一看

湿热灭菌影响因素

影响湿热灭菌的主要因素有以下4个方面。①微生物的性质与数量:不同的微生物或微生物的不同发育阶段对热的抵抗力有所不同,处于繁殖期的微生物对热的抵抗力最低;微生物的数量越少,灭菌时间越短。②蒸汽性质:饱和蒸汽含热量较高,穿透力较大,灭菌效率高;湿饱和蒸汽带有水分,热含量较降低,穿透力差,灭菌效率较低;过热蒸汽温度虽然较高,但穿透力弱,灭菌效率也差。③药物性质:药物耐热性好,可以采用较高的灭菌温度,灭菌时间可缩短,可提高灭菌效率。④介质的性质:介质中含有营养物质时,能增强微生物的耐热性;介质的 pH 对灭菌效果也有影响,一般微生物在中性环境中耐热性最大,在酸性中最差。

(1) 热压灭菌法 系指利用高压饱和水蒸气加热杀灭微生物的方法。该法利用高压饱和蒸汽手段使微生物菌体中的蛋白质、核酸发生变性而杀灭微生物。该法灭菌温度高,具有很强的灭菌效果,能杀灭所有细菌繁殖体和芽孢。热压灭菌法具有灭菌可靠、操作方便、易于控制和经济等优点,适用于能耐高温和高压蒸汽的药物制剂、金属容器等。因此在灭菌制剂的生产中是应用最为广泛的灭菌方法。

热压灭菌法所需的温度与时间通常为:115℃(67kPa)灭菌 40 分钟;121℃(97kPa)灭菌 30 分钟;127℃(139kPa)灭菌 15 分钟。亦可采用其他温度和时间参数,但需通过实验验证确认合适的灭菌温度和时间。

(2) 流通蒸汽灭菌法 系指在常压下,采用 100℃流通蒸汽加热杀灭微生物的方法。灭菌时间通常为 30 ~ 60 分钟。该法适用于消毒及不耐高热制剂的灭菌。但不能保证杀灭所有的芽孢,是非可靠的灭菌法。

(3) 煮沸灭菌法 系指将待灭菌物置沸水中加热灭菌的方法。煮沸时间通常为 30 ~ 60 分钟。该法灭菌效果较差,常用于生产器具和清洁器具的消毒。

(4) 低温间歇灭菌法 系指将待灭菌物置 60 ~ 80℃的水或流通蒸汽中加热 60 分钟,杀灭微生物繁殖体后,在室温条件下放置 24 小时,让待灭菌物中的芽孢发育成繁殖体,再次加热灭菌、放置使芽孢发育、再次灭菌,反复多次,直至杀灭所有芽孢。该法适合于不耐高温、热敏感物料和制剂的灭菌。其缺点是费时、工效低、灭菌效果差。

❓ 想一想2-2

某药厂生产的克林霉素磷酸酯葡萄糖注射液造成了 56 例严重不良反应,其中 2 人死亡。中国食品药品检定研究院对相关样品进行检验,结果发现热原检查、无菌检查均不符合规定。

分析出现该结果的原因可能有哪些?

答案解析

2. 射线灭菌法 系指采用辐射、微波和紫外线杀灭微生物和芽孢的方法。

(1) 辐射灭菌法 系指将灭菌物品置于放射性核素(60Co 和 137Cs)放射的 γ 射线或适宜的电子

加速器发生的电子束中进行电离辐射而达到杀灭微生物的方法。本法的优点是穿透性强、灭菌效率高，可杀灭微生物和芽孢。适应范围为不受辐射破坏的原料药、医疗器械或已经密封包装的物品。

（2）微波灭菌法　通过微波（频率为300MHz～300kMHz）照射产生的热能杀灭微生物的方法。其原理是利用微波的热效应和非热效应（生物效应）相结合实现灭菌目的，热效应使微生物体内蛋白质变性而失活；非热效应干扰了微生物正常的新陈代谢，破坏微生物生长条件。该法的特点是：不影响药物的稳定性，因此可用于对热压灭菌不稳定的药物制剂。

（3）紫外线灭菌法　系指用紫外线（能量）照射杀灭微生物和芽孢的方法。用于紫外灭菌的波长一般为200～300nm，灭菌力最强的波长为254nm。是由于紫外线能使核酸、蛋白质变性，而且能使空气中氧气产生微量臭氧，而达到协同杀菌作用。本法适合于物体表面灭菌、空气以及蒸馏水等灭菌；不适合于药液的灭菌及固体物料深部的灭菌。由于紫外线是可被不同的表面反射或吸收，穿透力微弱，普通玻璃即可吸收紫外线，紫外线对人体有害，照射过久易发生结膜炎、红斑及皮肤烧灼等伤害。

用紫外线照射灭菌时应注意以下问题：①紫外线灯管的杀菌力一般随着使用时间的延长而削弱，当使用时间达到额定时间70%时应更换紫外线灯管，以保证杀菌效果；②紫外线的杀菌作用随微生物种类不同而不同，如杀霉菌的照射量要比杆菌大40～50倍；③紫外线照射通常在相对湿度为60%的基础上设计，如果室内湿度大于60%时，照射量应相应增加；④紫外线灭菌效果与照射时间有关，因此应通过实验来确定照射时间；⑤紫外线照射灯的安装形式及高度，应根据实际情况确定。

3. 过滤除菌法　系利用细菌不能通过致密具孔材料以除去气体或液体中微生物的方法，所用的器械称无菌过滤器。常用于对热不稳定的药品溶液或原料的除菌，如药液、气体等。为了有效地除尽微生物，滤器的选择上孔径必须小于芽孢大小（芽孢的直径＞0.5μm）。除菌过滤器通常采用孔径分布均匀的微孔滤膜作为滤材。如药品生产中采用的除菌滤膜孔径一般不超过0.22μm的微孔滤膜。

🖊 **练一练2-2**

（多选题）可用于对热压灭菌不稳定的药物制剂灭菌方法有（　　）

A. 过滤除菌法　　　　　B. 化学灭菌法　　　　　C. 微波灭菌法

D. 气体灭菌法　　　　　E. 湿热灭菌法

答案解析

（二）化学灭菌法

化学灭菌法系指利用化学药品（又称化学消毒剂），直接作用于微生物，将其杀灭的方法。化学灭菌法包括气体灭菌法和药液灭菌法。

1. 气体灭菌法　系指用化学药剂形成的气体蒸气（如：环氧乙烷、甲醛、臭氧（O_3）、戊二醛）杀灭微生物的方法。本法适合在气体中稳定的物品灭菌，如环境消毒或设备和设施等的消毒，尤其适合生产厂房的消毒。运用该法消毒后应注意进行气体排空，以防止残留的消毒剂对人体造成危害。

2. 药液灭菌法　系指采用杀菌剂溶液进行灭菌的方法。该法常应用于其他灭菌方法的辅助措施，适合于皮肤、无菌器具和设备的消毒。常用消毒液有75%乙醇、3%双氧水溶液、1%聚维酮碘溶液、0.1%～0.2%苯扎溴铵（新洁尔灭）溶液、酚或煤酚皂溶液等。

👁 **看一看**

灭菌方法可靠性

灭菌方法可靠性的验证：产品中存在微量的微生物时，现行的无菌检验方法往往难以检出。为了保证产品的无菌，有必要对灭菌方法的可靠性进行验证，F 值和 F_0 值可作为验证灭菌方法可靠性的参数。

Z 值：是指灭菌时间减少到原来的 1/10 所需升高的温度；或在相同灭菌时间内，杀灭 99% 的微生物所需提高的温度。

F 值：在一定灭菌温度（T）下给定的 Z 值所产生的灭菌效果与在参比温度（T_0）下给定的 Z 值所产生的灭菌效果相同时所相当的时间，以分钟为单位。F 值常用于干热灭菌的验证。

F_0 值在一定灭菌温度（T）、Z 值为 10℃ 所产生的灭菌效果与此在 121℃、Z 值为 10℃ 所产生的灭菌效果相同时所相当的时间，以分钟为单位。也就是说，不管温度如何变化，t 分钟内的灭菌效果相当于在 121℃ 下灭菌 F_0 分钟的效果。显然，即把各温度下灭菌效果都转化成 121℃ 下灭菌的等效值。因此称 F_0 为标准灭菌时间。

目前 F_0 应用仅限于热压灭菌的验证。

三、无菌操作技术 🄴 微课2

（一）无菌操作技术

无菌操作技术系指整个操作过程在无菌条件下进行的一种生产和操作的方法。该法通常运用于某些不能加热灭菌或不宜用其他方法灭菌的无菌制剂的制备和微生物限度检查操作，如无菌粉末分装及无菌冻干、眼用制剂、海绵剂、创伤制剂的制备。无菌操作法必须在无菌操作室的无菌操作台（柜）或生物安全柜进行，通常采用层流空气洁净技术。

1. 无菌操作室的灭菌　无菌操作室应定期进行灭菌，可采用紫外线、液体和气体灭菌法对无菌操作室的环境进行灭菌。

（1）甲醛溶液加热熏蒸法　甲醛溶液加热熏蒸法灭菌较彻底，是常用的方法之一。将甲醛溶液放入瓶内，甲醛溶液吸收夹层蒸气的热量后蒸发产生甲醛蒸气，甲醛蒸气经出口送入总进风道，再由鼓风机吹入无菌操作室，连续 3 小时后，一般即可将鼓风机关闭。室内应保持在 25℃ 以上，以免室温过低甲醛蒸气聚合；湿度应保持在 60% 以上，密闭熏蒸 12 ~ 24 小时以后，再将 20% 的氨水加热（每 1m 用 8 ~ 10ml），从总风道送入氨气约 15 分钟，以吸收甲醛蒸气，之后打开总出口排风，并通入经处理过的无菌空气直至排尽室内的甲醛蒸气。

（2）紫外线灭菌法　紫外线灭菌法是无菌室灭菌的常用方法，可应用于连续和间歇操作过程中。一般在每天工作前开启紫外灯 1 小时左右，操作间歇中亦应开启 0.5 ~ 1 小时，必要时可在操作过程中开启。

（3）液体灭菌法　液体灭菌法是无菌室常用的辅助灭菌法，主要采用 75% 乙醇、约 2% 酚或煤酚皂溶液、0.2% 苯扎溴铵（新洁尔灭）喷洒或擦拭，用于无菌室内空间、地面、墙壁等方面的灭菌。

2. 无菌操作　无菌操作台、层流洁净工作台和无菌操作柜是无菌操作的主要场所。操作人员进入无菌操作室应严格遵守无菌操作的工作规程，按规定更换无菌工作鞋后洗手消毒，然后换上无菌工作衣、戴上无菌工作帽和口罩。头发不得外露并尽可能减少皮肤的外露，不得裸手操作，以免造成污染。无菌操作所用的一切物品需要按照前面所述灭菌方法进行灭菌，如安瓿应该在 150 ~ 180℃、2 ~ 3 小时干热灭菌等。

（二）无菌检查法

无菌检查是用于检查《中国药典》中要求无菌的药品、生物制品、原料、医疗器械、辅料及其他品种是否无菌的一种方法。

《中国药典》（2020 年版）规定的无菌检查法有薄膜过滤法和直接接种法，并提出只要供试品性质允许，应采用薄膜过滤法。直接接种法是指将供试品直接接种于培养基中，培养适宜时间后，再观察培养基上是否有菌落生成的检查方法。薄膜过滤法是指将供试品用薄膜过滤后，将滤过后的薄膜直接用显微镜观察；或者接种于培养基中，培养适宜时间后，再观察培养基上是否有菌落生成的检查方法。薄膜过滤法具有灵敏度高，不易产生假阴性结果，操作也简便等特点。无菌检查结果是否合格，应按《中国药典》（2020 年版）规定的标准加以判断。

四、微生物限度检查法

1. 非无菌产品微生物限度检查：微生物计数法　微生物计数法系用于能在有氧条件下生长的嗜温细菌和真菌的计数。当本法用于检查非无菌制剂及其原、辅料等是否符合规定的微生物限度标准时，应按下述规定进行检验，包括样品的取样量和结果的判断等。除另有规定外，本法不适用于活菌制剂的检查。

微生物计数试验环境应符合微生物限度检查的要求。检验全过程必须严格遵守无菌操作，防止再污染。防止污染的措施不得影响供试品中微生物的检出。洁净空气区域、工作台面及环境应定期进行监测。如供试品有抗菌活性，应尽可能去除或中和。供试品检查时，若使用了中和剂或灭活剂，应确认其有效性以及对微生物无毒性。供试液制备时如果使用了表面活性剂，应确认其对微生物无毒性以及与所使用中和剂或灭活剂的相容性。

计数方法包括平皿法、薄膜过滤法和最可能数法（Most – Probable – Number Method，简称 MPN 法）。MPN 法用于微生物计数时精确度较差，但对于某些微生物污染量很小的供试品，MPN 法可能是更适合的方法。供试品检查时，应根据供试品理化特性和微生物限度标准等因素选择计数方法，检测的样品量应能保证所获得的试验结果能够判断供试品是否符合规定。所选方法的适用性须经确认。

2. 非无菌产品微生物限度检查：控制菌检查法　控制菌检查法系用于在规定的试验条件下，检查供试品中是否存在特定的微生物。当本法用于检查非无菌制剂及其原、辅料等是否符合相应的微生物限度标准时，应按下列规定进行检验，包括样品取样量和结果判断等。

供试品检出控制菌或其他致病菌时，按一次检出结果为准，不再复试。供试液制备及实验环境要求同"非无菌产品微生物限度检查：微生物计数法"。

任务三　制水技术

PPT

一、制药用水的概述

水是药物生产中用量大、使用广的一种辅料，用于生产过程和药物制剂的制备。《中国药典》（2020 年版）中所收载的制药用水，因其使用的范围不同而分为饮用水、纯化水、注射用水和灭菌注射用水。一般应根据各生产工序或使用目的与要求选用适宜的制药用水。药品生产企业应确保制药用水的质量符合预期用途的要求。

制药用水的制备从系统设计、材质选择、制备过程、贮藏、分配和使用均应符合药品生产质量管理规范的要求。制水系统应经过验证，并建立日常监控、检测和报告制度，有完善的原始记录备查。制药用水系统应定期进行清洗与消毒，消毒可以采用热处理或化学处理等方法。采用的消毒方法以及化学处理后消毒剂的去除应经过验证。

（一）制药用水分类

1. 饮用水 为天然水经净化处理所得的水，其质量必须符合现行中华人民共和国国家标准《生活饮用水卫生标准》。饮用水可作为药材净制时的漂洗、制药用具的粗洗用水。除另有规定外，也可作为饮片的提取溶剂。

2. 纯化水 为饮用水经蒸馏法、离子交换法、反渗透法或其他适宜的方法制备的制药用水。不含任何附加剂，其质量应符合《中国药典》（2020 年版）纯化水项下的规定。

3. 注射用水 为纯化水经蒸馏所得的水，应符合细菌内毒素试验要求。注射用水必须在防止细菌内毒素产生的设计条件下生产、贮藏及分装。其质量应符合注射用水项下的规定。注射用水可作为配制注射剂、滴眼剂等的溶剂或稀释剂及容器的精洗。

4. 灭菌注射用水 为注射用水按照注射剂生产工艺制备所得。不含任何添加剂。主要用于注射用灭菌粉末的溶剂或注射剂的稀释剂。其质量应符合灭菌注射用水项下的规定。

练一练2-3

（多选题）《中国药典》规定的注射用水应该是（　　）

A. 无热原的蒸馏水　　　B. 蒸馏水　　　C. 灭菌蒸馏水

D. 去离子水　　　E. 反渗透法制备的水

答案解析

（二）制药用水的用途

各类制药用水的主要用途见表 2-5。

表 2-5　制药用水的主要用途

制药用水类别	主要用途
饮用水	①制备纯化水的水源 ②中药材、中药饮片的清洗 ③口服、外用的普通制剂所用药材的润湿、提取 ④制药用具的粗洗
纯化水	①制备注射用水的水源 ②非无菌药品直接接触药品的设备、器具和包装材料最后一次洗涤用水 ③注射剂、无菌药品直接接触药品包装材料的初洗 ④非无菌药品的配制 ⑤非无菌原料的精制 ⑥中药注射剂、滴眼剂所用药材的提取溶剂
注射用水	①无菌产品直接接触药品的包装材料最后一次清洗用水 ②注射剂、无菌冲洗剂配料 ③无菌原料的精制 ④无菌原料药直接接触药品的包装材料最后一次清洗用水
灭菌注射用水	注射用灭菌粉末的溶剂或注射液的稀释剂

二、纯化水的制备技术

（一）纯化水的制备方法

纯化水常用的制备方法有离子交换法、电渗析法、反渗透法和蒸馏法。电渗析法与反渗透法广泛用于原水预处理，供离子交换法使用，以减轻离子交换树脂的负担。制备方法可单用也可结合使用，如将离子交换法结合电渗析法等。

1. 离子交换法 是利用离子交换树脂除去水中的阴、阳离子，同时对细菌和热原也有一定的去除作用，是制备纯化水的基本方法之一。其优点是所用设备简单、成本低、所制得的纯化水化学纯度高；其缺点是离子交换树脂常需要再生、消耗酸碱量大。特点是可除去绝大部分阴离子和阳离子等、对热原、细菌也有一定的清除作用。

（1）离子交换法的基本原理　离子交换法制备纯化水是通过阴、阳离子交换树脂上的极性基团分别与水中存在的各种阴、阳离子进行交换，从而达到纯化水的目的。

（2）离子交换法的种类　离子交换法一般采用阳床、阴床、混合床的组合形式。常用树脂有两种：一种是732型苯乙烯，为强酸性阳离子交换树脂，极性基团为磺酸基；另一种为717型苯乙烯，是强碱性阴离子交换树脂，极性基团为季铵基团。

（3）离子交换法的制水工艺流程　离子交换法制备纯化水的工艺流程如图2-5所示。

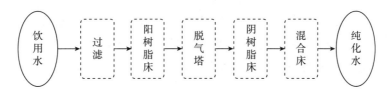

图2-5　离子交换法制备纯化水工艺流程图

2. 电渗析法 电渗析法是在外加电场作用下，利用离子定向迁移及交换膜的选择透过性而设计的，即阳离子交换膜装在阴极端，显示强烈的负电场，只允许阳离子通过；阴离子交换膜装在阳极端，显示强烈的正电场，只允许阴离子通过，这样阴、阳离子膜室内的水中的离子逐渐减少，从而达到去离子效果。原理如图2-6所示。

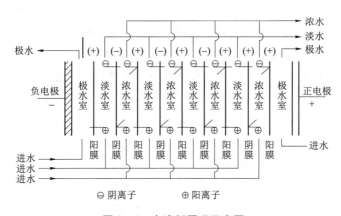

图2-6　电渗析原理示意图

电渗析法的特点是较离子交换法经济（节约酸碱），但制得的水纯度不高，比电阻较低。当原水含盐量高达3000mg/L时，用离子交换法制备纯化水则树脂会很快老化，此时电渗析法优于离子交换法。

3. 反渗透法 反渗透法的基本原理是在U形管中用一个半透膜将纯水和盐水隔开，此时纯水就透过半透膜扩散到盐溶液一侧，该过程即为渗透；半透膜两侧液柱的高度差表示此盐所具有的渗透压。当用高于此渗透压的压力作用于盐溶液一侧，则盐溶液中的水将向纯水一侧渗透，从而导致水从盐溶液中分离出来，此过程由于与渗透相反，故称为反渗透。如图2-7所示。

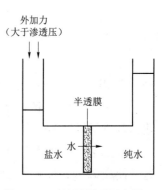

图2-7　反渗透原理示意图

反渗透法具有以下特点：①设备体积小，操作简单、单位体积产水量大；②由于制水过程为常温操作，因此不会腐蚀设备，也不会结垢；③除盐、除热原效率高；④设备及操作工艺简单，能源消耗低；⑤对原水质量要求较高。

反渗透法的制水流程如图2-8所示。

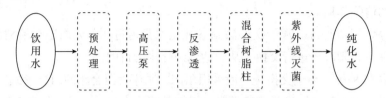

图2-8 反渗透法制备纯化水的工艺流程图

想一想2-3

某药厂预备制备纯化水，按照制水生产的岗位职责，要求按照《制水岗位操作法》《制水设备的标准操作规程》《制水设备的清洁保养标准规程》进行生产。

分析制药用水生产前一定需要做的准备工作有哪些？

答案解析

（二）纯化水的质量要求

1. 酸碱度 取本品10ml，加甲基红指示液2滴，不得显红色；另取10ml，加溴麝香草酚蓝指示液5滴，不得显蓝色。

2. 硝酸盐 取本品5ml置试管中，于冰浴中冷却，加10%氯化钾溶液0.4ml与0.1%二苯胺硫酸溶液0.1ml，摇匀，缓缓滴加硫酸5ml，摇匀，将试管于50℃水浴中放置15分钟，溶液产生的蓝色，与标准硝酸盐溶液[取硝酸钾0.163g，加水溶解并稀释至100ml，摇匀，精密量取1ml，加水稀释成100ml，再精密量取10ml，加水稀释成100ml，摇匀，即得（每1ml相当于1μg NO₃）]0.3ml加无硝酸盐的水4.7ml用同一方法处理后的颜色比较，不得更深（0.000006%）。

3. 亚硝酸盐 取本品10ml，置纳氏管中，加对氨基苯磺酰胺的稀盐酸溶液（1→100）1ml与盐酸萘乙二胺溶液（0.1→100）1ml，产生的粉红色，与标准亚硝酸盐溶液[取亚硝酸钠0.750g（按干燥品计算），加水溶解，稀释至100ml，摇匀，精密量取1ml，加水稀释成100ml，摇匀，再精密量取1ml，加水稀释成50ml，摇匀，即得（每1ml相当于1μg NO₂）]0.2ml，加无亚硝酸盐的水9.8ml，用同一方法处理后的颜色比较，不得更深（0.000002%）。

4. 氨 取本品50ml，加碱性碘化汞钾试液2ml，放置15分钟；如显色，与氯化铵溶液（取氯化铵31.5mg，加无氨水适量使溶解并稀释成1000ml）1.5ml，加无氨水48ml与碱性碘化汞钾试液2ml制成的对照液比较，不得更深（0.00003%）。

5. 电导率 应符合规定（通则0681）。

6. 总有机碳 不得过0.50mg/L（通则0682）。

7. 易氧化物 取本品100ml，加稀硫酸10ml，煮沸后，加高锰酸钾滴定液（0.02mol/L）0.10ml，再煮沸10分钟，粉红色不得完全消失。以上总有机碳和易氧化物两项可选做一项。

8. 不挥发物 取本品100ml，置105℃恒重的蒸发皿中，在水浴上蒸干，并在105℃干燥至恒重，遗留残渣不得过1mg。

9. 重金属 取本品100ml，加水19ml，蒸发至20ml，放冷，加醋酸盐缓冲液（pH 3.5）2ml与水适量使成25ml，加硫代乙酰胺试液2ml，摇匀，放置2分钟，与标准铅溶液1.0ml加水19ml用同一方法处理后的颜色比较，不得更深（0.00001%）。

10. 微生物限度 取本品不少于 1ml，经薄膜过滤法处理，采用 R_2A 琼脂培养基，30～35℃培养不少于 5 天，依法检查（通则 1105），1ml 供试品中需氧菌总数不得过 100cfu。

三、注射用水的制备技术

（一）注射用水的制备方法 📱 微课3

制备注射用水一般可采取蒸馏法和反渗透法，蒸馏法制备注射用水是《中国药典》规定的法定方法。蒸馏法是将纯化水经蒸馏水器蒸馏制备即得到注射用水。目前生产上蒸馏水器的形式很多，但基本结构相似，主要设备有多效蒸馏水机和气压式蒸馏水机等。

1. 多效蒸馏水器 多效蒸馏水器是近年国内广泛采用的制备注射用水的主要设备。具有产量高、耗能低、水质优及自动化程度高等优点。其结构通常由一个或多个蒸发换热器、分离装置、冷凝器及一些控制元件组成。多效蒸馏水器的性能取决于加热蒸汽的压力和级数，压力愈大则产量愈大，效数愈多则热能利用效率愈高。虽然多效蒸馏水器的效数不同，但工作原理相同，以三效蒸馏水器为例，其工作原理如图 2-9 所示。

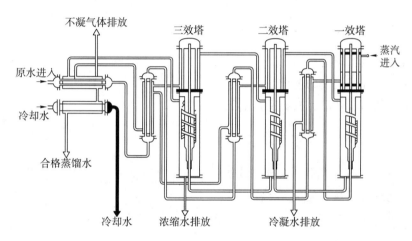

图 2-9 多效蒸馏水器工作原理图

2. 气压式蒸馏水机 气压式蒸馏水机是利用离心泵将蒸汽加压，提高蒸汽利用率的机器。其主要组成部分有蒸发器、压缩机、热交换器、脱气器、电机、阀门、仪表和控制部分等。工作原理为进料水（纯化水）加热汽化产生二次蒸汽；把二次蒸汽经过压缩机压缩成过热蒸汽，此时其压强、温度同时升高；使得过热蒸汽通过列管壁进行热交换，使水蒸发而过热蒸汽被冷凝成冷凝液，此冷凝液就是制备的注射用水。与多效蒸馏水器相比具有不需要冷凝水的优点，但是电能消耗大。

（二）注射用水质量要求

1. pH 值 取本品 100ml，加饱和氯化钾溶液 0.3ml，依法测定（通则 0631），pH 值应为 5.0～7.0。

2. 氨 取本品 50ml，照纯化水项下的方法检查，其中对照用氯化铵溶液改为 1.0ml，应符合规定（0.00002%）。

3. 硝酸盐与亚硝酸盐、电导率、总有机碳、不挥发物与重金属 照纯化水项下的方法检查，应符合规定。

4. 细菌内毒素 取本品，依法检查（通则 1143），每 1ml 中含内毒素的量应小于 0.25EU。

5. 微生物限度 取本品不少于 100ml，经薄膜过滤法处理，采用 R2A 琼脂培养基，30～35℃培养不少于 5 天，依法检查（通则 1105），100ml 供试品中需氧菌总数不得过 10cfu。

微生物污染一直是制药行业用药安全方面最突出的一个问题，据报道，2006 年，曾有大容量注射剂因微生物污染，导致 7 人死亡；2012 年，美国一家企业在生产药物过程中受到微生物的污染，最终导致 76 人死亡；2015 年 FDA 的召回报告中提到一批 Hospira 无菌产品由于西林瓶内的可见微粒污染进行召回等。而在这些事件中，由于微生物污染导致药物召回、GMP 证书撤销的事件中，约 80% 的问题为生产过程中方法、环境、管理等因素的问题。可想而知，药品生产中微生物的控制严重影响药品质量。因此，我们需要在新版 GMP 的指导下，从厂房设计、优选设备、合理储存及分配、在线监控、规范操作等方面进行质量控制，保证制药各个环节的安全稳定供给，为整个制药的生产过程提供强有力的保障。在工作中要秉承"工匠精神"，敬业、精益求精，为公众用药安全提供强有力的保障。

实训 2　调查药厂环境控制、灭菌技术

一、实训目的

1. 掌握药厂环境控制实际应用情况。
2. 熟悉灭菌工艺、环境控制的要求。
3. 能根据不同的物料、药品，选择适当的灭菌技术。

二、实训指导

1. 药厂环境控制　环境、厂房、人员、设备。
2. 灭菌技术　物理灭菌法、化学灭菌法。

三、实训材料

A4 纸、笔、实训报告本

四、实训内容

1. 学生分组　3 ~ 4 名同学为一组，以小组为单位进行调查。
2. 任务
（1）以小组为单位，绘制厂房布局结构图，并调研药厂为达到 GMP 要求，在进行厂房设计的过程中，是如何对生产车间进行环境控制的。
（2）以个人为单位，调研 10 个药厂在生产过程中需要进行灭菌的物品、药品、原料等，并写出该物品需用到的灭菌技术。

五、实训结果

1. 厂房布局结构图
2. 灭菌技术调查结果

需要灭菌的物品	所用灭菌技术

六、实训思考题

1. 什么是无菌操作技术？
2. 常用的灭菌技术有哪些？

 目标检测

答案解析

一、A 型题（最佳选择题）

1. 关于常用制药用水的错误表述是（　　）

    A. 纯化水为原水经蒸馏、离子交换、反渗透等适宜方法制得的制药用水

    B. 纯化水中不含有任何附加剂

    C. 注射用水为纯化水经蒸馏所得的水

    D. 注射用水可用于注射用灭菌粉末的溶剂

    E. 纯化水可作为配制普通药物制剂的溶剂

2. 关于纯化水的说法，错误的是（　　）

    A. 可作为制备中药注射剂时所用饮片的提取溶剂

    B. 可作为制备中药滴眼剂时所用饮片的提取溶剂

    C. 可作为配制口服制剂的溶剂

    D. 可作为配制外用制剂的溶剂

    E. 可作为配制注射剂的溶剂

3. 配制注射剂用的溶剂是（　　）

    A. 纯化水　　　　　　　　B. 注射用水　　　　　　　　C. 灭菌蒸馏水

    D. 灭菌注射用水　　　　　E. 制药用水

4. 注射用水和纯化水的检查项目的主要区别是（　　）

    A. 酸碱度　　　　　　　　B. 热原　　　　　　　　　　C. 氯化物

    D. 氨　　　　　　　　　　E. 硫酸盐

二、B 型题（配伍选择题）

【1-4】下列辅料在制剂处方中的作用是

    A. 纯化水　　　　　　　　B. 注射用水　　　　　　　　C. 灭菌蒸馏水

    D. 灭菌注射用水　　　　　E. 饮用水

1. 配制注射剂用的溶剂是（　　）
2. 配制纯化水用的溶剂是（　　）
3. 无菌原料的精制用的溶剂是（　　）
4. 制药用具的粗洗用的溶剂是（　　）

【5-7】下列情形宜采用的灭菌方法是

    A. 热压灭菌　　　　　　　B. 辐射灭菌　　　　　　　　C. 过滤除菌

    D. 紫外线灭菌　　　　　　E. 微波灭菌

5. 对热稳定的药物注射剂（　　）
6. 物品表面及洁净区空气（　　）

7. 对热不稳定的药物溶液、气体、水（ ）

三、X 型题（多项选择题）

1. 制药用水的种类有（ ）

    A. 饮用水   B. 灭菌注射用水   C. 纯化水

    D. 注射用水   E. 自来水

2. 空气过滤器按效率可分为（ ）

    A. 初效过滤器   B. 中效过滤器   C. 高效过滤器

    D. 亚高效过滤器   E. 低效过滤器

四、综合问答题

1. 简述制剂生产中常用的灭菌技术，并举例说明。

2. 简述药厂生产所需洁净区 4 个级别的区别。

书网融合……

重点回顾   微课1   微课2   微课3   习题

项目三　液体制剂的制备与质控

<table>
<tr><td rowspan="1">学习目标</td><td>

知识目标：

1. **掌握**　液体制剂的概念、特点、分类与质量要求；表面活性剂的概念、特点；增加药物溶解度的方法；高分子溶液剂的概念；混悬剂的概念、稳定性及影响因素；乳剂的概念、组成、种类、稳定性及影响因素。

2. **熟悉**　表面活性剂的分类及在药剂中的应用；过滤机制；溶液型液体制剂的概念、特点及制备；高分子溶液剂的制备；混悬剂、乳剂的制备；常用混悬剂的稳定剂；常用的乳化剂。

3. **了解**　过滤介质与助滤剂；高分子溶液剂的性质；溶胶剂的概念、性质及制备。乳化剂的选择原则。

技能目标：

能正确使用附加剂，按要求和规程完成液体制剂的生产和制备；能检查溶液剂的外观和质量；会对液体制剂的处方进行分析；会进行液体制剂的质量检查。

素质目标：

培养良好的责任意识和职业素养，养成严谨细致、精益求精的操作习惯。

</td></tr>
</table>

导学情景

情景描述： 患者，6岁，感冒发热。家长去药店买药，货架上陈列有小儿退热口服液、感冒灵颗粒、小儿氨酚黄那敏片，不知如何选择。

情景分析： 不同的剂型适合不同年龄的患者，要根据患者的情况选择合适的剂型。

讨论： 各种剂型有什么优势和劣势？应如何选择？

学前导语： 液体制剂在临床应用广泛。便于分剂量，起效快，能够提高药物的生物利用度，但为什么不是所有药物都制备成液体制剂呢？液体制剂有哪些缺点？液体制剂是如何制备的？

任务一　认识液体制剂

一、液体制剂的定义、特点

（一）液体制剂的定义

液体制剂是指药物分散在适宜的分散介质中所制成的供内服或外用的液体分散体系。对于浸出法或灭菌法制备的液体制剂将分别在浸出制剂的制备与质控和无菌制剂的制备与质控项目中叙述。

液体制剂的分散相，可以是固体、液体或气体药物。在一定条件下药物分别以颗粒、胶粒、分子、离子或其混合形式存在于分散介质中。液体制剂的理化性质、稳定性、药效甚至毒性等均与药物粒子分散度的大小有密切关系。

（二）液体制剂的特点

液体制剂与固体制剂（散剂、片剂等）相比有以下特点。

（1）药物以分子或粒子状态分散在分散介质中，分散度大，接触面积大，吸收快，能迅速发挥疗效，有利于提高药物的生物利用度。

（2）给药途径广泛，可用于内服，也可用于皮肤、黏膜和腔道给药。

（3）便于分剂量，服用方便。

（4）能减少某些药物的刺激性，通过调整液体制剂浓度而减少刺激性，避免易溶性固体药物如溴化物、碘化物等口服后，由于局部浓度过高而引起肠道刺激作用。

（5）药物分散度大，分散粒子具有很大的比表面积，易产生一系列的物理方面的不稳定性问题。受分散介质的影响，易引起药物的化学降解，使药效降低甚至失效。

（6）液体制剂体积较大，携带、运输、贮藏都不方便。

（7）水性制剂易霉变，需加入抑菌剂。

二、液体制剂的分类

液体制剂有多种分类方法，目前常用的分类方法有两种，即按照分散系统和给药途径进行分类。

（一）按分散系统分类

这种分类方法是把整个液体制剂看成一个分散体系，并按分散粒子的大小将液体制剂分成均相（单相）和非均相（多相）液体制剂。

1. 均相液体制剂 药物以分子状态均匀分散的澄明溶液，是热力学稳定体系，有以下两种。

（1）低分子溶液剂 由低分子药物以分子或离子状态分散在分散介质中形成的液体制剂，也称溶液剂。

（2）高分子溶液剂 由高分子化合物以分子状态分散在分散介质中形成的液体制剂。

2. 非均相液体制剂 为不稳定的多相分散体系，包括以下几种。

（1）溶胶剂 固体药物微细粒子分散在水中形成的非均相状态液体制剂，又称疏水胶体溶液。

（2）乳剂 由互不相溶的两相液体，其中一相以小液滴状态分散于另一相液体中形成的非均匀分散体系。

（3）混悬剂 由不溶性固体药物以微粒状态分散在分散介质中形成的非均匀分散体系。

分散体系中微粒分散的特点见表3-1。

表3-1 分散体系中微粒分散的特性

液体类型	微粒大小（nm）	特征
低分子溶液剂	<1	分子或离子分散的澄明溶液，体系稳定
高分子溶液剂	1~100	分子或离子分散的澄明溶液，体系稳定
溶胶剂	1~100	胶态分散，形成多相体系，有聚结不稳定性
乳剂	>100	液体微粒分散，形成多相体系，有聚结和重力不稳定性
混悬剂	>500	固体微粒分散，形成多相体系，有聚结和重力不稳定性

（二）按给药途径分类

液体制剂有很多给药途径，由于制剂种类和用法不同，液体制剂的给药途径可分为内服液体制剂和外用液体制剂。

1. 内服液体制剂　合剂、溶液剂、糖浆剂、乳剂、混悬剂等。

2. 外用液体制剂

（1）皮肤用液体制剂　如洗剂、搽剂、涂膜剂等。

（2）五官科用液体制剂　如洗耳剂、滴鼻剂、含漱剂、滴牙剂等。

（3）局部用液体制剂　如直肠、阴道、尿道用的灌肠剂、灌洗剂等。

三、液体制剂的常用溶剂和附加剂

溶液剂中的溶剂，以及溶胶剂、混悬剂、乳剂等液体制剂中的分散介质或分散相，统称为液体制剂的溶剂。可根据需要加入多种附加剂，如助溶剂、抗氧剂、矫味剂、着色剂、稳定剂、抑菌剂等。

（一）溶剂

根据药物性质和临床用途不同，在制备液体制剂时，应选用不同的溶剂。溶剂的选择对制剂的质量和疗效有直接影响。优良溶剂应具备的条件是：对药物具有较好的溶解性和分散性；化学性质稳定，不与主药和附加剂发生化学反应；对药效的发挥不产生影响；不影响含量测定；毒性小、成本低、无臭味且具有防腐性等。具有上述所有条件的溶剂很少，应灵活恰当选用，注意混合溶剂的使用。

1. 极性溶剂

（1）水　最常用的溶剂，本身无药理作用，廉价易得。水能与乙醇、甘油、丙二醇等极性溶剂任意混合。水能溶解大多数无机盐、极性大的有机物、糖、蛋白质、生物碱及其盐、苷类、鞣质及某些色素等。但有些药物在水中不稳定，宜发生霉变，不易久贮。配制水性液体制剂宜用纯化水。

（2）甘油　为无色、澄清的黏稠液体，味甜，有引湿性，毒性小，可内服，也可外用。甘油能与水、乙醇和丙二醇任意混溶，在丙酮中微溶，在三氯甲烷或乙醚中均不溶。甘油对硼酸、鞣质、苯酚等的溶解度比水大，可作为这些药物的溶剂。甘油比黏度大而化学活性小，浓度在30%以上时有防腐性，多作为黏膜用药的溶剂；对皮肤有保湿防止干燥、滋润、延长药物局部疗效等作用。无水甘油有吸水性，对皮肤黏膜有刺激性。10%甘油水溶液无刺激性，对一些刺激性药物可起到缓和作用。口服溶液中含甘油12%（g/ml）以上时，有甜味，能防止鞣质的析出。大剂量口服可引起头痛、口渴及恶心等不良反应。

（3）二甲基亚砜　无色、几乎无味或微有苦味的透明的油状液体，吸湿性强。可与水、乙醇、丙酮、三氯甲烷、乙醚和苯等任意混溶。溶解范围广，许多难溶于水、甘油、乙醇、丙二醇的药物，在本品中往往可以溶解，故有"万能溶剂"之称。本品对皮肤和黏膜的穿透能力很强，但对皮肤有轻度刺激性，高浓度可引起皮肤灼烧感、瘙痒及发红，本品孕妇禁用。

2. 半极性溶剂

（1）乙醇　除水以外最常用的有机溶剂。可与水、甘油、丙二醇等任意混合。能溶解大部分有机物质和植物药材中的有效成分，如生物碱及其盐类、苷类、挥发油、树脂、鞣质及某些有机酸和色素等。其毒性比其他有机溶剂小，20%以上的乙醇水溶液具有防腐作用，40%以上的乙醇水溶液能延缓某些药物（如苯巴比妥钠等）的水解。但与水相比，存在成本高，本身有药理作用，易挥发及易燃烧等缺点，其制剂应密封贮存。

（2）丙二醇　药用规格必须是1,2-丙二醇，性质与甘油相似，但黏度较甘油小，可作为内服或肌内注射用药的溶剂，毒性及刺激性小。本品可与水、乙醇、甘油任意混合，能溶解很多有机药物，如磺胺类药、局部麻醉药、维生素 A、D 等。丙二醇与水的等量混合液能延缓某些药物的水解，增加其稳定性。丙二醇对药物透过皮肤和黏膜有一定的促进作用。

（3）聚乙二醇　分子量在 1000 以下者为液体，如 PEG 300、PEG 400、PEG 600 等。低聚合度的聚乙二醇，如 PEG 300 ~ 400 为无色透明液体，能与水任意混合，并能溶解许多水溶性无机盐和水不溶性有机物，毒性小，与水混合可用于内服、外用、注射用溶剂。本品对易水解的药物具有一定的稳定作用，且可增加皮肤的柔韧性，并具有保湿作用。

3. 非极性溶剂

（1）脂肪油　常用的一类非极性溶剂，能溶解油溶性药物如激素、挥发油、游离生物碱及许多芳香族化合物等。常用的有豆油、麻油、花生油和橄榄油等，多用于外用制剂，如洗剂、搽剂、滴鼻剂等。本品不能与水、甘油等极性溶剂混合。脂肪油易酸败，易受碱性药物的影响而发生皂化反应，影响制剂的质量。

（2）液体石蜡　本品为无色透明油状液体，是从石油产品中分离得到的液状烃混合物。有轻质和重质两种，前者密度为 0.828 ~ 0.860g/ml，后者为 0.860 ~ 0.890g/ml，多用于软膏剂及糊剂中。化学性质稳定，能溶解生物碱、挥发油等非极性物质，与水不能混溶。在肠道中不分解也不吸收，能使粪便变软，有润肠通便作用。

（3）乙酸乙酯　为无色油状液体，微臭。相对密度（20℃）为 0.897 ~ 0.906g/ml，有挥发性和可燃性。在空气中容易氧化并变色，需加入抗氧剂。本品能溶解挥发油、甾体药物及其他油溶性药物。常作为搽剂的溶剂。

（二）附加剂

1. 增溶剂　增溶系指某些难溶性药物在表面活性剂的作用下，在溶剂中增加溶解度并形成溶液的过程。被增溶的物质成为增溶质；具有增溶能力的表面活性剂称增溶剂，常用的增溶剂为聚山梨酯类和聚山梨坦类等。增溶剂的最适 HLB 值为 15 ~ 18。每 1g 增溶剂能增溶药物的克数称为增溶量。

2. 助溶剂　助溶系指难溶性药物在某种物质的存在下，在溶剂中显著增加溶解度的过程。具有助溶作用的物质成为助溶剂。助溶剂的助溶机制是：某种物质与药物在溶剂（主要是水）中形成可溶性络合物、复盐或缔合物，以增加药物在溶剂中的溶解度。

常用助溶剂可以分为两类：一类是某些有机酸及其盐，如苯甲酸钠、水杨酸钠、对氨基苯甲酸等都是在制剂中应用较多的助溶剂。如苯甲酸钠对呋喃西林具有助溶作用，研究显示苯甲酸钠对呋喃西林的助溶效果明显优于吐温 -80 和乙醇。随着苯甲酸钠浓度的增加，抑菌效果也相应增强。另一类是酰胺化合物，如乌拉坦、尿素、乙酰胺等。

3. 潜溶剂　为了提高难溶性物质的溶解度，常使用两种或多种混合溶剂。在混合溶剂中各溶剂达到某一比例时，药物的溶解度出现极大值，这种现象称为潜溶，具有潜溶作用的溶剂称潜溶剂。潜溶剂能提高药物溶解度的主要原因是混合溶剂的介电常数、表面张力、分配系数等与溶解相关的特征性参数发生变化，使其与溶质的相应参数相近的结果，这仍遵循着"相似者相溶"的原理。

4. 抗氧剂　抗氧剂是一类化学物质，当其在聚合物体系中仅少量存在时，就可延缓或抑制聚合物氧化过程的进行，从而阻止聚合物的老化并延长其使用寿命。抗氧剂应根据药物的具体情况选择，单一抗氧剂难以满足药物稳定性要求时，复合抗氧剂能充分发挥协同作用，提高抗氧剂的性能。抗氧剂有水溶性和油溶性两种。

（1）水溶性抗氧剂　主要用于水溶性药物的抗氧化。常用的抗氧剂有：维生素 C、亚硫酸钠、亚硫酸氢钠、焦亚硫酸钠、硫代硫酸钠等。

维生素 C 具有烯醇结构，具还原性，可清除游离基，同时还因具有羧基和邻位的羟基而可与金属离子发生络合作用，降低金属离子催化自动氧化的活性，羟基还具有一定的酸性，可降低 pH 值而使氧化反应减慢。

亚硫酸钠为白色结晶性粉末，具有较强的还原性。水溶液呈碱性，主要用于偏碱性药物的抗氧剂。与酸性药物、盐酸硫胺等有配伍禁忌。

亚硫酸氢钠为白色结晶粉末，具有二氧化硫臭味，具有还原性。水溶液呈酸性，主要用作酸性药物的抗氧剂。与碱性药物、钙盐、对羟基衍生物，如肾上腺素等有配伍禁忌。

焦亚硫酸钠为白色结晶性粉末，有二氧化硫臭，味酸咸，具有较强的还原性，水溶液呈酸性，主要用作酸性药物的抗氧剂。

硫代硫酸钠为无色透明结晶或细粉，无臭，味咸。具有强烈的还原性。水溶液呈弱碱性，在酸性溶液中易分解，主要用作偏碱性药物的抗氧剂。与强酸、重金属盐类有配伍禁忌。

（2）油溶性抗氧剂　主要用于油溶性药物的抗氧化。常用的抗氧剂有：维生素 E、叔丁基对羟基茴香醚、2，6 - 二叔丁基羟基甲苯等。

维生素 E 是天然抗氧剂，一般将维生素 E 和维生素 C 合用，一般维生素 E 中包括四种异构体（α，β，γ，δ），其抗氧化活性 α < β < γ < δ。维生素 E 和茶多酚合用，具有良好的协同作用，可用作脂溶性药物的抗氧剂。

叔丁基对羟基菌香醚为白色或淡黄色蜡状固体，具弱的特殊气味，不溶于水，溶于乙醇、丙二醇、三氯甲烷、乙醚和植物油，用作脂溶性药物的抗氧剂。光和微量金属会引起本品变色和失活，与铁盐有配伍禁忌。文献报道叔丁基对羟基茴香醚有致癌作用，目前已逐渐被新型抗氧剂所替代。

5. 抑菌剂　抑菌剂系指具有抑菌作用、能抑制微生物生长发育的物质。抑菌剂对微生物繁殖体有杀灭作用，对芽孢有抑制其发育为繁殖体的作用。

各种抑菌剂有不同的性质和应用范围，选择的抑菌剂应安全、稳定、无过敏性、无刺激性、与制剂成分及容器成分无相互作用等基本要求外，在使用前应了其抗菌谱，最低抑菌浓度。常用的抑菌剂有羟苯酯类（尼泊金类）、苯甲酸、山梨酸、苯扎溴铵（新洁尔灭）等。

（1）羟苯酯类　也称为对羟基苯甲酸酯类，无毒、无味、无臭，性质稳定，用量小，抑菌作用强，特别对大肠埃希菌有很强的抑制作用。在偏酸性或中性溶液中有效，因在弱碱性溶液及强酸溶液中易水解而作用减弱。羟苯酯类在不同溶剂中溶解度及在水中的抑菌浓度见表 3 - 2，其抑菌作用与烷基链长成正比，溶解度则相应减小。混合使用不同的酯有协同作用，如乙酯和丙酯（1∶1）或乙酯和丁酯（4∶1），浓度均为 0.01% ~ 0.25%。羟苯酯类遇铁盐变色，与聚山梨酯、聚乙二醇配伍时溶解度增加，但因分子间产生络合作用并不增加抑菌能力甚至下降。

表 3 - 2　羟苯酯类的溶解度和抑菌浓度

酯类	溶解度（g/100ml），25℃				水溶液中抑菌浓度（%）
	水	乙醇	甘油	丙二醇	
甲酯	0.25	52	1.3	22	0.05 ~ 0.25
乙酯	0.16	70	–	25	0.05 ~ 0.15
丙酯	0.04	95	0.35	26	0.02 ~ 0.075
丁酯	0.02	210	–	110	0.01

（2）苯甲酸　苯甲酸具有吸湿性，水中溶解度为 0.29%，在酸性溶液中抑菌效果较好，在 pH 2.5 ~ 4 作用最强。溶液 pH 增高时因解离度增大，抑菌效果降低。用量一般为 0.03% ~ 0.1%。与羟苯酯类比较，苯甲酸防霉作用较弱，防发酵能力强，故在 0.25% 苯甲酸与 0.05% ~ 0.1% 羟苯酯类合用可发挥最佳效果。因苯甲酸在水中溶解度较小，故在许多不宜含醇的液体制剂中，常用在水中溶解度较大的苯

甲酸钠（1：1.8，25℃）。在酸性溶液中苯甲酸钠的防腐作用与苯甲酸相当，用量为 0.1% ~ 0.2%，在 pH 5 以上抑菌效果明显降低，用量不少于 0.5%。

（3）山梨酸 是对人体毒性最小的防腐剂。在水中溶解度较小（30℃，0.12%），但溶于沸水（3.8%）、丙二醇（20℃，5.5%）、无水乙醇（12.9%）。对细菌最低抑菌浓度为 2 ~ 4mg/ml（pH < 6），对酵母、真菌最低抑菌浓度为 0.8% ~ 1.2%。需在酸性溶液中使用，在 pH 4 时效果最好。山梨酸在空气中久置易氧化，水和光加速其氧化，没食子酸或苯酚可使其稳定。也常应用水中溶解度更大的山梨酸钾、山梨酸钙等。

（4）苯扎溴铵 又称新洁尔灭。淡黄色黏稠液体，低温时形成蜡状固体，极易潮解，有特臭、味极苦。无刺激性，溶于水和乙醇，微溶于丙酮和乙醚。水溶液呈碱性，对金属、橡胶、塑料无腐蚀作用，在酸性和碱性溶液中稳定，耐热压。使用浓度为 0.02% ~ 0.2%，多为外用。

6. 矫味剂 矫味剂系指能够掩盖药物的不良臭味或改善药物臭味的一类添加剂，主要用于供口服给药的液体制剂。矫味剂有甜味剂、芳香剂、胶浆剂及泡腾剂等类型，可根据不同制剂的臭味及矫味要求选择应用或合并应用。

（1）甜味剂 分为天然的和合成的两类。天然甜味剂包括蔗糖、单糖浆、橙皮浆、桂皮糖浆等，不但能矫味而且能矫臭。山梨醇、甘露醇等也可作甜味剂。甜菊苷有清凉甜味，甜度约为蔗糖的 300 倍，常用量为 0.01% ~ 0.05%。本品甜味持久且不被吸收，但甜中带苦，故常与蔗糖糖精钠合用。合成的甜味剂有糖精钠，甜度为蔗糖的 200 ~ 700 倍，易溶于水，但水溶液不稳定，长期放置甜度降低，常用量为 0.03%。阿司帕坦，为天门冬酰苯甲氨酸甲酯，也称蛋白糖，为二肽类甜味剂，又称天冬甜精。甜度比蔗糖高 150 ~ 200 倍，不致龋齿，可以有效地降低热量，适用于糖尿病、肥胖症患者。

（2）芳香剂 芳香剂系在制剂中添加的香料和香精，以改善制剂的气味和香味，香科分天然香料和人造香料两大类。天然香料有植物中提取的芳香性挥发油，如柠檬、樱桃、茴香、薄荷挥发油等，以及它们的制剂，如薄荷水、桂皮水等。人造香料也称调合香料，是由人工香料添加一定量的溶剂调合而成的混合香料，如苹果香精、香蕉香精等。

（3）泡腾剂 有机酸与碳酸氢钠混合在一起，遇水后反应产生大量二氧化碳。二氧化碳能麻痹味蕾起矫味作用，对盐类的苦味、涩味、咸味有所改善。有机酸与碳酸氢钠，和甜味剂、芳香剂合用，可得到清凉饮料类的佳味。

7. 着色剂 应用着色剂改善制剂的颜色。可用来识别药物的浓度或区分应用方法，也可改变制剂的外观，减少患者对服药的厌恶感。尤其是选用的颜色与矫味剂能够配合协调，更易为患者接受。

（1）天然色素 常用的有植物性和矿物性色素，作食品和内服制剂的着色剂。植物性的有红色的苏木、甜菜红等，黄色的姜黄、胡萝卜素等，蓝色的松叶蓝，绿色的叶绿酸铜钠盐，红棕色的焦糖等。矿物性的有氧化铁（外用呈肤色）。

（2）合成色素 人工合成色素的特点是颜色鲜艳，价格低廉，但大多数毒性比较大，用量不宜过多。我国批准使用的合成色素有苋菜红、柠檬黄、靛蓝、胭脂红等。在液体制剂中用量一般不宜超过万分之一，常配成 1% 贮备液使用。外用的有品红、伊红等。

四、表面活性剂

表面分子受到的作用力与内部分子所受作用力是不同的。恒温恒压下，内部分子受到作用力是均匀的，而表面分子受到的作用力则是不均匀的；处在液相和气相接触的表面分子受到的气相分子的作用力明显小于内部液态分子对它的作用力，于是形成了一个垂直指向液相内部的合力，即表面张力，致使液相表面分子有被拉入液体内部的倾向。因此，表面张力系作用于液体表面上任何部分单位长度直线上的收缩力，力的方向与该直线垂直并与液面相切。

表面张力在自然界与生活中普遍存在，对制剂的生产及研究过程存在明显影响，乳剂、混悬剂、脂质体等的制备与稳定，药物的润湿与溶解，药物的经皮吸收以及在胃肠道的吸收等，都与界面现象有密切的关系。

（一）表面活性剂的定义和特点

能使液体表面张力发生明显降低的物质称为该液体的表面活性剂，是表面活性剂的最大特点之一，即使在非常低浓度的条件，也能使水的表面张力大大降低，进而改变混合、铺展、润湿与吸附等表面现象。

表面活性剂是含有极性亲水基团和非极性疏水基团的两亲性化合物。表面活性剂的这种特点使其可以集中在溶液表面、两种不相混溶液体的界面或者集中在液体和固体的界面，起到降低表面张力或界面张力的作用。

表面活性剂的疏水基团通常是长度在 8 ~ 20 个碳原子的烃链，可以是直链、饱和或不饱和的偶氮链等，疏水结构的变化会引起表面张力降低能力的改变。如疏水基的羟基中引入碳链分支，会导致临界胶束浓度显著增大，进而提高降低表面张力的能力；亲水基团一般为电负性较强的原子团或原子，可以是阴离子、阳离子、两性离子或非离子基团，例如羧基、硫酸基、磺酸基、磷酸基、氨基、聚氧乙烯基、羰基等。亲水基团在表面活性剂分子的相对位置对其性能也有影响，亲水基在分子中间较在末端的润湿性作用强，在末端的较在中间的去污作用强。

（二）表面活性剂的分类

表面活性剂根据其极性基团的解离性质不同可分为离子型表面活性剂和非离子型表面活性剂，而根据离子型表面活性剂所带电荷不同，又可进一步分为阴离子型表面活性剂、阳离子型表面活性剂和两性离子型表面活性剂。

1. 离子型表面活性剂

（1）阴离子表面活性剂　阴离子表面活性剂在水中解离后，生成由疏水基烃链和亲水基阴离子组成的表面活性部分及带有相反电荷的反离子。阴离子表面活性剂按亲水基分类，可分为高级脂肪酸盐、硫酸酯盐、磺酸盐、磷酸盐等。该类表面活性剂在 pH 7 以上活性较强，pH 5 以下表面活性较弱。该类表面活性剂常用作清洁剂去污剂，由于毒性较大，在药物制剂中应用较少。

1）高级脂肪酸盐　也称肥皂类，通式为（$RCOO^-$）$_n M^{n+}$。常用的脂肪酸为 C_{12} ~ C_{18}，硬脂酸、油酸、月桂酸等较为常用。根据 M^{n+} 不同分为一价碱金属皂（如钾皂）、二价碱土金属皂（如镁皂）和有机胺皂（如三乙醇胺皂）等。它们均具有良好的乳化性能和分散油的能力，但易被酸破坏，碱金属皂还可被钙、镁盐等破坏。常用作软膏剂的乳化剂，一般只用于外用制剂。

2）硫酸化物　系硫酸化油和高级脂肪醇硫酸酯，通式为 $ROSO_3^- M^+$，脂肪烃链在 C_{12} ~ C_{18} 之间。常用硫酸化蓖麻油（俗称土耳其红油）、十二烷基硫酸钠（SDS，亦称月桂醇硫酸钠 SLS）。SDS 乳化能力强，较肥皂类稳定，较耐酸和钙、镁盐。但可与一些高分子阳离子药物发生作用而产生沉淀，对黏膜有一定的刺激性，主要用于外用软膏剂中的乳化剂，有时也用于片剂等固体制剂的润滑剂或增溶剂。

3）磺酸化物　系脂肪族、烷基芳香族磺酸化物，通式为 $RSO_3^- M^+$。常用有二辛基琥珀酸磺酸钠、十二烷基苯磺酸钠（优良洗涤剂，黏度低、去污能力强）等。常用于胃肠道脂肪的乳化剂和单硬脂酸甘油酯的增溶剂。

（2）阳离子表面活性剂　该类表面活性剂起作用的部分是阳离子，主要是季铵盐类化合物。如苯扎溴铵（新洁尔灭）、度米芬、氯己定等。特点是水溶性大，耐酸碱，有良好的表面活性和很强的杀菌、防腐作用，但因毒性大，药剂中常用作杀菌剂和防腐剂，主要用于皮肤、黏膜、手术器械消毒。

（3）两性离子表面活性剂　这类表面活性剂分子结构中同时含有正电性基团（氨基和季铵基等碱性基团）和负电性的亲水基团（羧基、硫酸基、磷酸基和磺酸基等酸性基团），在不同 pH 介质中可表现出阳离子或阴离子型表面活性剂的性质。

1）天然两性离子型表面活性剂　卵磷脂是从大豆和蛋黄中提取纯化制得，分为豆磷脂和卵磷脂。卵磷脂的组成十分复杂，包括各种甘油磷脂，如脑磷脂、磷脂酰胆碱、磷脂酰乙醇胺、硬脂酸等，还有糖脂、中性脂等，分子中负电荷基团是磷酸型阴离子，正电荷基团是季铵盐型阳离子。卵磷脂为透明或半透明黄色或黄褐色油脂状物质，对热敏感，置 60℃ 以上数天会变成不透明褐色，对酸、碱、酯酶不稳定，容易水解。因含有两个疏水基团，故不溶于水，但可溶于乙醚、三氯甲烷、石油醚等有机溶剂。有很强的油脂乳化能力，形成稳定、不易破裂的乳滴。卵磷脂因毒性小、生物相容性好，而可用作静脉脂肪乳的乳化剂，同时也是制备脂质体的主要辅料。

2）合成两性离子型表面活性剂　分氨基酸型和甜菜碱型，其阴离子部分主要是羧酸盐，其阳离子部分为季铵盐（氨基酸型）和胺盐（甜菜碱型），其中氨基酸型在等电点时亲水性减弱，并可能产生沉淀，而甜菜碱型则无论在酸性、中性及碱性溶液中均易溶，在等电点时也无沉淀。两性离子型表面活性剂在碱性水溶液中呈阴离子型表面活性剂的性质，具有很好的起泡、去污作用；在酸性溶液中则呈阳离子型表面活性剂的性质，具有很强的杀菌能力。如十二烷基双（氨乙基）‐甘氨酸盐酸盐（氨基酸型），毒性低于阳离子型表面活性剂，但其 1% 水溶液的喷雾消毒能力强于相同浓度的氯己定、苯扎溴铵以及 70% 乙醇。

2. 非离子型表面活性剂　该类表面活性剂在水中不解离，分子由亲水性基团（多元醇，如甘油、山梨醇、聚乙二醇等）和亲油基团（长链脂肪酸或长链脂肪醇，以及烷基、芳基等）以酯键或醚键结合而成。毒性低，水中不解离，不受溶液 pH 的影响，药物相容性好，广泛用于外用、口服制剂和注射剂，个别品种也用于静脉注射剂。

（1）脂肪酸山梨坦（司盘，Span）　是失水山梨醇脂肪酸酯，是由山梨糖醇及其单酐和二酐与脂肪酸反应而成的酯类化合物的混合物。据脂肪酸种类不同，分为月桂山梨坦（司盘 20）、棕榈山梨坦（司盘 40）、硬脂山梨坦（司盘 60）、三硬脂山梨坦（司盘 65）、油酸山梨坦（司盘 80）、三油酸山梨坦（司盘 85）等多个品种。

司盘类通常是黏稠状、白色至黄色的油状液体或蜡状固体。不溶于水，易溶于乙醇，在酸、碱和酶的作用下容易水解，亲油性强，其 HLB 值 1.8～8.6，是常用的油包水（W/O）型乳化剂和水包油（O/W）型乳剂的辅助乳化剂。

（2）聚山梨酯（吐温，Tween）　是聚氧乙烯失水山梨醇脂肪酸酯，是由失水山梨醇脂肪酸酯与环氧乙烷反应生成的亲水性化合物。根据脂肪酸和聚合度的不同，可分为聚山梨酯 20（吐温 20）、聚山梨酯 40（吐温 40）、聚山梨酯 60（吐温 60）、聚山梨酯 65（吐温 65）、聚山 80（吐温 80）、聚山梨酯 85（吐温 85）等多种型号。

聚山梨酯是黏稠的黄色液体，在酸、碱和酶作用下会水解，不溶于油，但对热稳定，亲水性强，易溶于水和乙醇以及多种有机溶剂，是常用的增溶剂、O/W 型乳化剂、分散剂和润湿剂，其增溶作用不受溶液 pH 影响。

（3）脂肪酸甘油酯　分为脂肪酸单甘油酯和脂肪酸二甘油酯，如单硬脂酸甘油酯等，外观多为褐色、黄色及白色油状、脂状或蜡状物质，水中不溶，在水、热、酸、碱及酶等作用下易水解成甘油和脂肪酸。其表面活性较弱，HLB 值为 3～4，主要用作 W/O 型辅助乳化剂。

（4）蔗糖脂肪酸酯　简称蔗糖酯，是由蔗糖和脂肪酸反应生成的一类化合物，属多元醇型非离子型表面活性剂，根据与脂肪酸反应生成酯的取代数不同有单酯、二酯、三酯及多酯等。改变取代脂肪酸及酯化度，可得到不同 HLB 值（5～13）的产品。为白色至黄色油状、膏状、蜡状或粉末状，不溶水或油，溶于丙二醇、乙醇，水中和甘油中加热可形成凝胶。在室温下稳定但高温时分解及产生蔗糖焦化，易水解。常用做 O/W 型乳化剂和分散剂，一些高脂肪酸含量的蔗糖酯是常用的阻滞剂。

（5）聚氧乙烯型

1）聚氧乙烯脂肪酸酯　商品名卖泽（Myrij），系聚乙二醇与长链脂肪酸缩合而成的酯。如聚氧乙烯 40 硬脂酸酯，具有水溶性强、乳化能力强等特点，是常用的增溶剂和 O/W 型乳化剂。

2）聚氧乙烯脂肪醇醚　系聚乙二醇与脂肪醇缩合而成的醚，商品苄泽（Brij），是常用的 O/W 型乳化剂。

3）聚氧乙烯 - 聚氧丙烯共聚物　又称泊洛沙姆（poloxamer），商品名普郎尼克（Pluronic）。分子量范围 1000～14000，随分子量增加，本品从液体变为固体。聚合物结构中聚氧丙烯为亲油基，聚氧乙烯为亲水基，随着聚氧丙烯比例增加，亲油性增强；反之，亲水性增强。本品具有乳化、润湿、分散、起泡和消泡等多种优良性能，但增溶能力较弱。泊洛沙姆 188（Pluronic F68）为可静脉注射用的 O/W 型乳化剂，制成的乳剂能够耐受热压灭菌和低温冰冻而不改变其物理稳定性。

（三）表面活性剂的性质

1. 胶束的形成　表面活性剂分子的疏水（亲油）基团之间由于疏水作用在水中易于相互靠拢、缔合，从而逃离水分子的包围，当表面活性剂在溶液表面的吸附达到饱和后，它们在水溶液中由一定数量的离子或分子组成缔合体——胶束，此时，再提高表面活性剂的浓度，已不能显著增加溶液中单个分子或离子的浓度，而只能形成更多的胶束。

2. 亲水亲油平衡值　表面活性分子中亲水和亲油基团对油或水的综合亲和力称为亲水亲油平衡值（HLB）。目前将表面活性剂的 HLB 值范围限定在 0～40，其中非离子型表面活性剂的 HLB 值范围为 0～20，完全由疏水碳氢基团组成的石蜡分子的 HLB 值为 0，而完全由亲水性的氧乙烯基组成的聚氧乙烯 HLB 值为 20，其他的则介于二者之间。HLB 值越低表面活性剂亲油性越大，HLB 值越高表面活性剂亲水性越大。表面活性剂的亲水与亲油能力应适当平衡，如果亲水或亲油能力过大则降低表面张力作用较弱。一些常用表面活性剂的 HLB 值见表 3 - 3。

表 3 - 3　常用表面活性剂的 HLB 值

表面活性剂	HLB 值	表面活性剂	HLB 值
司盘 85	1.8	聚氧乙烯 400 单油酸酯	11.4
司盘 83	3.7	聚氧乙烯 400 月桂酸酯	11.6
司盘 80	4.3	聚氧乙烯 400 硬脂酸酯	13.1
司盘 65	2.1	聚氧乙烯氢化蓖麻油	12～18
司盘 60	4.7	聚氧乙烯烷基酚	12.8
司盘 40	6.7	聚氧乙烯壬烷基酚醚	15
司盘 20	8.6	二硬脂酸乙二酯	1.5
吐温 85	11.0	单硬脂酸丙二酯	3.4
吐温 81	10.0	单硬脂酸甘油酯	3.8
吐温 80	15.0	单油酸二甘酯	6.1
吐温 65	10.5	油酸三乙醇胺	12
吐温 61	9.6	油酸钠	18
吐温 60	14.9	油酸钾	20

续表

表面活性剂	HLB 值	表面活性剂	HLB 值
吐温 40	15.6	卵磷脂	3
吐温 21	13.3	蔗糖酯	5 ~ 13
吐温 20	16.7	阿拉伯胶	8
卖泽 45	11.1	明胶	9.8
卖泽 49	15.0	西黄蓍胶	13
卖泽 51	16.0	乳化剂 OP	15
卖泽 52	16.9	普洛沙姆 188	16
卖泽 30	9.5	西土马哥	16.4
卖泽 35	16.9	阿特拉斯 G - 3300	11.7
平平加 0	15.9	阿特拉斯 G - 263	25 ~ 30
E 平平加 20	16.0	十二烷基硫酸钠	40

表面活性剂的 HLB 值与其性能和应用密切相关，HLB 值在 3 ~ 8 的表面活性剂适于作 W/O 型乳化剂，HLB 值在 8 ~ 16 的表面活性剂适于作 O/W 型乳化剂，HLB 值在 13 ~ 18 的表面活性剂适于作增溶剂，HLB 在 7 ~ 9 的表面活性剂是适于作润湿剂与铺展剂。由于非离子型表面活性剂的 HLB 值具有加和性，故二组分的非离子型表面活性剂体系的 HLB 值可通过以下公式计算：

$$HLB_{AB} = (HLB_A \times W_A + WLB_B \times W_B) \div (W_A + W_B)$$ （3 - 1）

式中，HLB_A 和 WLB_B 分别表示表面活性剂 A 和 B 的 HLB 值；HLB_{AB} 为混合表面活性剂的 HLB 值；W_A 和 W_B 分别表示表面活性剂 A 和 B 的量（如重量、比例量等）。

3. 起昙　聚氧乙烯类非离子型表面活性剂，富含聚氧乙烯基，可与水形成氢键，其水中溶解度随温度的升高而增大，但当达到某一温度后，聚氧乙烯链与水之间的氢键断裂，使溶解度急剧下降和析出，溶液出现混浊，这种现象称为起昙或起浊，出现起昙的温度称为昙点（或浊点），但当温度降到昙点以下时，能重新形成氢键，溶液又可恢复澄明。在聚氧乙烯链长相同时，昙点随碳氢链的增长而降低；当碳氢链长相同时，昙点随聚氧乙烯链增长而升高。表面活性剂的昙点大部分在 70 ~ 100℃ 之间，如聚山梨酯 20 为 90℃，聚山梨酯 80 为 93℃，但某些聚氧乙烯类非离子型表面活性剂，如泊洛沙姆 188，在常压下观察不到昙点。含有能起昙的表面活性剂的制剂在加热或灭菌时应特别注意，因为当温度达昙点后，会析出表面活性剂，其增溶作用及乳化性能下降，还可能使被增溶物析出或使乳剂破坏。

4. 表面活性剂的复配　表面活性剂相互间或与其他化合物的配合使用称为复配，如果能够选择适宜的配伍，可以大大增加增溶能力，减少表面活性剂用量。

（1）与中性无机盐的配伍　在离子型表面活性剂溶液中加入可溶性的中性无机盐，主要是反离子的影响。反离子结合率越高和浓度越高，表面活性剂临界胶束浓度（CMC）降低就越显著，从而增加了胶束数量，从而增加了烃类增溶质的增溶量。相反，由于无机盐使胶束栅状层分子间的电斥力减小，分子排列更紧密，减少了极性增溶质的有效增溶空间，故对极性物质的增溶量降低。当溶液中存在多量 Ca^{2+}、Mg^{2+} 等多价反离子时，则可能降低阴离子型表面活性剂的溶解度，产生盐析现象。无机盐对非离子型表面活性剂的影响较小，但在高浓度时（> 0.1mol/L）可破坏表面活性剂聚氧乙烯等亲水基与水分子的结合，使昙点降低。一些不溶性无机盐如硫酸钡能化学吸附阴离子型表面活性剂，使溶液中表面活性剂浓度下降。而皂土、白陶土、滑石粉等具负电荷的固体也可与阳离子型表面活性剂生成不溶性复合物。

（2）水溶性高分子　明胶、聚乙烯醇、聚乙二醇及聚维酮等水溶性高分子对表面活性剂分子有吸附作用，减少溶液中游离表面活性剂分子数量，临界胶束浓度因此升高。阳离子型表面活性剂与含羧基的羧甲基纤维素、阿拉伯胶、果胶酸、海藻酸以及含磷酸根的核糖核酸、去氧核糖核酸等生成不溶性复凝聚物。但在含有高分子的溶液中，一旦有胶束形成，其增溶效果却显著增强，这可能是两者疏水链的相互结合使胶束烃核增大，也可能是电性效应，如聚乙二醇因结构中醚氧原子的存在，有未成键电子对与水中的 H^+ 结合而带正电荷，易与阴离子型表面活性剂结合。

（3）表面活性剂混合体系

1）同系物混合体系　二个同系物等量混合体系的表面活性介于各自表面活性之间，而且更趋于活性较高的组分（即碳氢链更长的同系物），对 CMC 较小组分有更大的影响。混合体系的 CMC 与各组分摩尔分数不呈线性关系，也不等于简单加和平均值。

2）非离子型表面活性剂与离子型表面活性剂混合体系　这两类表面活性剂更容易形成混合胶束，CMC 介于两种表面活性剂 CMC 之间或低于其中任一表面活性剂的 CMC。对于阴离子型表面活性剂 - 聚氧乙烯型非离子型表面活性剂体系，当聚氧乙烯数增加时，可能发生更强的协同作用，而电解质的加入可使协同作用减弱。疏水基相同的聚氧乙烯型非离子型表面活性剂，与阴离子型表面活性剂配伍的协同作用强于与阳离子的配伍。

3）阳离子型表面活性剂与阴离子型表面活性剂混合体系　在水溶液中，带有相反电荷的离子型表面活性剂的适当配伍可形成具有很高表面活性的分子复合物，对润湿、增溶、起泡、杀菌等均有增效作用。例如辛基硫酸钠：溴化辛基三甲铵 =1：1 配伍时，复合物的临界胶束浓度仅为两种表面活性剂临界胶束浓度的 1/35 ~ 1/20。两种离子型表面活性剂的碳氢链长度越相近以及碳氢链越长，增溶作用也越强。应予指出，并非阴、阳离子型表面活性剂的任意比例混合使用都能增加表面活性，除有严格的比例外，混合方法也起重要作用，否则由于强烈的静电中和而形成溶解度很小的离子化合物从溶液中沉淀出来。

5. 表面活性剂的生物学性质

（1）对药物吸收的影响　研究发现表面活性剂的存在影响药物的吸收。对药物从胶束中扩散的速度和程度及胶束与胃肠生物膜融合的难易程度对药物吸收具有重要影响。如果表面活性剂可顺利从胶束内扩散或胶束迅速与生物脂质膜融合，则药物的吸收增加。

（2）毒性　一般的表面活性剂毒性大小为：阳离子型 > 阴离子型 > 非离子型。两性离子型表面活性剂的毒性小于阳离子表面活性剂。动物实验证实：小鼠口服 0.063% 氯化烷基二甲铵后显示慢性毒性作用；口服 1% 二辛基琥珀酸磺酸钠仅有轻微毒性，相同浓度的十二烷基硫酸钠则没有毒性反应。据实际人体观察，口服聚山梨酯80，每日剂量 4.5 ~ 6.0g，连服 28 天，有的人服用达 4 年之久，未见明显的毒性反应。阳离子表面活性剂常作消毒杀菌用，阴离子表面活性剂常用于外用制剂，非离子型表面活性剂可用于口服制剂。表面活性剂用于静脉给药的毒性大于口服，只有少数表面活性剂如普洛沙姆188 和卵磷脂等可用作静脉注射。

表面活性剂的毒性还表现在具较强的溶血作用。表面活性剂的溶血作用顺序为：阴离子型 > 阳离子型 > 非离子型。非离子型表面活性剂溶血作用较小。

（3）刺激性　虽然各类表面活性剂都可用于外用制剂，但长期使用，可能对皮肤或黏膜造成损害。各类表面活性剂对皮肤黏膜的刺激性大小顺序与表面活性剂的毒性一致。如季铵盐类化合物高于 1% 即可对皮肤产生损害，十二烷基硫酸钠产生损害的浓度为 20% 以上，聚山梨酯类对皮肤和黏膜的刺激性很低，一些聚氧乙烯醚类表面活性剂在 5% 以上浓度即产生损害作用。表面活性剂对皮肤和黏膜的刺激性，随温度和湿度的增加而加重。

（四）表面活性剂在药剂中的应用

表面活性剂在药剂中应用广泛，常用于难溶性药物的增溶、油的乳化、混悬剂的助悬，增加药物的稳定性，促进药物的吸收，增强药物的作用及改善制剂的工艺等，是制剂中常用的附加剂。

1. 增溶剂 现有的药物中，超过50%的药物存在溶解度低的问题。为了达到治疗所需的药物浓度，利用表面活性剂达到CMC形成胶束的原理，使难溶性活性成分溶解度增加而溶于分散介质的过程称之为增溶，所使用的表面活性剂称为增溶剂。其增溶能力可用最大增溶浓度（maximum additive concentration，MAC）表示，达到MAC后继续加入药物。体系将会变成热力学不稳定体系，即变为乳浊液或有沉淀发生。该类表面活性剂的HLB值为15~18。

增溶作用是表面活性剂在溶液中达到CMC形成胶束后发生的行为。根据表面活性剂种类、溶剂性质与难溶性活性成分结构等的不同，活性药物通过进入胶束的不同位置进行增溶，增溶作用主要有四种方式。

（1）在胶束内核的增溶 非极性分子，如饱和脂肪烃等通常被增溶在胶束内核中，增溶后胶束体积会增大。

（2）在表面活性剂分子之间的增溶 与表面活性剂分子结构相似的极性有机化合物，如长链的醇、胺、脂肪酸等两亲分子，一般增溶于胶束的"栅栏"之间，增溶后胶束并不增大，被增溶物的非极性基团插入胶束内部，极性基团插入表面活性剂极性基团之间，非极性基团较大的分子插入胶束的程度增大，甚至将极性基团也拉入胶束内核。

（3）在胶束表面的吸附增溶 一些既不溶于水、也不溶于油的小分子极性化合物如邻苯二甲酸二甲酯吸附在胶束表面而增溶，一些高分子化合物等也采用此种增溶方式。

（4）聚氧乙烯链间的增溶 以聚氧乙烯基为亲水基团的非离子型表面活性剂，通常将被增溶物包藏在胶束外层的聚氧乙烯链之间，易极化的碳氢化合物，如苯、乙苯、苯酚等短链芳香烃类化合物常以这种方式被增溶。

2. 润湿剂 液体在固体表面上的黏附现象称为润湿。表面活性剂可降低疏水性固体和润湿液体之间的界面张力，使液体能黏附在固体表面上，而改善其润湿作用。实际上这是利用表面活性剂分子在固-液界面上的定向吸附，排除了固体表面上所吸附的空气，降低了润湿液体与固体表面的接触角，使固体被湿润。具有润湿作用的表面活性剂称为润湿剂。

作为润湿剂的表面活性剂的HLB值一般在7~11，并应有适宜的溶解度方可起润湿作用。直链脂肪族表面活性剂以碳原子数在8~12为宜。其分子结构特征应具有支链，且亲水基团在分子的中部者最佳。一般有支链者降低界面张力作用大。

软膏基质中加入少量表面活性剂，能使药物与皮肤更加紧密地接触，增加基质的吸水性，并可乳化皮肤的分泌物，增加药物的分散性，有利于药物的释放和穿透，同时还可增加基质的可洗性。

3. 乳化剂 表面活性剂能使乳浊液易于形成并使之稳定，故可作为乳化剂（emulsifier）应用。这是由于表面活性剂分子在油、水混合液的界面上发生定向排列，使油、水界面张力降低，并在分散相液滴的周围形成一层保护膜，防止分散相液滴相互碰撞而聚结合并。

表面活性剂的HLB值决定乳剂的类型。通常HLB值在3~8的表面活性剂可作为W/O型乳化剂，HLB值在8~16的可作为O/W型乳化剂。

药用乳化剂以往多应用阿拉伯胶、西黄蓍胶、琼脂、软肥皂等。由于合成表面活性剂的发展，除阴离子型表面活性剂用作外用乳剂的乳化剂外，非离子型表面活性剂已广泛应用，不仅可用于外用乳剂、口服乳剂而且其中一些（如普朗尼克）还用作静脉注射乳剂的乳化剂。

4. 起泡剂与消泡剂 泡沫是气体分散在液体中的分散体系。一些含有表面活性剂或具有表面活性物质的溶液，如中草药的乙醇或水浸出液，含有皂苷、蛋白质、树胶以及其他高分子化合物的溶液，当剧烈搅拌或蒸发浓缩时，可产生稳定的泡沫。这些表面活性剂通常有较强的亲水性和较高的HLB值，在溶液中可降低液体的界面张力而使泡沫稳定，这些物质即称为"起泡剂"。在产生稳定泡沫的情况下，加入一些 HLB 值为 1～3 的亲油性较强的表面活性剂，则可与泡沫液层争夺液膜表面而吸附在泡沫表面上，代替原来的起泡剂，而其本身并不能形成稳定的液膜，故使泡沫破坏，这种用来消除泡沫的表面活性剂称为"消泡剂"。少量的辛醇、戊醇、醚类、硅酮等也可起到类似作用。

5. 去污剂 去污剂或称洗涤剂是用于除去污垢的表面活性剂，HLB 值一般为 13～16。常用的去污剂有油酸钠和其他脂肪酸的钠皂、钾皂、十二烷基硫酸钠或十二烷基磺酸钠等阴离子型表面活性剂。去污的机制较为复杂，包括对污物表面的润湿、分散、乳化、增溶、起泡等多种过程。

6. 消毒剂和杀菌剂 大多数阳离子型表面活性剂和两性离子型表面活性剂都可用做消毒剂，少数阴离子型表面活性剂也有类似作用，如甲酚皂、甲酚磺酸钠等。表面活性剂的消毒或杀菌作用可归结于它们与细菌生物膜蛋白质的强烈相互作用使之变性或破坏。这些消毒剂在水中都有比较大的溶解度，根据使用浓度，可分别用于手术前皮肤消毒、伤口或黏膜消毒、器械消毒和环境消毒等，如苯扎溴铵为一种常用广谱杀菌剂，皮肤消毒、局部湿敷和器械消毒分别用其 0.5% 醇溶液，0.02% 水溶液和 0.05% 水溶液（含 0.5% 亚硝酸钠）。

药爱生命

拥有辉煌文明的中华民族，最早在周代就已经利用草木灰清洗衣物，《礼记》中就有记载"冠带垢，和灰请漱；衣裳垢，和灰请澣"。魏晋时期，人们发现皂角和澡豆有去除污渍的作用。皂角树的果实——皂角，泡在水中可以产生泡沫，具有一定的去污效果，且纯天然不伤手。澡豆是将猪胰腺清洗干净，再将胰腺多余的脂肪研磨成糊状，将豆粉、香料加入其中，混合均匀，经过自然风干而成。这两种洗涤剂在中国走过了一千多年，见证了中国历史的兴衰。直至民国初期，西方制皂术传入，中国才开始改用肥皂，并将其称为"洋胰子"。20 世纪 50 年代开始，中国开始大力发展表面活性剂和合成洗涤剂工业。经过科研人员的不懈努力，中国表面活性剂的发展后来居上，位于世界前列。中华民族历史悠久，汇聚众多智慧，我们要增强民族自信，发扬科学精神，做到传承创新。

五、液体制剂的质量要求

液体制剂的质量要求如下。
（1）均相液体制剂应为澄明的溶液，非均相液体制剂的药物粒子应分散均匀，振摇时可均匀分散。
（2）浓度准确、稳定，久贮不变。
（3）分散介质最好用水，其次是乙醇、甘油和植物油等。
（4）内服制剂外观良好，口感适宜；外用液体制剂应无刺激性。
（5）制剂应具有一定的防腐能力，贮藏和使用过程中不应发生霉变。
（6）包装容器大小适宜，便于患者携带和服用。

任务二 液体制剂基础技术

PPT

一、溶解

溶解是将药物分散于一定量的溶剂中形成均匀的澄明液体的操作，在药剂学中较为常用。在药物分散溶解过程中，药物的溶解速度和溶解度是至关重要的。有些药物在溶剂中即使达到饱和浓度，也满足不了治疗所需的药物浓度，必须设法增加药物的溶解度，如碘须加碘化钾助溶才能制成碘溶液供临床使用。

（一）药物溶解度和溶解速度

1. 溶解度 溶质以分子或离子状态均匀分散在溶剂中形成溶液的过程称为溶解。药物的溶解度是指在一定温度（气体要求在一定压力）下，在一定量溶剂中溶解的最大量。《中国药典》2020 年版中将溶解度划分为极易溶解、易溶、溶解、略溶、微溶、极微溶解、几乎不溶或不溶 7 类。这些仅表示药物的溶解性能，而准确的溶解度一般以 1 份溶质（1g 或 1ml）能溶于若干毫升溶剂中表示。一种药物往往可溶于数种溶剂中，药典根据需要都分别记载于各药物的性质项内，供使用时参考，例如硼酸 1g 分别能在水 18ml、乙醇 18ml 和甘油 4ml 中溶解。

2. 溶解速度 溶解速度是指在某一溶剂中单位时间内溶解溶质的量。有些药物虽然有较大的溶解度，但要达到溶解平衡却需要很长时间，需要设法增加其溶解速度。而溶解速度的大小与药物的吸收和疗效有着直接关系。

（二）影响药物溶解度的因素

1. 溶剂的极性 药物的溶解过程可以看作是溶剂与溶质分子间的吸引力大于溶质本身分子间引力的结果。一般可根据"相似者相溶"这一经验规律来预测溶解的可能性。所谓相似除指化学性质的相似之外，主要是以其极性程度的相似作为估计的依据。溶剂能使药物分子或离子间的引力降低，能使药物分子或离子溶剂化而溶解，溶剂的极性对药物的溶解影响很大。

2. 药物的化学结构 药物的极性取决于药物的结构。药物的极性与溶剂的极性相似者相溶，这已是溶解的一般规律。除药物极性大小因素外，晶格引力的大小也影响药物的溶解度。如丁烯二酸的顺反两种异构体，由于晶格引力不同，两者的熔点不同、溶解度也相差很大。

3. 温度 温度对溶解度的影响取决于药物溶解是吸热过程（$\Delta H_S > 0$）还是放热过程（$\Delta H_S < 0$）。当 $\Delta H_S > 0$ 时，溶解度随温度升高而升高；如果 $\Delta H_S < 0$，溶解度随温度升高而降低。固体药物溶解时，由于需要拆散晶格而必须吸收热量，所以固体药物在液体中的溶解度通常随温度升高而增加。而气体在液体中的溶解一般属于放热过程，所以气体的溶解度通常随温度升高而下降。

4. 粒子大小 对于可溶性药物，粒子大小对溶解度影响不大；而对于难溶性药物，粒子大小在 0.1～100nm 时溶解度随粒径减小而增加。这是因为微小颗粒表面的质点受微粒本身的吸引力降低，而受到溶剂分子的吸引力增大而溶解。

5. 药物的晶型 药物可分为结晶型和无定型。结晶型药物因有晶格能的存在，与无定型药物溶解度差别很大。一种药物有多种结晶形式，称为多晶型。多晶型药物因晶格排列不同，晶格能也不同，致使溶解度有很大差别。稳定型药物溶解度小，不稳定型、亚稳定型溶解度大。如氯霉素棕榈酸酯有 A 型、B 型和无定型，B 型和无定型为有效型，溶解度大于 A 型。

6. pH 的影响 多数药物为有机弱酸、弱碱及其盐类，这些药物在水中溶解度受 pH 影响很大。对于弱酸性药物，pH 越高溶解度越大，对于弱碱性药物则相反。

7. 同离子效应 若药物的解离型或盐型是限制溶解的组分，则其在溶液中的相关离子的浓度是影响该药物溶解度大小的决定因素。一般向难溶性盐类饱和溶液中加入含有相同离子化合物时，其溶解度降低，这是由于同离子效应的影响。如许多盐酸盐类药物在 0.9% 氯化钠溶液中的溶解度比在水中低。

（三）增加药物溶解度的方法

有些药物由于溶解度较小，即使制成饱和溶液也达不到治疗的有效浓度，如碘的溶解度为 1：290，而复方碘溶液中碘的含量为 5%。又如氯霉素在水中的溶解度为 0.25%，而在临床上所需用氯霉素的浓度为12.5%。因此，增加难溶性药物的溶解度是药剂工作的一个重要问题。

1. 制成盐类 一些难溶性弱酸或弱碱类药物，由于极性较小，所以在水中溶解度很小或不溶，但如果加入适量的碱（弱酸性药物）或酸（弱碱性药物）制成盐使之成为离子型化合物后，则可增加其在水（极性溶剂）中的溶解度。如可卡因的溶解度为1：600，而盐酸可卡因的溶解度为1：0.5；又如水杨酸的溶解度为1：500，而水杨酸钠的溶解度则为1：1。

含羧基、磺酰胺基、亚氨基等酸性基团的药物，可用碱（氢氧化钠、碳酸氢钠、氢氧化钾、氢氧化氨、乙二氨、二乙醇胺等）与其作用生成溶解度较大的盐。天然及合成的有机碱，一般用盐酸、硫酸、硝酸、磷酸、枸橼酸、水杨酸、马来酸、酒石酸或醋酸等制成盐类。

选用的盐类除考虑溶解度应满足临床需要外，还需考虑溶液的pH、稳定性、吸湿性、毒性及刺激性等因素。因为同一种酸性或碱性药物，往往可与多种不同的碱或酸生成不同的盐类，而它们的溶解度、稳定性、刺激性、毒性甚至疗效等常不一样。

2. 更换溶剂或选用混合溶剂 某些分子量较大、极性较小而在水中溶解度较小的药物，可更换半极性或非极性溶制，使其溶解度增大。如樟脑不溶于水而能溶于醇成脂肪油等。某些难溶于水但又不能制成盐类的药物，或虽能制成盐类，但制成的盐类在水中极不稳定的药物常采用混合溶剂促其溶解。

常用作混合溶剂的有水、乙醇、甘油、丙二醇等。如氯霉素在水中的溶解度仅0.25%，若用水中含有25%乙醇、55%甘油的混合溶剂，则可制成12.5%氯霉素溶液。又如苯巴比妥难溶于水，若制成钠盐虽能溶于水，但水溶液极不稳定，可因水解而引起沉淀或分解后变色，故改为聚乙二醇与水的混合溶剂应用。药物在混合溶剂中的溶解度，除与混合溶剂的种类有关外，还与各溶剂在混合溶剂中的比例有关。这种现象可认为是由于两种溶剂对药物不同部位作用的结果。

3. 加入助溶剂 由于溶质和助溶剂的种类很多，其助溶的机制有许多至今尚不清楚，但一般认为主要是由于形成了可溶性的络合物、可溶性有机分子复合物、缔合物和通过复分解形成了可溶性复盐等的结果。如碘在水中的溶解度为1：2950，而在10%碘化钾溶液中可制成含碘5%的水溶液，这是由于碘化钾与碘形成了溶解度较大的络合物KI_3所致。咖啡因在水中的溶解度为1：50，用苯甲酸钠助溶，形成分子复合物苯甲酸钠咖啡因，溶解度可增大到1：1.2；茶碱在水中的溶解度为1：120，用乙二胺助溶形成氨茶碱，溶解度增大为1：5；芦丁在水中的溶解度为1：10000，可加入硼砂形成络合物而增加溶解度；可可豆碱难溶于水，用水杨酸钠助溶，形成水杨酸钠可可豆碱则易溶于水；乙酰水杨酸与枸橼酸钠经复分解生成溶解度大的乙酰水杨酸钠和枸橼酸等。

4. 使用增溶剂 系将药物分散于表面活性剂形成的胶束中，增加药物溶解度的方法。

练一练3-1

配置溶液时，进行搅拌的目的是（　　）

A. 增加药物的溶解度　　　　　　B. 增加药物的润湿性

C. 使溶液浓度均匀　　　　　　　D. 增加药物的溶解速率

答案解析

二、过滤技术

过滤是利用过滤介质截留液体中悬浮的固体颗粒而达到固液分离的操作。通常，将过滤介质称为滤材；待过滤液体称为滤浆；被截留于过滤介质的固体为滤饼或滤渣；通过截留介质的液体称为滤液。

基本原理：在压力差的作用下，悬浮液中的液体透过可渗性介质（过滤介质），固体颗粒被介质所截留，从而实现液体和固体的分离。

（一）过滤机制

根据固体粒子在滤材中被截留的方式不同，将过滤过程分为介质过滤和滤饼过滤。介质过滤又分为表面过滤和深层过滤。

1. 介质过滤　介质过滤是指靠介质的拦截作用进行固液分离的操作。介质过滤根据截留方式的不同分为表面过滤和深层过滤。

（1）表面过滤　过滤时将粒子截留在介质表面的过滤。此时，液体中混悬的固体粒子的粒径大于过滤介质的孔径，过滤介质起了一种筛网的筛析作用。这种过滤分离度高，常用于分离溶液中含有少量固体粒子的杂质，以及分离要求很高的液体制剂的制备中。常用的过滤介质有微孔滤膜、超滤膜和反渗滤膜等。

（2）深层过滤　粒子的截留发生在介质的"内部"的过滤方式，此时固体粒子小于过滤介质的孔径。其过滤机制是：粒子在过滤过程中通过介质内部的不规则孔道时可能由于惯性、重力、扩散等作用而沉寂在空隙内部形成"架桥"，也可能由于静电力或范德华力而被吸附在空隙内部。深层过滤必须保证介质层的足够深度，从而使小于介质孔径的粒子通过介质层的概率足够小。砂滤棒、垂熔玻璃漏斗、多孔陶瓷、石棉过滤板等遵循深层截留的作用机制。

介质过滤的过滤速度与阻力主要由过滤介质决定。药液中固体粒子的含量少于1%时属于介质过滤，多数是以收集澄清的滤液为主要目的而进行的过滤，如注射液的过滤、除菌过滤等。

2. 滤饼过滤　被截留的固体粒子聚集在过滤介质表面上形成滤饼，过滤的拦截作用主要由滤饼产生，过滤介质只起到支撑滤饼的作用。若药液中固体粒子含量在3%～20%时易产生滤饼过滤。在过滤初期部分粒子进入介质层形成深层过滤，部分粒子在介质表面形成初始滤饼层，随着过滤过程的进行滤饼逐渐增厚，滤饼的拦截作用更加明显。

滤饼过滤的过滤速度和阻力主要受滤饼的影响，如药物的重结晶，药材浸出液的过滤等属于滤饼过滤。

（二）过滤介质与助滤剂

过滤介质亦称滤材，为滤渣的支持物，过滤介质的种类很多。

1. 滤纸　分为普通滤纸和分析用滤纸，其致密性与孔径大小相差较大。

2. 脱脂棉　过滤用的脱脂棉应为长纤维；否则纤维易脱落，影响滤液的澄清度与液体制剂的过滤。

3. 织物介质　包括棉织品（纱布、帆布等），常用于精滤前的预滤。

4. 烧结金属过滤介质　系将金属粉末烧结成多孔过滤介质，用于过滤较细的微粒。

5. 垂熔玻璃过滤介质　系将中性硬质玻璃烧结而成的孔隙错综交叉的多孔型滤材，广泛用于注射剂的过滤。

6. 多孔陶瓷　用白陶土或硅藻土等烧结而成的简式滤材，有多种规格，主要用于注射剂的精滤。

7. 微孔滤膜　是高分子薄膜过滤材料，厚度为0.12～0.15mm；孔径从0.01～14μm，有多种规格。包括醋酸纤维素膜、硝酸纤维素酯膜、醋酸纤维酯和硝酸纤维酯的混合膜、聚氯乙烯膜、聚酰胺膜、聚碳酸酯膜和聚四氟二烯膜等。微孔滤膜主要用于注射剂的精滤和除菌过滤，特别适用于一些不耐热产品。此外还可用于无菌检查，灵敏度高，效果可靠。

常用的助滤剂有：①硅藻土，主要成分为二氧化硅，有较高的情性和不溶性，是最常用的助滤剂；②活性炭，常用于注射剂的过滤，有较强的吸附热原、微生物的能力，并具有脱色作用，但它能吸附生物碱类药物，应用时应注意其对药物的吸附作用；③滑石粉，吸附性小，能吸附溶液中过量不溶性的挥发油和色素，适用于含黏液、树胶较多的液体，在制备挥发油芳香水剂时，常用滑石粉作助滤剂，但滑石粉很细，不易滤净；④纸浆，有助滤和脱色作用，中药注射剂生产中应用较多，特别适用于处理某些难以滤清的药液。

任务三　真溶液型液体制剂的制备

真溶液型液体制剂又称低分子溶液剂，系指小分子药物以分子或离子状态分散在溶剂中形成的均相可供内服或外用的液体制剂。包括溶液剂、糖浆剂、芳香水剂、酊剂、醑剂、甘油剂、涂剂、醋剂等。真溶液型液体制剂为澄明液体，药物的分散度大，吸收速度快。

一、溶液剂

（一）概述

溶液剂系指原料药物溶解于适宜溶剂中所形成的澄明液体制剂。

溶液剂大多以水为溶剂，亦有以乙醇、植物油或其他液体为溶剂。溶液剂配制时根据需要可加入抗氧剂、抑菌剂、助溶剂、矫味剂、着色剂等附加剂。

溶液剂制备过程中经常遇到一些问题，必须予以认真对待，否则将影响溶液剂的质量。有些易溶性药物溶解缓慢，在溶解过程中应采用粉碎、搅拌、加热等措施；易氧化的药物溶解时，宜将溶剂加热放冷后再溶解药物，同时应加适量抗氧剂，以减少药物氧化损失；对易挥发性药物应在最后加入，以免因制备过程而损失。

（二）制法

1. 溶解法　溶解法为将固体药物直接溶于溶剂中的制备方法，适用于较稳定的化学药物。

溶解法制备过程如下：药物的称量→溶解→滤过→质量检查→包装等。具体方法：①取处方总量 1/2 ～ 3/4 量的溶剂，加入称好的药物，搅拌使其溶解，处方中如有附加剂或溶解度较小的药物。应先将其溶解于溶剂中，再加入其他药物使溶解，根据药物性质，必要时可将固体药物先行粉碎或加热助溶，难溶性药物可加适当的助溶剂使其溶解；如处方中含有糖浆、甘油等液体时，用少量水稀释后加入溶液剂中，如使用非水溶剂，容器应干燥；②滤过，并通过滤器加溶剂至全量，滤过可用普通滤器、垂熔玻璃滤器及砂滤棒等；③滤过后的药液应进行质量检查；④制得的药物溶液应及时分装、密封、贴标签及进行外包装。

2. 稀释法　稀释法系指将药物制成浓溶液，使用前稀释至需要浓度供临床应用的方法。

用稀释法制备溶液剂时需注意浓溶液的性质与浓度以及所需稀溶液的浓度。可用下列公式计算：浓溶液浓度×浓溶液体积＝稀溶液浓度×稀溶液体积。挥发性药物浓溶液稀释过程中应注意挥发损失，以免影响浓度的准确性。例如，过氧化氢溶液市售品一般为30%（g/ml），药典规定的临床应用溶液浓度为2.5% ～ 3.5%（g/ml），可用稀释法。

3. 化学反应法　化学反应法系指通过化学反应制备溶液的方法。配制时除特殊规定者外，应先将反应物分别溶解在适量的溶剂中，然后将一种溶液加入到另一种溶液中，随加随搅拌，使化学反应比较温和、可控地进行；停止反应后过滤；自滤器上添加适量的溶剂至足量，搅匀。

（三）举例

案例3－1　复方碘溶液

【处方】 碘 50g　碘化钾 100g　蒸馏水加至 1000ml

【制法】取碘化钾，加入 100ml 蒸馏水中，加入碘搅拌溶解，溶解后再添加蒸馏水至全量，混匀，分装。

【分析】碘化钾为助溶剂，溶解碘化钾时尽量少加水，以增大其浓度，有利于碘的溶解。碘具氧化性，应保存在玻璃磨口塞密封的瓶中；碘是生物碱沉淀剂，不宜与生物碱配伍应用。

【临床应用】本品口服用于补充碘质，调节甲状腺功能。

案例3-2　过氧乙酸溶液

【处方】过氧乙酸（20%）50ml　蒸馏水加至1000ml

【制法】将少量蒸馏水加入容器内，逐渐加入过氧乙酸（20%）溶液，搅拌使混合均匀，补加水至1000ml，搅匀。

【分析】过氧乙酸溶液可用于消毒，黏膜消毒用0.02%浓度，皮肤和污染的物品表面、蔬菜水果等消毒用0.2%浓度，1.5%溶液可用于餐具、织物、体温计等的浸泡消毒。过氧乙酸溶液分解快、不稳定，应临用前现配。

【临床应用】本品为消毒剂。

案例3-3　复方硼砂溶液

【处方】硼砂15g　碳酸氢钠15g　液化苯酚3ml　甘油35ml　蒸馏水加至100ml

【制法】取硼砂及碳酸氢钠溶于约70ml蒸馏水中，另取液化苯酚加入甘油中，搅匀后倾入上述溶液中，随加随搅拌，静置半小时或待不发生气泡后，过滤，自滤器上添加蒸馏水使成1000ml，搅匀，加曙红着色成粉红色。

本品系经化学反应制备的。其化学反应如下：

$$C_3H_5(OH)HBO + NaHCO_3 \longrightarrow C_3H_5(OH)NaBO_3, + CO_2\uparrow + H_2O$$

【分析】化学反应结果生成甘油硼酸钠，呈碱性，有除去酸性分泌物作用。少量酚具有轻微局部麻醉和抑菌作用。本品可用食用色素着色成红色，以示外用。着色剂应在含量测定合格后加入。

【临床应用】本品为含嗽剂。用于口腔炎、咽喉炎及扁桃体炎等。

二、糖浆剂

（一）概述

糖浆剂是指含有原料药物的浓蔗糖水溶液。除另有规定外，糖浆剂含蔗糖量应不低于45%（g/ml），单纯蔗糖的近饱和水溶液称为单糖浆，浓度为85%（g/m）或64.7%（g/g）。

蔗糖是一种营养物质，其水溶液易被微生物污染很容易生长繁殖，使蔗糖逐渐分解，致使糖浆剂酸败、混浊和药物变质。接近饱和浓度的蔗糖溶液，因其含糖量高，渗透压大，微生物不易生长，故本身有防腐作用。但浓度过高，贮藏时易析出糖的结晶，致使糖浆变成糊状，甚至变成硬块。浓度低的蔗糖溶液易增殖微生物，故应添加抑菌剂。

糖浆剂应澄清，在贮藏期间不得有酸败、发霉、产生气体或其他变质现象。含有药材提取物的糖浆，允许有少量轻摇易散的沉淀，一般检查相对密度、pH值、装量、微生物限度等。糖浆剂中，可加入适宜的附加剂，如需加入抑菌剂，山梨酸和苯甲酸的用量不得超过0.3%（其钾盐、钠盐用量应符合国家标准的有关规定）。如需加入其他附加剂，其品种和用量应符合国家标准的有关规定，并不影响产品的稳定性，注意避免对检验产生干扰。必要时可添加适量的乙醇、甘油或其他多元醇。

蔗糖和芳香性药物能掩盖某些药物的不良臭味，易于服用，尤其受儿童欢迎；糖浆剂中少部分蔗糖转化为葡萄糖和果糖，具有还原性，能防止糖浆剂中药物的氧化变质。

糖浆剂根据所含成分和用途不同可分为两类：①矫味糖浆，如单糖浆、琼脂糖浆、橙皮糖浆等，主要用于矫味，有时也作助悬剂；②含药糖浆，如枸橼酸哌嗪糖浆、五味子糖浆等，主要发挥治疗作用。

（二）制法

1. 溶解法

（1）热溶法　热溶法是将蔗糖溶于沸纯化水中，继续加热使其全溶，降温后加入其他药物，搅拌溶解、过滤，再通过滤器加纯化水至全量，分装，即得。热溶法有很多优点，蔗糖在水中的溶解度随温度升高而增加，在加热条件下蔗糖溶解速度快，趁热容易过滤，可以杀死微生物。但加热过久或超过100℃时，使转化糖的含量增加，糖浆剂颜色容易变深。热溶法适合于对热稳定的药物和有色糖浆的制备。

（2）冷溶法　将蔗糖溶于冷纯化水或含药的溶液中制备糖浆剂的方法。本法适用于对热不稳定或挥发性药物，制备的糖浆剂颜色较浅。但制备所需时间较长并容易污染微生物。

2. 混合法　系将含药溶液与单糖浆均匀混合制备糖浆剂的方法。这种方法适于制备含药糖浆剂。本法的优点是方法简便、灵活，可大量配制，也可小量配制。一般含药糖浆的含糖量较低，要注意防腐。

糖浆剂中药物的加入方法：①水溶性固体药物或药材提取物，可先用少量纯化水使其溶解再与单糖浆混合，水中溶解度较小的药物可酌加少量其他适宜的溶剂使之溶解，再加入单糖浆中搅拌均匀；②药物的液体制剂和可溶性的液体药物可直接加入单糖浆中搅匀，必要时过滤；③药物如为含醇制剂，当与单糖浆混合时易发生混浊，可加入适量甘油助溶或加滑石粉助滤，滤至澄清；④药物如为水性浸出制剂，应将其纯化除去杂质后再加入单糖浆中，以免糖浆剂产生混浊或沉淀；⑤药物为中药材，须经浸出、纯化、浓缩至适当浓度，再加入单糖浆中。

（三）举例

案例3-4　单糖浆

【处方】蔗糖850g　纯化水加至1000ml

【制法】取纯化水450ml煮沸，加蔗糖搅拌溶解后，继续加热至100℃，趁热保温滤过，自滤器上添加适量纯化水，使其冷至室温成1000ml，搅匀，即得。

【分析】单糖浆含蔗糖85%（g/ml）或64.7%（g/g），25℃时相对密度为1.313。常用作矫味剂和赋形剂。制备时温度升至100℃之后的时间长短非常重要，如加热时间长，蔗糖可水解为果糖和葡萄糖（转化糖），转化糖含量过高在贮藏期间易发酵。但若加热时间太短，达不到灭菌目的。

案例3-5　小儿祛痰糖浆

【处方】氯化铵10g　橙皮酊20ml　桔梗流浸膏30ml　甘草流浸膏60ml　纯化水30ml　单糖浆加至1000ml

【制法】取氯化铵溶于热纯化水中，滤过，滤液加入800ml单糖浆混匀后，依次缓缓加入橙皮酊、桔梗流浸膏、甘草流浸膏，最后加单糖浆使成100ml，搅匀，即得。

【临床应用】本品有止咳、祛痰的作用，用于小儿感冒引起的咳嗽。

三、芳香水剂

（一）概述

芳香水剂系指芳香挥发性药物的饱和或近饱和的水溶液。用乙醇和水混合溶剂制成的含大量挥发油的溶液，称为浓芳香水剂。芳香挥发性药物多数为挥发油。芳香水剂应澄明，具有与原有药物相同的气味，不得有异臭、沉淀和杂质。芳香水剂浓度一般都很低，可作矫味、矫臭和分散剂用。芳香水剂多数易分解、变质甚至霉变，不宜大量配制和久贮。

（二）制法

1. 溶解法 如取挥发油 2ml 或挥发性药物细粉 2g，置带塞大玻瓶中，加微温纯化水 100ml，用力振摇 15 分钟使其饱和，冷至室温，静置 4～8 小时，用预先经蒸馏水润湿过的滤纸过滤，滤液呈透明状，通过滤器添加适量蒸馏水，使成全量，摇匀。制备时可加滑石粉 15g 或纸浆适量，与挥发油一起研匀以利分散，再加适量蒸馏水，振摇 10 分钟，反复过滤至药液澄明，再由滤器添加适量蒸馏水使成全量，摇匀。

2. 增溶法 一般可用适量的非离子型表面活性剂，如聚山梨酯 80，或水溶性有机溶剂如乙醇与挥发油混溶后，加纯化水适量，摇匀。含表面活性剂的芳香水剂并非真溶液，实为增溶的胶体溶液。

3. 蒸馏法 称取一定重量的生药，装入蒸馏器中，加适量水使生药润透，加热蒸馏，注意避免烧焦，可采用水蒸气蒸馏，馏液达一定量后，停止蒸馏，除去馏液中过多的油分，并用经蒸馏水润湿的滤纸过滤得澄明溶液。

（三）举例

案例 3－6　浓薄荷水

【处方】薄荷油 20ml　乙醇（90%）600ml　滑石粉 50g　蒸馏水加至 1000ml

【制法】取薄荷油，加乙醇使溶解，分次加纯化水，随加随振摇，使成全量，加入滑石粉，再振摇，放置 4 小时后，滤过，分装。

【分析】本品为浓芳香水剂，是醇水溶液，含醇量为 52%～56%。乙醇起增溶作用，乙醇量下降，影响澄明度；滑石粉起助滤与分散作用，可增加挥发性物质的分散度以加速挥发性物质的溶解，吸附剩余的挥发性物质及杂质以利溶液澄明，所用滑石粉不宜过细，以免滑石粉通过滤材使滤液混浊。

【临床应用】本品为祛风、矫味药。用于矫味和供稀释配制薄荷水用，可缓解胃肠胀气与绞痛。

四、酊剂

（一）概述

酊剂系指将原料药物用规定浓度的乙醇提取或溶解而制成的澄清液体制剂，也可用流浸膏稀释制成。供口服或外用。这里的药物包括化学物质和药材。

酊剂除另有规定外，每 100ml 相当于原饮片 20g，含有毒剧药品的中药酊剂，每 100ml 应相当于原饮片 10g。酊剂应澄清，酊剂组分无显著变化的前提下，久置允许有少量摇之易散的沉淀。酊剂应该进行乙醇含量、甲醇含量、装量和微生物限度的检查。

（二）制法

1. 溶解法或稀释法 取原料药物粉末或流浸膏，加规定浓度的乙醇适量，溶解或稀释，静置，必要时滤过，即得。

2. 浸渍法 取适当粉碎的药材饮片，置有盖容器中，加入溶剂适量，密盖，搅拌或振摇，浸渍 3～5 日或规定的时间，倾取上清液，再加入溶剂适量，依法浸渍至有效成分充分浸出，合并浸出液，加溶剂至规定量后，静置，滤过，即得。

3. 渗漉法 用适量溶剂渗漉，至漉液达到规定量后，静置，滤过。渗漉法的要点如下：根据药材的性质可选用圆柱形或圆锥形的渗漉器；药材须适当粉碎后，加规定的溶剂均匀湿润、密闭放置一定时间，再装入渗漉器内；药材装入渗漉器时应均匀，松紧一致，加入溶剂时应尽量排除药材间隙中的空气、溶剂应高出药材面；浸渍适当时间后进行渗漉，渗漉速度应符合各品种项下的规定；收集85%药材量的初漉液另器保存，续漉液经低温浓缩后与初漉液合并；调整至规定量，静置，取上清液分装。

（三）举例

案例3-7 碘酊

【处方】碘 20g 碘化钾 15g 乙醇 500ml 水适量 全量 1000ml

【制法】取碘化钾，加水 20ml 溶解后，加碘及乙醇，搅拌使溶解，再加水适量使成 1000ml。

【分析】本品为红棕色的液体，有碘与乙醇的特臭。色泽随浓度增加而变深。

【临床应用】本品为消毒防腐药。用于皮肤感染和消毒。

练一练3-2

制备碘酊时，可采用下列哪种方法？

A. 加增溶剂　　　　B. 采用混合溶剂　　　　C. 制成盐类
D. 制成酯类　　　　E. 助溶剂

答案解析

案例3-8 复方樟脑酊

【处方】樟脑 3g 阿片酊 50ml 苯甲酸 5g 八角茴香油 3ml 乙醇（56%）适量 制成 1000ml

【制法】取苯甲酸、樟脑与八角茴香油，加 56% 乙醇 900ml 溶解后，缓缓加入阿片酊与 56% 乙醇溶液适量，使全量成 1000ml，搅匀，滤过。

【分析】本品为黄棕色液体，有樟脑与八角茴香油的香气。味甜而辛。

【临床应用】本品为镇痛药、止泻药。

五、酊剂

（一）概述

酊剂系指挥发性药物制成的浓乙醇溶液，可供内服或外用。凡用于制备芳香水剂的药物般都可制成酊剂。酊剂中的药物浓度一般为 5%~10%。酊剂中乙醇浓度一般为 60%~90%。酊剂中的挥发油容易氧化、挥发，长期贮存会变色等。酊剂应贮存于密闭容器中，不宜长期贮存。

（二）制法

酊剂制法与芳香水剂相同，包括溶解法及蒸馏法。酊剂是高浓度醇溶液，所用器械应干燥，滤器与滤纸应先用乙醇润湿，以防遇水药物析出，成品浑浊。

（三）举例

案例3-9 复方樟脑醑

【处方】樟脑 20g 薄荷脑 20g 液化苯酚 20ml 甘油 50ml 乙醇（70%）适量全量 1000ml

【制法】取樟脑及薄荷脑，加 70% 乙醇溶液适量，搅拌使溶解，滤过，滤液中加入液化苯酚及甘油后，添加乙醇溶液使成全量，搅匀，分装。

【分析】本品为几乎无色澄清液体，有特臭。

【临床应用】本品具有清凉、止痒、消毒作用。用于皮肤瘙痒症。

六、甘油剂

甘油剂系指药物溶于甘油中制成的专供外用的溶液剂。甘油具有黏稠性、吸湿性和防腐性，对皮肤、黏膜有滋润和保护作用，黏附于皮肤、黏膜能使药物滞留患处而延长药物局部疗效。因而甘油剂常用于口腔、耳鼻喉科疾病。对刺激性药物有一定的缓和作用，制成的甘油剂也较稳定。甘油吸湿性较大，应密闭保存。

甘油剂的制备可用溶解法，如碘甘油；化学反应法，如硼酸甘油。

案例 3-10　碘甘油

【处方】碘 1.0g　碘化钾 1.0g　纯化水 1.0ml　甘油加至 100.0ml

【制法】取碘化钾加水溶解后，加碘，搅拌使溶解，再加甘油使成 100.0ml，搅匀，即得。

【分析】甘油作为碘的溶剂可缓和碘对黏膜的刺激性，甘油易附着于皮肤或黏膜上，使药物滞留患处，而起延效作用；本品不宜用水稀释，必要时用甘油稀释以免增加刺激性；碘在甘油中的溶解度约 1%（g/g），可加碘化钾助溶，并可增加碘的稳定性；配制时宜控制水量，以免增加对黏膜的刺激性。

【临床应用】用于口腔黏膜溃疡、牙龈炎及冠周炎。

❓ **想一想3-1**

硼酸甘油，用于慢性中耳炎。处方为硼酸 310g，甘油加至 1000g，制法为取部分甘油加热至 140~150℃，分次加入硼酸，再加入全量的甘油，即得。分析硼酸甘油的制备工艺。

答案解析

PPT

任务四　胶体溶液型液体制剂的制备

胶体溶液型液体制剂分为：高分子溶液和溶胶剂。两者均属于胶体分散体系，其分散体系的质点在 1~100nm 范围内，但两者存在着较大的区别。高分子溶液是以单分子状态分散的体系，表现出均相体系的各种特征，属于热力学稳定体系。溶胶是疏水性物质，以纳米尺度的颗粒形式（多分子聚集体）分散于介质中形成的非均相体系，属于热力学不稳定体系。

一、高分子溶液

（一）高分子溶液剂的概述

一些分子量较大的化合物（通常为高分子化合物）以分子状态分散在溶剂中，所形成的均相分散体系称为高分子溶液剂。如蛋白质、酶类、纤维素类，明胶、右旋糖酐、聚维酮等溶液，常称为亲水胶体，属于热力学稳定体系。以水为溶剂的高分子溶液剂称为亲水性高分子溶液剂或胶浆剂；以非水溶剂制备的高分子溶液剂称为非水性高分子溶液剂。高分子溶液在药剂中应用较多，如混悬剂中的助悬剂、片剂的包衣材料、微囊、缓释制剂等都涉及高分子溶液。高分子溶液是黏稠流体，其黏度与分子量有关。

（二）高分子溶液剂的性质

1. 带电性　很多高分子的结构中有些基团会解离，使其在溶液中带有电荷。由于种类不同，高分子溶液所带的电荷也不一样，如纤维素及其衍生物、阿拉伯胶、海藻酸钠等高分子化合物的水溶液一般都带负电荷，而血红素等则带正电荷。蛋白质分子溶液随溶液 pH 不同，可带正电或负电。溶液 pH 大于等电点，蛋白质带负电；若溶液的 pH 小于等电点，则带正电。由于胶体质点带电，所以具有电泳现象。

2. 聚结特性　高分子的亲水基与水作用可在高分子周围形成一层较坚固的水化膜，该水化膜能阻碍高分子质点的相互凝集，而使之稳定。一些高分子质点带有电荷，由于静电排斥对其稳定性也有一定作用，但电荷对其稳定性的作用并不像对疏水胶体那么重要。若向高分子溶液中加入脱水剂如乙醇、丙酮等，则可破水化膜。药剂学中制备代血浆如右旋糖酐、羧甲基淀粉钠等都是利用该方法，加入大量乙醇使它们失去水化膜而沉淀。控制加入乙醇的浓度，可将不同分子量的产品分离出来。此外，加入大量的电解质亦可破坏水化膜，由于电解质的强烈水化作用，夺去了高分子质点中水化膜的水而使其沉淀，这一过程称为盐析。盐析作用在制备生化制品时，经常应用。

高分子溶液不如低分子溶液稳定，在放置过程中，会自发地聚集而沉淀或漂浮在表面，称为陈化现象。高分子溶液由于其他因素如光线、空气、盐类、pH、絮凝剂、射线等的影响，使高分子先聚集成大粒子而后沉淀或漂浮在表面的现象，称为絮凝现象。这些现象在含有药材提取物制剂的放置过程中以及处方调配中经常发生。带相反电荷的两种高分子溶液混合时，可因电荷中和而发生絮凝，这时两种高分子均失去它们原有的性质，如表面活性、水化性等。

✖ 练一练3-3

高分子溶液剂加入大量电解质可导致（ ）

A. 高分子化合物分解　　　　B. 产生凝胶　　　　　　　C. 盐析

D. 胶体带电，稳定性增加　　E. 使胶体具有触变性

答案解析

3. 渗透压 高分子溶液具有一定渗透压，渗透压的大小与高分子溶液的浓度有关。

4. 胶凝性 一些高分子溶液如明胶和琼脂的水溶液等，在温热条件下为黏稠性流动的液体，当温度降低时，成为不流动的半固体状物质，称为凝胶，形成凝胶的过程称为胶凝。软胶囊剂中的囊壳即为此种凝胶。凝胶有脆性与弹性两种，如硅胶、片剂薄膜衣、硬胶囊等均属于脆性凝胶；琼脂和明胶等属于弹性凝胶。另一些高分子溶液（如甲基纤维素等），当温度升高时，高分子中的亲水基团与水形成的氢键被破坏，其水化作用降低，形成凝胶分离出来。当温度下降至原来温度时，又重新胶溶成高分子溶液。

（三）高分子溶液剂的制备

高分子溶液剂选用的高分子药物，一般与水亲和力大，溶解性能好，不需特殊处理，即容易形成高分子溶液。其制备工艺过程为：

称量→溶胀→溶解→质量检查→分装

1. 药物的溶解过程 高分子药物在溶解时，首先要经过溶胀过程。溶胀是指水分子渗入到高分子的分子结构中去，与极性基团发生水化作用，使体积膨胀的过程，这一过程时间较长。随着溶胀继续进行，高分子间隙充满了水分子，降低了高分子间的作用力（范德华力），最后使高分子药物完全溶解在水中形成高分子溶液。后一过程中通常需要搅拌或加热，以加速高分子溶液的形成。不同的高分子物质形成高分子溶液所需条件不同。如明胶、阿拉伯胶、西黄蓍胶等需粉碎，于水中浸泡3~4小时，膨胀后加热并搅拌使其溶解。胃蛋白酶膨胀和溶解速度都很快，将其撒于水面，自然溶胀后再搅拌即形成溶液。如果将其撒于水面立即搅拌则形成团块，使水分子进入药物内部变得缓慢，给制备造成困难。

2. 高分子药物的粉碎度 高分子药物若为片状、块状时，应先用适宜方法粉碎成细粒，加入总量1/2~3/4的水，静置，使其充分溶胀，可加快溶液的形成。

3. 电荷的影响 高分子药物带有电荷，制备中应注意其他药物或附加剂的带电情况，以免系统中存在相反电荷时，使高分子药物凝聚失效。如胃蛋白酶在pH 2以下带正电荷，被水润湿的速纸带负电

荷，过滤时会因电荷中和而使胃蛋白酶沉淀于滤纸上，影响胃蛋白酶的效价。

4. 高分子溶液剂的稳定性　高分子溶液久置或受外界因素的影响易聚结产生沉淀，故不宜大量配制。

案例 3 – 11　羧甲基纤维素钠胶浆

【处方】羧甲基纤维素钠 5g　琼脂 5g　糖精钠 0.5g　纯化水加至 1000ml

【制法】取羧甲基纤维素钠分次加入 400ml 纯化水中，放置 10 分钟使其溶胀，轻加搅拌使其溶解；另取剪碎的琼脂加入 400ml 纯化水中，放置 10 分钟使其溶胀，再加入糖精钠，煮沸数分钟，使琼脂溶解，两液合并，趁热过滤，再加纯化水使成 1000ml，搅匀，即得。

【分析】本品用作助悬剂、矫味剂，供外用时则不加糖精钠。配置时，若先用少量乙醇润湿羧甲基纤维素钠，再按上法溶解，更为方便。

二、溶胶剂

（一）溶胶剂的概述

溶胶剂又称疏水胶体溶液，它是由固体微粒（多分子聚集体）作为分散相的质点，分散在液体分散介质中所形成的多相分散体系。溶胶剂中的微粒大小一般在 1 ~ 100nm 之间。由于胶粒有着极大的分散度，微粒与水的水化作用很弱，它们之间存在着物理界面，胶粒之间极易合并，所以溶胶属于高度分散的热力学不稳定体系。溶胶剂的质点小，分散度大，药效会增大或异常，目前临床应用不多，但溶胶的性质在药剂学中却非常重要。

（二）溶胶剂的性质

1. 光学性质　当光线通过溶胶剂时，从侧面可见到圆锥形光束，称为 Tyndall 效应（丁达尔效应）。这是由于胶粒小于光波波长所产生的光散射。溶胶剂的颜色与光线的吸收和散射有密切关系。

2. 电学性质　溶胶剂中胶体粒子带有电荷，在外电场的作用下带电胶粒会在介质中做定向运动，这种现象称为电泳。除了观察到带电胶粒的移动，在电场中，还可以观察到液体会向所带电荷相反电性的电极移动，这种现象称为电渗。在外力作用下，液体沿固体表面流动而产生的电势称为流动电势，固体胶粒和液体接触时，由于吸附等原因会带电荷，当外力迫使液体流动时，就会在液体和固体表面之间产生电势差。当分散相胶粒在分散介质中快速沉降时，液体的表面和底层之间出现电势差，称为沉降电势。电泳、电渗、流动电势和沉降电势统称为电动现象，前两者是在外电场的作用下固、液两相之间发生相对移动，后两者是由于两相之间的相对移动而产生电场。

由于胶粒电荷之间排斥作用和胶粒水化膜的存在，可阻止胶粒碰撞时发生聚结，增加溶胶的聚结稳定性。ξ 电位愈高斥力愈大，溶胶也就愈稳定。ξ 电位降低至 20 ~ 25mV 以下时，溶胶聚集速度增大，溶胶产生聚结而影响其稳定性。

3. 布朗运动　溶胶剂中的胶粒在分散介质中有不规则的运动，这种运动称为布朗运动。这种运动是由于胶粒受溶剂水分子不规则地撞击产生的。溶胶粒子的扩散速度、沉降速度及分散介质的黏度等都与溶胶的动力学性质有关。

4. 稳定性　溶胶剂属热力学不稳定体系，主要表现为热力学不稳定性和动力学不稳定性。但由于胶粒表面电荷产生静电斥力，以及胶粒荷电形成水化膜，增加了溶胶剂的聚结稳定性。重力作用虽使胶粒产生沉降，但由于胶粒的布朗运动又使其沉降速度变得极慢，增加了动力稳定性。

溶胶剂的稳定性受很多因素的影响，主要有：①电解质，加入的电解质中和胶粒的电荷，使 ξ 电位降低，同时也因电荷的减弱而使水化层变薄，使溶胶剂产生凝聚而沉淀；②溶胶，将带相反电荷的溶胶剂混合，也会产生沉淀；如果当两种常胶的用量比，刚好使相反电荷的胶粒所带的电荷量相等时，完全沉淀；否则可能部分沉淀或不会沉淀；③保护胶，向溶胶剂中加入亲水性高分子落液，使溶胶剂具有亲水胶体的性质而增加稳定性，这种胶体称为保护胶体。如制备氧化银胶体时，加入血浆蛋白作为保护胶而制成稳定的蛋白银溶胶。

（三）溶胶剂的制备

1. 分散法　分散法系将药物的粗粒子分散成溶胶粒子大小范围的过程。

（1）机械分散法　多采用胶体磨进行制备。

（2）胶溶法　将聚集而成的粗粒子重新分散成溶胶粒子的方法。

（3）超声波分散法　采用20kHz以上超声波所产生的能量，使粗粒分散成溶胶粒子的方法。

2. 凝聚法

（1）物理凝聚法　通过改变分散介质，使溶解的药物在不良溶剂中析出微晶而制备溶胶剂的方法。如将硫黄溶于乙醇中制成饱和溶液，过滤，滤液细流在搅拌下流入水中。由于硫黄在水中的溶解度小，迅速析出而形成胶粒而分散于水中。

（2）化学凝聚法　借助氧化、还原、水解及复分解等化学反应制备溶胶剂的方法。如硫代硫酸钠溶液与稀盐酸作用，生成新生态硫分散于水中，形成溶胶。

任务五　混悬剂的制备与质控

PPT

一、混悬剂的概述

1. 概念　混悬剂系指难溶性固体药物以微粒状态分散于分散介质中形成的非均相的液体制剂，可供口服或外用。所用分散介质大多数为水，也可用植物油。混悬剂中药物微粒一般在 $0.5 \sim 10\mu m$ 之间，若有需要也可以小于 $0.5\mu m$ 或大于 $10\mu m$，甚至达到 $50\mu m$。

混悬剂一般为液体制剂，但《中国药典》（2020年版）二部有收载多种干混悬剂，它是按照混悬剂的要求，将药物用适宜的方法制成粉末状或者颗粒状，临用前加水振摇即可分散成混悬剂。同时也有一些非难溶性药物也可根据临床需求制备成干混悬剂。这种制剂有利于解决混悬剂在贮藏过程中的稳定性问题。混悬剂可直接用于临床，也与许多剂型相关，如注射剂、滴眼剂、合剂、洗剂、气雾剂等都有混悬型制剂的存在。

2. 制成混悬剂的条件

（1）难溶性药物需制成液体制剂供临床应用。

（2）药物的剂量超过了溶解度而不能以溶液剂形式应用。

（3）两种溶液混合时产生难溶性化合物或者由于药物的溶解度降低而析出固体药物。

（4）为达到缓释等目的，可以考虑制成混悬剂。

注意：毒剧药或者小剂量药物，一般为了安全起见，则不应制成混悬剂使用。

3. 质量要求　除应符合一般液体制剂的要求外，还应符合下列要求。

（1）混悬微粒的大小应均匀，应符合用药目的和要求，可根据用途不同而不同。

（2）混悬微粒的沉降速度应缓慢，且沉降后应不结块，振摇后能迅速均匀分散。口服混悬剂的沉降体积比应不低于0.9。

（3）混悬剂的黏度应适宜，易于倾出；外用混悬剂应易于涂布，不易流散。

（4）标签上应注明"使用前摇匀"等字样。

练一练3-4

下列关于混悬剂的说法错误的是（   ）。

A. 不溶性药物需要制成液体制剂可考虑制成混悬剂

B. 毒剧药物或剂量太小的药物不适合制成混悬剂

C. 混悬剂的沉降体积比应不高于0.9

D. 混悬剂黏度应适宜，倾倒时不沾瓶壁

答案解析

二、混悬剂的物理稳定性

混悬剂属于不稳定的粗分散体系，其微粒的粒径比胶体粒子大，所以此时大部分微粒失去了布朗运动，而受重力作用发生沉降。同时又因混悬微粒的分散度比较大，表面自由能比较高，使得微粒容易聚集，所以混悬剂既属于动力学不稳定体系又属于热力学不稳定体系。物理稳定性是混悬剂目前存在的主要问题，尤其是疏水性药物的混悬剂更甚，影响混悬剂稳定性的因素主要如下。

（一）混悬微粒的沉降

混悬剂在放置过程中，微粒会发生沉降，其沉降速度服从 Stokes 定律：

$$v = \frac{2r^2(\rho_1 - \rho_2)g}{9\eta} \qquad (3-2)$$

式中，v 为混悬微粒的沉降速度（cm/s）；r 为微粒半径（cm）；ρ_1 和 ρ_2 分别为微粒和分散介质的密度（g/ml）；g 为重力加速度（cm/s²）；η 为分散介质的黏度（P 即泊，g/cm·s，1 泊 =0.1Pa·s）。

混悬微粒的沉降速度可用来评价混悬剂的动力学稳定性，v 越小说明体系越稳定，反之则不稳定。由 Stokes 公式可知，沉降速度 v 跟微粒半径 r^2 成正比、跟微粒和分散介质的密度差（$\rho_1 - \rho_2$）成正比、跟分散介质的黏度 η 成反比。混悬微粒的沉降速度越大，其动力稳定性就越小，为了降低微粒的沉降速度，提高混悬剂的稳定性，可以采取以下措施。

（1）采用适当的方法来减少微粒的半径，如对药物进行粉碎处理，这是最有效的一种方法。

（2）加入胶浆剂等高分子助悬剂，既可以增加分散介质的黏度，降低微粒和分散介质的密度差，又可以在混悬微粒的表面形成保护膜，增加其亲水性。这是增加混悬剂稳定性应采取的重要措施。也可以通过加入甘油、糖浆等低分子助悬剂，以此来增加分散介质的黏度，降低微粒和分散介质的密度差，从而达到提高混悬剂稳定性的目的。

（3）将药物与密度小的载体制成固体分散体等，可以降低微粒和分散介质的密度差，从而提高混悬剂的稳定性。

以上措施能有效降低混悬微粒的沉降速度，提高混悬剂的稳定性，但混悬微粒最终会发生沉降。在混悬剂中，混悬微粒的大小是不均匀的，大的微粒沉降速度较快，小的微粒沉降速度慢，甚至有的细小的微粒因为布朗运动，可长时间悬浮甚至漂浮在分散介质中。所以患者在使用之前应尽量摇匀，避免造成用量不匀的后果。

（二）微粒的荷电与水化

混悬剂中微粒可因本身解离或吸附分散介质中的离子而荷电，具有双电层结构，从而形成 ζ - 电位。由于微粒表面荷电，水分子可在微粒周围形成水化膜，这种水化作用的强弱会随双电层的厚度而改变。微粒的荷电（微粒间带同种电荷互相排斥）和水化膜的存在，均能阻止微粒间的相互聚结，增加混悬剂的稳定性。当向混悬剂中加入电解质时，电解质可以改变双电层的构造和厚度，会影响混悬剂的聚结稳定性。亲水性药物微粒除荷电外，本身还具有一定的水化作用，受电解质的影响较小。而疏水性药物微粒水化作用很弱，对电解质则更敏感。

（三）混悬微粒的亲水性

固体药物对水亲和力的强弱、能否被水所润湿，对混悬剂制备的难易程度、质量的高低以及稳定性大小均有较大的影响。当药物为亲水性药物时，则易被水所润湿，在制备时也更易分散，制备的混悬剂也较为稳定。若为疏水性药物，由于其表面有一层气膜，很难被水所润湿，制备时较难分散在分散介质中，微粒会出现漂浮或下沉的现象，制备的混悬剂也不稳定。因此，在制备疏水性药物混悬剂时，需加入一定量的润湿剂（如甘油），以此来改善药物的润湿性，降低固液两相的界面张力，祛除微粒表面的气膜，使微粒能均匀的分散在分散介质中，从而制成稳定的混悬剂。

（四）絮凝和反絮凝

混悬剂中的粒子由于分散度比较大，故而具有较大的比表面积和表面自由能，这种高能状态下的粒子有降低表面自由能的趋势，表面自由能的变化可用下式来表示：

$$\Delta F = \delta_{s.L}\Delta A \tag{3-3}$$

式中，ΔF 为表面自由能的改变值；ΔA 为微粒总表面积的改变值；$\delta_{s.L}$ 为固液界面张力。对一定的混悬剂而言，$\delta_{s.L}$ 是一定的，只有降低 ΔA，才能降低微粒的表面自由能 ΔF，因此混悬微粒间要有一定的聚集。但由于微粒荷电，电荷的排斥力阻碍了微粒产生聚集。故只有加入适当的电解质，使 ζ 电位降低，以此来减小微粒间电荷的排斥力。在混悬剂中加入适当的电解质，使 ζ 电位降低到一定程度后，微粒间会形成疏松的絮状聚集体，此时混悬剂处于比较稳定的状态。这种混悬微粒形成疏松聚集体的过程称为絮凝，加入的电解质称为絮凝剂。为了使其恰好能产生絮凝现象，得到较为稳定的混悬剂，一般应控制 ζ 电位在 20～25mV 范围内。絮凝状态下的混悬剂，虽然微粒沉降速度比较快，并且会形成明显的沉降面，但沉降体积比较大，沉降物多孔，经振摇后能迅速恢复成均匀的混悬状态。

向絮凝状态的混悬剂中加入电解质，使混悬剂由絮凝状态变为非絮凝状态这一过程称为反絮凝。加入的电解质称为反絮凝剂。此时，ζ 电位是升高的，静电排斥力阻碍了微粒之间的碰撞聚集，粒子是以单个状态存在，也不能形成疏松的纤维状结构，沉降速度缓慢，但沉降后易产生结块现象，重新分散较困难，对混悬剂的稳定性不利。在实际生产中，有时也将 ζ 电位控制在合适的范围内，让其处于反絮凝状态，这样的混悬剂更易倾出，同时稳定性也能满足要求。同一电解质根据加入量的多少既可作絮凝剂也可作反絮凝剂。在电解质使用过程中，若使用不当，使得 ζ 电位降为零时，此时微粒之间的吸引力远远大于排斥力，粒子之间会发生紧密的结合而形成饼状物，这样就很难再恢复成均匀的混悬状态。

（五）微粒的增长现象

混悬剂中药物微粒的大小是不同的，它们之间的差异使得其溶解度，沉降速度等均不相同，影响着混悬剂的稳定性。在混悬剂中，小粒子比表面积大，溶解度大，而大粒子比表面积小，溶解度小。但混悬剂在总体上是饱和溶液，当大粒子在混悬剂中达到饱和时，而小粒子仍然可以继续溶解，与此同时必然有部分结晶会从溶液中析出来，吸附在大粒子的表面，这样就会形成小粒子越来越小，大粒子越来越大的局面，最终影响混悬剂的稳定性。此时需加入适当的抑制剂如表面活性剂来阻止微粒的溶解和增长，以保持混悬剂的物理稳定性。

（六）微粒的浓度和外界温度

分散介质相同时，微粒的浓度越大，微粒碰撞聚集的机会也越大，混悬剂的稳定性也将降低。此外，外界温度对混悬剂的影响也很大。如温度可改变药物的溶解度、溶解速度、微粒的沉降速度、絮凝速度等，从而影响混悬剂的稳定性。

三、混悬剂的稳定剂

制备混悬剂时，为了增加其物理稳定性，常需加入一定量的附加剂，如助悬剂、润湿剂、絮凝剂和反絮凝剂等，这些统称为稳定剂。

（一）助悬剂

助悬剂主要通过增加混悬剂中分散介质的黏度，降低微粒的沉降速度而发挥稳定作用。此外，它还能增加微粒亲水性，或使混悬剂具有触变性，增加混悬剂的稳定性。助悬剂包括的种类很多，有低分子化合物、高分子化合物等，甚至有些表面活性剂也可作助悬剂用。常用的助悬剂有以下几类。

1. 低分子助悬剂 如甘油、糖浆剂等。甘油常用在外用混悬剂中，如炉甘石洗剂、复方硫黄洗剂。糖浆剂主要用于内服的混悬剂中，可作为助悬剂和矫味剂使用。

2. 高分子助悬剂

（1）天然高分子助悬剂 包括树胶类和植物多糖类等，如阿拉伯树胶、西黄蓍胶、海藻酸钠、琼脂、淀粉、脱乙酰甲壳素等。阿拉伯树胶和西黄蓍胶可用其粉末或胶浆，一般用量为阿拉伯树胶5%～15%，西黄蓍胶为0.5%～1%。此类助悬剂防腐能力比较差，常需加入适量的防腐剂。

（2）合成或半合成高分子助悬剂 主要为纤维素类，如羧甲基纤维素钠、羟丙基甲基纤维素、羟丙基纤维素等。其他如卡波姆、聚维酮、葡聚糖、聚乙烯醇等。此类助悬剂大多性质比较稳定，受 pH 影响小，但应注意配伍变化。

（3）硅酸类 如硅皂土、二氧化硅、硅酸镁铝胶体等。硅皂土为天然的含水硅酸铝，不溶于水或酸，但能在水中膨胀形成高黏度并具触变性和假塑性的凝胶。

（4）触变胶 利用触变胶的触变性，即静止时能形成凝胶防止微粒的沉降，振摇时又变成溶胶易于倾出，从而发挥助悬、稳定的作用。如单硬脂酸铝溶解于植物油中可形成典型的触变胶。

（二）润湿剂

润湿是指分散介质在固体表面黏附的现象，对许多疏水性药物（如硫黄、阿司匹林等）而言，它们表面有一层气膜不易被水润湿，这给制备混悬剂带来了困难。此时应加入适当的润湿剂增加其亲水性，有利于药物的分散。一般情况下，对疏水性不是很强或亲水性固体药物，常用甘油、丙二醇等表面张力较小的溶剂与之研磨即可达到润湿的目的；而对于疏水性强的药物，一般选用 HLB 值在 7～11 之间的表面活性剂如吐温类、泊洛沙姆类、聚氧乙烯脂肪醇醚类等。

（三）絮凝剂与反絮凝剂

絮凝剂可使 ζ 电位降低到一定程度，使混悬微粒形成疏松絮状聚集体，经振摇又可恢复成均匀分散的混悬剂。而反絮凝剂则使 ζ 电位升高，让絮凝状态消失，阻碍微粒间的聚集。絮凝剂和反絮凝剂可以是同一种电解质（用量不同），也可以是不同的电解质。常用的絮凝剂和反絮凝剂有枸橼酸或枸橼酸盐、酒石酸或酒石酸盐、磷酸盐及一些氯化物（如三氯化铝）等。一般离子的价数越高，絮凝、反絮凝作用越强，如三价离子＞二价离子＞一价离子，阴离子絮凝作用也要大于阳离子。

四、混悬剂的制备技术

制备混悬剂时，为得到稳定的制剂，混悬微粒应小而均匀，也可根据需要加入适宜的稳定剂。常用的制备方法有分散法和凝聚法。

（一）分散法

分散法是将固体药物粉碎成符合混悬剂微粒要求的大小、再分散于分散介质中制备成混悬剂的方法。小量制备可用乳钵，大量生产可用胶体磨、乳匀机等设备。制备混悬剂时，需特别考虑药物的亲水性问题。

1. 亲水性药物　如氧化锌、炉甘石、碱式碳酸铋等，一般应先将药物粉碎到一定细度，再取处方中的液体适量进行加液研磨（即 1 份药物加 0.4 ~ 0.6 份液体进行研磨）制备，直到达到所要求的细度为止，最后再加入处方中的剩余液体至全量。粉碎时，采用加液研磨法，可使药物更易粉碎、粒子可达到 $0.1 ~ 0.5\mu m$。对于质地重、硬度较大的药物，可采用中药制剂常用的"水飞法"，此法可使药物粉碎到极细的程度，有利于混悬剂的稳定。

2. 疏水性药物　如硫磺不易被水润湿，很难制成合格混悬剂的药物，必须先加一定量的润湿剂与其共研，这样即可去除药物表面的气膜，又可以增加其亲水性，同时可加入适宜的助悬剂，研均后再加入处方中的剩余液体至全量。

实例 3 – 12　布洛芬混悬液

【处方】布洛芬　25g　　　　　HPMC　3.75g

　　　　蔗糖　500g　　　　　甘油　100g

　　　　吐温 80　4g　　　　　CMC – Na　3.75g

　　　　HPC　3g　　　　　　乙二胺四乙酸二钠　0.5g

　　　　甜菊苷　1.8g　　　　胭脂红　0.1g

　　　　水蜜桃香精　10g　　　苯甲酸钠　3g

　　　　纯化水加至 1000ml

【制法】①将蔗糖加入适量沸腾的纯化水中，搅拌至全溶，并加入苯甲酸钠搅拌溶解后，过滤备用。②取微粉化的布洛芬（1 ~ 10μm）与吐温 80 充分搅拌 15 分钟，润湿完全备用。③用适量的纯化水分别溶胀 CMC – Na、HPMC、HPC，将以上三种胶液混合均匀后，加入润湿后的布洛芬、乙二胺四乙酸二钠、甘油、含防腐剂的单糖浆、适量纯化水置于胶体磨中充分研磨。④研磨均匀后，加入甜菊苷、胭脂红水溶液，水蜜桃香精，搅匀，加纯化水至全量即得。

【性状】本品为红色混悬液，具有水果香气，味甜。

【解析】布洛芬为主药，是一种难溶性药物，可通过加入润湿剂吐温 80，增加其亲水性。助悬剂 CMC – Na、HPMC、HPC、甘油能有效地增加布洛芬的悬浮性，使其均匀地分散在溶剂中。乙二胺四乙酸二钠为反絮凝剂。蔗糖、甜菊苷、水蜜桃香精为矫味剂，因布洛芬味苦，有辣味，加入矫味剂可改善其不良味道，能更好地适应儿童口服。苯甲酸钠为防腐剂，胭脂红为着色剂，可调整成药的颜色。

【临床应用】布洛芬是临床常用的一种解热镇痛抗炎药，可用于普通感冒或流行性感冒引起的发热；也可用于轻至中度疼痛，如头痛、关节痛、偏头痛、牙痛、痛经等。

【贮藏】遮光，密封，在阴凉处保存。

（二）凝聚法

凝聚法是指借助物理或化学方法将离子或分子状态的药物在分散介质中聚集并形成混悬剂的方法。

1. 物理凝聚法　此法一般先将药物用适宜的溶剂制成热的饱和溶液，再在急速搅拌下加入另一种不同性质的冷溶剂中，使药物快速结晶，可制成 10μm 以下（占 80% ~ 90%）的微粒沉降物，再将此微粒沉降物分散于适宜介质中制成混悬剂。如醋酸可的松滴眼剂就是用物理凝聚法制备的。

2. 化学凝聚法 此法是先将两种药物分别制成稀溶液，再在低温的条件下进行混合，使之发生化学反应，生成难溶性的药物微粒，再混悬于分散介质中制备混悬剂的方法。为使微粒细小而均匀，化学反应需在稀溶液中进行并应急速搅拌。如用于胃镜检查的 $BaSO_4$ 混悬剂就是用化学凝聚法制成的。

五、混悬剂的质量检查

除《中国药典》（2020 年版）四部通则中对口服混悬剂的质量要求外，还可对混悬剂微粒大小、絮凝度、重新分散性等方面进行考察，以评价混悬剂的质量。

1. 微粒大小的测定 混悬剂中微粒的大小直接关系到混悬剂的质量和稳定性，还会影响混悬剂的药效和生物利用度。所以测定混悬剂中微粒大小及其分布情况，是评定混悬剂质量的重要指标。可采用显微镜法、库尔特计数法、浊度法等方法进行测定。

2. 沉降体积比的测定 沉降体积比（F）是指沉降物的体积与沉降前混悬剂的体积之比。检查法：除另有规定外，用具塞量筒量取供试品 50ml，密塞，用力振摇 1 分钟，记下混悬物的开始高度 H_0，静置 3 小时，记下混悬物的最终高度 H，按下式进行计算：

$$F = \frac{H}{H_0} \tag{3-4}$$

式中，F 值在 0 ~ 1 之间。F 值愈大混悬剂愈稳定。以 F 为纵坐标，沉降时间 t 为横坐标作图，可得沉降曲线。混悬微粒开始沉降时，沉降高度 H 随时间而减小，所以曲线的起点最高点为 1，以后逐渐缓慢降低并与横坐标平行。根据沉降曲线的形状可以判断混悬剂处方设计的优劣。沉降曲线比较平和，降低缓慢可认为处方设计优良。但较浓的混悬剂不适用于绘制沉降曲线。

干混悬剂按各品种项下规定的比例加水振摇，应均匀分散，并照上法检查沉降体积比，应符合规定。

3. 絮凝度的测定 絮凝度是比较混悬剂絮凝程度的重要参数，用下式表示：

$$\beta = \frac{F}{F_\infty} \tag{3-5}$$

式中，F 为絮凝混悬剂的沉降体积比；F_∞ 为非絮凝混悬剂的沉降体积比；β 表示由絮凝所引起的沉降物体积增加的倍数，如 $\beta = 5$，表示絮凝混悬剂的沉降体积比为非絮凝混悬剂的 5 倍。β 值越大，絮凝效果越好，混悬剂的稳定性越高。

4. 重新分散试验 优良的混悬剂经过贮藏后再振摇，沉降微粒应能很快重新分散，这样才能保证服用时的均匀性和分剂量的准确性。重新分散试验是将混悬剂置于 100ml 量筒内，放置沉降，然后以每分钟 20 转的速度转动，经过一定时间的旋转，量筒底部的沉降物应重新均匀分散。

5. 流变学测定 主要是测定黏度，来评价流变学性质。若为触变流动、塑性触变流动和假塑性触变流动，能有效地减缓混悬剂微粒的沉降速度。

? 想一想3-2

蒙脱石混悬液，是一种止泻药。常用于成人及儿童急、慢性腹泻。其处方如下：蒙脱石 10g，蔗糖 7g，黄原胶 0.25g，苯甲酸钠 0.07g，甘油 11.5g，枸橼酸 118.5mg，枸橼酸钠 75mg，香精 1.2g，赤藓红 4.5mg，纯化水加至 100ml。请分析蒙脱石混悬液的处方组成。

答案解析

PPT

任务六　乳剂的制备与质控

一、乳剂的概述

（一）概念

乳剂系指互不相溶的两种液体混合，其中一种液体以液滴状态分散于另一种液体中所形成的非均相液体制剂。以液滴状分散的液体称为分散相、内相或非连续相，另一相液体则称为分散介质、外相或连续相。形成乳剂的两种液体，其中一种液体通常是水或水溶液，称为"水相"，用 W 表示；另一种与水互不相容的液体则称为"油相"，用 O 表示。

（二）分类及鉴别

1. 根据液滴的大小分类　乳剂可分为普通乳、亚微乳、纳米乳。普通乳液滴大小一般在 $1 \sim 100\,\mu m$ 之间，为乳白色不透明液体，属热力学不稳定体系，受热等因素的影响易出现分层等现象，在临床上可供内服，也可外用；亚微乳的粒径在 $0.1 \sim 0.5\,\mu m$ 之间，其稳定性不如纳米乳，可热压灭菌，临床上既可作为胃肠外给药的载体，又可用于静脉注射。纳米乳的粒径在 $10 \sim 100\,nm$ 之间，其乳滴多为球形，液体呈透明或半透明状，经热压灭菌或离心也不能使之分层。

2. 根据分散系统的组成分类　乳剂可分为单乳和复乳。单乳包括水包油型（O/W）和油包水型（W/O），又称一级乳或初乳；复乳是在一级乳的基础上进一步乳化而形成的，常以 O/W/O 或 W/O/W 表示，又称多重乳剂，可用二步乳化法来制备。

3. 鉴别　水包油或油包水型乳剂可用表 3-4 中的方法进行鉴别。

表 3-4　乳剂的鉴别

鉴别方法	O/W 型乳剂	W/O 型乳剂
外观	通常为乳白色	接近油的颜色
稀释液	能用水稀释	能用油稀释
导电性	导电	不导电或几乎不导电
CoCl 试纸	粉红色	不变色
水溶性染料	外相染色	内相染色
油溶性染料	内相染色	外相染色

（三）特点

乳剂有以下优点。

（1）分散度大，吸收快，显效迅速，生物利用度高。

（2）O/W 型乳剂可以掩盖药物的不良气味，还可加入矫味剂。

（3）外用乳剂能改善药物对皮肤、黏膜的渗透性及刺激性。

（4）静脉注射用乳剂注射后分布较快、药效高、有靶向性。

（5）可增加难溶性药物的溶解度，如纳米乳；也可提高药物的稳定性，如对水敏感的药物。

由于乳剂的液滴分散度比较大，其界面自由能也会比较高，所以在贮藏过程中易受环境因素的影响，出现分层或酸败的现象，属于热力学不稳定体系。

答案解析

✎ **练一练3-5**

下列关于乳剂的说法中，错误的是（　　）

A. 乳剂属于胶体制剂

B. 乳剂属于非均相液体制剂

C. 乳剂属于热力学不稳定体系

D. 乳剂制备时需加入适宜的乳化剂

E. 乳剂分散度大，生物利用度高

（四）乳剂形成的条件

乳剂是由水相、油相、乳化剂三部分组成，若将水相和油相通过搅拌或研磨的方式，使其中一种液体以小液滴的形式分散在另一种液体当中，放置后则乳滴会很快合并，并重新分成油水两层。但若在上述的分散过程中，加入适量的乳化剂，则可制成稳定的乳剂。由此可见，乳剂的形成与稳定需要具备两个基本的条件。一是给体系提供足够的机械能，即能使分散相形成细小乳滴的能量；二是需要适量的乳化剂，使形成的乳滴能稳定的、均匀的分散在分散介质中，从而形成稳定的乳剂。此外，适当的相体积比、乳化的温度等都可以影响乳剂的形成和稳定。

二、乳化剂

乳化剂是乳剂的重要组成部分，对乳剂形成、稳定性以及药效发挥等方面有着重要的作用。

（一）乳化剂的基本要求

优良的乳化剂应具备以下条件。

（1）能有效地降低界面张力，并能在乳滴周围形成牢固的乳化膜。

（2）有一定的生理适应能力，不应对机体产生近期的和远期的毒副作用，无局部的刺激性。

（3）性质稳定对电解质、温度的变化等有一定的耐受性。

（二）乳化剂的种类

乳化剂的种类有很多，一般可分为以下几类。

1. 天然乳化剂　这类乳化剂多为高分子化合物，其特点是亲水性较强，黏度较大，能形成多分子乳化膜，稳定性较好。但这类乳化剂表面活性比较小，故制备时用量较大。一般用来制备 O/W 型乳剂，且较易被微生物污染变质，故使用这类乳化剂时需加入适当的防腐剂。

（1）阿拉伯胶　是阿拉伯酸的钠、钙、镁盐的混合物，在乙醇中几乎不溶，可形成 O/W 型乳剂。适用于制备植物油、挥发油的乳剂，可供内服用。含阿拉伯胶的乳剂在 pH 4～10 范围内稳定，常用浓度为 10%～15%。阿拉伯胶乳化能力较弱，常与西黄蓍胶、琼脂等混合使用。因粒状阿拉伯胶内含有氧化酶，故使用前应在 80℃加热 30 分钟加以破坏，以免其使胶腐败或与一些药物发生配伍变化。

（2）西黄蓍胶　可形成 O/W 型乳剂，按其溶液浓度的不同可制成不同黏度的制品，0.1%溶液呈稀胶浆状，0.2%～2%溶液呈凝胶状，浓度更大时则成弹性的凝胶。在 pH 5 时溶液黏度最大，西黄蓍胶乳化能力较差，一般与阿拉伯胶合用用以增加乳剂的黏度，防止乳剂的分层。

（3）明胶　为两性蛋白质，可作 O/W 型乳化剂，用量为油量的 1%～2%。易受溶液的 pH 值及电解质的影响产生凝聚作用。尤其在等电点时，形成的乳剂最不稳定。

（4）杏树胶　为杏树分泌的胶汁凝结而成的棕色块状物，用量为 2%～4%。乳化能力和黏度均超过阿拉伯胶。可作为阿拉伯胶的代用品。

（5）磷脂 包括卵磷脂和豆磷脂，此类乳化能力强，能形成 O/W 型乳剂，其精制品可用在静脉注射中。

其他天然乳化剂还有海藻酸钠、果胶、琼脂、桃胶等。

2. 表面活性剂类乳化剂 这类乳化剂乳化能力强，性质比较稳定，容易在乳滴周围形成单分子乳化膜，应用广泛。但其稳定性不如天然乳化剂，故常常使用混合乳化剂以形成复合凝聚膜，来增加乳剂的稳定性。常用的阴离子型乳化剂有：硬脂酸钠、硬脂酸钾、油酸钠、硬脂酸钙、十二烷基硫酸钠、十六烷基硫酸化蓖麻油等。常用的非离子型乳化剂有：甘油脂肪酸酯类、脂肪酸山梨坦、聚山梨酯、卖泽、苄泽、泊洛沙姆等。

3. 固体微粒乳化剂 一些溶解度小、颗粒细微的固体粉末，乳化时可被吸附于油水界面形成固体微粒膜，能防止乳滴的接触合并，从而形成乳剂。这类不受电解质的影响，若与非离子表面活性剂合用效果会更好。常用的 O/W 型乳化剂有：氢氧化镁、氢氧化铝、二氧化硅、硅皂土等。常用的 W/O 型乳化剂有：氢氧化钙、氢氧化锌、硬脂酸镁等。

4. 辅助乳化剂 是指与乳化剂合用能增加乳剂稳定性的物质。辅助乳化剂的乳化能力一般很弱或无乳化能力，但能提高乳剂的黏度，并能增强乳化膜的强度，防止乳滴合并。能增加水相黏度的辅助乳化剂有：甲基纤维素、羟丙基纤维素、海藻酸钠、琼脂、西黄蓍胶、阿拉伯胶、黄原胶、果胶、皂土等。能增加油相黏度的辅助乳化剂有：鲸蜡醇、蜂蜡、单硬脂酸甘油酯、硬脂酸、硬脂醇等。

（三）乳化剂的选择

乳化剂的选择应根据药物的性质、乳剂的类型、乳剂的处方组成、制备方法应用途径等方面综合考虑，适当选择。

1. 根据乳剂的类型选择 在设计乳剂的处方时应先确定乳剂类型，再根据乳剂类型选择所需的乳化剂。如 O/W 型乳剂应选择 O/W 型乳化剂，W/O 型乳剂应选择 W/O 型乳化剂。乳化剂的 HLB 值为这种选择提供了重要的依据。如乳化剂 HLB 值在 3~8 之间，可形成 W/O 型乳剂；乳化剂 HLB 值在 8~16 之间，可形成 O/W 型乳剂。

2. 根据乳剂给药途径选择 一般情况下，口服乳剂应选择无毒的天然乳化剂或毒性小的非离子型表面活性剂。外用乳剂应选择对局部无刺激性、长期使用无毒性的乳化剂。注射用乳剂应选择磷脂类、泊洛沙姆类等乳化剂。

3. 根据乳化剂性能选择 乳化剂的种类很多，其性能各不相同，应选择乳化性能强、性质稳定、受外界因素如酸、碱、盐、pH 值等的影响小，无毒无刺激性的乳化剂。也可选择混合乳化剂，使用混合乳化剂可通过改变 HLB 值，来改变乳化剂的亲油亲水性，使混合乳化剂有更大的适应性，如磷脂和胆固醇两者按照不同的比例混合，可形成 O/W 型乳化剂或 W/O 型乳化剂；使用混合乳化剂也可增加乳化膜的牢固性，如油酸钠与鲸蜡醇等亲油性乳化剂混合可形成络合物，使乳化剂膜更加牢固，并可增加乳剂的黏度及其稳定性。非离子型乳化剂可以混合使用，如聚山梨酯和脂肪酸山梨坦等。非离子型乳化剂可与离子型乳化剂混合使用。但阴离子型乳化剂和阳离子型乳化剂不能混合使用，因为它们混合后通常会形成溶解度很小的化合物沉淀析出。

三、乳剂的稳定性

乳剂属热力学不稳定的非均相体系，在放置过程中常发生下列变化。

（一）分层

乳剂的分层系指乳剂放置过程中出现分散相粒子上浮或下沉的现象，又称乳析。分层的主要原因是由于油、水两相之间的密度差造成的。O/W 型乳剂一般出现分散相粒子上浮，W/O 型乳剂一般出现分散相粒子下沉的现象。分散相上浮或下沉的速度符合 Stokes 定律。乳滴的粒子愈小，上浮或下沉的速度就愈慢。减小分散相和分散介质之间的密度差，增加分散介质的黏度，均可以减小乳剂分层的速度。分层后的乳剂，乳滴及乳化膜仍然完整，经振摇后仍能恢复成均匀的乳剂，故分层现象是可逆的。

（二）絮凝

当乳剂中有电解质或离子型乳化剂存在时，乳滴也会带上相应的电荷，并形成 ζ 电位，此时若由于某些因素的作用使乳滴表面的荷电减少，ζ 电位也会随之降低，乳剂会出现可逆的聚集现象，此现象称为絮凝。由于乳滴荷电以及乳化膜的存在，阻止了絮凝时乳滴的合并。故絮凝状态仍能保持乳滴及其乳化膜的完整性。形成絮凝的主要原因是由于乳剂中的有电解质和离子型乳化剂的存在，同时絮凝与乳剂的黏度、相容积比以及流变性有密切关系。乳剂中出现絮凝现象说明乳剂的稳定性已经下降，它是乳剂破裂或转相的前奏。

（三）转相

又称为转型，由于某些条件的变化而引起乳剂类型的改变。譬如由 O/W 型转变为 W/O 型或由 W/O 型转变为 O/W 型。转相主要是由于乳化剂的性质改变或分散相体积过大而引起的。如钠皂是 O/W 型乳化剂，遇氯化钙后生成油酸钙，变为 W/O 型乳化剂，乳剂则由 O/W 型变为 W/O 型。一般来说，乳剂分散相相体积比在 50% 左右最稳定，但当分散相的体积超过 60% 时，乳滴之间的碰撞机会大大增加，此时的乳剂易发生合并或者引起转相。

（四）合并与破裂

合并是指乳滴周围的乳化膜出现部分破裂，从而导致乳滴变大的现象。合并进一步发展使乳剂分为油、水两相的现象称为破裂。乳剂破裂后，由于乳滴周围的乳化膜受到破坏，虽经振摇也难以形成均匀的乳剂，故破裂是一个不可逆的过程。影响乳剂合并与破裂的因素主要有以下几方面。①乳滴大小和均匀性：乳滴越小，越均匀，乳剂越稳定。②乳化剂的性质：单一或混合使用的乳化剂形成的膜越牢固，就越能防止乳滴的合并与破裂。③分散介质的黏度：适当增加分散介质的黏度可减慢乳滴的合并速度。④外界因素及其他：如温度的变化，当温度高于 70℃ 或降至冷冻温度以下时，许多乳剂可能会出现破裂现象；还有微生物的污染，加入电解质等均可导致乳剂的合并与破裂。

（五）酸败

乳剂受外界因素（如热、空气等）及微生物的影响，使油相或乳化剂等发生变化而引起变质的现象称为酸败。所以乳剂中通常需加入抗氧化剂、防腐剂，以防止氧化或酸败，也可采用适宜的包装与贮藏方法来防止乳剂的酸败。

四、乳剂的制备技术

（一）乳剂的制备方法

制备符合质量要求的乳剂，可根据乳剂的类型、制备量的多少、给药途径等方面加以考虑，从而选择合适的制备方法，常用的制备方法有以下几种。

1. 干胶法　又称油中乳化剂法，即将水相加到含乳化剂的油相中。制备时，先将乳化剂与油相置于干燥乳钵中研匀，接着一次性加入比例量的水，迅速沿同一个方向用力研磨至稠厚初乳形成为止，再加水至全量即得。

本法的特点是先制备成初乳，然后稀释至全量。在制备初乳时油、水、胶（乳化剂）应按一定的比例加入，若为植物油，则油、水、胶的比例为 4:2:1；若为挥发油，则油、水、胶的比例为 2:2:1；若为液体石蜡，则油、水、胶比例为 3:2:1。该法所用胶粉通常为阿拉伯胶或阿拉伯胶与西黄蓍胶的混合胶。

2. 湿胶法 又称水中乳化剂法，即将油相加到含有乳化剂的水相中。制备时，先将乳化剂溶于水相中，再将油相加入到水相中，并沿同一方向用力研磨至稠厚初乳形成为止，最后加水至全量即得。该法与干胶法类似，需先制备初乳，且初乳中的油、水、胶的比例也相同，但该法没有干胶法易于形成乳剂。

3. 新生皂法 系指将油、水两相混合时，两相界面上生成的新生皂类作为乳化剂，进行乳化的方法。由于植物油中含有硬脂酸、油酸等有机酸，在加入氢氧化钠、氢氧化钙、三乙醇胺等碱性溶液后，可在高温下（70℃以上）发生皂化反应生成皂类，此皂类可作为乳化剂，经搅拌或振摇后进一步乳化油、水两相即形成乳剂。若生成的为一价皂、有机胺皂则为 O/W 型乳化剂；生成的为二价皂或多价皂则为 W/O 型乳化剂。该法多用于乳膏剂的制备。

4. 两相交替加入法 系指向乳化剂中每次少量交替地加入水或油，边加边搅拌，即可形成乳剂。天然胶类、固体微粒乳化剂等可用本法制备乳剂。当乳化剂用量较多时，本法是一个很好的方法。

5. 机械法 系指将油相、水相、乳化剂混合后用乳化机械制备乳剂的方法。机械法制备乳剂时可不用考虑混合顺序，只需借助于机械的强大能量，就很容易制成乳剂。常用的乳化机械有高压乳匀机、胶体磨、搅拌乳化装置、超声波乳化器等。

6. 复合乳剂的制备 一般采用二步乳化法制备。第一步先将水、油、乳化剂制成一级乳，再以一级乳为分散相与含有乳化剂的水或油再乳化制成二级乳即复合乳剂。如制备 W/O/W 型复合乳剂，先选择亲油性乳化剂制成 W/O 型一级乳剂，再选择亲水性乳化剂分散于水相中，在搅拌下将一级乳加于含乳化剂的水相中，充分分散即得 W/O/W 型乳剂。

复合乳剂在体内具有淋巴系统定向性，可选择性分布在肝、肾、脾等脏器中，可作为癌症化学治疗药物的载体，还可避免药物在胃肠道中失活，增加药物稳定性、提高药效等。

（二）乳剂中药物的加入方法

制备乳剂时，应根据药物的溶解性采用不同的加入方法。

1. 若药物溶解于油相，可先将药物溶于油相，再制成乳剂。此时由于油相体积的增加，需注意调整乳化剂的用量。

2. 若药物溶于水相，可先将药物溶于水相后再制成乳剂。

3. 若药物既不溶于油相也不溶于水相时，可用亲和性大的液相研磨药物，再将其制成乳剂；也可将药物先制成细粉再与乳剂混合均匀。

案例 3-13 鱼肝油乳剂

【处方】鱼肝油　50ml　　　　　　阿拉伯胶细粉　13g
　　　　西黄蓍胶细粉　0.7g　　　　1%糖精钠溶液　1ml
　　　　5%尼泊金乙酯醇溶液　0.2ml　香精　适量
　　　　蒸馏水加至　100ml

【制法】干胶法

①取阿拉伯胶与西黄蓍胶细粉置于干燥乳钵中，加入鱼肝油研磨均匀，使胶粉分散均匀；②一次加入 25ml 蒸馏水，迅速沿同一个方向研磨制成初乳；③再加入糖精钠水溶液、香精、尼泊金乙酯醇溶液，最后加蒸馏水至全量，搅匀，即得。

【性状】本品应为乳白色或微黄色的均匀乳状黏稠液体。

【解析】本乳剂为 O/W 型乳剂。其中鱼肝油为主药，主要含维生素 A 和维生素 D，适用于维生素 A 和维生素 D 缺乏的人群；阿拉伯胶为乳化剂；西黄蓍胶与阿拉伯胶合用用以增加乳剂的黏稠度从而避免分层，故为辅助乳化剂；糖精钠、香精为矫味剂；尼泊金乙酯醇溶液为防腐剂。

【临床应用】本品用于预防和治疗成人维生素 A 和 D 缺乏症。

五、乳剂的质量检查

由于乳剂种类不同，其作用性质和给药途径也不同，故其质量要求也各不相同，很难制定统一的质量标准。目前主要针对乳剂稳定性的指标进行测试，以便对所制备的乳剂的质量有个最基本的评定。

1. 乳滴大小的测定　乳滴大小是衡量乳剂质量的重要指标，可用显微镜测定法、库尔特计数器测定法、激光散射法、透射电镜法等方法来测定乳滴的大小。不同用途的乳剂对乳滴大小要求不同，如静脉注射用乳剂，至少为亚微乳，其粒径应在 $0.5\mu m$ 以下。其他用途的乳剂乳滴大小也都有不同要求。

2. 分层现象的观察　测定乳剂的分层速度是观察乳剂稳定性的简便方法之一。为了在短时间内观察乳剂的分层，常用离心法加速其分层，即用 4000r/min 的速度离心 15 分钟，如不分层则可认为乳剂质量较稳定。

3. 稳定常数的测定　稳定常数系指乳剂离心前后光密度变化的百分率，常用 K_e 表示，其表达式如下。

$$K_e = (A_0 - A)/A \times 100\% \tag{3-6}$$

式中，A_0 为未离心乳剂稀释液的吸光度；A 为离心后乳剂稀释液的吸光度。测定方法：取乳剂适量于离心管中，以一定速度离心一定时间，从离心管底部取出少量乳剂，稀释一定倍数，以蒸馏水为对照，用比色法在可见光某波长下测定吸光度 A，同法测定原乳剂稀释液吸收度 A_0，代入公式计算 K_e。离心速度和波长的选择可通过试验加以确定。K_e 值愈小乳剂愈稳定。本法是研究乳剂稳定性的定量方法。

❓ **想一想3-3**

奥利司他口服乳剂，有减少食物中脂肪和热量的吸收等作用，为一种减肥药，其处方组成如下：奥利司他 2.4g，吐温 80　0.36g，木糖醇 8g，西黄蓍胶 1g，山梨酸钾 0.1g，香精 0.1g，纯化水加至 100ml。请分析奥利司他口服乳剂的处方组成。

答案解析

任务七　其他液体制剂

一、搽剂、涂剂和涂膜剂

搽剂系指原料药物用乙醇、油或适宜的溶剂制成的液体制剂，供无破损皮肤揉擦用。搽剂常用的溶剂有水、乙醇、液状石蜡、甘油或植物油等。通常起镇痛、抗刺激作用的搽剂用乙醇作为分散介质，起保护作用的搽剂用油、液状石蜡作分散介质。搽剂包括溶液型、乳剂型、混悬型，乳剂型搽剂多用肥皂为乳化剂，搽用时有润滑、促渗透作用，如复方地塞米松搽剂。

涂剂系指含原料药物的水性或油性溶液、乳状液、混悬液，供临用前用消毒纱布或棉球等柔软物料蘸取涂于皮肤或口腔与喉部黏膜的液体制剂。也可为临用前用无菌溶剂制成溶液的无菌冻干制剂，供创伤面涂抹治疗用。涂剂大多为消毒或消炎药物的甘油溶液，甘油可使药物滞留于局部，并且有滋润作用，对喉头炎、扁桃体炎等均能起辅助治疗作用，也可用乙醇、植物油等作溶剂。以油为溶剂的应无酸败等变质现象，并应检查折光率。

涂膜剂系指原料药物溶解或分散于含成膜材料的溶剂中，涂搽患处后形成薄膜的外用液体制剂，一般用于无渗出液的损害性皮肤病等。

一般情况下，为了避免溶剂蒸发，搽剂、涂剂和涂膜剂均可采用非渗透性容器或包装，同时应避光、密闭贮存。涂剂和涂膜剂启用后最多可使用4周。

实例3-14　樟脑搽剂

【处方】樟脑31.2g　　70%乙醇溶液50ml

【制法】在31℃时，将31.2g精制樟脑溶于50ml浓度为70%的乙醇溶液中，最终体积为64ml，制成樟脑的70%饱和乙醇溶液。

【解析】樟脑外用，可增加患处血管的通透性，使得细胞内外的组织胺含量得到平衡，从而达到消肿的效果。

【临床应用】用于治疗无名肿痛（主要由不明原因的皮肤感染、温度刺激所引起）、疮、痈，尤其是糖尿病引起的初期皮肤红肿和溃疡。

二、洗剂、冲洗剂和灌肠剂

洗剂系指用于清洗无破损皮肤或腔道的液体制剂，包括溶液型、乳状液型和混悬型洗剂，以混悬型的洗剂居多，如炉甘石洗剂、复方硫黄洗剂等。洗剂常发挥消毒、消炎、止痒、收敛及保护等作用。其分散介质常为水或乙醇。混悬型洗剂中的溶剂在皮肤表面蒸发后，有冷却和收缩血管的作用，能减轻急性炎症，留下的干燥粉末有保护皮肤免受刺激的作用。除另有规定外，洗剂应密闭贮存。

冲洗剂系指用于冲洗开放性伤口或腔体的无菌溶液。可由原料药物、电解质或等渗调节剂按无菌制剂制备。冲洗剂也可以是注射用水，但在标签中应注明供冲洗用。通常冲洗剂应调节至等渗，其容器应符合注射剂容器的规定。冲洗剂在开启后应立即使用，未用完的应弃去。除另有规定外，冲洗剂应严封贮存。

灌肠剂系指以治疗、诊断或提供营养为目的供直肠灌注用液体制剂，包括水性或油性溶液、乳剂和混悬液。按使用目的不同可分为泻下灌肠剂、营养灌肠剂等，使用时应使药液温热后再缓缓灌入。除另有规定外，灌肠剂应密封贮存。

实例3-15　白色洗剂

【处方】硫酸锌45g　　　氢氧化钾30g

　　　　升华硫20g　　　乙醇（20%）50ml

　　　　纯化水加至1000ml

【制法】①取硫酸锌溶于约400ml纯化水中；②取氢氧化钾，加入50ml 20%乙醇，使其溶解；③将升华硫分次加入氢氧化钾乙醇溶液，充分搅拌，煮沸5~10分钟，加纯化水400ml；④将步骤③中所制溶液缓缓加入硫酸锌溶液中，随加随搅；最后加纯化水至全量，搅匀即得。

【解析】氢氧化钾与升华硫在乙醇的参与下反应生成新鲜的含硫钾，含硫钾与硫酸锌作用生成硫酸钾、硫化锌及胶体硫的白色混悬液。为确保成品质量，含硫钾液加入硫酸锌液中时应慢加快搅，以使生成物微粒细小均匀。

【临床应用】用于脂溢性皮炎、痤疮、疖疮等。

三、鼻用液体制剂

鼻用液体制剂包括滴鼻剂、洗鼻剂、喷雾剂等。

滴鼻剂系指由原料药物与适宜辅料制成的澄明溶液、混悬液或乳状液，供滴入鼻腔用的鼻用液体制剂，主要供局部消毒、消炎、收缩血管和麻醉之用，也可通过鼻黏膜吸收后起全身作用。通常以水、丙二醇、液体石蜡、植物油为溶剂。滴鼻剂一般为溶液型，也可制成乳剂型或混悬型，如盐酸麻黄碱滴鼻剂等。为了促进药物的吸收、防止黏膜水肿，常需要调节渗透压、pH 值和黏度等。滴鼻剂的 pH 值应在 5.5～7.5 之间，应与鼻黏液等渗，不能改变鼻黏液的正常黏度，不能影响纤毛的正常运动和分泌液的离子组成。

洗鼻剂系指由原料药物制成符合生理 pH 值范围的等渗水溶液，用于清洗鼻腔的鼻用液体制剂，用于伤口或手术前使用者应无菌。

鼻用喷雾剂系指由原料药物与适宜辅料制成的澄明溶液、混悬液或乳状液，供喷雾器雾化的鼻用液体制剂。

实例 3 - 16　盐酸萘甲唑啉滴鼻液

【处方】盐酸萘甲唑啉 1g　　　　　硼酸 20g

　　　　硼砂 1.3g　　　　　　　乙二胺四乙酸二钠 0.5g

　　　　硫柳汞 0.1g　　　　　　纯化水加至 1000ml

【制备】①称取硼酸、硼砂、乙二胺四乙酸二钠和硫柳汞于合适的容器中，加入不超过 100ml 的纯化水搅拌均匀，形成混合液。②在上述混合液中加入 800ml 纯化水，加热搅拌至 100℃，微沸保温 30 分钟，再冷却至室温。③将盐酸萘甲唑啉用适量的纯化水溶解，再与步骤②中的混合液混合均匀，最后补加纯化水至全量，即得。

【解析】硼酸和硼砂组成缓冲对，有调节溶液 pH 值的作用，盐酸萘甲唑啉在 pH 值为 6.1～6.5 的溶液中稳定性最好。乙二胺四乙酸二钠为一种较好的络合剂，可增加主药的稳定性。硫柳汞有抑菌的作用，可提高盐酸萘甲唑啉滴鼻液的疗效。

【临床应用】用于治疗过敏性及炎症性鼻充血、急慢性鼻炎等。

四、耳用液体制剂

耳用液体制剂包括滴耳剂、洗耳剂、耳用喷雾剂等。

滴耳剂系指由原料药物与适宜辅料制成的水溶液，或由甘油或其他适宜溶剂制成的澄明溶液、混悬液或乳状液，供滴入外耳道用的液体制剂。通常以水、乙醇、甘油为溶剂，也可使用丙二醇、聚乙二醇等。滴耳剂主要发挥消毒、止痒、收敛、消炎及润滑等作用，如氯霉素滴耳液等。外耳道发炎时，其 pH 值多在 7.1～7.8 之间，故对于外耳道使用的制剂最好呈弱酸性。

洗耳剂系指由原料药物与适宜辅料制成的澄明水溶液，用于清洁外耳道的液体制剂。通常是符合生理 pH 值范围的水溶液，用于伤口或手术前使用者应无菌。

耳用喷雾剂系指由原料药物与适宜辅料制成的澄明溶液、混悬液或乳状液，借喷雾器雾化的耳用液体制剂。

实例 3 - 17　阿奇霉素滴耳液

【处方】阿奇霉素 1g　　　　乙醇 250ml

　　　　丙二醇 100ml　　　甘油 400ml

　　　　纯化水加至 1000ml

【制备】取 1g 的阿奇霉素置于烧杯中，加 250ml 乙醇超声 20 分钟使溶解，加入 400ml 甘油和 100ml 丙二醇，搅匀，加入纯化水至 1000ml，搅匀，过滤即得。

【解析】阿奇霉素在水中几乎不溶，但在乙醇中易溶，故先用乙醇溶解阿奇霉素。丙二醇和甘油性质黏稠，可以增加药物和患处的接触时间，有利于药物的吸收。

【临床应用】常用于治疗中耳炎。

五、含漱剂

含漱剂系指清洗咽喉、口腔用的液体制剂。通常以水为溶剂，也可含有少量乙醇或甘油。含漱剂主要用于口腔的清洗、去嗅、杀菌、消毒及收敛等。溶液中常加适量着色剂，以示外用，不可咽下。含漱剂的 pH 值要求微碱性，有利于去除口腔中的酸性物质和黏液蛋白。

实例 3-18　复方硼砂含漱液

【处方】 硼砂 20g　　　碳酸氢钠 15g

　　　　　液化酚 3ml　　　甘油 35ml

　　　　　纯化水加至 1000ml

【制备】 ①取硼砂用适量热水溶解，放冷至 50℃以下，再加碳酸氢钠使溶解；②取液化酚加入甘油中搅匀，再加入上述溶液中，边加边搅，静置，等不产生气泡后，过滤，加水至全量搅匀即得。

【解析】 硼砂在热水中易溶，与甘油可生成甘油硼酸，呈酸性，遇碳酸氢钠作用生成甘油硼酸钠，并放出二氧化碳气体。生产的甘油硼酸钠及处方中的液化酚均具有消毒、防腐的作用。

【临床应用】 本品具有杀菌、防腐作用，常用于口腔炎、咽喉炎及扁桃体炎等症。

六、口服溶液剂、混悬剂、乳剂

口服溶液剂系指原料药物溶解于适宜溶剂中制成的供口服的澄清液体制剂。口服混悬剂系指难溶性固体原料药物分散在液体介质中制成的供口服的混悬液体制剂，包括浓混悬剂或干混悬剂。非难溶性药物也可以根据临床需求制备成干混悬剂。口服乳剂系指用两种互不相溶的液体将药物制成的供口服等胃肠道给药的水包油型液体制剂。用适宜的量具以小体积或以滴计量的口服溶液剂、口服混悬剂或口服乳剂称为滴剂。

根据《中国药典》（2020 年版）四部的要求，口服溶液剂的溶剂、口服混悬剂的分散介质一般为水，除主药外，可根据需要加入适宜的附加剂，如助悬剂、防腐剂、矫味剂等；口服乳剂的外观应呈均匀的乳白色，以半径为 10cm 的离心机每分钟 4000 转的转速离心 15 分钟，不应有分层现象。口服溶液剂通常采用溶剂法或稀释法制备；口服乳剂通常采用乳化法制备；口服混悬剂通常采用分散法制备。

除另有规定外，口服溶液剂、口服混悬剂和口服乳剂应进行装量、微生物限度等相应检查。

实训 3　溶液剂的制备技术

一、实训目的

1. 掌握常用溶液剂制备的基本操作。
2. 熟悉溶液剂中常用的附加剂的作用、用量及正确使用方法。
3. 能按规范制备合格的溶液剂并进行外观、质量检查。

二、实训指导

1. 低分子溶液剂的制备方法

（1）定义　由低分子药物形成的液体制剂，称为低分子溶液剂。

（2）制备方法　低分子溶液剂的制备方法主要有溶解法、稀释法。其中溶解法最为常用，一般制备过程为：称量、溶解、过滤、质量检查、包装等步骤。稀释法是先将药物制成高浓度溶液，再用溶剂稀释至所需浓度，即得。

2. 操作注意事项

（1）难溶性药物可加入适宜的助溶剂或增溶剂使其溶解。

（2）有些药物虽然易溶，但溶解缓慢，此种药物在溶解过程中应采取粉碎、搅拌、加热等措施。

（3）易氧化药物溶解时，宜将溶剂加热放冷后再溶解药物，同时应加适量抗氧剂，以减少药物氧化损失。

（4）对易挥发性药物应最后加入，以免在制备过程中损失。

（5）处方中如有溶解度较小的药物，应先将其溶解后再加入其他药物。

3. 溶液剂的质量检查 外观、色泽、pH、含量等。

三、实训药品与器材

1. 药品 薄荷油、滑石粉、碘、碘化钾、硫酸亚铁、稀盐酸、单糖浆、香精。

2. 器材 台式天平、分析天平、乳钵、烧杯、量筒、广口瓶、脱脂棉、滤器。

四、实训内容

1. 薄荷水的制备 🔲 微课1

【处方】薄荷油　　　　　　　0.2ml

　　　　滑石粉　　　　　　　1.0g

　　　　蒸馏水　　　　　　　加至100ml

【制法】取精制滑石粉1.0g，置干燥乳钵中，加入薄荷油0.2ml，研匀。移至带盖玻璃瓶中，加蒸馏水约80ml，加盖振摇15分钟，用润湿的滤纸滤过。如滤液浑浊，可重复过滤一次，再添加蒸馏水至100ml，摇匀，即得。

【性状】本品为无色透明液体，具有芳香味。

【临床应用】本品为祛风、矫味药。用于矫味和供稀释配制薄荷水用，可缓解胃肠胀气与绞痛。

【操作要点】

（1）分散剂滑石粉应与薄荷油充分研匀，以利于加速溶解过程。

（2）蒸馏水应是新煮沸放冷后的蒸馏水。

2. 复方碘溶液的制备

【处方】碘　　　　　　　　　1.0g

　　　　碘化钾　　　　　　　2.0g

　　　　蒸馏水　　　　　　　加至20ml

【制法】取碘化钾，加蒸馏水6~10ml，配成浓溶液，再加入碘，搅拌使溶解，最后添加适量蒸馏水至全量，即得。

【性状】本品为红棕色的液体，有碘与乙醇的特臭。色泽随浓度增加而变深。

【临床应用】地方性甲状腺肿的治疗和预防；甲亢术前准备。

【操作要点】

（1）为使碘能迅速溶解，宜先将碘化钾加适量蒸馏水（不得少于处方量的1/5，最适为处方量的1/2）配置成浓溶液，然后再加入碘溶解。

（2）碘有腐蚀性，勿接触皮肤与黏膜。

（3）为保持稳定，碘溶液宜保存在密闭棕色玻璃瓶中，且不得直接与木塞、橡皮塞、金属塞接触。

五、实训思考题

（1）制备薄荷水时加入滑石粉的目的是什么？

（2）复方碘溶液中，碘化钾起什么作用？制备复方碘溶液应注意哪些问题？

实训4　胶体溶液的制备技术

一、实训目的

1. 掌握常用胶体溶液制备的基本操作。

2. 熟悉胶体溶液中常用的附加剂的作用、用量及正确使用方法。

3. 能按规范制备合格的胶体溶液并进行外观、质量检查。

二、实训指导

1. 胶体溶液的制备方法

（1）定义　由于高分子的分子量大，分子尺寸大，因此，高分子溶液剂又属于胶体系统，具有胶体溶液特有的性质。

（2）制备方法　高分子溶液剂的配制方法与低分子溶液剂相似，但溶解药物首先要经过溶胀过程，可将高分子药物撒布于水面，待其自然溶胀后搅拌或加热最终溶解。

2. 操作注意事项

（1）难溶性药物先加入，易溶性药物、液体药物及挥发性药物后加入。

（2）为了加速溶解，可先将药物研细，先用50%～75%的分散介质溶解，必要时可以搅拌或加热。但遇热不稳定的药物或溶解度反而下降的药物不宜采用此方法。

3. 胶体溶液的质量检查　外观、色泽、pH、含量等。

三、实训药品与器材

1. 药品　甲酚、大豆油、氢氧化钠、软皂、胃蛋白酶、稀盐酸、甘油。

2. 器材　台式天平、分析天平、水浴锅、乳钵、烧杯、量筒。

四、实训内容

1. 甲酚皂溶液的制备

【处方】

	Ⅰ	Ⅱ
甲酚	25ml	25ml
大豆油	8.65g	
氢氧化钠	1.35g	
软皂		25ml
蒸馏水加至	50ml	50ml

【制法】

1. Ⅰ法　取氢氧化钠，加蒸馏水5ml，溶解后，加入大豆油，置水浴上加热，不停地搅拌使均匀乳化至取溶液1滴，加蒸馏水9滴，无油滴析出，即为完全皂化。加入甲酚，搅拌，放冷，再添加适量蒸馏水使成 50ml，搅匀，即得。

2. Ⅱ法 取甲酚、软皂和适量蒸馏水，置水浴锅中温热，搅拌溶解，添加蒸馏水稀释至 50ml，即得。

【临床应用】消毒防腐药。1%～2% 水溶液用于手和皮肤消毒；3%～5% 溶液用于器械、用具消毒；5%～10% 溶液用于排泄物消毒。

【操作要点】

（1）甲酚在较高浓度时，对皮肤有刺激性，操作宜慎重。

（2）采用Ⅰ法制备时，皂化程度完全与否与成品质量有密切关系。为促进皂化完全，可加入少量乙醇（约占全量的 5.5%），待反应完全后再加热除去乙醇。

2. 胃蛋白酶合剂

【处方】胃蛋白酶　　　　　2.0g

　　　　稀盐酸　　　　　　1.5ml

　　　　甘油　　　　　　　20ml

　　　　蒸馏水　　　　　　加至 100ml

【制法】Ⅰ法：取稀盐酸处方量约 2/3 的蒸馏水混合后，将胃蛋白酶撒在液面，静置一段时间，使其膨胀溶解，必要时轻加搅拌。加甘油混匀，并补加蒸馏水至全量，混匀，即得。Ⅱ法：取胃蛋白酶加稀盐酸研磨，加蒸馏水溶解后再加入甘油，补加蒸馏水至全量，混匀，即得。

【临床应用】本品有助于消化蛋白，常用于因食蛋白性食物过多所致消化不良、病后恢复期消化功能减退以及慢性萎缩性胃炎、胃癌、恶性贫血所致的胃蛋白酶缺乏症。

【操作要点】

（1）胃蛋白酶易吸潮，称取操作宜迅速。

（2）强力搅拌对胃蛋白酶的活性和稳定性均有影响，应避免。

（3）本品不宜过滤。因为胃蛋白酶等电点为 2.75～3.00，溶液的 pH 在其等电点以下时，胃蛋白酶带正电荷，而润湿的滤纸和棉花带负电荷，过滤时会吸附胃蛋白酶。如确需过滤时，滤材需先用与胃蛋白酶合剂相同浓度的稀盐酸润湿，以中和滤材表面电荷，消除其对胃蛋白酶的影响。

（4）溶液 pH 对胃蛋白酶活性影响较大，在 pH 1.5～2.5 时胃蛋白酶的活性最强。当盐酸含量超过 0.5% 时，若直接与胃蛋白酶接触就会破坏其活性，因此在配制时，须将稀盐酸稀释后充分搅拌，再添加胃蛋白酶。

五、实训思考题

1. 甲酚在水中的溶解度是多少？为什么甲酚皂液中甲酚的溶解度可达 50%？
2. 甲酚皂溶液的制备过程中，加速皂化反应的方法有哪些？
3. 简述影响胃蛋白酶活力的因素及预防失活的措施。

实训 5　混悬剂的制备及质量评价

一、实训目的

1. 掌握混悬剂的制备方法及工艺过程。
2. 熟悉混悬剂的质量要求。

3. 能进行混悬剂的生产操作，并且能生产出合格的混悬剂及进行质量检查。

二、实训指导

混悬剂系指难溶性固体药物以微粒状态分散于分散介质中形成的非均相的液体制剂，其中分散介质多为水。根据 Stokes 定律 $V = \dfrac{2r^2(\rho_1 - \rho_2)g}{9\eta}$ 可知，为使药物颗粒沉降缓慢，可采取减少颗粒的半径、增加溶剂的黏度、减少微粒和分散介质的密度差等方法；还可以通过加助悬剂、表面活性剂、絮凝剂等方法来增加混悬液的稳定性。故制备混悬液时，应先将药物研细，并加入助悬剂如 CMC – Na 以增加黏度，降低沉降速度。

混悬剂的制备方法有分散法和凝聚法，最常用的是分散法。

1. 分散法制备混悬剂的一般流程

药物→称量→粉碎→润湿与分散→混悬剂

2. 制备混悬剂的操作要点

（1）助悬剂应先配成一定浓度的稠厚液体。固体药物一般宜研细、过筛。

（2）分散法制备混悬剂，宜采用加液研磨法。

（3）用改变溶剂性质析出沉淀的方法制备混悬剂时，应将醇性制剂（如酊剂、醑剂、流浸膏剂）以细流缓缓加入水性溶液中，并快速搅拌。

（4）盛装的药液不宜太满，应留适当空间以便于用前摇匀。并应加贴印有"用前摇匀"或"服前摇匀"字样的标签。

3. 混悬剂的质量要求　优良的混悬剂中的药物应细腻、分散均匀、沉降较慢；沉降后轻轻振摇能重新分散，不结块；黏度适宜，易倾倒等。

4. 混悬剂的质量检查　包括微粒大小的测定、沉降体积比的测定、重新分散实验等。

三、实训药品与器材

1. 药品　炉甘石、氧化锌、甘油、羧甲基纤维素钠、沉降硫、硫酸锌、樟脑醑、蒸馏水。

2. 器材　天平、乳钵、50ml 带塞量筒（或带刻度有塞比浊管）、量筒、量杯、称量纸、药匙等。

四、实训内容　📱微课2

1. 炉甘石洗剂的制备

【处方】

炉甘石	7.5g
氧化锌	2.5g
甘油	2.5ml
羧甲基纤维素钠	0.25g
纯化水	适量
共制	50ml

【制法】①取羧甲基纤维素钠加纯化水充分溶胀成羧甲基纤维素钠胶浆后备用；②取炉甘石、氧化锌研细后，过筛混合；③将甘油与炉甘石、氧化锌进行混合，并加适量纯化水共研成细糊状；④取羧甲基纤维素钠胶浆，分次加入到上述糊状液中，随加随搅拌，再加纯化水使成50ml，搅匀，即得。

【性状】本品为淡粉红色的混悬液，放置后能沉淀，但经振摇后，仍应成为均匀的混悬液。

【临床应用】用于急性瘙痒性皮肤病，如湿疹、痱子等。

【用法与用量】局部外用，用时摇匀，取适量涂于患处，一日 2~3 次。

【操作要点】①氧化锌有重质和轻质两种，以选用轻质的为好。②炉甘石与氧化锌均为不溶于水的亲水性的药物，能被水润湿。故先加入甘油和少量水研磨成糊状，再与羧甲基纤维素钠胶浆混合，使微粒周围形成水化膜以阻碍微粒的聚合，振摇时易再分散。

2. 复方硫（磺）洗剂的制备

【处方】

硫酸锌	1.5g
沉降硫	1.5g
樟脑醑	2.5ml
甘油	5ml
羧甲基纤维素钠	0.25g
纯化水	适量
共制	50ml

【制法】①取羧甲基纤维素钠，加适量的纯化水，迅速搅拌，使成胶浆状；②取沉降硫分次加入甘油并充分研磨，研至细腻后，与前者混合；③取硫酸锌溶于10ml纯化水中，滤过，将滤液缓缓加入②中的混合液里；④取樟脑醑缓缓加入③中的混合液里，随加随研，最后加纯化水至50ml，搅匀，即得。

【性状】本品为淡黄绿色的混悬液，放置后能沉淀，但经振摇后，仍应成为均匀的混悬液。

【临床应用】具有保护皮肤、抑制皮脂分泌、轻度杀菌与收敛作用。用于干性皮脂溢出症、痤疮等。治疗痤疮、疥疮、皮脂溢出及酒糟鼻。

【操作要点】

（1）药用硫由于加工处理的方法不同，分为精制硫、沉降硫、升华硫。其中以沉降硫的颗粒最细，易制成细腻而易于分散的成品，故选用沉降硫为佳。

（2）硫为强疏水性物质，颗粒表面易吸附空气而形成气膜，故易集聚浮于液面，应先与甘油充分润湿研磨，使其易与其他药物混悬均匀。

（3）樟脑醑应以细流缓缓加入混合液中，并快速搅拌，以免析出颗粒较大的樟脑结晶。

（4）羧甲基纤维素钠可增加分散介质的黏度，并能吸附在微粒周围形成保护膜，而使本品趋于稳定。

（5）本品禁用软肥皂，因它可与硫酸锌生成不溶性的二价皂。

3. 混悬剂的质量检查与评价

（1）沉降体积比的测定　将炉甘石洗剂和复方硫洗剂，分别倒入有刻度的具塞量筒中，密塞，用力振摇 1 分钟，记录混悬液的开始高度 H_0，并放置，按表 3-5 所规定的时间测定沉降物的高度 H，按式（沉降体积比 $F = H/H_0$）计算各个放置时间的沉降体积比，记入表 3-5 中。沉降体积比在 0~1 之间，其数值愈大，混悬剂愈稳定。

表 3-5　混悬液的沉降体积比（H/H_0）

时间（min）	炉甘石洗剂	复方硫洗剂
5		
15		
30		
60		

（2）重新分散实验　将上述分别装有炉甘石洗剂、复方硫黄洗剂的具塞量筒放置 2 小时（也可依条件而定），使其沉降后，再将具塞量筒倒置翻转，一正一反为一次，并将筒底沉降物重新分散所需翻转的次数记录于下表中。所需翻转的次数愈少，则混悬剂的重新分散性愈好。需要注意的是，翻转具塞量筒振摇沉降物时，用力不要过大，而且力度尽量保持一致，切勿横向用力振摇。

表 3－6　重新分散试验

	炉甘石洗剂	复方硫黄洗剂
重新分散翻转次数		

五、实训思考题

1. 比较炉甘石洗剂、复方硫洗剂在制备上有何不同？为什么？
2. 影响混悬剂稳定性的因素有哪些？

实训 6　乳剂的制备与质量评价

一、实训目的

1. 掌握以阿拉伯胶为乳化剂制备乳浊液的方法；乳剂类型的鉴定方法。
2. 熟悉湿胶法与干胶法的操作要点。
3. 能进行乳剂的生产操作，并且能生产出合格的乳剂。

二、实训指导

乳剂是指两种互不相溶的液体混合，其中一种液体以液滴状态分散于另一种液体中形成的非均相分散体系。形成液滴的一相称为内相，不连续相或分散相；包裹在液滴外面的一相称为外相，连续相或分散介质。分散相的直径一般在 $0.1 \sim 10 \mu m$ 之间，乳剂可供内服、外用，经灭菌或无菌操作法制备的乳剂，也可供注射用。乳剂属于热力学不稳定体系，需加入乳化剂使其稳定。常用的乳化剂有表面活性剂类、天然乳化剂类等。乳剂因内外相的不同，可分为 O/W、W/O 等类型，常采用稀释法和染色法进行鉴别。

1. 乳剂的制备方法　乳剂的制备方法有干胶法、湿胶法、新生皂法、机械法等。其工艺流程如下。

（1）干胶法　将乳化剂和油相置于干燥乳钵中研习，加入水相不断研磨至发出劈裂声，即得初乳，再加入防腐剂和剩余水相，共制成规定容量。

（2）湿胶法　将乳化剂和水相于烧杯中配成胶浆，将胶浆移入乳钵中，再分次加入油相，边加边研磨制成初乳，再加入防腐剂和剩余水相，共制成规定容量。

（3）新生皂法　将油相和碱液置于具塞试剂瓶中，用力振摇至初乳形成，即得。

（4）机械法　将油相、水相、乳化剂混合后用乳化机械如高压乳匀机、胶体磨等直接制备成乳剂即得，可不考虑物料混合的顺序。

2. 乳剂的质量检查　包括乳滴大小的测定、分层现象的观察等。

三、实训药品与器材

1. 药品　液状石蜡，阿拉伯胶，5%尼泊金乙酯醇溶液，纯化水，氢氧化钙溶液，植物油等。

2. 器材　乳钵，具塞试剂瓶，具塞刻度试管，显微镜，烧杯等。

四、实训内容

1. 液状石蜡乳剂 📱 微课3

【处方】

液状石蜡	12ml
阿拉伯胶	4g
5%尼泊金乙酯醇溶液	0.1ml
蒸馏水	适量
共制 30ml	

【制法】

（1）干胶法　取4g阿拉伯胶置于干燥乳钵中，加入12ml液状石蜡研匀，一次性加水8ml不断研磨至发出劈裂声，即得初乳。再加5%尼泊金乙酯醇溶液和蒸馏水研匀，共制得30ml乳剂，即得。

（2）湿胶法　取8ml纯化水置于烧杯中，加4g阿拉伯胶粉配成胶浆，将胶浆移入乳钵中，再分次加入12ml液体石蜡，边加边研磨至初乳形成，再加5%尼泊金乙酯醇溶液和蒸馏水研匀，共制成30ml乳剂，即得。

【性状】本品应为乳白色的乳剂，乳滴应大小均匀。

【临床应用】轻泻剂，用于治疗便秘，特别适用于高血压、动脉瘤、疝气、痔疮及手术后便秘的患者，可以减轻排便的痛苦。

【操作要点】

（1）正确掌握干胶法和湿胶法中各组分的加入顺序。

（2）以阿拉伯胶为乳化剂，液体石蜡为油相时，油：水：胶的比例应按为3：2：1的比例进行乳化。

（3）干胶法应选用干燥的乳钵，油相和水相的量筒不能混用，否则会导致乳化剂结团，不易混匀，出现肉眼可见的大油滴，无法乳化完全。

（4）湿胶法所用的胶浆（胶：水为1：2）应提前制好备用。

（5）乳钵应选用内壁较为粗糙的瓷乳钵，乳化时应沿同一方向充分研磨使乳化完全。

2. 石灰搽剂的制备

【处方】

氢氧化钙溶液	15ml
植物油	15ml
共制 30ml	

【制法】将氢氧化钙溶液和植物油置于具塞试剂瓶中用力振摇至乳剂形成，即得。

【性状】本品为黏稠偏黄的乳剂，乳滴大小应均匀。

【临床应用】本品具有收敛、保护、润滑、止痛的作用。外用涂抹，可治疗轻度烧伤和烫伤。

【操作要点】新生皂法制备乳剂中所使用的油相为植物油，植物油可选用花生油或其他，但里面必须含有游离的脂肪酸，且使用前应用干热灭菌法进行灭菌。氢氧化钙溶液应为饱和溶液。

3. 乳剂的质量检查与评价

（1）乳剂粒径大小的测定　取上述乳剂少许置于载玻片上，加盖玻片后，在显微镜下观察乳滴的性状并测定其粒径，记录最大和最多的乳滴的直径。加盖玻片时，注意应贴近乳滴一侧并缓缓盖下，避免产生大量气泡。观察时注意区分乳滴和气泡。将结果记录于下表中。

表 3 – 7 乳剂粒径大小的测定

组别	最大粒径（μm）	最多粒径（μm）
液体石蜡乳（干胶法）		
液体石蜡乳（湿胶法）		
石灰搽剂		

（2）乳剂类型的鉴别

①染色法　取上述乳剂少许置于载玻片上，加少量油溶性苏丹红试剂染色，在显微镜下观察染色情况并记录；另取上述乳剂如前面染色过程一样，用水溶性亚甲蓝试剂染色，在显微镜下观察染色情况并记录。将结果记录于下表中。

表 3 – 8 染色法鉴别乳剂

	苏丹红试剂		亚甲蓝试剂		乳剂类型
液体石蜡乳（干胶法）	内相		内相		
	外相		外相		
液体石蜡乳（湿胶法）	内相		内相		
	外相		外相		
石灰搽剂	内相		内相		
	外相		外相		

②稀释法　取 3 支试管，分别加入干胶法和湿胶法制备的液体石蜡乳、石灰搽剂各一滴，加水约 5ml，振摇或翻转数次。观察是否能混匀，并将判断结果记录于下表中。

表 3 – 9 稀释法鉴别乳剂

组别	与水能否混匀	乳剂类型
液体石蜡乳（干胶法）		
液体石蜡乳（湿胶法）		
石灰搽剂		

五、实训思考题

1. 分析液体石蜡乳剂处方中各个成分的作用，并简述干胶法和湿胶法的操作要点。
2. 对石灰搽剂处方中各个成分做出处方分析，并说出乳化原理。

 目标检测

答案解析

一、A 型题（最佳选择题）

1. 关于液体制剂的质量要求，以下不正确的是（　）

　　A. 液体制剂应是澄明溶液　　　　　　　　B. 非均相液体制剂分散相粒子应小而均匀

　　C. 口服液体制剂外观良好，口感适宜　　　D. 贮藏和使用过程中不应发生霉变

　　E. 外用液体制剂无刺激性

2. 由高分子化合物分散在分散介质中形成的液体制剂是（　）

　　A. 低分子溶液剂　　　　　　B. 高分子溶液剂　　　　　　C. 溶胶剂

D. 乳剂   E. 混悬剂

3. 关于溶液剂的制法叙述中错误的是（　　）

    A. 制备工艺过程中先取处方中全部溶剂加药物溶解

    B. 处方中如有附加剂或溶解度较小的药物，应先将其溶解于溶剂中

    C. 药物在溶解过程中应采用粉碎、加热、搅拌等措施

    D. 易氧化的药物溶解时宜将溶剂加热放冷后再溶解药物

    E. 易挥发性药物应在最后加入

4. 存在固液界面的液体制剂是（　　）

    A. 溶液剂   B. 糖浆剂   C. 胶浆剂

    D. 混悬剂   E. 乳剂

5. 混悬剂的质量评价不包括（　　）

    A. 絮凝度的测定   B. 崩解度的测定   C. 重新分散实验

    D. 沉降体积比的测定   E. 粒子大小的测定

6. 下列可用作 W/O 型固体乳化剂的是（　　）

    A. 氢氧化镁   B. 氢氧化铝   C. 二氧化硅

    D. 硬脂酸镁   E. 皂土

7. 关于干胶法制备初乳的操作过程，说法错误的是（　　）

    A. 油、水、胶三者的比例要适当

    B. 分次加入适量的水

    C. 研钵应干燥

    D. 量水和油的器具应分开

    E. 加水后沿同一方向迅速研磨

二、B 型题（配伍选择题）

【1-4】以下附加剂的作用

A. 抑菌剂   B. 助溶剂

C. 两者均可   D. 两者均不可

1. 碘化钾（　　）

2. 山梨酸（　　）

3. 尼泊金乙酯（　　）

4. 碳酸氢钠（　　）

【5-8】以下附加剂的作用

A. 增溶剂   B. 润湿剂

C. 两者均是   D. 两者均不是

5. 吐温 80（　　）

6. 乙醇（　　）

7. 磷脂类（　　）

8. 液体石蜡（　　）

【9-13】共用备选答案

A. 助悬剂   B. 稳定剂   C. 润湿剂

D. 絮凝剂   E. 反絮凝剂

9. 在混悬剂中起润湿、助悬、絮凝或反絮凝作用的附加剂统称为（ ）

10. 使混悬微粒 ζ 电位增加的电解质是（ ）

11. 使混悬微粒 ζ 电位降低的电解质是（ ）

12. 增加分散介质黏度的附加剂是（ ）

13. 降低固液界面张力，使接触角 θ 减少，从而提高疏水性药物的亲水性的附加剂是（ ）

【14－18】共用备选答案

A. 分层　　　　　　　　B. 转相　　　　　　　　C. 絮凝

D. 破裂　　　　　　　　E. 酸败

14. 微生物作用可使乳剂（ ）

15. 乳化剂失效可使乳剂（ ）

16. ζ－电位降低可使乳剂产生（ ）

17. 内相与外相之间的密度差可造成乳剂（ ）

18. 乳化剂类型发生改变，最终可导致（ ）

三、X 型题（多项选择题）

1. 液体制剂常用的附加剂包括（ ）

　　A. 抑菌剂　　　　　　B. 矫味剂　　　　　　C. 抗氧剂

　　D. 增溶剂　　　　　　E. 氧化剂

2. 制备糖浆的方法有（ ）

　　A. 溶解法　　　　　　B. 稀释法　　　　　　C. 化学反应法

　　D. 混合法　　　　　　E. 凝聚法

3. 为了增加混悬剂的稳定性，可采取的措施有（ ）

　　A. 减少粒径

　　B. 增加粒径

　　C. 增加微粒与介质间的密度差

　　D. 减少微粒与介质间的密度差

　　E. 增加分散介质的黏度

4. 以下哪些可作为助悬剂使用（ ）

　　A. 甘油　　　　　　　B. 糖浆　　　　　　　C. 阿拉伯胶

　　D. 甲基纤维素　　　　E. 泊洛沙姆

5. 以下属于非均相液体制剂的是（ ）

　　A. 乳剂　　　　　　　B. 混悬剂　　　　　　C. 溶液剂

　　D. 溶胶剂　　　　　　E. 胶浆剂

6. 在 O/W 型乳剂中，油相可被称为（ ）

　　A. 连续相　　　　　　B. 分散相　　　　　　C. 内相

　　D. 不连续相　　　　　E. 分散介质

四、综合分析选择题

【1－2】胃蛋白酶糖浆

【处方】胃蛋白酶　　　　　　　　　2g

　　　　稀盐酸　　　　　　　　　　2ml

　　　　橙皮酊　　　　　　　　　　2ml

单糖浆 10   ml

5% 羟苯乙酯乙醇液   1ml

纯化水加至 100   ml

1. 该处方中单糖浆的作用是（   ）

    A. 润湿剂　　　　　　　　　　　　B. 助悬剂 C. 增溶剂

    D. 稀释剂　　　　　　　　　　　　E. 保湿剂

2. 该处方中抑菌剂是（   ）

    A. 胃蛋白酶　　　　　　　　　　　B. 稀盐酸 C. 橙皮酊

    D. 单糖浆　　　　　　　　　　　　E. 5% 羟苯乙酯乙醇液

【3-4】榄香烯口服乳

【处方】榄香烯 10g　大豆磷脂 15g　胆固醇 5g　大豆油 100g　纯化水加至 1000ml

3. 该处方中大豆磷脂的作用是（   ）

    A. 主药　　　　　　　　　　　　　B. 乳化剂 C. 助悬剂

    D. 矫味剂　　　　　　　　　　　　E. 溶剂

4. 关于该药品的说法错误的是（   ）

    A. 该乳剂的类型为 W/O 型　　　　B. 该乳剂的类型为 O/W 型

    C. 胆固醇为乳化剂　　　　　　　　D. 大豆油为油相

    E. 本品为广谱抗肿瘤药，用于胃癌、食管癌、肠癌等消化道肿瘤的治疗

五、综合问答题

1. 举例说明增加药物溶解度的主要方法。

2. 影响混悬剂稳定性的因素有哪些？

3. 乳剂由哪几部分组成，可分为哪些类型，决定其类型的主要因素有哪些？

六、实例分析题

1. 分析复方碘溶液处方中各组分的作用，并简述制备工艺及注意点。

【处方】碘　　　　　　　　50g

      碘化钾　　　　　　100g

      纯化水加至　　　　1000ml

2. 分析复方布洛芬混悬液处方中各组分的作用，并根据混悬剂的质量要求设计质检项目。

【处方】布洛芬　2g　　　　　苯巴比妥　0.8g

      CMC-Na　0.4g　　　　甘油　2ml

      枸橼酸钠　0.5g　　　　对羟基苯甲酸乙酯　0.0225g

      吐温80　0.1ml　　　　蔗糖　25.5g

      水　适量　　　　　　共制100ml

书网融合……

 📖 重点回顾　　　 📱 微课1　　　 📱 微课2　　　 📱 微课3　　　📋 习题

项目四　固体制剂的制备与质控

导学情景

情景描述：患者，22岁，女，痛经，经朋友介绍去药店购买药品布洛芬，发现药店有布洛芬片、布洛芬胶囊、布洛芬缓释胶囊，而且同是布洛芬片、布洛芬胶囊也有不同包装，此患者不知如何选择。

情景分析：布洛芬作为一种原料药物，可根据临床需要制成不同的剂型，同一剂型不同厂家可以设计不同的处方、不同的工艺进行制备。

讨论：布洛芬片、布洛芬胶囊、布洛芬缓释胶囊有什么区别？不同厂家的同一药品疗效是否相同？

学前导语：片剂、胶囊剂属于固体制剂，在临床应用广泛；但其辅料、制法不同，临床使用各有特点。如胶囊剂相对片剂生物利用度高；如不同厂家在生产同一药物的片剂时，可能加入不同的辅料，或采用不同方法。片剂、胶囊剂为什么临床效果不同，常用的辅料有哪些，各是怎样制备成的？

任务一　认识固体制剂

PPT

一、固体制剂的临床应用

《中国药典》（2020年版）收载的固体剂型有散剂、颗粒剂、胶囊剂、丸剂、滴丸剂、片剂、植入剂、膜剂、锭剂、胶剂、栓剂等。本项目主要介绍散剂、颗粒剂、胶囊剂、片剂、丸剂、滴丸剂。与液体制剂相比，固体制剂的突出优点是物理、化学稳定性好，携带运输方便。但固体制剂中的药物在体内需溶解后才能被吸收发挥治疗作用，故影响溶解、吸收的众多因素均会影响其生物利用度。

固体制剂的临床应用多（在临床上被大量使用），给药途径较广，除口服给药应用最多，还可用于皮肤、黏膜和腔道。如阴道片与阴道泡腾片置于阴道内使用。滴丸除常用于口服给药，也可用于口含给药。局部用散剂可供皮肤、口腔、咽喉、腔道等处应用。

二、固体制剂的溶出

药物从用药部位到达作用部位而产生药效，需要通过生物膜。吸收是指药物从给药部位进入体循环的过程，需发挥全身作用的固体制剂给药都需经吸收过程。如口服固体制剂后，药物在胃肠道先经过溶解过程，之后才能经胃肠道上皮细胞吸收进入体循环，在血液中达到有效血药浓度后起效。剂型对药物吸收的影响主要涉及药物从剂型中释放及药物通过生物膜吸收两个过程。同一药物、不同制剂因剂型、附加剂（辅料）、制备工艺不同而具有不同的释放特性，导致药物的起效时间、作用强度和持续时间不同。胶囊剂、片剂口服后在胃肠道首先崩解成细颗粒，然后药物从颗粒中溶出，才被吸收进入血液循环中，故起效相对较慢；散剂、颗粒剂口服后无崩解过程，药物迅速溶解、吸收，故起效相对较快。

固体制剂中药物在体内的溶出速度是影响药物起效时间、作用强度和实际疗效的限速因素。由 Noyes – Whitney 溶出速率方程，见公式（4 –1），药物从固体剂型中的溶出速度与固体药物的表面积、药物的溶解度成正比。故可通过粉碎或引入微粉化技术减小粒径；改变晶型、制成固体分散物等提高药物的溶解度，以达成改善药物溶出速度的目的。

$$dc/dt = kSC_S \tag{4-1}$$

式中，dc/dt 为溶出速度；k 为溶出速率常数；S 为固体药物的表面积；C_S 为药物的溶解度。

三、粉体性质

粉体是指固体细小粒子的集合体，其粒径可由几个纳米到数毫米；一般将小于 $100\mu m$ 的粒子称为"粉"，大于 $100\mu m$ 的粒子叫"粒"。粉体的性质对固体药物制剂的制备、质量控制等非常重要。如粉粒的大小会影响溶出度和生物利用度，粉粒的孔隙率、压缩特性、充填性等性质会影响片剂的成型及崩解，粉粒的流动性、相对密度等性质会影响散剂、胶囊剂、片剂等按容积分剂量的准确性，粉粒的密度、分散度及形态等性质会影响药物混合的均匀性等。

（一）密度

粉粒的密度是指单位体积粉粒的质量。粉粒的体积包括粉粒自身的体积、粉粒间的空隙和粉粒内的孔隙，因而有多种粉粒密度的表示方法。

1. 真密度 指粉粒质量除以不包括粉粒内外空隙体积（物料本身的真实体积），求得的密度。即排除所有的空隙占有的体积后，求得的物质本身的密度。

2. 粒密度 指粉粒质量除以包括粉粒内孔隙的粉粒体积，求得的密度。即排除粒子之间的空隙，但不排除粒子本身的细小孔隙，求得的粒子本身的密度。

3. 堆密度 指粉粒质量除以该粉粒所占容器的体积，求得的密度。其所用的体积包括粒子本身及内部孔隙以及粒子之间空隙在内的总体积。

对于同一种粉粒，真密度＞粒密度＞堆密度。散剂的分剂量、胶囊剂的充填、片剂的压制等都与堆密度有关。量筒法是测定粉粒堆密度的最简便的方法。将粉粒装填于测量容器时不施加任何外力所测得密度为最松（堆）密度，施加外力而使粉体处于最紧充填状态下所测得密度为最紧（堆）密度。堆密度随振荡次数而发生变化，最终振荡体积不变时测得的振实密度即为最紧堆密度。

（二）流动性

1. 粉粒流动性的评价方法　粉粒的流动形式很多，如重力流动、压缩流动、振动流动、液态化流动等，其流动性的评价方法也不同。

（1）休止角　休止角是指将固体粉粒堆积成尽可能陡的圆锥体形状的"堆"，堆的斜边与水平线的夹角。休止角越小，流动性越好。一般认为休止角≤30°时，流动性好；休止角≤40°时，可以满足固体制剂生产过程中对流动性的要求；休止角≥40°，则流动性差，需采取措施改善其流动性。

（2）流速　流速是指单位时间内粉粒由一定孔径的孔或管中流出的量。粉粒的流速大，则流动性好，均匀性也较好。

（3）压缩度　将一定量的粉粒装入量筒，通过量筒法测定粉粒的最松堆密度 ρ_0 与最紧堆密度 ρ_f，根据公式 4-2 计算压缩度 C。

$$C = \left[\frac{(\rho)_f - \rho_o)}{\rho_f} \right] \times 100\% \tag{4-2}$$

压缩度是粉粒流动性的重要指标之一，其大小反映粉粒的聚集和松软状态。压缩度 20% 以下时粉粒流动性较好，压缩度增大时粉粒流动性下降，当 C 值达到 40%~50% 时粉粒很难从容器中自动流出。

2. 影响流动性的因素　粉粒的流动性对固体制剂的制备过程及质量影响较大。粉粒的流动性与粉粒的形状、大小、表面状态、密度、孔隙率、含湿量及粒子间的摩擦力、黏附力、静电引力、范德华力等有关。影响流动性的主要因素如下。

（1）粉粒大小　一般粉粒的粒径大于 200μm，流动性良好；粒径在 100~200μm 之间，随着粒径的减小，粒子间的摩擦力增大，流动性变差；当粒径小于 100μm，其粒子间的黏着力和摩擦力（内聚力、凝聚力、黏附力）大于重力，流动性变差。在固体制剂生产中通常将粉末制成颗粒以增加流动性。

（2）粒子形态及其表面粗糙性　呈球形或近似球形的粉粒在流动时，粒子较多发生滚动，粒子间摩擦力小，所以流动性较好；而粒子形状越不规则，表面粗糙，粉粒间摩擦力越大，流动性就越差。

（3）含湿量　粉粒含湿量较高，表面吸附的水使粉粒间的黏着力增强，流动性变差。因此适当干燥可增加粉粒的流动性。

（4）助流剂的影响　在粉粒中加入滑石粉和微粉硅胶等助流剂，可改善粉粒表面的粗糙度，增加其流动性。

（5）密度　在重力流动时，粒子的密度大有利于流动。一般粉粒的密度大于 0.4g/cm³ 时，可以满足粉粒操作中流动性的要求。

 练一练4-1

在固体制剂生产过程中，以下哪种措施不能增加粉粒物料的流动性？
A. 将粉末制成颗粒
B. 将粉粒适当干燥
C. 加入助流剂
D. 将不规则粉粒变成球形或近似球形的粉粒
E. 增大粉粒密度

答案解析

（三）吸湿性

粉粒的吸湿性是指固体表面吸附水分的现象。粉粒的吸湿性与空气状态有关。当空气中水蒸气分压 p 大于物料表面产生的水蒸气压 p_w 时发生吸湿（吸潮）；空气中水蒸气分压小于物料表面产生的水蒸气压时失去水分（风化）。粉粒药物的吸湿性会导致粉粒的流动性下降，甚至液化，影响到粉粒的稳定性。

1. 水溶性药物的吸湿性　水溶性药物在相对湿度较低的环境下几乎不吸湿，但当相对湿度增大到一定值时，吸湿量急剧增加，一般把这个吸湿量开始急剧增加的相对湿度称为临界相对湿度（critical relative humidity，CRH）。CRH 是水溶性药物的特征参数。物料的 CRH 越小则越易吸湿，反之则不易吸湿。

2. 水不溶性药物的吸湿性　水不溶性药物的吸湿性随着环境相对湿度变化而缓慢发生变化，没有临界点，但不可忽视此类药物的生产及储存环境。

（四）润湿性

润湿性是指固体界面由固–气界面变为固–液界面的现象。固体的润湿性可用接触角 θ 表示，接触角越小润湿性越好。粉粒的润湿性对片剂、胶囊剂、颗粒剂等固体制剂的崩解性、溶解性等具有重要意义。

❓ 想一想4-1

粉体的性质对药物制剂工艺具有非常重要的影响，包括对混合均匀度的影响、对固体制剂分剂量的影响、对可压性的影响等。其中对固体制剂分剂量的影响中，片剂、胶囊剂等固体制剂在生产中为了快速而自动分剂量一般采用容积法，而固体物料的流动性对分剂量的准确性产生重要影响。请想一想如何评价流动性？若流动性差的粉末可以采用哪些方法提高流动性？

答案解析

任务二　固体制剂基础技术

PPT

一、粉碎技术

药剂学中的粉碎技术，主要是指借助机械力将大块固体物料破碎成适宜程度的颗粒或粉末的操作技术。

（一）粉碎的意义

粉碎操作对制剂有一系列的意义：①便于制备多种剂型，如散剂、颗粒剂、丸剂、片剂等；②有利于制剂中各成分混合均匀；③有助于药材中有效成分的浸出；④增加药物的表面积，促进药物的溶解与吸收，有利于提高难溶性药物的溶出速度和生物利用度。但需注意粉碎可能带来的不良作用，如黏附与凝聚性增大、堆密度减小对润湿性的影响，晶型转变、热分解、粉尘污染及爆炸等。

通常把粉碎前物料的平均直径（Φ）与粉碎后物料的平均直径（Φ_1）的比值称为粉碎度（n），见公式（4-3）。

$$n = \frac{\Phi}{\Phi_1} \qquad (4-3)$$

由此可见，粉碎度越大，粉碎后颗粒越小。药物粉碎时应根据需要选用适当的粉碎度，粉碎度的大小取决于药物本身的性质、剂型及临床使用要求。

（二）粉碎的机理

粉碎过程主要依靠外加机械力的作用破坏物质分子间的内聚力来实现的。粉碎过程中常用的外加力有冲击力、研磨力、剪切力、挤压力、压缩力、弯曲力等。被粉碎物料的性质、粉碎程度不同，所需施加的外力也不同。冲击、研磨作用对脆性物料有效；剪切力对纤维状物料更有效；粗碎以冲击力和挤压力为主，细碎以剪切力、研磨力为主。实际上多数粉碎过程是上述几种力综合作用的结果。

（三）粉碎方法

剂型制备时，应根据被粉碎物料的性质和产品粒度的要求，以及粉碎设备等条件采用不同的粉碎方法。

1. 闭路粉碎和开路粉碎 闭路粉碎是在粉碎过程中，已达到粉碎要求的粉末不能及时排出，而继续和粗粒一起重复粉碎的操作。这种操作，粉末成了粉碎过程的缓冲物或"软垫"，影响粉碎效果，能量消耗比较大，常用于小规模的间歇操作。

开路粉碎是连续把粉碎物料供给粉碎机的同时，不断地从粉碎机中把已粉碎的细物料取出的操作，物料只通过一次粉碎机完成粉碎的操作。该方法操作简单，效率高，粒度分布宽，适合于粗碎或粒度要求不高的粉碎。

2. 混合粉碎与单独粉碎 混合粉碎是指两种或两种以上物料同时粉碎的操作方法；混合粉碎可避免一些黏性物料或热塑性物料在单独粉碎时黏壁或物料间的聚结现象，又可将粉碎与混合操作同时进行。

单独粉碎是指将一种药物单独进行粉碎的操作方法，此法按粉碎物料的性质选取较为合适的粉碎设备，避免了粉碎时因物料损耗而引起含量不准确的现象。单独粉碎适用于贵重药物、毒性药物、刺激性大的药物、混合易引起爆炸的药物（如氧化性药物和还原性药物混合）。

3. 干法粉碎与湿法粉碎 干法粉碎是指使物料处于干燥状态下进行粉碎的操作方法，药物制剂生产中大多采用干法粉碎。

湿法粉碎是指在物料中加入适量的水或其他液体进行粉碎的方法。湿法粉碎可避免操作时粉尘飞扬，减轻某些有毒药物或刺激性药物对人体的危害；由于液体对物料有一定渗透力和劈裂作用、降低了药物分子间的内聚力，有利于粉碎，降低能量消耗。常见的有加液研磨法和水飞法。①加液研磨法是指药物中加入少量液体（使药物成糊状）进行研磨粉碎的方法；此法粉碎度高，避免粉尘飞扬，减轻毒性或刺激性药物对人体的危害，减少贵重药物的损耗；如薄荷脑、樟脑、冰片、牛黄等加入少量挥发性液体（如乙醇等）研磨粉碎。②水飞法是指药物与水共置研钵或球磨机中研磨，使细粉飘浮于液面或混悬于水中，倾出此混悬液，余下的药物再加水反复研磨，至全部药物研磨完毕，将所得混悬液合并，静置沉降，倾去上清液，将湿粉干燥即得极细粉。此法适用于矿物药、动物贝壳的粉碎，如朱砂、雄黄、炉甘石、滑石等。

4. 低温粉碎 低温粉碎是指将药物或粉碎机进行冷却的粉碎方法，利用物料在低温时脆性增加、韧性与延伸性降低的性质以提高粉碎效果。此法适用于高温不稳定的药物、常温下粉碎困难的物料，如挥发性药物、树脂、树胶等。

5. 流能粉碎 流能粉碎是指利用高压气流使物料与物料之间、物料与器壁间相互碰撞而产生强烈粉碎作用的操作。采用气流粉碎可得到粒度要求为 $3\sim20\mu m$ 的微粉，因其在粉碎的同时可进行粒子分级。由于高压气流在粉碎室中膨胀时产生冷却效应，故本法适用于热敏性物料和低熔点物料的粉碎。

？ 想一想4-2

炉甘石洗剂临床上是用于急性瘙痒性皮肤病，如荨麻疹和痱子的一种液体药物。它的处方中主要成分有炉甘石、氧化锌、稳定剂等。在制备前期需要将处方中各组分粉碎至合格程度，其中炉甘石应该采用哪种方法粉碎？该如何操作？

答案解析

（四）粉碎设备

为了达到良好的粉碎效果，应根据药物的性质和所要求的粉碎度选择适宜的粉碎设备，常用的粉碎设备如下。

1. 研钵 又称乳钵，一般用陶瓷、玻璃、金属、玛瑙制成，由钵体和杵棒两部分组成，主要用于少量药物的粉碎或供实验室用。杵棒与钵内壁接触主要通过研磨、挤压等作用力使物料粉碎、混合均匀。瓷制研钵内壁较粗糙，适用于结晶性及脆性药物的粉碎，但吸附作用大，不宜用于少量药物的粉碎。对于毒性药物或贵重药物的粉碎宜采用玻璃研磨。用研钵进行粉碎时，每次所加药量一般不超过研钵容积的四分之一，以防止研磨时溅出或影响粉碎效能。研磨时，杵棒由研钵中心按螺旋方式逐渐向外旋转，到达最外层后再逆向旋转至中心，如此反复，能提高研磨效率。

2. 万能粉碎机 万能粉碎机是一种应用较广的冲击式粉碎机，如图4-1、图4-2，在高速旋转的转盘上固定有若干圈钢齿（冲击柱），另一与转盘相对应的固定盖上也固定有若干圈钢齿。药物由加料斗进入粉碎室，由于惯性离心作用，药物从中心部位被抛向外壁，在此过程中受到钢齿的冲击而被粉碎。粉碎成的细粉通过环状筛板，自粉碎机底部的出粉口收集，粗粉继续在机内粉碎。

万能粉碎机适用范围广，适用于粉碎各种干燥的非组织性的药物及中药的根、茎、皮等，故有"万能粉碎机"之称。但由于在粉碎过程中产热，故不宜粉碎含有大量挥发性成分、热敏性及黏性的物料。

图4-1 万能粉碎机设备图

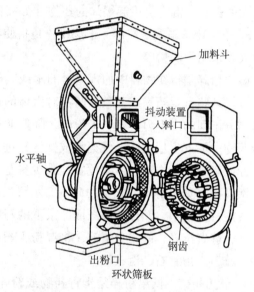

加料斗

抖动装置
入料口

水平轴

钢齿

出粉口
环状筛板

图4-2 万能粉碎机结构示意图

3. 球磨机 球磨机是在圆柱形球磨缸内装入一定数量和不同大小的钢球或瓷球构成，是兼有冲击力和研磨力的粉碎设备。粉碎时将药物装入圆筒密盖后，开动机器，圆筒转动，使筒内圆球在一定速度下滚动，药物借筒内圆球起落的冲击作用和圆球与筒壁及球与球之间的研磨作用而被粉碎。球磨机圆筒的回转速度是影响球磨机粉碎效果的主要因素。在其他条件相同的情况下，同一球磨机以不同的转速运转，研磨介质呈现三种不同的运动状态，如图4-3、图4-4所示。

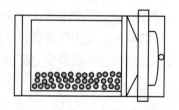

图4-3 球磨机结构示意图

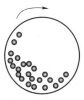

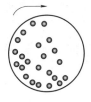

a.过慢运动速度　　　　b.适宜运动速度　　　　c.过快运动速度

图4-4　球磨机研磨介质运动状态

4. 气流粉碎机　又称流能磨，是利用高压气流带动物料，产生强烈的撞击、冲击、研磨等作用而使物料粉碎，粉碎后的物料随着高压气流由出料口进入旋风分离器或袋滤器进行分离，较大颗粒沿器壁外侧重新进入粉碎室进行粉碎，见图4-5、图4-6。常用的气流粉碎机有圆盘形和轮型气流粉碎机，可进行粒度要求为3~20μm的超微粉碎、热敏性物料和低熔点物料以及无菌粉末的粉碎。

图4-5　气流粉碎机设备图

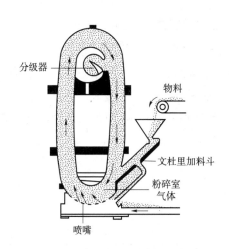

图4-6　气流粉碎机结构示意图

（五）粉碎操作注意事项

各种粉碎设备的性能不同，作用力不同，可以根据被粉碎物料的性质和粒度要求选择适宜的粉碎设备。在使用和保养粉碎设备时应注意以下几点。

（1）操作时注意安全，要严格遵守操作规程，严禁开机的情况下向机器中伸手，以免发生安全事故。

（2）物料中不应夹杂硬物，以免卡塞转子而引起电动机发热或烧坏。粉碎前应对物料进行精选以除去夹杂的硬物（如铁钉等）。应在粉碎机的加料斗上附有电磁除铁装置，当物料通过电磁区时，磁铁被吸除。

（3）通常高速旋转的粉碎机开动后，待其转速稳定时再加料。否则因物料先进入粉碎室后，机器难于启动，引起发热，会损坏电机或因过热而停机。

（4）各种粉碎机在每次使用后，应检查机件是否完整，且清洗内外各部，添加润滑油后罩好。

（5）粉碎毒性药物、刺激性较强的药物时，应特别注意人员防护，以免中毒，同时也要做好防止药物交叉的预防工作。

练一练4-2

难溶性药物欲得极细粉时，常采用的粉碎方法是（　　）

A. 水飞法 　　　　　B. 单独粉碎 　　　　　C. 高温粉碎

D. 湿法粉碎 　　　　E. 开路粉碎

答案解析

二、过筛技术

过筛技术系指借助筛网将粉粒按粒径大小进行分离的操作技术。

（一）过筛的目的

过筛的目的主要是将粉碎后的物料按粒度大小加以分等，以获得较均匀的粉末，适用于制备制剂的需要。此外，多种物料过筛兼有混合的作用。

（二）药筛及粉末的分等

1. 药筛的分等　按制作方法不同，药筛分为冲眼筛和编织筛两种。冲眼筛系在金属板上冲压出圆形的筛孔而制成，筛孔不易变形，多用作粉碎机上的筛板。编织筛是用金属丝（如不锈钢丝、铜丝、铁丝等）或非金属丝（尼龙丝、绢丝等）编织而成，用尼龙丝制成的筛网具有一定的弹性，比较耐用，且对一般药物较稳定，在制剂生产中应用较多，但筛线易移位致筛孔变形，使分离效果下降。

《中国药典》（2020年版）规定药筛选用国家标准的R40/3系列，以筛孔内径大小（μm）为依据，规定了9个筛号，如表4-1所示。一号筛的筛孔内径最大，依次减小，九号筛的筛孔内径最小。目是指每英寸（2.54cm）长度上筛孔的数目。例如每英寸有100个孔的筛称为100目筛，目数越大，筛孔内径越小。

表4-1　药筛分等

筛号	筛孔内径（平均值）	目号
一号筛	2000μm ± 70μm	10目
二号筛	850μm ± 29μm	24目
三号筛	355μm ± 13μm	50目
四号筛	250μm ± 9.9μm	65目
五号筛	180μm ± 7.6μm	80目
六号筛	150μm ± 6.6μm	100目
七号筛	125μm ± 5.8μm	120目
八号筛	90μm ± 4.6μm	150目
九号筛	75μm ± 4.1μm	200目

2. 粉末的分等　药物粉末的分等是按通过相应规格的药筛而定的。《中国药典》规定了六种粉末等级，如表4-2所示。

表4-2　粉末分等标准

等级	分等标准
最粗粉	指能全部通过一号筛，但混有能通过三号筛不超过20%的粉末
粗粉	指能全部通过二号筛，但混有能通过四号筛不超过40%的粉末
中粉	指能全部通过四号筛，但混有能通过五号筛不超过60%的粉末
细粉	指能全部通过五号筛，并含能通过六号筛不少于95%的粉末

等级	分等标准
最细粉	指能全部通过六号筛，并含能通过七号筛不少于95%的粉末
极细粉	指能全部通过八号筛，并含能通过九号筛不少于95%的粉末

（三）过筛设备

1. 摇动筛　又称往复振动筛分机，如图4-7、4-8所示，由药筛和摇动装置两部分组成，摇动装置由连杆、摇杆和偏心轮构成。摇动筛分利用偏心轮及连杆使药筛发生往复运动进行筛分。最下面为粉末接收器，最细药筛放在接收器上，最粗药筛放在顶上，然后把物料放入最上部的筛上，盖上盖，固定在摇动台上，启动电动机进行摇动和振荡数分钟，即可完成物料分等。

摇动筛属于慢速筛分机，其处理量和筛分效率都较低，常用于粒度分布的测定，多用于小量生产，也适用于筛毒性、刺激性或质轻的药粉，避免细粉飞扬。

图4-7　摇动筛设备图

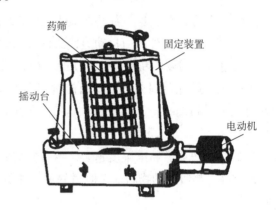

图4-8　摇动筛结构示意图

2. 旋振筛　又称旋涡式振荡筛，是生产上常用的筛分粗细不等粉状、颗粒状物料的设备。如图4-9、图4-10所示，由料斗、振荡室、联轴器、电机组成。可调节的偏心重锤经电机驱动传递到主轴中心线，在不平衡状态下，产生离心力，使物料在筛内形成轨道旋涡，从而达到需要的筛分效果。重锤调节器的振幅大小可根据不同物料和筛网进行调节。可设几层筛网，实现两级、三级甚至四级分离，设备结构紧凑、操作维修方便、分离效率高、单位筛面处理能力大，适用性强，故被广泛应用。

图4-9　旋振筛设备图

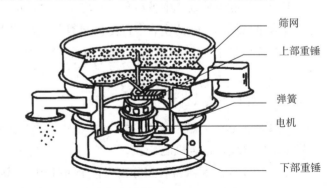

图4-10　旋振筛结构示意图

3. 悬挂式偏重筛粉机　是利用偏重轮转动时不平衡惯性而产生振动的粉末筛选设备，见图4-11。操作时开动电动机，带动主轴，偏重轮即产生高速的旋转，由于偏重轮一侧有偏重铁，使两侧重量不平衡而产生振动，故通过筛网的粉末很快落入接收器中。偏重筛粉机结构简单、造价低、占地小、效率高，适用于矿物药、化学药品和无显著黏性的药材粉末的过筛。

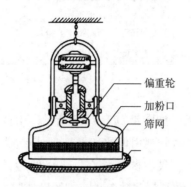

偏重轮
加粉口
筛网

图 4-11　悬挂式偏重筛结构示意图

（四）过筛操作注意事项

影响过筛的因素较多，为了提高过筛效率，过筛操作应注意以下几点。

1. 加强振动　当外加力振动迫使药粉移动时，各种力的平衡受到破坏，小于筛孔的粉末才能通过筛孔，故过筛时需要不断振动。振动时药粉在筛网上运动的方式有跳动和滑动两种：跳动能有效地增加粉末间距，筛孔得到充分暴露而使过筛操作能够顺利进行；滑动虽不能增大粉末间距，但粉末运动方向几乎与筛网平行，增加粉末与筛孔接触的机会。所以，当滑动与跳动同时存在时有利于过筛进行。

2. 粉末应干燥　粉末湿度越大，越易黏结成团而堵塞筛孔，故含水量大的物料应事先进行适当干燥后再过筛；易吸潮的物料应及时过筛或在干燥环境中过筛；黏性、油性较强的药粉应掺入其他药粉一同过筛。

3. 粉层厚度要适中　药筛内的药粉不宜堆积过厚，让粉末有足够的余地在较大范围内移动，有利于过筛，但粉层太薄又影响过筛效率。

三、混合技术

混合技术系指将两种或两种以上组分的物质均匀混合的操作技术。

（一）混合目的

混合的目的是使处方中各组分分布均匀、含量均一、色泽一致，以保证用药剂量准确，安全有效。特别是含量较低的毒性药物、中毒浓度与有效血药浓度范围接近的药物等，主药的含量不均匀对生物利用度及疗效带来极大的影响，甚至产生危险，因此科学合理的混合操作是保证制剂质量的重要措施之一。

（二）混合方法

1. 搅拌混合　系指将各物料置于适当大小容器中搅匀，以达到物料均匀的目的。常作为初步混合，大量生产中常使用混合机混合。

2. 研磨混合　系指将各组分物料置于研钵中共同研磨以达到混合操作的目的。该技术适用于小量尤其是结晶性药物的混合，不适用于引湿性或爆炸性物质的混合。

3. 过筛混合　系指将各组分物料初步混合后，再一次或几次通过适宜的筛网使之混合均匀。由于较细、较重的粉末先通过筛网，故在过筛后仍需加以适当的混合。

（三）混合设备

常用的混合设备分为干混设备和湿混设备。干混设备为具有各种形状的混合容器的混合机，容器可做成二维或三维运动；湿混设备包括槽型混合机、双螺旋锥形混合机等。

1. V 型混合机　混合筒由一定几何形状的筒构成，一般装在水平轴上并有支架，由传动装置带动绕轴旋转，其中以 V 型混合筒较为常用（图 4 - 12）。密度相近的粉末，可采用混合筒混合。V 型混合筒在旋转混合时，装在筒内的干物料随着混合筒转动，V 型结构使物料反复分离、合一，用较短时间即可混合混匀，在制药工业中应用非常广泛。

2. 三维运动混合机　主要由混合容器和机架组成，混合容器两端呈锥形圆筒状的称为双锥形混合机（图 4 - 13）。混合筒可作三维空间多方向摆动和转动，使筒中物料交叉流动与扩散，混合中无死角，混合均匀度高，适合于干燥粉末或颗粒的混合，是目前各种混合机中较理想的一种设备。

图 4 - 12　V 型混合机设备图

图 4 - 13　三维运动混合机设备图

3. 槽型混合机　又称捏合机、U 型混合机，主要由混合槽、搅拌桨、水平轴构成，见图 4 - 14、图 4 - 15。搅拌桨呈 S 型装于槽内轴上，开机使搅拌桨转动以混合物料。槽型混合机除适合于混合各种粉料外，还常用于颗粒剂、片剂、丸剂的制软材。槽型混合机搅拌效率较低，混合时间较长，但操作简便，易于维修，目前仍得到广泛应用。

图 4 - 14　槽型混合机设备图

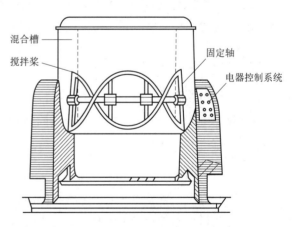

图 4 - 15　槽型混合机结构示意图

4. 双螺旋锥形混合机　由锥形容器和内装的两个螺旋推进器组成，见图 4 - 16、图 4 - 17。工作时由锥体上部加料口进料，主轴带动左右两个螺旋杆在容器内一边自转一边公转，产生较高的切变力使物料以双循环方式迅速混合，再从底部卸料，减轻了劳动强度。该设备混合速度快、效率高、动力消耗少、装载量大，适用于混合润湿、黏性大的固体物料。

图 4-16 双螺旋锥形混合机设备图

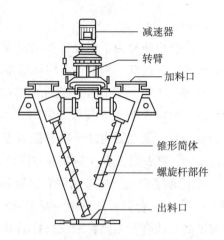

图 4-17 双螺旋锥形混合机结构示意图

（四）影响混合均匀性的因素

1. 各组分的比例量 各组分比例量相差过大时，不易混合均匀，此时应采用配研法（又称等量递加法）进行混合，即先用量大的组分饱和混合容器后，倾出，然后取量小的组分加入等体积量大的组分混合，再加入与此混合物等量的量大组分混匀，如此倍量加量大的组分，直至全部混合均匀。此法尤其适用于含毒性药物、贵重药物和小剂量药物的混合。

2. 各组分的粒度与密度 各组分粒度相近时，物料容易混合均匀；相反，粒度相差较大时，由于粒子间的离析作用，物料不容易混合均匀。应先将粒径大的物料粉碎处理，力求各组分粒子大小一致后再进行混合。各组分密度相差较大时，一般将质轻的组分先放入混合容器中，再加入质重组分混合，这样可以避免质轻组分浮于上部或飞扬，而质重组分沉于底部不易混匀。

3. 混合时间 混合时间并非越长混合的均匀性越好，要通过试验确定合适的混合时间。

4. 其他 含液体成分时，可采用处方中其他固体成分吸收；若液体量较大时，可另加赋形剂吸收；若液体为无效成分且量过大时，可采取先蒸发再加赋形剂吸收的方法。

四、干燥技术

干燥是利用热能或其他适宜方法使物料中湿分（水分或其他溶剂）汽化并利用气流或真空带走汽化了的湿分的操作。干燥的目的在于提高固体物料的稳定性，或使固体制剂成品、半成品具有一定的规格标准，便于进一步处理等。

（一）干燥机制

在干燥过程中，当湿物料与热空气接触时，干燥介质将热能传至物料表面，再由表面传至物料内部；同时湿物料受热后，其表面湿分首先汽化，物料内部与表面之间产生湿分浓度差，于是湿分由物料内部向表面扩散，并不断向空气中汽化。干燥过程的必要条件是湿物料表面湿分蒸气压一定要大于干燥介质（空气）中蒸汽的分压；干燥介质除应保持与湿物料的温度差及较低的含湿量外，尚需及时地将湿物料汽化的湿分带走，以保持一定的汽化推动力。

（二）影响干燥的因素

影响物料干燥的因素主要包括物料中水分的性质、物料自身的性质、干燥介质的性质、干燥速度和干燥采取的方法。

1. 物料性质　是决定干燥速率的主要因素，包括物料本身结构、形状大小、料层厚薄及水分结合方式等。如一般呈结晶状、颗粒状、料层薄的物料较粉末状及膏状、料层厚的物料干燥速率快，故实际生产中应将物料摊平、摊薄。

2. 干燥介质温度　温度越高，干燥介质与湿料间温度差越大，传热速率越高，干燥速率越快。应根据物料的性质选择适宜的干燥温度以防止热敏性成分破坏。静态干燥时干燥温度宜由低至高缓缓升温，动态干燥时则需以较高温度达到迅速干燥的目的。

3. 干燥介质的湿度　干燥介质的相对湿度越低，干燥速率越快。在生产中为降低干燥空间的相对湿度提高干燥效率，可采用生石灰、硅胶等吸湿剂吸除空间水蒸气或采用除湿机除湿。

4. 干燥速率　干燥过程是被汽化的水分连续进行内部扩散和表面汽化的过程。物料的干燥过程分为恒速干燥和降速干燥两个阶段。在恒速干燥阶段，凡能影响表面汽化速率的因素，如干燥介质的温度、湿度、流动情况等均可影响本阶段的干燥。在降速干燥阶段，介质的温度、湿度已不再是主要影响因素，干燥速率主要与溶剂分子内部扩散有关，与物料的厚度、干燥的温度有关。如果干燥速度过快，物料表面水分迅速蒸发，内部水分未能及时扩散至物料表面形成外干内湿的状态，待物料放置一段时间后，水分又传导到物料表面，致使表面物料彼此黏结形成假干燥现象。假干燥现象对药品的生产和储存会产生较大的不良影响，如使用假干颗粒制备的糖衣片可造成"花片"。

5. 干燥方式　静态干燥（如使用烘箱、烘柜、烘房等）时，气流掠过物料层表面，干燥面积暴露少，干燥效率低。动态干燥（如沸腾干燥、喷雾干燥等）时，物料处于跳动或悬浮于气流中，粉体彼此分开，增加了暴露面积，干燥效率高。

（三）干燥方法及设备

固体物料常用的干燥方法有常压干燥、减压干燥、沸腾干燥、喷雾干燥，也可采用红外干燥、冷冻干燥、微波干燥、吸湿干燥等。

1. 常压干燥　是在常压状态下进行干燥的方法。常压干燥简单易行，但干燥时间长，温度较高，易因过热引起成分破坏，干燥物较难粉碎，主要用于耐热物料的干燥。

常压干燥的常用设备是厢式干燥器，小型的称为烘箱（图4-18），大型的称为烘房。干燥器内设置有多层支架，在支架上放置物料盘，空气经预热后进入干燥室内，带走物料的水分，使物料得到干燥。厢式干燥器主要以蒸汽或电能为热源，适用于小批量物料的干燥，多用于药材提取物及丸剂、散剂、颗粒剂等干燥，也常用于中药材的干燥。优点是干燥后物料破损少、粉尘少。缺点是干燥时间长、物料干燥不够均匀、热利用率低、劳动强度大。

2. 减压干燥　又称真空干燥，是在密闭容器中通过抽气负压而进行干燥的方法。本法干燥温度低、速度快，被干燥的成品呈疏松海绵状易于粉碎。整个干燥过程是密闭操作，可防止药物被污染或氧化。主要适用于稠膏、热敏性物料。

图4-18　烘箱设备图

3. 沸腾干燥　又称流化床干燥，是利用热空气流使湿颗粒悬浮呈流化态，似"沸腾状"，热空气在湿颗粒间通过，在动态下进行热交换，带走水汽，达到干燥的目的的一种方法。本法干燥速度快、效率高、干燥均匀、产量大、干燥时不需要翻料，且能自动出料，占地面积小，适用于大规模生产。但具有热能消耗大、清洁设备较麻烦的缺点。此方法适用于湿粒性物料，如片剂与颗粒剂的湿颗粒干燥、水丸的干燥。沸腾干燥的设备在制剂工业中常用卧式多室流化床干燥器，见图4-19。它是由空气过滤器、沸腾床主机、旋风分离器、布袋除尘器、高压离心通风机、操作台等组成。其工作原理是将湿物料由加料器送入干燥器内多孔气体分布板（筛板）上，空气经预热器加热后吹入干燥器底部的多孔筛板，使物料在干燥室内呈悬浮状上下翻动而得到干燥，干燥后的产品由卸料口排出，废气由干燥器的顶部排出，经袋滤器或旋风分离器回收粉尘后排空。

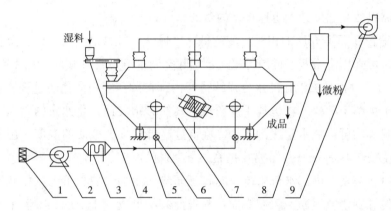

图4-19 卧式多室流化床干燥器结构示意图

1. 空气过滤器；2. 鼓风机；3. 散热器；4. 加料器；5. 热风接管；
6. 调风阀；7. 主机；8. 旋风分离器；9. 引风机

4. 喷雾干燥 是将药液通过喷雾器喷射成雾状液滴，当物料与热气流接触时，水分迅速蒸发而获得干燥产品的操作方法。喷雾干燥具有以下特点：①干燥速度快、干燥时间短，具有瞬间干燥（数秒到数十秒）的特点；②干燥温度低，避免物料受热变质，特别适用于热敏性物料的干燥；③由液态物料可直接得到干燥制品，省去蒸发、粉碎等单元操作；④操作方便，易自动控制，劳动强度小；⑤产品多为疏松的空心颗粒或粉末，疏松性、分散性和速溶性均好；⑥生产过程处在密闭系统，适用于连续化大型生产，可应用于无菌操作。喷雾干燥的缺点主要是传热系数较低，设备体积庞大，动力消耗多，干燥时物料易发生黏壁等。

喷雾干燥的设备为喷雾干燥器，由雾化器、干燥器、旋风分离器、风机、加热器、压缩空气等组成，见图4-20。其工作原理是空气经过滤和加热后进入干燥器顶部空气分配器，沿切线方向均匀地进入干燥室。原料液经干燥器顶部的雾化器雾化成极细微的液滴，与热空气接触后在极短的时间内干燥为成品。成品连续地由干燥器底部和旋风分离器中输出，废气由风机排空。喷雾干燥器可用于中药提取液的干燥、制粒及颗粒的包衣等。

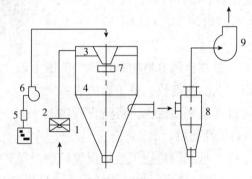

图4-20 喷雾干燥器结构示意图

1. 空气过滤器；2. 加热器；3. 热风分配器；4. 干燥器；5. 过滤器；
6. 泵；7. 喷头；8. 旋风分离器；9. 风机

5. 红外线干燥　是利用红外线辐射器产生的电磁波被物料吸收后直接转变为热能，使物料中水分受热汽化而干燥的一种方法。由于一般物料对红外线的吸收光谱大多位于远红外区域，故常用远红外线干燥。例如注射剂生产中，安瓿洗涤后即是利用远红外隧道烘箱进行干燥的。红外线干燥的特点是物料受热均匀，干燥速度快，成品质量好，但电能消耗大。

6. 冷冻干燥　是指在低温、高真空条件下，使水分由冻结状态直接升华除去的一种干燥方法。其特点是物料在高真空和超低温条件下干燥，尤其适用于热敏性物料如抗生素、血浆、疫苗等生物制品及中药粉针剂和止血海绵剂等的干燥。干燥后的成品多孔疏松，溶解快，含水量低，可久贮。但冷冻干燥耗能高，设备投资大，冻干生产周期长，每批生产量比较小，生产成本较高。

7. 微波干燥　微波是指频率很高、波长很短，介于无线电波和光波之间的一种电磁波。微波干燥的原理是将湿物料置于高频电场内，湿物料中的水分子在微波电场的作用下快速转动而产生剧烈的碰撞与摩擦，部分能量转化为热能，物料本身被加热而干燥。微波干燥具有加热迅速、均匀、干燥速度快、穿透力强、热效率高等优点，微波操作控制灵敏、操作方便，对含水物料的干燥特别有利。缺点是成本高、对有些物料的稳定性有影响。

8. 吸湿干燥　系指将干燥剂置于干燥柜架盘下层，而将湿物料置于架盘上层进行干燥的方法。常用的干燥剂有无水氧化钙、无水氯化钙、硅胶等。吸湿干燥只需在密闭容器中进行，不需特殊设备，常用于含湿量较小及某些含有芳香成分的药物干燥。

任务三　散剂的制备与质控

PPT

一、散剂的概述

（一）散剂的概念与特点

散剂系指原料药物或与适宜的辅料经粉碎、均匀混合制成的干燥粉末状制剂，可供内服和外用。散剂是我国传统中药剂型之一，中药散剂在临床上的应用比西药散剂更广泛。

散剂中药物的分散程度较大，药物粒径小，比表面积大。主要特点有：①与其他固体制剂相比，散剂易分散、吸收快、起效快；②剂量易于控制，适合小儿服用；③制备工艺简单，生产成本较低，运输、携带方便；④外用覆盖面大，对溃疡、外伤等可起到保护、收敛，促进伤口愈合等作用。由于散剂中药物分散度大，可使药物制剂的吸湿性、刺激性、化学不稳定性等增加，所以刺激性强，遇光、热、湿不稳定的药物一般不宜制成散剂。

练一练4-3

以下不属于散剂特点的是（　　）

A. 起效快　　　　　　　B. 携带方便　　　　　　C. 便于服用

D. 适合易吸湿药物　　　E. 便于分剂量

答案解析

（二）散剂的分类

1. 按用途分类　可分为口服散剂和局部用散剂。口服散剂一般溶于或分散于水、稀释液或者其他液体中服用，也可直接用水送服；局部用散剂可供皮肤、口腔、咽喉、腔道等处应用；专供治疗、预防和润滑皮肤的散剂也可称为撒布剂或撒粉。

2. 按剂量分类　可分为分剂量散剂和不分剂量散剂。分剂量散剂是将散剂按一次服用量单独包装，由患者按医嘱分包服用；不分剂量散剂是以多次应用的总剂量包装，由患者按医嘱分取剂量使用。

3. 按组成分类 可分为单散剂和复方散剂。单散剂系由一种药物组成，如蒙脱石散、口服酪酸梭菌活菌散等；而复方散剂系由两种或两种以上药物组成，如复方口腔散等。

此外，按散剂成分的不同性质尚可分为剧毒药散剂、浸膏散剂、泡腾散剂等。

（三）散剂的组成

散剂中可含或不含辅料。口服散剂需要时亦可加矫味剂、芳香剂、着色剂等。为防止胃酸对生物制品散剂中活性成分的破坏，散剂稀释剂中可调配中和胃酸的成分。

毒性药品、麻醉药品、精神药品等特殊药品一般用药剂量小，称取、使用不方便，并且容易损耗。因此常在特殊药品中添加一定比例的稀释剂制成稀释散（或称倍散），以便于临时配方和服用。常用的稀释散有十倍散、百倍散和千倍散等。如十倍散是由 1 份药物加 9 份稀释剂均匀混合制成。倍散的比例可按药物的剂量而定，如剂量在 0.01 ~ 0.1 g 者，可配成十倍散，如剂量在 0.01 g 以下者，则可配成百倍散或千倍散。为了保证倍散的均匀性，常加入一定量的着色剂如胭脂红、亚甲蓝等着色；着色时十倍散应深一些，百倍散稍浅，这样可根据倍散颜色的深浅判别倍散的浓度。倍散常用的稀释剂有乳糖、淀粉、糊精、蔗糖粉、葡萄糖粉及一些无机物如沉降碳酸钙、沉降磷酸钙、碳酸镁、白陶土等，其中乳糖因流动性好、不易吸潮而较为常用。

💗 **药爱生命** ————

散剂是中医药古老的剂型之一，临床应用已有千年的历史。《五十二病方》是我国目前发现的最早方书，约成书于战国时期，其中已有与散剂相关的记载。《伤寒杂病论》是东汉末年张仲景所著，书中最先提"散"剂的名称，散剂运用于众多病症，急症实证用之，缓图将养亦用之，内服外用，可谓曲尽病情，对散剂制法、类型、用法用量及功用特点彰显得淋漓尽致。晋代葛洪的《肘后备急方》中很多方剂都是为治疗急危病症而设，散剂是书中出现频次最多的剂型之一，既有内服又有外用，既有直接调服又有煎煮服用。到了隋唐时期，盛行服用散剂；明清时期，散剂的应用以外用为主；到了近现代，由于化学药的冲击，其临床应用逐步减少。中药是中华文明的瑰宝，凝聚着中华民族的博大智慧。我们要增强民族自信，把中药继承好、发展好、利用好，传承精华，守正创新。

（四）散剂的质量要求

散剂在生产与贮存期间，应符合下列有关规定。

（1）供制散剂的原料药物均应粉碎。除另有规定外，口服用散剂为细粉，儿科用和局部用散剂应为最细粉。

（2）散剂应干燥、疏松、混合均匀、色泽一致。制备含有毒性药、贵重药或药物剂量小的散剂时，应采用配研法混匀并过筛。

（3）散剂可单剂量包（分）装，多剂量包装者应附分剂量的用具。含有毒性药的口服散剂应单剂量包装。

（4）除另有规定外，散剂应密闭贮存，含挥发性原料药物或易吸潮原料药物的散剂应密封贮存。生物制品应采用防潮材料包装。

（5）散剂用于烧伤治疗如为非无菌制剂的，应在标签上标明"非无菌制剂"；产品说明书中应注明"本品为非无菌制剂"，同时在适应证下应明确"用于程度较轻的烧伤（Ⅰ°或浅Ⅱ°）"；注意事项下规定"应遵医嘱使用"。

二、散剂的制备技术

（一）制备工艺

散剂的制备工艺操作包括粉碎、过筛、混合、分剂量、包装等，制备工艺流程如图4-21所示。

1. 粉碎与过筛　制备散剂所用的固体原辅料应选择适宜的粉碎方法和设备破碎成适宜程度的粉末，并进行筛分得到预期要求的粉末。药物粒度应根据药物的性质、作用及给药途径而定。如难溶性药物、吸附散应为最细粉，眼用散剂应全部通过九号筛，以利于其发挥保护作用、减轻机械刺激并保证药效。

2. 混合　按散剂处方中处方量进行双人称量、核对各组分，然后按制剂要求选择适宜混合方法、设备进行混合。混合操作是散剂制备的重要单元操作，其目的是使散剂中各组分分散均匀，色泽一致，以保证剂量准确，用药安全有效。混合时要注意设备种类、加料顺序、混合时间等，保证混合效率。如中药粉末在混合时常采取打底套色法，是指将量少的、质轻的、色深的药粉先放入乳钵中（混合之前应首先用其他色浅的、量多的药粉饱和乳钵），即为"打底"，然后将量多的、质重的、色浅的药粉逐渐地、分次地加入乳钵中轻研，使之混合均匀，即是"套色"。

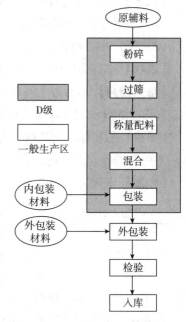

图4-21　散剂制备工艺流程图

3. 分剂量　分剂量是将混合均匀的药粉按剂量要求装入合适的内包装材料中的过程，常用的方法有：目测法、重量法和容量法。

（1）目测法（又称估分法）　系指先称取总量的散剂，以目测分成若干等分的方法。此法操作简便，但准确性差，误差较大，适于药房临时调配少量普通药物散剂。

（2）重量法　系指按规定剂量用衡器逐份称重的方法。此法分剂量准确，但操作麻烦，效率低，主要用于含毒性药及贵重药物散剂的分剂量。

（3）容量法　系指用固定容量的容器进行分剂量的方法，为目前应用最多的分剂量法。此法适用于一般散剂分剂量，效率较高，且误差较小，但准确性不如重量法。为了保证剂量的准确性，应根据药粉的流动性、吸湿性、密度等理化特性进行试验。

4. 包装储存　散剂的分散度大，易吸湿、风化及挥发，常发生潮解、结块、变色、霉变等变化，若包装不当，则严重影响散剂的质量及用药的安全性。为了保证散剂的稳定性，必须根据药物的性质，尤其是吸湿性强弱不同，选用适宜的生产环境和包装材料，设计适宜的贮藏条件。散剂一般均应密闭贮藏，含挥发性或易吸湿性组分的散剂，尤应密封包装。

（二）散剂制备举例

案例4-1　冰硼散

【处方】冰片5g　　硼砂（煅）50g　　朱砂6g　　玄明粉50g

【制法】以上四味，朱砂水飞成极细粉，硼砂粉碎成细粉；将冰片研细，与硼砂、玄明粉配研，混合均匀。将朱砂与上述混合粉末按打底套色、等量递增的混合原则研磨混合均匀，过120目筛，即得。

【性状】本品为粉红色粉末；气芳香，味辛凉。

【临床应用】清热解毒，消肿止痛。用于热毒蕴结所致咽喉疼痛，牙龈肿痛，口舌生疮。吹敷患处，每次少量，一日数次。

【解析】朱砂为粒状或块状集合体，质重而脆，水飞法可获极细粉。朱砂量少、色深，采用配研法、打底套色法能与其他药物细粉混合得到均匀的混合物。

【贮藏】密封。

案例 4 - 2　口服补液盐散（Ⅰ）

【处方】氯化钠 1750g　碳酸氢钠 1250g　氯化钾 750g　葡萄糖 11000g 制成 1000 包

【制法】（1）取葡萄糖、氯化钠粉碎成细粉，过 80 目筛，混匀，分装于大袋中。

（2）将氯化钾、碳酸氢钠粉碎成细粉，过 80 目筛，混匀，分装于小袋中。

（3）将大小袋同装于一包，即得。

【性状】本品为白色结晶性粉末。

【临床应用】本品为电解质补充药，用于治疗腹泻、呕吐等引起的轻度和中度脱水。临用前将大、小袋同溶于 500ml 凉开水中，口服。

【解析】氯化钠、葡萄糖、氯化钾、碳酸氢钠可补充钠、钾，调节体内水和电解质的平衡，维持体内恒定的渗透压。氯化钠、葡萄糖易吸湿，若混合包装，易造成碳酸氢钠水解，碱性增大。

【贮藏】密封，在干燥处保存。

三、散剂的质量检查

除另有规定外，散剂应进行以下相应检查。

1. 粒度　除另有规定外，化学药局部用散剂和用于烧伤或严重创伤的中药局部用散剂及儿科用散剂，照下述方法检查，应符合规定。

检查法　除另有规定外，取供试品 10g，精密称定，照粒度和粒度分布测定法（通则 0982 单筛分法）测定。化学药散剂通过七号筛（中药通过六号筛）的粉末重量，不得少于 95%。

2. 外观均匀度　取供试品适量，置光滑纸上，平铺约 5cm²，将其表面压平，在明亮处观察，应色泽均匀，无花纹与色斑。

3. 干燥失重或水分　化学药和生物制品散剂，除另有规定外，取供试品，照干燥失重测定法（通则 0831）测定，在 105℃ 干燥至恒重，减失重量不得过 2.0%。中药散剂照水分测定法（通则 0832）测定，除另有规定外，不得过 9.0%。

4. 装量差异　单剂量包装的散剂，照下述方法检查，应符合规定。

检查法　除另有规定外，取供试品 10 袋（瓶），分别精密称定每袋（瓶）内容物的重量，求出内容物的装量与平均装量。每袋（瓶）装量与平均装量相比较 [凡有标示装量的散剂，每袋（瓶）装量应与标示装量相比较]，按表 4 - 3 中的规定，超出装量差异限度的散剂不得多于 2 袋（瓶），并不得有 1 袋（瓶）超出装量差异限度的 1 倍。

表 4 - 3　单剂量包装散剂装量差异限度

平均装量或 标示装量	装量差异限度 （中药、化学药）	装量差异限度 （生物制品）
0.1g 及 0.1g 以下	±15%	±15%
0.1g 以上至 0.5g	±10%	±10%
0.5g 以上至 1.5g	±8%	±7.5%
1.5g 以上至 6.0g	±7%	±5%
6.0g 以上	±5%	±3%

凡规定检查含量均匀度的化学药和生物制品散剂，一般不再进行装量差异的检查。

5. 装量　除另有规定外，多剂量包装的散剂，照最低装量检查法（通则 0942）检查，应符合规定。

6. 无菌 除另有规定外，用于烧伤［除程度较轻的烧伤（Ⅰ°或浅Ⅱ°外）］、严重创伤或临床必须无菌的局部用散剂，照无菌检查法（通则1101）检查，应符合规定。

7. 微生物限度 除另有规定外，照非无菌产品微生物限度检查：微生物计数法（通则1105）和控制菌检查法（通则1106）及非无菌药品微生物限度标准检查，应符合规定。凡规定进行杂菌检查的生物制品散剂，可不进行微生物限度检查。

❓ **想一想4-3**

九一散，外用，用于热毒壅盛所致的溃疡，症见疮面鲜活、脓腐将尽。《中国药典》（2020年版）药典收载其处方为石膏（煅）900g、红粉100g，制法为石膏（煅）研磨成极细粉；红粉水飞成极细粉，配研，过绢筛（不得用金属筛），混匀，即得。试分析九一散的制备工艺、质检项目。

答案解析

实训7　散剂的制备与质量评价

一、实训目的

1. 能按规范制备合格的散剂。
2. 熟悉等量递加的混合的操作步骤。
3. 熟悉散剂的常规质量检查方法。

二、实训指导

散剂是一种或多种药物均匀混合而制成的干燥粉末状制剂，供内服或外用。其制备工艺分为粉碎、过筛、混合、分剂量、包装等几个步骤。不同的给药途径对散剂的细度要求也不同。对于特殊的药材，如含黏性成分多、油脂多、矿物类、贵重、量小等药物，应分别采取串料、串油、单独粉碎、水飞法等特殊的粉碎方法。

混合是制备散剂的重要过程，混合均匀与否直接影响散剂质量，尤其是含毒剧成分的散剂。常将搅拌、研磨、过筛等几种混合方法结合起来使用。处方中含有量小、贵重、质重、色深的药物时，应将此药"打底"，然后按等量递增的原则与其他药粉混合均匀，打底前应先用量大的药粉饱和乳钵表面。处方中含毒剧药物时，由于其剂量小，称量、包装与服用都不方便，应加入适量的固体稀释剂将其制成倍散，配制时仍需要遵循等量递增的原则。为了显示稀释倍数与混合均匀程度，可加入适量着色剂。处方中如含有低共熔组分时，一般是先将其共熔，再与其他药物混合均匀。

三、实训药品与器材

1. 药品 冰片、硼砂、朱砂、玄明粉、薄荷脑、薄荷油、樟脑、水杨酸、升华硫、淀粉、滑石粉。

2. 器材 天平、乳钵、白瓷盘、药匙、药筛、烧杯、120目药筛。

四、实训内容

（一）益元散

【处方】 滑石4.8g　甘草0.8g　朱砂　0.24g

【制法】 朱砂水飞成极细粉，滑石、甘草各粉碎成细粉（过六号筛）。取少量滑石粉置于研钵内先行研磨，以饱和研钵的表面能，再将朱砂置研钵中，以等量递增法与滑石粉混合均匀，倾出。取甘草置研钵中，以等量递增法加入上述粉末，研匀，即得。

【临床应用】 消暑利湿。用于暑湿、身热心烦、口渴喜饮、小便赤短。

【用法与用量】 调服或煎服，一次6g，一日1~2次。

【注意事项】

（1）处方中滑石粉清热解暑，利尿通淋。朱砂清心镇惊，甘草调和诸药，缓解毒性。三药合用清热利湿。

（2）朱砂主要含有硫化汞，含量达96%。常夹杂雄黄、磷灰石等。药理学研究表明：朱砂有镇静、催眠、抗惊厥、抑制生育作用。朱砂有毒，不宜过量服用，也不能持续服用。肝肾功能异常者慎用。入药只宜生用，忌火煅。内服，只入丸、散剂。每次0.1~0.5g。外用适量。

（3）处方中朱砂质重色深，且有毒量少，而滑石粉色浅、量大，宜采用打底套色法混合。

（二）痱子粉

【处方】 薄荷脑0.1g　薄荷油0.1ml　樟脑0.1g　水杨酸0.3g　升华硫0.1g　氧化锌1.2g　硼酸1.0g　滑石粉适量制成20g散剂

【制法】 樟脑、薄荷脑研磨至液化，加入薄荷油与少量滑石粉研匀；另将水杨酸、硼酸、氧化锌、升华硫、分别研细混合；最后按等量递增法加入滑石粉研匀，过120目筛即得。

【临床应用】 有吸湿、止痒及收敛作用，用于汗疹、痱子等。

【用法】 外用。涂撒于患处。

【注意事项】

（1）因薄荷脑和樟脑可形成低共熔混合物，故使之先共熔，再与其他粉末混匀。

（2）为保证微生物限度符合规定，制备时先将滑石粉、氧化锌150℃干热灭菌1小时。

（3）痱子粉属于含低共熔成分散，制备过程中需用细粉吸收低共熔物。

（4）制备过程中需采用等量递增法（配研法），以利于药物细粉混合均匀。

（三）质量评价

参照药典检查项目进行质量评价，将检查结果记录于表4-4。

表4-4　散剂质量评价结果

品名	外观性状	水分	粒度	装量差异
益元散				

五、实训思考题

1. 谈谈你对本次实训的收获。

2. 你的实训结果是否符合药典要求？如不符合，原因是什么？

3. 在制备散剂的过程中，是否遇到了困难？你是如何解决的？

任务四　颗粒剂的制备与质控

PPT

一、颗粒剂的概述

（一）颗粒剂的概念与特点

颗粒剂系指药物与适宜的辅料混合制成具有一定粒度的干燥颗粒状制剂。颗粒剂可直接吞服，也可加水溶解后冲服。

颗粒剂是将药物与辅料细粉混合后制颗粒，所以其分散性、附着性、团聚性、吸湿性等与散剂比较均较少。制备时根据需要可加入芳香剂、矫味剂、着色剂；也可对颗粒剂进行包衣，使其具有防潮性、缓释性或肠溶性等。目前颗粒剂在国内外已得到广泛的应用，随着新工艺、新设备、新技术及新辅料的不断涌现，使该剂型得到了更迅速的发展。如无糖型颗粒剂、肠溶颗粒、缓释颗粒和控释颗粒剂等。基于以上特点，颗粒剂已成为一种颇具发展前途的剂型，尤其在中药剂型方面，更显出其优势。但应注意，有些颗粒因粒度或粒密度的差异，混合时易发生离析现象，从而导致剂量不准确。

💗 **药爱生命**

2020年初，面对突如其来的新冠疫情，从白衣天使到人民子弟兵，从志愿者到工程建设者，从古稀老人到青年一代，无数人以生命赴使命、用挚爱护苍生，将涓滴之力汇聚成磅礴伟力。众多院士、科研人员夜以继日的工作。3月2日，国家药品监督管理局通过特别审批程序应急批准中国中医科学院中医临床基础医学研究所的清肺排毒颗粒、广东一方制药有限公司的化湿败毒颗粒、山东步长制药股份有限公司的宣肺败毒颗粒上市。三种颗粒是新冠肺炎疫情暴发以来，在武汉抗疫临床一线众多院士专家筛选出有效药方清肺排毒汤、化湿败毒方、宣肺败毒方的成果转化，均来源于古代经典名方中药复方制剂，为新冠疫情的治疗提供了更多的选择。

好古方，守护人类健康。我们医药工作者立志做中国中医药文化的传播者与继承者！

（二）分类

颗粒剂可分为可溶颗粒（通称为颗粒）、混悬颗粒、泡腾颗粒、肠溶颗粒，根据释放特性不同还有缓释颗粒等。

1. 混悬颗粒　系指难溶性固体药物与适宜辅料制成的颗粒剂（如硬脂酸红霉素颗粒、阿奇霉素颗粒）。临用前加水或其他适宜的液体振摇即可分散成混悬液。除另有规定外，混悬颗粒剂应进行溶出度（通则0931）检查。

2. 泡腾颗粒　指含有碳酸氢钠和有机酸，遇水可放出大量气体而呈泡腾状的颗粒剂（如维生素C泡腾颗粒）。泡腾颗粒中的药物应是易溶性的，加水产生气泡后应能溶解。泡腾颗粒一般不得直接吞服。

3. 肠溶颗粒　系指采用肠溶材料包裹颗粒或其他适宜方法制成的颗粒剂。肠溶颗粒耐胃酸而在肠液中释放活性成分或控制药物在肠道内定位释放，可防止药物在胃内失活，避免对胃的刺激。肠溶颗粒应进行释放度（通则0931）检查。肠溶颗粒不得咀嚼。

4. 缓释颗粒　系指在规定的释放介质中缓慢地非恒速释放药物的颗粒剂。缓释颗粒应符合缓释制剂（通则9013）的有关要求，并应进行释放度（通则0931）检查，缓释颗粒不得咀嚼。

（三）颗粒剂的质量要求

颗粒剂在生产与贮藏期间应符合下列规定。

（1）原料药物与辅料应均匀混合。含药量小或含毒、剧药物的颗粒剂，应根据原料药物的性质采用适宜方法使其分散均匀。

（2）凡属挥发性原料药物或遇热不稳定的药物在制备过程应注意控制适宜的温度条件，凡遇光不稳定的原料药物应遮光操作。

（3）为了防潮、掩盖原料药物的不良气味，也可对颗粒进行包衣。必要时，包衣颗粒应检查残留溶剂。

（4）颗粒剂应干燥，颗粒均匀，色泽一致。无吸潮、软化、结块、潮解等现象。

（5）根据原料药物和制剂的特性，除来源于动、植物多组分且难以建立测定方法的颗粒剂外，溶出度、释放度、含量均匀度等应符合要求。

（6）除另有规定外，颗粒剂应密封，置干燥处贮存，防止受潮。生物制品原液、半成品和成品的生产及质量控制应符合相关品种要求。

二、颗粒剂的辅料

颗粒剂常用的辅料有稀释剂、润湿剂、黏合剂及崩解剂。一般常用既有黏合作用又有崩解作用的淀粉和纤维素衍生物作为辅料。也可用糖粉、乳糖、糊精及甘露醇等。糖粉（系蔗糖结晶的细粉），有矫味及黏合作用，是可溶性颗粒剂的优良赋形剂。用前需经低温（60℃）干燥，粉碎过 80 ~ 100 目筛。糖粉易吸潮结块，应密封保存。泡腾颗粒含有有机酸 – 弱碱组成的泡腾剂。有机酸一般用枸橼酸、酒石酸、富马酸，弱碱常用碳酸氢钠、碳酸钠等。（颗粒剂的辅料详见片剂）

练一练4–4

泡腾颗粒剂遇水产生大量气泡，是由于颗粒剂中酸与碱发生反应所放出的气体是（　　）

A. 氢气　　　　　　　　B. 氧气　　　　　　　　C. 氮气

D. 二氧化碳　　　　　　E. 一氧化碳

答案解析

三、制粒技术

颗粒剂的制备方法通常分为湿法制粒和干法制粒两种。在制粒前物料多经过粉碎、过筛、混合等共同的操作单元（详见固体制剂基础技术）。

（一）湿法制粒

湿法制粒系指在药物粉末中，加入适宜的润湿剂或黏合剂，经加工制成具有一定形状和大小的颗粒状物体的操作。主要包括制软材、制湿颗粒、湿颗粒的干燥、整粒与分级、质量检查与分剂量等操作。湿法制粒生产工艺流程如图 4 – 22 所示。

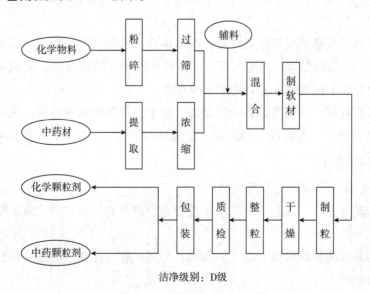

洁净级别：D级

图 4 – 22　湿法制粒生产工艺流程

1. 物料前处理　物料细度要求过 80 ~ 100 目筛为宜，毒剧药、贵重药及有色的原辅料要求更细，便于混匀，使含量准确。

2. 制软材　药物或药材提取物与适当的辅料（稀释剂、崩解剂等）或药材细粉混合均匀，加入适量的润湿剂或黏合剂制软材。制软材是湿法制粒的关键工序，一般根据经验以"手握成团，轻按即散"为标准。制软材常用的设备是槽型混合机。

软材的质量直接影响颗粒质量。润湿剂或黏合剂用量对所制颗粒的密度和硬度有一定影响。一般润湿剂或黏合剂的用量过多，则混合强度大、软材偏黏，制成的颗粒太硬或不能制粒，会影响药物溶出；若润湿剂或黏合剂的用量过少，则软材偏松，颗粒不能成型。润湿剂或黏合剂的用量应根据物料的性质而定。

3. 制湿颗粒　湿法制粒的目的主要包括：①改善物料的流动性，物料细粉一般流动性差，制成颗粒可改善其流动性；②改善物料的可压性，制粒可增大物料的松密度；③防止物料中各成分的离析；④防止生产中粉尘飞扬及在器壁上吸附。湿法制成的颗粒外形美观、流动性好、耐磨性较强、压缩成型性好，在医药工业中应用最为广泛，但本法不适合用于热敏性、湿敏性、极易溶性等物料。湿法制粒通常采用挤压过筛制粒法、高速搅拌制粒法、流化床制粒法（一步制粒法）、喷雾干燥制粒法等。

（1）**挤压过筛制粒**　此法是用手工或机械的方式将软材挤压通过具有一定大小的筛孔而制得湿颗粒的方法。小量生产时用编织筛制粒。大量生产用摇摆制粒机（图 4 - 23）、螺旋挤压制粒机（图 4 - 24）和旋转挤压制粒机等制粒。

图 4 - 23　摇摆制粒机

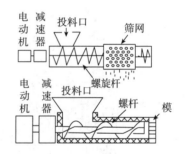

图 4 - 24　单螺旋挤压式制粒机示意图

挤压过筛制粒法的特点：①所得颗粒形状以圆柱状、角状为主，颗粒大小取决于筛网孔径，一般粒径围在 0.3 ~ 30mm；②颗粒的疏松度可通过黏合剂的种类和用量进行调节；③制备过程需经过混合、制软材等工序，劳动强度大，不适合大批量生产和连续生产。

（2）**高速搅拌制粒**　该法是将物料在密闭容器内搅拌混合后加入黏合剂或润湿剂制得湿颗粒的方法。制得的颗粒粒度均匀、大小适宜、类球形。

高速搅拌制粒机（图 4 - 25）又称高速混合制粒机，分为立式和卧式两种，高速搅拌制粒机主要由容器、搅拌桨、切割刀、出料口等组成。搅拌桨的作用是把物料混合均匀，并使颗粒被压实，防止与器壁黏附等；切割刀的作用是破碎大块粒状物，并和搅拌桨的作用相呼应，使颗粒受到强大的挤压作用与滚动而形成密实的球形粒子。

高速搅拌制粒法的特点：①制得的颗粒粒度均匀、流动性很好；②减轻工人的劳动强度，缩短工时（造粒时间一般只需 8 ~ 10 分钟）；③黏合剂的用量比传统工艺减少 15% ~ 25%；④可制备致密、高强度的适于填充胶囊的颗粒，也可制备松软的适合压片的颗粒，且没有粉尘飞扬，不存在细粉的回收问题。

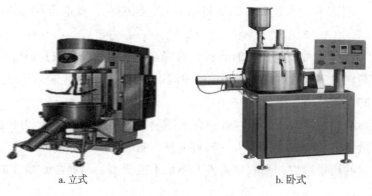

a. 立式   b. 卧式

图 4 – 25   高速搅拌制粒机

（3）流化床制粒　该法是在流化床内，物料粉末在自下而上通过的热空气作用下，保持流化状态，喷入一定浓度的黏合剂溶液，使粉末结聚成颗粒的方法。由于操作过程中粉末粒子的运动状态与液体沸腾状态相似，故也称为"沸腾制粒"。此法将物料的混合、制粒、干燥等过程在同一设备内一次完成，还可称为"一步制粒法"。所用设备为流化床制粒机（图 4 – 26）。

流化床制粒法的特点：①在同一台设备内进行混合、制粒、干燥、包衣等操作、简化工艺、节约时间、劳动强度低；②制得的颗粒松散、密度小、强度小、粒度分布均匀、流动性与可压性好；③捕尘袋的清洗困难、控制不当易产生污染；④能量消耗大。

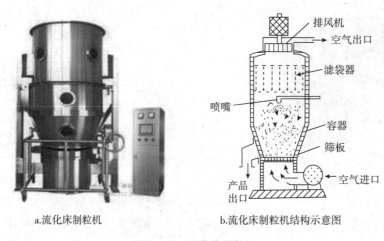

a.流化床制粒机   b.流化床制粒机结构示意图

图 4 – 26   流化床制粒机

（4）喷雾干燥制粒　该法是将药物、辅料和黏合剂制成溶液或混悬液，用雾化器喷于干燥室内，在热气流的作用下使雾滴中的水分迅速蒸发以直接获得球状干燥细颗粒的方法。该法可在数秒中完成药液的浓缩与干燥，用于制粒的原料含水量可达 70% ~ 80% 以上，并能连续操作。如以干燥为目的称为喷雾干燥，以制粒为目的称为喷雾制粒。常用的设备为喷雾干燥制粒机。

喷雾干燥制粒法的特点是：①由液态物料直接得到粉状固体颗粒，进一步简化操作；②干燥速度非常快（通常只需几秒至几十秒），物料的受热时间极短，干燥物料的温度相对低，适合于热敏性物料的制粒；③制得的颗粒具有良好的溶解性、分散性和流动性；④设备费用高、能量消耗大；黏性较大料液易黏壁使其使用受到限制，需用特殊喷雾干燥设备。

（5）转动离心造粒　该法使用离心制粒机，如图 4 – 27 所示。设备主要由容器、转盘和喷头组成。物料在固定容器内，受到高速旋转的圆盘产生的离心作用而向器壁滚动；在容器壁部位，物料又受到从圆盘周边吹出的空气流的带动，向上运动的同时在重力作用下往下滑向圆盘中心；落下的粒子重新受到圆盘的离心旋转作用而运动，使物料沿转盘周边以螺旋方式旋转，有利于形成球形颗粒。黏合剂定量喷洒于物料层斜面上，靠颗粒的剧烈运动使颗粒表面均匀润湿，散布的药粉或辅料得以均匀附着在颗粒表面层层包裹，如此反复操作可制得所需大小的致密球形颗粒。调整在圆盘周边上升的气流温度可对颗粒进行干燥。该设备常用作制微丸，也可用作粉末、颗粒、丸剂的包衣。

图 4-27 转动离心造粒机

4. 干燥 挤压制粒和高速混合制粒制得的湿颗粒，必须立即用适宜方法干燥，除去水分，防止颗粒结块或受压变形。干燥温度由物料性质决定，一般以 50~60℃ 为宜，对热稳定的药物可当调整到 70~100℃，以缩短干燥时间。干燥温度宜逐渐升高，颗粒摊铺厚度不宜超 2cm，并定时翻动。常用干燥方法及干燥设备详见项目四。

5. 整粒与分级 将干燥好的颗粒进行整粒与分级操作，根据不同制剂工艺要求去除过粗或过细的颗粒。

整粒岗位操作规程如下。

（1）生产前准备工作

①岗位操作人员到达现场后，应先检查上一班次的清场情况，是否有清场合格证和清洁合格证，并检查是否在有效期内，如超过有效期，则按本岗位"清场岗位操作规程"，进行必要的清场。

②领取或查验生产许可证、生产指令单及生产文件系统，包括产品工艺规程、岗位标准操作规程、清场标准操作规程、设备设施清洁标准操作规程和生产记录等。操作工（至少2人），要详细阅读产品生产指令和产品生产记录的有关指令。

③操作前核对检查中间产品的品名、批号、数量，并与周转卡核对。

④确认整粒机、振荡筛已清洁、运转是否正常，必要时再次按照"设备清洗标准操作规程"进行清洗和消毒。按生产工艺要求选用规定筛号的筛网。

⑤准备生产用具，生产用容、器具要求清洁、干燥，符合洁净要求。

⑥从中间站领取需要加工的颗粒，检查前工序的物料交接单，核对品名、规格、批号、重量、生产日期及合格状态标示牌和中间产品合格证。

（2）生产操作

1）操作依据：生产指令单、产品工艺规程、设备标准操作规程等进行。

2）从颗粒中间站领取干燥颗粒，加入整粒机的料斗中，按照"整粒机标准操作规程"开机，打开料斗进行试整粒，检查粒度。

3）检验合格后，开始生产操作。在整粒过程中，定时（每隔5分钟）对颗粒均匀度、粒度等进行检查，并且QA人员随机进行抽查，使整出的颗粒应符合质量标准。

4）将颗粒装入内衬洁净塑料袋的洁净容器中。贴上标签，写上品名、规格、批号、重量、生产日期。挂上待验状态标示牌，填写请验单，作中间产品检验。及时送至中间站。

5）操作过程的控制、复核 ①整粒机上应有状态标识，应经常注意机子运转情况，颗粒流动性及料斗内的颗粒量，整粒时注意颗粒的松紧度及大小、颗粒过大紧一下筛网，颗粒中细粉过多松一下筛网。②接颗粒容器不宜过满，盛颗粒的塑料袋及桶应洁净干燥。③保持整粒机、吸尘器及筛网的整洁，注意对整粒机的监控系统进行监控使机器进入正常生产状态。④整粒时先开动电机后加料，否则容易造成淤塞而使轴不能转动，电机负荷过重而烧坏。⑤重点操作的复核、复查应根据操作过程的实际情况，严格执行影响产品质量的重点操作双复核、双签字的规定。

6）要注意操作过程中工艺卫生和环境卫生的控制。

7）操作时同步、如实填写生产记录。

（3）操作结束　①操作结束后应将混合好的中间产品移交中间站或转交下一生产操作工序。②把生产用容器具移至清洗间，按"容器具清洁标准操作规程"清洗容器具，并存放在指定位置，挂上状态标示牌。③按本岗位"清场标准操作规程"进行清场操作。④按"厂房设施清洁标准操作规程"对厂房设施进行清洁。⑤按"设备清洁（消毒）标准操作规程"清洗设备，并挂设备状态标示牌。⑥填写清场记录，经QA检查合格后，签发清场合格证和清洁合格证。⑦操作人员按"人员进出洁净区标准操作规程"离开操作岗位。

（二）干法制粒

干法制粒系指将药物和辅料的粉末混合均匀，压缩成大片或板状后，再粉碎成大小适宜颗粒的方法。

干法制粒的优点是：①无需润湿剂及黏合剂；②解决了溶剂制粒的防爆和废气排放污染问题，安全环保；③省去干燥工序，节能降耗；④成本大幅下降；⑤所需设备少，占地面积小，省时省工。缺点是逸尘严重，易造成交叉污染，不利于劳动保护。

干法制粒可分为滚压法和重压法两种，滚压法多用。

1. 滚压法制粒　系利用转速相同的两个滚动轮之间的缝隙，将物料粉末滚压成板状物，然后破碎成一定大小颗粒的方法。该法具有生产能力大、工艺可操作性强、润滑剂使用量较小等优点，使其成为一种较为常用的干法制粒技术。常用的设备为滚压制粒机（图4－28）

2. 重压法制粒　亦称为压片法制粒技术，系利用重型压片机将物料压制成直径20～50mm的胚片，然后破碎成一定大小颗粒的方法。该法的优点在于可使物料免受湿润及温度的影响、所得颗粒密度高；但具有产量小、生产效率低、工艺可控性差等缺点。

图4－28　滚压制粒机

（三）颗粒剂的制备举例

案例4－2　维生素C颗粒

【处方】 维生素C 10g　糖粉175g　羟丙基甲基纤维素0.6g　预胶化淀粉0.3g　纯化水适量

【制法】 糖粉粉碎并过80目筛，维生素C原料过80目筛。以4%羟丙基甲基纤维素的水溶液与6%预胶化淀粉混合浆为黏合剂，完成混合、制湿颗粒、干燥操作。选择洁净完好的10目和80目筛网安装在圆盘筛分机上，将干燥好的颗粒用圆盘筛分机进行过筛分级。检验合格的颗粒分装、密封，包装即得。

【临床应用】 用于预防坏血病，也可用于各种急慢性传染疾病及紫癜等的辅助治疗。

【解析】 维生素C为主药，糖粉为填充剂，同时兼矫味剂的作用，羟丙基甲基纤维素、预胶化淀粉为黏合剂。维生素C易被光、热、氧等破坏，在金属离子的催化下加速其氧化，制备时避免与金属筛网接触。

【贮藏】 遮光，密封，在干燥处保存。

案例4－3　布洛芬泡腾颗粒剂

【处方】 布洛芬6g　交联甲基纤维素钠0.3g　聚维酮0.5g　糖精钠0.25g　蔗糖细粉35g　柠檬酸

16.5g　碳酸氢钠5g　微晶纤维素1.5g　橘型香精1.4g　十二烷基硫酸钠0.03g

【制法】将布洛芬、微晶纤维素、交联羧甲纤维素钠、苹果酸和蔗糖细粉过16目筛后，置混合器内与糖精钠混合。混合物用聚维酮异丙醇液制粒，干燥，过30目筛整粒后与剩余处方成分混匀。混合前，碳酸氢钠过30目筛，无水碳酸钠、十二烷基硫酸钠和橘型香精过60目筛。制成的混合物装于不透水的袋中，每袋含布洛芬600mg。

【临床应用】本品有消炎、解热、镇痛作用，用于类风湿和风湿性关节炎。

【解析】处方中布洛芬为主药，柠檬酸、碳酸氢钠为起泡剂；橘型香精为芳香剂；糖精钠作甜味剂；微晶纤维素和聚维酮都具有黏合剂的作用，同时微晶纤维素和交联羧甲纤维素钠为不溶性亲水聚合物，可改善布芬的混悬性；十二烷基酸钠不仅可调节颗粒的流动性，还可加快药物的溶出；蔗糖细粉是典型的稀释剂，同时兼矫味剂的作用。

【贮藏】遮光，密封，在干燥处保存。

四、颗粒剂的质量检查

颗粒剂除主药含量、外观外，《中国药典》（2020年版）还规定了粒度、干燥失重、水分、溶化性以及装量差异等检查项目。

1. 粒度　除另有规定外，照粒度和粒度分布测定法（通则0982第二法双筛分法）测定，不能通过一号筛与能通过五号筛的总和不得超过15%。

2. 水分　中药颗粒剂照水分测定法（通则0832）测定，除另有规定外，水分不得超过8.0%。

3. 干燥失重　除另有规定外，化学药品和生物制品颗粒剂照干燥失重测定法（通则0831）测定，于105℃干燥（含糖颗粒应在80℃减压干燥）至恒重，减失重量不得超过2.0%。

4. 溶化性　除另有规定外，颗粒剂照下述方法检查，溶化性应符合规定。含中药原粉的颗粒剂不进行溶化性检查。

（1）可溶颗粒检查法　取供试品10g（中药单剂量包装取1袋），加热水200ml，搅拌5分钟，立即观察，可溶颗粒应全部溶化或轻微浑浊。

（2）泡腾颗粒检查法　取供试品3袋，将内容物分别转移至盛有200ml水的烧杯中，水温为15～25℃，应迅速产生气体而呈泡腾状，5分钟内颗粒均应完全分散或溶解在水中。

混悬颗粒以及已规定检查溶出度或释放度的颗粒剂可不进行溶化性检查。

5. 装量差异　单剂量包装的颗粒剂按下述方法检查，应符合规定（表4-5）。

取供试品10袋（瓶），除去包装，分别精密称定每袋（瓶）内容物的重量，求出每袋（瓶）内容物的装量与平均装量。每袋（瓶）装量与平均装量相比较［凡无含量测定的颗粒剂或有标示装量的颗粒剂，每袋（瓶）装量应与标示装量比较］，超出装量差异限度的颗粒剂不得多于2袋（瓶），并不得有1袋（瓶）超出装量差异限度1倍。

表4-5　颗粒剂装量差异限度

平均装量或标示装量	装量差异限度
1.0g及1.0g以下	±10%
1.0g以上至1.5g	±8%
1.5g以上至6.0g	±7%
6.0g以上	±5%

凡规定检查含量均匀度的颗粒剂，一般不再进行装量差异检查。

6. 装量　多剂量包装的颗粒剂，照最低装量检查法（通则0942）检查，应符合规定。

7. 微生物限度　以动物、植物、矿物质为来源的非单体成分制成的颗粒剂，生物制品颗粒剂，照非无菌产品微生物限度检查：微生物计数法（通则1105）和控制菌检查法（通则1106）及非无菌药品微生物限度标准（通则1107）检查，应符合规定。规定检查杂菌的生物制品颗粒剂，可不进行微生物限度检查。

? **想一想4-4**

答案解析

把好质量关，做百姓放心药

情境：广西某药业有限公司经药品监督管理部门检查发现，其生产的XX颗粒因含量不符合规定被定为劣药，并进行相应的处罚。

讨论：

1. 颗粒剂生产过程中哪些因素可导致其含量不符合规定？

2. 制粒工艺极为重要，如何进行生产工艺管理及质量控制？

实训 8　颗粒剂的制备与质量评价

一、实训目的

1. 能按操作规程制备质量合格的颗粒剂。

2. 能对制出的颗粒剂进行质量评价。

二、实训指导

颗粒剂的工艺流程为：原辅料的处理→制软材→制颗粒→干燥→整粒→总混→质量检查→分剂量→包装。制备颗粒剂的关键是控制软材的质量，一般要求"手握成团，轻压即散"。此种软材压过筛网后，可制成均匀的湿粒，无长条、块状物及细粉。软材的质量要通过调节辅料的用量及合理的搅拌与过筛条件控制。如果稠膏黏性太强，可加入适量70%～80%的乙醇来降低软材的黏性。挥发油应均匀喷入干燥颗粒中，混匀，并密闭一定时间。湿颗粒制成后，应及时干燥。干燥温度应逐渐上升，一般控制在60～80℃。本实验采用的是湿法挤压制粒法，通过捏合制软材，挤压过筛制颗粒。

三、实训药品与器材

1. 药品　板蓝根、蔗糖、乙醇、糊精、矫味剂、维生素C粉、淀粉等。

2. 器材　药筛、摇摆制粒机、槽型混合机、烘箱、电子天平、水浴锅、接料盘、药匙等。

四、实训内容

（一）板蓝根颗粒

【处方】　板蓝根1400g　　蔗糖适量　　糊精适量

【制法】　取板蓝根，加水煎煮2次，第一次2小时，第二次1小时，合并煎液，滤过，滤液浓缩至相对密度为1.20（50℃），加乙醇使含醇量为60%，搅匀，静置使沉淀，取上清液，回收乙醇并浓缩至稠膏状。取稠膏，加入适量的蔗糖和糊精，制成颗粒，干燥，制成1000g（含糖型）；或取稠膏，加入适量的糊精和甜味剂，制成颗粒，干燥，制成600g（无糖型），即得。含糖型每袋5g或10g，无糖型每袋3g。

【注意事项】

（1）糊精、糖粉应选用优质干燥品，蔗糖粉碎后应立即使用，对受潮的糖粉、糊精投料前应另行干燥，并过60目筛后使用。

（2）浓缩后的清膏黏稠性大，与辅料混合时应充分搅拌，至色泽均匀为止。

（3）稠膏应具适宜的相对密度，在制软材中必要时可加适当浓度乙醇，调整软材的干湿度，利于制粒与干燥，干燥时温度不宜过高，并应及时翻动。

（4）稠膏与糖粉、糊精混合时，稠膏的温度在40℃左右为宜。过高糖粉融化，软材黏性太强，使颗粒坚硬。过低难以混合均匀。

（二）维生素 C 颗粒

【处方】 维生素 C 粉 50.0g　　蔗糖粉 450.0g　　糊精 500.0g　　淀粉浆适量

【制法】 将维生素 C 粉、糊精、糖粉分别过100目筛，称取处方量放置槽形混合机内混合均匀，然后加入适量的淀粉浆制软材，将软材放入摇摆制粒机中制粒，湿颗粒于50～60℃干燥，整粒后用塑料袋包装即得颗粒剂。

（三）质量评价

参照《中国药典》（2020 年版）颗粒剂检查项目做质检评价，将实验结果记录于表4-6。

表4-6　颗粒剂质量评价结果

品名	外观性状	水分	粒度	溶化性	装量差异
板蓝根颗粒					
维生素 C 颗粒					

五、实训思考题

1. 制颗粒剂的关键是什么？

2. 冲浆法的关键是什么？

任务五　胶囊剂的制备与质控

PPT

一、胶囊剂的概述

（一）胶囊剂的概念与特点

胶囊剂，系指将原料药物或与适宜辅料填充于空心胶囊或密封于软质囊材中制成的固体制剂。主要供口服，其品种数量仅次于片剂和注射剂。胶囊剂具有以下特点。

1. 能掩盖药物的不良嗅味，提高药物稳定性　因药物装在胶囊壳中与外界隔离，免受水分、空气、光线的影响，对具不良嗅味、不稳定的药物有一定的遮蔽、保护与稳定作用。

2. 药物在体内起效快　胶囊剂中的药物多以粉末或颗粒状态直接填装于囊壳中，在胃肠道中迅速分散、溶出和吸收，一般情况下其起效将快于片剂、丸剂等剂型。

3. 液态药物固体剂型化　含油量高的药物或液态药物填充于软质囊材中制成固体制剂，携带、服用方便。

4. 可延缓药物释放或定位释放　可将药物按需要制成缓释颗粒装入胶囊中，以达到缓释延效作用；制成肠溶胶囊即可将药物定位释放于小肠；亦可制成直肠给药或阴道给药的胶囊剂，使药物定位释放于这些腔道。

5. 外表美观　胶囊剂壳外壁能着色、印字，利于识别且外表美观。

✎ **练一练4-5**

下列关于胶囊剂特点的叙述，错误的是

A. 生物利用度较片剂高　　　　B. 可提高药物的稳定性

C. 可避免肝脏的首过效应　　　D. 可掩盖药物的不良气味

E. 可制成缓释、控释、肠溶胶囊制剂

答案解析

由于胶囊壳的主要成分是明胶、植物纤维素及其衍生物，对填充药物有相应的要求，下列药物不宜制成胶囊剂：①药物的水溶液或稀乙醇溶液，会使囊壁溶化；②易风化药物，可使胶囊壁软化；③吸湿性的药物，可使胶囊壁脆裂；④易溶性药物（如氯化物、溴化物、碘化物）或小剂量的刺激性药物，由于胶囊壳在体内溶化后迅速释药，产生短时局部浓度过高，加剧对胃黏膜的刺激性，故不宜制成胶囊剂。

（二）胶囊剂的分类

根据胶囊壳的软硬、释放特性的不同，将胶囊剂分以下几类。

1. 硬胶囊剂（通称为胶囊）　系指采用适宜的制剂技术，将原料药物或加适宜的辅料制成的均匀粉末、颗粒、小片、小丸、半固体或液体等，充填于空心胶囊中的胶囊剂。

2. 软胶囊剂　又称胶丸，系指将一定量的液体原料药物直接密封，或将固体原料药物溶解或分散在适宜的辅料中制备成溶液、混悬液、乳状液或半固体，密封于软质囊材中的胶囊剂。

3. 肠溶胶囊　系指用肠溶材料包衣的颗粒或小丸充填于胶囊而制成的硬胶囊，或用适宜的肠溶材料制备而得的硬胶囊或软胶囊。肠溶胶囊不溶于胃液，但能在肠液中崩解而释放活性成分。除另有规定外，肠溶胶囊应符合迟释制剂（通则9013）的有关要求，并进行释放度（通则0931）检查。

4. 缓释胶囊　系指在规定的释放介质中缓慢地非恒速释放药物的胶囊剂。缓释胶囊应符合缓释制剂（通则9013）的有关要求，并应进行释放度（通则0931）检查。

5. 控释胶囊　系指在规定的释放介质中缓慢地恒速释放药物的胶囊剂。控释胶囊应符合控释制剂（通则9013）的有关要求，并应进行释放度（通则0931）检查。

（三）胶囊剂的质量要求

胶囊剂在生产与贮藏期间应符合下列有关规定。

（1）胶囊剂的内容物不论是原料药物还是辅料，均不应造成囊壳的变质。

（2）胶囊剂应整洁，不得有黏结、变形、渗漏或囊壳破裂等现象，并应无异臭。

（3）根据原料药物和制剂的特性，除来源于动、植物多组分且难以建立测定方法的胶囊剂外，溶出度、释放度、含量均匀度等应符合要求。必要时，内容物包衣的胶囊剂应检查残留溶剂。

（4）胶囊剂的微生物限度应符合要求。

（5）除另有规定外，胶囊剂应密封贮存，其存放环境温度不高于30℃，湿度应适宜，防止受潮、发霉、变质。

二、胶囊剂的制备技术

(一) 硬胶囊剂的制备

硬胶囊剂的制备一般包括空胶囊的制备和填充物料的制备、填充、套合封口等工艺过程。其工艺流程如图 4 – 29 所示。

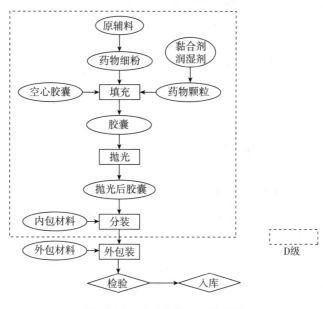

图 4 – 29　硬胶囊剂工艺流程图

1. 空胶囊的制备

（1）制备空胶囊的材料　明胶是空胶囊的主要成囊材料，是由猪、牛等动物的骨、皮水解而制得的。由酸水解制得的明胶称为 A 型明胶，等电点 pH 7～9；由碱水解制得的明胶称为 B 型明胶，等电点 pH 4.7～5.2。以骨骼为原料制得的骨明胶，质地坚硬，性脆且透明度差；以猪皮为原料制得的猪皮明胶，富有可塑性，透明度好。两者混合使用可使胶囊壳坚固而弹性。

明胶按用途不同可分为药用明胶、食用明胶、工业明胶等，制备胶囊剂需采用药用明胶。

？ 想一想4-5

毒胶囊事件

2012 年 4 月 15 日，央视《每周质量报告》节目《胶囊里的秘密》，对"非法厂商用皮革下脚料造药用胶囊"曝光。河北一些企业，用生石灰处理皮革废料，熬制成工业明胶，卖给绍兴新昌一些企业制成药用胶囊，最终流入药品企业进而售卖给患者。由于皮革在工业加工时，要使用含铬的鞣制剂，因此这样制成的胶囊，往往重金属铬超标。经检测，修正药业等 9 家药厂 13 个批次药品，所用胶囊重金属铬含量超标。

讨论：

1. 工业明胶与药用明胶有何区别？
2. 通过毒胶囊事件，如何看待职业道德？

答案解析

为增加胶囊壳的韧性与可塑性，常在明胶溶液中加入甘油、山梨醇、HPC 等物质。为增加光敏感药物的稳定性，可在胶液中遮光剂二氧化钛。为了增加美观、便于鉴别，可加入柠檬黄、胭脂红、亮蓝等食用色素。为可防止胶液在制备胶囊壳的过程中发生霉变，加入尼泊金等作防腐剂。

（2）空心胶囊的制备　空胶囊由囊体和囊帽组成，其主要制备流程如下图。

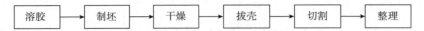

一般由自动化生产线来完成，为了便于识别，可用食用油墨在其表面印字。

（3）空胶囊的规格　药用空胶囊共有8种规格，由大到小依次为000、00、0、1、2、3、4、5号，但常用的为0～5号，随着号数由小到大，容积由大到小，详见表4-7。

表4-7　空胶囊的号数与容积

空胶囊号数	0	1	2	3	4	5
容积（ml）	0.75	0.55	0.40	0.30	0.25	0.15

空胶囊壳在制药企业通常是作为包装材料以成品的形式购进，质检人员需对空胶囊做必要的检查，以保证其质量。合格后的胶囊壳装于密闭容器中，置温度10～25℃、相对湿度30%～45%条件下避光贮藏，备用。

2. 填充物的准备　硬胶囊剂填充物的形式有粉末、颗粒、小片、小丸等。一般在粉末中加入稀释剂、润滑剂等辅料来满足生产和临床的需要。常用的辅料有微晶纤维素、甘露醇、乳糖、预胶化淀粉、硬脂酸镁、滑石粉等改善物料的流动性、避免分层、减少装量差异。近年来出现新型充液胶囊，适用于味道或气味不佳或易氧化变色的液体药物、难溶性药物或保健品药物。

3. 硬胶囊的填充　硬胶囊剂填充分手工填充法和自动填充法。

小量生产一般用胶囊填充板进行手工填充，此方法一般用于小样试验、实验室制备胶囊剂。

大量生产一般采用全自动胶囊填充机（图4-30），其工作时，由若干个不同的工位组合完成，整个填充过程分为以下几个主要工序：胶囊定向排序、囊壳帽体分离、药物填充、胶壳闭合、胶囊推送、模具清理，所有工序连续进行。胶囊填充各工位示意图如图4-31所示，不同的设备厂家胶囊机工位数量和工序顺序会有微调，剔废装置自动剔除不合格中间产品，但并不能完全保证剔除所有胶囊废品。

胶囊剂填充机有很多型号，但从填充方式上可归为四种类型（图4-32）：a型是由螺旋钻压进物料；b型是用柱塞上下往复压进物料；c型是自由流入物料；d型是在填充管内，先将药物压成单位量药粉块，再填充于胶囊中。从填充原理看，a、b型填充机对物料要求不高，只要物料不易分层即可；c型填充机要求物料具有良好的流动性，常需制粒才能达到；d型适于流动性差但混合均匀的物料，如针状结晶药物、易吸湿药物等。

图4-30　全自动胶囊填充机

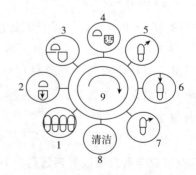

图4-31　全自动硬胶囊填充机主工作盘及各区域功能流程图

1. 排序与定向区　2. 拔囊区　3. 帽体错位区　4. 药物填充区
5. 废囊剔除区　6. 胶囊闭合区　7. 出囊区　8. 清洁区　9. 主工作盘

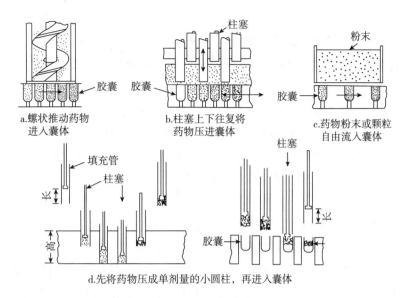

a.螺状推动药物
进入囊体

b.柱塞上下往复将
药物压进囊体

c.药物粉末或颗粒
自由流入囊体

d.先将药物压成单剂量的小圆柱,再进入囊体

图4-32 硬胶囊药物填充机类型示意图

4. 硬胶囊的填充与抛光岗位操作规程

(1) 生产前的准备

1) 文件准备 准备好本批产品分剂量指令单。

2) 执行《生产前检查SOP》 ①检查清场是否彻底,有无上批产品清场记录副本和清场合格证,若超过有效期,必须重新清场,经QA现场检查合格后方可进行生产。②检查生产指令单和上道工序流转的批生产记录,若不存在,不准进行生产。③检查计量器具,应有"合格证",并在有效期内,称量范围、称量的准确度应符合要求,使用前应先校零。④根据指令单上的数量或交接卡的数量,对本批生产所用中间产品和明胶空心胶囊进行领取及复核。到中转间领取当批颗粒(或总混粉)到胶囊分装间,填写中转间交接记录,同时复核其产品名称、批号、数量及外观质量。胶囊分装班长通知领料员根据批生产指令领取相应的空心胶囊,按脱外物净SOP进行操作,转运至内包材暂存间,应复核空心胶囊的名称、规格、数量和内包装完好整洁情况,同时做好相应的台账和标识,备用。⑤检查生产状态标识卡、设备状态标识卡是否正确。⑥检查本岗位生产所需的空白批生产记录是否存在。⑦设备准备:NJP-2000(或NJP-2200、NJP-3800、NJP-7500、NJP-800)型胶囊充填机和胶囊抛光机应完好、待运行;确认压缩空气、电等已到位;接通电源,严格按胶囊充填机使用、保养SOP进行检查,对各个润滑部位加注润滑油,空机运行2~3圈,各部件运转正常,无异常响动后方可进行生产。

3) 房间确认 开启除尘,操作间与过道之间应保持相对负压,房间温度18~26℃,相对湿度45%~65%。

4) 主要工具、容器等准备 将不锈钢搓、桶、药用低密度聚乙烯袋等准备好。

5) 消毒 与药粉直接接触的设备表面、容器具等,用75%乙醇或3%双氧水擦抹消毒待用。

(2) 胶囊充填前调试

1) 取适量的空心胶囊加入全自动胶囊充填机的胶囊料斗中。

2) 将适量合格的药粉加入全自动胶囊充填机的药粉料斗中,加盖密闭。

3) 按胶囊充填机使用、保养SOP开机运行,物料按顺序自动填充入胶囊盘内的空心胶囊内,填充完毕自动流放于集囊盘中。

4) 根据分剂量指令单检测平均装量、装量差异、外观等,全部指标合格并经两人或QA现场复核后才能正式生产。

（3）胶囊正式充填操作

1）充填过程中，应随时检查胶囊分装质量（是否有叉囊、凹顶、变形等现象），每60分钟检查一次装量差异，控制好装量，并做好胶囊充填现场质检记录，发现异常情况，应立即停机检查原因，如有难度并向班长、车间管理人员报告，并协助解决。

2）充填机运行过程中，注意观察胶囊料斗内的空心胶囊和料斗内的颗粒（或总混粉）位置，充填过程中位置不得低于料斗的1/3，当批充填快结束时要增加抽检的频次，保证装量。

3）充填好的胶囊用药用低密度聚乙烯袋盛装，待抛光。

4）及时填写胶囊充填记录和胶囊充填现场质检记录。

（4）胶囊抛光

1）接通电源，按胶囊抛光机使用保养SOP进行操作，检查吸尘器运行正常。

2）根据胶囊的性质，调节抛光的速度和时间。

3）提高抛光速度，可提高胶囊的表面光洁度，但速度过快，易使硬度较低的胶囊破碎。

4）调节机架倾斜角，改变出料口与进料口的高度差，即可改变药品在抛光机中停留的时间，倾斜角越大，则抛光时间越长。

5）抛光后的胶囊从出料口排出，抛光过程中，及时捡出空壳及破损胶囊等，合格胶囊用双层塑料袋盛装，并用塑料绳以反扎口的方式扎紧，避免防潮和污染，并称量标识，及时移交中转间。

（5）清场

1）每批或每天生产结束时必须及时清场，防止残留药粉吸潮，防止滋生微生物。

2）设备的清洁按各设备清洁消毒SOP进行清洁。

3）房间的清场按清场SOP进行清场。

4）清场后的剩余物料按物料退库标准操作规程及时清理退库，并做好相应记录。

5）清场结束后，填写清场记录。经QA现场检查，合格，发放清场合格证，更换岗位相应的标识。

6）清场合格后填写清场记录，正本纳入本批生产记录，副本及签发的清场合格证留在生产现场，作为下一个品种的生产凭证。

（6）注意事项

1）生产过程中，思想应集中，密切注意机器运转情况，不得用手触及不应触及的地方，以免烫伤或挤伤。对机器运转部件，应按要求滴注适量润滑油。

2）发现机器故障，要及时停机处理，重大故障须通知维修人员，不得私自乱拆、乱调。

3）生产操作时，只要是与药品直接接触的操作，必须穿戴洁净手套并消毒。

（7）操作结果的评价

1）抛光后的胶囊外观应光亮整洁，无黏附药粉及杂物，囊体、帽锁扣严紧，无砂眼、无瘪头。

2）领用的颗粒（或总混粉）必须有中间产品合格证才能进行充填。

（8）胶囊充填过程班长的检查

1）生产前的检查　检查工作区、设备与药物接触的各部件的清洁情况；检查操作工是否按要求进行了工前检查，并在记录上签字；检查各种状态标志是否符合要求；检查颗粒（或总混粉）、明胶空心胶囊是否与生产指令相符。

2）生产过程中的检查　检查充填的胶囊外观是否符合要求；按要求每1小时抽查一次重量差异，记录检查结果，如有偏差，立即通知车间采取措施；检查现场卫生是否符合要求。

3）生产完成后的检查

①检查中间产品的流转过程、批生产记录和配套记录（温湿度记录、压差记录、设备使用日志等）

填写情况。

②检查操作工是否按有关规定清洁或清场。

（9）废弃物料的处理执行　生产过程中的颗粒（或总混粉）废料、胶囊壳废料和其他废弃物收集后标识，经物流通道传递出洁净区，由搬运工负责根据类别运送至指定地方进行相关处理，具体执行废弃物转运及处理 SOP。

（10）及时填写所有的批生产记录　记录的填写应符合《批记录管理规程》规定，记录随中间产品流转同行。

（二）软胶囊剂的制备

1. 囊材的组成　由明胶、增塑剂、水三者所构成，其重量比例通常是干明胶∶干增塑剂∶水 = 1∶（0.4 ~ 0.6）∶1。软胶囊壳的弹性和可塑性是形成软胶囊剂的基础。增塑剂用量过低或过高，则囊壳会过硬或过软。常用的增塑剂有甘油、山梨醇或二者的混合物。

2. 填充药物与附加剂的要求　由于软质囊材以明胶为主，因此对蛋白质性质无影响的药物和附加剂才能填充，如各种油类和液体药物、药物溶液、混悬液，少数为固体药物。值得注意的是，含水量 5% 以上的药物或水溶液、挥发性、小分子有机物，如乙醇、酮、酸、酯等，能使囊材软化或溶解，故以上药物不宜制成软胶囊。目前软胶囊剂常用固体药物粉末混悬在油性或非油性（PEG 400 等）液体介质中包制而成。

3. 软胶囊剂的制备方法　用滴制法和压制法制备软胶囊。

（1）滴制法　由具双层滴头的滴丸机（图 4 - 33）完成。以明胶为主的软质囊材（一般称为胶液）与药液，分别在双层滴头的外层与内层以不同速度流出，使定量的胶液将定量的药液包裹后，滴入与胶液不相混溶的冷却液中，由于表面张力作用使之形成球形，并逐渐冷却、凝固成软胶囊，如常见的鱼肝油胶丸等。

在采用滴制法制备软胶囊剂时，应当注意影响其质量的因素，主要包括：①明胶液的处方组成比例；②胶液的黏度；③药液、胶液及冷却液三者的密度；④胶液、药液及冷却液的温度；⑤软胶囊剂的干燥温度。在实际生产过程中，根据不同的品种，必须经过试验，才能确定最佳的工艺条件。

（2）压制法　是将胶液制成薄厚均匀的胶带，再将药液置于两个胶带之间，用钢板模或旋转模压制软胶囊的方法。目前生产上主要采用旋转模压法（工作示意图如图 4 - 34 所示），模具的形状可为椭圆形、球形或其他形状。

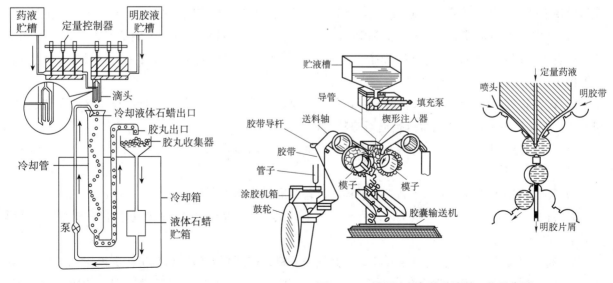

图 4 - 33　软胶囊剂滴制法生产结构示意图　　　图 4 - 34　模压法制备软胶囊的工作示意图

滚模式软胶囊机由压丸主机和辅助系统组成。主机主要由机身、机头、供料系统、左右明胶滚、滚模、明胶盒、润滑系统、喷体、胶液供应系统、胶皮冷却系统、胶囊输送带等组成。辅助系统由压缩空气、冷水、清洁热水等组成。

滚模式软胶囊机的主机制囊工作原理是：由主机两侧的胶皮轮和明胶盒共同制备的胶皮相对进入滚模夹缝处，药液由供料泵经导管注入楔形喷体内，定量注入胶带之间，向前转动中被压入模孔、轧压、包裹成型，剩余的胶带即自动切断分离。

（三）肠溶胶囊剂的制备

肠溶胶囊剂的制备方法可分为两类：一类是先制备肠溶性填充物料，即将药物与辅料制成的颗粒以肠溶材料包衣后，填充于胶囊而制成肠溶胶囊剂。另一类方法是肠溶包衣法，使胶囊壳具有肠溶性而制成肠溶胶囊剂。肠溶包衣法是在胶囊剂表面包被肠溶衣料，常用肠溶包衣材料有醋酸纤维素酞酸酯（CAP）、羟丙甲纤维素酞酸酯（HPMCP）、聚乙烯醇酞酸酯（PVAP）、丙烯酸树脂Ⅰ、Ⅱ、Ⅲ号等。

（四）胶囊剂的包装与贮存

1. 包装与贮存 包装材料与贮存环境如湿度、温度和贮存时间对胶囊剂的质量都有明显的影响。一般来说，高温度、高湿度（相对湿度＞60%）对胶囊剂可产生不良的影响，不仅会使胶囊吸湿、软化、变黏、膨胀、内容物结团，而且会造成微生物滋生。因此，必须选择适当的包装容器与贮存条件。一般应选用密闭性能良好的玻璃容器、塑料容器和复合式铝塑泡罩等包装。除有规定外，胶囊剂应密封贮存，其存放环境温度不高于30℃，湿度应适宜，防止受潮、发霉、变质。生物制品应在2~8℃贮存和运输。生物制品原液、半成品和成品的生产及质量控制应符合相关品种要求。

2. 胶囊剂的包装操作规程（以铝塑包装为例）

（1）生产前准备工作

1）岗位操作人员到达现场后，应先检查上一班次的清场情况，是否有清场合格证和清洁合格证，并检查是否在有效期内，如超过有效期，则按本岗位"清场岗位操作规程"，进行必要的清场。

2）领取或查验生产许可证、生产指令单及生产文件系统，包括产品工艺规程、岗位标准操作规程、清场标准操作规程、设备设施清洁标准操作规程和生产记录等。操作工（至少2人），要详细阅读产品生产指令和产品生产记录的有关指令。

3）操作前到中间站领料，并仔细核对中间产品的品名、批号、重量、数量，标准装量与内控范围并与周转卡核对。核对胶囊，化验报告单等均应符合质量标准及相应的记录。

4）到内包贮存间领取所需的铝箔和PVC，仔细核对品名、规格、单位，确认无误后，查看铝箔、PVC符合卫生部要求的报告单，核对铝箔上印字、商标图案应符合要求方可使用。领料人和发料人员在领料单上签字。

5）确认铝塑包装机已清洁、运转是否正常，必要时再次按照"设备清洗标准操作规程"进行清洗和消毒。按生产工艺规程的要求选择适当的模具。

6）准备生产用具，生产用容器要求清洁、干燥，符合洁净要求。

（2）生产操作

1）操作依据生产指令单、产品工艺规程、设备标准操作规程进行。

2）挂上生产状态标示牌，按工艺规程要求装上模具，按"铝箔泡罩包装机标准操作规程"试机，待泡罩成型正常后。

3）将胶囊加入料斗中，打开下料斗，使其均匀下料，按"铝箔泡罩包装机标准操作规程"和本岗位操作规程进行分装生产，符合要求的铝箔胶囊放于周转筐内，在生产过程中对产品的质量外观不断检查，发现问题及时调整。

4）分装后的待包品，通过传递窗传出洁净区，入待包品中间站，挂上状态标示牌，写明品名、规格、批号、生产日期、数量等，与外包装岗位进行交接。

5）领取胶囊时应核对品名、规格、批号、重量；在分装过程中定时，每隔15分钟对铝塑泡罩成板胶囊进行检查，检查铝箔字迹、切割线、批号打印等，在板面适中位置且清晰；由QA人员抽取铝塑泡罩包装板进行密封性检测，均应符合规定；QA人员对铝塑泡罩包装各质控点进行详细认真的检查，并做好记录，确保产品质量；在分装过程中，要不断对铝塑泡罩板进行检查，重点对批号打印的清晰情况进行检查；铝塑泡罩密封性检测要准确可靠，包装的密封性效果应符合规定；对分装后泡罩中间产品进行检查，装量准确，吸泡成型圆整，包装胶囊松紧适宜，无黑杂点、多胶囊等，QA人员加强监督检查，以保证质量管理；所用压缩空气要经过处理，符合质量标准，压缩空气之气压表应调到约 $4kg/cm^2$；控制"热合""打字"工作时的温度，当温度在 $170 \sim 210℃$ 时打开"吸泡温度调节"旋钮，加热火弧板进行预热；同一室内不能包制两种不同品种的药品，落地胶囊不得放入回料斗内使用，需作污胶囊处理；重点操作的复核、复查应根据操作过程的实际情况，严格执行影响产品质量的重点操作双复核、双签字的规定。

6）操作过程中要注意工艺卫生和环境卫生的控制。领用的铝箔、PVC必须执有卫生合格报告单才能使用；料斗、平台等一系列与药物接触的机器部件、容器具在使用前用75%乙醇清洁消毒，并用干燥清洁的细布擦干；各容器具的卫生参见"各区域容器具清洁、消毒SOP"项下D级区进行清洁消毒；按本岗位清场要求进行工作前清场，无前次生产遗留物，记录纸等与本次生产无关的杂物存在，填写清场记录；运转中的机械设备必须醒目标名品名、批次、规格或识别代号；铝塑泡罩岗位环境卫生参照"各区域清洁卫生管理规程"项下D级区；注意本岗位温湿度的控制，做好热辐射的防护；运转中的机械设备必须醒目标示收品名、批次、规格或识别代号；分装结束后彻底清场，包衣锅、用具、风管、墙壁、地面等应清洁，不得有余留胶囊，并做好清场记录；工作时穿戴好工作服、帽、鞋，净手后进行操作，工作场所不得放置与生产无关的物品；操作时同步、如实填写生产记录。做好原始记录和交接班记录。

（3）操作结束

1）操作结束后将分装的待包品移交代包品中间站转交给包装生产岗位。

2）把生产用容器具移至清洗间，按"容器具清洁标准操作规程"清洗容器具，并存放在指定位置，挂上状态标示牌。

3）按本岗位"清场标准操作规程"进行清场操作。

4）按"厂房设施清洁标准操作规程"对厂房设施进行清洁。

5）按"设备清洁（消毒）标准操作规程"清洗设备，并挂设备状态标示牌。

6）填写清场记录，经QA检查合格后，签发清场合格证和清洁合格证。

7）操作人员按"人员进出洁净区标准操作规程"离开操作岗位。

（五）胶囊剂的制备举例

案例4-4　速效感冒胶囊

【处方】对乙酰氨基酚30g　维生素C 10g　胆汁粉10g　咖啡因0.3g　氯苯那敏0.3g　10%淀粉浆适量　食用色素适量　共制成硬胶囊剂100粒

【制法】①取上述各药物分别粉碎，过80目筛；②将10%淀粉浆分为A、B、C三份，A份加入少量食用胭脂红制成红糊，B份加入少量食用橘黄（最大用量为万分之一）制成黄糊，C份不加色素为白糊；③将对乙酰氨基酚分为三份，一份与氯苯那敏混匀后加入红糊，一份与胆汁粉、维生素C混匀后加入黄糊，一份与咖啡因混匀后加入白糊，分别制成软材后，过 14 目尼龙筛制粒，于 70℃ 干燥至水分 3% 以下；④将上述三种颜色的颗粒混合均匀后，填入空胶囊中，即得。

【临床应用】 抗感冒药。用于感冒引起的鼻塞、头痛、咽喉痛、发热等。

【用法与用量】 口服，一次 1~2 粒，一日 3 次。

【分析】 本品为一种复方制剂，所含成分的性质、数量各不相同，为防止混合不均匀和填充不均匀，采用适宜的制粒方法使制得颗粒的流动性良好，经混合均匀后再进行填充这是一种常用的方法。另外，加入食用色素可使颗粒呈现不同的颜色，一方面可直接观察混合的均匀程度，另一方面若选用透明胶囊壳，将使制剂看上去比较美观。

【贮藏】 密闭，置阴凉干燥处。

案例 4-5　硝苯地平胶丸（软胶囊）

【处方】 硝苯地平 0.5g　聚乙二醇 400　22g　　　制成 100 丸

【制法】 将硝苯地平与 1/8 量的聚乙二醇 400（PEG 400）混匀，用胶体磨研细，加入剩余量的 PEG 400 混合。另配明胶液（明胶 100 份、甘油 55 份、水 120 份），在室温 25℃ ±2℃、相对湿度 40% 条件下，药液与明胶液用压丸机轧制，于 28℃ ±2℃、相对湿度 40% 条件下干燥 20 小时，即得。

【临床应用】 使血管平滑肌松弛，降低血压。治疗轻、中、重度高血压。

【用法与用量】 一次 1~2 粒，一日 3 次。口服或舌下含化。

【贮藏】 密闭，置阴凉干燥处。

【分析】 硝苯地平胶丸制备采用压制法。硝苯地平为光敏性药物，生产中应避光。本品不溶于植物油，因而采用 PEG 400 为介质。PEG 400 易吸湿使胶丸壁硬化，故干燥后囊壁仍应保留约 5% 水分。

三、胶囊剂的质量检查

胶囊剂的质量应符合《中国药典》（2020 年版）"制剂通则"项下对胶囊剂的要求。

1. 外观　胶囊外观应整洁，不得有黏结、变形、渗漏或囊壳破裂现象，并应无异臭。

2. 水分　中药硬胶囊剂应进行水分检查。取供试品内容物，照水分测定法（通则 0832）测定，除另有规定外，不得超过 9.0%。硬囊内容物为液体或半固体者不检查水分。

3. 装量差异　照下述方法检查，应符合规定。

检查法　除另有规定外，取供试品 20 粒（中药 10 粒），分别精密称定重量，倾出内容物（不得损失囊壳），硬胶囊剂囊壳用小刷子或他适宜的用具拭净；软胶囊或内容物为半固体或液体的硬胶囊囊壳用乙醚等易挥发性溶剂洗净，置通风处使溶剂挥尽，再分别精密称定囊壳重量，求出每粒胶囊内容物的装量与平均装量。每粒装量与平均装量相比较（有标示装量的胶囊剂，每粒装量应与标示装量比较），超出装量差异限度的不得多于 2 粒，并得有 1 粒超出限度 1 倍。详见表 4-8。

表 4-8　胶囊剂装量差异限度

平均装量或标示装量	装量差异限度
0.30g 以下	±10.0%
0.30g 及 0.30g 以上	±7.5%

凡规定检查含量均匀度的胶囊剂，一般不再进行装量差异的检查。

4. 崩解时限　除另有规定外，照崩解时限检查法（通则 0921）检查，均应符合规定。凡规定检查溶出度或释放度的胶囊剂，一般不再进行崩解时限的检查。

5. 微生物限度　以动物、植物、矿物质来源的非单体成分制成的胶囊剂，生物制品胶囊剂，照非无菌产品微生物限度检查，应符合规定。规定检查杂菌生物制品胶囊剂，可不进行微生物限度检查。

实训 9 胶囊剂的制备与质量评价

一、实训目的

1. 能按操作规程制备质量合格的硬胶囊。
2. 掌握硬胶囊剂的质量检查项目及检测方法。

二、实训指导

胶囊剂系指药物或加有辅料充填于空心胶囊或密封于软质囊材中制成的固体制剂。主要供口服用，也可用于直肠、阴道等腔道。根据胶囊剂的硬度与溶解和释放特性，胶囊剂可分为硬胶囊与软胶囊、肠溶胶囊和缓释胶囊。硬胶囊剂的一般制备工艺流程如下。

1. 空胶囊与内容物准备

（1）空胶囊 分上下两部分，分别称为囊帽与囊体。空胶囊根据有无颜色，分为无色透明、有色透明与不透明三种类型；根据锁扣类型，分为普通型与锁口型两类。

（2）内容物 可根据药物性质和临床需要制备成不同形式的内容物，主要有粉末、颗粒和微丸三种形式。

2. 充填空胶囊 大量生产可用全自动胶囊充填机填充药物，填充好的药物使用胶囊抛光机清除吸附在胶囊外壁上的细粉，使胶囊光洁。小量制备可用胶囊填充板充填或手工法填充药物，充填好的胶囊用洁净的纱布包起，轻轻搓滚，使胶囊光亮。

3. 质量检查 充填的胶囊进行含量测定、崩解时限、装量差异、水分、微生物限度等项目的检查。

三、实训药品与器材

1. 药品 中药颗粒、淀粉。
2. 器材 空胶囊、胶囊填充板、万分之一天平、百分之一电子天平、称量纸、药匙、棉签等。

四、实训内容

（一）硬胶囊填充

利用散剂实验中的益元散或颗粒剂实验中的板蓝根颗粒或维生素 C 颗粒或淀粉，选择适当规格的空胶囊，练习手工填充硬胶囊。

1. 手工操作法

【操作步骤】

（1）将药物粉末或颗粒置于白纸或洁净的玻璃板上，用药匙铺平并压紧。

（2）厚度约为胶囊体高度的 1/4 或 1/3，手持胶囊体，口垂直向下插入药物粉末，使药粉压入胶囊内，同法操作数次，至胶囊被填满，使其达到规定的重量后，套上胶囊帽。

【注意事项】填充过程中所施压力应均匀，还应随时称重，以使每粒胶囊的装量准确。为使填充好的胶囊剂外形美观、光亮，可用喷有少许液状石蜡的洁净纱布轻轻滚搓，擦去胶囊剂外面黏附的药粉。

2. 板装法

【操作步骤】将胶囊体插入胶囊板中，将药粉置于胶囊板上，用刮板将粉末或颗粒刮入囊体中，反复几次，至全部胶囊壳中都装满药粉或颗粒后，套上胶囊帽。

（二）质量评价

参照《中国药典》（2020 年版）胶囊剂检查项目做质检评价，将实验结果记录于表 4 - 9。

1. 装量差异检查

【操作步骤】①先将 20 粒（中药 10 粒）胶囊分别精密称定重量；②再将内容物完全倾出，再分别精密称定囊壳重量；③求出每粒内容物的装量与平均装量；④将每粒装量与平均装量进行比较，超出装量差异限度的不得多于 2 粒，并不得有 1 粒超出装量差异限度的 1 倍，则装量差异检查合格。

【注意事项】倾出内容物时，必须倒干净，以减少误差。

2. 水分测定　倾出内容物，将内容物置红外水分测定仪上检测水分。

表 4 - 9　胶囊剂质量评价结果

品名	外观	水分	装量差异
中药颗粒胶囊			
淀粉或维生素 C 颗粒胶囊			

五、实训思考题

充填硬胶囊时应注意哪些问题以保障胶囊质量合格？

任务六　片剂的制备与质控

PPT

一、片剂的概述

（一）片剂的概念与特点

片剂（tablets）系指原料药物或与适宜的辅料制成的圆形或异形的片状固体制剂。片剂产品外观以圆形片居多，异形片有胶囊形、橄榄形、三角形、菱形、心形等。在国内外药物制剂中，片剂占有重要地位，是目前品种最多、产量最大、使用最广泛的剂型之一。

片剂的使用有着悠久的历史，1843 年第一个手动制片装置获得专利授权。1872 年，John Wyeth 等人创制了压片机，并出现了压制片。19 世纪以来，特别是近四十年来，国内外药学工作者对片剂的研究日趋深入，片剂不仅在片形、色泽、大小等外观标上更趋于完美，而且在内在质量上，如稳定性、溶出度、含量均匀度和生物利用度方面也有了明确的标准并不断提高，保证了用药的安全性和有效性。

此外，各种类型的片剂如薄衣片、多层片、咀嚼片、口腔崩解片、贴片等陆续出现，满足了不同的治疗需求。片剂辅料的研究与生产日益受到重视，对改善片剂的生产条件及提高片剂质量起到促进作用。片剂的生产技术和有关设备也有很大发展，如超微粉化设备、连续在线混合机、多功能混合机、各种新的制粒技术和设备、粉末直接压片技术、高速自动化压片机、高效包衣机、新型设备及材料等，推动了片剂品种的多样化、提高了片剂的质量、实现了连续化规模生产。

（二）片剂的特点

1. 片剂的优点　①携带、贮存、服用较方便；②用途广泛；③化学稳定性较好；片剂通常有效期是 2 年以上；④剂量准确、含量均匀；⑤机械化、自动化程度高，产量大、成本较低；⑥种类多，能满足临床医疗或预防的多种需求。

2. 片剂的不足之处　①婴幼儿及昏迷患者不易吞服；②含有挥发性成分的片剂，久贮含量可能有所下降；③压片时加入的辅料有时会影响药物的溶出和生物利用度。

（三）片剂的分类

根据其给药途径、药物吸收部位，可将片剂分为口服用片剂、口腔用片剂及其他给药途径片剂。

1. 口服用片剂

（1）普通压制片　系指药物与辅料均匀混合后压制而成的片剂。片重一般为0.1～0.5g，经胃肠道吸收而发挥治疗作用。

（2）包衣片　系指普通压制片的外表面包上衣膜的片剂。根据所用的衣膜材料不同，可将包衣片分为糖衣片、薄膜衣片和肠溶衣片。

①糖衣片　系指以蔗糖为主要包衣材料进行包衣而制得的片剂，如三黄片、牛黄解毒片。

②薄膜衣片　系指以高分子成膜材料为主要包衣材料进行包衣而制得的片剂，如盐酸贝尼地平薄膜衣片、甲硝唑薄膜衣片。

③肠溶衣片　系指用肠溶性包衣材料进行包衣的片剂。对片剂包肠溶衣可防止原料药物在胃内分解失效、对胃的刺激或控制原料药物在肠道内定位释放，一般不得掰开服用。如阿司匹林肠溶片、奥美拉唑肠溶片、双氯芬酸钠肠溶片。

（3）泡腾片　系指含有碳酸氢钠和有机酸，遇水可产生气体而呈泡腾状的片剂。泡腾片不得直接吞服。泡腾片中的药物应是易溶的，遇水产生气泡后应能溶解，如维生素C泡腾片。适用于儿童及吞服药片有困难的患者服用。

（4）咀嚼片　系指于口腔中咀嚼后吞服的片剂。咀嚼片多用于助消化药、胃药以及可压性好、成片之后崩解困难的药物，通常加入蔗糖、甘露醇、山梨醇等水溶性辅料作填充剂和黏合剂。咀嚼片应有适宜的硬度。如碳酸钙咀嚼片、益生菌咀嚼片。

（5）多层片　系指由两层或多层组成的片剂，各层含不同的药物，或各层的药物相同而辅料不同。这类片剂有两种，一种按照上、下顺序分为两层或多层；另一种则是先将一种颗粒压成片芯，再将另一种颗粒压包在片芯之外。多层片可避免复方制剂中药物之间的配伍变化，还可制成一层由速效颗粒制成、另一层由缓释颗粒制成的缓释片剂。如马来酸曲美布汀多层片、复方氨茶碱片。

（6）分散片　系指在水中能迅速崩解并均匀分散的片剂。分散片可加水分散后口服，也可含于口中吮服或吞服。分散片中的原料药物应是难溶性的，分散后呈混悬状态，如罗红霉素分散片。分散片应进行溶出度（通则0931）和分散均匀性检查。

（7）缓释片　系指在规定的释放介质中缓慢的非恒速释放药物的片剂。可延缓药物在体内的过程，延长药物作用时间，并具有血药浓度平稳、服用次数少且作用时间长等特点，如盐酸二甲双胍缓释片。

（8）控释片　系指在规定的释放介质中缓慢的恒速或接近恒速释放药物的片剂。具有血药浓度平稳、药物作用时间长、副作用小，并可减少服药次数等特点，如硝苯地平控释片。

除说明书标注可掰开服用外，缓释片、控释片一般应整片吞服。缓释片、控释片应符合缓释、控释制剂的有关要求（通则9013）并进行释放度（通则9031）检查。

？ 想一想4-6

药店里片剂琳琅满目，如果你是一位店员，如何针对不同的消费者推荐各种类型的片剂，如何提醒购买者正确服用呢？

讨论：普通片、分散片、泡腾片、含片、口崩片、缓释片和控释片等不同类型片剂的正确用法和注意事项。

答案解析

2. 口腔用片剂

（1）舌下片　系指置于舌下能迅速溶化，药物经舌下黏膜吸收发挥全身作用的片剂。舌下片中的原料药物应易于直接吸收，主要适用于急症的治疗，如硝酸甘油舌下片。舌下片可避免肝脏对药物的首过效应。

（2）含片　系指含于口腔中缓慢溶化产生局部或全身作用的片剂。含片中的原料药物应是易溶的，主要用于口腔及咽喉疾病的治疗，起到局部消炎、杀菌、收敛、止痛或局部麻醉作用，如草珊瑚含片、冰硼含片。

（3）口腔贴片　系指粘贴于口腔，经黏膜吸收后起局部或全身作用的片剂，如甲硝唑口腔贴片、口腔溃疡贴片。口腔贴片应进行溶出度或释放度（通则0931）检查。

3. 其他给药途径片剂

（1）可溶片　系指临用前能溶解于水的非包衣片或薄膜包衣片。可溶片应能溶解于水中，溶液可呈轻微乳光。可供口服、含漱、外用等用。

（2）阴道片　系指置于阴道内使用的片剂。阴道片可以是普通片，也可以是泡腾片，主要起局部消炎、杀菌、杀精子及收敛作用，如甲硝唑阴道泡腾片。

（3）注射用片　系指经无菌操作制作的片剂。临用时溶于无菌溶剂中，可供皮下或肌内注射用，如盐酸吗啡注射用片等。

（4）植入片　系指将无菌药片植入到皮下后，缓慢释放药物，产生持久药效的片剂。该制剂适用于剂量小，需长期、频繁使用且作用强烈的药物。一般制成长度8mm的圆柱体，灭菌后单片避菌包装，如避孕植入片。

👁 **看一看**

预混与共处理药用辅料

《中国药典》（2020年版）收载了预混与共处理药用辅料质量控制指导原则，明确指出预混与共处理药用辅料系将两种或两种以上药用辅料按特定的配比和工艺制成具有一定功能的混合物，作为一个辅料整体在制剂中使用；既保持每种单一辅料的化学性质，又不改变其安全性。如可压性蔗糖由蔗糖与其他辅料，如麦芽糊精共结晶制得，也可用干法制粒工艺制得；可含有淀粉、麦芽糊精、转化糖以及适当的助流剂。预混与共处理药用辅料（以下简称产品）及其各组分应满足药用要求；产品生产应建立相应的质量管理体系，并满足制剂的要求；产品配方设计和工艺参数选择应满足产品的特点和预期功能。

二、片剂的辅料

片剂是由药物（即主药）和辅料组成。辅料系在片剂处方中除药物以外的所

有附加物的总称。辅料除其本身应具备的功能外，还应具备较高的化学稳定性，且不与主药发生反应，同时对人体无毒、无害、无不良反应等要求。

根据各种辅料所起的作用不同，可将辅料分为稀释剂、润湿剂和黏合剂、崩解剂、润滑剂等。

（一）稀释剂

稀释剂亦称填充剂，主要作用是增加片剂重量和体积。片剂的直径一般大于6mm，片重大于100mg，稀释剂的加入不仅保证片剂的体积大小，还可改善药物的压缩成型性，提高含量均匀度。若片剂中含有挥发油或其他液体成分时，需加入适当的辅料将其吸收，这种辅料称为吸收剂，多为无机盐类，如氢氧化铝、磷酸氢钙、硫酸钙等。

1. 淀粉　淀粉是片剂常用的辅料，价廉易得。其中玉米淀粉较为常用，但可黏性较差，因此常与

可压性较好的糖粉、糊精、乳糖等混合使用。

2. 糖粉　主要从甘蔗、甜菜中提取而得，黏合力较强，可用来增加片剂的硬度，并使片剂的表面光滑、美观。但因其吸湿性较强，长期贮存，会使片剂的硬度过大，崩解或溶出困难。一般不单独使用，常与糊精、淀粉配合使用。因其味甜，常用于口含片、咀嚼片。

3. 糊精　是淀粉水解的中间产物，在冷水中溶解较慢，热水中易溶，不溶于乙醇。糊精具有较强的黏结性，使用不当会使片面出现麻点、水印，甚至造成片剂崩解及溶出迟缓。

4. 预胶化淀粉　又称可压性淀粉，用化学法或机械法将淀粉颗粒部分或全部破裂而得。具有较好的流动性、可压性、润滑性及干黏合性，可用作填充剂、崩解剂和黏合剂。常用于粉末直接压片。

5. 乳糖　片剂优良的填充剂，由牛乳清提取制得。本品易溶于水，性质稳定，无吸湿性，是一种优良的片剂填充剂，且压缩成型性较好，添加乳糖压成的片剂光亮美观，硬度较大，药物的溶出好。为改善其流动性，还可制成类球形的喷雾干燥乳糖，可供粉末直接压片使用。

6. 微晶纤维素（MCC）　在水、乙醇中几乎不溶，性质稳定。具有良好的可压性和流动性，可作为粉末直接压片的"干黏合剂"使用。一般片剂中含20%以上的微晶纤维素时崩解性能较好。

7. 糖醇类　甘露醇、山梨醇，为白色颗粒或粉末状，无臭，具有甜味。溶解时吸热，口服时有凉爽感。适于咀嚼片、口含片等。但价格稍贵，流动性也不好，常与蔗糖配合使用。

（二）润湿剂和黏合剂

润湿剂和黏合剂是在制粒时添加的辅料，使物料黏结，方便制粒。

1. 润湿剂　系指本身没有黏性，但能诱发物料自身的黏性，以利于制粒的液体。常用的润湿剂为水和乙醇。

（1）**水**　是首选的润湿剂。一般采用经过蒸馏、离子交换、反渗透或其他适宜的方法生产的纯化水。使用时，由于物料对水的吸收较快，较易发生润湿不均匀、结块、发黏等现象，可用低浓度的淀粉浆或乙醇代替。

（2）**乙醇**　遇水易分解的或遇水黏性太大的药物可用乙醇做润湿剂。根据生产需要可选用不同浓度的乙醇，随着醇浓度增大，润湿后所产生的黏性降低，通常浓度范围在30%~70%。

2. 黏合剂　系指能够赋予无黏性或黏性不足的原辅料以适宜黏性的物质。常用黏合剂包括淀粉浆、纤维素衍生物，如甲基纤维素（MC）、羟丙纤维素（HPC）、羟丙甲纤维素（HPMC）、羧甲基纤维素钠（CMC-Na）等，以及聚维酮（PVP）、明胶等。

（1）**淀粉浆**　是片剂最常用的一种黏合剂，一般浓度为8%~15%，其中10%的淀粉浆最常用。若颗粒可压性差，可适当提高浓度到20%。由于淀粉价廉易得，且黏合性良好，因此是制粒中首选的黏合剂，但不适用于遇水不稳定的药物。

淀粉浆的制法主要有煮浆法和冲浆法两种：煮浆法是将淀粉混悬于全量水中，边加热边搅拌，直至糊化；冲浆法是将淀粉混悬于1~1.5倍水中，然后根据浓度要求冲入一定量的沸水，不断搅拌糊化而成。

（2）**纤维素衍生物**

①甲基纤维素（MC）　在水中溶胀成澄清或微浑浊的胶状溶液，在无水乙醇、三氯甲烷中几乎不溶。做黏合剂使用时，需将其分散于热水中，冷却，溶解；或用乙醇润湿后加入水中分散，溶解。

②羟丙纤维素（HPC）　本品易溶于冷水，可溶于甲醇、乙醇、丙二醇中。既可做湿法制粒的黏合剂，又可做粉末直接压片的干黏合剂。

③羟丙甲纤维素（HPMC）　本品能溶于水及部分有机溶剂。易溶于冷水，不溶于热水，一般采用在冷水中溶胀的方法配制羟丙甲纤维素溶液，常用浓度为2%~5%。

④聚维酮（PVP）　最大优点是既溶于水，又溶于乙醇，因此制备黏合剂时，根据药物的性质选用水溶液或乙醇溶液，还可用作直接压片的干黏合剂。常用于泡腾片和咀嚼片的制粒，但本品吸湿性较强。

⑤其他黏合剂　明胶、乙基纤维素、50%～70%蔗糖溶液、海藻酸钠溶等。

（三）崩解剂

崩解剂是促使片剂在胃肠液中迅速碎裂成细小颗粒的辅料。除缓控释片、舌下片、口含片、咀嚼片等有特殊要求的片剂外，一般均需加入崩解剂。

1. 崩解剂的作用机制

（1）毛细管作用　崩解剂在片剂中形成易于润湿的毛细管通道，把片剂置于水中时，水能迅速地随毛细管进入片剂内部，使整个片剂润湿而瓦解。

（2）膨胀作用　崩解剂多为高分子亲水物质，压制成片后，遇水易被润湿并通过自身膨胀，使片剂崩解。

（3）产气作用　在片剂中加入泡腾崩解剂，遇水即产生气体，借助气体的膨胀而使片剂崩解。

2. 常用的崩解剂

（1）干淀粉　是一种经典的崩解剂，将淀粉在100～105℃下干燥1小时，含水量在8%以下即得。用量一般为配方总量的5%～20%。适用于水不溶性或微溶于水的药物，对易溶性药物的崩解作用较差。

（2）羧甲淀粉钠（CMS–Na）　本品具有良好的流动性及压缩成型性，吸水膨胀作用非常显著，是一种性能优良的崩解剂，常用于速释片。一般用量1%～6%。

（3）低取代羟丙纤维素（L–HPC）　本品在水中不溶，具有较快的吸湿速度和较大的溶胀性。加入片剂中后，能提高片剂的硬度和光泽度，且崩解后的颗粒较细小，故有利于药物的溶出。一般用量2%～5%。

（4）交联羧甲基纤维素钠（CCNa）　由于交联键的存在不溶于水，吸水后体积膨胀为原来的4～8倍，所以具有较好的崩解作用；当与羧甲基淀粉钠合用时，崩解效果更好，但与干淀粉合用时崩解作用会降低。常用量5%～10%。

（5）交联聚维酮（PVPP）　在水中不溶，但在水中迅速表现出毛细管作用和优异的水化能力，最大吸水量为60%。交联聚维酮崩解性能十分优越，作为崩解剂压成片后，片剂硬度大、崩解时限短、溶出率高、稳定性高。

（6）泡腾崩解剂　专用于泡腾片的特殊崩解剂，是利用有机酸与碱式碳酸盐遇水发生反应，产生二氧化碳气体，使片剂在几分钟内迅速崩解。最常用的泡腾崩解剂是含有这种崩解剂的片剂，应妥善包装，避免受潮造成崩解剂失效。

练一练4-6

适宜作片剂崩解剂的是（　　）

A. 微晶纤维素　　　　　B. 甘露醇　　　　　　　C. 羧甲基淀粉钠

D. 糊精　　　　　　　　E. 羟苯纤维素

答案解析

3. 崩解剂的加入方法　崩解剂加入方法会影响药物的崩解速率和溶出效果，在生产中，片剂崩解剂的加入方法有以下三种。

（1）内加法　在制粒前加入，片剂的崩解发生在颗粒内部，有利于药物的溶出。

（2）外加法　在制粒后加入，片剂的崩解发生在颗粒之间，药物溶出度较差。

（3）内外加法　将崩解剂一部分内加、一部分外加，使片剂的崩解发生在颗粒内部和颗粒之间，从而达到良好的崩解效果。通常内加崩解剂量占崩解剂总量的50%～75%，外加崩解剂量占崩解剂总量的25%～50%。

（四）润滑剂

广义的润滑剂是助流剂、抗黏剂、润滑剂的总称。助流剂可降低颗粒之间的摩擦力，改善粉体流动性，保证颗粒顺利地通过加料斗，进入模孔，便于压片均匀；抗黏剂可防止物料黏附于冲头与冲模表面，保证压片的顺利进行，并使片剂表面光滑整洁；狭义的润滑剂可减低物料与模壁之间的摩擦力，保证压片和推片时压力分布均匀。

1. 硬脂酸镁　本品为疏水性润滑剂，细腻疏松，在水、乙醇或乙醚中不溶。常用量0.1%～1%。用量过大时，会使片剂崩解或溶出延迟。呈碱性反应，不宜用在阿司匹林、多数有机碱盐类药物、一些抗生素药物的片剂处方中，会影响这类药物的稳定性。

2. 滑石粉　本品不溶于水，其助流的作用大于润滑作用，常用量0.1%～3%，最多不要超过5%，过量时反而流动性差。

3. 微粉硅胶　本品比表面积大，亲水性能强，是优良的助流剂。可作为粉末直接压片的助流剂。常用量为0.1%～3%。

4. 氢化植物油　本品不溶于水，但溶于液体石蜡。应用时，将其溶于轻质液体石蜡，然后喷于干颗粒上，以利于均匀分布，用作润滑剂。常用量为1%～6%，常与滑石粉联合使用。

5. 聚乙二醇类（PEG 4000、PEG 6000）与十二烷基硫酸钠（SDS）　二者皆可溶于水，为水溶性润滑剂。PEG不影响片剂崩解或溶出，SDS促进片剂的崩解和溶出，增强片剂的强度。

三、片剂的制备技术

压片是将粉末或颗粒状物料在模具中压缩成形的过程。为了获得光滑整洁的片剂，要求物料必须具备良好的流动性、可压性及润滑性。流动性好能使物料顺利流入压片机模孔，减小片重差异；可压性良好的颗粒或粉末容易被压缩成一定形状；润滑性好，片剂不黏冲，使压成的片剂被顺利推出。在实际生产中，对于一些可压性和流动性不好的物料，需要先制粒再压片。

片剂的制备方法包括制粒压片法和粉末直接压片法，制粒压片法包括湿法制粒压片和干法制粒压片，片剂生产工艺流程如图4-35所示。

（一）制粒压片

1. 湿法制粒压片　此法是将物料经湿法制粒干燥后进行压片的方法。此种方法适宜于可压性差，对湿、热稳定的物料压片。

（1）原辅料的准备和处理　原、辅料在使用前必须经过鉴定、含量测定等质量检查，合格的物料经干燥、粉碎后其细度以通过80～100目筛为宜。对于毒性药、贵重药和有色原辅料应粉碎得更细一些，便于混合均匀，含量准确。某些贮存时易受潮结块的原辅料，需干燥后再粉碎过筛。

（2）制软材　将处方量的主药和辅料粉碎混合均匀后，加入适量的黏合剂或润湿剂，制成适宜的软材。

（3）制湿颗粒　常用的制粒设备包括摇摆制粒机、高速搅拌制粒机、螺旋式挤压制粒机等。（详见项目四任务四　颗粒剂的制备与质控）

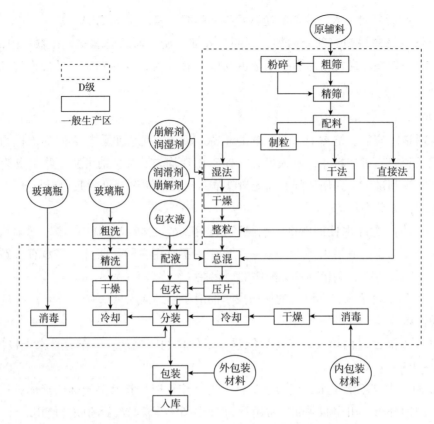

图4-35 片剂生产工艺流程图

（4）湿颗粒的干燥 制成的湿颗粒应及时干燥，放置过久会导致湿颗粒结块或变形，具体干燥温度应根据药物性质而定，一般为50~60℃，对热稳定的药物可适当提高到70~80℃，甚至提高到80~100℃，以缩短干燥时间。含结晶水的药物干燥温度不宜过高，时间不宜过长，以免失去过多的结晶水，影响压片及崩解。

干颗粒的质量对片剂的成型及质量密切相关，制得的干颗粒应符合以下几点要求：①干颗粒的含水量应在1%~3%，过多过少均不利于压片；②细粉含量应控制在20%~40%，一般情况下，若片重在0.3g以上时，含细粉量可控制在20%左右，片重在0.1~0.3g时，细粉量控制在30%左右，否则会影响片剂的质量；③颗粒硬度适中，若颗粒过硬，片剂表面会产生斑点；若颗粒过松可能会出现顶裂现象。一般用手指捻搓时应立即粉碎，并无粗糙感为宜。

（5）整粒 在干燥过程中，某些颗粒可能会发生粘连，甚至结块。因此，对干燥后的颗粒需要进行整粒，使粘连、结块的颗粒散开，以利于压片。小剂量制备时一般通过过筛来整粒，大剂量生产通常采用整粒机进行整粒。整粒时筛网的孔径应根据干颗粒的松紧情况适当调整。所用筛网一般比制粒时的筛网稍细一些，但如果干颗粒比较疏松，宜选用稍粗一些的筛网整粒，如果选用细筛，则颗粒易被破坏，产生较多的细粉，不利于下一步的压片。

（6）压片 整粒后，将干颗粒与润滑剂、外加崩解剂充分混合，混合均匀后进行主药含量测定，计算片重即可压片。

1）片重的计算

①按主药含量计算片重 药物制成干颗粒时，由于经过了一系列的操作过程，原料药必然有所损耗，所以应对颗粒中主药的实际含量进行测定，然后按式（4-1）计算片重。

$$片重 = \frac{每片含主药量（标示量）}{颗粒中主药的百分含量（实测值）} \tag{4-1}$$

②按干颗粒总重计算片重　在大生产时，根据生产中主辅料的损耗，适当增加了投量，片重按式（4-2）计算。

$$片重 = \frac{干颗粒质量 + 压片前加入的辅料质量}{预定的应压片数} \qquad (4-2)$$

2）压片机　常用压片机按其结构可分为单冲压片机和多冲压片机（旋转压片机和高速旋转压片机）；按压制片形可分为圆形片压片机和异形片压片机；按压缩次数分为一次压制压片机和二次压制压片机；按片层分为双层压片机、包芯片压片机等。

①单冲压片机　单冲压片机的基本结构如图4-36所示，主要由转动轮、模具及调节装置、饲粉器三个部分组成。

转动轮是压片机的动力部分，可以电动也可以手摇，为上冲单向加压。

模具指的是上冲、下冲和模圈，是直接实施压片的部分，决定了片剂的大小、形状和硬度。调节装置包括压力调节器、片重调节器和推片调节器等。压力调节器是用于调节上冲下降的深度，下降深度大，压力大，反之则小；片重调节器连在下冲杆上，用于调节下冲下降的深度，位置愈低，模孔中容纳的颗粒愈多，则片重越大；推片调节器连在下冲，负责调节下冲抬起的高度，使之恰好与模圈的上缘相平，从而把压成的片剂顺利地顶出模孔。

饲粉器负责将颗粒填充到模孔，并把下冲顶出的片剂推至接料器中。

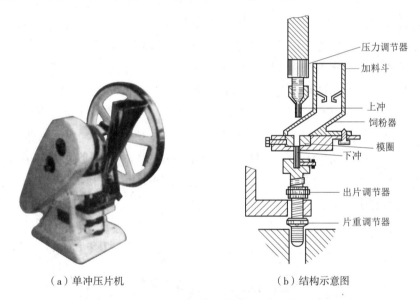

（a）单冲压片机　　　　　　　　　（b）结构示意图

图4-36　单冲压片机及结构示意图

单冲压片机的压片过程包括：a. 上冲抬起，饲粉器移动到模孔之上；b. 下冲下降到适宜深度，饲粉器在模上摆动，颗粒填满模孔；c. 饲粉器由模孔上移开，使模孔中的颗粒与模孔的上缘相平；d. 上冲下降并将颗粒压缩成片；e. 上冲抬起，下冲随之抬起到与模孔上缘相平，将药片由模孔推出；f. 饲粉器再次移到模孔之上，将模孔中推出的片剂推出，同时进行第二次饲粉，如此反复进行。

②旋转压片机　旋转压片机是目前国内制药企业广泛应用的压片机，主要由动力部分、传动部分和工作部分组成。设备与工作原理如图（图4-37）。

旋转压片机主要由机台、上下冲模、压轮、片重调节器、压力调节器、加料斗、饲粉器、刮粉器、推片调节器以及附属机构（如吸尘器和防护装置）等部件组成。压力调节器用于调节下压轮的高度，从而调节压缩时下冲升起的高度，高度高则两冲间距离近，压力大；片重调节器装于下冲轨道上，通过调节下冲经过刮粉器时的高度，以调节模孔的容积而改变片重。

旋转压片机的压片过程如下：a. 填充，当下冲转到饲粉器下端时，其位置最低，颗粒填入模孔中；当下冲行至片重调节器之上时略有上升，经刮粉器将多余的颗粒刮去；b. 压片，当上冲和下冲行至上、下压轮之间时，两个冲之间的距离最近，将颗粒压缩成片；c. 推片，上冲和下冲抬起，下冲将片剂抬到恰与模孔上缘相平位置，药片被刮粉器推开，如此反复进行。

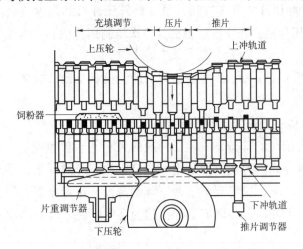

图 4 - 37 旋转压片机及工作原理示意图

压片机型号按冲模数分为 27 冲、33 冲、55 冲、75 冲等。按流程分单流程和双流程两种。单流程仅有一套上、下压轮，旋转一周每个模孔仅压出一个药片；双流程有两套压轮、饲粉器、刮粉器、片重调节器和压力调节器等，均装于对称位置，中盘转动一周。每一副冲（上下冲各一个）旋转一圈可压两个药片。双流程压片机的能量利用更合理，生产效率较高。

③高速旋转压片机 高速旋转压片机由主机、电控和电脑组成。压片时，预先调节转盘的速度、物料的充填量、片剂厚度，控制误差精度。主要工作过程：充填、计量、预压、加压、出片五道工序连续进行（图 4 - 38）。该机有压力信号处理装置可对片重进行自动控制及剔废、打印等各种统计数据，对缺角、松裂片等不良片剂也能自动鉴别并剔除。该设备全封闭、无粉尘、保养自动化、生产率高，是目前制药企业常选用的压片机。

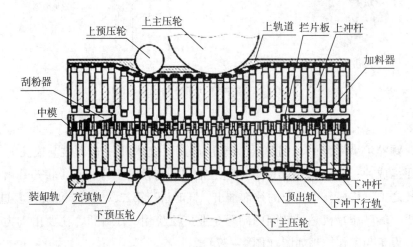

图 4 - 38 高速旋转压片机工作原理示意图

压片机的发展趋势

高速高产、密闭性、模块化、自动化、规模化及先进的检测技术是压片机技术最主要的发展方向。先进的压片机基本在欧美，如德国 FETTE、KORSCH，英国 MANESTY，比利 COURTOY，美国 STOKES 等。其产品自动化程度高，符合 FDA 要求及 21CFRPART11 的要求。新式压片机具有以下特点。

（1）高速高产量 高速高产量是压片机生产厂商多年以来始终追求的目标，目前世界上主要的压片机厂商都已拥有每小时产量达到 100 万片的压片机。

（2）压片工艺环节的密闭性及人流、物流的隔离 国外的压片机输入输出的密闭性非常好，尽可能地减少交叉污染。

（3）在线清洗 CIP（在线清洗）压片机，使得用户设备使用成本大大降低。改善压片机的清洗功能，除了设计上充分考虑各个部分清洗之外，压片机的清洗功能是强调可拆卸性，只有方便而快速拆卸，才能保证清洗的彻底性。

2. 干法制粒压片 是将干法制粒的颗粒进行压片的方法。常用于某些对湿、热较敏感，不够稳定的药物。其制备方法有滚压法和重压法。（详见"任务四颗粒剂的制备与质控"）。

（二）粉末直接压片

粉末直接压片法是直接把药和辅料的混合物进行压片的方法。粉末直接压片具有工序少、省时节能、产品崩解或溶出快、成品质量稳定等优点，尤其适用于遇湿、热不稳定的药物。同时由于工序少、时间短，减少了交叉污染的机会，不接触水分，也不容易受到微生物污染，符合 GMP 要求。

粉末直接压片法也有其不足，如粉末的流动性差，片重差异大，易产生裂片等。同时对辅料的要求很高，需辅料有良好的可压性、流动性、润滑性。

目前常用的有微晶纤维素、喷雾干燥乳糖、可压性淀粉、微粉硅胶等。某些发达国家已有60%以上的片剂品种采用了粉末直接压片工艺。随着我国医药科学技术的发展、药用辅料的开发以及压片机的改进，粉末直接压片工艺必将在国内得到更加广泛的应用。

（三）压片操作规程

1. 程序

（1）准备工作

1）按人员进出洁净区 SOP 进入本岗位。

2）确认本岗位环境已处于清洁合格状态。

3）确认本岗位设备、天平、工具、容器具已处于完好、清洁待用状态。

4）确认本批生产指令已收到，并明确本批生产品种的品名、规格、批号。

5）确认本岗位的 SOF 已收到。

6）确认本批的生产记录已收到。

7）确认本批颗粒已到位，处于合格状态。

8）换上运行状态标志。

（2）操作

1）每批及每班先按以下程序试压 先手动试转 1~2 圈再开机慢速空转 2~3 圈，无故障方可加料开车；按称片重 SOP 称片重并进行调节，使片重在规定范围之内；调节压力，使片子硬度适中，厚薄一致，并试崩解度等项目检查情况进行调整；取样，按各品种具体要求测崩解度等项目，并检查外观，均应符合质量标准。

2）上述各项检查合格后，将试压的不良品清理干净再开机生产。

3）每15分钟称一次平均片重，片重若经常超出片重范围则应增加称片重频次。

4）定时加料，料斗内颗粒应经常保持在料斗装量的三分之二以上。

5）及时将压成的片装桶、称重、记录，挂上桶签，写明品名、规格、批号、重量和日期，将片交给中间站。

6）压片过程中发现粘冲、揭盖、断冲、不下冲、片重差异不合格等异常情况或颗粒无法正常压片时，应及时停机处理。

7）不良品应严格分开放置，并应标示清楚。压片过程中取出供测试或其他目的之药片（称片重合格时除外）不应放回成品中。

8）如不连续生产，应将料斗内剩余颗粒倒回颗粒桶并盖好桶盖。

9）尾粉处理　　本批未结束而本机需清场时，将尾粉收集后并入剩余颗粒中；本批结束时，将尾粉收集后写明品名、规格、批号、重量、操作者和日期，交给中间站；上述两种情况之外，压片机中无法收集的颗粒可压成片作不良品处理。

2. 记录　及时做好各项记录。

3. 结束工作

（1）每日结束工作

1）做好岗位环境、压片机外壳、操作台、天平及其他接触药品的工具、容器具清洁卫生。

2）将剩余颗粒和不良品摆放整齐，保持标示完好。

3）将可回收物品送往回收点。

4）将废弃物通过传递窗传出洁净区，送往废弃物堆放处。

5）换上清洁待用状态标志。

6）按人员进出洁净区 SOP 离开本岗位出洁净区。

（2）清场工作

1）清理地面及压片机、操作台，不得留有本批次的产品。

2）将尾粉及不良品交给中间站。

3）按压片机使用、维护、保养、清洁 SOP 清洁压片机，用纯化水擦洗天平及其他工具、容器具，不得留有本批次的药物。

4）用饮用水拖洗地面，擦洗墙面、操作台及顶棚，不得遗留本批次的药物。

5）将冲模清洁后交到模具间。

6）将可回收物品集中整理并堆放于回收点。

7）将废弃物送出车间至废弃物堆放处。

8）完成以上操作后，将回风装置拆下，将过滤网送到工具清洗间清洗。

9）将回风装置重新装上后，用纯化水拖洗地面，擦洗墙面、顶棚。

（四）片剂生产中常见的问题及解决办法

1. 裂片　片剂发生裂开的现象叫裂片。根据裂开位置不同，分为顶裂和腰裂。如果片剂顶部发生开裂，则称顶裂；中间部分开裂，称为腰裂。产生裂片的处方因素包括：物料中细粉太多，压片时空气不能及时排出，结合力差；物料塑性太差，结合力弱；润滑剂过多等。产生裂片的生产工艺因素包括：压片时压力分布不均、加压过快等。防止裂片发生措施有：选用弹性小、可塑性好的辅料；选用适宜的制粒方法；选用适宜的压片机和操作参数等。

2. 松片 由于片剂硬度不够，稍加触动即散碎的现象为松片。主要是因压力不足、黏合力差所致，可通过增加压力或更换较强的黏合剂等。

3. 黏冲 片剂表面被冲头黏去一薄层或一小部分，使其表面粗糙不平或有凹痕的现象称为黏冲。主要是因物料易吸湿，颗粒不够干燥，润滑剂使用不当，冲头表面粗糙等原因造成的。可通过适当干燥颗粒，加适当润滑剂，处理冲头等措施来解决。

4. 片重差异超限 片重差异超出药典规定的范围，称为片重差异超限。主要是因物料流动性差，细粉太多或粒度大小相差悬殊，刮粉器与模孔吻合性差，料斗内的物料时少时多等原因造成的。需要通过加适宜的润滑剂，调节料斗，筛去细粉，更换或调整模具等措施来解决。

5. 崩解迟缓 片剂超过了药典规定的崩解时限，称为崩解迟缓。主要是因崩解剂使用不当，黏合剂黏性太强或用量太大，压力过大等。可适当调节压力，加适当的崩解剂、黏合剂、润滑剂加以解决。

6. 溶出超限 片剂在规定的时间内未能溶出规定量的药物，称为溶出超限。产生的主要原因有崩解剂用量不足、黏合剂黏性太强、压力过大等。

7. 含量不均匀 主药与辅料混合不均匀、片重差异超限均可引起含量不均匀。通过制备合适大小的颗粒，使混合均匀。

8. 叠片 系指两个片剂叠在一起的现象。其原因主要有出片调节器调节不当、上冲黏片、加料斗故障等，应立即停止生产检修，针对原因分别处理。

9. 卷边 系指冲头与模圈碰撞，使冲头卷边，造成片剂表面出现半圆形的刻痕或周围一圈的边过高，需立即停车更换冲头和重新调节机器。

10. 变色和色斑 系指片剂表面的颜色变化或出现色泽不一的斑点，导致外观不合格。产生原因有颗粒过硬、混料不匀、接触金属离子、润滑油污染压片机等，需针对原因逐个处理解决。

片剂生产过程中可能会出现很多的问题，产生这些问题的原因也不是唯一的，而这些问题的解决除了严格按照生产工艺规程和岗位操作规程进行生产外，还需要依靠技术人员的扎实专业知识和实际生产经验来判断解决。

四、片剂的包衣技术 🅔 微课1

包衣是指在片剂（片芯、素片）的表面包裹上适宜材料的操作。

1. 片剂包衣的目的 ①避光、防潮，隔离空气，防止有效成分挥发，以提高药物的稳定性；②遮盖药物的不良气味，增加患者的顺应性；③包衣后表面光洁，提高流动性，便于包装、运输和服用；④改变药物释放的位置及速度，如胃溶、肠溶、缓控释等；⑤隔离配伍禁忌成分；⑥采用不同颜色包衣，改善外观，增加药物的识别能力，增加用药的安全性。

2. 包衣的种类 根据包衣工艺的不同，可将包衣分为糖包衣及薄膜包衣，其中薄膜包衣又分为胃溶性、肠溶性及水不溶性三种。包糖衣具有不能定位释放、包衣时间长、所需辅料量多、防吸潮性差等缺点，近年来逐步被薄膜包衣所代替。

3. 包衣材料与工艺

（1）包糖衣的材料与工艺 包糖衣有着久远的历史，材料价廉易得，毒性小，设备简单，对片芯要求小，可掩盖药物的不良气味，改善外观与口感，由于包的很厚，可起到防潮、隔绝空气的作用。

包糖衣的工序由内到外可以分为以下步骤：①包隔离层（如果需要）；②包粉衣层；③包糖衣层；④包有色糖衣层；⑤打光。其工艺流程如图4-39所示。

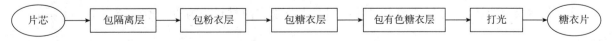

图4-39 包糖衣工艺流程图

①包隔离层 首先在素片上包不透水的隔离层，以防止在后面的包衣过程中水分浸入片芯。可供选用的包衣材料有：10%的玉米朊乙醇溶液、15%～20%的虫胶乙醇溶液、10%的邻苯二甲酸醋酸纤维素（CAP）乙醇溶液。包隔离层使用的是有机溶剂，应注意防爆防火，一般干燥温度在40～50℃之间，每层干燥时间约30分钟，一般包3～5层。

②包粉衣层 在隔离层的外面包上一层较厚的粉衣层，以消除片剂的棱角。包粉衣层时，使片剂在包衣锅内不断滚动，加入黏合剂使片剂表面均匀润湿后，再撒入适量粉，使之黏着于片剂表面，不断滚动并吹风干燥。操作时洒一次浆、撒一次粉，然后热风干燥20～30分钟（40～55℃），重复以上操作，直到片剂的棱角消失，一般包15～18层。

常用黏合剂有糖浆、明胶浆、阿拉伯浆或糖浆与其他胶浆的混合浆。常用的粉有滑石粉、蔗糖粉、白陶土、糊精、淀粉等。其中糖浆浓度常为65%（g/g）或85%（g/L），滑石粉一般为100目筛的细粉。

③包糖衣层 药片的粉衣层表面比较粗糙、疏松，再包糖衣层使其表面光滑细腻、坚实美观。操作时加入稍稀的糖浆，逐次减少用量（湿润片面即可），在低温（40℃）下缓缓干燥，一般包制10～15层。

④包有色糖衣层 糖衣片多着色，使药片美观，又便于识别或起遮光作用。与上述包糖衣层的工艺完全相同，只是糖浆中添加了食用色素，一般需包制8～15层。

⑤打光 打光一般用四川产的川蜡，用前需精制，将片剂与适量蜡粉共置于打光机中滚动，充分混匀，在有色糖衣层外涂极薄的一层蜡，使药片更光滑、美观，兼有防潮作用。

（2）包薄膜衣的材料与工艺 薄膜衣是指在片芯外包一层比较稳定的高分子材料，因膜层较薄而得名。与糖衣相比，薄膜衣具有以下优点：①操作简单、干燥快（一般仅需2～3小时）；②片重仅增加2%～4%，包装、贮存、运输方便；③利于制成胃溶、肠溶或长效缓释制剂；④便于生产工艺的自动化；⑤不掩盖片芯标记。

薄膜包衣操作过程：先预热包衣锅，再将片芯置入锅内，启动排风及吸尘装置，同时用热风预热片芯，使片芯受热均匀，并吸掉附于素片上的细粉。开启压缩泵，调节好风量及流量，将已配制好的包衣溶液均匀喷雾于片芯表面，同时采用热风干燥，使片芯表面快速形成平整、光滑的表面薄膜。工艺流程如图4-40所示。包衣过程完成后，包衣产品需在室温下贮存约6～8小时，然后在50℃干燥11～12小时，以除去残余的溶剂。

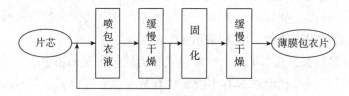

图4-40 包薄膜衣工艺流程图

大多数薄膜衣材料常需采用有机溶媒溶解，易于成膜，但会给包衣工序带来不安全及环境污染、劳动保护等一系列问题。为避免以上缺点，水性包衣技术逐步取代了有机溶剂包衣技术。其中聚合物水分散体包衣是应用最广泛的技术，其优势在于固体含量高、黏度低、包衣效率高，且不易产生静电作用，减少环境污染，降低生产成本。

（3）包薄膜衣的材料 按衣膜作用性质不同，将薄膜衣的材料分为胃溶型、肠溶型和水不溶型三大类。

1）胃溶型 是在水或胃液中溶解的高分子材料。常见的有羟丙甲纤维素（HPMC）、羟丙纤维素

（HPC）、聚乙烯吡咯烷酮（PVP）、丙烯酸树脂Ⅳ号、聚乙烯缩乙醛二乙胺乙酸（AEA）、聚乙烯醇（PVA）等。

2）肠溶型 在胃液中不崩解或溶解，而在肠液中才崩解或溶解的高分子材料，如醋酸纤维素酞酸酯（CAP）、羟丙甲纤维素酞酸酯（HPMCP）、丙烯酸树脂Ⅱ、Ⅲ号。

醋酸纤维素酞酸酯（CAP）不溶于水、乙醇、烃类，可溶于丙酮或丙酮-乙醇的混合液，成膜性好。

羟丙甲纤维素酞酸酯（HPMCP）不溶于水，易溶于混合有机溶剂，可在小肠上部溶解，稳定性好，使用安全。

丙烯酸树脂Ⅱ号 溶于乙醇、不溶于水，常用85%～95%乙醇作为溶剂，配成5%～8%的包衣液使用，制得的产品片面光亮、硬度好、刻痕清晰、崩解快。

丙烯酸树脂Ⅲ号 溶于乙醇、不溶于水。成膜性好，膜致密有韧性，能抗潮，在胃中2小时保持完整，在肠内30分钟即可全部溶解，常用85%～95%乙醇作为溶剂，配成5%～8%的包衣液使用。常与丙烯酸树脂Ⅱ号联合使用。

3）水不溶型 是指在水中不溶解，通过包衣膜来控制和调节药物在体内释放速率的高分子材料。常见的有醋酸纤维素（CA）、乙基纤维素（EC）等。

醋酸纤维素（CA）不溶于水、乙醇，溶于丙酮、三氯甲烷等有机溶剂，具有良好的成膜性能。

乙基纤维素（EC）不溶于水、胃肠液、甘油和丙二醇。单独包衣时，形成的衣膜渗透性较差，因此，常与HPC等联合使用。具有良好的成膜性，目前，广泛用于缓控释的包衣材料。

4）增塑剂 指用来改变高分子薄膜的物理机械性质，使其更具柔顺性、可塑性的物质。常用的增塑剂有水溶性的丙二醇、甘油、聚乙二醇；非水溶性的甘油三醋酸酯、乙酰化甘油酸酯、邻苯二甲酸酯、硅油等。

5）溶剂 指能溶解成膜材料和增塑剂并将其均匀分散到片剂表面的物质。常用的溶剂有乙醇、甲醇、异丙醇、丙酮、三氯甲烷等。包薄膜衣时，溶剂的蒸发和干燥速率对包衣膜的质量有很大影响：速率太快，成膜材料不均匀分布致使片面粗糙；太慢又可能使包上的衣层被溶解而脱落。

（4）包衣过程可能出现的问题及解决方法

1）包糖衣过程可能出现的问题及解决方法

①粉浆不粘锅 若锅壁上蜡未除尽，可出现粉浆不粘锅，应洗净锅壁或再涂一层热糖浆，撒一层滑石粉。

②粘锅 可能由于加糖浆过多，黏性大，搅拌不均匀。解决办法是保持糖浆含量恒定，一次用量不宜过多，锅温不宜过低。

③色泽不匀 片面粗糙、有色糖浆用量过少且未搅匀、温度过高、干燥太快、糖浆在片面上析出过快，衣层未干就加蜡打光。解决办法是采用浅色糖浆，增加所包层数，"勤加少上"控制温度，情况严重时洗去衣层，重新包衣。

④片面不平 由于撒粉太多、温度过高、衣层未干又包第二层。应改进操作方法，做到低温干燥，勤加料，多搅拌。

⑤露边与麻面 原因是衣料用量不当，温度过高或吹风过早。解决办法是注意糖浆和粉料的用量，糖浆以均匀润湿片芯为度，粉料以能在片面均匀黏附一层为宜，片面不见水分和产生光亮时再吹风。

⑥龟裂与爆裂 可能由于糖浆与滑石粉用量不当、片芯太松、温度太高、干燥太快、析出糖晶体，使片面留有裂缝。进行包衣操作时应控制糖浆和滑石粉用量，注意干燥温度和速度，更换片芯。

⑦膨胀磨片或剥落 片芯层与糖衣层未充分干燥，崩解剂用量过多，包衣时注意干燥，控制胶浆或糖浆的用量。

2）包薄膜衣过程中可能出现的问题和解决方法

①粘片　主要是由于喷量太多，溶剂没能充分蒸发，片面湿度过高而使片相互粘连。出现这种情况，应适当降低包衣液喷量，提高热风温度，加快锅的转速等；也可在包衣处方中加入抗黏剂消除。

②出现"橘皮"膜　主要是由于干燥不当，包衣液喷雾压力低而使喷出的液滴受热浓缩程度不均造成衣膜出现波纹。出现这种情况，应立即控制蒸发速率，提高喷雾压力。

③衣膜表面有针孔　这种情况是由于配制包液时卷入过多空气而引起的。因而在配液时应避免卷入过多的空气。

④出现色斑　这种情况是由于配包衣液时搅拌不匀或固状物质细度不够所引起的。解决方法是配包衣液时应充分搅拌均匀。

⑤衣膜出现裂纹、破裂、剥落或者药片边缘磨损　若是包衣液固含量选择不当、包衣机转速过快、喷量太小引起的，应选择适当的包衣液固含量，适当调节转速及喷量的大小；若是片芯硬度太差所引起，则应改进片芯的配方及工艺。

⑥药片间有色差　这种情况是由于喷液时喷射的扇面不均或包衣液固含量过高或者包衣转速慢所引起的。此时应调节好喷枪喷射的角度，降低包衣液的固含量，适当提高包衣机的转速。

⑦"架桥"　是指刻字片上的衣膜造成标志模糊。解决的办法是放慢包衣喷速，降低干燥温度，同时应注意控制好热风温度，避免黏片。

4. 包衣的方法与设备　常用的包衣技术由滚转包衣法、流化包衣法和压制包衣法。

（1）滚转包衣法　滚转包衣法是目前生产中最常用的方法，其主要设备是包衣锅，故也称为锅包衣法，常用的包衣设备有普通包衣机、埋管包衣机和高效包衣机。

1）普通包衣机　其主要由包衣锅、动力系统、加热系统和排风系统组成。包衣锅以荸荠形最常见（见图4-41）。包衣锅适当的倾斜角度、转速可使药片既能随锅的转动方向滚动，又能沿轴的方向运动，使药片与包衣材料充分混匀，提高包衣效果，一般包衣锅的倾斜角度为30°~50°、转速为20~40r/min。普通包衣机的缺点是干燥速度慢、气路不密封、有机溶剂污染环境等。

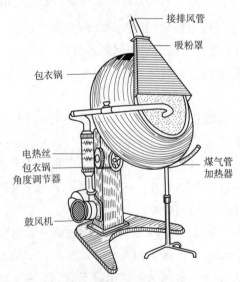

（a）荸荠形包衣锅　　　　　　　　　（b）荸荠形包衣锅结构示意图

图4-41　荸荠形包衣锅及结构示意图

2）埋管包衣机　是为了克服普通包衣机的气路不密封，有机溶剂污染环境等不利因素进行改良的包衣机。其改良方式是在普通包衣锅内底部装有可输送包衣材料溶液、压缩空气和热空气的埋管，埋管喷头插入物料层内。这种包衣方法使包衣液的喷雾在物料层内进行，不仅可防止喷液飞扬，还能加快物料运动和干燥速度。

3）高效包衣机　高效包衣机采用对流的方式进行传热，包衣质量稳定、效率高，既可用于糖包衣，也可用于薄膜包衣。高效包衣机是由主体包衣锅、定量喷雾系统、送风系统、排风系统以及程序控制系统组成。（如图4-42）根据锅型结构的不同，高效包衣机分为网孔式高效包衣机、间隔网孔式高效包衣机和无孔式高效包衣机三种类型。

①网孔式高效包衣机　包衣锅旋转滚筒内都带有圆孔，净化热空气通过网孔进入锅内，通过网孔的排风管排出，是一种最常见的高效包衣形式。片芯在滚筒内旋转，包衣液由蠕动泵泵至喷枪，从喷枪喷到片芯，在排风和负压作用下，热风穿过片芯、底部筛孔，再从风门排出，使包衣介质在片芯表面快速干燥。

②间隔网孔式高效包衣机　包衣锅旋转滚筒内开孔部分不是整个圆周，而是圆周的几个等分的部分，通常为每隔90°或120°开孔一个区域，网孔区与风管相连以达到排湿的目的。这种间隙的排湿结构使锅体减少打孔的范围，减轻了加工量，同时热量也得到充分的利用，节约了能源；不足之处是风机负载不均匀，对风机有一定的影响。

③无孔式高效包衣机　包衣锅的旋转滚筒内没有圆孔，其热交换是通过桨叶小孔或者锅的下部两侧实现的。片芯在包衣机无孔的旋转滚筒内运动，包衣从喷枪喷到片芯，热风由滚筒中心的气道分配器导入，经扇形风桨穿过片芯，在排风和负压作用下，从气道分配器另一侧风门抽走，使包衣液在片芯表面快速干燥。

图4-42　高效包衣机系统

（2）流化包衣法　流化包衣法的基本原理与流化制粒法相似，经预热的洁净空气以一定的速度经气体分布器进入包衣锅，从而使药片在一定时间内保持悬浮状态，并上下翻动，然后利用雾化喷嘴将包衣液喷到药片表面，周围的热空气使包衣液中的溶剂挥发，并在药片表面形成一层薄膜，调节预热空气及排气的温度和湿度可对操作过程进行控制。流化包衣法根据喷枪位置不同可分为顶喷、切线喷和底喷三种。

流化包衣机具有包衣速度快，效率高，用料少，防潮能力强，崩解影响小，不受药片形状限制等优点；缺点是包衣层太薄，且药片做悬浮运动时碰撞较强烈，因此片芯要有较高的硬度，外衣易碎，颜色也不佳，不及糖衣片美观；较多的应用于小颗粒物料的包衣。

（3）压制包衣法　压制包衣法一般采用两台压片机以特制的传动器连接起来实现压制包衣。一台压片机专门用于压制片芯，然后由传动器将压成的片芯输送至包衣转台的模孔中，随着转台的转动，片芯的上面又被加入约等量的包衣材料、然后加压，使片芯压入包衣材料中间而形成压制的包衣片剂。

压制包衣生产流程短，自动化程度高，包衣时间短，减少能量损耗、避免水分和热对药物稳定性的影响。从环境污染、包衣时间以及能量损耗等包衣工艺方面看，压制包衣有传统的包衣技术无法比拟的优越性。但由于其对压片机的精度要求较高，且衣层与片芯难以结合牢固、片芯的膨胀导致包衣层破裂，片芯难以回收，目前国内尚未广泛使用。

五、片剂的质量评价

（一）外观性状

《中国药典》（2020年版）制剂通则的片剂项下规定：片剂外观应完整光洁，色泽均匀。一般抽取样品100片平铺于白板上，置于75W光源下60cm处，在距离片剂30cm处以肉眼观察30秒，检查结果应符合下列规定：色泽一致；杂色点80～100目应<5%；麻片<5%；中草药粉末片除个别外<10%，并不得有严重花斑及特殊异物，对包衣片有畸形者不得>0.3%，并在规定的有效期内保持不变。

（二）重量差异

检查法：取供试品20片，精密称定总重量，求得平均片重后，再分别精密称定每片的重量，每片重量与平均片重比较（无含量测定的片剂或有标示片重的中药片剂，每片重量应与标示片重比较），按表4-10的规定，超出重量差异限度的药片不得多于2片，并不得有片超出限度1倍。

表4-10 片剂重量差异限度

平均片重或标示片重	重量差异限度
0.3g以下	±7.5%
0.3g及0.3g以上	±5.0%

糖衣片的片芯应检查重量差异并符合规定，包糖后不再检查重量差异。薄膜衣片应在包薄膜衣后检查重量差异并符合现定。凡规定检查含量均匀度的片剂，一般不再进行重量差异的检查。

（三）硬度和脆碎度

片剂的硬度，不仅影响片剂的崩解、主药的溶出度，还会对片剂的生产、运输和贮存带来影响。糖衣片和肠溶片在包衣时能耐受长时间的转动摩擦，外面加上一层衣，使片剂更加坚固，所以一般不做硬度检查。

片剂硬度或脆碎度的测定方法有以下几种。

1. 指压法 取药片置于中指和食指之间，以拇指用适当的力压向药片中心部位，如立即分成两半，则表示硬度不够。但在测试过程中要注意药片在中指和食指间的位置，以及拇指所加的压力大小。这是生产中检查硬度的常用方法。

2. 高处下落法 取药片10片，从1m高处自由落体于厚为2cm的松木板上，以碎片不超过3片者为硬度合格，否则应另取10片，重新检查，如碎片仍超过3片，应判为硬度不合格。

3. 仪器测定法 以上两种方法虽然比较方便，但只能进行定性的检查。可以用适当的仪器测定片剂的硬度或脆碎度，得到定量的结果。常用的测试仪器有：智能片剂硬度仪（图4-43）、片剂脆碎度检查仪（图4-44）等。

图4-43 智能片剂硬度仪

图4-44 片剂脆碎度检查仪

《中国药典》（2020 年版）的检查方法为：片重为 0.65g 或以下者取若干片，使其总重约为 6.5g；片重大于 0.65g 者取 10 片。用吹风机吹去脱落的粉末，精密称重，置转鼓内，转动 100 次，取出。同法除去粉末，精密称重，减失重量不得超过 1%，且不得检出断裂、龟裂及粉碎的片。本试验一般仅作一次。如减失重量超过 1%，可复检 2 次，3 次的平均减失重量不得超过 1%，并不得检出断裂、龟裂及粉碎的片。

（四）崩解时限

崩解系指口服固体制剂在规定条件下全部崩解溶散或成碎粒，除不溶性包衣材料外，应全部通过筛网。如有少量不能通过筛网，但已软化或轻质上漂且无硬心者，可按符合规定论。除某些特殊的片剂（如咀嚼片）以及《中国药典》规定检查溶出度、释放度的片剂外，一般片剂均需做崩解时限检查。

《中国药典》（2020 年版）崩解时限检查法规定采用升降式崩解仪测定片剂的崩解时限。常用智能崩解仪（图 4-45）进行检测。

检查方法如下：将吊篮通过上端的不锈钢悬挂于金属支架上，浸入 1000ml 烧杯中，并调吊篮位置使其下降至低点时筛网距烧杯部 25mm，烧杯内盛有温度为 37℃±1℃ 的水，调水位高度使吊篮上升至高点时筛网在水面 15mm 处，吊篮顶部不可浸没于溶液中。除另有规定外，取供试品 6 片，分别置上述吊篮的玻璃管中，启动崩解仪进行检查，各片均应在 15 分钟内全部崩解。如有 1 片不能完全崩解，应另取 6 片复试，均应符合规定。药材原粉片与浸膏（半浸膏）片，按上述装置每管加挡板 1 块，启动崩解仪进行检查，药材原粉片各片均应在 30 分钟内全部崩解；浸膏（半浸膏）片各片均应在 1 小时内全部崩解。如果供试品黏附挡板，应另取 6 片，不加挡板按上述方法检查，应符合规定。如有 1 片不能完全崩解，应另取 6 片复试，均应符合规定。

薄膜衣片，按上述装置与方法检查，并可改为在盐酸溶液（9→1000）中进行检查，化药片应在 30 分钟内全部崩解。中药片，则每管加挡板 1 块，各片均应在 1 小时内全部崩解，如果供试品黏附挡板，应另取 6 片，不加挡板按上述方法检查，应符合规定。如有 1 片不能完全崩解，应另取 6 片复试，均应符合规定。

糖衣片，按上述装置与方法检查，各片均应在 1 小时内全部崩解。

肠溶片，按上述装置与方法，先在盐酸溶液（9→1000）中检查 2 小时，每片均不得有裂缝、崩解或软化现象；继将吊篮取出，用少量水洗涤后，每管加入挡板 1 块，再按上述方法在磷酸盐缓冲液（pH 6.8）中进行检查，1 小时内应全部崩解。如有 1 片不能完全崩解，应另取 6 片复试，均应符合规定。

此外，《中国药典》还规定了含片、舌下片、分散片、泡腾片的检查方法及限度。

（五）溶出度

溶出度系指活性药物从片剂、胶囊剂或颗粒剂等常规制剂在规定条件下溶出的速率和程度，在缓释制剂、控释制剂、肠溶制剂及透皮贴剂等制剂中称为释放度。片剂等固体制剂口服后一般都应崩解，药物从崩解形成的细粒中溶出后，才能被吸收而发挥疗效。溶出度一般用于检查难溶性药物的片剂，因为难溶性药物的片剂崩解时限合格，并不一定能保证药物快速溶出，影响药物的疗效。

《中国药典》（2020 年版）收载了转篮法（第一法）、桨法（第二法）、小杯法（第三法）；新增了桨碟法和转筒法，这两种方法均用于透皮贴剂释放度的测定。

1. 篮法和桨法　测定前，应对仪器装置进行必要的调试，溶出度测定仪（图 4-46），使转篮或桨叶底部距溶出杯的内底部 25mm±2mm。分别量取溶出介质置溶出杯内，实际量取的体积与规定体积

的偏差应在 ±1% 范围之内，待溶出介质温度恒定在 37℃ ±0.5℃ 后，取供试品 6 片（粒、袋），如为篮法，分别投入 6 个干燥的转篮内，将转篮降入溶出杯中；如为桨法，分别投入 6 个溶出杯内，注意供试品表面不要有气泡，立即按各品种项下规定的转速启动仪器，计时；至规定的取样时间（实际取样时间与规定时间的差异不得不过 ±2%），吸取溶出液适量（取样位置应在转篮或桨叶顶端至液面的中点，距溶出杯内壁 10mm 处；需多次取样时，所量取溶出介质的体积之和应在溶出介质的 1% 之内，如超过总体积的 1% 时，应及时补充相同体积的温度为 37℃ ±0.5℃ 的溶出介质，或在计算时加以校正），立即用适当的微孔滤膜滤过，自取样至滤过应在 30 秒内完成。取澄清滤液，照该品种项下规定的方法测定，计算每片（粒、袋）的溶出量。

图 4-45 智能崩解仪

图 4-46 溶出度测定仪

结果判定：符合下列条件之一者，可判为符合规定。

①6 片（粒、袋）中，每片（粒、袋）的溶出量按标示量计算，均不低于规定限度（Q）；除另有规定外，Q 应为标示量的 70%；②6 片（粒、袋）中，如有 1~2 片（粒、袋）低于 Q，但不低于 Q-10%，且其平均溶出量不低于 Q；③6 片（粒、袋）中，有 1~2 片（粒、袋）低于 Q，其中仅有 1 片（粒、袋）低于 Q-10%，但不低于 Q-20%，且其平均溶出量不低于 Q 时，应另取 6 片（粒、袋）复试；初、复试的 12 片（粒袋）中有 1~3 片（粒、袋）低于 Q，其中仅有 1 片（粒、袋）低于 Q-10%，但不低于 Q-20%，且其平均溶出量不低于 Q。

以上结果判断中所示的 10%、20% 是指相对于标示量的百分率（%）。

2. 小杯法　搅拌桨形状与桨法搅拌桨相似，但尺寸较小；溶出杯一般为由硬质玻璃或其他惰性材料制成的底部为半球形的 250ml 杯状容器。常规制剂：测定前，应对仪器装置进行必要的调试，使桨叶底部距溶出杯的内底 15mm ±2mm。分别量取溶出介质置各溶出杯内，介质的体积 150~250ml，实际量取的体积与规定体积的偏差应在 ±1% 范围之内。以下操作同桨法。取样位置应在桨叶顶端至液面的中，距溶出杯内壁 6mm 处。

（六）含量均匀度

含量均匀度检查法用于检查单剂量的固体、半固体和非均相液制剂含量符合标示量的程度。《中国药典》（2020 年版）明要求：除另有规定外，片剂或硬胶囊剂，每一个单剂标示量小于 25mg 或主药含量小于每个单剂重量 25% 者；内充非均相溶液的软胶囊、均应检查含量均匀度。凡检查含量均匀度的制剂，一般不再检重（装）量差异。

（七）卫生学检查

大多数片剂口服给药，应符合口服给药制剂关于微生物限度的规定。

六、片剂的包装与贮藏

（一）片剂的包装

片剂的包装不仅要能保证片剂的质量，同时还要兼顾其使用的方便性，以及对于特殊药品、特殊人群的安全性。遵循这一原则，片剂的包装通常有以下几种。

1. 不同剂量的包装　按包装剂量的不同，有单剂量包装和多剂量包装。单剂量主要有泡罩式包装和窄条式包装两种形式，二者均是将药片单独包装，使每个药片均处于密封状态，不仅增强了对药片的保护，还可杜绝交叉污染。多剂量包装则是几片、几十片甚至上百片药片包装在一个容器中，常用的容器多为玻璃瓶或塑料瓶，也有用纸塑复合膜、金属箔复合膜等制成的药袋。

2. 不同功能的包装　按包装功能的不同，有遮光包装、安全包装等。遮光包装主要采用遮光容器（棕色容器、黑纸包裹的容器或遮光材料制作的容器）盛装药品，以保证光敏药物不会受光分解。安全包装主要有防偷换安全包装及儿童安全包装，防偷换安全包装是具有识别标志或保险装置的包装，如被启封，即可通过标志或保险装置的破损而识别，主要用于毒性药品。儿童安全包装是一种儿童自己很难打开，但成人可以轻松打开的药品包装，其结构设计相对复杂，可有效防止儿童因好奇开启后误服而造成危险。

（二）片剂的贮藏

《中国药典》（2020年版）制剂通则中片剂项下规定：片剂应注意贮藏环境中温度、湿度以及光照的影响，除另有规定外，片剂应密封贮藏。因此，对于片剂贮藏，首先，应保证片剂密封完好，防止其受潮、发霉、变质。其次，除另有规定外，一般将包装好的片剂放在阴凉（20℃以下）、通风、干燥处贮藏；对受潮易分解、变质的片剂，应在包装容器内放置干燥剂（如干燥硅胶），对光敏感的片剂，应采用棕色瓶包装，避光保存。

七、片剂的典型处方分析

案例4-6　复方阿司匹林片

【处方】 阿司匹林268g　对乙酰氨基酚136g　咖啡因33.4g　淀粉266g　淀粉浆（15%~17%）适量　滑石粉25g　轻质液体石蜡2.5g　酒石酸2.7g　制成1000片

【制法】 将咖啡因、对乙酰氨基酚与1/3量的淀粉混匀，加淀粉浆（15%~17%）制软材，过14目或16目尼龙筛制湿颗粒，于70℃干燥，干颗粒过12目尼龙筛整粒，然后将此颗粒与阿司匹林混合均匀，最后加剩余的淀粉（预先在100~105℃干燥）及吸附有液体石蜡的滑石粉，共同混合均匀后，再过12目尼龙筛，颗粒经含量测定合格后，用12mm冲压片，即得。

【临床应用】 用于发热、头痛、神经痛、牙痛、月经痛、肌肉痛、关节痛等。

【分析】 处方中的液体石蜡为滑石粉的10%，可使滑石粉更容易黏附于颗粒的表面上，在压片震动时不易脱落。剩余的淀粉作为崩解剂加入，但要混合均匀。

【注意事项】

（1）阿司匹林遇水容易水解，因此生产车间的湿度不宜过高，以免阿司匹林发生水解。

（2）阿司匹林遇水易水解成对胃黏膜有较强刺激性的水杨酸和醋酸，长期应用会导致胃溃疡。因此，本品中加入适量阿司匹林1%量的酒石酸，可在湿法制粒过程中有效减少阿司匹林的水解。

（3）本品中三种主药混合制粒及干燥易产生低共熔现象，所以采用分别制粒的方法，并且避免阿司匹林与水直接接触，从而保证了制剂的稳定性。

（4）阿司匹林的水解受金属离子的催化，因此必须采用尼龙筛网制粒，同时不得使用硬脂酸镁，因而采用5%滑石粉作为润滑剂。

（5）阿司匹林的可压性极差，因而采用了较高浓度的淀粉浆（15%～17%）作为黏合剂。

（6）阿司匹林具有一定的疏水性，因此必要时可加入适宜的表面活性剂，如聚山梨酯80等，加快崩解和溶出。

（7）为了防止阿司匹林与咖啡因等的颗粒混合不均匀，可采用滚压法或重压法将阿司匹林制成干颗粒，然后与咖啡因等的颗粒混合。

案例4-7　卡维地洛片

【处方】 卡维地洛 10g　微晶纤维素 120g　羧基淀粉钠 10g　十二烷基硫酸钠 2g　8%淀粉浆适量　硬脂酸镁 0.75g　制成 1000 片

【制法】 将处方量的卡维地洛与羧甲基淀粉钠、微晶纤维素用等量递增法混匀，加入含十二烷基硫酸钠的淀粉浆（8%）适量，制软材，18 目筛制粒，于 50℃ 干燥后加入硬脂酸镁混匀，用 16 目筛整粒、压片，即得。

【分析】 卡维地洛为主药，微晶纤维素为填充剂，羧甲基淀粉钠为崩解剂，淀粉浆为黏合剂，硬脂酸镁为润滑剂。卡维地洛在水中的溶解度很小，其片剂中必须加亲水性辅料，如微晶纤维素或羧甲基淀粉钠及表面活剂十二烷基硫酸钠等；由于剂量较小，在操作工艺中应该采用等量递加法混合，以确保制剂的含量均匀。

【临床应用】 用于治疗原发性高血压及有症状的充血性心力衰竭。

案例4-8　红霉素肠溶片

【处方】

片芯处方：红霉素 1 亿单位　淀粉 52.5g　干淀粉 5g　10%淀粉浆 10g　硬脂酸镁 3.6g　制成 1000 片

肠溶衣膜处方：Ⅱ号丙烯酸树脂 28g　苯二甲酸二乙酯 5.06g　聚山梨酯 80　5.06g　85%乙醇 560ml　蓖麻油 16.8g　滑石粉 16.8g

【片芯制法】 将红霉素与淀粉混匀，加淀粉浆搅拌使成软材，用 10 目尼龙筛制粒，80～90℃ 干燥后，干颗粒加入硬脂酸镁和干淀粉，经 12 目筛整粒，混匀，压片。

【肠溶片制法】 将Ⅱ号丙烯酸树脂用 85%乙醇溶解制成 5%树脂溶液，将滑石粉、苯二甲酸二乙酯、聚山梨酯 80、蓖麻油等混匀、研磨后加入 5%Ⅱ号丙烯酸树脂溶液中，加入色素混匀后，过 120 目筛备用；将红霉素片芯置包衣锅中，按一般包衣方法包粉衣层后，喷入树脂包衣液，包衣锅温度控制在 35℃ 左右，在 4 小时内喷完。

【分析】 红霉素在肠道吸收迅速，但与胃酸作用，化学结构易被破坏，故需包肠溶进行保护。片芯处方中红霉素为主药，淀粉为稀释剂，10%淀粉浆为黏合剂，干淀粉为崩解剂，硬脂酸镁为润滑剂；衣膜处方中Ⅱ号丙酸树脂为肠溶材料，85%乙醇为肠溶材料的溶剂，苯二甲酸二乙酯、蓖麻油为增塑剂，山梨酯 80 为膜衣的致孔剂，滑石粉为固体粉料防止片剂粘连。

实训 10　片剂的制备与质量评价

一、实训目的

1. 熟练掌握挤压制粒的操作，掌握湿法制粒压片的工艺过程。

2. 熟练掌握旋转式压片机的使用。

3. 能分析片剂处方，并对普通片进行质量检查。

二、实训指导

片剂系指将药物与适宜的辅料通过制剂技术制成的片状制剂。它是临床应用最广泛的剂型之一，具有剂量准确，质量稳定，服用方便，成本低等优点。片剂的制备方法主要由湿法制粒压片，干法制粒压片和粉末直接压片法。生产中多以湿法制粒压片为主。其流程图如下图 4 – 47 所示。

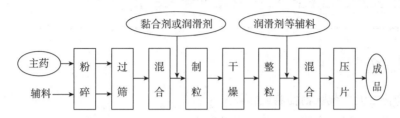

图 4 – 47　湿法制粒压片流程图

实验室或小量生产则以挤压制粒为主，其中制软材是湿法制粒的关键工序，软材的标准是"握之成团，触之即散"。颗粒大小一般根据片剂大小来控制，一般大片选用 14 ~ 16，小片 18 ~ 20 目筛制粒。制好的湿颗粒应根据主要和辅料的性质于适宜的温度（50 ~ 60℃）尽快通风干燥。干燥完毕整粒。整粒后加入润滑剂，崩解剂等辅料，混匀，计算片重后即可压片。

三、实训药品与器材

1. 药品　阿司匹林粉末，淀粉，淀粉糊糊（8%），滑石粉。

2. 器材　百分之一电子天平，万分之一电子天平，量筒，研钵，药筛，烘箱，硬度计，旋转式压片机，脆碎度检测仪，智能崩解仪，片剂硬度仪等。

四、实训内容

（一）阿司匹林片的制备

【处方】

阿司匹林	30g
淀粉	3g
10% 淀粉浆	适量
滑石粉	适量　　共制 100 片

【操作】

1. 10% 淀粉浆的制备　用冲浆法制备淀粉浆，放凉待用。

2. 制颗粒　取处方量阿司匹林与淀粉混合均匀，加适量10%淀粉浆制软材，过16目筛制粒，将湿颗粒于 40 ~ 60℃干燥，过16目筛整粒并与滑石粉混匀（5%）。

3. 将混合好的颗粒置旋转压片机压片。

【注意事项】

（1）乙酰水杨酸在润湿状态下遇铁器易变为淡红色。因此，宜尽量避免铁器，如过筛时宜用尼龙筛网，并迅速干燥。在干燥时温度不宜过高，以避免药物加速水解。

（2）在实验室中配制淀粉浆：可用直火加热，也可以水浴加热。若用直火时，需不停搅拌，防止焦化而使片面产生黑点。故实验室常用冲浆法防止淀粉浆焦化。

（3）加浆的温度，以温浆为宜，温度太高不利药物稳定，太低不宜分散均匀。

（二）质量检查

依据《中国药典》（2020 年版）片剂制剂通则对制得的阿司匹林片做相应的质量检查，并将检查结果填于表 4 – 11。

表 4 – 11 阿司匹林片剂质量检查项目

品名	外观	硬度	脆碎度	装量差异	崩解时限
阿司匹林片					

五、实验思考题

1. 压片时，为什么大多数药物要制成颗粒？
2. 产生片剂的重量差异不合格的主要原因是什么？

任务七 丸剂的制备与质控

PPT

一、丸剂的概述

（一）丸剂的概念与特点

丸剂系指原料药物与适宜的辅料制成的球形或类球形固体制剂。按照主药成分不同可分为中药丸剂和化学药丸剂两种，以中药丸剂为主，临床主要供内服。中药丸剂是指饮片细粉或提取物加适宜的黏合剂或其他辅料制成的球形或类球形制剂，包括蜜丸、水丸、水蜜丸、浓缩丸、糊丸、蜡丸与滴丸等。化学药丸剂是指化学药物加适宜的黏合剂或其他辅料制成的球形或类球形制剂，包括滴丸、糖丸。

中药丸剂作为我国传统剂型之一，应用历史悠久，在继承祖国医学的基础上，随着制药技术的发展，丸剂的制备从传统的手工生产到机械化生产，并逐步实现自动化。丸剂品种在《中国药典》（2020 年版）中收载达 300 多种。丸剂具有如下特点。

1. 药效作用持久、缓和 蜜丸、糊丸、蜡丸服用后在胃肠道中缓慢崩解或溶散，逐渐释放药物，药物吸收迟缓，作用持久。临床上治疗慢性疾病或久病体弱、病后调和气血者多制成丸剂服用。

2. 可减少或避免某些药物的毒性和刺激性 通过选用适宜的辅料，使某些毒性、刺激性药物在胃肠道中释药缓慢，平缓药物的吸收，降低毒性或刺激性。

3. 适用于液体及挥发性药物 丸剂制备时不仅能容纳固体药物、半固体药物，还可以容纳液体药物，芳香挥发性药物可通过泛在丸剂中层来改善其挥发性。

4. 可进行包衣 将普通的中药丸剂改制成微丸后包缓释衣，经压成片剂或装入胶囊后成为控、缓释制剂。

但是中药丸剂多以药材粉末入药，服用量较大，小儿服用困难；丸剂生产过程较长，增加了药物染菌的机会，微生物易超标；中药材质量受中药材产地、采收时节、炮制加工等因素的影响较大，对中药丸剂的内在质量控制还有待深入研究。

（二）丸剂的分类

1. 按使用的辅料不同分类

（1）蜜丸 饮片细粉以蜂蜜为黏合剂制成的丸剂。如安宫牛黄丸、乌鸡白凤丸等。其中每丸重量在 0.5g（含 0.5g）以上的称大蜜丸，每丸重量在 0.5g 以下的称小蜜丸。

（2）水蜜丸　饮片细粉以炼蜜和水为黏合剂制成的丸剂。如骨刺丸、苏合香丸等。

（3）水丸　饮片细粉以水（或根据制法用黄酒、醋、稀药汁、糖液含5%以下炼蜜的水溶液等）为润湿剂或黏合剂制成的丸剂。如木香顺气丸、香砂六君丸等。

（4）糊丸　饮片细粉以米粉、面糊或米糊为黏合剂制成的丸剂。如小金丸、控涎丸等。

（5）蜡丸　饮片细粉以蜂蜡为黏合剂制成的丸剂。如妇科通经丸等。

（6）浓缩丸　饮片或部分饮片提取浓缩后，与适宜的辅料或其余饮片细粉，以水、炼蜜或炼蜜和水为黏合剂或润湿剂制成的丸剂（相应地又分别被称为浓缩水丸、浓缩蜜丸和浓缩水蜜丸）。如逍遥丸、六味地黄丸等。

👁 看一看

了不起的糖丸

糖丸是疫苗的一种剂型，糖丸疫苗采用泛制法制备，是以适宜大小的糖粒或基丸为核心，用糖粉和其他辅料的混合物作为撒粉材料，选用适宜的黏合剂或润湿剂制丸，并将原料药物以适宜的方法分次包裹在糖丸中而制成的丸剂。需用奶粉、奶油、葡萄糖等材料作辅料，将液体疫苗滚入糖中，即糖丸疫苗。糖丸疫苗为白色，对热非常敏感，属于国家免疫规划的第一类疫苗。从1957年到2000年，顾方舟艰难跋涉44年，终于走完了消灭中国脊髓灰质炎这条不平之路。20世纪60年代以后出生的中国孩子都有着一个共同的记忆：小时候曾领过一颗乳白色的小糖丸。就是这看起来不起眼的小糖丸，却是无数中国孩子的健康保障，彻底消灭了中国土地上的脊髓灰质炎。

2. 按制法不同分类　分为泛制丸、塑制丸。

（三）中药丸剂的辅料

中药丸剂常用的辅料有润湿剂、黏合剂、吸收剂或稀释剂。

1. 润湿剂　药材粉末本身具有黏性，只需加润湿剂诱发其黏性，便可以制备成丸。常用的润湿剂有水、酒、醋、水蜜、药汁等。

（1）水　系指纯化水。能润湿药粉中的黏液质、糖及胶类，诱发药粉的黏性。

（2）酒　常用白酒与黄酒两种。酒能溶解药材中的树脂、油脂而增加药材细粉的黏性，但其黏性比经水润湿后的黏性程度低。若用水作润湿剂黏性太强制丸有困难时，可以用酒代之。此外，酒兼有一定的药理作用，具有舒筋活血功效的丸剂常用酒作润湿剂。

（3）醋　常用米醋（含乙酸量为3%~5%）。具有散瘀止痛功效的丸剂常用醋作润湿剂，醋还有助于药材中碱性成分的溶解，提高药效。

（4）水蜜　一般以炼蜜1份加水3份稀释而成，兼具润湿与黏合作用。

（5）药汁　处方中的某些药材不易制粉，可将其煎汁或榨汁作为其他药粉成丸的辅料，既有利于保存药性，提高药效，又节省了其他辅料的用量。

2. 黏合剂　一些含纤维、油脂较多的药材细粉，需加适当的黏合剂才能成型。常用的黏合剂有蜂蜜、米糊或面糊、药材清（浸）膏、糖浆等。

（1）蜂蜜　蜂蜜是蜜丸的重要组成部分，具有补中益气、缓急止痛、止渴润肠、解毒、矫味、矫臭等作用。其主要成分是葡萄糖和果糖，另含有少量蔗糖、有机酸、维生素、无机盐等成分。制备蜜丸应选择半透明、带光泽、乳白色的黏稠糖浆状液体或稠如凝脂状的半流体，味纯甜的蜂蜜。

（2）米糊或面糊　以黄米、糯米、小麦及神曲等细粉制成的糊。用量为药材细粉的40%。制糊的方法有：①蒸糊法，将糊粉加适量水混合均匀后制成块状后放于蒸笼中蒸熟使用；②煮糊法，将糊粉加适量水混合均匀制成块状后放于沸水中煮熟，呈半透明状后使用；③冲糊法，将糊粉加少量温水调匀成浆，在不断搅拌的过程中冲入沸水至成半透明状后使用。使用米糊或面糊制得的丸剂一般较坚硬，溶散速度较慢，适用于毒剧药和刺激性药物。

（3）药材浸膏　用浸提方法获得的清（浸）膏大多具有较强的黏性，可兼作黏合剂使用，与处方中其他药材细粉混合后制丸。

（4）糖浆　常用蔗糖糖浆。通过炼糖使糖热融成均匀的糖浆，并使蔗糖在加热特别是在有酸的情况下加热，水解转化为葡萄糖和果糖（葡萄糖和果糖的混合物称为转化糖），以避免丸剂在贮存过程中析出糖的晶体，出现"返砂"现象。糖浆适用于黏性弱、易氧化药物的制丸。

（5）蜂蜡　将蜂蜡加热熔化，待冷却至适宜温度后按比例加入药粉，混合均匀后制丸。如果蜂蜡中含有杂质，可以将蜡放在水中加热至80~90℃时，由于蜡和水的比重不同，搅拌后静置10分钟后杂质下沉，取出上浮蜂蜡，弃去杂质和水即可。制备蜡丸时应保温60℃，防止药粉与蜡分层。

3. 吸收剂或稀释剂　中药丸剂中外加其他稀释剂或吸收剂的情况较少，一般是将处方中出粉率高的药材制成细粉，作为浸出物、挥发油的吸收剂或稀释剂，这样可避免或减少其他辅料的用量。亦可用惰性无机物如氢氧化铝、碳酸钙、甘油磷酸钙、氧化镁或碳酸镁等作吸收剂。

另外，为促进丸剂在体内的崩解和释放，常加入适量的崩解剂，如羧甲基淀粉钠、低取代羟丙基甲基纤维素等。

（四）丸剂的质量要求

根据《中国药典》（2020年版）丸剂的相关规定，丸剂在生产和贮藏期间应符合下列有关规定：

（1）外观应圆整，大小、色泽应均匀，无粘连现象。

（2）丸剂水分应符合规定。

（3）重（装）量差异与含量均匀度应符合规定。

（4）溶散时限或崩解时限应符合规定。

（5）根据药物的性质、使用与贮藏的要求，供口服的丸剂可包糖衣或薄膜衣。

（6）微生物限度应符合规定。

二、丸剂的制备技术 📱微课2

（一）泛制法

泛制法是将药物粉末与润湿剂或黏合剂交替加入适宜的设备内，使药丸逐层增大的方法。制备工艺流程如图4-48所示。手工制丸可采用泛丸匾，大量生产可以采用泛丸设备，如泛丸机或包衣锅。

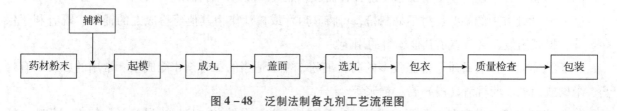

图4-48　泛制法制备丸剂工艺流程图

1. 原料处理　处方中适宜的药材经净选炮制合格后粉碎。用于起模的药粉黏性应适中，通常过六号筛。用于加大成型的药粉，除另有规定外，应过六号筛或七号筛。用于盖面的药粉应为最细粉。药材粉末粒度直接影响丸剂的质量。药粉粒度过细，泛制过程中易使丸体紧致，影响溶散时限；药粉粒度过粗，则易导致丸粒表面粗糙，有花斑纤维毛，导致丸粒外观质量不合格。含纤维较多的药材（如大腹皮、丝瓜络、灯心草等），不易粉碎时，可先将其加水煎煮，用提取的煎汁作润湿剂，以供泛丸应用。

2. 起模 系将部分药粉制成大小适宜丸模的操作过程，是制备水丸的关键环节。起模法是将少许药粉置泛丸匾或转动的包衣锅内，喷刷少量水或其他润湿剂，使药粉黏结形成小粒，再喷水撒粉，配合揉、撞、翻等泛丸动作，反复多次，使体积逐渐增大形成直径为 0.5 ~ 1mm 的圆球形小颗粒，经过筛分等即得丸模。也可使用软材过筛制粒的方法起模。起模后需要对母核进行筛选，以控制母核的大小和数量，母核数量不足需重新起模补足。

起模可以采用手工或机械操作，通常采用的方法有以下三种。①药粉加水起模：将部分起模用粉置泛丸匾或泛丸设备中，药粉随机器或泛丸匾的转动，用喷雾器喷水于药粉上，使其均匀湿润，部分药粉成为细粒状，撒布少许干粉，使药粉黏附于细粒表面，再喷水湿润，如此反复操作至获得适宜的母核。②喷水加粉起模法：将起模用的水在泛丸设备器壁或泛丸匾的一侧均匀湿润，撒入少量药粉，然后用干燥的毛刷沿转动相反方向刷下，使它成为细小的颗粒，再喷入水，加入药粉，如此反复操作至获得适宜的母核。③湿粉制粒起模：将起模用的药粉加水润湿，制成"手握成团，触之即散"的软材状，用 8 ~ 10 目筛制成颗粒，将颗粒再放入泛丸设备内加少量干粉，充分搅匀，使颗粒在锅内旋转，撞去棱角成为圆形，即得母核。此法成模率高。

3. 成丸 系将丸模逐渐加大至接近成品的操作。操作时将丸模置包衣锅内，开动包衣锅，反复喷水润湿和加药粉，使丸粒的体积逐渐增大，直至形成外观圆整光滑、坚实致密、大小适合的丸剂。

4. 盖面 将成型后的丸剂经过筛选，剔除过大或过小的丸粒，置于包衣锅内转动，加入留出的药粉（最细粉）或清水或浆头（即将药粉或废丸加水混合制成的稠厚液体），继续滚动至丸面光洁色泽一致、外形圆整。

5. 干燥 除另有规定外，水蜜丸、水丸、浓缩水蜜丸和浓缩水丸均应在 80℃以下进行干燥；含挥发性成分或淀粉较多的丸剂（包括糊丸）应在 60℃以下进行干燥；不宜加热干燥的应采用其他适宜的方法进行干燥。目前制药企业大生产时常采用隧道式微波干燥，其特点是干燥温度低、速度快，内外干湿度均匀，药物中有效成分的损失小，节约能源。

6. 筛选 泛丸法制备的水丸大小常有差异，干燥后须经筛选，以保证丸粒圆整、大小均匀、剂量准确。

7. 包衣与打光 需要进行包衣、打光的丸剂在转动的包衣锅内不断滚动，经交替喷水或喷入适宜的黏合剂，撒入包衣物料（如朱砂、滑石、雄黄、青黛、甘草、黄柏、百草霜以及礞石粉等），包衣物料可均匀地黏附在丸面上。包衣完成后，撒入川蜡，继续转动 30 分钟，即完成包衣和打光工序。

除水丸外，蜜丸、水蜜丸、糊丸和浓缩丸等都可根据需要进行包衣。衣层尚可选用糖衣、薄膜衣和肠溶衣，包衣方法与片剂相同。

（二）塑制法

塑制法是将药材粉末与适宜的辅料（主要是润湿剂或黏合剂）混合制成可塑性的丸块，再经搓条、分割及搓圆制成丸剂的方法。制备工艺流程如图 4 - 49 所示。

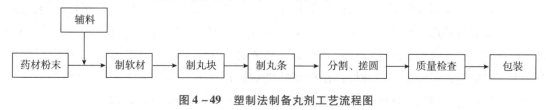

图 4 - 49 塑制法制备丸剂工艺流程图

1. 丸块的制备

（1）原辅料准备 用于塑制丸的药粉一般需过六号筛。处方中若有毒剧药及贵重药材时，应单独粉碎后再用等量递增法与其他药物细粉混合均匀。

塑制法常用于制备蜜丸，所用辅料为炼蜜。炼蜜是指蜂蜜加热熬炼至一定程度的操作。其主要目的是为了去除杂质、降低水分含量增加黏性、杀死微生物及破坏酶类。蜂蜜由于蜜源不同，其外观形态和各种成分的含量也不相同。炼蜜应选取无浮沫、死蜂等杂质的优质蜂蜜。若蜂蜜中含有这类杂质，须将蜂蜜置锅内，加少量清水（蜜水总量不超过锅的 1/3，以防加热时外溢）加热煮沸，用四号筛或五号筛过滤，除去浮沫、死蜂等杂质，再继续加热。

按照炼制温度、含水量、相对密度的不同分为嫩蜜、中蜜和老蜜三种规格，炼制程度与使用量视物料的黏性而定。①嫩蜜：将蜂蜜加热至 105 ~ 115℃，使含水量为 17% ~ 20%，相对密度 1.34 左右，色泽无明显变化，稍有黏性。适用于含较多油脂、黏液质、胶质类等黏性较强的药材。②中蜜：将蜂蜜加热至 116 ~ 118℃，使含水量为 10% ~ 16%，相对密度 1.37 左右，出现淡黄色有光泽的均匀细气泡，用手指捻之多有黏性，但两手指分开时无长白丝出现。适用于黏性适中的药材。③老蜜：将蜂蜜加热至 119 ~ 122℃，使含水量仅为 10% 以下，相对密度 1.40 左右，出现有较大的红棕色具光泽的较大气泡，黏性强，两手指捻之很黏，当手指分开出现白丝，滴入冷水中成边缘清楚的珠状（滴水成珠）。多用于黏性差的矿物或纤维较重的药材。

（2）和药 将已混合均匀的药材细粉加入适量的炼蜜，反复搅拌混合，制成软硬适宜，具有一定可塑性丸块的操作，是塑制法制丸的关键工序。丸块的软硬程度直接影响丸粒成型和在贮存中是否变形。和药后一般将丸块放置数分钟至半小时，使药粉充分润湿。优良的丸块应混合均匀、色泽一致，滋润柔软，具可塑性，软硬适度，以不影响丸粒的成型和在储存中不变形为度。丸块放置过程中要保持丸块湿度，防止干裂。

影响丸块质量的因素如下。①炼蜜程度：应根据处方中药材的性质、粉末的粗细、含水量的高低、制备时的气温及湿度，决定炼制蜂蜜的程度。蜜过嫩则黏合不好，丸粒搓不光滑并且易塌变形；蜜过老则丸块发硬，难以搓圆并且影响丸粒表面的光泽度。②下蜜温度：一般用热蜜和药，炼蜜应趁热加入药粉中。若处方中含有较多黏性强且遇热易熔化的树脂、胶质、糖油脂类的药材，下蜜温度应以 60 ~ 80℃为宜；若处方中含有冰片、麝香等芳香挥发性药物，下蜜温度则以 60℃左右为宜；若处方中含有大量的叶、茎、全草或矿物性药材，粉末黏性很小，则须用老蜜且趁热 80℃左右下蜜。③用蜜量：药粉与炼蜜的比例也是影响丸块质量的重要因素，一般粉蜜量比例为（1:1）~（1:1.5）。含糖类、胶质等黏性强的药粉用蜜量宜少；含纤维较多、质地轻松、黏性极差的药粉，用蜜量宜多，可达 1:2 以上。夏季用蜜量应稍少，冬季用蜜量宜稍多。手工和药用蜜量稍多，机械和药用蜜量稍少。

2. 制丸条 制丸条时，先将丸块称重，按所需制成丸粒的数目与每丸的重量更换丸条管出口或调节出口调节器，使挤出的丸条粗细符合要求。制丸条应连续、粗细一致，表面光滑。

3. 制丸粒 将制成的丸条放入搓丸板底板的槽沟上或塑丸机的制丸刀轮进行制丸，经搓丸板的滑动轨板搓压或制丸机刀轮牙齿板的反复对搓与抖动，将丸条切割并搓成圆形丸粒。

手工制备常使用搓丸板，如图 4 - 50。目前，大生产多采用中药自动制丸机制丸，如图 4 - 51 所示，它可以直接将丸块制成丸剂，整个过程全封闭操作，减少药物染菌的概率，并且性能稳定，操作简单，一次成丸无需筛选，无需二次整形。制丸机主要由加料斗、推进器、自控轮、导轮、制丸刀轮等组成。操作时，将混合均匀的药料投入具有密封装置的药斗内，以不溢出加料斗又不低于加料斗高度的 1/3 为宜，通过进药腔的压药翻板，在螺旋推进器的挤压下，推出多条相同直径的药条，在导轮控制下，丸条同步进入相对方向转动的制丸刀轮中，由于制丸刀轮的径向和轴向运动，将丸条切割并搓圆，连续制成大小均匀的药丸。

图 4-50　搓丸板

图 4-51　制丸机设备图

4. 干燥　水分检查合格的丸粒直接分装。水分高于 15.0% 的丸粒需在 80℃ 以下干燥，含挥发性或遇热不稳定的药物成分、含淀粉较多的丸剂在 60℃ 以下干燥。大蜜丸一般不需要干燥。

5. 内包装与贮存　丸剂制成后若包装与贮存条件不当，常引起丸剂霉烂、虫蛀及挥发性成分散失。各类丸剂的性质不同，其包装与贮存方法亦不相同。

大、小蜜丸及浓缩丸常装于塑料球壳内，壳外再用蜡层固封或用蜡纸包裹，装于蜡浸过的纸盒内，盒外再浸蜡，密封防潮。

含芳香挥发性或贵重细料药可采用蜡壳固封，再装入金属、帛或纸盒中。

大蜜丸也可选用泡罩式铝塑材料包装。一般小丸常用玻璃瓶或塑料瓶密封，水丸、糊丸及水蜜丸等如为按粒服用，应以数量分装；如为按重量服用，则以重量分装。

含芳香性药物或较贵重药物的微丸多用瓷制的小瓶密封。

除另有规定外，丸剂应密封贮存，蜡丸应密封并置阴凉干燥处贮存，以防止吸潮、微生物污染以及丸剂中所含的挥发性成分损失而降低药效。

练一练4-7

含有大量纤维素和矿物性黏性差的药粉制备丸剂时应该选用的黏合剂是（　　）

A. 嫩蜜　　　　　　　　B. 水蜜　　　　　　　　C. 老蜜

D. 蜂蜡　　　　　　　　E. 中蜜

答案解析

（三）丸剂的包衣

在丸剂的表面上包裹一层物质，使之与外界隔绝的操作称为包衣。包衣后的丸剂称为包衣丸剂。

1. 丸剂包衣的目的

①掩盖某些药物成分的恶臭或异味。

②包肠溶衣后，可使丸剂不受胃液破坏，在肠道内溶散吸收而起作用。

③将处方中一部分药物作为包衣材料包于丸剂的表面，在服用后首先发挥药效。

④防止药物氧化、变质或挥发，防止吸潮及虫蛀。

⑤使丸面平滑、美观。

2. 丸剂包衣的类型

（1）**药物衣**　包衣材料是丸剂处方组成部分，有明显的药理作用，既可首先发挥药效，又可以起到保护丸粒、增加美观的作用。①朱砂衣：有镇静安神的作用，如朱砂安神丸、天王补心丸等。②黄柏衣：有清热燥湿的作用，如四妙丸等。③雄黄衣：有解毒、杀虫的作用，如化虫丸等。④青黛衣：

青黛有清热解毒、凉血的作用，如千金止带丸、当归芦荟丸等。⑤百草霜衣：有清热作用，如六神丸、牛黄消炎丸等。另外还有红曲衣（消食健脾），赭石衣（降气、止逆、平肝止血）等药物衣。

（2）保护衣　选取处方以外，不具明显药理作用，性质稳定的物质作为包衣材料，使主药与外界隔绝，起保护作用。①糖衣：以蔗糖糖浆为包衣材料，如安神补心丸等。②薄膜衣：以药用高分子为包衣材料，如香附丸、补肾固齿丸等。

（3）肠溶衣　选用适宜的肠溶材料将丸剂包衣后使之在胃液中不溶散而在肠液中溶散，主要材料有虫胶、邻苯二甲酸醋酸纤维素（CAP）等。

3. 丸剂包衣的方法

（1）包衣材料的准备：①为使包衣面光滑，需将所用包衣材料粉碎成极细粉，过200目筛。②待包衣的丸粒应充分干燥，并具有一定的硬度，以免包衣时因碰撞而碎裂变形，或在包衣干燥时，衣层发生皱缩或脱壳。蜜丸无须干燥，利用其表面的黏性，撒布包衣药粉经滚转后即能形成包衣层。其他丸粒包衣时需使用适宜的黏合剂，如10%～20%的阿拉伯胶浆或桃胶浆、10%～20%的糯米粉糊、单糖浆及胶糖混合浆等。

（2）包衣方法：①药物衣（以包朱砂衣为例）：如果是蜜丸，朱砂的用量一般为干丸重量的5%～17%。将丸粒置于适宜的容器中，用力使容器往复运动，逐步加入朱砂极细粉，使其均匀撒布于丸剂表面，利用蜜丸表面的黏性将朱砂极细粉黏附而成衣。如果是水丸，朱砂的用量一般为干丸重量的10%。将干燥的丸置包衣锅中，加适量黏合剂进行转动、撞击等操作，当丸粒表面均匀润湿后，缓缓撒入朱砂极细粉；如此反复操作5～6次，将规定量的朱砂全部包于丸粒表面为止。取出药丸低温干燥（一般风干即可）。水蜜丸、浓缩丸及糊丸的药物包衣同水丸。②糖衣、薄膜衣、肠溶衣的包衣同片剂包衣法。

（四）丸剂制备举例

案例4-9　牛黄解毒丸

【处方】人工牛黄5g　　雄黄50g　　石膏200g　　大黄200g

　　　　黄芩150g　　桔梗100g　　冰片25g　　甘草50g

【制法】以上八味，除人工牛黄、冰片外，雄黄水飞成极细粉；其余石膏等五味粉碎成细粉；将冰片、人工牛黄研细，与上述粉末配研，过筛，混匀。每100g粉末加炼蜜100～110g制成大蜜丸，即得。

【性状】本品为棕黄色的大蜜丸或水蜜丸；有冰片香气，味微甜而后苦、辛。

【临床应用】清热解毒。用于火热内盛，咽喉肿痛，牙龈肿痛，口舌生疮，目赤肿痛。口服，一次1丸，一日2～3次。

【分析】雄黄为块状或粒状集合体，呈不规则块状，深红色或橙红色，质脆，易碎，采用水飞法得到极细粉。

【贮藏】密封。

案例4-10　六味地黄丸

【处方】熟地黄160g　　山茱萸（制）80g　　牡丹皮60g

　　　　山药80g　　　茯苓60g　　　　　泽泻60g

【制法】以上六味，粉碎成细粉，过筛，混匀。每100g粉末加炼蜜35～50g与适量的水，泛丸，干燥，制成水蜜丸；或加炼蜜80～110g制成小蜜丸或大蜜丸，即得。

【性状】本品为棕黑色的水丸、水蜜丸、棕褐色至黑褐色的小蜜丸或大蜜丸；味甜而酸。

【临床应用】滋阴补肾。用于肾阴亏损、头晕耳鸣、腰膝酸软、骨蒸潮热、盗汗遗精、消渴。口服。水蜜丸一次6g，小蜜丸一次9g，大蜜丸一次1丸，一日2次。

【分析】六味地黄丸制备过程中加入炼蜜是因为蜂蜜含有大量还原性糖可以有效防止药材中易氧化成分变质，作用温和持久。

【贮藏】密封。

三、丸剂的质量评价

《中国药典》（2020 年版）四部中的通则项下规定，丸剂的质量检查项目主要有以下项目。

1. 外观　应圆整，大小、色泽应均匀，无粘连现象。大蜜丸和小蜜丸应细腻滋润，软硬适中。蜡丸表面应光滑无裂纹，丸内不得有蜡点和颗粒。

2. 水分　取供试品按照《中国药典》（2020 年版）四部通则中水分测定法项下的方法检查。除另有规定外，蜜丸、浓缩蜜丸中所含的水分不得过 15.0%；水蜜丸、浓缩水蜜丸不得过 12.0%；水丸、糊丸和浓缩水丸不得过 9.0%。蜡丸不检查水分。

3. 重量差异　除另有规定外，照下述方法检查，应符合表 4 – 12 中的规定。

以 10 丸为 1 份（丸重 1.5g 及 1.5g 以上的以 1 丸为 1 份），取供试品 10 份，分别称定重量，再与每份标示重量（每丸标示量×称取丸数）相比较（无标示重量的丸剂，与平均重量比较），按表 4 – 12 中的规定，超出重量差异限度的不得多于 2 份，并不得有 1 份超出限度 1 倍。

表 4 – 12　按重量服用的丸剂重量差异限度

标示丸重或平均丸重	重量差异限度
0.05g 或 0.05g 以下	±12%
0.05g 以上至 0.1g	±11%
0.1g 以上至 0.3g	±10%
0.3g 以上至 1.5g	±9%
1.5g 以上至 3g	±8%
3g 以上至 6g	±7%
6g 以上至 9g	±6%
9g 以上	±5%

4. 装量差异　单剂量包装的丸剂照下述方法检查应符合规定。装量差异限度应符合表 4 – 13 中的规定。

取供试品 10 袋（瓶），分别称定每袋（瓶）内容物的重量，每袋（瓶）装量与标示装量相比较，应符合表 4 – 13 中的规定。超出装量差异限度的不得多于 2 袋（瓶），并不得有 1 袋（瓶）超出装量差异限度 1 倍。

表 4 – 13　单剂量分装的丸剂重量差异限度

标示装量	装量差异限度
0.5g 或 0.5g 以下	±12%
0.5g 以上至 1g	±11%
1g 以上至 2g	±10%
2g 以上至 3g	±8%
3g 以上至 6g	±6%
6g 以上至 9g	±5%
9g 以上	±4%

5. 装量　以重量标示的多剂量包装丸剂照最低装量检查法检查，应符合规定。以丸数标示的多剂

量包装丸剂不检查装量。

6. 溶散时限 除另有规定外，取供试品 6 丸，选择适当孔径筛网的吊篮（丸剂直径在 2.5mm 以下的用孔径约 0.42mm 的筛网，在 2.5～3.5mm 的用孔径为 1.0mm 的筛网，在 3.5mm 以上的用孔径约 20mm 的筛网），照《中国药典》（2020 年版）四部崩解时限检查法片剂项下的方法加挡板进行检查。除另有规定外，小蜜丸、水蜜丸和水丸应在 1 小时内全部溶散；浓缩丸和糊丸应在 2 小时内全部溶散。如操作过程中供试品黏附挡板妨碍检查时，应另取供试品 6 丸，不加挡板进行检查。

上述检查应在规定时间内全部通过筛网，如有细小颗粒状物未通过筛网，但已软化无硬心者可作合格论。

蜡丸照崩解时限检查法片剂项下的肠溶衣片检查法检查，应符合规定。

除另有规定外，大蜜丸及研碎、嚼碎后或用开水、黄酒等分散后服用的丸剂不检查溶散时限。

7. 微生物限度 以动物、植物、矿物质来源的非单体成分制成的丸剂及生物制品丸剂照非无菌产品微生物限度检查法检查，微生物计数法和控制菌检查法及非无菌药品微生物限度标准检查应符合规定。生物制品规定检查杂菌的，可不进行微生物限度检查。

❓ 想一想 4-7

大山楂丸，用于开胃消食。

【处方】 山楂 8kg 六神曲（麸炒）1.2kg 麦芽（炒）1.2kg

蔗糖 4.8kg 蜂蜜 4.8kg 共制约 2400 丸

【制法】 采用塑制法制备。

请分析大山楂丸的制备工艺以及质检项目。

答案解析

实训 11 丸剂的制备与质量评价

一、实训目的

1. 掌握塑制法制备蜜丸、泛制法制备水丸的工艺过程及操作要点。
2. 能正确进行配料、物料前处理、清场等操作。
3. 能对制备的药品进行质量检查。
4. 能正确操作、清洁和保养泛丸设备。

二、实训指导

（一）塑制法

1. 制备工艺 药物加辅料制软材，制丸块，制丸条，分粒、搓圆，质量检查。

2. 操作注意事项

（1）塑制法适用于蜜丸、浓缩丸、糊丸、蜡丸等的制备。

（2）合药 注意药粉与炼蜜的用量比例与蜜温，炼蜜应趁热加入。

（3）丸块 应软硬适宜、滋润、不散不黏为宜，丸块应放置醒发 20～30 分钟。

（4）搓丸条与分粒操作速度应适宜。丸条粗细均匀，表面光滑无裂缝，内部充实无裂隙，以便分粒和搓圆。

（5）制丸时应在上下搓板沟槽中均匀涂布少量润滑剂，以防粘连，并使丸粒表面光滑。成丸后立即分装，不需干燥。

（二）泛制法

1. 制备工艺　原辅料的准备，起模，成型，盖面，干燥，选丸，质量检查。

2. 操作注意事项

（1）一般选用黏性适中的药物细粉起模，并应注意掌握好起模用粉量。如用水为润湿剂，必须用8小时以内的凉开水或蒸馏水。水蜜丸成型时先用低浓度的蜜水，然后逐渐用稍高浓度的蜜水，成型后再用低浓度的蜜水撞光。盖面时要特别注意分布均匀。

（2）泛制丸因含水分多，湿丸粒应及时干燥，干燥温度一般为80℃左右。含挥发性、热敏性成分，或淀粉较多的丸剂，应在60℃以下干燥。丸剂在制备过程中极易染菌，应采取恰当的方法加以控制。

（三）丸剂质量要求

外观应圆整，大小、色泽应均匀，无粘连现象；丸剂水分、重（装）量差异与含量均匀度、溶散时限或崩解时限、微生物限度应符合规定；根据药物的性质、使用与贮藏的要求，供口服的丸剂可包糖衣或薄膜衣。

（四）丸剂质量检查

外观、水分、重量差异、装量差异、装量、溶散时限、微生物限度。

三、实训药品与器材

1. 药品　山楂、六神曲（麸炒）、炒麦芽、蔗糖、蜂蜜、纯化水、麻油、苍术粉末、黄柏粉末。

2. 器材　搓丸板、烧杯、玻璃棒、药匙、电子天平、筛子、研钵、水浴锅、烧杯、称量纸、泛丸匾、刷子、20B型万能粉碎机、BT-400圆盘分筛机、三维运动混合机、BY-400包衣锅、热风循环烘箱等。

四、实训内容

1. 大山楂丸的制备

【处方】山楂100g　　　　　　　六神曲（麸炒）15g

　　　　炒麦芽15g　　　　　　蔗糖60g

　　　　蜂蜜60g　　　　　　　纯化水27g

【制法】

（1）取山楂、六神曲、麦芽粉碎，过六号筛，混合均匀。

（2）炼蜜：另取蔗糖加纯化水加热溶解，加入蜂蜜一同加热，炼至蜜表面起黄色气泡（稍变颜色），手拭之有一定黏性，但两手指离开时无长丝出现即可（此时蜜温约为116℃）。

（3）待蜜温凉至约70~80℃时加入混合好的药材粉末，混合揉至颜色均匀，并醒发20~30分钟；

（4）搓丸板刷少量润滑剂，将混合好的软材搓成丸条，再分割成小段，揉球成丸。

【性状】本品为棕红色或褐色的大蜜丸；味酸、甜。

【临床应用】本品开胃消食，用于食积内停所致的食欲不振、消化不良、脘腹胀闷。

【用法与用量】口服，一次1~2丸，一日1~3次；小儿酌减。

【操作要点】

（1）炼蜜时应不断搅拌，以免溢锅。

（2）药粉与糖、蜜要充分混合直至形成软硬适宜、里外一致、无可见性粉末、不黏手、不黏附器壁的丸块。

（3）搓丸可在洁净的实验桌面上进行，以保鲜膜包裹丸条。

（4）把大蜜丸丸条分割成9g±0.36g的小段，用搓丸板或手揉球成丸。

（5）润滑剂可用麻油100g加蜂蜡20～30g熔融制成。

2. 保和丸的制备

【处方】 山楂（焦）300g　　　　六神曲（炒）100g

半夏（制）100g　　　　茯苓100g

陈皮50g　　　　　　　连翘50g

莱菔子（炒）50g　　　麦芽（炒）50g

【制法】

（1）以上八味药，取处方量的二分之一，混合粉碎成细粉，过六号至七号筛，混匀。

（2）在泛丸匾中喷洒少量冷开水或蒸馏水或用刷子蘸取少量冷开水或蒸馏水，使泛丸匾润湿，撒布少量起模用药粉，摇动泛丸匾，并用刷子刷下附着的粉末小点。继续在刷下的粉末上喷水、撒粉，配合揉、撞、翻等的泛丸操作，反复多次，泛制成粒径1mm的圆形小颗粒，筛去过大和过小的粉粒，即得丸模。

（3）接着重复撒水、撒粉的操作，直至达到合格大小要求，干燥，即得。

【性状】 本品为褐色圆形。

【临床应用】 消食导滞和胃。用于食积停滞，脘腹胀痛，嗳腐吞酸，不欲饮食。

【用法与用量】 口服，一次6～9g，一日2次；小儿酌减。

【操作要点】

（1）一般少量手工起模时，起模用粉量占总量的2%～5%。

（2）起模是制备泛丸法的关键。

（3）干燥的温度宜控制在80℃左右，含芳香挥发性成分或遇热易破坏成分，干燥温度控制在60℃以内。

（4）不合格丸粒不得丢弃，可进一步制浆盖面或继续泛制成丸。

3. 二妙丸的制备

【处方】 苍术（炒）3kg　　黄柏（炒）3kg　　共制成10万粒

【制法】

（1）原辅料准备

①备料　按处方量称取物料，物料要求能通过100目筛。称量时，应注意核对品名、规格、数量，并做好记录。

②混合　将苍术、黄柏两种药粉置于混合筒中，对物料进行混合操作，检查物料混合均匀度，检查颜色是否均一。

（2）制丸

①起模　用120目筛筛出细粉约700g供起模用，将起模药粉适量撒布于包衣锅内，待起模药粉使用完毕，将丸模取出，过5目和7目筛，取筛选后的丸模进行成型操作。

②成型　交替加水加粉，直至丸粒逐渐加大成型，至符合要求为止。在水丸成型初期，要控制洒水量和撒粉量，勤搅勤翻，防止形成新的丸模，导致丸粒不均匀。随着丸粒的增大，相应的加水量、加粉量可增大。

③盖面　将成型的丸粒置包衣锅中转动，逐渐喷入水，少量多次，使丸粒充分润湿，滚动适当时间，至丸粒表面光洁，取出，置物料桶中，于容器外贴上标签，标签上注明物料品名、规格、批号、数量、日期和操作者姓名，及时转干燥工序。

④干燥　将丸粒装上烘车，平铺，厚度不超过 2cm。设定干燥温度 60℃，逐渐升温至 80℃，每隔一段时间翻动一次，至干燥操作结束。填写请验单请验，合格后摘待检牌挂合格牌。

⑤选丸　挑拣出丸形均匀、无粘连、无破碎的丸粒将大丸、粘连丸、小丸及碎丸剔除。

【操作要点】

（1）物料要混合均匀，避免丸面色泽不均现象。

（2）起模不易过快，否则易产生丸粒粘连及新丸模出现，使母核数量增加，导致丸剂成型速度缓慢，延长制丸时间。

（3）制丸过程要随时捡出不规则丸，若出现丸粒粘连现象要及时用刷子捻开，不能捻开的要及剔除，防止消耗过多药粉。

（4）制备的丸剂要及时烘干，防止粘连及霉变。

4. 丸剂质量检查与评价

（1）外观　应圆整，大小、色泽应均匀，无粘连现象。大蜜丸和小蜜丸应细腻滋润，软硬适中。

（2）水分　除另有规定外，蜜丸中所含的水分不得过 15.0%；水蜜丸不得过 12.0%；水丸不得过 9.0%。

（3）重量差异　以 10 丸为 1 份（丸重 1.5g 及 1.5g 以上的以 1 丸为 1 份），取供试品 10 份，分别称定重量，再与每份标示重量（每丸标示量×称取丸数）相比较（无标示重量的丸剂，与平均重量比较），超出重量差异限度的不得多于 2 份，并不得有 1 份超出限度 1 倍。

（4）装量差异　单剂量包装的丸剂照下述方法检查应符合规定。取供试品 10 袋（瓶），分别称定每袋（瓶）内容物的重量，每袋（瓶）装量与标示装量相比较。超出装量差异限度的不得多于 2 袋（瓶），并不得有 1 袋（瓶）超出装量差异限度 1 倍。

（5）装量　以重量标示的多剂量包装丸剂照最低装量检查法检查，应符合规定。以丸数标示的多剂量包装丸剂不检查装量。

（6）溶散时限　除另有规定外，水蜜丸和水丸应在 1 小时内全部溶散；如操作过程中供试品黏附挡板妨碍检查时，应另取供试品 6 丸，不加挡板进行检查。

五、实训思考题

1. 炼蜜的目的是什么？炼制的蜂蜜分为几种？

2. 泛制法制备丸剂时，对药粉粒度有何要求？

任务八　滴丸剂的制备与质控

PPT

一、滴丸剂的概述

（一）滴丸剂的概念与特点

滴丸剂系指原料药物与适宜的基质加热熔融混匀，滴入不相混溶、互不作用的冷凝介质中制成的球形或类球形制剂。主要供口服，亦可供外用和眼、耳、鼻、直肠、阴道等局部使用。

👁 看一看

滴丸剂的发展史

滴丸剂制备始于1933年丹麦一家药厂用滴制法制备维生素A、D滴丸，而我国则始于1958年用滴制法制备酒石酸锑钾滴丸，并在《中国药典》（1977年版）收载了滴丸剂这种剂型，使我国药典成为国际上第一个收载滴丸剂的药典。我国中药滴丸的研制始于20世纪70年代末，采用滴制法制备苏冰滴丸，而复方丹参滴丸已投入国际市场。在此后的40多年里，滴丸剂在国内的制剂研究和临床应用中得到了快速的发展，尤其是中药滴丸剂的研究开发和临床应用，在世界上居于绝对领先地位。近年来，国内在克服普通滴丸剂固有不足的基础上，对缓释滴丸、自微乳滴丸、结肠靶向滴丸、肠溶滴丸、脉冲控制滴丸等新剂型进行了较深入的研究，研究表明这些滴丸剂在临床上可以治疗心绞痛、慢性充血性心衰、肺癌、慢性咽炎、带状疱疹、盆腔炎、三叉神经痛、关节炎等多种疾病。随着研究的不断深入，将有更多的新剂型滴丸剂药品上市。2020年版《中国药典》记载有元胡止痛滴丸、穿心莲内酯滴丸、复方丹参滴丸、联苯双酯滴丸、氯烯雌醚滴丸等20种滴丸。

滴丸剂在我国是一个发展较快的剂型。滴丸剂因增加了药物的分散度、溶出度和溶解度而具有速效和高效两个显著特点，适用于临床上发病较急的病症。它主要具有如下特点。

1. 生物利用度高，疗效迅速 因药物以分子、胶体或微粉状态高度分散在基质中，提高了药物的溶出速度和吸收速度。如灰黄霉素滴丸的剂量是微粉片的1/2。

2. 增加药物的稳定性 制备工艺条件易于控制，受热时间短，而且主药分散度大并被大量基质所包围，与空气等外界因素接触面积小，能提高挥发性药物或氧化药物的稳定性。若基质为非水性的，还可避免水解。

3. 液体药物可制成固体滴丸，便于携带和服用 如芸香油滴丸、牡荆油滴丸等。

4. 根据药物性质与临床需要可制成不同给药途径或具有缓释、控释性能的滴丸 如用于耳腔内治疗的氯霉素控释滴丸可起长效作用。

5. 其他 设备简单，操作方便；质量稳定，剂量准确；工艺周期短，生产效率高；车间无粉尘，利于劳动保护。目前可供选择的基质和冷凝液较少，且载药量有限，难以制成大丸（一般丸重多在100mg以下），因而只能应用于剂量小的药物。

（二）滴丸剂的质量要求

根据《中国药典》（2020年版）的有关规定，滴丸剂在生产和贮藏期间应符合下列有关规定。

1. 外观应圆整，大小、色泽应均匀，无粘连现象。

2. 重量差异小，丸重差异检查应符合规定。

3. 溶散时限、微生物限度检查应符合规定。

（三）基质与冷凝液

滴丸剂中除药物以外的赋形剂一般称为基质。用于冷却滴出的液滴，使之收缩冷凝成为滴丸的液体称为冷凝液。基质和冷凝液与滴丸的成型及其溶出速度、稳定性等密切相关。

1. 基质 滴丸剂的基质一般应具备以下条件。

（1）与原料药物不发生化学反应，不影响药物的疗效与检测。

（2）熔点较低，在60～160℃条件下能熔化成液体，遇骤冷又能冷凝为固体，与药物混合后仍能保持以上物理形状。

（3）对人体安全无害。

2. 分类　根据溶解性不同，滴丸的基质可分为水溶性及非水溶性两大类：①水溶性基质，常用的有聚乙二醇类（如 PEG4000、PEG6000）、泊洛沙姆、硬脂酸聚烃氧（40）酯、硬脂酸钠、甘油明胶等；②脂溶性基质，常用的有硬脂酸、单硬脂酸甘油酯、十八醇（硬脂醇）、十六醇（鲸蜡醇）、氢化植物油、虫蜡等。

选择基质时应根据"相似者相溶"的原则，尽可能选用与药物极性或溶解度相近的基质。但在实际应用中，亦有采用水溶性与脂溶性基质的混合物作为滴丸的基质，如国内常用 PEG6000 与适量硬脂酸混合，可得到较好的滴丸。

3. 冷凝液　冷凝液是用于冷却滴出的液滴，使之冷凝成固体丸粒的液体称为冷凝液。它不是滴丸剂的组成部分，但参与滴丸剂制备中的一个过程，如果处理不彻底，仍可能产生毒性，因此冷凝液应具备下列条件。

（1）安全无害，或有毒性但易于除去。

（2）与药物和基质不相混溶，不起化学反应。

（3）有适宜的相对密度，一般应略高于或略低于滴丸的相对密度，使滴丸（液滴）缓缓上浮或下沉，便于充分凝固、丸形圆整。

4. 冷凝液可分为两类

（1）水溶性冷凝液　常用有水、不同浓度的乙醇、酸性或碱性水溶液等。

（2）脂溶性冷凝液　常用有液体石蜡、植物油、二甲基硅油等。

📝 练一练4-8

制备氯霉素耳用滴丸时，选用聚乙二醇6000基质，那应该选用的冷凝液是（　　）

A. 乙醇　　　　　　　B. 水蜜　　　　　　　C. 酸溶液

D. 碱溶液　　　　　　E. 液体石蜡

答案解析

二、滴丸剂的制备技术

（一）滴制法

滴制法是将药物均匀分散在熔融的基质中，再滴入不相混溶的冷凝液中冷凝收缩成丸的方法。滴制法制备丸剂的一般工艺流程如图 4-52 所示。

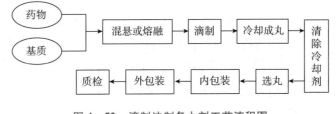

图 4-52　滴制法制备丸剂工艺流程图

（二）设备

滴丸剂的制备设备常用滴丸机见图 4-53。①物料保温系统：将药液与基质放入贮液罐内，通过加热搅拌制成滴丸的混合药液，并将其输送到滴头。其组成为保温层、加热层、搅拌机、油浴加热、药流输出开关、压缩空气输送机构等。②动态滴制收集系统：滴制时药液由滴头滴入到冷却液中，液滴在表面张力作用下充分地收缩成丸，使滴丸成型圆滑。其组成为滴头、滴管径调节器、压力调节器、冷却柱等。③循环制冷系统：为了保证滴丸的成型，避免滴液的热量引起冷却液温度波动，需要控制冷却柱温度或梯度温度。其组成为制冷机、冷却液循环动力系统等。④控制系统：采用计算机控制技术，实现了整机的自动化生产。

基质的熔化可在滴丸机中或熔料锅中进行，冷凝方式有静态冷凝与动态冷凝两种，滴出方式有下沉和上浮两种，见图 4 – 54。当滴丸的密度大于冷凝液时，应选择下沉式；反之应选择上浮式。

图 4 – 53　滴丸机设备图

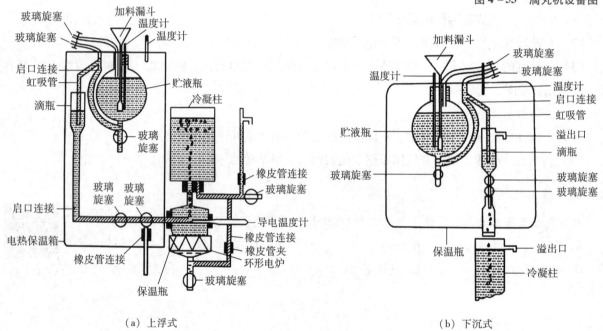

（a）上浮式　　　　　　　　　　　　　　　（b）下沉式

图 4 – 54　滴制法制备滴丸设备示意图

（三）滴制操作

1. 配制药液　根据药物与基质的溶解性，将选择好的基质加热熔化，然后将主药溶解、混悬或乳化在已熔融的基质中混匀制成药液。药液保持恒定的温度（80～90℃），便于滴制。中药滴丸需根据处方中药材性质选择适宜方法进行提取、精制后获得浸膏或浸膏粉，使提取物有更高的活性和纯度。

2. 滴制成丸　滴制前选择适当的冷凝液并调节好冷凝温度，滴制时要调节好药液的温度、滴头的速度，将药液滴入冷凝液中，凝固形成的丸粒徐徐沉于底部，或浮于冷凝液的表面。

3. 洗涤干燥　从冷凝液中捞出丸粒，拣去废丸，先用纱布擦去冷凝液，然后用适宜的溶剂搓洗除去冷凝液，用冷风吹干后，在室温下晾 4 小时即可。

4. 包衣或包装　根据原料药物的性质与使用、贮藏的要求，供口服的滴丸可包糖衣或薄膜衣。必要时，薄膜衣包衣滴丸应检查残留溶剂。制成的滴丸经质量检查合格后进行包装，包装时要注意温度的影响，包装要严密。一般采用玻璃瓶或瓷瓶包装，也可用铝塑复合材料包装，贮存于阴凉处。

（四）滴丸质量不合格情况以及影响因素

1. 滴丸丸重 在滴制过程中，丸重往往会偏离设定的重量，影响滴丸丸重的因素有：①保温温度不恒定，温度上升，表面张力下降，丸重减小，反之亦然；②滴液滴速不恒定，液滴从滴管滴下时，滴速加快会使滴管口残液量减少，丸重增加，反之则减少；③滴管口与冷却剂液面的距离，两者之间距离过大时，液滴会因重力作用被跌散而产生细粒，因此两者距离不宜超过5cm；④料液的变化导致滴管口静压改变，料液的减少使液压下降，导致丸重减少，滴速减慢，滴管口的压力可以通过在液面上形成真空或加压来改善静压差。为了加大滴丸的重量，可采用滴出口浸在冷却液中滴制。因液滴在冷却液中滴下可克服浮力作用，故丸重比相同口径的滴管在液面上滴丸剂的滴制方式制得的滴丸重。

2. 滴丸圆整度 在滴制过程中因表面张力的收缩作用使滴丸呈球体，收缩不充分会造成球体不圆，甚至有尖突起的现象，一般称为"拖尾"。影响滴丸圆整度的因素如下。①液滴在冷凝液中移动速度，液滴与冷凝液的密度相差大、冷凝液的黏滞度小都能增加移动速度。移动速度愈快，受的力愈大，其形愈扁。为使冷凝充分，冷凝液柱长一般长度为40～140cm。②液滴的大小：液滴小，液滴收缩成球体的力大，因而小丸的圆整度比大丸好。③冷凝液性质：适当增加冷凝液和液滴的亲和力，使液滴中空气尽早排出，保护凝固时丸的圆整度。④冷凝液温度：最好是梯度冷却，有利于滴丸充分冷却成型。

（五）滴丸剂制备举例

案例4-11 芸香油滴丸

【处方】 芸香油835g 硬脂酸钠100g 虫蜡25g 纯化水40ml

【制法】 将以上3种物料放入烧瓶中，摇匀，加水后再摇匀，水浴加热回流，时时振摇，使熔化成均匀的溶液，移入贮液罐内。药液保持65℃由滴管滴出（滴头的内径为4.9mm、外径为8.04mm，滴速约120丸/分），滴入含1%硫酸的冷却水溶液中，滴丸形成后取出，用冷水洗除吸附的酸液，用滤纸吸干水迹后即得。

【性状】 本品为黄色滴丸，有特殊气味。

【临床应用】 止咳平喘。用于喘息型慢性支气管炎、支气管哮喘等。口服，一次2～3粒，一日3次，餐后服用。

【分析】 硬脂酸钠和虫蜡在滴丸表面形成一层硬脂酸（掺有虫蜡）薄壳而制成肠溶滴丸，避免了芸香油对胃的刺激作用，减少了恶心呕吐等副作用。

【贮藏】 密封。

（六）包装与贮藏

滴丸剂包装应严密，一般采用塑料瓶、玻璃瓶或瓷瓶包装，亦有用铝塑复合材料等包装的。除另有规定外，滴丸剂应密封贮藏，防止受潮、发霉、虫蛀、变质。

三、滴丸剂的质量评价

1. 外观 滴丸应圆整，大小均匀，色泽一致，无粘连现象，表面无冷凝液黏附。

2. 重量差异 滴丸剂的重量差异限度应符合表4-14中的规定。

表4-14 滴丸剂重量差异限度

标示丸重或平均丸重	重量差异限度
0.03g 或 0.03g 以下	±15%
0.03g 以上至 0.1g	±12%
0.1g 以上至 0.3g	±10%
0.3g 以上	±7.5%

取供试品 20 丸，精密称定总重量，求得平均丸重后，再分别精密称定每丸的重量。每丸重量与标示丸重相比较（无标示丸重的，与平均丸重比较），按表 4-14 中的规定，超出重量差异限度的不得多于 2 丸，并不得有 1 丸超出限度 1 倍。

3. 溶散时限　照崩解时限检查法，不加挡板检查，普通滴丸应在 30 分钟内全部溶散，包衣滴丸应在 1 小时内全部溶散。如有细小颗粒状物未通过筛网，但已软化且无硬心者可按符合规定论。

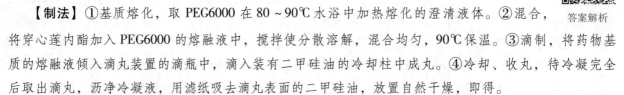

❓ **想一想4-8**

穿心莲内酯滴丸主要用于上呼吸道感染和痢疾。它的处方和制法如下。

【处方】 穿心莲内酯 10g　聚乙二醇 6000g

【制法】 ①基质熔化，取 PEG6000 在 80～90℃水浴中加热熔化的澄清液体。②混合，将穿心莲内酯加入 PEG6000 的熔融液中，搅拌使分散溶解，混合均匀，90℃保温。③滴制，将药物基质的熔融液倾入滴丸装置的滴瓶中，滴入装有二甲硅油的冷却柱中成丸。④冷却、收丸，待冷凝完全后取出滴丸，沥净冷凝液，用滤纸吸去滴丸表面的二甲硅油，放置自然干燥，即得。

　　但是制得的滴丸存在不够圆，且有尖突起情况，请分析一下导致此现象的可能原因有哪些？

答案解析

实训 12　滴丸剂的制备与质量评价

一、实训目的

1. 了解滴丸剂制备的基本原理，学会滴制法制备滴丸剂的基本操作。

2. 能对滴丸剂质量进行检查。

3. 能正确、及时地记录实验现象及数据。

二、实训指导

1. 滴丸剂制备工艺　药物与基质熔融、滴制、冷却、洗丸、干燥、选丸、质量检查及包装。

2. 操作注意事项

（1）称量　正确选用天平、规范使用天平、及时记录称量数据。

（2）药物与基质混匀　选用合适的基质是滴制法成功的关键之一。尽可能选择与主药性质相似的物质作基质，加热熔融后，将主药溶解、混悬或乳化在适宜的已熔融的基质中，配成药液加热并保温在 80～90℃。

（3）冷却　冷凝液要提前预冷至 10～15℃，并且将冷却柱放到冰浴锅中。

3. 滴丸剂质量要求　应圆整，大小、色泽应均匀，无粘连现象。

4. 滴丸剂质量检查　外观、重量差异、溶散时限、微生物限度。

三、实训药品与器材

1. 药品　氯霉素、苏合香、冰片、聚乙二醇 6000、液体石蜡。

2. 器材　量筒、吸管、药棉、滤纸、水浴锅、小烧杯、冷却柱、过滤装置、电子天平、实验室简易滴丸设备。

四、实训内容

1. 氯霉素耳用滴丸的制备

【处方】   氯霉素   10g   聚乙二醇 6000   20g

【制法】

（1）将聚乙二醇 6000 放入小烧杯后置水浴上加热熔融，加入全量氯霉素，搅拌至全溶，使药液温度保持在 80℃。

（2）用液体石蜡做冷凝液装入冷却柱，用吸管吸取药液滴入冷却柱中成丸。

（3）待完全冷凝后取出滴丸，摊于纸上，用滤纸吸去滴丸表面的液状石蜡，自然干燥即得。

【性状】淡黄色或黄色圆珠形滴丸。

【临床应用】适用于急、慢性化脓性中耳炎及乳突根治术后流脓者。

【用法与用量】每日或隔日换药一次，每次为 1~2 粒，5~7 日为一疗程。

【操作要点】

（1）滴制时熔融液的温度应不低于 80℃，否则在滴口处易凝固不易滴下。

（2）滴管与冷凝液液面的距离应≤5cm，否则会影响丸重和丸形。

2. 苏冰滴丸的制备

【处方】苏合香   10g

冰片   20g

聚乙二醇 6000   70g

【制法】

（1）将聚乙二醇 6000 至于小烧杯中，水浴加热熔融后加入苏合香和冰片，搅拌溶解，使药液温度保持在 80℃。

（2）用冷却的液状石蜡（10~15℃）做冷凝液装入冷却柱，用吸管吸取药液滴入冷却柱中成丸。

（3）将成型的滴丸冷却后，取出，用滤纸除去冷凝介质，滴丸在滑石粉中滚动，自然干燥即得。

【性状】本品为淡黄色滴丸；气芳香，味辛、苦。

【临床应用】具有芳香开窍，理气止痛的功效。用于胸闷、心绞痛、心肌梗死等。

【用法与用量】口服（发病时可即含服或吞服），一次 2~4 粒，一日 3 次。

【操作要点】

（1）搅拌溶解过程中需要控制搅拌速度，避免过快，以免引入空气产生气泡。

（2）滴制过程中应保持温度稳定，否则易导致滴丸成型性不好，甚至无法滴制。

（3）滴管与冷凝介质的距离控制在 5cm 以内，否则易导致滴丸碎裂。

3. 滴丸剂质量检查与评价

（1）外观   滴丸应大小均匀，色泽一致，无粘连现象，表面无冷凝液黏附。

（2）装量差异   取供试品 20 丸，精密称定总重量，求得平均丸重后，再分别精密称定每丸的重量。每丸重量与标示丸重相比较（无标示丸重的，与平均丸重比较），超出重量差异限度的不得多于 2 丸，并不得有 1 丸超出限度 1 倍。

（3）溶散时限   照崩解时限检查法，不加挡板检查，普通滴丸应在 30 分钟内全部溶散，包衣滴丸应在 1 小时内全部溶散。如有细小颗粒状物未通过筛网，但已软化且无硬心者可按符合规定论。

五、实训思考题

1. 如何选择滴丸剂的基质与冷凝剂？

2. 用滴制法制备滴丸的关键是什么?

答案解析

一、A 型题（最佳选择题）

1. 《中国药典》规定了 9 种药筛筛号，其中筛孔内径最小的是（　　）

　　A. 一号筛　　　　　　　　　B. 三号筛　　　　　　　　　C. 六号筛

　　D. 九号筛　　　　　　　　　E. 五号筛

2. 《中国药典》规定的粉末的分等标准错误的是（　　）

　　A. 最细粉指能全部通过六号筛，并含能通过七号筛不少于 95% 的粉末

　　B. 中粉指能全部通过四号筛，但混有能通过五号筛不超过 60% 的粉末

　　C. 细粉指能全部通过五号筛，并含能通过六号筛不少于 95% 的粉末

　　D. 粗粉指能全部通过三号筛，但混有能通过四号筛不超过 40% 的粉末

　　E. 极细粉指能全部通过八号筛，并含能通过九号筛不少于 95% 的粉末

3. 比重不同的药物在制备散剂时，采用何种混合方法最佳?（　　）

　　A. 等量递加混合　　　　　　B. 多次过筛混合

　　C. 将重者加在轻者之上混合　　D. 将轻者加在重者之上混合

　　E. 配研法

4. 《中国药典》规定，能全部通过四号筛，但混有能通过五号筛不超过 60% 的粉末，称为（　　）

　　A. 粗粉　　　　　　　　　　B. 细粉　　　　　　　　　　C. 中粉

　　D. 最细粉　　　　　　　　　E. 极细粉

5. 关于药材的粉碎度叙述错误的是（　　）

　　A. 粉碎度是指物料粉碎前后的粒径之比

　　B. 粉碎度越大越利于成分浸提

　　C. 一般眼用散剂应为极细粉以减轻刺激

　　D. 儿科或外用散剂应为最细粉，其中能通过七号筛的细粉含量不少于 95%

　　E. 粉碎度越大，药物粉末越细

6. 与现代骨架型缓释、控释制剂相似的丸剂是（　　）

　　A. 水丸　　　　　　　　　　B. 蜜丸　　　　　　　　　　C. 糊丸

　　D. 蜡丸　　　　　　　　　　E. 滴丸

7. 除另有规定外，无需进行溶散时限检查的丸剂是（　　）

　　A. 大蜜丸　　　　　　　　　B. 水蜜丸　　　　　　　　　C. 浓缩丸

　　D. 滴丸　　　　　　　　　　E. 蜡丸

8. "取其迟化" 可延长药效的丸剂是（　　）

　　A. 水蜜丸　　　　　　　　　B. 蜜丸　　　　　　　　　　C. 浓缩丸

　　D. 蜡丸　　　　　　　　　　E. 糊丸

9. 关于滴丸剂特点的说法，错误的是（　　）

　　A. 滴丸可使液体药物固体化

　　B. 滴丸生产设备简单，自动化程度高

C. 滴丸的溶出速度慢，不适用于急症治疗

D. 滴丸的生物利用度高，尤其是难溶性药物

E. 滴丸的剂量准确，药物在基质中分散均匀

10. 除另有规定外，滴丸的溶散时限为（　　）

    A. 5 分钟　　　　　　　B. 15 分钟　　　　　　　C. 30 分钟

    D. 45 分钟　　　　　　　E. 60 分钟

11. 颗粒剂的粒度要求是不能通过一号筛和能通过五号筛的颗粒和粉末的总和，不得超过（　　）

    A. 6%　　　　　　　　　B. 8%　　　　　　　　　C. 10%

    D. 12%　　　　　　　　　E. 15%

12. 下列哪种药物宜制成胶囊剂（　　）

    A. 具有不良臭味的药物　　B. 吸湿性药物　　　　　C. 风化性药物

    D. 药物的稀乙醇溶液　　　E. 刺激性药物

13. 胶囊壳的主要囊材是（　　）

    A. 阿拉伯胶　　　　　　　B. 淀粉　　　　　　　　C. 明胶

    D. 骨胶　　　　　　　　　E. 西黄蓍胶

14. 有关胶囊剂的表述，不正确的是（　　）

    A. 常用硬胶囊的容积以 5 号为最大，0 号为最小

    B. 硬胶囊是由囊体和囊帽组成的

    C. 软胶囊的囊壁由明胶、增塑剂、水三者构成

    D. 软胶囊中的液体介质可以使用植物油

    E. 软胶囊中的液体介质可以使用 PEG 400

15. 下列关于胶囊剂的叙述不正确的是（　　）

    A. 吸收好，生物利用度高

    B. 可提高药物的稳定性

    C. 可避免肝的首过效应

    D. 可掩盖药物的不良嗅味

    E. 较丸剂、片剂生物利用度要好

16. 关于片剂的特点叙述错误的是（　　）

    A. 质量稳定　　　　　　　B. 分剂量准确　　　　　C. 适宜用机械大量生产

    D. 不便服用　　　　　　　E. 相对于注射剂起效慢

17. 下述片剂辅料中可作为崩解剂的是（　　）

    A. 淀粉糊　　　　　　　　B. 硬脂酸镁　　　　　　C. 羟甲基淀粉钠

    D. 滑石粉　　　　　　　　E. 淀粉浆

18. 颗粒剂软材质量判断的经验（软材标准）是

    A. 硬度适中，捏即成型　　B. 手捏成团，轻按即散　C. 要有足够的水分

    D. 要控制水分在 12% 以下　E. 要控制有效成分含量

19. 以下各组辅料中，可以作为泡腾崩解剂的是（　　）

    A. 聚维酮 – 淀粉　　　　　B. 碳酸氢钠 – 油酸　　　C. 氢氧化钠 – 盐酸

    D. 碳酸钙 – 盐酸　　　　　E. 碳酸氢钠 – 枸橼酸

20. 主要用于片剂填充剂的是（　）

    A. 羧甲基淀粉钠　　　　　　　B. 羧甲基纤维素钠　　　　　C. 淀粉

    D. 乙基纤维素　　　　　　　　E. 交联聚乙烯吡咯烷酮

21. 可用作片剂的崩解剂的是（　）

    A. 交联聚乙烯吡咯烷酮　　　　B. 预胶化淀粉　　　　　　　C. 甘露醇

    D. 聚乙二醇　　　　　　　　　E. 聚乙烯吡咯烷酮

22. 主要用于片剂的黏合剂的是（　）

    A. 羧甲基淀粉钠　　　　　　　B. 羧甲基纤维素钠　　　　　C. 低取代羟丙基纤维素

    D. 干淀粉　　　　　　　　　　E. 微粉硅胶

23. 反映难溶性固体药物吸收的体外指标主要是（　）

    A. 溶出度　　　　　　　　　　B. 崩解时限　　　　　　　　C. 片重差异

    D. 含量　　　　　　　　　　　E. 硬度与脆碎度

24. 下列剂型中，服用后起效最快的是（　）

    A. 颗粒剂　　　　　　　　　　B. 散剂　　　　　　　　　　C. 片剂

    D. 胶囊剂　　　　　　　　　　E. 丸剂

25. 一般应制成倍散的是

    A. 小剂量的剧毒药物的散剂　B. 眼用散剂　　　　　　　　C. 外用散剂

    D. 含低共熔成分的散剂　　　E. 含液体成分的散剂

二、B 型题（配伍选择题）

【1-4】下列药物的制备方法是

A. 泛制法　　　　　　　　　　B. 压制法　　　　　　　　　C. 塑制法

D. 滴制法　　　　　　　　　　E. 揉捏法

1. 水丸的制备方法是（　）

2. 蜜丸的制备方法是（　）

3. 滴丸的制备方法是（　）

4. 胶丸的制备方法是（　）

【5-8】下列不同性质的处方，应选用的炼蜜是

A. 生蜜　　　　　　　　　　　B. 嫩蜜　　　　　　　　　　C. 中蜜

D. 老蜜　　　　　　　　　　　E. 蜜糖

5. 药粉黏性中等的处方，制蜜丸应选用（　）

6. 含大量矿物类中药的处方，制蜜丸应选用（　）

7. 含大量黏性较强中药的处方，制蜜丸应选用（　）

8. 含大量纤维性强中药的处方，制蜜丸应选用（　）

【9-12】

A. 溶液片　　　　　　　　　　B. 分散片　　　　　　　　　C. 泡腾片

D. 多层片　　　　　　　　　　E. 口含片

符合以下片剂的剂型特点的是（　）

9. 片一般大而硬，多用于口腔及咽喉疾患（　）

10. 可避免复方制剂中不同药物之间的配伍变化（　）

11. 含有高效崩解剂及水性高黏度膨胀材料的片剂（　）

12. 临用前用缓冲液溶解后使用的片剂（　　）

【13－15】

A. 淀粉　　　　　　　　B. MCC　　　　　　　　C. CMS－Na

D. HPMC　　　　　　　E. 微粉硅胶

阿西美辛分散片处方中

13. 崩解剂是（　　）

14. 黏合剂是（　　）

15. 润滑剂是（　　）

【16－18】

A. MCC　　　　　　　　B. 丙烯酸树脂　　　　　C. 卡波姆

D. EC　　　　　　　　　E. HPMC

16. 常用于肠溶型包衣材料的是（　　）

17. 常用于缓释型包衣材料的是（　　）

18. 常用于普通型包衣材料的是（　　）

三、X型题（多项选择题）

1. 制备水丸常用的赋形剂有（　　）

　　A. 饮用水　　　　　　B. 黄酒　　　　　　　C. 米醋

　　D. 生姜汁　　　　　　E. 凡士林

2. 滴丸常用的水溶性基质有（　　）

　　A. 聚乙二醇　　　　　B. 硬脂酸钠　　　　　C. 泊洛沙姆

　　D. 甘油明胶　　　　　E. 氢化植物油

3. 蜜丸所用蜂蜜需经炼制，其目的在于（　　）

　　A. 除去杂质　　　　　B. 破坏酶类　　　　　C. 增加黏性

　　D. 杀灭微生物　　　　E. 降低水分含量

4. 散剂的质量检查项目主要有（　　）

　　A. 外观　　　　　　　B. 粒度　　　　　　　C. 干燥失重

　　D. 融变时限　　　　　E. 脆碎度

5. 以下关于胶囊剂特点的叙述正确的是（　　）

　　A. 生物利用度较片剂高　　B. 可避免肝脏的首过效应　　C. 易于分剂量

　　D. 可掩盖药物的不良臭味　　E. 可弥补其他固体剂型的不足

6. 下列哪种药物不宜制成胶囊剂（　　）

　　A. 具不良臭味的药物　　B. 吸湿性药物　　　　C. 药物的稀乙醇溶液

　　D. 风化性药物　　　　　E. 药物的水溶液

7. 需做崩解度检查的片剂是（　　）

　　A. 普通压制片　　　　B. 肠溶衣片　　　　　C. 糖衣片

　　D. 口含片　　　　　　E. 咀嚼片

8. 片剂包衣的目的是（　　）

　　A. 掩盖药物的不良气味　　B. 增加药物的稳定性　　C. 控制药物释放速度

　　D. 避免药物的首过效应　　E. 将有配伍禁忌的药物分开

9. 片剂的质量检查项目是 （　　）

　　A. 装量差异　　　　　　　B. 硬度和脆碎度　　　　C. 崩解度

　　D. 溶出度　　　　　　　　E. 含量

10. 关于肠溶衣片的叙述，正确的是 （　　）

　　A. 用肠溶材料的片剂

　　B. 按崩解时限检查法检查，应在 1 小时内全部崩解

　　C. 可控制药物在肠道内定位释放

　　D. 可检查释放度来控制片剂质量

　　E. 必须检查含量均匀度

四、综合分析选择题

【1-3】补脾益肠丸为双层水蜜丸。药物组成：外层，黄芪、党参（米炒）、砂仁、白芍、当归（土炒）、白术（土炒）、肉桂；内层，醋延胡索、荔枝核、炮姜、炙甘草、防风、木香、盐补骨脂、煅赤石脂；辅料：聚丙烯酸树脂Ⅱ号、炼蜜、滑石粉、蓖麻油、乙醇、淀粉、药用炭、虫白蜡。

制法：处方中饮片 15 味，煅赤石脂粉碎成细粉，内层、外层药味分别粉碎成细粉，过筛，内层细粉加入煅赤石脂细粉，每 10g 内层细粉用炼蜜 35 ~ 45g 及适量水泛丸，干燥，用聚丙烯酸树脂Ⅱ号等辅料包衣；每 100g 外层细粉用炼蜜 35 ~ 50g 及适量的水包裹在内层包衣丸上，以药用炭包衣，干燥，抛光，即得。

功能主治：益气养血，温阳行气涩肠止泻。用于脾虚气滞所致的泄泻，症见腹胀疼痛，肠鸣泄泻，黏液血便；慢性结肠炎、溃疡性结肠炎、过敏性结肠炎见上述证候者。

1. 该丸剂处方中辅料聚丙烯酸树脂Ⅱ号是用作 （　　）

　　A. 包糖衣　　　　　　　　B. 包薄膜衣　　　　　　C. 包控释衣

　　D. 包药物衣　　　　　　　E. 包肠溶衣

2. 《中国药典》规定，补脾益肠丸溶散时限的检查应先在盐酸溶液（9→1000）中检查 2 小时，外层完全脱落溶散，内层不得有裂缝、崩解，再在磷酸盐缓冲溶液（pH 6.8）中进行检查，其崩解时限是 （　　）

　　A. 30 分钟　　　　　　　　B. 45 分钟　　　　　　　C. 60 分钟

　　D. 90 分钟　　　　　　　　E. 120 分钟

3. 制备水蜜丸使用炼蜜时，"嫩蜜"的炼制标准是

　　A. 蜜温 105 ~ 115℃，含水量 17% ~ 20%，相对密度约 1.35

　　B. 蜜温 105 ~ 115℃，含水量 14% ~ 16%，相对密度约 1.40

　　C. 蜜温 116 ~ 118℃，含水量 14% ~ 16%，相对密度约 1.35

　　D. 蜜温 119 ~ 122℃，含水量 10% 以下，相对密度约 1.37

　　E. 蜜温 119 ~ 122℃，含水量 10% 以下，相对密度约 1.40

【4-6】复方乙酰水杨酸片

【处方】阿司匹林 268g　对乙酰氨基酚 136g　咖啡因 33.4g　酒石酸 2.7g　淀粉 266g　淀粉浆（15% ~ 17%）85g　轻质液体石蜡 2.5g　滑石粉 25g　共制成 1000 片

4. 该处方中淀粉浆的作用是 （　　）

　　A. 润湿剂　　　　　　　　B. 黏合剂　　　　　　　C. 崩解剂

　　D. 稀释剂　　　　　　　　E. 填充剂

5. 该处方中崩解剂是（　　）

A. 淀粉 　　　　　　　B. 淀粉浆 　　　　　　C. 液体石蜡

D. 滑石粉 　　　　　　E. 酒石酸

6. 关于该药品的以下说法不正确的是（　　）

A. 质量稳定 　　　　　B. 剂量准确 　　　　　C. 生物利用度高

D. 服用方便 　　　　　E. 可满足不同的临床需要

五、综合问答题

1. 简述固体制剂中混合常用的方法及保障混合均匀性的措施。

2. 中药丸剂的制备方法有哪些？简述其生产工艺流程。

3. 试述胶囊剂装量差异超限的主要原因及解决办法。

4. 片剂的制备方法有几种？各适用于何种药物？简述湿法制粒压片的工艺过程。

六、实例分析题

1. 芸香油滴丸制备所使用的冷凝液为1%硫酸溶液，分析为何使用1%硫酸冷凝液，并根据滴丸剂的质量要求设计质检项目。

【处方】
芸香油　　　　　　　　200ml
硬脂酸钠　　　　　　　21g
虫蜡　　　　　　　　　8.4g
水　　　　　　　　　　8.4ml

2. 分析头孢拉定颗粒处方中各组分的作用，并根据颗粒剂的质量要求设计质检项目。

【处方】
头孢拉定　　　　　　　1.24kg
蔗糖　　　　　　　　　18.74kg
羧甲基纤维素钠　　　　0.02kg
柠檬黄　　　　　　　　0.0005kg
菠萝香精　　　　　　　35.9ml

书网融合……

 重点回顾　　　 微课1　　　 微课2　　　 习题

项目五　浸出制剂的制备与质控

PPT

学习目标

知识目标：

1. 掌握　汤剂、合剂（口服液）、煎膏剂、糖浆剂、酒剂、酊剂、流浸膏剂、浸膏剂及煎膏剂的制备方法及质量控制点。

2. 熟悉　浸出制剂的含义及质量要求。

3. 了解　浸出制剂的特点。

技能目标：

能按要求和规程完成浸出制剂的生产制备，按照标准完成质量检测。

素质目标：

培养质量第一、依法依规制药的意识，具有良好的职业道德、严谨的工作作风。

导学情景

情景描述：患者，女，58岁，自述心慌、健忘厉害、经常失眠、易疲劳，并伴有心前区不适，运动后加剧，到某中医院就诊检查，医师诊断为心脾气血两虚证。

情景分析：心脾气血两虚证，由思虑过度，劳伤心脾，气血亏虚所致，治疗以益气补血，健脾养心为主。建议服用归脾汤、归脾合剂、归脾颗粒或者归脾丸。

讨论：归脾汤、归脾合剂、归脾颗粒、归脾丸分别属于哪类的制剂？药物吸收速度是一样吗？

学前导语：浸出制剂经过浸出、精制、浓缩等工序，去除了部分无效成分和组织物质，提高了有效成分浓度，减少了服用量，便于服用。

任务一　认识浸出制剂

浸出制剂是指用适宜的溶剂和方法将中药材中的有效成分提取，直接制成或再经一定的加工制成的供内服或外用的一类中药制剂。本项目主要介绍汤剂、合剂与口服液、糖浆剂、酒剂与酊剂、流浸膏剂与浸膏剂、煎膏剂的生产制备。以药材提取物为原料制备的颗粒剂、胶囊剂、片剂等制剂在其他项目中论述。

一、浸出制剂的特点

浸出制剂在临床中应用较多，不但保留了中药传统制备方法，而且随着现代技术发展和新设备的开发利用，浸出工艺不断改进，使浸出制剂质量更加稳定。浸出制剂既可以单独使用，也能作其他各类剂型的基础。浸出制剂具有如下特点。

1. 具有原药材中各浸出成分的综合疗效　浸出制剂中的多种药材一起浸出，各成分发生协同作用，与单独浸出的单体成分相比较，不仅疗效好，有时会呈现比单体成分更好的治疗效果，发挥药材中各浸出成分的综合疗效。

2. 有效成分浓度较高，减少服用量　浸出制剂通过适宜的溶剂和浸出方法，除去了部分无效成分和组织物，相应地提高了有效成分浓度，减少了服用量，使用更方便。同时，某些有效成分经浸出处理可增强制剂的稳定性及疗效。

3. 作用缓和持久、毒性较低　浸提制剂中共存有辅助成分，能促进药用成分的吸收，延缓药用成分在体内的运转，增强制剂的稳定或在体内转化成有效物质。

浸出制剂生产过程中如果控制不当，也会存在一些问题，如产生沉淀、水性浸出液发生氧化水解等变化，影响制剂的疗效；贮存、运输不太方便；一些浸出制剂不适于小儿用药等。

二、浸出制剂的质量要求

（1）药材应按各品种项下规定的方法浸出、精制及浓缩，无效成分和组织物质尽量除去，制成的制剂外观、鉴别、含量测定等符合要求。

（2）制剂生产过程中可加入矫味剂、抑菌剂或着色剂等附加剂，其品种与用量应符合国家标准的有关规定，不影响成品的稳定性，不对检验产生干扰。

（3）制剂质量稳定，在贮存期间不得有发霉、酸败、异物、变色、产生气体或其他变质现象。

三、浸出制剂的类型

1. 水浸出型制剂　是以水作为溶剂浸出中药材中的有效成分，制成的含水制剂，如汤剂、合剂与口服液、糖浆剂、煎膏剂等，多采用煎煮法浸出有效成分制备而成。

2. 醇浸出型制剂　是指用适宜浓度的乙醇或蒸馏酒为溶剂提取药材中的有效成分，制成的含醇浸出制剂，如酒剂、酊剂、流浸膏剂等。有少数流浸膏剂虽然采用水为溶剂提取药材中的有效成分，制剂过程中需加适量乙醇，制成的成品中含有乙醇。

3. 含糖型浸出制剂　是指在水或含醇浸出型制剂的基础上，通过一定处理，加入适量蔗糖或蜂蜜制成，如煎膏剂、糖浆剂等。

4. 精制型浸出制剂　精制型浸出制剂系指在水或醇浸出型制剂的基础上经过精制处理后，再灌封经灭菌方法处理制成的浸出制剂，如合剂、口服液等。

练一练5-1

以下浸出制剂中，质量检查时需要进行乙醇量测定的是（　　）

A. 合剂　　　　　　　　　B. 酒剂　　　　　　　　　C. 酊剂

D. 糖浆剂　　　　　　　　E. 流浸膏剂

答案解析

任务二　浸出制剂通用技术

一、中药材中的药物成分

浸出是指用适当的溶剂和方法，通过一系列操作工序从药材中浸出所需有效成分的过程。浸出是中药制剂生产过程的重要单元操作。

药材中的药物成分按药理作用可分为：有效成分、辅助成分、无效成分与组织物质。有效成分是指具有治疗作用或生理活性的物质，如生物碱、苷类、挥发油、有机酸等；辅助成分的本身没有治疗作用，但能增强或缓和有效成分之作用，有利于有效成分的浸出或增加制剂的稳定性；无效成分是指本身没有治疗作用甚至有害的物质，且能影响浸出效果、制剂的稳定性、外观、疗效等，如蛋白质、鞣质、脂肪、树脂、糖类、淀粉、黏液质等；组织物质是指一些构成药材细胞或其他不溶性物质，如纤维素、栓皮、石细胞等。制备浸出制剂时，应充分浸出有效成分与辅助成分，尽量除去无效成分和组织物质，这样才能减少服用量，提高药效。

二、浸出溶剂

浸出溶剂系指用于浸出药材中可溶性成分的液体。浸出后所得到的液体叫浸出液。浸出后的残留物叫药渣。在浸出过程中，浸出溶剂特别重要，关系到药材中有效成分的浸出和制剂的稳定性、安全性、有效性及经济效益等。

为保证浸出制剂的质量，浸出溶剂应达到以下要求：①能最大限度地溶解和浸出有效成分，而尽量避免浸出无效成分或有害物质；②本身无药理作用；③不与药材中有效成分发生不应有的化学反应，不影响含量测定；④经济、易得、使用安全等。

1. 水 水为极性溶剂，它可与乙醇、甘油等溶剂以任何比例混溶，是中药制剂生产中最常用的一种浸出溶剂。水作为浸出溶剂具有极性大、溶解范围广、经济易得、无药理作用、使用安全等优点，但亦存在对药用成分的选择性差，浸出液含杂质较多，易发霉变质等不足。

2. 乙醇 乙醇是制剂生产中常用的半极性浸出溶剂，能与水按任意比例进行混合。乙醇浓度的高低决定其极性大小，浓度越高，极性越小；相反，浓度越小，极性越大。制剂生产中经常利用不同浓度的乙醇有选择性地浸出所需要的药用成分。

3. 酒 用粮食等含淀粉或糖的物质发酵制成。酒性味甘、辛、大热，具有通血脉、行药势、散风寒、矫味娇臭的作用，它也是一种良好的溶剂，主要用于酒剂的制备。

此外，其他有机溶剂如乙醚、石油醚、三氯甲烷等，因生理活性较强，毒性较大，故在中药制剂生产中很少用作浸出溶剂，一般仅用于某些有效单体的精制纯化。

三、浸出辅助剂

浸出辅助剂系指能够提高溶剂的浸出效能、增加有效成分的溶解度及制剂的稳定性、除去或减少某些杂质的附加物质。

1. 酸 可与生物碱生成可溶性生物碱盐类，有利于浸出。适当的酸度还可以对一些生物碱产生稳定作用或沉淀某些杂质。常用的酸有盐酸、硫酸、醋酸、枸橼酸、酒石酸等。酸的用量不宜过多，一般能维持一定 pH 值，否则会引起某些成分水解或其他不良反应。

2. 碱 有利于酸性成分的浸出和除去杂质。常用的氨水，是一种挥发性弱碱，对有效成分的破坏作用小，用量易控制。此外还有碳酸钙、氢氧化钙、碳酸钠等。其中碳酸钙为一种不溶性碱化剂，能除去树脂、鞣质、有机酸、色素等许多杂质；氢氧化钠因碱性过强一般不用。

3. 表面活性剂 能增加药材的浸润性，提高溶剂的浸出效果。应根据被浸出药材中有效成分种类及浸出方法进行选择。如用阳离子表面活性剂的盐酸盐有助于生物碱的浸出；阴离子表面活性剂对生物碱有沉淀作用；非离子表面活性剂毒性较小，与有效成分不起化学反应。由于阳离子表面活性剂与阴离子表面活性剂有一定毒性，制备内服制剂最好选用非离子表面活性剂。

4. 甘油 为鞣质的良好溶剂，有稳定鞣质的作用。但因黏度过大，常与水或乙醇混合使用。若只作稳定剂使用，可在浸出后加入制剂中。

5. 酶 酶是一类具有催化活性的蛋白质。通过酶对药材的预处理，可降解某些影响浸出效果的成分，促进有效成分的溶出过程。

四、浸出过程

浸出过程是指溶剂进入药材组织细胞将药用成分溶解后形成浸出液的全部过程，主要包括浸润与渗透、溶解、扩散、置换等几个相互联系而又交错进行的过程。浸出的实质就是溶质（成分）由药材固相转移到溶剂液相中的传质过程。浸出过程不是简单的溶解过程，而是通过使药材润湿，溶剂向药材组织细胞中渗透，药用成分解吸、溶解、扩散、置换等一系列过程来完成。

（一）浸润、渗透阶段

浸出溶剂加入到药材中时，溶剂附着于药材表面使之润湿，然后通过毛细管和细胞间隙渗透入组织细胞内。若药材不能被溶剂润湿，则溶剂无法渗入细胞浸出有效成分。溶剂能否使药材表面润湿，与溶剂表面张力、药材性质等有关。一般药材的组成成分大部分带有极性基团，如纤维素、淀粉、蛋白质、糖类等，故易被极性溶剂所润湿。但含油脂或蜡质多的药材如桃仁、柏子仁、郁李仁等，则不易被极性溶剂所润湿，须先经过脱脂或脱蜡后，才能用水或乙醇浸出。反之，非极性溶剂不易使含水较多的药材润湿，须将药材先进行干燥，非极性溶剂才能使之润湿而渗入细胞内。在制剂生产过程中可以采用加入适量的表面活性剂等方法降低表面张力使药材润湿。

（二）解吸、溶解阶段

药材中各成分间有一定的亲和力，溶解前必须克服这种亲和力，才能使各成分转入溶剂中，这称之为解吸附。浸出有效成分时，应选用具有解吸作用的溶剂，如乙醇就有很好的解吸作用。有时在溶剂中加入适量的酸、碱、甘油或表面活性剂以助解吸。溶剂渗入细胞后即逐渐溶解可溶性成分，溶剂种类不同，溶解的成分也不同。药用成分能否被溶解，取决于药用成分的结构和溶剂的性质，通常遵循"相似相溶"的规律。随着可溶性成分的溶解和胶溶，浸出液的浓度逐渐增大，渗透压提高，溶剂继续向细胞内透入，部分细胞壁膨胀破裂，为已溶解的成分向外扩散创造了有利条件。

（三）扩散、置换阶段

溶剂在细胞中溶解、胶溶可溶性成分后，细胞内形成高浓度溶液而具有较高的渗透压。因此细胞外的溶剂不断渗入细胞内，而细胞内溶质则不断透过细胞膜向外扩散，在药材表面形成一层很厚的浓液膜，称为扩散"边界层"，浓溶液中的溶质继续通过边界膜向四周的稀溶液中扩散，直至整个浸出体系中浓度相等，达到动态平衡，扩散就终止。浸出的关键在于造成最大的浓度梯度，在整个浸提过程中，需要浸出溶剂或稀浸出液随时置换药材周围的浓浸出液，使浓度梯度保持最大，保证浸出顺利进行并尽可能地达到完全浸出。

五、影响浸出的因素

1. pH 值　浸出溶剂的 pH 值与浸出效果有密切关系，适当的 pH 值能提高药用成分的溶出及制剂的稳定性。因药材内药用成分的性质各不相同，在不同的 pH 值时溶解性能不一样，故调节浸出溶剂的 pH 值，有利于某些有效成分的浸出。

2. 粉末的粗细　一般情况下，药材粉碎得愈细，扩散面积愈大，更利于药用成分的浸出，但粉碎过细，吸附作用增强，有效成分容易被吸附而损失；粉碎过细，大量细胞破裂，浸出的无效成分增多，浸出液黏度加大，滤过较困难、制成的制剂在贮存过程中易产生浑浊及沉淀。因此对药材的粉碎程度的选择要根据药材本身的性质、浸出溶剂及浸出方法决定。若以水为浸出溶剂时，叶、花、草类一般不需粉碎；小果实、种子类压碎即可；大果实、根及根茎、皮类中药用饮片或粗颗粒。

3. 浸出温度　温度与扩散速度成正比，应根据药材性质适当控制温度，温度升高能使药材组织软化，促进膨胀，增加可溶性成分的溶解和扩散速度，加速浸出的进行。同时可使细胞内蛋白质凝固、酶被破坏、浸出液的黏度降低，有利于制剂的稳定性。但温度过高，使药材中某些不耐热的成分或挥发性成分分解、变质或挥发。所以在浸出时一般药材的浸出温度以保持在溶剂沸点温度以下或接近沸点温度，将浸出温度控制在不破坏药用成分的范围内。

4. 浸出时间 通常浸出时间与浸出量成正比。在一定条件下时间愈长，浸出物质愈多，但当扩散达到平衡后，时间再长也不会增加浸出量。另外时间过长会增加无效成分及组织物的浸出，也会使一些有效成分破坏。所以浸出时间应根据药材的性质、浸出溶剂、浸出方法等来确定。

5. 浓度梯度 浓度梯度是指药材粉粒细胞内的浓溶液与其外面周围稀浸出液之间的浓度差。扩散是影响浸出效果的主要因素。使溶液保持最大的浓度梯度，有利于扩散的进行。常用更换或添加新溶剂等方法来增大溶液的浓度梯度。在选择浸出工艺与浸出设备时，应尽可能地创造有利条件，保证最大的浓度梯度，以加速药用成分的浸出，如不断搅拌、强制浸出液循环、采用流动的溶剂等。

6. 压力 药材质地坚实，浸出溶剂较难浸润，增加浸出压力后，有利于增加浸润过程的速度，使药材组织内更快地充满溶剂和形成浓溶液，加速溶剂对药材的浸润与渗透，促使溶质扩散过程较早发生，同时加压可将药材组织内部分细胞壁破坏，也有利于扩散。

六、浸出方法

根据药材的性质，选择适宜的浸出方法，以最大限度的浸出有效成分，提高制剂的疗效。常用的浸出方法有煎煮法、浸渍法、渗漉法、水蒸气蒸馏法、回流提取法等。

（一）煎煮法

煎煮法系将药材加水煎煮，去渣取汁，得到浸出液的一种浸出方法。浸出溶剂通常用水，亦称"水提法"或"水煮法"。

1. 操作方法 取净药材，适当粉碎，置煎煮容器中，加水浸泡药材，浸泡一段时间后，加热至沸，保持微沸至规定的时间，收集浸出液，药渣依法煎煮数次，合并煎出液，浓缩至适宜的程度，再制成规定的制剂。

2. 适用范围 本法适用于有效成分能溶于水，且对湿、热均稳定的药材。是汤剂、合剂与口服液、糖浆剂、煎膏剂、颗粒剂、片剂等剂型最常用的浸出方法。

3. 存在问题 水作为溶剂，溶解范围非常广，浸出的成分比较复杂，除有效成分外，浸出的杂质比较多，含淀粉、黏液质、糖等成分较多的药材，加水煎煮后，其浸出液比较黏稠，过滤、精制较困难。

4. 常用设备 目前制剂生产中煎煮设备多采用不锈钢的煎煮容器，常用的是多功能提取罐。

多功能提取罐属于压力容器，整个操作过程是在密闭的可循环系统内完成，可进行常压或加压提取。为提高效率，在提取过程中可以用泵对药液进行强制性循环，将药液从罐底部排液口排出，经管道重新流回罐体。

多功能提取罐可作多种用途，如水提、醇提、热回流提取、循环提取、水蒸气蒸馏提取挥发油等。多功能提取罐内部与药物接触部分采用不锈钢，夹层可采用不锈钢或普通碳钢，出渣门可以借助液压或压缩空气启闭，药渣可借机械力或压力自动排出，设备带夹层可以通蒸汽加热或流动水冷却。

提取罐的工作原理是单纯的煎煮过程，中药材浸泡在水中，采用蒸汽加热，经过一定时间，将有效成分提取出来，煎煮时间的长短，根据不同药材的性质决定，投料量因中药材性状和有效成分的溶出的难易不一样，一般不超过设备容量的三分之二。当需要提取挥发油时，蒸汽通过冷凝冷却后，油水进入油水分离器，轻油在分离器上部排出，重油在下部排出，水通过溢流排放或回流。煎煮结束能进行真空出液，这样不但可缩短出液时间，还能将渣中有效残液抽尽，避免浪费。如果药渣拱结，出渣较困难时，可以打开驱动提升装置，使提升杆上下做往返运动，协助破拱出渣，药渣基本出尽为止。多功能提取罐如图5-1所示。

图5-1　多功能提取罐

（二）浸渍法

浸渍法是将药材适当粉碎置于容器中，加入适量的溶剂，密闭，在常温或加热下浸泡一定时间，然后去渣取汁的浸出方法。适用于黏性药材、无组织结构的药材、新鲜及易于膨胀的药材、价格低廉的芳香性药材的浸提。不适用于贵重药材、毒性药材及高浓度的制剂。

1. 操作方法　称取中药材，粉碎成适宜程度后，加一定量的溶剂在规定温度下进行浸渍，至规定时间，将浸出液与药渣分离。根据浸渍的温度和浸渍次数可分为冷浸渍法、热浸渍法、重浸渍法。

（1）冷浸渍法　在室温下进行的浸渍操作。其一般操作过程是：取药材粗颗粒，置有盖容器中，加入定量的溶剂（白酒或乙醇），密闭，在室温下浸渍3~5日或至规定时间，经常振摇或搅拌，滤过，压榨药渣，将压榨液与滤液合并，静置24小时后，滤过，即得浸渍液。此法可直接制得药酒和酊剂。若将浸渍液浓缩，可进一步制备流浸膏等。因冷浸渍法不需要加热，故特别适用于不耐热、含挥发性以及含黏性成分的中药饮片，且成品的澄明度较好。常用于酊剂、酒剂的制备。

（2）热浸渍法　其操作过程是：将药材粗颗粒置有加热装置的罐中，加定量的溶剂，水浴或蒸汽加热达40~60℃，或煮沸后自然冷却进行浸渍，以缩短浸渍时间，其余同冷浸渍法操作。浸出液冷却后有沉淀析出，应分离除去。因温度升高，杂质的浸出量增加，冷却后会有沉淀析出，澄明度较冷浸渍法差，对热不稳定成分的饮片不宜采用热浸渍法。常用于酒剂的制备。

（3）重浸渍法　即多次浸渍法。其操作过程是：将全部浸提溶剂分为几份，先用第一份浸渍一段时间后，分离浸渍液，药渣再用第二份溶剂浸渍，如此重复2~3次，最后将各份浸渍液合并即得。此法可减少药渣吸附浸出液所致的药物成分的损失，但操作麻烦，所需时间长。

2. 常用设备　常用不锈钢罐等浸渍设备。压榨药渣用螺旋压榨机、水压机等。

（三）渗漉法

渗漉法是将药材适当粉碎后，加规定的溶剂润湿，密闭放置一定时间，使其吸收溶剂充分膨胀，再装入渗漉器内，然后从渗漉器上部添加溶剂，缓缓渗漉，得到浸出液的一种方法。浸出液也称为"渗漉液"。

1. 操作方法

（1）备料　称取中药材，按照要求粉碎成适宜程度（一般为粗粉），放入有盖容器内。

（2）润湿　加入药粉量60%~70%的溶剂润湿药粉，密闭放置15分钟至数小时，使药粉充分膨胀。

（3）装筒　将润湿后的药粉分次装入渗漉筒中，要一层一层装，用木槌均匀压平，使药粉松紧一致。药粉装量不宜过多，一般为渗漉筒容积的2/3，留一定空间存放溶剂。

（4）排气　药粉装入渗漉筒后，打开筒下部的出口，自上部加入适量溶剂，使溶剂逐渐进入药粉的空隙中，并使气体自下部出口排出，待气体排尽，滤液自下部出口处流出，关闭出口，将流出的液体自顶部加入，继续添加溶剂至高出药面2~5cm。

（5）浸渍　静置一定时间，使有效成分溶解并充分扩散，一般为24~48小时。

（6）渗漉　静置到规定时间后，打开渗漉筒出口，按1000g药材每分钟1~3ml（慢漉）或3~5ml

（快漉）的速度缓缓渗漉。

（7）滤液的收集　自顶部不断补充溶剂，溶剂用量一般为药材量的 4~6 倍。收集药材量85%的初漉液另器保存。继续收集续漉液，回收溶剂并浓缩至药材量的15%，与初漉液分并，调整至规定量，静置，取上清液分装。

2. 常用设备　常用不锈钢渗漉筒，多为细长筒正锥形，设备主要由外壳、加料孔、压板、液体分布器、出渣门等组成，上部设有大口径快开式投料口，方便投料，溶剂从上部经分布管加入，缓慢经过药材后从下部过滤流出而得到渗漉液。整套设备均采用不锈钢制造，内外表面精密抛光处理，光滑整洁，无死角，易清洗，符合 GMP 要求。

（四）回流法

回流法又称为回流提取法，是用乙醇等易挥发的有机溶剂提取药用成分，将浸出液加热蒸馏，其中挥发性溶剂馏出后又被冷却，重复流回浸出容器中浸出原料，这样周而复始，直至有效成分回流提取完全的方法。回流法提取液在蒸发锅中受热时间较长，故不适用于受热易受破坏的药用成分的浸出。常用的挥发性溶剂有乙醇、乙醚等。

操作方法：粉碎后的药材装入蒸馏器中，添加溶剂至高出药面，浸泡一定时间后，水浴或夹层加热，回流至规定时间，收集回流液，另器保存，药渣再添加新溶剂，如此反复操作 2~3 次，合并回流液，回收溶剂，得到浸出液的方法。

（五）水蒸气蒸馏法

水蒸气蒸馏法是指将含有挥发性成分的中药材与水共蒸馏，使挥发性成分随水蒸气一并馏出，经冷凝得到挥发性成分的浸出方法。该法适用于具有挥发性、能随水蒸气蒸馏而不被破坏、在水中稳定且难溶或不溶于水的成分的提取。

练一练5-2

用乙醇加热浸提药材时可以用（　　）

A. 浸渍法　　　　　　B. 浓缩法　　　　　　C. 渗漉法

D. 回流法　　　　　　E. 冷浸法

答案解析

七、精制

为除去杂质，最大限度地保留原提取液的有效成分，减小服用量，中药材的浸出液，往往需要进行精制。采用沉淀法、萃取法、透析法、超滤法、离心分离法等物理方法来除去杂质。

（一）水提醇沉法

处方中药材加水煎煮，浸出有效成分，同时也提出一些水溶性杂质，将浸出液适当浓缩后，加入乙醇，调整含醇量，使一些淀粉、蛋白质、黏液质、鞣质、色素、无机盐等杂质沉淀，保留生物碱盐、苷类、有机酸类、氨基酸、多糖类等有效成分。当乙醇浓度达到60%~70%时，除鞣质、树脂等外，其他水溶性杂质已基本上沉淀除去。如果浓度逐步提高，达到75%~80%，则除去杂质的效果更好。

操作方法：水提醇沉工艺设计时依据中药水提液中所含成分的性质，采用不同浓度的乙醇处理。操作时将中药水提液浓缩至（1:1）~（1:2）（ml:g），药液放冷后，边搅拌边缓慢加入乙醇使达规定含醇量，密闭冷藏 24~48 小时，滤过，滤液回收乙醇，得到精制液。

（二）醇提水沉法

将中药材用一定浓度的乙醇提取药效成分，再加水除去提取液中杂质的方法。基本原理及操作与水提醇沉法相同。适于蛋白质、黏液质、多糖等杂质较多的药材的提取和精制，使其不易被提出。但树脂、油脂、色素等脂溶性杂质却溶出增多。为此，醇提取液经回收乙醇后，再加水处理，并冷藏一定时间，可使脂溶性杂质沉淀而除去。

（三）萃取法

某些中药的有效成分在有机溶剂，如三氯甲烷、苯、乙醚等中的溶解度大于水中的溶解度，而有机溶剂与水又不相混溶的性质，利用有机溶剂把有效成分从水中分离出来。例如：将含生物碱的中药，先用水煎煮 2~3 次，合并煎液，浓缩后调至碱性，使生物碱游离析出，然后用三氯甲烷反复萃取，得到生物碱三氯甲烷提取液，回收三氯甲烷，则得生物碱提取物，可配制注射液。

（四）酸碱沉淀法

利用某些中药有效成分在水中的溶解度与其溶液酸碱度相关的性质，从而除去水提液的杂质。例如：多数苷元（如：蒽醌类、黄酮类、香豆精）、内酯、树脂、多元酚、芳香酸等在碱性水溶液中较易溶解，故可用碱水提取，然后加酸促使产生沉淀而析出，无效成分则仍留在溶液中，两者分离开来。

（五）透析法

中药水煎液中的高分子有机物，如多糖类、蛋白质、鞣质、树脂等，因分子较大，不能透过半透膜。而多数有效成分是以低分子化合物或以离子形式存在的，一般能透过透析膜，故利用这一特性将药液进行透析，可达到分离、精制、去除杂质的目的。

（六）超滤法

当溶液以某流速流经具有一定孔径的超滤膜表面时，在外界压力的作用下，溶液中分子量小于膜截留分子量的溶质和水透过超滤膜，形成滤过液（简称滤液），而分子量大于膜截留分子量的溶质则被膜所截留。随超滤过程的进行，料液逐渐浓缩，达到一定浓缩程度时，以浓缩液（亦称母液）的形式排出．溶液中不同分子量的溶质得到分离或浓缩。

（七）离心分离法

离心分离是通过离心机的高速运转，使离心加速度超过重力加速度的成百上千倍，而使沉降速度增加，以加速药液中杂质沉淀并除去的一种方法。结合运用多级过滤法，注射剂生产中的预滤，可以大大提高滤速和效果，省时省力，且能提高注射剂的澄清度。高速离心作为一种物理分离技术，在其分离过程中能有效地防止中药中有效成分的损失，最大限度地保存药物的活性成分，且还可缩短工艺流程。

八、蒸馏、蒸发、干燥

蒸发、蒸馏与干燥是制剂生产中常用的三个单元操作。这些工艺操作都是借助热的传递作用来进行，在制剂生产中应用甚广。

（一）蒸馏

蒸馏是指将液体加热使之汽化，再经冷却复凝为液体的过程。它利用液态混合物在一定温度及压力下汽化时各组分的挥发性差异进行物质的分离。常用于含挥发性成分药物的提取、精制，溶剂的回收以及稀溶液的浓缩等过程。因原料和溶剂的性质不同，所用的蒸馏方法也不同。在制剂生产中常用的蒸馏方法有以下两种。

1. 常压蒸馏 常压蒸馏是指在一个大气压下将液体在密闭的蒸馏器中加热使之汽化，再经冷却复凝为液体的一种蒸馏方法。常压蒸馏设备比较简单，易于操作，用于耐热制剂的制备以及较大量液体的蒸馏、溶剂的回收和精制等。缺点是由于液体表面压力大，表面分子必须获得较高的温度才能汽化，因此可能对某些制剂质量发生影响，不适用处理对热不稳定的物料，而且冷凝的成本也较高。

2. 减压蒸馏 减压蒸馏（又称真空蒸馏）是分离和提纯化合物的一种重要方法，适用于高沸点物质和一些在常压蒸馏时受热易破坏的化合物的分离和提纯，也能在减压及较低温度下使药液得到浓缩，同时可将乙醇等溶剂回收。药液需回收溶剂时多采用此种装置，如图 5-2 所示。

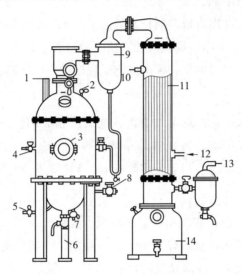

图 5-2 减压蒸馏装置

1. 温度计；2. 放气阀；3. 观察窗；4. 待浓缩液入口；5. 蒸汽进口；6. 浓缩液出口；
7. 夹层排水口；8. 废气排放口；9. 汽液分离器；10. 冷凝水排放口；11. 冷凝器；
12. 冷凝水排放口；13. 接气泵；14. 接收器

（二）蒸发

1. 蒸发的含义 蒸发是进行加热，使溶液中部分溶剂气化并除去，以提高溶液浓度的工艺操作。

蒸发的方式有自然蒸发与沸腾蒸发。自然蒸发是溶剂在低于沸点下气化，此种蒸发仅在溶液表面进行，故速度慢、效率低。沸腾蒸发是在沸点温度下进行的蒸发，故速度快、效率高。制剂生产中多采用沸腾蒸发。

2. 常用蒸发方法 常用的蒸发方法有常压蒸发、减压蒸发与薄膜蒸发。

（1）常压蒸发 是指在一个大气压下进行蒸发的方法。常在敞口蒸发器中进行。适用于有效成分耐热而溶剂又无燃烧性、无毒与无害、无经济价值者均可采用此法蒸发。但由于常压蒸发多在敞口设备中进行，产生的蒸汽不能完全排出，生产区湿度增大，容易滋生微生物，不符合 GMP 要求，故制剂生产中已少用。

（2）减压蒸发（又称为真空蒸发） 是使蒸发器内形成一定的真空度，使溶液沸点降低而进行沸腾蒸发操作。具有湿度低、蒸发速度快等优点，适于热敏药液的蒸发或以有机溶剂的药液的浓缩。

（3）薄膜蒸发 使液体形成薄膜而进行的蒸发。薄膜蒸发的原理是在减压条件下，液体形成薄膜而具有极大的汽化表面积，热量传播快而均匀，能较好地防止物料出现过热现象。具有使提取液受热温度低、时间短、蒸发速度快、可连续操作和缩短生产周期等优点。薄膜蒸发的进行方式有两种：一种是使浓液膜快速流过加热面而蒸发；另一种是使提取液剧烈地沸腾，产生大量泡沫，以泡沫内外表面为蒸发面进行蒸发。

（4）多效蒸发 多效蒸发是将前效的二次蒸汽作为下一效加热蒸汽的串联蒸发操作。在蒸发时，二次蒸汽的产量较大，且含大量的潜热，将二次蒸汽通入另一蒸发器的加热室，起加热作用，这种操作方式即为多效蒸发。

多效蒸发中的每一个蒸发器称为一效。凡通入加热蒸汽的蒸发器称为第一效，用第一效的二次蒸气作为加热剂的蒸发器称为第二效，依此类推。采用多效蒸发器的目的是为了节省加热蒸气的消耗量。

（三）干燥

1. 干燥的含义　干燥是利用热能使湿物料中的湿分（水分或其他溶剂）气化，并利用气流或真空带走气化了的湿分，从而获得干燥物料的操作。如新鲜药材的干燥、湿法制粒中湿颗粒的干燥、液体的喷雾干燥、丸剂的干燥等。干燥的目的在于使物料便于加工、运输、贮藏和使用，保证药品的质量和提高稳定性。干燥方法的分为：①按热能传递方式的不同，分为传导干燥、对流干燥、辐射干燥、介电加热干燥等；②按操作压力不同，分为常压干燥与减压干燥；③按操作方式的不同，分为连续干燥与间歇干燥。

2. 影响干燥速率的因素

（1）物料的性状　包括物料的形状、料层的厚薄及物料中水分存在的状态。一般结晶性物料比粉末干燥快；物料堆积愈薄，暴露面积愈大，干燥也愈快。物料中的水分可分为非结合水和结合水两类，非结合水存在于物料的表面或物料间隙，此类水分与物料的结合力为机械力，结合较弱，易于除去；结合水存在于细胞及毛细管中，此类水分与物料的结合为物理化学的结合力，由于结合力较强，较难除去。

（2）干燥速度及干燥方法　干燥过程中，首先表面水分很快被蒸发除去，然后内部水分扩散至表面继续蒸发。如干燥速度过快，开始时物体表面水分很快蒸发，使粉粒彼此紧密黏结而在表面结成一层坚硬的外壳，内部水分难以通过硬壳，使干燥难以继续进行，造成"外干内湿"的现象。故干燥应控制在一定速度范围内缓缓进行。

静态干燥如烘干等物料暴露面小，水蒸气散发慢，干燥效率差。沸腾干燥、喷雾干燥属于流化干燥，被干燥物料以悬浮方式进行干燥，与干燥介质接触面大，干燥效率高。

（3）干燥介质的温度与湿度　在适当的范围内提高干燥介质的温度，可加快蒸发速度，而利于干燥，但应注意干燥温度不宜过高，以防止某些热敏性成分被破坏。如果静态干燥时温度宜由低到高缓缓升温，流化干燥则需在较高温度才能达到快速干燥的目的。

干燥介质的相对湿度愈小，愈易干燥，因此在烘房、烘箱中采用鼓风装置使空气流动更新，在流化干燥中预先将气流本身进行干燥或预热。

（4）压力　蒸发量与压力成反比，干燥中，采用减压干燥，能改善蒸发，促进和加快干燥速率。

3. 常用干燥方法与设备　干燥方法与干燥设备种类繁多，制剂生产过程中常用的干燥方法及设备如下。

（1）常压干燥　包括接触干燥和空气干燥。干燥简单易行，但干燥时间长，有时会出现干燥物料颜色不一致，也会因温度过高引起成分破坏，干燥物较硬难粉碎。

①接触干燥　将已蒸发到一定稠度的药液涂于加热面上使成薄层，利用接触加热对物料进行的干燥。常用的设备有滚筒式干燥器。

滚筒式干燥器是一种以热传导方式使物料加热、水分气化，将附在筒体外壁的液相物料或带状物料进行干燥的连续干燥设备。滚筒是一个外表面经过加工的金属空心圆筒，转速一般为每分钟4～10转。加热蒸汽从空心轴通入并在筒内冷凝，冷凝水由虹吸管排除。滚筒部分侵入被干燥的料浆中，筒体内连续通入供热介质，加热筒体，当滚筒缓慢旋转时，物料呈薄膜状附着在它的外面而被加热，水被气化，散于周围空气中。滚筒转动一周，附着在外壁的干料呈片状由刮刀刮下。

②空气干燥　被干燥物料暴露在温热空气或干燥空气中进行的干燥，如晒干、晾干、烘干等。最

常用的是烘干，将物料置于热源装置的烘箱内，利用热源装置供给的热能促使物料干燥，如中药饮片、丸剂、散剂、颗粒剂等的干燥。常用的设备有电热干燥箱、热风循环烘箱等。

热风循环烘箱一般有加热管，可以用电或蒸汽进行加热，有循环风机，风向水平或垂直，热风在烘箱里面循环，对物料进行干燥。空气循环系统采用风机循环送风方式，风循环均匀高效。风源由循环送风电机（采用无触点开关）带动风轮经由加热器，而将热风送出，再经由风道至烘箱内室，再将使用后的空气吸入风道成为风源再度循环，加热使用。确保室内温度均匀性。当温度下降后，送风循环系统迅速恢复操作状态，直至达到设定温度值。如图5-3所示。

控制面板
柜门
搬运车
烘箱外壳
活动格车

图5-3 热风循环烘箱

（2）减压干燥 减压干燥法亦称真空干燥，是指在减压下进行的干燥。在减压条件下，可降低干燥温度和缩短干燥时间，适用于熔点低，受热不稳定的药物。此法除能加速干燥，降低温度，还能使干燥产品疏松和易于粉碎。常用的设备有真空干燥箱等。

真空干燥箱通过真空泵使工作室内保持一定的真空度，特别适合于热敏性、易分解、易氧化物质等物料进行快速高效。

（3）喷雾干燥 是将药物溶液或混悬液用雾化器喷雾于干燥室内，通过热气流的作用，使水分迅速蒸发而进行的干燥。能在数秒钟内完成水分蒸发，即液料的浓缩、干燥，亦可以用此方法进行喷雾制粒。常用的设备有喷雾干燥制粒机等。

图5-4 沸腾干燥器

（4）沸腾干燥 沸腾干燥又叫流化干燥，是指运用流态化技术进行干燥的一种干燥方法。此法是湿物料加在筛板上，干燥介质从下面经筛板吹出，将物料吹成沸腾状，达到干燥的目的。常用的设备有沸腾干燥器等。如图5-4所示。

（5）红外线干燥 是利用红外线辐射器所辐射出的红外线被加热物质所吸收，引起分子激烈共振并迅速转变成热能，使物料温度迅速升高，水分气化而达到干燥目的。常用的设备有干燥红外线发生器等。

（6）冷冻干燥 是在低温低压条件下，利用水的升华性能而进行的一种干燥方法。可避免产品因高热而分解变质，挥发性成分的损失极少，并且在缺氧状态下干燥，避免药物被氧化，因此干燥所得的产品稳定、质地疏松，加水后迅速溶解恢复药液原有特性，同时产品重量轻、体积小、含水量低，可长期保存而不变质。但设备投资和操作费用均很大，产品成本高，价格贵。可用于酶、抗生素、维生素等制剂的干燥。常用的设备有冷冻干燥机等。

由于冻干技术具有干燥温度低，特别适合于高热敏性物料的干燥；能保持原物料的外观形状；冻干制品具有多孔结构，因而有理想的速溶性和快速复水性；冷冻干燥脱水彻底（一般低于2%~5%），质量轻，产品保存期长的特点，因此是用来干燥热敏性物料和需要保持生物活性的物质的一种有效方法。冻干技术的缺点是投资大，维护费用高，因而产品成本高。

（7）微波干燥　是将湿物料置于高频电场内，湿物料中的水分子在微波电场的作用下，反复极化，反复地变动与转动，产生剧烈的碰撞与摩擦，这样就将微波电场中所吸收的能量变成了热能，物料本身被加热而干燥。常用的设备有微波干燥机等。

练一练5-3

以下哪一项不是影响药材浸出的因素（　　）

A. 温度　　　　　　B. 浸出时间　　　　　　C. 药材的粉碎度

D. 浸出容器的大小　　E. 浸出溶剂的种类

答案解析

任务三　常用浸出制剂的制备

一、汤剂

（一）概述

汤剂是指药材用水煎煮或用沸水浸泡，去渣取汁后制成的液体制剂，亦称"汤液"。供内服或外用。

汤剂是我国传统剂型之一，商汤时期，伊尹首创汤剂。战国时期，我国现存的第一部医药经典著作《黄帝内经》中提出了"君、臣、佐、使"的组方原则。在现代中医临床上也是应用数量最多的一个剂型，占整个中医处方数的50%左右。汤剂具有以下特点。

优点：①适应中医辨证施治需要，可随证加减处方，灵活性大；②制法简单，能充分发挥处方中多种药用成分的综合疗效；③属液体制剂，吸收快，奏效迅速。

缺点：①久置易发霉变质，携带、使用不方便；②儿童及昏迷的患者难以服用；③药用成分提取不完全，特别是脂溶性和难溶性成分。

（二）汤剂的制备

汤剂主要用煎煮法制备。对汤剂的制法和服药法，历代医药学家都非常重视，留下了许多宝贵的经验。李时珍在《本草纲目》中记述"凡服汤药，虽品物专精，修治如法，而煎煮者，鲁莽造次，水火不良，火候失度，则药亦无功。"清代名医徐灵胎在《医学源流论》中记述"煎药之法，最宜深讲，药之效不效，全在乎此"。说明正确地掌握汤剂的煎煮方法，对中药临床疗效的发挥起着比较重要的作用。

1. 汤剂制备一般工艺流程　如图5-5所示。

图5-5　汤剂制备工艺流程

2. 原辅料的准备与处理

（1）药材的准备　根据处方选取药材，保证煎煮质量，提高药效。

（2）溶剂　2010年版GMP附录中药制剂生产管理要求，中药材洗涤、浸润、提取用水的质量标准不得低于饮用水标准，无菌制剂的提取用水应当采用纯化水。

（3）煎器　传统采用砂锅或瓦罐，现在可用不锈钢或玻璃容器进行煎煮。李时珍在《本草纲目》中记述"凡煎药并忌铜铁器，宜银器、瓦罐"。根据现代实验研究证明，用铁或铜器煎煮药物，可使金属离子与药材中的某些化学成分发生反应。

3. 药材的浸润　除特殊品种外，一般药材应用冷水浸润，以最大限度浸出有效成分。根据药材性质，确定浸润时间，花、叶、草、茎等类药材浸泡的时间为20～30分钟，根及根茎、果实种子类药材浸泡约60分钟左右。

4. 煎煮

（1）煎药的用水量　煎药用水量的多少直接影响汤剂质量。加水量少，会造成药用成分浸出不完全；加水量多，虽能增加药用成分的溶出量，但汤剂的成品量大，给患者服用增加困难，且耗时费力。

传统经验是将饮片放入煎锅内，第一煎加水至超过药面3～5cm，第二煎超过药面1～2cm；或按第一煎加水8～10倍，第二煎加水6～8倍；也可按每克药材加水约10ml计算，然后将计算的总用水量的70%加到第一煎中，余下的30%留作第二煎用。

（2）火候　药材煎煮时所用火力大小直接影响药材煎煮的质量。煎煮时先用武火加热至沸，再改文火保持微沸，目的是减慢水分的蒸发，利于药用成分的浸出。

（3）煎煮时间　药材煎煮的时间应根据药材性质、煎煮次数、剂量大小而定。解表药因多含挥发性成分煎煮时间宜短些，滋补药煎煮时间宜长。药材煎煮到规定时间后应趁热过滤，以防止煎液中的药用成分被药渣吸附影响疗效。

（4）煎煮次数　一般汤剂煎煮2～3次。若药用成分难于浸出或为滋补类药，可酌情增加煎煮次数。

（5）需特殊处理的药材　根据药材的性质、质地等不同，汤剂的制备方法也不相同。为保证汤剂疗效，在汤剂的制备过程中应针对具体情况对药材进行特殊处理。

①先煎　将药材先煎煮30分钟甚至更长时间，再加入其他药材一同煎煮。先煎的药材有：质地坚硬的矿石类（钟乳石、自然铜、赤石脂、磁石等）；贝壳类（瓦楞子、蛤壳、珍珠母、牡蛎等）；角甲类（龟甲、鳖甲、水牛角等）；有毒药材（制川乌、制草乌、附子等）。

②后下　一般药材在煎煮5～15分钟后再加入后下药材一同煎煮。目的是减少挥发性成分的损失、避免药用成分分解破坏。后下的药材有：气味芳香、含挥发油多的药材如砂仁、豆蔻、沉香、降香、薄荷等，一般在其他药材煎煮5～10分钟后入煎即可；不耐久煎的药材如钩藤、苦杏仁、番泻叶等一般在其他药材煎药煮10～15分钟后入煎。

③另煎　将药材单独进行煎煮取汁另器保存，再兑入其他药材煎出液中，混合服用。目的是防止与其他药材共煎时被吸附于药渣或沉淀损失。另煎的药材一般是贵重药如人参、西洋参、鹿茸等。

④包煎　把药材装入煎药袋内，扎紧袋口，与其他药材一同煎煮。目的是防止药材沉于锅底引起焦化、糊化，或浮于水面引起溢锅；也能防止绒毛进入汤液，避免服用时刺激咽喉引起咳嗽。需包煎的药材有：儿茶、旋覆花、葶苈子、蒲黄、辛夷、蛤粉、车前子、海金沙、滑石粉等。

⑤冲服　将药材磨成极细粉以汤液冲服或加入汤液中服用。目的是保证药效，降低药材损耗。需要冲服的药材主要是一些难溶于水的贵重药材如牛黄、三七、麝香、朱砂、羚羊角等。

⑥烊化　将药材加适量水加热溶化或直接投入煎好的汤液中加热溶化后服用。目的是避免因煎液稠度大而影响药用成分的煎出或药材中的药用成分被药渣吸附而影响疗效。需要烊化的有胶类或糖类药材如阿胶、龟鹿二仙胶、蜂蜜、饴糖等。

⑦取汁兑服　为保证鲜药的疗效，可将新鲜药材压榨取汁兑入汤液中服用。需要取汁兑服的药材

有鲜生地、生藕、梨、生韭菜、鲜姜、鲜白茅根等。竹沥亦不宜入煎，可兑入汤液中服用。

5. 去渣取汁　汤剂煎煮至规定时间后及时分离，弃去药渣，合并煎液，静置，取上清液服用。一般第一煎取 200ml 左右，第二煎取 100ml 左右，儿童酌减。煎液分两次或三次服用。

6. 贮存　汤剂在室温条件下贮存。

♥ 药爱生命

2020 年初，新冠肺炎疫情蔓延，国家中医药管理局派出中医药专家组介入治疗，再次向人们揭示了中医药在新冠肺炎防治中的重要作用。

"与 2003 年抗击非典疫情相比，中医药的参与度、介入程度都是史无前例的。"国家中医医疗救治专家组组长仝小林院士介绍，超过 90% 的确诊患者接受了中医药治疗。通过社区短期内大面积发放药物，用通治方治疗，在早期阻断疫情蔓延，产生了比较好的效果。

自古以来，中医药在防治瘟疫上就发挥了重要作用。从张仲景的《伤寒杂病论》，至明清时代温病学派崛起，到现代中医药不断完善。中医药通过早期干预、综合治疗的整体调节作用对防控突发流行性传染病具有明显优势。

二、合剂

合剂系指饮片用水或其他溶剂，采用适宜的方法提取制成的口服液体制剂（单剂量灌装者也可称"口服液"）。

（一）合剂在生产与贮藏期间应注意

1. 饮片应按各品种项下规定的方法提取、纯化、浓缩制成口服液体制剂。

2. 根据需要可加入适宜的附加剂。除另有规定外，在制剂确定处方时，该处方的抑菌效力应符合抑菌效力检查法的规定。山梨酸和苯甲酸的用量不得超过 0.3%（其钾盐、钠盐的用量分别按酸计），羟苯酯类的用量不得超过 0.05%，如加入其他附加剂，其品种与用量应符合国家标准的有关规定，不影响成品的稳定性，并应避免对检验产生干扰。必要时可加入适量的乙醇。

3. 合剂若加蔗糖，除另有规定外，含蔗糖量一般不高于 20%（g/ml）。

4. 除另有规定外，合剂应澄清。在贮存期间不得有发霉、酸败、异物、变色、产生气体或其他变质现象，允许有少量摇之易散的沉淀。

5. 一般应检查相对密度、pH 值等。

6. 除另有规定外，合剂应密封，置阴凉处贮存。

（二）合剂的制备

1. 合剂的生产工艺流程　如图 5-6 所示。

图 5-6　合剂的生产工艺流程

2. 制备方法　按处方称取炮制合格的药材，依据各品种项下规定的方法进行浸出，一般采用煎煮法，药材煎煮两次，每次 1~2 小时，滤液静置后过滤；若处方中含芳香挥发性成分药材，可用"双提法"收集挥发性成分另器保存，备用；亦可根据药用成分的特性，选用不同浓度的乙醇或其他溶剂，用渗漉法、回流法等进行浸出；所得滤液浓缩至规定的相对密度，必要时加入矫味剂、抑菌剂或着色剂，分装后灭菌。

3. 合剂的生产操作要求和工艺条件 合剂的生产操作要求和工艺条件如图5-1所示。

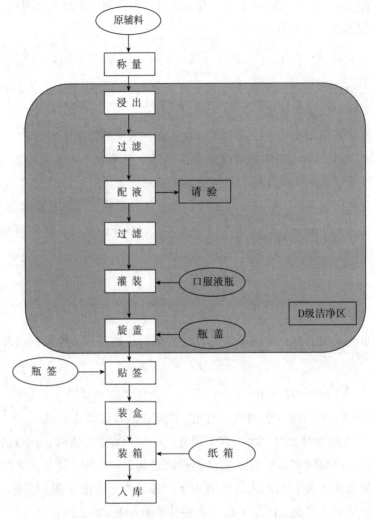

图5-7 合剂的生产操作要求和工艺条件

4. 案例5-1 小儿退热合剂（小儿退热口服液）的制备

【处方】大青叶150g 金银花90g 栀子90g 黄芩90g 地龙60g 柴胡90g 板蓝根90g 连翘90g 牡丹皮90g 淡竹叶60g 重楼45g 白薇60g

【制法】以上十二味，牡丹皮、柴胡、连翘用水蒸气蒸馏，收集蒸馏液，药渣与其余大青叶等九味加水煎煮二次，每次1小时，合并煎液，滤过，滤液浓缩至相对密度为1.15~1.20（80℃）的清膏，加乙醇使含醇量达70%，静置，取上清液滤过，回收乙醇，浓缩至相对密度为1.20~1.25（80℃），加水搅匀，静置，取上清液，滤过。另取蔗糖400g制成糖浆，与上述药液及蒸馏液合并，加入甜菊素2g、苯甲酸钠或山梨酸钾2g，加水至1000ml，搅匀，滤过，灌装，灭菌，即得。

【性状】本品为红褐色的液体；气芳香，味苦、辛、微甜。

【临床应用】疏风解表，解毒利咽。用于小儿外感风热所致的感冒，症见发热恶风、头痛目赤、咽喉肿痛；上呼吸道感染见上述证候者。

【用法与用量】口服。五岁以下一次10ml，五至十岁一次20~30ml，一日3次；或遵医嘱。

三、糖浆剂

糖浆剂系指含有原料药物的浓蔗糖水溶液。除另有规定外，糖浆剂的含糖量应不低于45%（g/ml）。单纯的蔗糖近饱和水溶液称为"单糖浆"，含糖量为85%（g/ml）。

（一）糖浆剂在生产与贮藏期间应符合下列有关规定

1. 将原料药物用水溶解（饮片应按各品种项下规定的方法提取、纯化、浓缩至一定体积），加入单糖浆；如直接加入蔗糖配制，则需煮沸，必要时滤过，并自滤器上添加适量新煮沸过的水至处方规定量。

2. 含蔗糖量应不低于45%（g/ml）。

3. 根据需要可加入适宜的附加剂。如需加入抑菌剂，除另有规定外，在制剂确定处方时，该处方的抑菌效力应符合抑菌效力检查法的规定。山梨酸和苯甲酸的用量不得过0.3%（其钾盐、钠盐的用量分别按酸计），羟苯酯类的用量不得过0.05%。如需加入其他附加剂，其品种与用量应符合国家标准的有关规定，且不应影响成品的稳定性，并应避免对检验产生干扰。必要时可加入适量的乙醇、甘油或其他多元醇。

4. 除另有规定外，糖浆剂应澄清。在贮存期间不得有发霉、酸败、产生气体或其他变质现象，允许有少量摇之易散的沉淀。

5. 一般应检查相对密度、pH值等。

6. 除另有规定外，糖浆剂应密封，避光置干燥处贮存。

（二）糖浆剂的分类

1. 单糖浆　为蔗糖的近饱和水溶液，其浓度为85%（g/ml）或64.71%（g/g），不含任何药物，除供制备含药糖浆外，一般用作矫味剂或不溶性成分的助悬剂及片剂、丸剂的黏合剂。

2. 药用糖浆　为含药物或中药提取物的浓蔗糖水溶液，具有相应的治疗作用。如小儿腹泻宁糖浆，具有健脾和胃，生津止泻的作用；急支糖浆具有化痰止咳作用。

3. 芳香糖浆　为含芳香性物质或果汁的浓蔗糖水溶液。主要用作液体药剂的矫味剂，如橙皮糖浆等。

（三）糖浆剂的制备

1. 中药糖浆剂的制备工艺流程　如图5-8所示。

图5-8　中药糖浆剂的制备工艺流程

2. 制备方法　按处方称取炮制合格的药材，依据各品种项下规定的方法进行浸出，一般采用煎煮法，药材煎煮两次，每次1~2小时，滤液静置后过滤；若处方中含芳香挥发性成分药材，可用"双提法"收集挥发性成分另器保存，备用；亦可根据药用成分的特性，选用不同浓度的乙醇或其他溶剂，用渗漉法、回流法等进行浸出；所得滤液浓缩至规定的相对密度，配液，糖浆剂配液有三种方法：①热溶法，将蔗糖加入沸蒸馏水或中药浸提浓缩液中，加热使溶解，再加入可溶性药物，混合溶解后，滤过，从滤器上加适量蒸馏水至规定容量即得；②冷溶法，在室温下将蔗糖溶解于蒸馏水或含药物的溶液中，待完全溶解后，滤过，即得；③混合法，系将药物与单糖浆直接混合后制得。必要时加入矫味剂、抑菌剂或着色剂，分装后（或分装后灭菌）即得。

3. 糖浆剂的生产操作要求和工艺条件 见图 5－9 所示。

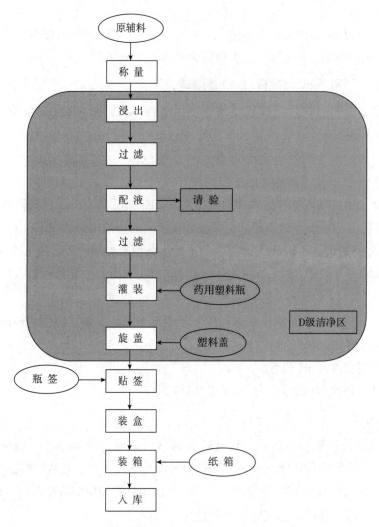

图 5－9 糖浆剂的生产操作要求和工艺条件

？ 想一想5-1

答案解析

杏苏止咳糖浆

【处方】 苦杏仁 63g 陈皮 47g 紫苏叶 63g 前胡 63g 桔梗 47g 甘草 16g

【制法】 以上六味，苦杏仁加温水浸泡 24 小时，水蒸气蒸馏，收集蒸馏液 50ml 至 90%
乙醇 0.8ml 中，测定氢氰酸含量，并稀释至每 100ml 中含 0.1g 氢氰酸的苦杏仁乙醇溶液，备用；紫苏
叶、前胡、陈皮加水蒸馏，收集蒸馏液 100ml，另器保存，上述四种药渣与桔梗、甘草加水煎煮两次，
每次 2 小时，合并煎液，滤过，滤液浓缩至适量，加入蔗糖 500g、苯甲酸钠 3g 及枸橼酸适量，煮沸使
溶解，滤过，放冷，加入上述苦杏仁乙醇溶液 50ml 和紫苏叶等蒸馏液，用枸橼酸调节 pH 值至
3.0 ~ 5.0，加水至 1000ml，搅匀，即得。

【性状】 本品为浅棕黄色至棕黄色的黏稠液体；气芳香，味甜。

请制定杏苏止咳糖浆的工艺规程，并注明各工序洁净度等级要求。

四、酒剂与酊剂

（一）酒剂

酒剂系指饮片用蒸馏酒提取调配而制成的澄清液体制剂。又称药酒，可内服、外用或内外兼用。

（二）酒剂在生产与贮藏期间应符合下列有关规定

（1）生产酒剂所用的药材，一般应适当加工成片、段、块、丝或粗粉。

（2）生产内服酒剂应以谷类酒为原料。

（3）可用浸渍法、渗漉法或其他适宜的方法制备。蒸馏酒的浓度及用量、浸渍温度和时间、渗漉速度，均应符合各品种制法项下的要求。

（4）可加入适量的糖或蜂蜜调味。

（5）配制后的酒剂须澄清，滤过后分装于洁净的容器中。在贮存期间允许有少量摇之易散的沉淀。

（6）酒剂应检查含醇量。

（7）除另有规定外，酒剂应密封、置阴凉处贮存。

（三）酊剂

酊剂系指将原料药物用规定浓度的乙醇提取或溶解而制成的澄清液体制剂，也可用流浸膏稀释制成。供口服或外用。

（四）酊剂在生产与贮藏期间应符合下列有关规定

（1）除另有规定外，含有毒性药的酊剂，每 100ml 应相当于原药材 10g；其有效成分明确者，应根据其半成品的含量加以调整，使符合各酊剂项下的规定。其他酊剂，每 100ml 相当于原药材 20g。

（2）酊剂可用溶解法、稀释法、浸渍法或渗漉法制备。

（3）酊剂应检查乙醇量。

（4）酊剂久置产生沉淀时，在乙醇量和有效成分含量符合各品种项下规定的情况下，可滤过除去沉淀。

（5）除另有规定外，酊剂应置遮光容器内密封，置阴凉处贮存。

（五）酒剂的制备

1. 酒剂的生产工艺流程　如图 5 - 10 所示。

图 5 - 10　酒剂的生产工艺流程

2. 制备方法　按处方称取炮制合格的药材，适当加工成片、段、块、丝或粗粉。选择符合《食品卫生国家标准》的蒸馏酒进行浸出，酒剂的浸出方法有以下三种。①冷浸法，在常温下进行浸渍的方法。将药材置适宜的容器中，加入规定量的蒸馏酒，密闭浸渍，每日搅拌 1～2 次，一周后改为每周搅拌一次，除另有规定外，浸渍 30 日以上。取上清液，压榨药渣，榨出液与上清液合并。②温浸法，药材在 40～60℃的条件下进行浸渍的方法。适宜于耐热药材制备酒剂。将药材置适宜容器中，加入规定量蒸馏酒，搅匀密闭，水浴或蒸汽加热保温，浸泡 30 日以上，每日搅拌 1～2 次，滤过，压榨药渣，榨出液与上清液合并。③渗漉法，以蒸馏酒为溶剂，按渗漉法操作，收集渗漉液。将上述三种方法制得的浸出液静置，沉淀后取上清液，滤过。需加矫味剂或着色剂的酒剂应在浸出完毕后加入，搅匀，密闭静置，澄清滤过，分装即得。

（六）酊剂的制备

酊剂可用浸渍法、渗漉法、溶解法或稀释法制备。

1. 浸渍法　取适当粉碎的药材，置有盖容器中，加入溶剂适量，密盖，搅拌或振摇，浸渍 3~5 日或规定的时间，倾取上清液，再加入溶剂适量，依法浸渍至有效成分充分浸出，合并浸出液，加溶剂至规定量后，静置，滤过，即得。

2. 渗漉法　按渗漉法的操作方法，用溶剂适量渗漉，至流出液达到规定量后，静置，滤过，即得。

3. 溶解法或稀释法　取药物的粉末或流浸膏，加规定浓度的乙醇适量，溶解或稀释，静置，必要时滤过，即得。

（七）案例 5-2　冯了性风湿跌打药酒的制备

【处方】丁公藤 2500g　桂枝 75g　麻黄 93.8g　羌活 75g　当归 7.5g　川芎 7.5g　白芷 7.5g　补骨脂 7.5g　乳香 7.5g　猪牙皂 7.5g　陈皮 33.1g　苍术 7.5g　厚朴 7.5g　香附 7.5g　木香 7.5g　枳壳 50g　白术 7.5g　山药 7.5g　黄精 20g　菟丝子 7.5g　小茴香 7.5g　苦杏仁 7.5g　泽泻 7.5g　五灵脂 7.5g　蚕沙 16.2g　牡丹皮 7.5g　没药 7.5g

【制法】以上二十七味，除乳香、五灵脂、木香、没药、麻黄、桂枝、白芷、小茴香、羌活、猪牙皂外，其余丁公藤等十七味混匀，蒸 2 小时，取出，放冷，与上述乳香等十味合并，置容器内，加入白酒 10kg，密闭浸泡 30~40 日，滤过，即得。

【性状】本品为棕黄色至红棕色的液体；气香，味微苦、甘。

【临床应用】祛风除湿，活血止痛。用于风寒湿痹，手足麻木，腰腿酸痛；跌扑损伤，瘀滞肿痛。

（八）案例 5-3　远志酊的制备

【制法】取远志流浸膏 200ml，加 60% 乙醇使成 1000ml，混合后，静置，滤过，即得。

【性状】本品为棕色的液体。

【临床应用】祛痰药。用于咳痰不爽。

五、流浸膏剂与浸膏剂

流浸膏剂、浸膏剂系指饮片用适宜的溶剂提取，蒸去部分或全部溶剂，调整至规定浓度而成的制剂。

除另有规定外，流浸膏剂系指每 1ml 相当于饮片 1g；浸膏剂分为稠膏和干膏两种，每 1g 相当于饮片 2~5g。

流浸膏剂与浸膏剂只有少数品种可直接供临床应用，而绝大多数品种是作为配制其他制剂的原料。流浸膏剂一般多用于配制合剂、酊剂、糖浆剂等液体制剂。

流浸膏剂为液体制剂，而浸膏剂为半固体或固体制剂，若浸膏剂的含水量在 15%~20%，具有黏性呈膏状半固体时称为稠浸膏；若浸膏剂的含水量在 5% 内，呈干燥块或粉末状固体时则称为干浸膏。

（一）流浸膏的制备

1. 流浸膏剂的生产工艺流程　如图 5-11 所示。

图 5-11　流浸膏剂的生产工艺流程

2. 制备方法　按处方称取炮制合格的药材，一般采用煎煮法或渗漉法，渗漉时应先收集药材量的

85%的初漉液另器保存，续漉液经低温浓缩后与初漉液合并，调整浓度至规定标准，静置，取上清液分装即得。若溶剂为水，且药用成分又耐热，将全部浸出液浓缩后，加适量乙醇调整含量即得。另外，流浸膏剂还可以用浸膏剂稀释而成。

（二）浸膏剂的制备

1. 浸膏剂的生产工艺流程　如图5-12所示。

图5-12　浸膏剂的生产工艺流程

2. 制备方法　浸膏剂用煎煮法、回流法或渗漉法制备，全部煎煮液或漉液浓缩至稠膏，加稀释剂或继续浓缩至规定的量。若需要干浸膏，可采用减压干燥或喷雾干燥进行制备。

（三）案例5-4　当归流浸膏的制备

【制法】取当归粗粉1000g，用70%乙醇作溶剂，浸渍48小时，缓缓渗漉，收集初漉液850ml，另器保存，继续渗漉，至渗漉液近无色或微黄色为止，收集续漉液，在60℃以下浓缩至稠膏状，加入初漉液850ml，混匀，用70%乙醇稀释至1000ml，静置数日，滤过，即得。

【性状】本品为棕褐色的液体；气特异，味先微甜后转苦麻。

（四）案例5-5　甘草浸膏的制备

【制法】取甘草，润透，切片，加水煎煮3次，每次2小时，合并煎液，放置过夜使沉淀，取上清液浓缩至稠膏状，取出适量，照［含量测定］项下的方法，测定甘草酸含量，调节使符合规定，即得；或干燥，使成细粉，即得。

【性状】本品为棕褐色的块状固体或粉末；有微弱的特殊臭气和持久的特殊甜味。

六、煎膏剂（膏滋）

煎膏剂系指饮片用水煎煮，取煎煮液浓缩，加炼蜜或糖（或转化糖）制成的半流体制剂。煎膏剂以滋补为主，兼具有缓和的治疗作用，药性滋润，故又称膏滋。

（一）煎膏剂在生产与贮藏期间应符合下列有关规定

（1）饮片按各品种项下规定的方法煎煮，滤过，滤液浓缩至规定的相对密度，即得清膏。

（2）如需加入饮片原粉，除另有规定外，一般应加入细粉。

（3）清膏按规定量加入炼蜜或糖（或转化糖）收膏；若需加饮片细粉，待冷却后加入，搅拌混匀。除另有规定外，加炼蜜或糖（或转化糖）的量，一般不超过清膏量的3倍。

（4）煎膏剂应无焦臭、异味，无糖的结晶析出。

（5）除另有规定外，煎膏剂应密封，置阴凉处贮存。

（二）煎膏剂的制备 🅔 微课

1. 煎膏剂的制备工艺流程　如图5-13所示。

图5-13　煎膏剂的制备工艺流程

2. 制备方法　按处方称取炮制合格的药材，依据各品种项下规定的方法进行浸出，一般采用煎煮法，药材煎煮两次，每次 1 ~ 2 小时，滤液静置后过滤，浓缩至规定的相对密度；制备煎膏剂所用的糖，除另有规定外，应使用《中国药典》标准，使用前均应加以炼制，炼制糖的目的是：使糖的晶粒熔融，去除部分水分，净化杂质，杀死微生物，使糖部分转化，防止煎膏剂产生"返砂"现象。将炼蜜或糖冷至 100℃，加入清膏中，一般不超过清膏的 3 倍。收膏稠度视品种而定，一般相对密度在 1.4 左右。如果需要加入药材细粉，应在煎膏冷却后加入，搅拌混匀，即得。

（三）案例 5 – 6　龟鹿二仙膏的制备

【处方】龟甲 250g　党参 47g　鹿角 250g　枸杞子 94g

【制法】以上四味，龟甲水煎煮三次，每次 24 小时，煎液滤过，滤液合并，静置；鹿角制成 6 ~ 10cm 的段，漂泡至水清，取出，加水煎煮三次，第一、二次各 30 小时，第三次 20 小时，煎液滤过，滤液合并，静置；党参、枸杞子加水煎煮三次，第一、二次各 2 小时，第三次 1.5 小时，煎液滤过，滤液合并，静置；合并上述三种滤液，滤液浓缩至相对密度为 1.25（60℃）；取蔗糖 2200g，制成转化糖，加入上述清膏中，混匀，浓缩至规定的相对密度，即得。

【性状】本品为红棕色稠厚的半流体；味甜。

【临床应用】温肾益精，补气养血。用于肾虚精亏所致的腰膝酸软、遗精、阳痿。

練一练5-4

煎膏剂制备中如果需要加入药物粉末，应该（　）

A. 煎煮时加入　　　　B. 浓缩时加入　　　　C. 精制时加入

D. 炼糖时加入　　　　E. 灌装前加入

答案解析

任务四　浸出制剂的质量控制

一、合剂（口服液）的质量检查

1. 外观　除另有规定外，合剂应澄清。在贮存期间不得有发霉、酸败、异物、变色、产生气体或其他变质现象，允许有少量摇之易散的沉淀。

2. 鉴别　应具备各药材中药用成分或指标成分的特殊鉴别反应。

3. 含量测定　药用成分明确的，按规定测定含量，应符合规定。药用成分不明确的，测定指标成分或总固体量，应符合规定范围。

4. 相对密度　照《中国药典》（2020 年版）通则相对密度测定法测定，应符合规定。

5. pH 值　照《中国药典》（2020 年版）通则 pH 值测定法测定，应符合规定。

6. 装量　单剂量灌装的合剂，照下述方法检查应符合规定。

检查法：取供试品 5 支，将内容物分别倒入经标化的量入式量筒内，在室温下检视，每支装量与标示装量相比较，少于标示装量的不得多于 1 支，并不得少于标示装量的 95%。

多剂量灌装的合剂，照最低装量检查法检查，应符合规定。

7. 微生物限度　除另有规定外，照非无菌产品微生物限度检查：微生物计数法（通则 1105）和控制菌检查法（通则 1106）及非无菌药品微生物限度标准（通则 1107）检查，应符合规定。

二、糖浆剂的质量检查

1. 外观　除另有规定外，糖浆剂应澄清。在贮存期间不得有发霉、酸败、产生气体或其他变质现象，允许有少量摇之易散的沉淀。

2. 鉴别　应具备各药材中药用成分或指标成分的特殊鉴别反应。

3. 含量测定　药用成分明确的，按规定测定含量，应符合规定。药用成分不明确的，测定指标成分或总固体量，应符合规定范围。

4. 蔗糖含量　除另有规定外，含蔗糖量应不低于 45%（g/ml）。

5. 相对密度　照《中国药典》（2020 年版）通则相对密度测定法测定，应符合规定。

6. pH 值　照《中国药典》（2020 年版）通则 pH 值测定法测定，应符合规定。

7. 装量　单剂量灌装的糖浆剂，照下述方法检查应符合规定。

检查法　取供试品 5 支，将内容物分别倒入经标化的量入式量筒内，尽量倾净。在室温下检视，每支装量与标示装量相比较，少于标示装量的不得多于 1 支，并不得少于标示装量的 95%。

多剂量灌装的糖浆剂，照最低装量检查法（通则 0942）检查，应符合规定。

8. 微生物限度　除另有规定外，照非无菌产品微生物限度检查微生物计数法（通则 1105）和控制菌检查（通则 1106）及非无菌药品微生物限度标准（通则 1107）检查，应符合规定。

三、酒剂的质量检查

1. 外观　流浸膏为棕色或棕褐色或红棕色液体。

2. 鉴别　应具备各药材中药用成分或指标成分的特殊鉴别反应。

3. 含量测定　药用成分明确的，按规定测定含量，应符合规定。药用成分不明确的，测定指标成分或总固体量，应符合规定范围。

4. 乙醇量　除另有规定外，含乙醇的流浸膏照乙醇量检查法（通则 0711）检查，应符合规定。

5. 甲醇量　除另有规定外，含乙醇的流浸膏照甲醇量检查法（通则 0871）检查，应符合规定。

6. 装量　照最低装量检查法（通则 0942）检查，应符合规定。

7. 微生物限度　照非无菌产品微生物限度检查，微生物计数法（通则 1105）和控制菌检查（通则 1106）及非无菌药品微生物限度标准（通则 1107）检查，应符合规定。

四、酊剂的质量检查

1. 外观　除另有规定外，酊剂应澄清。酊剂组分无显著变化的前提下，久置允许有少量摇之易散的沉淀。

2. 鉴别　应具备各药材中药用成分或指标成分的特殊鉴别反应。

3. 含量测定　药用成分明确的，按规定测定含量，应符合规定。药用成分不明确的，测定指标成分或总固体量，应符合规定范围。

4. 乙醇量　照乙醇量测定法（通则 0711）测定，应符合各品种项下的规定。

5. 甲醇量　照甲醇量检查法（通则 0871）检查，应符合规定。

6. 装量　照最低装量检查法（通则 0942）检查，应符合规定。

7. 微生物限度　除另有规定外，照非无菌产品微生物限度检查：微生物计数法（通则 1105）和控制菌检查法（通则 1106）及非无菌药品微生物限度标准（通则 1107）检查，应符合规定。

五、流浸膏剂、浸膏剂的质量检查

1. 鉴别　应具备各药材中药用成分或指标成分的特殊鉴别反应。

2. 含量测定　药用成分明确的，按规定测定含量，应符合规定。药用成分不明确的，测定指标成分或总固体量，应符合规定范围。

3. 乙醇量 除另有规定外，含乙醇的流浸膏照乙醇量测定法（通则 0711）测定，应符合规定。

4. 甲醇量 除另有规定外，含乙醇的流浸膏照甲醇量检查法（通则 0871）检查，应符合各品种项下的规定。

5. 装量 照最低装量检查法（通则 0942）检查，应符合规定。

6. 微生物限度 照非无菌产品微生物限度检查：微生物计数法（通则 1105）和控制菌检查法（通则 1106）及非无菌药品微生物限度标准（通则 1107）检查，应符合规定。

六、煎膏剂的质量检查

1. 外观 煎膏剂应无焦臭、无异味、无糖的结晶析出。

2. 鉴别 应具备各药材中药用成分或指标成分的特殊鉴别反应。

3. 含量测定 药用成分明确的，按规定测定含量，应符合规定。药用成分不明确的，测定指标成分或总固体量，应符合规定范围。

4. 相对密度 除另有规定外，取供试品适量，精密称定，加水约 2 倍，精密称定，混匀，作为供试品溶液。照相对密度测定法（通则 0601）测定，按下式计算，应符合各品种项下的有关规定。

$$供试品相对密度 = \frac{W_1 - W_1 \times f}{W_2 - W_1 \times f}$$

式中，W_1 为比重瓶内供试品溶液的重量，g；W_2 为比重瓶内水的重量，g。

$$f = \frac{加入供试品中的水重量}{供试品重量 + 加入供试品中的水重量}$$

5. 不溶物 取供试品 5g，加热水 200ml，搅拌使溶化，放置 3 分钟后观察，不得有焦屑等异物。

加饮片细粉的煎膏剂，应在未加入药粉前检查，符合规定后方可加入药粉。加入药粉后则应对其微粒粒度进行检查。

6. 装量 照最低装量检查法（通则 0942）检查，应符合规定。

7. 微生物限度 照非无菌产品微生物限度检查微生物计数法（通则 1105）和控制菌检查（通则 1106）及非无菌药品微生物限度标准（通则 1107）检查，应符合规定。

实训 13 浸出制剂的制备与质量评价

一、实训目的

1. 掌握浸出制剂的制备方法及操作要点。
2. 学会各类浸出制剂的质量检查方法。

二、实训指导

1. 糖浆剂、煎膏剂、流浸膏剂、酊剂制备工艺。

2. 操作注意事项

（1）称量 正确选用天平、规范使用天平、及时记录称量数据。

（2）粉碎 根据物料的特性，确定是否需要粉碎；注意选择合适粉碎设备，粉碎至适宜程度。

（3）提取 选用适宜的浸出方法，合适的浸出溶剂。

（4）配液 选择适宜的量具定容。

（5）煎膏剂收膏　浓缩到适宜程度，防止产生焦屑影响成品质量。

（6）质量检查　性状、相对密度、不溶物、微生物限度等。

三、实训药品与器材

1. 药品　土槿皮、远志、益母草、红糖、白糖、乙醇、氨溶液等。

2. 器材　磨塞广口瓶、渗漉筒、木槌、接收瓶、铁架台、蒸馏瓶、冷凝管、温度计、水浴锅、烧杯、量筒、量杯、脱脂棉、滤纸、电炉、蒸发器、漏斗、天平、电子秤等。

四、实训内容

（一）单糖浆

【处方】蔗糖85g　蒸馏水　制备量100ml

【制法】取蒸馏水50ml，煮沸，加入蔗糖，搅拌溶解后，加热至100℃，沸后趁热用脱脂棉滤过，自滤器上添加适量热蒸馏水，使成100ml，混匀即得。

【临床应用】有矫味、助悬作用。常用于配制液体制剂的矫味剂或制备含药糖浆，亦可作片剂、丸剂包衣的黏合剂。

（二）煎膏剂的制备

【处方】益母草200g　红糖适量

【制法】取益母草，加水煎煮两次，每次2小时，合并煎液，滤过，滤液浓缩至相对密度为1.21～1.25（80℃）的清膏。称取红糖（每100g清膏加红糖200g），加糖量1/2的水及0.1%酒石酸，直火加热，不断搅拌、溶化，至金黄色时，加入上述清膏，混匀，继续浓缩至规定的相对密度，即得。

【注】相对密度检查时，取本品10g，加水20ml稀释后，按照《中国药典》相对密度测定法（通则0601），应不低于1.36（通则0183）。

【步骤】

（1）按照处方药物量配齐各药物，能正确使用台秤。

（2）将益母草置砂锅中，加水浸泡30分钟后，加水煎煮两次，合并煎液。

（3）趁热过滤煎液，滤液继续浓缩至相对密度为1.21～1.25（80℃）的清膏。

（4）按照清膏与红糖比例取红糖，加入到约占糖量一半的水中，另外加酒石酸（0.1%），直火加热，不断搅拌溶化，至颜色呈现金黄色时为止。

（5）将上述炼好的糖加入到上述清膏中，搅拌混匀，继续浓缩至相对密度，应不低于1.36（通则0183）。

（6）密封、瓶装，即得成品。

【临床应用】活血调经。用于经闭，痛经及产后瘀血腹痛。

【用法与用量】口服，一次10g，一日1～2次。

（三）远志流浸膏

【处方】远志（中粉）100g

【制法】取远志中粉按渗漉法制备。用60%乙醇作溶剂，浸渍24小时后，以每分钟1～3ml的速度缓缓渗漉，收集初漉液85ml，另器保存。继续渗漉，俟有效成分完全漉出，收集续漉液，在60℃以下减压浓缩至稠膏状，加入初漉液，混合后滴加浓氨溶液适量使呈微碱性，并有氨臭，再加60%乙醇调整使成100ml，静置，俟澄清，滤过，即得。

【临床应用】 祛痰药，用于咳痰不爽。

【用法与用量】 口服，一次 0.5~2ml，一日 1.5~6ml。

【注】

（1）远志内含有酸性皂苷和远志酸，在水溶液中渐渐水解而产生沉淀，因此，加适量氨溶液使成微碱性，以延缓苷的水解，而产生沉淀。

（2）装渗漉筒前，应先用溶剂将药粉湿润。装筒时应注意分次投入，逐层压平，松紧适度，切勿过松、过紧。投料完毕用滤纸或纱布覆盖，加几粒干净碎石以防止药材松动或浮起。加溶剂时宜缓慢并注意使药材间隙不留空气，渗漉速度以 1~3ml/min 为宜。

（3）药材粉碎程度与浸出效率有密切关系。对组织疏松的药材，选用其粗粉浸出即可；而质地坚硬的药材，则可选用中等粉或粗粉。粉末过细可能导致较多量的树胶、鞣质、植物蛋白等黏稠物质的浸出，对主药成分的浸出不利，且使浸出液与药渣分离困难，不易滤清使产品混浊。

（4）收集 85% 初漉液，另器保存。因初漉液有效成分含量较高，可避免加热浓缩而导致成分损失和乙醇浓度改变。

（四）土槿皮酊

【处方】 土槿皮 100g

【制法】 取土槿皮粗粉，置广口瓶中，加 80% 乙醇 100ml，密闭浸渍 3~5 日，时加振摇或搅拌，滤过，残渣压榨，滤液与压榨液合并，静置 24 小时，滤过，自滤器上添加 80% 乙醇使成 100ml，搅匀，滤过，即得。

【临床应用】 杀菌，治脚癣。

【用法与用量】 外用，将患处洗净擦干后，涂于患处上，一日 1~2 次。

【注】

1. 土槿皮以粗粉为宜，粉末太细过滤较困难。

2. 在浸渍期间，应注意时常振摇或搅拌。

五、思考题

1. 常用的浸出方法有哪些？各有什么特点？

2. 比较浸渍法与渗漉法的异同点？操作中各应注意哪些问题？

3. 渗漉法制备流浸膏时为何要收集 85% 初漉液另器保存？

 目标检测

答案解析

一、A 型题（最佳选择题）

1. 以下浸提方法在浸提过程中可保持最大浓度差的是 （ ）

    A. 渗漉法   B. 萃取法   C. 回流法

    D. 煎煮法   E. 浸渍法

2. 下列浸出制剂中，哪一种主要作为原料而很少直接用于临床 （ ）

    A. 合剂   B. 酒剂   C. 浸膏剂

    D. 酊剂   E. 糖浆剂

3. 有关影响浸出因素的叙述正确的是（　　）

    A. 药材粉碎度越大越利于浸提　　　　　　　　B. 温度越高浸提效果越好

    C. 时间越长浸提效果越好　　　　　　　　　　D. 溶媒 pH 越高越利于浸提

    E. 浓度梯度越大浸提效果越好

4. 以下哪一条不是影响药材浸出的因素（　　）

    A. 温度　　　　　　　　　B. 浸出时间　　　　　　　　C. 药材的粉碎度

    D. 浸出容器的大小　　　　E. 浸出溶剂的种类

5. 最适于湿粒状物料干燥的方法是（　　）

    A. 减压干燥　　　　　　　B. 喷雾干燥　　　　　　　　C. 沸腾干燥

    D. 红外线干燥　　　　　　E. 微波干燥

6. 下列不能用于酊剂制备的是（　　）

    A. 冷浸法　　　　　　　　B. 热浸法　　　　　　　　　C. 煎煮法

    D. 渗滤法　　　　　　　　E. 回流法

7. 需做含醇量测定的制剂是（　　）

    A. 煎膏剂　　　　　　　　B. 流浸膏剂　　　　　　　　C. 浸膏剂

    D. 中药合剂　　　　　　　E. 糖浆剂

二、B 型题（配伍选择题）

【1-4】下列药材浸出时选用的浸出方法是

A. 煎煮法　　　　　　　　B. 浸渍法　　　　　　　　　C. 渗滤法

D. 回流法　　　　　　　　E. 水蒸气蒸馏法

1. 有效成分含量低、毒性药材或贵重药材（　　）

2. 有效成分能溶于水，且对湿、热均稳定的药材（　　）

3. 黏性、无组织结构、新鲜及易于膨胀的药材（　　）

4. 需要提取挥发性成分的药材（　　）

【5-8】下列最适用的干燥方法是

A. 常压干燥　　　　　　　B. 沸腾干燥　　　　　　　　C. 喷雾干燥

D. 减压干燥　　　　　　　E. 冷冻干燥

5. 在密闭的容器中抽去空气后进行干燥的方法是（　　）

6. 将液体药物直接进行干燥的方法是（　　）

7. 用于湿粒状物料的干燥是（　　）

8. 是在低温低压条件下，利用水的升华性能而进行的一种干燥方法是（　　）

三、X 型题（多项选择题）

1. 在浸提时创造最大浓度差的方法有（　　）

    A. 提高浸提温度　　　　　B. 适时更换新溶剂　　　　　C. 煎煮浸提时加强搅拌

    D. 采用强制循环　　　　　E. 延长浸提时间

2. 渗滤法适用于（　　）

    A. 黏性的药材　　　　　　　　　　　　　　　B. 无组织结构及易膨胀的药材

    C. 制备高浓度的制剂　　　　　　　　　　　　D. 有效成分含量低的药材

    E. 贵重药材、毒剧药材

3. 单糖浆的作用有（　　）

   A. 矫味剂   B. 助悬剂   C. 包衣的黏合剂

   D. 药用糖浆剂的原料   E. 芳香剂

4. 热溶法制备糖浆剂适用于（　　）

   A. 单糖浆   B. 热稳定性药物的糖浆   C. 有色糖浆

   D. 含有机酸成分的糖浆   E. 含挥发油的糖浆

四、综合问答题

1. 简述酒剂和酊剂的异同点。

2. 糖浆剂的制备方法有几种？

3. 煎膏剂炼糖的目的是什么？

4. 口服液的质量检查项目有哪些？

5. 流浸膏剂和浸膏剂有什么不同？

五、实例分析题

旋覆代赭汤

【处方】旋覆花（包煎）15g　党参 12g　代赭石（先煎）30g　甘草（炙）6g　制半夏 12g　生姜 9g　大枣 4 枚

【制法】以上药材，将代赭石打碎入煎器内，加水 700ml，煎煮 1 小时，旋覆花用布包好，与其他五味药材用水浸泡后置煎器内共煎 30 分钟，滤取药液；药渣再加水 500ml，煎煮 20 分钟，滤取药液。合并两次煎出液，静置，过滤，即得。

分析旋覆花、代赭石特殊处理方法，制定汤剂制备的工艺流程。

书网融合……

🗒 重点回顾　　　📱 微课　　　🕐 习题

项目六 无菌制剂的制备与质控

PPT

学习目标

知识目标：

1. **掌握** 注射剂、滴眼剂的概念、特点、制备方法和质检项目；注射用溶剂与附加剂；热原的定义、性质、污染途径、去除方法和检查方法。

2. **熟悉** 无菌制剂对生产环境的要求；等渗的概念。

3. **了解** 注射剂制备过程中常见的质量问题及解决方法；调节等渗的计算方法。

技能目标：

能说出注射剂的特点；能进行注射剂的处方分析；能按照 GMP 及相关标准工艺规程要求完成注射剂的制备；能根据参考标准完成注射剂的质量检查；能针对注射剂制备过程中的常见质量问题进行合理分析。

素质目标：

培养学生"人员无菌"意识、"药品质量源于设计，过程控制形成结果"的 GMP 理念，养成严谨细致、规范操作的职业习惯。

导学情景

情景描述：2007 年 7 月～8 月，国家药品不良反应监测中心陆续收到上海华联涉及甲氨蝶呤、盐酸阿糖胞苷两种注射剂的不良反应病例报告，患者均出现软瘫等不良反应。9 月，国家药品监督管理局公布调查结果：上海华联制药厂在生产部分批号的甲氨蝶呤和阿糖胞苷过程中，混入了硫酸长春新碱。12 月，上海市政府相关部门公布：上海华联制药厂因造成重大药品生产质量责任事故被依法吊销《药品生产许可证》，企业相关责任人已被公安部门拘留。

情景分析：药品生产过程中应当定期检查防止污染和交叉污染的措施，并评估生产安全风险，特别是注射剂。对于共线的注射剂生产，尤其要重视清场环节，防止交叉污染。

讨论：注射剂的制备对生产环境有什么要求？如果生产环境不符合要求可能会出现什么风险？注射剂的质量要求为什么比普通制剂如口服液更为严格？

学前导语：无菌制剂包括注射剂与滴眼剂。注射剂作为直接注入体内、不经过胃肠道的一种剂型，具有起效迅速、生物利用度高等优势。同时，注射剂因质量要求高，制备过程复杂，对生产环境要求更高。注射剂包括哪些分类？质量要求有哪些？制备流程有哪些？如何控制生产环境？

任务一 认识无菌制剂

一、无菌制剂的概念、分类

通常所说的无菌制剂即广义的无菌制剂，是指采用无菌操作法或无菌技术制备的不含任何活的微生物繁殖体和芽孢的，或者采用某种物理或化学方法杀灭所有活的微生物繁殖体和芽孢的一类药物制剂。

根据制备工艺不同，无菌制剂可分为灭菌制剂与狭义的无菌制剂。①灭菌制剂是指采用某种物理或化学方法杀灭所有活的微生物繁殖体和芽孢的一类药物制剂。②狭义的无菌制剂是指采用无菌操作法或无菌技术制备的不含任何活的微生物繁殖体和芽孢的一类药物制剂。

根据给药方式、给药部位、临床应用等特点，无菌制剂可分为以下几类：①注射剂，如小容量注射剂、大容量注射剂、注射用无菌粉末等。②眼用制剂，如滴眼剂、眼膏剂、眼膜剂等；③植入剂，指由原料药物与辅料制成的供植入人体内的无菌固体制剂。如植入片、植入微球等；④局部外用制剂，如外伤、烧伤、溃疡用溶液剂、软膏剂、凝胶剂等；⑤手术用制剂，如手术时使用的冲洗剂、止血海绵剂等。

二、注射剂的概述 🅴微课

（一）注射剂的概念与分类

注射剂系指原料药物或与适宜的辅料制成的供注入体内的无菌制剂。注射剂可分为注射液、注射用无菌粉末与注射用浓溶液等。

1. 注射液　包括溶液型、混悬型和乳状液型等。

溶液型注射液包括水溶型和非水溶型。水溶型如维生素 C 注射液等，非水溶型如黄体酮注射液等。其中，供静脉滴注用的大容量注射液（除另有规定外，一般装量不小于 100ml，生物制品一般装量不小于 50ml）也可称为输液，如葡萄糖注射液（规格：250ml）。

混悬型注射液不得用于静脉注射或椎管内注射。乳状液型注射液不得用于椎管内注射。

2. 注射用无菌粉末　系指原料药物或与适宜辅料制成的供临用前用无菌溶液配制成注射液的无菌粉末或无菌块状物，如注射用头孢曲松钠。

3. 注射用浓溶液　系指原料药物与适宜辅料制成的供临用前稀释后注射的无菌浓溶液，如左乙拉西坦注射用浓溶液。

🔧 **练一练6-1** ————————

通常所说的生理盐水属于（　　）

A. 溶液型注射液　　　　B. 混悬型注射液　　　　C. 乳状液型注射液

D. 注射用无菌粉末　　　E. 注射用浓溶液

答案解析

（二）注射剂的特点

注射剂是目前临床应用最广泛的剂型之一，主要特点如下。

1. 起效迅速，作用可靠　注射剂不需要经过崩解、溶解等过程，起效迅速；而且，注射剂是不经过胃肠道的给药，不受消化系统的影响，所以剂量准确、作用可靠。

2. 适用于不宜口服的药物　某些药物具有刺激性，或可被消化液破坏，或首关消除明显等不宜口服给药，制成注射剂是有效方法之一。

3. 适用于不宜口服给药的患者　某些患者出现如昏迷、不能吞咽、严重呕吐等，可通过注射给药达到治疗作用。

4. 可发挥局部定位作用　临床应用如局部麻醉药、封闭疗法药物、穴位注射药物等可产生特殊疗效。

5. 安全性较低　注射剂因起效迅速，出现质量问题时容易引起严重的不良反应。

6. 使用不方便　注射剂需要专业的技术人员注入，一般会产生疼痛感，不如口服制剂给药方便。

7. 制备较复杂　注射剂因直接注入体内，质量要求高，对生产环境要求高，制备过程复杂。同时，也会导致生产成本较高。

💗 **药爱生命**

滥用输液是我国医药界长期存在的"老大难"问题，有些消费者在生病时盲目追求起效快或疗效好，会习惯首选输液，却不知输液具有极高风险。

《2020年国家药品不良反应监测年度报告》显示，按照给药途径统计，2020年药品不良反应/事件报告中，注射给药占56.7%。注射给药中，静脉注射给药占91.1%。输液时药物直接进入血液循环。注射液的质量、配制过程、人员、环境、注射器具等都可能引入风险因子导致严重的不良反应。常见的比如引入不溶性微粒，长期蓄积会导致心梗、血栓等疾病发生。同时，输液是一种侵入性、有创伤性的给药方式，对血管也是一种刺激，长期输液也会有静脉发炎甚至硬化的风险。

我们要自觉遵循并大力宣传世界卫生组织的"能口服就不注射，能肌内注射的就不静脉注射"的用药原则，让更多的人了解滥输液的危害，从而合理选择不同剂型的药物。

（三）注射剂的质量要求

根据《中国药典》（2020年版）四部中注射剂项下有关规定，注射剂的质量要求包括以下内容。

1. 无菌　注射剂成品中不应含有任何活的微生物，符合《中国药典》（2020年版）四部中无菌检查的要求。

2. 无热原或细菌内毒素　无热原是注射剂的重要质量指标。根据《中国药典》（2020年版四部）指导原则，静脉用注射剂，椎管内、腹腔、眼内、皮下等特殊途径的注射剂，临床用药剂量较大、生产工艺易污染细菌内毒素的肌内注射用注射剂，按各品种项下的规定，照热原检查法（通则1142）或细菌内毒素检查法（通则1143）检查，应符合规定。

3. 无可见异物　系指存在于注射剂、眼用液体制剂和无菌原料药中，在规定条件下目视可以观测到的不溶性物质，其粒径或长度通常大于50μm。注射剂、眼用液体制剂应在符合《药品生产质量管理规范》（GMP）的条件下生产，产品在出厂前应采用适宜的方法逐一检查并同时剔除不合格产品。临用前，需在自然光下目视检查（避免阳光直射），如有可见异物，不得使用。

4. 不溶性微粒检查　根据《中国药典》（2020年版），四部静脉用注射剂（溶液型注射液、注射用无菌粉末、注射用浓溶液）及供静脉注射用无菌原料药需进行不溶性微粒检查。

5. 安全性　注射剂不能对细胞、组织、器官等造成刺激或引起毒性反应，特别是非水溶剂、附加剂等，必须经过必要的动物试验，保障用药安全。

6. 渗透压　除另有规定外，注射剂的渗透压要求应保持与血浆渗透压相等或接近。

7. pH值　注射剂的pH值要求应尽量与血液pH值（7.35～7.45）相等或接近，一般情况下可控制在pH值4～9的范围。

8. 稳定性　由于注射剂多为含水溶液，且从生产制备到临床使用需要一定时间。因此，注射剂须保证有效期内具备一定的物理稳定性、化学稳定性和生物学稳定性，从而保证安全性与有效性。

9. 其他　其他要求如降压物质、有关物质、含量、装量及装量差异等，均应符合《中国药典》（2020年版）及相关药品标准的要求。

（四）注射剂的给药途径

1. 皮内注射　注射于表皮与真皮之间，一次剂量为 0.2ml 以内，常用于过敏性试验或疾病诊断，如青霉素皮试液等。

2. 皮下注射　注射于真皮与肌肉之间的松软组织内，一般剂量为 1～2ml。皮下注射剂主要是水溶液，药物吸收速度稍慢，如胰岛素注射液。

3. 静脉注射　直接注入静脉内，分为静脉推注和静脉滴注。静脉推注剂量一般为 50ml 以下，静脉滴注又称"输液"，剂量一般在几百至几千毫升。静脉注射起效最快，常用于急救、快速补充体液和营养等。静脉注射剂多为水溶液，油溶液、混悬液或乳状液型溶液易引起毛细血管栓塞，不宜静脉注射，少数脂质体、纳米乳等可作静脉注射，如紫杉醇脂质体。

4. 肌内注射　注射于肌肉组织中，一次剂量为 1～5ml。水溶液、油溶液、混悬液及乳剂型溶液均可肌内注射，如乙肝疫苗、维生素 E 注射液。

5. 脊椎注射　注入脊椎四周蛛网膜下腔内，一次剂量为 10ml 以内，如麻佳因脊椎用注射液 0.5%。由于神经组织较敏感，脊椎液缓冲量较少、循环较慢，故质量应严格控制，如渗透压应与脊椎液等渗（完全等张），pH 值应控制在 5.0～8.0，不得添加抑菌剂等。

6. 其他　根据临床需要还有动脉内注射、心内注射、关节腔注射、腹腔注射、穴位注射等。部分给药途径示意图见图 6-1。

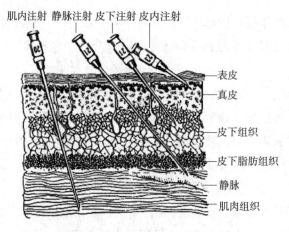

图 6-1　部分注射给药途径示意图

👁 看一看

无针注射器——以胰岛素注射为例

随着现代生活物质水平的提高，糖尿病成为威胁人类健康的主要慢性疾病之一。根据 2018 年流行病学调查结果，我国成人糖尿病的患病率为 12.8%，已成为世界第一大糖尿病大国。

目前治疗糖尿病的主要手段之一是皮下注射胰岛素，常规胰岛素的注射为有针注射。某些患者由于恐针、使用注射器械或轮换注射部位不规范等，会引起疼痛、皮下硬结、心理创伤等，降低患者用药依从性，导致血糖控制效果不佳。

无针注射器是指药物注射时利用注射器的压力装置形成高压，瞬间将药液自微孔喷出而射入组织内的一种无针头的注射器具。具有操作简便、快捷、无痛感、基本无创口、安全、药量准确、不易感染等特点。目前随着无针注射技术的快速发展，无针注射器已成为胰岛素注射的主要推荐工具之一。

三、注射剂的溶剂和附加剂

（一）注射用水

制药用水包括饮用水、纯化水、注射用水及灭菌注射用水，制备方法及常见用途见表6-1。

表6-1 制药用水的制备方法及常见用途

制药用水	制备方法及常见用途
饮用水	主要用于器具、中药材的清洗
纯化水	由饮用水经反渗透法、离子交换法、蒸馏法或其他方法制得 主要用于非无菌药物直接接触器具、设备、包装材料的润洗及配制溶剂
注射用水	由纯化水经蒸馏法制得 主要用于无菌药品直接接触器具、包装材料的润洗及配制溶剂
灭菌注射用水	由注射用水制备并经灭菌所得 主要用于注射用无菌粉末的溶剂、注射用浓溶液的稀释溶剂

1. 注射用水的质量要求 注射用水的质量必须符合《中国药典》（2020年版）项下相关规定，应为无色的澄明液体、无臭。pH值应为5.0~7.0，氨、硝酸盐与亚硝酸盐、电导率、总有机碳、不挥发物与重金属、细菌内毒素、微生物限度检查均应符合规定。

2. 注射用水的收集、贮存 收集时应先舍弃一部分，经检查合格后再采用带有无菌滤过装置的密闭系统收集。

注射用水的贮存应经过验证确保水质符合质量要求，常规贮存条件可采用70℃以上保温循环。一般药品生产用注射用水的贮存时间不超过12小时。

（二）注射用油

注射用油有大豆油、芝麻油、茶油等植物油。常用大豆油，其质量应符合《中国药典》（2020年版）中大豆油（供注射用）要求。应为淡黄色的澄清液体，性状项下质量指标见表6-2，并应对吸光度、不皂化物、棉籽油、碱性杂质、水分、重金属、砷盐、脂肪酸组成、微生物限度等项目进行质量检查。

表6-2 大豆油（供注射用）性状项下质量指标

项目	质量指标
相对密度	0.916~0.922
折光率	1.472~1.476
酸值	不大于0.1
碘值	126~140
过氧化值	不大于3.0
皂化值	188~195

👁 看一看

酸值、碘值、皂化值

酸值、碘值、皂化值是注射用油的重要质量指标。

酸值是指在规定条件下，中和1g油品中的游离脂肪酸所消耗的氢氧化钾的毫克数。酸值可以反映酸败程度，酸值低，油品质量高。

碘值是指在规定条件下，100g油品消耗的碘的克数。碘值可以反映脂肪烃不饱和度，碘值高，不饱和度高，易氧化酸败，不适合供注射用。

皂化值是指在规定条件下，1g油品完全皂化时所消耗的氢氧化钾的毫克数。皂化值可以反映油品的种类和纯度，过低表明油品中脂肪酸分子量较大或含不皂化物杂质多，过高表明脂肪酸分子量小，亲水性强，失去油脂性质。

（三）其他注射用溶剂

除注射用水和注射用油外，某些药物性质可能还需要选择其他溶剂或采用复合溶剂，比如0.9%氯化钠溶液、乙醇、聚乙二醇300（供注射用）、聚乙二醇400（供注射用）、丙二醇（供注射用）、甘油（供注射用）等。

（四）注射剂的附加剂

注射剂的制备可根据需要加入适宜的附加剂，如渗透压调节剂、pH值调节剂、增溶剂、助溶剂、抗氧剂、抑菌剂、乳化剂、助悬剂等。附加剂的选择应考虑到对药物疗效和安全性的影响，使用浓度不得引起毒性或明显的刺激，且避免对检验产生干扰。

多剂量包装的注射液可加适宜的抑菌剂，抑菌剂的用量应能抑制注射液中微生物的生长。加有抑菌剂的注射液，仍应采用适宜的方法灭菌。静脉给药与脑池内、硬膜外、椎管内用的注射液均不得加抑菌剂。

注射剂的标签或说明书中应标明其中所用辅料的名称，如有抑菌剂还应标明抑菌剂的种类及浓度；注射用无菌粉末应标明配制溶液所用的溶剂种类，必要时还应标注溶剂量。

1. 渗透压调节剂 等渗溶液系指与血浆等体液具有相等渗透压的溶液，属于物理化学概念。等张溶液系指与红细胞膜张力相等的溶液，属于生物学的概念。等渗溶液与等张溶液属于不同范畴的概念，等渗溶液不一定等张，等张溶液不一定等渗。

注入体内的液体溶液除甘露醇等临床特殊要求较高渗透压以外，一般要求等渗，尤其不能低渗。人体可耐受的渗透压，肌内注射为0.45%~2.7%氯化钠溶液的渗透压，相当于0.5~3倍等渗溶液。对于静脉滴注的大输液，若大量输入低渗溶液，水分子可迅速进入红细胞内，使红细胞破裂而溶血。若输入大量高渗溶液，红细胞可萎缩，但输入速度缓慢且量不大时，血液可自行调节至正常。因此，静脉注射液可适当调节为偏高渗或等渗。

常用的渗透压调节剂有氯化钠、葡萄糖等。等渗调节计算方法有冰点降低数据法和氯化钠等渗当量法，常用药物水溶液的冰点降低值与氯化钠等渗当量见表6-3。

（1）冰点降低数据法 依据是冰点相同的稀溶液具有相等的渗透压。人的血浆冰点为-0.52℃，根据物理化学原理，任何溶液的冰点降至-0.52℃就会与血浆等渗，计算公式为：

$$W = (0.52 - a)/b \tag{6-1}$$

式中，W为配制100ml等渗溶液需加入的等渗调节剂的量（g）；a为未调节的药物溶液的冰点降低值（℃），若溶液中含有两种或两种以上物质时，a为各物质冰点降低值的总和；b为1%（g/ml）等渗调节剂的冰点降低值（℃）。常见药物水溶液的冰点降低值见表6-3。

例6-1 配制2%硫酸阿托品溶液100ml，需要加多少克氯化钠使成等渗溶液？

从表6-3中可查得，$a = 0.08 \times 2 = 0.16℃$，$b = 0.58℃$，代入式（6-1）得：

$$W = (0.52 - a)/b = (0.52 - 0.16)/0.58 = 0.62(g)$$

即注射剂100ml中加入0.62氯化钠，可使2%硫酸阿托品溶液100ml成为等渗溶液。

（2）氯化钠等渗当量法 氯化钠等渗当量是指与1g药物呈等渗效应的氯化钠的质量，用E表示。计算公式为：

$$X = 0.009V - EW \tag{6-2}$$

式中，X 为配成 V ml 等渗溶液需加的氯化钠的量（g）；V 为欲配制溶液的体积（ml）；E 为药物的氯化钠等渗当量；W 为配液用药物的质量（g）。常见药物水溶液与氯化钠等渗当量见表 6 - 3。

例 6 - 2   配制 2% 盐酸吗啡溶液 100ml，需加入多少克氯化钠使成等渗溶液？

从表 6 - 3 中可查得，$E = 0.15$，2% 盐酸吗啡溶液 100ml 含主药量为 2% × 100 = 2（g），代入式（6-2）得：

$$X = 0.009V - EW = 0.009 \times 100 - 0.15 \times 2 = 0.6(g)$$

即注射剂 100ml 中加入 0.6g 氯化钠，可使 2% 盐酸吗啡溶液 100ml 成为等渗溶液。

表 6 - 3   常用药物水溶液的冰点降低值与氯化钠等渗当量

名称	1%（g/ml）水溶液 冰点降低/℃	1g 药物氯化钠 等渗当量	等渗浓度溶液的溶血情况		
			浓度/%	溶血/%	pH 值
硼酸	0.28	0.47	1.90	100	4.6
盐酸乙基吗啡	0.19	0.15	6.18	38	4.7
硫酸阿托品	0.08	0.10	8.85	0	5.0
盐酸可卡因	0.09	0.14	6.33	47	4.4
氯霉素	0.06	—			
依地酸钙钠	0.12	0.21	4.50	0	6.1
盐酸麻黄碱	0.16	0.28	3.20	96	5.9
无水葡萄糖	0.10	0.18	5.05	0	6.0
葡萄糖	0.091	0.16	5.51	0	5.9
氢溴酸后马托品	0.097	0.17	5.67	92	5.0
盐酸吗啡	0.086	0.15			
碳酸氢钠	0.381	0.65	1.39	0	8.3
氯化钠	0.58	—	0.90	0	6.7
青霉素钾	—	0.16	5.48	0	6.2
硝酸毛果芸香碱	0.133	0.22			
聚山梨酯 80	0.01	0.02	—	—	—
盐酸普鲁卡因	0.12	0.21	5.05	91	5.6
盐酸丁卡因	0.109	0.18			

2. pH 值调节剂   注射剂一般需调节 pH 值至 4~9，一方面是为了保证药物的稳定性与溶解性，另一方面保证用药的安全性，减小注射时的刺激性。大剂量的静脉注射液原则上应尽可能接近正常人血液的 pH 值；椎管注射液的 pH 值应接近 7.4。常用的 pH 值调节剂有盐酸、碳酸氢钠、氢氧化钠等以及一些缓冲对，如磷酸盐缓冲对、醋酸盐缓冲对、酒石酸盐缓冲对等。

3. 抗氧剂   为延缓或防止注射剂中药物的氧化，在制备注射剂时可加入抗氧剂、金属螯合剂及惰性气体。常用的抗氧剂有水溶性抗氧剂如亚硫酸钠（适于偏碱性药液）、亚硫酸氢钠（适于偏酸性药液）、焦亚硫酸钠（适于偏酸性药液）、硫代硫酸钠（适于偏碱性药液）等；油溶性抗氧剂如维生素 E、丁基羟基茴香醚（BHA）、二丁基羟基甲苯（BHT）等。填充的惰性气体有二氧化碳、氮气等，一般首选氮气，因为二氧化碳能改变某些药液的 pH 值，且易使安瓿破裂。

4. 抑菌剂   凡采用多剂量包装、应用低温灭菌或选择其他灭菌效果不可靠方法制备的注射液，可加入适宜的抑菌剂。常用的抑菌剂有苯酚、甲酚、三氯叔丁醇、硫柳汞、羟苯酯类等。

5. 其他附加剂   其他附加剂还包括：①增溶剂，如聚山梨酯 80；②助悬剂，如明胶、甲基纤维素

（MC）、羟丙甲纤维素（HPMC）等；③乳化剂，如卵磷脂、普朗尼克 F-68 等；④局部镇痛剂，如利多卡因、盐酸普鲁卡因、苯甲醇、三氯叔丁醇等；⑤根据具体产品的需要还可加入特定的助溶剂、稳定剂，如冷冻干燥制品中加入填充剂、保护剂等。

注射剂常用附加剂及浓度范围汇总见表 6-4。

表 6-4 注射剂常用附加剂及浓度范围

附加剂		浓度范围/%	附加剂		浓度范围/%
等渗调节剂	氯化钠	0.5~0.9	润湿剂、增溶剂、乳化剂	聚氧乙烯蓖麻油	1~65
	葡萄糖	4~5		聚山梨酯 20	0.01
	甘油	2.25		聚山梨酯 40	0.05
pH 值调节剂	醋酸，醋酸钠	0.22~0.80		聚山梨酯 80	0.04~4.0
	枸橼酸，枸橼酸钠	0.5~4.0		聚维酮	0.2~1.0
	乳酸	0.1		聚乙二醇 40 蓖麻油	7.0~11.5
	酒石酸，酒石酸钠	0.65~1.2		卵磷脂	0.5~2.3
	磷酸氢二钠，磷酸二氢钠	0.71~1.7		普朗尼克 F-68	0.21
	碳酸氢钠，碳酸钠	0.005~0.06	助悬剂	明胶	2.0
抗氧剂	亚硫酸钠	0.1~0.2		甲基纤维素	0.03~1.05
	亚硫酸氢钠	0.1~0.2		羧甲纤维素钠	0.05~0.75
	焦亚硫酸钠	0.1~0.2		果胶	0.2
	硫代硫酸钠	0.1	填充剂	乳糖	1~8
抑菌剂	苯甲醇	1~2		甘氨酸	1~10
	羟苯酯类	0.01~0.015		甘露醇	1~2
	苯酚	0.5~1.0	稳定剂	肌酐	0.5~0.8
	三氯叔丁醇	0.25~0.5		甘氨酸	1.5~2.25
	硫柳汞	0.001~0.02		烟酰胺	1.25~2.5
螯合剂	EDTA-2Na	0.01~0.05		辛酸钠	0.4
局部镇痛剂	利多卡因	0.05~1.0	保护剂	乳糖	2~5
	盐酸普鲁卡因	1.0		蔗糖	2~5
	苯甲醇	1.0~2.0		麦芽糖	2~5
	三氯叔丁醇	0.3~0.5		人血白蛋白	0.2~2

❓ 想一想6-1

维生素 C 注射液的处方如下：

【处方】维生素 C   104g

        EDTA-2Na   0.05g

        碳酸氢钠   49g

        亚硫酸氢钠   2g

        注射用水   加至 1000ml

请对维生素 C 注射液进行处方分析。

答案解析

四、热原

（一）热原的概念、组成

热原系指微量即能引起恒温动物体温异常升高的物质的总称。它是微生物的一种代谢产物，也是一种内毒素。通常讲的热原一般指细菌性热原，霉菌、酵母菌、真菌甚至病毒也能产生热原。热原是由磷脂、脂多糖和蛋白质组成的复合物，其中脂多糖含量最高，具有特别强的致热活性。致热能力最强的是革兰阴性杆菌的产物，其次是革兰阳性杆菌类，革兰阳性球菌则较弱。

👁️ 看一看

热原反应

热原反应与致热原的量、输液速度、污染程度等有关。临床表现为发冷、寒战、面部和四肢发绀，继而发热，体温可达 40℃左右；可伴恶心、呕吐、头痛、头昏、烦躁不安、谵妄等，严重者可有昏迷、血压下降、出现休克和呼吸衰竭等症状而导致死亡。

（二）热原的性质

1. 水溶性　脂多糖结构上连接有多糖，极性大，所以热原能溶于水。制备注射剂时可用水冲洗以除去管路中的热原。

2. 耐热性　热原在 60℃加热 1 小时不被分解破坏，在 180~200℃加热 3 小时、250℃加热 30 分钟或 650℃加热 1 分钟可使热原彻底破坏。

3. 不挥发性　热原本身没有挥发性，因此可用蒸馏法制备注射用水。但是在蒸馏时，热原可随水蒸气中的雾滴带入注射用水中，故应安装相关装置进行防止。

4. 可滤过性　热原体积较小，约 1~5nm，可以通过一般滤器和微孔滤膜进入滤液，可选用一些超滤设备滤除部分热原。

5. 其他性质　热原能被活性炭吸附，也能被强酸、强碱、强氧化剂、超声波等破坏。

（三）热原的污染途径

一般分为生产过程中的污染和使用过程中的污染。

生产过程中的污染主要包括原辅料、溶剂、空气、设备、器具等带入的污染。

1. 从溶剂中带入　溶剂是热原污染的主要途径，通常是指注射用水，虽然蒸馏可以去除热原，但可能因操作不当、水蒸气中带有细小的水滴而带入部分热原。另外，注射用水贮存不合理也可能被微生物污染而产生热原。

2. 从原辅料中带入　一些原辅料因包装损坏、受潮等会被微生物污染产生热原。另外，一些原辅料在贮藏过程中容易滋生微生物产生热原，如葡萄糖。

3. 从容器、用具、管道和设备等带入　在操作过程中不按照 GMP 要求进行规范的清洗、清洁处理，易导致热原污染。

4. 制备过程中的污染　室内空气、人员等卫生条件不符合要求，操作时间过长、产品灭菌不及时或不合格、密封不严等均会增加微生物的污染而产生热原。

使用过程中的污染主要包括配置环境、输液器具等带入的污染。

（四）热原的去除方法

1. 高温法　250℃加热 30 分钟以上可去除热原，如耐高温的注射器、针头或器皿可采用此法。

2. 蒸馏法　根据热原溶于水、不挥发的性质，可用蒸馏法去除热原，如用蒸馏法制备注射用水。

3. 凝胶滤过法 利用热原与药物分子量的差异，可采用凝胶滤过法去除热原。如用二乙氨基乙基葡聚糖凝胶制备无热原去离子水。

4. 超滤法 一般用 3.0~15nm 孔径的超滤膜去除部分热原。如 10% 葡萄糖注射液采用过滤去除热原。

5. 吸附法 活性炭（注射用）具有吸附性强、净化和脱色等作用，可以吸附部分热原，故广泛用于注射剂生产过程，常用量为 0.1%~0.5%（W/V）。应注意的是，一方面活性炭吸附可能造成主药损失，另一方面，活性炭本身及残留物可能会对注射剂的质量造成影响，因此，应尽可能避免选择活性炭吸附。

6. 酸碱法 玻璃、搪瓷等耐酸容器、器具等，可用重铬酸钾硫酸清洗液或稀氢氧化钠液处理去除热原。

7. 其他 离子交换法、反渗透法等，也可去除热原。

（五）热原的检查方法

1. 热原检查法 也称家兔法，是指将一定剂量的供试品，静脉注入家兔体内，在规定时间内，观察家兔体温升高的情况，以判定供试品中所含热原的限度是否符合规定。本法结果准确、灵敏度高，但操作繁琐、费时，不能用于注射剂生产过程中的质量监控，并且不适用于放射性药物、肿瘤抑制剂等细胞毒性药物制剂。

2. 细菌内毒素检查法 也称鲎试剂法，是利用鲎试剂来检测或量化由革兰阴性菌产生的细菌内毒素，以判断供试品中细菌内毒素的限量是否符合规定的一种方法。本法操作简单、结果可靠迅速，适用于注射剂生产过程中的热原控制和家兔法不能检测的某些品种。但是，由于鲎试剂对革兰阴性菌以外的内毒素不灵敏，所以目前还不能完全代替家兔法。

任务二 小容量注射剂的制备与质控

一、小容量注射剂的概述

小容量注射剂也称水针剂，指装量小于 50ml 的注射剂。其生产过程包括原辅料和容器的前处理、称量、配制、过滤、灌装、封口、灭菌、质量检查、包装等步骤。质量检查除一般检查、含量测定外，需符合《中国药典》（2020 年版）四部注射剂项下规定，包括无菌检查、热原检查、可见异物检查等。小容量注射剂（以液体安瓿剂为代表）生产工艺流程如图 6-2 所示。

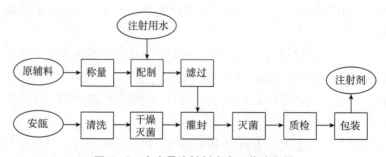

图 6-2 小容量注射剂生产工艺流程图

二、小容量注射剂的制备技术

（一）容器及处理方法

1. 容器 目前小容量注射剂常用容器有安瓿、西林小瓶、卡式瓶、预灌封注射器玻璃针管几种，均应符合国家有关注射用容器的标准规定。

安瓿分为玻璃安瓿和塑料安瓿两种（以玻璃安瓿为常见），玻璃安瓿包括曲颈安瓿与粉末安瓿，由于曲颈易折安瓿能避免折断安瓿瓶颈时产生的玻璃屑、微粒进入安瓿污染药液，因此，国家药品监督管理局已强制推行曲颈易折安瓿（包括色环易折安瓿和点刻痕易折安瓿）。其容积通常为 1ml、2ml、5ml、10ml 和 20ml 等规格。颜色有无色透明和琥珀色两种，无色透明安瓿利于进行澄明度检查，琥珀色安瓿可滤除紫外线适用于灌装对光敏感的药物。需注意的是，琥珀色安瓿玻璃由于含有氧化铁，应注意氧化铁可能与所灌装药物发生配伍变化。目前生产安瓿的玻璃包括中性玻璃、含钡玻璃、含锆玻璃。中性玻璃化学稳定性好，适于灌装近中性、弱酸性药物；含钡玻璃耐碱性好，适于灌装碱性较强药物；含锆玻璃耐酸碱性好，适于灌装酸碱性强药物。塑料安瓿主要有聚丙烯（PP）和聚乙烯（PE）材质，PP 透明性好、强度高可耐热，常用于最终灭菌的注射剂；PE 耐热性稍差，常用于非最终灭菌的注射剂。

西林小瓶（管制或模制注射剂瓶）容积常见 10ml、20ml，使用时需配橡胶塞，再加铝盖密封，有些铝盖还会外加一个塑料盖。一般用于疫苗、生物制剂、粉针剂、冻干等药品的灌装。

卡式瓶（笔式注射器玻璃套筒）为两端开口的管状筒，瓶口用胶塞和铝盖密封，底部用橡胶活塞密封，一般需与配套的注射笔结合使用，适用于生物制剂、胰岛素等药物的灌装。

预灌封注射器玻璃针管是采用一定工艺将药物预先灌装于注射器中，使用时可直接注射的一种"药械合一"的给药形式，具备贮存、注射功能，一般用于疫苗、生物制剂等药品的灌装。

2. 安瓿的处理　安瓿的处理包括使用前检查、洗涤、干燥与灭菌、贮存。

（1）检查　进行生产前，安瓿必须按《中国药典》要求进行相关检查，包括外观、规格、数量、清洁度、热稳定性、容器的耐酸、耐碱性检查等。检查合格后，需做药物与安瓿的相容性试验，试验证明无影响后可以用于灌装。

（2）洗涤　常用方法有甩水洗涤法、气水喷射洗涤法、超声波洗涤法。

甩水洗涤法是首先将安瓿灌满符合要求的纯化水，然后用甩水机将水甩出，如此反复 3 次，最后用合格的注射用水润洗。

气水喷射洗涤法是指用合格的纯化水和压缩空气由针头交替喷入倒置的安瓿内，按照"气→水→气→水→气"的顺序进行洗涤。一般洗涤 4~8 次，最后用合格的注射用水润洗。

超声波洗涤法是将安瓿浸入超声波清洗槽中，利用水中传播的超声波能对安瓿表面进行清洗。与气水喷射洗涤法合用具有清洗洁净度高、清洗速度快等特点。

（3）干燥与灭菌　清洗后的安瓿一般要在温度为 120~140℃ 的烘箱内进行干燥，用于无菌操作或低温灭菌的安瓿，还需在 180℃ 干热灭菌 1.5 小时。大量生产时多采用隧道式干燥灭菌机，有利于安瓿连续化生产。

（4）贮存　灭菌后的空安瓿应按要求存放到有层流净化空气保护的层放柜中，且存放时间不应超过 24 小时。

✍ 练一练6-2

注射剂制备用的玻璃容器一般选择的灭菌方法是（　　）

A. 干热灭菌法　　　　B. 热压灭菌法　　　　C. 流通蒸汽灭菌法

D. 煮沸灭菌法　　　　E. 低温间歇灭菌法

答案解析

（二）配制

1. 原辅料的准备与投料 注射用原料药必须达到注射用规格，注射用辅料优先选用注射规格，原辅料均应符合《中国药典》（2020 年版）及其他药品标准项下相关规定，经检验合格后方能投料。

配制前先按处方规定计算原料用量后再进行称量，如果注射剂在制备后含量有所下降，可酌情增加投料量。在称量计算时，应注意两人核对，防止出现差错。当原料含有结晶水时，应注意换算。

2. 配制 配液用具一般选择不锈钢材料，也可以采用玻璃、搪瓷、耐酸碱陶瓷等，不宜选择铜、铁、铝质材料。大量生产时多选用夹层配液罐，同时应装配轻便式搅拌器，可以通蒸汽加热，也可以通冷水冷却。配液所有用具在使用前均需洗净，用合格的注射用水洗涤或灭菌后使用。

配液方法有浓配法和稀配法两种。浓配法是将全部物料加入部分溶剂中配成浓溶液，经加热或冷藏后过滤，然后稀释至所需浓度。此法可使溶解度小的杂质过滤去除，适用于质量较差、易产生可见异物问题的原料。稀配法是将全部物料加入所需溶剂中一次配成所需的浓度。此法适用于质量好、不易发生可见异物问题的原料。

对于不易滤清的药液，为提高过滤效果，可加入 0.1% ~ 0.3% 的活性炭（供注射用）进行助滤。活性炭在酸性环境中具有较强的吸附作用，在碱性环境中有时会出现"胶溶"或脱吸附作用，反而使溶液中杂质增加，因此，活性炭最好用酸处理并活化后使用。应注意，活性炭可能对主药产生吸附而使含量下降。药液配好后，要进行 pH 值、含量测定等项目的质量检查，合格后才能过滤灌封。

配制油性注射剂时，一般先将注射用油在 150 ~ 160℃ 条件下干热灭菌 1 ~ 2 小时冷却后使用。

（三）滤过

滤过是保证注射剂澄明的关键操作。根据滤过的动力压差，注射剂的滤过方法包括高位静压滤过、减压滤过、加压滤过。注射制生产的滤过一般采用二级过滤，宜先用常规滤器如砂滤棒、钛滤棒（图 6 - 3）等进行预滤，再用微孔滤膜（图 6 - 4）进行精滤。常用微孔滤膜器的孔径有 0.22μm、0.45μm 等。使用滤膜前应进行膜与药液的配伍试验，确认无影响后才能使用。

图 6 - 3 钛滤棒示意图

图 6 - 4 微孔滤膜示意图

（四）灌封

灌封是注射剂生产中非常关键的操作，注射液经滤过、质检合格后应立即进行灌封，包括灌注药液和封口两个步骤，灌注后应立即封口，以免污染。灌封室是无菌制剂制备的关键区域，对环境洁净度要求极高，应严格控制，一般非最终灭菌产品的灌封要求为 B 级背景下的局部 A 级，最终灭菌产品的灌封要求为 C 级背景下的局部 A 级。

药液灌封要做到剂量准确、药液不沾瓶、不受污染。为保证用药剂量，可按要求适当增加药液量，以补偿在给药时由于瓶壁黏附和注射器及针头的吸留而造成的损失。具体注射剂增加装量见《中国药典》（2020 年版）四部有关规定（表 6 - 5）。

表 6 - 5　注射剂的装量增加量通例表

标示装量（ml）	增加量（ml）	
	易流动液	黏稠液
0.5	0.10	0.12
1	0.10	0.15
2	0.15	0.25
5	0.30	0.50
10	0.50	0.70
20	0.60	0.90
50	1.0	1.5

为保证灌注容量准确，需进行预灌装，用精确的量筒对装量进行校正，符合规定后再进行灌装。安瓿封口要求严密不漏气、颈端圆整光滑、无尖头和小泡，封口方法包括拉封和顶封，因为拉封所得安瓿封口严密、颈端圆整光滑，所以目前规定必须采用拉封。

对于易氧化药品，要通入惰性气体如氮气和二氧化碳。实际生产中一般是灌装前先对安瓿进行通气，灌注药液后再进行通气。

注射剂的生产从洗瓶到最终灭菌、包装，要经过多道工序。目前我国已研制安瓿洗、烘、灌封联动机，使生产效率大大提高。有些联动机在洗涤、干燥、灭菌、灌封部分增设了局部层流装置，有利于提高注射剂质量，可用于无菌产品生产。

（五）灭菌和检漏

1. 灭菌　小容量注射剂从配液到灭菌一般要求在 12 小时内完成。一般应根据主药的性质选择合适的灭菌方法，既要保证药物稳定，又要达到灭菌效果。湿热灭菌法是注射剂最常用的灭菌方法。对热稳定的药物，可采用 115℃、30 分钟进行热压灭菌；对热不稳定的药物，一般采用流通蒸汽灭菌法。1～5ml 注射剂采用 100℃、30 分钟，10～20ml 注射剂采用 100℃、45 分钟，对热很不稳定的药物如维生素 C 可采用 100℃、15 分钟。

? 想一想6-2

关于注射剂的配制，思考以下应该用什么方法灭菌。

1. 不锈钢配液锅、浓配罐

2. 操作台

3. 试验人员的手

4. 安瓿瓶（玻璃）

答案解析

2. 检漏 灭菌后应立即进行检漏。一般采用灭菌、检漏两用灭菌器，检查方法多为色水检漏。首先将气压减压至常压，打开灭菌柜门降温，然后关紧柜门并开启真空，最后将有色溶液吸入灭菌柜中进行检漏。若有漏气安瓿，由于内部呈现负压，有色溶液可进入安瓿内部而被检出。

👁 **看一看**

CIP（就地清洗）、SIP（现场灭菌）

设备的清洗和灭菌是无菌生产的一个重要步骤，实际生产中用到的大型设备会存在拆卸麻烦、无法放入灭菌锅中灭菌等各种问题。

就地清洗（cleaning in place，CIP）也称原位清洗，指罐体、管道、泵、整个生产线在无须拆开的前提下，在闭合回路中，采用高温、高浓度的洗涤液，对设备装置加以强力作用，进行循环清洗、消毒，将其与产品接触面洗净的方法。

现场灭菌（sterilization in place，SIP）也称在线灭菌，是指无需提前拆卸地对生产设备进行灭菌。通常，灭菌是通过热蒸汽进行的。

CIP、SIP 具有自动化、智能化、节省资源（水、清洁剂、蒸汽、劳动力等）消耗、避免人员操作偏差、维持一定清洁灭菌效果等优点。

（六）制备举例

案例 6-1 维生素 B$_2$注射液

【处方】 维生素 B$_2$　　　　2.575g
烟酰胺　　　　77.250g
乌拉坦　　　　38.625g
苯甲醇　　　　7.5ml
注射用水加至 1000ml

【制法】 将维生素 B$_2$先用少量注射用水润湿待用，再将烟酰胺、乌拉坦溶于适量注射用水中，加入活性炭 0.1g，搅拌均匀后放置 15 分钟，粗滤脱炭，加注射用水至约 900ml，置水浴上加热至 80～90℃，慢慢加入润湿的维生素 B$_2$，保温 20～30 分钟，完全溶解后冷至室温。加入苯甲醇，用 0.1mol/L 的盐酸溶液调节 pH 值至 5.5～6.0，加注射用水至 1000ml，然后在 10℃ 以下放置 8 小时，过滤至澄明，灌封，100℃流通蒸汽灭菌 15 分钟。

【性状】 本品为橙黄色的澄明液体；遇光易变质。

【临床应用】 适用于口角炎、唇炎、舌炎、眼结膜炎、脂溢性皮炎和阴囊炎等。

【解析】 ①维生素 B$_2$在水中溶解度小，所以必须加入大量的烟酰胺作为助溶剂。②维生素 B$_2$水溶液遇光极不稳定，在酸性或碱性溶液中都易分解。所以在制备时应严格避光操作，制得产品也需避光保存。

【贮藏】 遮光，密闭保存。

三、小容量注射剂的质量检查

制备好的注射剂在生产与贮藏期间应符合《中国药典》（2020 年版）四部制剂通则中注射剂的有关规定，包括装量、可见异物、无菌检查等。

（一）装量

注射液及注射用浓溶液，标示装量不大于 2ml 者，取供试品 5 支（瓶）；2ml 以上至 50ml 者，取供试品 3 支（瓶），将内容物分别用相应体积的干燥注射器及注射针头抽尽，然后缓慢连续地注入经标化的量入式量筒内（量筒的大小应使待测体积至少占其额定体积的 40%，不排尽针头中的液体），在室温下检视，每支（瓶）的装量均不得少于其标示量。

（二）可见异物

可见异物检查法有灯检法和光散射法。一般常用灯检法，也可采用光散射法。

取小容量注射剂 20 支（瓶），除去容器标签，擦净容器外壁，将供试品置遮光板边缘处，在明视距离（指供试品至人眼的清晰观测距离，通常为 25cm），手持容器颈部，轻轻旋转和翻转容器（但应避免产生气泡），使药液中可能存在的可见异物悬浮，分别在黑色和白色背景下目视检查，重复观察，总检查时限为 20 秒。

（三）不溶性微粒

除另有规定外，用于静脉注射、静脉滴注、鞘内注射、椎管内注射的溶液型注射液、注射用无菌粉末及注射用浓溶液照不溶性微粒检查法检查，均应符合规定。

（四）无菌

小容量注射剂参照《中国药典》（2020 年版）四部无菌检查法检查，应符合规定。

无菌检查法包括薄膜过滤法和直接接种法。只要供试品性质允许，应采用薄膜过滤法。

（五）细菌内毒素或热原

除另有规定外，静脉用注射剂按各品种项下的规定，照《中国药典》（2020 年版）四部细菌内毒素检查法或热原检查法检查，应符合规定。

（六）其他

除另有规定外，中药注射剂要求进行铅、镉、砷、汞、铜等重金属及有害元素残留量的检查。此外，pH 值、有关物质、含量等需按具体品种项下规定进行检查。

实训 14 小容量注射剂的制备与质量评价

一、实训目的

1. 掌握小容量注射剂的配制、滤过、灌封、灭菌等基本操作，学习用灯检法进行可见异物检查。
2. 熟悉小容量注射剂的制备工艺，理解无菌操作室的洁净处理和无菌操作的要求及操作方法。
3. 能按操作规程制备合格的小容量注射剂，并能根据《中国药典》（2020 年版）规范地进行可见异物检查。

二、实验指导

1. 小容量注射剂制备工艺 原辅料及容器处理、配液（配制、滤过）、灌封、灭菌、检漏、质检、包装。

2. 操作注意事项

（1）原辅料选择 原料应选择注射用规格，辅料应在药用规格的基础上尽量选择注射用规格。

（2）配液 配制方法分为浓配法和稀配法，本实训要求采用浓配法。工艺规程中加入了活性炭（供注射用），并加热煮沸增强吸附作用，应注意滤过除去活性炭时要放冷至约 50℃后再操作。

（3）灌封 为防止污染，灌封操作应在高洁净度环境下进行，对于最终灭菌制剂，要求在 C 级背景下的局部 A 级环境中操作。

（4）灭菌　应注意灭菌温度和时间，在温度达到要求温度时开始计时，灭菌完毕后要注意降温后再启盖。

（5）澄明度检查　应保证检测仪的光照度符合要求，黑色背景及检测白色均应符合规定。供试品与质检人员眼睛的距离通常为 25cm，灯检过程中应及时记录结果。

3. 小容量注射剂质量检查　包括无菌、热原或细菌内毒素、可见异物、不溶性微粒、装量等检查。

三、实训药品与器材

1. 药品　葡萄糖、盐酸、注射用水、活性炭（供注射用）、pH 试纸等。

2. 器材　超声波清洗仪、钛滤棒、微孔滤膜、无菌制剂实训室、安瓿拉丝灌封机、灭菌锅、澄明度检测仪等。

四、实训内容

10％葡萄糖注射液的制备

【处方】　葡萄糖　　　　100g
　　　　　盐酸　　　　　适量
　　　　　注射用水　　　加至 1000ml

【制法】

（1）取注射用水适量加热煮沸，分次加入葡萄糖 100g，不断搅拌，配成 50％ ~75％ 浓溶液。

（2）用 1％ 盐酸溶液调整 pH 值至 3.8 ~4.0。

（3）加入配液量 0.1％ ~1.0％ 的活性炭（供注射用），在搅拌下煮沸 30 分钟，放冷至约 50℃ 时滤除活性炭。

（4）往滤液中加注射用水至 1000ml，搅拌均匀。

（5）取取样检测 pH 值、含量合格后，精滤至澄明，灌封，于 115℃ 热压灭菌 30 分钟。

（6）灭菌、检漏、质检。

（7）规范清场，填写清场记录。

【质量检查】

按照澄明度检测仪的标准操作规程进行可见异物检查。

（1）开启仪器　开启电源开关，等候 2 分钟待荧光灯的照度稳定。

（2）调整照度　将仪器配备的照度传感器插头插入，打开传感器盖，将探头对着光源，在待测样品区域测定照度，同时旋转照度调节旋钮至所需照度。调整后拔下传感器插头，盖上传感器盖子。

（3）检查样品　取供试品 20 支，将供试品置遮光板边缘处，在明视距离（指供试品至人眼的清晰观测距离，通常为 25cm），手持容器颈部，轻轻旋转和翻转容器（但应避免产生气泡），使药液中可能存在的可见异物悬浮，分别在黑色和白色背景下目视检查，重复观察，总检查时限为 20 秒。供试品装量每支在 10ml 及 10ml 以下的，每次检查可手持 2 支。

（4）判断结果　供试品中不得检出金属屑、玻璃屑、长度超过 2mm 的纤维、最大粒径超过 2mm 的块状物，以及静置一定时间后，轻轻旋转时肉眼可见的烟雾状微粒沉积物、无法计数的微粒群或摇不散的沉淀，以及在规定时间内较难计数的蛋白质絮状物等明显可见异物。

供试品中如检出点状物、2mm 以下的短纤维和块状物等微细可见异物，除另有规定外，应分别符合《中国药典》（2020 年版）四部通则可见异物检查项下规定。

（5）记录结果　及时记录结果，完成表 6 - 6。

表 6 - 6　可见异物检查结果记录表

供试品数（支）	废品数（支）							合格品数（支）
	金属屑	玻璃屑	纤维	块状物	沉积物	絮状物	合计	

【操作】　根据注射剂生产岗位将学生进行分组，让同学们根据各岗位标准操作规程分小组进行生产。

（1）称量投料工位　根据领料、称量岗位标准操作规程，按处方规定计算物料用量后进行领料、称量操作，并填写相关记录。

（2）容器处理工位　根据安瓿清洗灭菌岗位标准操作规程，按规定领取安瓿进行清洗、灭菌操作，并填写相关记录。

（3）配液滤过工位　根据配液滤过岗位标准操作规程，按要求规范进行配制与滤过操作，并填写相关记录。

（4）灭菌检漏工位　根据灭菌检漏岗位标准操作规程，按要求完成灭菌与检漏操作，并填写相关记录。

（5）质量检查工位　根据灯检岗位标准操作规程，按要求进行灯检操作，并填写相关记录。

（6）清场工位　根据注射剂清场岗位标准操作规程，按要求进行清场操作，并填写相关记录。

【性状】　本品为无色或几乎无色的澄明液体。

【临床应用】　营养药，用于补充热量和体液。

【操作要点】

（1）制备岗位　应按各岗位标准操作规程进行操作。称量时应两人核对，注意换算。灌封操作应注意在 B 级洁净度下的局部 A 级完成。各岗位应及时、规范完成记录填写，并在生产结束后进行规范清场，填写清场记录。

（2）质检岗位　进行灯检时，应确保仪器的光照度指标、黑色背景及检测白色均符合《中国药典》（2020 年版）的规定。

五、实训思考题

（1）为保证装量合格，在进行正式灌装前应如何操作？

（2）在整个制备过程中，如何尽量减少葡萄糖注射液可见异物的产生？

任务三　大容量注射剂的制备与质控

一、大容量注射剂的概述

大容量注射剂是指由静脉滴注输入人体血液中的大剂量（除另有规定外，一般不小于 100ml）注射液，也称大输液。

（一）分类

根据所含成分不同，大容量注射剂可分为：①电解质输液，如氯化钠注射液，用于补充体内水分及电解质，纠正体内酸碱失衡等；②胶体输液，如右旋糖酐注射液，用于提高血浆胶体渗透压，扩充血容量等；③营养输液，如葡萄糖注射液，用于补充体液、营养及热能等；④含药输液，如氧氟沙星葡萄糖注射液，用于发挥所含药物的治疗作用。

（二）质量要求

与小容量注射剂相比，大容量注射剂质量要求更为严格。基本质量要求为无菌、无热原；可见异物、不溶性微粒、含量、色泽应符合要求；pH值尽可能与血浆相近，渗透压应为等渗或偏高渗；不得添加任何抑菌剂，并保证在贮存过程中质量稳定；使用安全，不引起血常规变化，不引起过敏反应，不损害肝肾。

二、大容量注射剂的制备技术

塑料瓶装输液的生产工艺流程见图6-5，塑料袋装输液的生产工艺流程见图6-6。

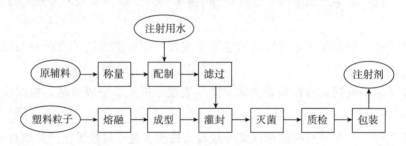

图6-5 塑料瓶装输液的生产工艺流程图

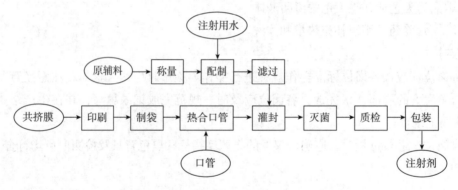

图6-6 塑料袋装输液的生产工艺流程图

（一）容器

大容量注射剂所用容器分为瓶型和袋型。

1. 瓶型 包括玻璃瓶和塑料瓶。玻璃瓶为传统容器，由硬质中性玻璃制成，优点是透明度高、热稳定性好、耐压、不变形等，缺点是易破损、质量大、成本高、清洗繁琐等。目前，大部分工艺采用塑料瓶，主要材料为聚丙烯（PP）和聚乙烯（PE）。与玻璃瓶相比，塑料瓶具有不易破碎、质轻、运输便利、化学稳定性好、可实现自动化生产、制造成本低等优点。但也存在透明度差、有一定的变形性、透气性等缺点。另外，瓶型输液器在使用过程中需形成空气回路，空气进入瓶内形成内压使药液滴出，可能会增加输液过程中二次污染的风险。

2. 袋型 输液袋的优势是使用时不需要形成空气回路，依靠自身张力可压迫药液滴出，减少二次污染的风险。根据材质不同，大容量注射剂软袋分为PVC软袋和非PVC软袋两种。PVC软袋所用材质为聚氯乙烯，质地较厚，氧气、水蒸气的透过量较高，温度适应性差，抗拉强度较差，高温灭菌易变形，同时在生产过程中为改变其性能加入了增塑剂（DEHP），有害健康。非PVC软袋所用材质为聚烯烃多层共挤膜，不含对人体有害的增塑剂，表面光滑，能够阻止水汽渗透，对热稳定，可在121℃高温蒸汽灭菌，机械强度高，惰性好，不影响透明度，具有质轻、密封、安全、环保、体积小、强度高、便于贮运等优点，适合于大多数药物，是一种理想的输液包装材料。目前国内非 PVC 输液软袋的膜材主要靠进口，成本较高。

玻璃瓶输液容器使用前需进行清洗，清洗是否洁净对药液可见异物影响较大。塑料材质的瓶型和袋型输液容器由于原料优质、成型环境洁净度高，不需清洗处理，在成型后可直接使用。

橡胶塞是目前大容量注射剂的主要密封材料，橡胶塞的处理一般首先用酸碱水洗至中性，然后用纯化水煮沸 30 分钟，最后用注射用水洗净备用。

（二）配制

药物原料及辅料必须符合《中国药典》（2020 年版）规定的质量标准，达到注射用规格。配制溶剂必须采用新鲜的注射用水，并严格控制 pH 值、热原和铵盐。配制时通常加入活性炭（供注射用）。配制方法和用具与小容量注射液相同。

练一练6-3

注射剂制备时加入活性炭（供注射用）的作用不包括（　　）

A. 吸附热原　　　　　B. 吸附杂质　　　　　C. 助滤

D. 脱色　　　　　E. 增加主药的稳定性

答案解析

（三）滤过

大容量注射剂的滤过常采用加压三级滤过，分为预滤 – 精滤 – 终端过滤。预滤或初滤一般使用板框式过滤器、钛滤器或砂滤棒，也可以用垂熔玻璃滤器。精滤和终端过滤可用微孔滤膜，精滤常用滤膜孔径为 $0.45\mu m$ 或 $0.22\mu m$，终端过滤常用滤膜孔径为 $0.22\mu m$。滤过方法和装置与小容量注射液相同。

（四）灌封

灌封由药液灌注、塞橡胶塞、轧铝盖三步连续完成。滤过和灌装均应保持药液温度维持在 50℃ 为宜，室内洁净度要严格控制，以防细菌、粉尘污染。灌封要按照操作规程连续完成，要求装量准确，铝盖密封严实。目前药厂生产多采用旋转式自动灌封机、自动加塞机、自动落盖轧口机完成整个灌封过程，实现生产联动化。

袋型容器灌封可采用全自动吹灌封设备，可将软袋吹制成容器并连续进行吹塑、灌装、密封（简称吹灌封）操作，完成药液灌封。

（五）灭菌

灌封后的大容量注射剂应立即灭菌，一般要求从配制到灭菌的时间不超过 4 小时。根据大容量注射剂的质量要求及容器大且厚的特点，灭菌方法多采用热压灭菌法，设备多选择大输液水浴式灭菌器，操作时应逐渐升温，如果骤然升温，能引起输液瓶爆炸。对于塑料软袋，可选用109℃、45 分钟的灭菌条件，应注意配备加压装置以免爆裂。

（六）制备举例

案例 6 - 2　右旋糖酐注射液

【处方】右旋糖酐（中分子）　　60g

氯化钠　　　　　　　　9g

注射用水　　　　　　　加至 1000ml

【制法】取适量注射用水加热煮沸，加入处方量的右旋糖酐，搅拌溶解，配制成12% ~15% 的浓溶液，再加入活性炭（供注射用），保持微沸 1~2 小时，加压滤过脱炭，再加注射用水稀释成 6% 的溶液，然后加入氯化钠，搅拌溶解，冷至室温，取样检测含量和 pH 值，合格后再加活性炭（供注射用）搅拌，加热至 70~80℃，滤过，灌封，112℃热压灭菌 30 分钟。

【性状】 本品为无色、稍带黏性的澄明液体，有时显轻微的乳光。

【临床应用】 用于失血、创伤、烧伤等各种原因引起的低血容量休克。

【分析】 ①右旋糖酐是用蔗糖经特定细菌发酵后生成的葡萄糖聚合物，易夹杂热原，因此活性炭用量较大。②本品黏度高，需在较高温度下滤过。因本品灭菌一次，分子量会下降 3000~5000，故受热时间不能过长，以免产品变黄。

【贮藏】 在 25℃ 以下密闭保存。

三、大容量注射剂生产中常出现的问题及解决办法

（一）染菌

由于大容量注射剂生产过程中出现严重污染、瓶塞密封松动、漏气、灭菌不彻底等，致使注射剂出现混浊、云雾状、霉团、产气等染菌现象，也有一些外观变化不明显。使用染菌的注射剂会引起脓毒症、败血病、热原反应甚至死亡。针对染菌的解决办法是尽量减少生产过程中的污染，同时做到严格密封与灭菌。

（二）热原污染

临床上使用大容量注射剂时热原反应时有发生，关于热原的污染途径和防治方法在前面已有详述。除了制备过程引入污染，使用过程中的污染也不容忽视，如输液器等的污染，目前国内已规定必须使用一次性全套输液器，并要求在输液器出厂前进行灭菌的除热原处理，大大减少了使用过程中出现热原反应的概率。

（三）可见异物与不溶性微粒

1. 原料与附加剂引入 原料与附加剂质量对微粒影响较显著，原辅料中不溶性杂质的存在，可使注射剂产生乳光、小白点、混浊，不仅影响注射剂的可见异物和不溶性微粒检查指标，还影响产品的稳定性。因此，原辅料的质量必须严格控制。

2. 容器与附件引入 胶塞与容器质量不好，在贮存过程中会产生杂质脱落从而污染药液。如输液中的"小白点"是由于有钙、锌、硅酸盐与铁等物质，这些物质主要来自胶塞和输液容器。解决办法为提高容器与附件的质量，并在输液器上安装终端过滤器。

3. 生产环境与操作引入 如车间空气洁净度差，设备、器具、容器和附件未按标准操作规程清洁，滤过和灌封操作不符合要求，工序安排不合理等都会引入可见异物与不溶性微粒。解决办法为严格控制生产环境洁净度、严格遵守操作规程进行操作。

四、大容量注射剂的质量检查

（一）无菌

大容量注射剂参照《中国药典》（2020 年版）四部无菌检查法检查，应符合规定。

（二）热原或细菌内毒素

大容量注射剂参照《中国药典》（2020 年版）四部细菌内毒素检查法或热原检查法检查，应符合规定。

（三）可见异物

大容量注射剂按《中国药典》（2020 年版）四部可见异物检查法，取注射液 20 支（瓶）按直、横、倒三步法旋转检视。供试品中不得检出金属屑、玻璃屑、长度超过 2mm 的纤维、最大粒径超过 2mm 的块状物以及静置一定时间后轻轻旋转时肉眼可见的烟雾状微粒沉积物、无法计数的微粒群或摇不散的沉淀，以及在规定时间内较难计数的蛋白质絮状物等明显可见异物。

（四）不溶性微粒

不溶性微粒检查法包括光阻法和显微计数法。一般先采用光阻法，当光阻法测定结果不符合规定或供试品不适于用光阻法测定时，应采用显微计数法进行测定，并以显微计数法的测定结果作为判定依据。

大容量注射剂参照《中国药典》（2020 年版）四部不溶性微粒检查法检查，应符合规定。

（五）渗透压摩尔浓度

除另有规定外，静脉输液及椎管注射用注射液按各品种项下的规定，照渗透压摩尔浓度测定法测定，应符合规定。

（六）其他

如装量、pH 值、含量及特定的检查项目，按各品种项下规定进行检查，应符合规定。

❓ 想一想6-3

静脉注射脂肪乳剂的处方如下：

【处方】注射用大豆油 100g　精制卵磷脂 12g　注射用甘油 22.5g　注射用水加至 1000ml

答案解析

1. 请对各成分进行处方分析。
2. 除了常规的无菌、热原等检查项目外，乳剂型注射剂还要进行哪些检查？

任务四　注射用无菌粉末的制备与质控

一、注射用无菌粉末的概述

注射用无菌粉末也称粉针剂，是指装入西林瓶或其他适宜容器中供注射用的无菌粉末状药物，临用前用适当的溶剂溶解或混悬配成注射剂。注射用无菌粉末在标签中应标明配制溶液所用溶剂的种类。

注射用无菌粉末中主药多为在水溶液中或湿热环境中不稳定的药物，如抗生素类、酶、血浆等生物制品。根据生产工艺条件和药物性质不同，注射用无菌粉末分为两种，冷冻干燥制品和无菌分装制品。用冷冻干燥工艺制得的称为注射用冷冻干燥制品，即冻干粉针。用适宜方法制得的固体粉末经无菌分装所得的称为注射用无菌分装制品。

✎ 练一练6-4

青霉素钾制成粉针剂的主要原因是（　　）

A. 防止污染　　　　　B. 防止水解　　　　　C. 防止氧化

D. 使用更方便　　　　E. 减少注射疼痛

答案解析

二、注射用无菌分装制品的制备与质控

注射用无菌分装制品是将符合注射用要求的固体粉末，在高洁净度控制条件下直接分装于洁净灭菌的西林小瓶或安瓿中密封制成。药物若能耐热，可进行最终补充灭菌。

（一）注射用无菌分装制品的制备

1. 原辅料、容器、附件准备 无菌原料可采用无菌结晶法、喷雾干燥法精制而成，必要时在无菌条件下进行干燥、粉碎、过筛等操作。实际生产上常把无菌粉末的精制、烘干、包装简称为精烘包。安瓿或西林小瓶清洗灭菌工艺与小容量注射剂使用的安瓿清洗灭菌工艺基本相同，灭菌方法可选择180℃干热灭菌1.5小时或250℃干热灭菌45分钟。胶塞洗净后要用硅油进行处理，再于125℃干热灭菌2.5小时或于121℃热压灭菌30分钟。实际生产上采用的联动洗塞机可连续进行胶塞的清洗、硅化、灭菌。灭菌后的空瓶、胶塞应存放在有净化空气保护的存放柜，存放时间不超过24小时。

2. 分装 分装必须在规定的高度洁净环境中按照无菌操作进行。除另有规定外，分装室温度需为18~26℃，相对湿度需控制在分装产品的临界相对湿度以下。分装机械有螺杆式分装机、气流式分装机、插管式分装机等。分装后应立即加塞、轧铝盖密封。

3. 灭菌和异物检查 对于能耐热的品种可进行补充灭菌，以确保安全。对于不耐热的品种必须严格无菌操作。异物检查一般在传送带上用目检视。

4. 印字、贴签与包装 目前生产上均已实现机械化和自动化，印字、贴签、包装速度快，效率高。

（二）注射用无菌分装生产中常见的问题及处理方法

1. 装量差异 影响装量差异的主要因素是物料的流动性，其他因素还包括药粉的物理性质如吸湿性、粒度、粉末松密度及机械设备性能。应根据具体情况采取相应措施，如粉末易吸湿，室内湿度大，导致粉末流动性差，可以通过控制分装环境的相对湿度来解决。

2. 不溶性微粒 根据《中国药典》（2020年版）规定，注射用无菌粉末应进行不溶性微粒的检查。无菌分装粉末经过粉碎、过筛、混合等工艺，污染机会增多，易使粉末溶解后出现纤毛、小点等，导致不溶性微粒检查不合格。解决措施为从原料的精制处理开始，严格控制环境洁净度，防止污染。

3. 无菌 药品的无菌检查合格只能说明抽检的部分产品是无菌的，不能代表全部产品无菌。由于产品是无菌操作制备，稍有不慎就有可能使局部受到污染，造成局部染菌。而微生物在固体粉末中繁殖又慢，不易为肉眼所见，潜在危险性大。为了保证用药安全，解决无菌操作中的污染问题，应注意定期验证无菌室的净化装置，提供可靠的高洁净度环境。

4. 吸潮变质 对于瓶装无菌分装制品来说，贮存过程中的吸潮变质时有发生。原因是橡胶塞、铝盖密封不严。因此，应对橡胶塞、铝盖进行密封防潮性能测定，选择符合密封要求的橡胶塞和铝盖。

三、注射用冷冻干燥制品的制备与质控

注射用冷冻干燥制品是将药物制成无水溶液，以无菌操作法灌装，经冷冻干燥后在无菌生产工艺条件下密封制成，临用时加灭菌注射用水溶解后使用。对热敏感、在水溶液中不稳定的药物，可采用此法制备。

（一）冷冻干燥的原理及设备

冷冻干燥的原理可用水的三相图（图6-7）来说明，图中O点是冰、水、气的平衡点，该点温度为0.01℃，压力为610.38Pa。在平衡点以下，升高温度或降低压力都可以使固态冰不经过液态水而直接升华变成气态水蒸气。冷冻干燥就是根据这个原理，将需要干燥的物料先冻结到三相平衡点温度以

下，然后在真空条件下缓缓加热，使物料中的水分（固态冰）直接升华成水蒸气排出，从而达到物料干燥的目的。

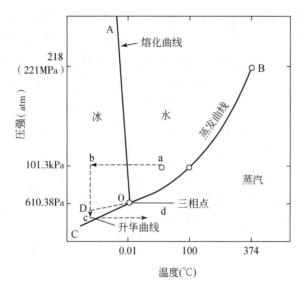

图6-7 水的三相平衡图

冷冻干燥机组是由制冷系统、真空系统、加热系统、电器仪表控制系统所组成。主要部件为冻干箱、凝结器、冷冻机组、真空泵、加热/冷却装置等。物料经前处理后，首先被送入速冻仓冻结，然后再送入干燥仓升华脱水，最后在后处理车间包装。真空系统为干燥仓提供低气压条件，加热系统向物料提供热量，制冷系统向冷冻仓和干燥室提供冷量。

（二）冷冻干燥制品的特点

注射用冷冻干燥制品具有以下优点：①生物活性不变，对热敏感的药物可避免因高温而分解变质；②制品质地疏松，加水后迅速溶解；③含水量低，通过二次干燥，能除去95%以上的水分；④由于干燥在真空中进行，药物不易被氧化，也减少了产品的微粒污染；⑤外观色泽均匀，剂量准确。

（三）注射用冷冻干燥制品制备工艺

注射用冷冻干燥制品制备工艺流程如图6-8所示。

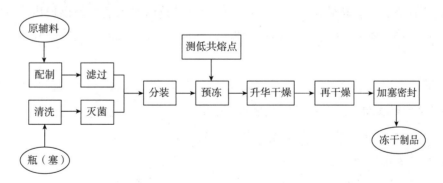

图6-8 注射用冷冻干燥制品制备工艺流程图

1. 测低共熔点 制品需先预冻再升华干燥，通常预冻温度应设置在比产品低共熔点低10~20℃，以保证冷冻彻底无液体存在。低共熔点是指在水溶液冷却过程中，冰和溶质同时析出结晶混合物（低共熔混合物）时的温度。

2. 配制、滤过和灌装 首先将原辅料、西林小瓶按规定进行处理，然后在高洁净度（A级）条件下进行配制、过滤和灌装操作。当药物剂量和体积较小时，需加适宜稀释剂如甘露醇、乳糖、山梨醇等以增加容积。某些不易冻干的药液、易变性的蛋白质药物等可加入冻干保护剂如糖类、多元醇类。

3. 预冻 预冻方法包括速冻法和慢冻法。速冻法降温速度快，形成结晶数量多，晶粒细，制得产品疏松易溶，且对生物活性物质如酶类等破坏小，但可能出现冻结不实。慢冻法降温速度缓慢，冻结较实，但形成的结晶数量少，晶粒粗。实际工作中应根据药液性质选择不同的冷冻方法。

4. 升华干燥 升华干燥包括一次升华法和反复预冻升华法。一次升华法适用于共熔点在 $-10 \sim -20℃$、溶液浓度和黏度不大、装量厚度小的产品。反复预冻升华法适用于共熔点低、结构复杂、黏稠度大的产品。操作时首先将冷冻体系进行恒温减压，到一定真空度后关闭冷冻机。然后缓缓加热，给制品提供热量，使体系中的水分基本除尽。最后进行再干燥。

5. 再干燥 升华完成后根据制品的性质再提高体系温度，保持一定的时间，使残留的水分（吸附水）与水蒸气被进一步抽尽。再干燥可保证冻干制品达到良好的干燥状态，并有防止回潮的作用。

6. 加塞、封口 冷冻干燥结束后，从冷冻机中取出分装瓶，立即加胶塞、轧铝盖，若是安瓿应立即熔封。

？ 想一想6-4

注射用冷冻干燥制品的称量、配液、过滤、灌装、压塞、轧盖工序对环境的洁净度要求分别是几级？

答案解析

（四）冷冻干燥中存在的问题及处理方法

1. 喷瓶 预冻温度过高或在升华干燥阶段供热太快，出现受热不均匀，导致制品部分液化，在真空减压条件下喷出的现象称为喷瓶。解决措施为控制预冻温度在共熔点之下 $10 \sim 20℃$，同时，加热升华时温度不宜超过共熔点。

2. 含水量不符合要求 产品含水量偏高的原因主要有药液厚度大、升华干燥过程中供热不足、冷凝器温度偏高、真空度不够等。产品含水量偏低的原因主要有干燥时间过长、再干燥温度过高等，可根据原因分析采取相应的措施来解决。

3. 产品外形不饱满或萎缩 在冻干过程中预冻温度过高、压力过高，可因部分产品熔化而造成产品塌陷、空洞而不饱满。一些黏稠药物的结构过于致密，导致内部水蒸气难以逸出或逸出不完全，冻干结束后所得产品会因潮解而萎缩。解决措施为根据处方设计和冻干工艺改善通气性并严格控制合适的温度和压力。

（五）制备举例

案例 6-3 注射用辅酶 A 的无菌冻干制剂

【处方】辅酶 A　　　　56.1U
　　　　水解明胶　　　5mg
　　　　甘露醇　　　　10mg
　　　　葡萄糖酸钙　　1mg
　　　　半胱氨酸　　　0.5mg

【制法】将上述各成分用适量注射用水溶解后，无菌滤过，分装于安瓿瓶中，每支 0.5ml，冷冻干燥后封口，漏气检查。

【性状】为白色或类白色的冻干块状或粉状物。

【临床应用】辅酶类，用于白细胞减少症、原发性血小板减少性紫癜及功能性低热的辅助治疗。

【分析】①本品为静脉滴注，一次 50U，一日 50 ~ 100U，临用前用 5% 葡萄糖注射液 500ml 溶解后滴注。肌内注射，一次 50U，一日 50 ~ 100U，临用前用生理盐水 2ml 溶解后注射。②本品易被空气、过氧化氢等氧化成无活性的二硫化物，故在制剂中加入半胱氨酸作为稳定剂，另加甘露醇、水解明胶等作为赋形剂。③辅酶 A 在冻干工艺中易丢失效价，故投料量应酌情增加。

【贮藏】密闭，遮光，在阴凉处（不超过 20℃）保存。

四、注射用无菌粉末的质量检查

（一）无菌

注射用无菌粉末参照《中国药典》（2020 年版）四部无菌检查法检查，应符合规定。

（二）热原或细菌内毒素

注射用无菌粉末参照《中国药典》（2020 年版）四部细菌内毒素检查法或热原检查法检查，应符合规定。

（三）可见异物

除另有规定外，按抽样要求称取注射用无菌粉末 5 支（瓶），采用适宜的溶剂及适当的方法使药物全部溶解后，按《中国药典》（2020 年版）四部可见异物检查法检查。

（四）不溶性微粒

取供试品至少 4 个，参照《中国药典》（2020 年版）四部不溶性微粒检查法检查，应符合规定。

（五）装量差异

除另有规定外，取注射用无菌粉末 5 瓶（支），参照《中国药典》（2020 年版）四部注射剂项下装量差异进行检查，应符合规定。

任务五　滴眼剂的制备与质控

一、滴眼剂的概述

眼用制剂系指直接用于眼部发挥治疗作用的无菌制剂，主要用于消炎、杀菌、散瞳、缩瞳、降低眼压、治疗白内障、诊断以及局部麻醉等，也可以用于缓解视疲劳、滋润眼球、补充泪液等。

（一）分类

眼用制剂可分为眼用液体制剂（滴眼剂、洗眼剂、眼内注射溶液等）、眼用半固体制剂（眼膏剂、眼用乳膏剂、眼用凝胶剂等）、眼用固体制剂（眼膜剂、眼丸剂、眼内插入剂等）。眼用液体制剂也可以固态形式包装，另备溶剂，在临用前配成溶液或混悬液。

滴眼剂系指原料药物与适宜辅料制成的供滴入眼内的无菌液体制剂。可分为溶液、混悬液或乳状液，如氧氟沙星滴眼液。

洗眼剂系指由原料药物制成的无菌澄明水溶液，供冲洗眼部异物或分泌液、中和外来化学物质的眼用液体制剂，如茶多酚洗眼液。

眼内注射溶液系指由原料药物与适宜辅料制成的无菌液体，供眼周围组织（包括球结膜下、筋膜下及球后）或眼内注射（包括前房注射、前房冲洗、玻璃体内注射、玻璃体内灌注等）的无菌眼用液体制剂，如卡巴胆碱眼内注射液。

（二）质量要求

与注射剂质量要求类似，滴眼剂的基本质量要求主要体现在渗透压、无菌、pH 值、可见异物等方面。

（1）除另有规定外，滴眼剂应与泪液等渗。混悬型滴眼剂的沉降物不应结块或聚集，经振摇应易再分散，并应检查沉降体积比。洗眼剂属用量较大的眼用制剂，应尽可能与泪液等渗并具有相近的 pH 值。

（2）多剂量眼用制剂一般应加适当抑菌剂，眼内注射溶液、眼内插入剂、供外科手术用和急救用的眼用制剂，均不得加抑菌剂或抗氧剂或不适当的附加剂，且应采用一次性使用包装。

（3）包装容器应无菌、不易破裂，其透明度应不影响可见异物检查。

（4）除另有规定外，眼用制剂应遮光密封贮存，在启用后最多可使用 4 周。

✎ **练一练6-5**

红霉素眼膏开启后可以使用的时间是（　　）

A. 24 小时内　　　　　　　　B. 48 小时内　　　　　　　　C. 1 周内

D. 1 个月内　　　　　　　　E. 1 年内

答案解析

（三）滴眼剂的附加剂

1. pH 值调节剂　由于主药的溶解度、稳定性、药效或改善刺激性等需要，有时要进行滴眼剂的 pH 值调整，使 pH 值稳定在一定范围内，正常眼可以耐受的 pH 值在 5.0 ~ 9.0 之间。常用的 pH 值调节剂有：①磷酸盐缓冲液，由 0.8% 无水磷酸二氢钠溶液与 0.947% 无水磷酸氢二钠溶液可得 pH 值为 5.9 ~ 8.0 的缓冲液；②硼酸盐缓冲液，由 1.24% 硼酸溶液和 1.91% 硼砂溶液可得 pH 值为 6.7 ~ 9.1 的缓冲液；③硼酸溶液，1.9% 硼酸溶液，pH 值为 5。

2. 等渗调节剂　滴眼剂应与泪液等渗，渗透压过高或过低对眼都有刺激性。一般情况，眼球能适应的渗透压范围相当于 0.6% ~ 1.5% 的氯化钠溶液产生的渗透压。低渗溶液应调成等渗，常用的等渗调节剂有氯化钠、葡萄糖、硼酸、硼砂等。

3. 抑菌剂　滴眼剂一般采用的是多剂量包装，使用过程中无法始终保持无菌，因此需要加入适当的抑菌剂。尽量选用安全风险小的抑菌剂，产品标签应标明抑菌剂种类和标示量。常用的抑菌剂有：①季铵盐类，包括苯扎氯铵、苯扎溴铵等阳离子型表面活性剂；②醇类，常用三氯叔丁醇，苯氧乙醇等；③酯类，常用对羟基苯甲酸酯类（尼泊金类），包括羟苯甲酯、乙酯与丙酯；④有机汞类，如硝酸苯汞、硫柳汞类；⑤酸类，常用山梨酸。单一的抑菌剂常因处方的 pH 值不适合或与其他成分有配伍禁忌而不能达到迅速杀菌的目的。实际生产中常采用复合的抑菌剂，可发挥协同作用。

4. 增溶剂、助溶剂、稳定剂　对于溶解度小的药物，需加增溶或助溶剂。对于易氧化、含不稳定成分的药物，需加抗氧剂和金属离子螯合剂等稳定剂。

5. 黏度调节剂　黏度调节剂又称增稠剂。适当增加滴眼剂的黏度，可使药物在眼内停留时间延长，也能减弱刺激性。常用的黏度调节剂有甲基纤维素（MC）、聚维酮（PVP）等。

二、滴眼剂的制备技术

滴眼剂的制备工艺流程见图 6 - 9。

图6-9　滴眼剂制备工艺流程图

滴眼剂的制备与注射剂基本相同。用于手术、伤口的滴眼剂及眼用注射溶液按小容量注射剂生产工艺制备，不得添加抑菌剂，一次用后弃去，保证无污染。洗眼剂用输液瓶包装，按大容量注射剂生产工艺制备。若主药不稳定，以无菌生产工艺操作制备。若主药稳定耐热，可在分装前灭菌，然后再在无菌操作条件下分装。

（一）容器的处理

滴眼剂的容器有玻璃瓶与塑料瓶两种。中性玻璃对药液的影响小，可使滴眼剂保存较长时间，一般用于易氧化药物，遇光不稳定药物可选用棕色瓶。玻璃瓶的清洗和灭菌方法与小容量注射剂容器处理方法相同。多数滴眼剂采用塑料瓶包装，塑料瓶由聚烯烃吹塑制成，即时封口，不易污染，且价廉、质轻、不易碎裂，较常用。塑料滴眼瓶的清洗可切开封口，按安瓿洗涤法清洗，然后用环氧乙烷灭菌后备用。

（二）配制、滤过

配制多采用浓配法。药物、附加剂用适量溶剂溶解，必要时加0.05%～0.3%活性炭（供注射用）过滤，然后稀释至所需浓度。眼用混悬剂配制时，首先将药物微粉化后灭菌，然后另取表面活性剂、助悬剂等加适量注射用水配成黏稠液，与药物用乳匀机搅匀，最后加注射用水至全量。配制完成后要经过检验，合格后进行滤过。

滴眼剂的过滤与注射剂基本相同，经滤棒、垂熔玻璃滤球和微孔滤膜三级过滤至澄明。

（三）灌装

目前滴眼剂生产中药液的灌装大多采用减压灌装。除另有规定外，每个容器的装量应不超过10ml。

（四）制备举例

案例6-4　醋酸可的松滴眼液（混悬液）

【处方】醋酸可的松（微晶）　　5.0g
　　　　聚山梨酯80　　　　　　 0.8g
　　　　硝酸苯汞　　　　　　　 0.02g
　　　　硼酸　　　　　　　　　 20.0g
　　　　羧甲纤维素钠　　　　　 2.0g
　　　　注射用水　　　　　　　 加至1000ml

【制法】取硝酸苯汞溶于注射用水（约500ml）中，加热至40～50℃，加入硼酸、聚山梨酯80，搅拌溶解，用垂熔玻璃滤器滤过备用；另将羧甲纤维素钠溶于注射用水（约300ml）中，用垫有200目尼龙布的布氏漏斗滤过，加热至80～90℃，加醋酸可的松微晶搅匀，保温30分钟，冷至40～50℃，再与硝酸苯汞溶液合并，加注射用水至全，用200目尼龙筛滤过两次，在搅拌下分装，封口，100℃流通蒸汽灭菌30分钟。

【性状】本品为微细颗粒的混悬液，静置后微细颗粒下沉。振摇后成均匀的乳白色混悬液。

【临床应用】用于过敏性结膜炎。

【分析】①醋酸可的松微晶的粒径应在5～20μm之间，过粗易产生刺激性。②羧甲纤维素钠配液前需精制，因氯化钠能使羧甲纤维素钠黏度显著下降，导致结块沉降，故不能使用氯化钠调节等渗。选择2%的硼酸不仅能克服降低黏度的缺点，又能减轻药液对眼黏膜的刺激性。③灭菌过程中应注意振摇，防止结块，或采用旋转灭菌设备，灭菌前后均应检查有无结块。

【贮藏】遮光，密闭保存。

三、滴眼剂的质量检查

（一）可见异物

滴眼剂照《中国药典》（2020年版）四部可见异物检查法中滴眼剂项下的方法检查，应符合规定。

（二）粒度

含饮片原粉的眼用制剂和混悬型眼用制剂照《中国药典》（2020年版）四部项下方法检查，粒度应符合规定。

（三）沉降体积比

照《中国药典》（2020年版）四部项下检查法，混悬型滴眼剂（含饮片细粉的滴眼剂除外）沉降体积比应不低于0.90。

（四）装量

单剂量包装的眼用液体制剂照《中国药典》（2020年版）四部项下方法检查，应符合规定。

（五）渗透压摩尔浓度

除另有规定外，水溶液型滴眼剂、洗眼剂和眼内注射液按各品种项下的规定，照《中国药典》（2020年版）四部渗透压摩尔浓度测定法测定，应符合规定。

（六）无菌

滴眼剂参照《中国药典》（2020年版）四部无菌检查法检查，应符合规定。

❓ **想一想6-5**

规范使用滴眼剂的步骤是什么？

答案解析

 目标检测

答案解析

一、A型题（最佳选择题）

1. 以下不属于热原性质的是（　　）

　　A. 水溶性　　　　　　　　B. 耐热性　　　　　　　　C. 挥发性

　　D. 可滤过性　　　　　　　E. 不耐强酸

2. 以下关于小容量注射剂的叙述，错误的是（　　）

　　A. 从配制到灭菌以不超过12小时为宜

　　B. 灭菌主要采用流通蒸气灭菌法

　　C. 应进行可见异物检查

D. 灭菌时间应在达到灭菌温度后计算

E. 灭菌后应立即进行漏气检查

3. 某药物含易水解官能团，宜制成（　　）

A. 小容量注射剂　　　　　　B. 大容量注射剂　　　　　　C. 乳浊型注射剂

D. 溶液型注射剂　　　　　　E. 注射用无菌粉末

二、B 型题（配伍选择题）

【1-5】下列辅料在注射剂处方中的作用是

A. 依地酸二钠　　　　　　　B. 氯化钠　　　　　　　　　C. 磷酸氢二钠

D. 焦亚硫酸钠　　　　　　　E. 硫柳汞

1. 用作 pH 值调节剂的是（　　）

2. 用作螯合剂的是（　　）

3. 用作渗透压调节剂的是（　　）

4. 用作抗氧剂的是（　　）

5. 用作抑菌剂的是（　　）

【6-9】下列关于大容量注射剂的分类正确的是

A. 左氧氟沙星注射液　　　　　　　　B. 复方氨基酸注射液

C. 氯化钠注射液　　　　　　　　　　D. 右旋糖酐注射液

6. 属于电解质输液的是（　　）

7. 属于胶体输液的是（　　）

8. 属于营养输液的是（　　）

9. 属于含药输液的是（　　）

三、X 型题（多项选择题）

1. 热原污染的可能途径包括（　　）

A. 从原料中带入　　　　　　　　　　B. 从溶剂如注射用水中带入

C. 从器具、设备、管路等带入　　　　D. 从操作人员身上带入

E. 从输液器械中带入

2. 注射剂的质量检查包括（　　）

A. 无菌　　　　　　　　　　　　　　B. 细菌内毒素或热原检查

C. 可见异物　　　　　　　　　　　　D. 装量

E. 脆碎度检查

四、综合分析选择题

【1-3】磺胺醋酰钠滴眼剂

【处方】磺胺醋酰钠　　300g

　　　　硫代硫酸钠　　1g

　　　　羟苯乙酯　　　0.25g

　　　　注射用水　　　加至 1000ml

1. 处方中硫代硫酸钠起的作用是（　　）

A. pH 值调节剂　　　　　　B. 等渗调节剂　　　　　　　C. 抑菌剂

D. 黏度调节剂　　　　　　　E. 抗氧剂

2. 处方中羟苯乙酯起的作用是（ ）

A. pH 值调节剂 　　　　B. 等渗调节剂 　　　　C. 抑菌剂

D. 黏度调节剂 　　　　E. 抗氧剂

3. 滴眼剂的 pH 值范围在（ ）

A. 5～7 　　　　B. 4～9 　　　　C. 5～9

D. 3～7 　　　　E. 4～7

五、综合问答题

1. 写出小容量注射剂的生产工艺流程。

2. 大容量注射剂的质量检查项目包括哪些？

六、实例分析题

分析注射用细胞色素 C（冻干粉针）处方中各组分的作用，并根据注射用无菌粉末的质量要求设计质检项目。

【处方】 细胞色素 C　　　15mg

葡萄糖　　　　15mg

亚硫酸钠　　　2.5mg

亚硫酸氢钠　　2.5mg

氢氧化钠　　　适量

注射用水　　　0.7ml

书网融合……

📋 重点回顾

📱 微课

📝 习题

项目七　半固体制剂的制备与质控

PPT

导学情景

情景描述：某湿疹患者来药店购药，"皮肤疾病这些外用药，醋酸氢化可的松软膏，夫西地酸乳膏？选哪一个好呢？有些药物名字后面还有凝胶？"

情景分析：用于涂抹的"软膏"与"乳膏"、"凝胶"大多属于半固体制剂，可是呢，之所以剂型不同（软膏、乳膏、凝胶等）是因为药物的基质不同。

讨论：软膏、乳膏、凝胶有什么区别？药品疗效是否相同？

学前导语：软膏、乳膏、凝胶、贴膏、眼用半固体制剂等属于半固体制剂，在临床应用广泛；但其基质、制法不同，临床使用各有特点。你知道软膏、乳膏、凝胶、贴膏、眼用半固体制剂等所用的是哪类基质吗？是如何制备的呢？

任务一　认识半固体制剂

一、半固体制剂的临床应用

《中国药典》（2020 年版）收载的半固体剂型有软膏剂、乳膏剂、凝胶剂、眼用半固体制剂、贴膏剂、糊剂等。本项目主要介绍软膏剂、乳膏剂、凝胶剂、眼用半固体制剂、贴膏剂，糊剂在软膏剂中一并学习。

半固体制剂是采用适宜的基质与药物制成，在轻度的外力作用或体温下易于流动和变形，便于挤出并均匀涂布的一类专供外用的制剂，常用于皮肤、创面、眼部及腔道黏膜，可以作为外用药基质、皮肤润滑剂、创面保护剂或作闭塞性敷料。

答案解析

✎ 练一练7-1

以下哪个剂型不属于半固体制剂（　　）

A. 软膏剂　　　　　　　　B. 乳膏剂　　　　　　　　C. 贴膏剂

D. 凝胶剂　　　　　　　　E. 栓剂

二、半固体制剂的分类

　　半固体制剂根据药物分散状态的不同可分为溶液型、混悬型和乳剂型三类。按基质与药物含量的不同可分为软膏剂、乳膏剂、糊剂和凝胶剂等。《中国药典》（2005年版）之后将乳膏剂和糊剂从软膏剂中分别开来。根据使用部位不同可分为皮肤用和黏膜或腔道用半固体制剂。按照药物作用的深度和广度也可分为仅在皮肤表面发挥防护、消毒等作用的制剂，如硼酸软膏、氧化锌软膏等；药物透过角质层进入皮肤深部发挥抗菌、消炎、止痛或麻醉等作用的制剂，如硝酸咪康唑乳膏；药物透过皮肤进入血液循环，发挥全身作用的制剂，如硝酸甘油软膏等。半固体制剂一般以局部外用为主，作用于全身的较少。

任务二　软膏剂、乳膏剂的制备与质控

一、软膏剂

（一）软膏剂的概念、分类与特点

　　软膏剂系指原料药物与油脂性或水溶性基质混合制成的均匀的半固体外用制剂。

　　因原料药物在基质中分散状态不同，分为溶液型软膏剂和混悬型软膏剂。溶液型软膏剂为原料药物溶解（或共熔）于基质或基质组分中制成的软膏剂；混悬型软膏剂为原料药细粉均匀分散于基质中制成的软膏剂。软膏剂具有热敏性和触变性，热敏性是指遇热熔化而流动性增加，触变性是指软膏静止时黏度升高，不容易流动而有利于储存，施加外力时黏度降低而有利于涂布与使用。

　　一般软膏剂应具备下列质量要求：①均匀、细腻，涂于皮肤或黏膜上应无刺激性，混悬型软膏中不溶性固体药物，应预先用适宜的方法制成细粉，确保粒度符合规定；②根据需要可加入保湿剂、防腐剂、增稠剂、抗氧化剂和皮肤渗透促进剂等附加剂；③应具有适当的黏稠性，易涂布于皮肤或黏膜上，不融化，且不易受季节变化影响；④性质稳定，有效期内无酸败、异臭、变色、变硬等变质现象；⑤除另有规定外应遮光密闭贮存。

👁 看一看

糊剂

　　含大量的原料药物固体粉末（一般25%以上）均匀地分散在适宜的基质中所组成的半固体外用制剂又称为糊剂，可分为含水凝胶性糊剂和脂肪糊剂。临床上治疗湿疹的有氧化锌糊，具有保护、收敛作用。

（二）软膏剂的基质

　　软膏剂主要是由药物与基质组成，基质是软膏剂形成和发挥药效的重要组成部分。软膏基质的性质对软膏剂的质量影响很大，如直接影响药效、流变性质、外观等，应根据制剂作用要求、药物性质、制剂疗效和产品的稳定性等方面综合考虑、选用适宜的基质。软膏剂理想基质的要求是：①均匀、细腻，润滑无刺激，稠度适宜，涂展性好；②性质稳定，与主药不发生配伍变化；③具有吸水性，能吸收伤口分泌物；④不妨碍皮肤的正常功能及伤口的愈合，具有良好释药性能；⑤易洗除，不污染衣服。

目前还没有一种基质能同时具备上述要求。在实际应用时，应对基质的性质进行具体分析，并根据软膏剂的特点和要求采用添加附加剂或混合使用几种基质等方法来保证制剂的质量以适应治疗要求。软膏剂常用的基质主要有油脂性基质和水溶性基质。

1. 油脂性基质 油脂性基质包括动植物油脂、类脂类、烃类及硅酮类等疏水性物质。此类基质涂于皮肤能形成封闭性油膜，促进皮肤水合作用，对表皮增厚、角化、皲裂有软化保护作用，但释药性能较差，疏水性强，不易用水洗除，不易与水性液体混合，不适用于有渗出液的创面、脂溢性皮炎、痤疮等。油脂性基质主要用于遇水不稳定的药物制备软膏剂。

（1）动植物油脂 系指从动植物中提取得到的高级脂肪酸甘油酯及其混合物。动物油脂包括猪油、羊油等，但稳定性较差，易酸败，现在已经很少用。植物油脂包括大豆油、花生油等，由于分子结构中存在不饱和键，易氧化，需添加抗氧剂。植物油催化加氢制得的饱和或近饱和氢化植物油稳定性好，不易酸败，稠度大，亦可用作软膏基质。

（2）类脂类 系指高级脂肪酸与高级脂肪醇化合而成的酯及其混合物，有类似脂肪的物理性质，但化学性质较脂肪稳定，且具一定的表面活性作用而有一定的吸水性能，多与油脂类基质合用，常用的有羊毛脂、蜂蜡、鲸蜡等。

①羊毛脂 一般指无水羊毛脂，为淡黄色或棕黄色黏稠的膏状物，具特臭，主要成分是甾醇类、脂肪醇类和三萜烯醇类与脂肪酸生成的酯，含有少量的游离胆固醇和羟基胆固醇，熔程为 $36 \sim 42℃$，具有良好的吸水性，常用30%的水分以改善黏稠度，称为含水羊毛脂。羊毛脂可吸收 2 倍的水而形成 W/O 型乳剂型基质。由于本品黏性太大而很少单用作基质，常与凡士林合用，以改善凡士林的吸水性与药物的渗透性。

②蜡类 植物类如巴西棕榈蜡，动物脂如蜂蜡、鲸蜡等。蜂蜡的主要成分为棕榈酸蜂蜡醇酯，鲸蜡主要成分为棕榈酸鲸蜡醇酯，两者均含有少量游离高级脂肪醇而具有一定的表面活性作用，属较弱的 W/O 型乳化剂，在 O/W 型乳剂型基质中起稳定作用。蜂蜡的熔程为 $62 \sim 67℃$，鲸蜡的熔程为 $41 \sim 49℃$。两者均不易酸败，常用于取代乳剂型基质中部分脂肪性物质以调节稠度或增加稳定性。

（3）烃类 系指从石油中得到的各种烃的混合物，其中大部分属于饱和烃。

①凡士林 又称软石蜡，是由多种分子量烃类组成的半固体状物，熔程为 $45 \sim 60℃$，有黄、白两种，化学性质稳定，无刺激性，特别适用于遇水不稳定的药物。对皮肤具有较强的软化、保护作用，但油腻性大，且仅能吸收约 5% 的水，故不适用于有多量渗出液的患处。可在凡士林中加入适量羊毛脂、胆固醇或某些高级醇类来提高其吸水性能。

②石蜡 石蜡主要成分为固体饱和烃混合物，熔程为 $50 \sim 65℃$，化学性质稳定，在通常的条件下不与酸（除硝酸外）和碱性溶液发生作用。

③液体石蜡 石蜡为重质石蜡，液体石蜡为轻质石蜡，两者常合用。液体石蜡为液体饱和烃，与凡士林同类，可用于调节凡士林基质的稠度，也可用于调节其他类型基质的油相。

（4）合成（半合成）油脂性基质 系由各种油脂或原料加工合成，不仅组成和原料油脂相似，保持其优点，且在稳定性、对皮肤刺激性和皮肤吸收性等各个方面都有明显的改善，常用的有硅酮、角鲨烷、羊毛脂衍生物、脂肪酸、脂肪醇、脂肪酸酯等。

此类基质中较为常用的是硅酮或称硅油，是一系列不同分子量的聚二甲基硅氧烷的总称。常用二甲硅油和甲苯基硅油，为一种无色或淡黄色的透明油状液体，无臭，无味。硅油优良的疏水性和较小的表面张力而使之具有很好的润滑作用且易于涂布。对皮肤无刺激性、无毒。常用于乳膏中作润滑剂，也常与其他油脂性原料合用制成防护性软膏。

2. 水溶性基质 水溶性基质是由天然或合成的水溶性高分子物质所组成。溶解后形成水凝胶，如羧甲基纤维素钠（CMC-Na），属凝胶基质。目前常见的水溶性基质主要是甘油明胶、合成的聚乙二醇类高分子聚合物，以其不同分子量配合而成。

（1）甘油明胶 是指甘油、明胶和水配比后加热混合制得。

（2）聚乙二醇（PEG） 是用环氧乙烷与水或乙二醇逐步加成聚合得到的水溶性聚醚。药剂中常用的平均分子量在 300~6000。PEG 700 以下均是液体，PEG1000、1500 及 1540 是半固体，PEG2000 至 6000 是固体。固体 PEG 与液体 PEG 适当比例混合可得稠度适宜的软膏基质。此类基质易溶于水，能与渗出液混合且易洗除，能耐高温不易霉败。但由于其较强的吸水性，用于皮肤常有刺激感，且久用可引起皮肤脱水干燥，不易用于遇水不稳定的药物的软膏。对季铵盐类及羟苯酯类等有配伍变化，且降低抑菌活性。

练一练7-2

可用于改善凡士林吸水性的物质是（　　）

A. 石蜡 　　　　　　　B. 硅酮 　　　　　　　C. 植物油

D. 羊毛脂 　　　　　　E. 聚乙二醇

答案解析

（三）软膏剂的附加剂

软膏剂中根据需要常可加入适宜的附加剂来改善其性能、增加稳定性或改善药物的透皮吸收，常用的附加剂有抗氧化剂、抑菌剂、保湿剂、增稠剂和皮肤渗透促进剂等附加剂。

1. 抗氧剂 在软膏剂的贮藏过程中，微量的氧就会使某些活性成分氧化而变质。因此，常加入一些抗氧剂来保护软膏剂的化学稳定性，见表 7-1。

表 7-1 软膏剂中常用的抗氧剂

种类	举例
水溶性抗氧剂	维生素 C、亚硫酸氢钠、硫代硫酸钠、亚硫酸钠、半胱氨酸、蛋氨酸等
油溶性抗氧剂	维生素 E、没食子酸烷酯、丁羟基茴香醚（BHA）、丁羟基甲苯（BHT）等
金属离子螯合剂	枸橼酸、酒石酸、依地酸二钠（EDTA）等

2. 抑菌剂 软膏剂的基质中通常有水性、油性物质，甚至蛋白质，这些基质易受细菌和真菌的污染，微生物的滋生不仅可以污染制剂，而且有潜在毒性。对于破损及炎症皮肤，局部外用制剂不含微生物尤为重要。抑菌剂的一般要求是：①与处方中组成物没有配伍禁忌；②抑菌剂对热应稳定；③在较长的贮藏时间及使用环境中稳定；④对皮肤组织无刺激性、无毒性、无过敏性。软膏剂中常用的抑菌剂见表 7-2。

表 7-2 软膏剂中常用的抑菌剂

种类	举例
醇	乙醇，异丙醇，氯丁醇，三氯甲基叔丁醇
酸	苯甲酸，脱氢乙酸，丙酸，山梨酸，肉桂酸
芳香酸	茴香醚，香茅醛，香兰酸酯
汞化物	醋酸苯汞，硫柳汞
酚	苯酚，苯甲酚，麝香草酚，煤酚，氯代百里酚，水杨酸

续表

种类	举例
醇	乙醇，异丙醇，氯丁醇，三氯甲基叔丁醇
酯	对羟基苯甲酸（乙酸，丙酸，丁酸）酯
季铵盐	苯扎氯铵，溴化烷基三甲基铵
其他	葡萄糖酸洗必泰，氯己定碘

3. 保湿剂　一般是一类具有强吸湿性的物质，其与水强力结合而达到阻止水分蒸发的效果，常用的有甘油、丙二醇、山梨醇等。

4. 增稠剂　是为了提高软膏剂产品黏度或稠度，改善稳定性和改变流变形态的一类物质。常用的有月桂醇、肉豆蔻醇、鲸蜡醇、硬脂醇、山梨醇、月桂酸、亚油酸、亚麻酸、肉豆蔻酸、硬脂酸、纤维素及其衍生物、海藻酸及其（铵、钙、钾）盐、果胶、透明质酸钠、黄耆胶、PVP（聚乙烯吡咯烷酮）等。

5. 皮肤渗透促进剂　在外用软膏剂中加入皮肤渗透促进剂可明显增加药物的释放、渗透和吸收。常用的有表面活性剂，月桂氮草酮，二甲基亚砜类，丙二醇、甘油、聚乙二醇等多元醇，油酸、亚油酸、月桂酸，角质保湿剂如尿素、水杨酸等，萜烯类的挥发油如薄荷油、桉叶油等。另外，氨基酸及一些水溶性蛋白质也能通过增加角质层脂质的流动性促进药物的透皮吸收。

（四）软膏剂的制备

软膏剂分为溶液型软膏和混悬型软膏，其制备按照形成的软膏类型、制备量及设备条件不同，采用的方法也不同。溶液型或混悬型软膏常采用研和法或熔融法。乳剂型基质软膏常在形成乳剂型基质过程中或在形成乳剂型基质后加入药物，称为乳化法。在形成乳剂型基质后加入的药物常为不溶性微细粉末，也属于混悬型软膏。

为了减少软膏剂对病患处的机械性刺激，更好地发挥药效，制备时药物常按如下方法处理。

药物不溶于基质时，必须将其粉碎至能通过六号筛的粉末。若用研和法配制，可先取少量基质或基质中的液体成分与药粉研成糊状，再按等量递加法与剩余的基质混匀。用热熔法时，药粉加入后，应一直搅拌至冷凝，使药物分布均匀。

药物可溶于基质时，可在加热时溶入，但挥发性药物应于基质冷至45℃时加入；或者先用适宜的溶剂溶解，再与基质混匀，如生物碱类，先用适量蒸馏水溶解，再用羊毛脂或其他吸水性基质吸收水溶液后再与基质混匀。遇水不稳定的药物如抗生素，可与液状石蜡研匀后，再与凡士林混匀。具有特殊性质的药物，如半固体黏稠性药物（如鱼石脂或煤焦油），可直接与基质混合，必要时先与少量羊毛脂或聚山梨酯类混合，再与凡士林等油性基质混合。若药物有共熔性组分（如樟脑、薄荷脑）时，可先共熔再与基质混合。中药浸出物为液体（如煎剂、流浸膏）时，可先浓缩至稠膏状再加入基质中。固体浸膏可加少量水或稀醇等研成糊状，再与基质混合。

1. 制备方法及常用设备　软膏剂的制备常用研和法和熔融法。制备软膏的基本要求是必须使药物在基质中分布均匀、细腻，以保证药物剂量与药效，这与制备方法的选择，特别是药物加入方法的正确与否关系密切。

（1）研和法　基质各组分及药物在常温下能均匀混合时可采用此法，也适用于主药对热不稳定或不溶于基质的药物。该法适用于基质大多为油脂性半固体基质，采用直接研磨混合即可。小剂量制备时，可采用软膏刀在陶瓷或玻璃的软膏板上调制，一般在常温下将药物与基质等量递加混合均匀，也可在乳钵中研制。

（2）熔融法　油脂性基质软膏大量制备时，常用熔融法。特别适用于所用基质熔点较高，在常温下不能均匀混合者。在熔融操作时，常用蒸汽夹层锅或电加热锅进行，一般先将熔点较高的物质熔化，再加熔点低的物质，最后加入液体成分和药物，以避免低熔点物质受热分解。在熔融和冷凝过程中，均应不断加以搅拌，使成品均匀光滑，若不够细腻，需要通过胶体磨或研磨机进一步研匀，使软膏细腻均匀。

制膏机是配制软膏剂的关键设备。所有物料都在制膏机内搅拌均匀、加温和乳化。要求制膏机操作方便，搅拌器性能好，便于清洗。好的制膏机能制出细腻、光亮的软膏。

2. 常见问题及处理方法

（1）主药含量低　某些药物在高温下不稳定，易分解，在配制时需要根据主药的理化性质控制过程温度，以防止温度过高使药物分解。

（2）主药含量不均匀　在制备软膏中，应考虑主药的性质，根据主药的溶解性，将主药与油或水相混合，或先将主药溶于少量有机溶剂后与少量基质混合，再加入到大量基质中去。

（3）不溶性药物　应先研磨成细粉，过 100～120 目筛，再与基质混合，以免成品中药物粒度过大。

（4）软膏不够细腻　需通过胶体磨或研磨机继续研磨，使得软膏细腻均匀。

3. 基质选择原则　选用的基质应考虑各剂型特点、原料药物的性质，以及产品的疗效、稳定性及安全性。基质也可由不同类型基质混合组成，见表 7-3。

表 7-3　基质类型的选择原则

皮肤生理病理状况	适宜基质
只起皮肤表面保护与润滑作用	油脂性基质
皮脂溢出性皮炎、痤疮等	水溶性基质或 O/W 型乳膏基质
急性而多量渗出液的皮肤疾患	水溶性基质
皮肤炎症、真菌感染等皮肤病	乳膏基质

（五）软膏剂的质量评价

按照《中国药典》（2020 年版）对软膏剂的质量检查的有关规定，除特殊规定外，应按照以下方面进行质量检查。

1. 粒度　除另有规定外，混悬型软膏剂、含饮片细粉的软膏剂照下述方法检查，应符合规定。检查法取供试品适量，置于载玻片上涂成薄片层，薄层面积相当于盖玻片面积，共涂 3 片，照粒度和粒度分布测定法（通则 0982 第一法）测定，均不得检出大于 180μm 的粒子。

2. 装量　照最低装量检查法（通则 0942）检查，应符合规定。

3. 无菌　用于烧伤（除程度较轻的烧伤 I°或浅 II°外）、严重创伤或临床必须无菌的软膏剂与乳膏剂，照无菌检查法（通则 1101）检查，应符合规定。

4. 微生物限度　除另有规定外，照非无菌产品微生物限度检查：微生物计数法（通则 1105）和控制菌检查法（通则 1106）及非无菌药品微生物限度标准（通则 1107）检查，应符合规定。

除了按照《中国药典》（2020 年版）规定的检查项目进行控制检查外，还可对主药含量测定、物理性质（熔程、黏度及流变性）、刺激性、稳定性、药物的释放度及吸收等方面进行检查控制。

（六）典型处方分析

例 7-1　复方酮康唑软膏（水溶性基质软膏）

【处方】酮康唑 20g　依诺沙星 3g　无水亚硫酸钠 2g　PEG4000 300g　PEG400 605g　丙二醇 50g
纯化水 20g

【制法】用丙二醇将酮康唑、依诺沙星调成糊状，备用；将无水亚硫酸钠溶于纯化水中，备用。将PEG 4000和PEG 400在水浴上加热至85℃使熔化，待冷至40℃以下时，加入上述糊状物和无水亚硫酸钠溶液，搅拌均匀，即得。

【性状】本品为白色或类白色软膏。

【临床应用】本品用于体癣，手、足癣，股癣。

【解析】酮康唑、依诺沙星为主药，聚乙二醇为水溶性基质，无水亚硫酸钠为抗氧剂，丙二醇是分散介质兼具皮肤渗透促进作用。

【贮藏】避光、密闭，阴凉处保存。

例7-2 水杨酸软膏（油溶性基质软膏）

【处方】水杨酸1g 液状石蜡适量 凡士林加至20g

【制法】水杨酸置于研钵中，加入适量液状石蜡调成糊状，分次加入凡士林混合研匀即得。

【性状】本品为黄色软膏。

【临床应用】本品用于头癣、足癣及局部角质增生。

【解析】水杨酸为主药，凡士林基质可根据气温以液状石蜡调节稠度。

【贮藏】避光、密闭，阴凉处保存。

二、乳膏剂

（一）乳膏剂的概念、分类与特点

乳膏剂系指原料药物溶解或分散于乳状液型基质中形成的均匀半固体制剂。乳膏剂由于基质不同，可分为水包油乳膏剂和油包水型乳膏剂。

乳膏剂主要组分为水相、油相和乳化剂。O/W型乳剂基质又称雪花膏，雪白色，能与水混合，不油腻，易于涂布和清洗，药物的释放和透皮吸收较快。在贮存过程中易霉变，水分也易蒸发而使乳膏变硬，常需添加防腐剂和保湿剂。O/W型基质制成的乳膏在用于分泌物较多的皮肤病如湿疹时，其吸收的分泌物可重新透入皮肤（反向吸收）而使炎症恶化，故需使用时正确选择适应证。通常乳膏剂用于亚急性、慢性、无渗出的皮损和皮肤瘙痒症，忌用于糜烂、溃疡、水泡及化脓性创面。遇水不稳定的药物不宜用乳膏剂。W/O型乳剂比不含水的油脂性基质油腻性小，易涂布，由于水分的慢慢蒸发而具有冷却作用，故有"冷霜"之称。

乳膏剂由于乳化剂的表面活性作用，对油、水均有一定的亲和力，不影响皮肤表面分泌物的分泌和水分蒸发，对皮肤的正常功能影响较小。适用于亚急性、慢性、无渗出液的皮损和皮肤瘙痒症。忌用于糜烂、溃疡、水疱及脓疱症。

乳膏剂在生产与贮藏期间与软膏剂基本相同。

（二）乳膏剂的基质

乳膏剂基质是将固体的油相加热熔化后与水相借乳化剂的作用在一定温度下混合乳化，最后在室温下形成半固体的基质。其特点是不阻止皮肤表面分泌物的分泌和水分蒸发，对皮肤的正常功能影响较小，但遇水不稳定的药物不宜用乳剂型基质制备乳膏。较油脂性基质易于涂布和洗除，药物的释放和透皮吸收较快。乳剂型基质常用的乳化剂有以下几种类型。

1. 肥皂类

（1）一价皂 主要是金属离子钠、钾、铵的氢氧化物、硼酸盐或三乙醇胺、三异丙胺等有机碱与脂肪酸（如硬脂酸或油酸）作用生成的新生皂，HLB值一般在15~18，降低水相表面张力强于降低油相的表面张力，因此作为成O/W型的乳剂型基质，但若处方中含过多的油相时能转相为W/O型的乳剂型基质。

新生皂作乳化剂形成的基质应避免用于酸、碱类药物制备软膏。特别是忌与含钙、镁离子类药物配方。

（2）多价皂 系由二、三价的金属（钙、镁、锌、铝）氧化物与脂肪酸作用形成的多价皂。由于此类多价皂在水中解离度小，亲水基的亲水性小于一价皂，而亲油基为双链或三链碳氢化物，亲油性强于亲水端，其 HLB 值 <6 形成 W/O 型乳剂型基质。新生多价皂较易形成，且油相的比例大，黏滞度较水相高，因此，形成的乳剂型基质（W/O 型）较一价皂为乳化剂形成的 O/W 型乳剂型基质稳定。

2. 脂肪醇硫酸（酯）钠类 常用的有十二烷基硫酸（酯）钠是阴离子型表面活性剂，常与其他 W/O 型乳化剂合用调整适当 HLB 值，以达到油相所需范围，常用的辅助 W/O 型乳化剂有十六醇或十八醇、硬脂酸甘油酯、脂肪酸山梨坦类等。本品的常用量为 0.5% ~ 2%。本品与阳离子型表面活性剂作用形成沉淀并失效，加入 1.5% ~ 2% 氯化钠可失去乳化作用，其乳化作用的适宜 pH 应为 6 ~ 7，不应小于 4 或大于 8。

3. 高级脂肪酸及多元醇酯类

（1）十六醇及十八醇 十六醇，即鲸蜡醇，熔点 45 ~ 50℃，十八醇即硬脂醇，熔点 56 ~ 60℃，均不溶于水，但有一定的吸水能力，吸水后可形成 W/O 型乳剂型基质的油相，可增加乳剂的稳定性和稠度。新生皂为乳化剂的乳剂基质中，用十六醇和十八醇取代部分硬脂酸形成的基质则较细腻光亮。

（2）硬脂酸甘油酯 即单、双硬脂酸甘油酯的混合物，不溶于水，溶于热乙醇及乳剂型基质的油相中，本品分子的甘油基上有羟基存在，有一定的亲水性，但十八碳链的亲油性强于羟基的亲水性，是一种较弱的 W/O 型乳化剂，与较强的 O/W 型乳化剂合用时，则制得的乳剂型基质稳定，且产品细腻润滑，用量为 15% 左右。

（3）脂肪酸山梨坦与聚山梨酯类 均为非离子型表面活性剂，脂肪酸山梨坦，即司盘类 HLB 值在 4.3 ~ 8.6 之间，为 W/O 型乳化剂。聚山梨酯，即吐温类 HLB 值在 10.5 ~ 16.7 之间，为 O/W 型乳化剂。各种非离子型乳化剂均可单独制成乳剂型基质，但为调节 HLB 值而常与其他乳化剂合用，非离子型表面活性剂无毒性，中性，对热稳定，对黏膜与皮肤比离子型乳化剂刺激性小，并能与酸性盐、电解质配伍，但与碱类、重金属盐、酚类及鞣质均有配伍变化。

4. 聚氧乙烯醚的衍生物类

（1）平平加 O 即以十八（烯）醇聚乙二醇 – 800 醚为主要成分的混合物，为非离子型表面活性剂，其 HLB 值为 15.9，属 O/W 型乳化剂，但单用本品不能制成乳剂型基质，为提高其乳化效率，增加基质稳定性，可用不同辅助乳化剂，按不同配比制成乳剂型基质，其处方如下。

（2）乳化剂 OP 即以聚氧乙烯（20）月桂醚为主的烷基聚氧乙烯醚的混合物。亦为非离子 O/W 型乳化剂，HLB 值为 14.5，可溶于水，1% 水溶液的 pH 值为 5.7，对皮肤无刺激性。本品耐酸、碱、还原剂及氧化剂，性质稳定，用量一般为油相重量的 5% ~ 10%。常与其他乳化剂合用。本品不宜与酚羟基类化合物，如苯酚、间苯二酚、麝香草酚、水杨酸等配伍，以免形成络合物，破坏乳剂型基质。

（三）乳膏剂的制备

乳膏剂的制备采用乳化法，通常包括熔化过程和乳化过程。将处方中的油脂性和油溶性组分一起加热至80℃左右成油溶液（油相），另将水溶性组分溶于水后一起加热至80℃成水溶液（水相），使温度略高于油相温度，然后将水相逐渐加入油相中，边加边搅至冷凝，最后加入水、油均不溶解的组分，搅匀即得。大量生产时由于油相温度不易控制均匀冷却，或二相混合时搅拌不匀而使形成的基质不够细腻，因此在温度降至30℃时再通过胶体磨或软膏研磨机等使其更加细腻均匀。

（四）乳膏剂的质量评价

按照《中国药典》（2020 年版）乳膏剂的质量检查与软膏剂相同。

（五）乳膏剂典型处方分析

例 7 - 3　水杨酸乳膏（O/W 型乳膏剂）

【处方】 水杨酸 50g　硬脂酸甘油酯 70g　硬脂酸 100g　白凡士林 120g　液体石蜡 100g　甘油 120g　十二烷基硫酸钠 10g　羟苯乙酯 1g　蒸馏水 480ml

【制法】 将水杨酸研细后通过 60 目筛，备用。取硬脂酸甘油酯、硬脂酸、白凡士林及液体石蜡加热熔化为油相，90℃保温。另将甘油及蒸馏水加热至 90℃，并加入十二烷基硫酸钠及羟苯乙酯溶解为水相。将水相缓缓倒入油相中，边加边搅，直至冷凝；将筛过的水杨酸加入上述基质中，搅拌均匀，检测合格后灌装即得。

【性状】 本品为白色软膏。

【临床应用】 本品用于治疗手足癣及体股癣，忌用于糜烂或继发性感染部位。

【分析】 水杨酸为主药，硬脂酸、白凡士林、液体石蜡为油相，硬脂酸甘油酯也是油相，具有辅助乳化作用，十二烷基硫酸钠为乳化剂，羟苯乙酯为防腐剂，甘油为保湿剂，蒸馏水为水相。

【贮藏】 密闭，30℃ 以下保存。

例 7 - 4　鞣酸软膏（W/O 型乳膏剂）

【处方】 鞣酸 200g　乙醇 50g　甘油 150g　脱水山梨醇硬脂酸酯（司盘 60）10g　白凡士林 550g　制成 1000g

【制法】 将鞣酸在搅拌状态下分次加入到甘油和乙醇的混合液中，加热搅拌溶解，保持温度在 90℃；另取司盘 60 溶入加热熔化的白凡士林中（90℃ 保温），在搅拌状态下加入到鞣酸甘油混合物中，搅拌冷凝至膏状。

【性状】 本品为浅棕色软膏。

【临床应用】 本品用于压疮、湿疹、痔疮及新生儿尿布疹（臀红）等。

【分析】 鞣酸为主药，白凡士林为油相，甘油为水相，乙醇为溶媒，溶解主药，脱水山梨醇硬脂酸酯为乳化剂。

【贮藏】 密闭，置阴凉处保存。

？ 想一想7-1

醋酸地塞米松乳膏是常用的外用膏剂，其处方为醋酸地塞米松 0.25g、二甲亚砜 15ml、白凡士林 20g、十六醇十八醇混合物 120g、液体石蜡 60g、十二烷基硫酸钠 10g、甘油 50ml、对羟基苯甲酸乙酯 1g、蒸馏水加至 1000ml。分析醋酸地塞米松乳膏的制备工艺、各成分作用。

答案解析

实训 15　软膏剂的制备与质量评价

一、实训目的

1. 掌握不同类型基质软膏的制备方法。

2. 根据药物和基质的性质，了解药物加入基质中的方法。

3. 能按规范制备合格的软膏剂并进行外观、装量差异检查。

二、实训指导

1. 软膏剂的制备方法 研和法、熔融法。

2. 常用的软膏基质

（1）油脂性基质 此类基质包括烃类、类脂及动植物油脂。此类基质除凡士林等个别品种可单独作软膏基质外，大多是混合应用，以得到适宜的软膏基质。

（2）水溶性基质 水溶性基质是由天然或合成的高分子水溶性物质所组成。常用的有甘油明胶、淀粉甘、纤维素衍生物及聚乙二醇等。

软膏剂的制法按照形成的软膏类型、制备量及设备条件的不同而不同，溶液型或混悬型软膏常采用研和法或熔和法制备，乳化法是乳膏剂制备的专用方法。制备软膏剂的基本要求是使药物在基质中分布均匀、细腻，以保证药物剂量与药效。

3. 软膏剂质量要求 软膏剂应无酸败、异臭、变色、变硬等变质现象。

4. 软膏剂质量检查 粒度、装量、无菌、微生物限度，主药含量测定、物理性质（熔程、黏度及流变性）、刺激性、稳定性、药物的释放度及吸收等方面进行检查控制。

三、实训药品与器材

1. 药品 水杨酸、液体石蜡、凡士林、羧甲基纤维素钠、甘油、苯甲酸钠、硬脂酸甘油酯、硬脂酸、十二烷基硫酸钠、羟苯乙酯、纯化水等

2. 器材 天平、乳钵、玻璃棒、药筛、试管、纱布、软膏刀、温度计等

四、实训内容

1. 水溶性基质的水杨酸软膏制备

【处方】水杨酸 　　　　　　1.0g

羧甲基纤维素钠　　　1.2g

甘油　　　　　　　　2.0g

苯甲酸钠　　　　　　0.1g

纯化水　　　　　　　16.8ml

【制法】取羧甲基纤维素钠置研钵中，加入甘油研匀，然后边研边加入溶有苯甲酸钠的水溶液，待溶胀后研匀，即得水溶性基质。用此基质同上制备水杨酸软膏20g。

2. 软膏剂质量检查与评价

（1）粒度 除另有规定外，混悬型软膏剂、含饮片细粉的软膏剂照下述方法检查，应符合规定。检查法取供试品适量，置于载玻片上涂成薄片层，薄层面积相当于盖玻片面积，共涂3片，照粒度和粒度分布测定法（通则0982第一法）测定，均不得检出大于$180\mu m$的粒子。

（2）装量差异 照最低装量检查法（通则0942）检查，应符合规定。

五、实训思考题

分析水杨酸软膏的基质中各成分所起的作用是什么？怎么进行质量评价？

任务三　凝胶剂的制备与质控 🇪微课

一、凝胶剂的概述

凝胶剂系指原料药物与能形成凝胶的辅料制成的具有凝胶特性的稠厚液体或半固体制剂。其中乳状液型凝胶剂又称为乳胶剂。由高分子基质如西黄蓍胶制成的凝胶剂也可称为胶浆剂。

凝胶剂可分为单相凝胶与两相凝胶。单相凝胶是由有机化合物形成的凝胶剂，又分为水性凝胶和油性凝胶。两相凝胶，也称混悬型凝胶，是由小分子无机原料药物胶体小粒子以网状结构存在于液体中，具有触变性，如氢氧化铝凝胶。

凝胶剂主要供外用。除另有规定外，凝胶剂限局部用于皮肤及体腔，如鼻腔、阴道和直肠等。在临床上应用较多的是水性凝胶为基质的凝胶剂。随着制剂新技术的发展，出现了多种复合性凝胶剂，如微乳凝胶剂、脂质体凝胶剂、凝胶贴剂等，这些凝胶制剂不仅提高了药物的稳定性，增加缓释性和靶向性，而且具有更强的皮肤渗透能力。

凝胶剂的一般质量要求有：混悬型凝胶剂中胶粒应分散均匀，不应下沉、结块；凝胶剂应均匀、细腻，在常温时保持胶状，不干涸或液化；凝胶剂应避光、密闭贮存，并应防冻。凝胶剂根据需要可加入保湿剂、抑菌剂、抗氧剂、乳化剂、增稠剂和透皮促进剂等。

二、凝胶剂的基质

凝胶基质属单相分散系统，有水性和油性之分。水性凝胶基质一般由水、甘油或丙二醇与纤维素衍生物、卡波姆和海藻酸盐、西黄蓍胶、明胶、淀粉等构成；油性凝胶基质由液体石蜡与聚乙烯或脂肪油与胶体硅或铝皂、锌皂等构成。

水性凝胶基质一般大多在水中溶胀成水性凝胶而不溶解。这类基质一般易涂展和洗除，无油腻感，能吸收组织渗出液不妨碍皮肤正常功能。还由于黏滞度较小而利于药物，特别是水溶性药物的释放。缺点是润滑作用较差，易失水和霉变，常需添加保湿剂和防腐剂，且量较其他基质大。

1. 卡波姆　系丙烯酸与丙烯基蔗糖交联的高分子聚合物，商品名为卡波普，按黏度不同常分为卡波姆 934、卡波姆 940、卡波姆 941 等，本品是一种引湿性很强的白色松散粉末。由于分子中存在大量的羧酸基团，与聚丙烯酸有非常类似的理化性质，可以在水中迅速溶胀，但不溶解。其分子结构中的羧酸基团使其水分散液呈酸性，1% 水分散液的 pH 值约为 2.5~3.0，黏性较低。当用碱中和时，随大分子逐渐溶解，黏度也逐渐上升，在低浓度时形成澄明溶液，在浓度较大时形成半透明状的凝胶。在 pH 6~11 有最大的黏度和稠度，中和使用的碱以及卡波姆的浓度不同，其溶液的黏度变化也有所区别。一般情况下，中和 1g 卡波姆约消耗 1.35g 三乙醇胺或 400mg 氢氧化钠，本品制成的基质无油腻感，涂用润滑舒适，特别适宜于治疗脂溢性皮肤病。与聚丙烯酸相似，盐类电解质可使卡波姆凝胶的黏性下降，碱土金属离子以及阳离子聚合物等均可与之结合成不溶性盐，强酸也可使卡波姆失去黏性，在配伍时必须避免。

例 7-5　卡波姆基质处方

【处方】卡波姆 940 10g　乙醇 50g　甘油 50g　聚山梨酯 80 2g　羟苯乙酯 1g　氢氧化钠 4g　纯化水加至 1000g

【制法】将卡波姆与聚山梨酯 80 及 300ml 纯化水混合，氢氧化钠溶于 100ml 水后加入上液搅匀，再将羟苯乙酯溶于乙醇后逐渐加入搅匀，即得透明凝胶。

【分析】氢氧化钠为 pH 调节剂，甘油为保湿剂，羟苯乙酯为防腐剂。

2. 纤维素衍生物　纤维素经衍生化后成为在水中可溶胀或溶解的胶性物质，调节适宜的稠度可形成水溶性软膏基质或凝胶基质。此类基质有一定的黏度，随着分子量，取代度和使用介质的不同而具不同的稠度。因此，取用量也应根据上述不同规格和具体条件来进行调整。常用的品种有甲基纤维素（MC）和羧甲基纤维素钠（CMC－Na），两者常用的浓度为 2% ~6%。前者缓缓溶于冷水，不溶于热水，但湿润、放置冷却后可溶解，后者在任何温度下均可溶。1% 的水溶液 pH 均在 6 ~8，MC 在 pH 2 ~12 时均稳定，而 CMC－Na 在低于 pH 5 或高于 pH 10 时黏度显著降低。本类基质涂布于皮肤时有较强黏附性，较易失水，干燥而有不适感，常需加入约 10% ~15% 的甘油调节。制成的基质中均需加入防腐剂，常用 0.2% ~0.5% 的羟苯乙酯。在 CMC－Na 基质中不宜加硝（醋）酸苯汞或其他重金属盐作防腐剂。也不宜与阳离子型药物配伍，否则会与 CMC－Na 形成不溶性沉淀物，从而影响防腐效果或药效，对基质稠度也会有影响。

练一练7-3

属于水性凝胶基质的是（　　）

A. 吐温　　　　　　B. 卡波姆　　　　　　C. 鲸蜡醇

D. 可可豆脂　　　　E. 液体石蜡

答案解析

三、凝胶剂的制备技术

凝胶剂制备时，处方中药物溶于水者常先将其溶于一定量的水或甘油中进行溶解，必要时加热，其余处方成分按基质配制方法制成水凝胶基质，再与药物溶液混匀加水调至所需量即得。药物不溶于水者，可先将药物用少量水或甘油研匀、分散，再混于基质中搅匀即得。

四、凝胶剂的质量检查

除另有规定外，在制剂确定处方时，该处方的抑菌效力应符合抑菌效力检查法的规定。凝胶剂一般应检查 pH 值。

1. 粒度　除另有规定外，混悬型凝胶剂应做粒度检查。检查方法同软膏剂。

2. 装量　照最低装量检查法（通则 0942）检查，应符合规定。

3. 无菌　除另有规定外，用于烧伤（除程度较轻烧伤 I°或浅 II°外）或严重创伤的凝胶剂，照无菌检查法（通则 1101）检查，应符合规定。

4. 微生物限度　除另有规定外，照非无菌产品微生物限度检查：微生物计数法（通则 1105）和控制菌检查法（通则 1106）及非无菌药品微生物限度标准（通则 1107）检查，应符合规定。

五、凝胶剂的典型处方分析

例 7-6　盐酸克林霉素凝胶剂

【处方】盐酸克林霉素 10g　卡波姆 940 10g　甘油 50g　三乙醇胺 10g　羟苯乙酯 0.5g　纯化水加至 1000g

【制法】将羟苯乙酯、卡波姆加入适量纯化水中，于 80℃水浴加热溶解，冷却后加入甘油及盐酸克林霉素使其溶解，最后加入三乙醇胺，搅匀即得透明凝胶。

【性状】本品为无色半透明凝胶。

【临床应用】本品主要应用于痤疮的治疗。

【分析】盐酸克林霉素为主药，三乙醇胺为 pH 调节剂，甘油为保湿剂，羟苯乙酯为防腐剂。

【贮藏】密闭，在干燥的凉处保存。

? 想一想7-2

答案解析

双氯芬酸钠凝胶剂是骨科门诊的常用药，疗效较好，主要适用于缓解肌肉、软组织和关节的轻中度疼痛。处方为：双氯芬酸钠 5g、卡波姆 940 5g、丙二醇 50g、三乙醇胺 7.5g、乙醇 150ml、羟苯乙酯 0.5g、纯化水加至 1000g。

分析双氯芬酸钠凝胶剂的制备工艺。

任务四　眼用半固体制剂的制备与质控

一、眼用半固体制剂的概述

眼用半固体制剂包括眼膏剂、眼用乳膏剂、眼用凝胶剂等。眼膏剂系指由原料药物与适宜基质均匀混合，制成溶液型或混悬型膏状的无菌眼用半固体制剂。眼用乳膏剂系指由原料药物与适宜基质均匀混合，制成乳膏状的无菌眼用半固体制剂。眼用凝胶剂系指原料药物与适宜辅料制成的凝胶状无菌眼用半固体制剂。

眼用半固体制剂基质应过滤并灭菌，不溶性药物应预先制成极细粉。眼膏剂、眼用乳膏剂、眼用凝胶剂应均匀、细腻、无刺激性，并易涂布于眼部，便于原料药物分散和吸收，保证无刺激和无菌。

眼用半固体制剂较一般滴眼剂在用药部位滞留时间长，疗效持久，可减少给药次数，并能减轻眼睑对眼球的摩擦，但使用后一定程度上会造成视物模糊，所以多以睡觉前使用为主。

✎ 练一练7-4

答案解析

系指由药物与适宜基质均匀混合，制成无菌乳膏状的眼用半固体制剂是（　　）

A. 滴眼剂　　　　　　B. 眼用乳膏剂　　　　C. 眼膏剂

D. 眼内注射剂　　　　E. 洗眼剂

二、眼用半固体制剂的基质

眼膏剂常用的基质，一般用黄凡士林 8 份，液体石蜡、羊毛脂各 1 份混合而成。根据气候季节可适当增减液体石蜡的用量。基质中羊毛脂有表面活性作用，具有较强的吸水性和黏附性，使眼膏与泪液容易混合，并易附着于眼黏膜上，使基质中药物容易穿透眼膜。眼膏剂基质应加热融合后用适当滤材保温滤过，并在 150℃ 干热灭菌 1~2 小时，备用，也可将各组分分别灭菌供配制用。

眼用乳膏剂或凝胶剂的基质类型同相应乳膏剂或凝胶剂，需注意选择对眼黏膜无刺激性的基质组分。

三、眼用半固体制剂的制备

1. 制备环境及灭菌　眼膏剂、眼用乳膏剂、眼用凝胶剂的制备与一般软膏剂、乳膏剂、凝胶剂制法基本相同，但其为灭菌制剂，应在无菌条件下制备，一般可在净化操作室或净化操作台中配制。所用基质、药物、器械与包装容器等均应严格灭菌，并根据物料性质及用量等情况尽可能采用最安全可靠的灭菌方法，以避免污染微生物而致眼睛感染的危险。配制用具如研钵、软膏板、软膏刀、玻璃器具及称量用具等，用前必须经70%乙醇擦洗，或用水洗净后再用干热灭菌法灭菌。包装用软膏管，洗净后用70%乙醇或12%苯酚溶液浸泡，应用时用蒸馏水冲洗干净，烘干即可。也有用紫外线灯照射进行灭菌。

2. 主药加入方法 眼膏配制时，如主药易溶于水而且性质稳定，可先用少量灭菌的纯化水溶解，再分次加入灭菌基质研匀制成。主药溶于基质时，可加热使之溶于基质，但是挥发性成分则应在40℃以下加入，以免受热损失。主药不溶于水或不易溶于水又不溶于基质时，可用适宜的方法研制成极细粉，再加入少量灭菌基质或灭菌液体石蜡研成糊状，然后分次加入剩余灭菌基质研匀，灌装于灭菌容器中，严封。

眼膏剂适用于配制对水不稳定的药物。因其不影响眼角膜上皮或眼角膜基质损伤的愈合，常作为眼科手术用药。

四、眼用半固体制剂的质量评价

按照《中国药典》（2020年版）规定，除另有规定外，眼用半固体制剂应进行以下相应检查。

1. 粒度 除另有规定外，混悬型眼用制剂照下述方法检查，粒度应符合规定。混悬型眼用半固体制剂检查法：取供试品10个，将内容物全部挤于合适的容器中，搅拌均匀，取适量（相当于主药10μg）置于载玻片上，涂成薄层，薄层面积相当于盖玻片面积，共涂3片，照《中国药典》粒度和粒度分布测定法检查，每个涂片中大于50μm的粒子不得超过2个，且不得检出大于90μm的粒子。

2. 金属性异物 除另有规定外，眼用半固体制剂照下述方法检查，金属性异物应符合规定。金属性异物检查法：取供试品10个，分别将全部内容物置于底部平整光滑、无可见异物和气泡、直径为6cm的平底培养皿中，加盖，除另有规定外，在85℃保温2小时，使供试品摊布均匀，室温放冷至凝固后，倒置于适宜的显微镜台上，用聚光灯从上方以45°角的入射光照射皿底，放大30倍，检视不小于50μm且具有光泽的金属性异物数。10个中每个内含金属性异物超过8粒者，不得过1个，且其总数不得过50粒；如不符合上述规定，应另取20个复试；初试、复试结果合并计算，30个中每个内含金属性异物超过8粒者，不得过3个，且其总数不得过150粒。

3. 装量差异 眼用半固体，照《中国药典》最低装量检查法检查，应符合规定。

取供试品20个，分别称定内容物重量，计算平均装量，每个装量与平均装量相比较（有标示装量的应与标示装量相比较）超过平均装量±10%者，不得超过2个，并不得有超过平均装量±20%者。

凡规定检查含量均匀度的眼用半固体制剂，一般不再进行装量差异检查。

4. 无菌 照《中国药典》无菌检查法检查，应符合规定。

5. 含量均匀度 除另有规定外，每个容器的装量应不超过5g，含量均匀度应符合要求。

五、眼用半固体制剂的典型处方分析

例7-7 红霉素眼膏

【处方】红霉素7g（50万IU） 黄凡士林800g 液体石蜡100g 羊毛脂100g 共制1000支

【制法】取红霉素7g加入到适量液体石蜡中，置于胶体磨中研磨至粒度合格待用；羊毛脂、黄凡士林和液体石蜡加热至150℃（也可分别加热、过滤、灭菌再混合），保温90分钟，趁热过滤，搅拌降温至55℃，加入红霉素液体石蜡混悬液，搅拌降温至38℃，检测合格后灌装即得。

【性状】本品为白色至黄色的软膏。

【临床应用】本品用于沙眼、结膜炎、睑缘炎及眼外部感染。

【分析】红霉素为主药，黄凡士林、液体石蜡、羊毛脂（8∶1∶1）为眼膏基质。红霉素不耐热，温度超过60℃就容易分解，所以应待眼膏基质冷却后加入。

【贮藏】密闭，在阴凉干燥处（不超过20℃）保存。

? 想一想7-3

复方碘苷眼膏，处方：碘苷5.0g、硫酸新霉素5.0g（新霉素500万单位）、无菌注射用水20ml、眼膏基质加至1000g。分析复方碘苷眼膏的制备工艺、质检项目。

答案解析

任务五　贴膏剂的制备与质控

一、贴膏剂的概述

贴膏剂系指原料药物与适宜的基质制成膏状物，涂布于背衬材料上，供皮肤贴敷并可产生全身性或局部作用的一种薄片状柔性制剂。

贴膏剂包括凝胶贴膏（原巴布膏剂或凝胶膏剂）和橡胶贴膏（原橡胶膏剂）。

凝胶贴膏系指原料药物与适宜的亲水性基质混匀后涂布于背衬材料上制成的贴膏。橡胶贴膏系指原料药物与橡胶等基质混匀后涂布于背衬材料上制成的贴膏。与橡胶贴膏相比，凝胶贴膏具有良好的皮肤生物相容性、透气性、无致敏性以及刺激性、载药量大、释药性能好、血药浓度平稳、使用方便以及生产过程不使用有机溶剂的特点。

贴膏剂的膏料应涂布均匀，膏面应光洁、色泽一致，贴膏剂应无脱膏、失黏现象；背衬面应平整、洁净、无漏膏现象。涂布中若使用有机溶剂的，必要时检查残留溶剂；常用乙醇等溶剂应在标签中注明过敏者慎用；贴膏剂还应密封储存。

💗 药爱生命

贴膏剂是国医药五大药物剂型之一，在我国中医药史上有悠久的历史，如狗皮膏、拨毒生肌膏等都在中医药宝库中源远流长，影响深远。而近年来随着高分子材料等学科的发展，贴膏剂也得到了迅速发展。贴膏剂不经过消化系统直接通过人体皮肤屏障进入病灶部位，避免首过效应、峰谷现象，不受胃排空速率的影响，在增加生物利用度的同时可降低毒副作用及个体差异，在维持相对恒定的血药浓度，能更准确的用药。在使用贴膏剂时最重要的是要注意不可随意"通用"，在选购和使用膏药时一定要结合患者情况及药品的适用证。一定不能以病试药，以免延误病情甚至是加重病情，需对症用药。

👁 看一看

巴布贴的优势

巴布贴是一种剂型，巴布膏剂系指药材提取物、药材或和化学药物与适宜的亲水性基质混匀后，涂布于背衬材料上制成的贴膏剂。它的生产工艺起源于日本，20世纪90年代传入我国。它和传统的普通橡皮膏有很大不同，是集黑膏药和传统橡皮膏两者优势于一身；具有包容的药量大（是普通橡胶膏含药量的30倍以上），透皮效果好，成分可控，有缓释功能；透气性好，对皮肤无刺激等特点，巴布膏基质材料是由高分子材料形成的三维网状立体结构，可以包容更多的药物分子，是各种治疗性药物的理想外用载体。同时巴布膏剂的基质厚度约1~3mm，增加了数十倍以上的药库容量，使容药量成倍的提高，加大了外用给药量，加强了治疗效果。以上两点使膏体含药成倍提高，可以使含药量达到30%以上，而橡胶膏一般为百分之几的药物含量厚度只有0.1mm左右，并且同药物兼容性不佳，药物不能很好地加入到橡胶中去，因此橡胶膏载药量低。

二、贴膏剂的基质

贴膏剂通常由含有活性物质的支撑层和背衬层以及覆盖在药物释放表面上的盖衬层组成，盖衬层起防黏和保护制剂的作用。常用的背衬材料有棉布、无纺布、纸等；常用的盖衬材料有防粘纸、塑料薄膜、铝箔－聚乙烯复合膜、硬质纱布等。

凝胶贴膏由背衬层、药物层和保护层组成。其常用基质有聚丙烯酸钠、羧甲基纤维素钠、明胶、甘油和微粉硅胶等。橡胶贴膏由膏料层、背衬材料和膏面覆盖物组成。橡胶贴膏的常用基质有橡胶、热可塑性橡胶、松香、松香衍生物、凡士林、羊毛脂和氧化锌等。

三、贴膏剂的制备技术

凝胶贴膏的制备方法一般先将高分子物质胶溶，按一定顺序加入黏合剂等附加剂，制成均匀基质，与药物混匀，涂布，压合防黏层，分割，包装即得。

橡胶贴膏的制备方法有溶剂法和热压法。常用溶剂为汽油和正己烷。贴膏剂常用的背衬材料有棉布、无纺布、纸等；常用的盖衬材料有防粘纸、塑料薄膜、铝箔－聚乙烯复合膜、硬质纱布等。

贴膏剂根据需要可加入表面活性剂、乳化剂、保湿剂、抑菌剂或抗氧剂等。

四、贴膏剂的质量评价

按照《中国药典》规定，除另有规定外，贴膏剂应进行以下相应检查。

1. 含膏量　橡胶贴膏照第一法检查，凝胶贴膏照第二法检查。

第一法：取供试品2片（每片面积大于35cm²的应切取35cm²），除去背衬，精密称定，置于有盖玻璃容器中，加适量有机溶剂（如三氯甲烷、乙醚等）浸渍，并时时振摇，待背衬与膏料分离后，将背衬取出，用上述有机溶剂洗涤至背衬无残附膏料，挥去溶剂，在105℃干燥30分钟，移至干燥器中，冷却30分钟，精密称定，减失重量即为膏重，按标示面积换算成100cm²的含膏量，应符合各品种项下的规定。

第二法：取供试品1片，除去盖衬，精密称定，置烧杯中，加适量水，加热煮沸至背衬与膏料分离后，将背衬取出，用水洗涤至背衬无残附膏料，晾干，在105℃干燥30分钟，移至干燥器中，冷却30分钟，精密称定，减失重量即为膏重，按标示面积换算成100cm²的含膏量，应符合各品种项下的规定。

2. 耐热性　除另有规定外，橡胶贴膏取供试品2片，除去盖衬，在60℃加热2小时，放冷后，背衬应无渗油现象；膏面应有光泽，用手指触试应仍有黏性。

3. 赋形性　取凝胶贴膏供试品1片，置37℃、相对湿度64%的恒温湿箱中30分钟，取出，用夹子将供试品固定在一平整钢板上，钢板与水平面的倾斜角为60°，放置24小时，膏面应无流淌现象。

4. 黏附力　除另有规定外，凝胶贴膏、橡胶贴膏照黏附力测定法测定，均应符合各品种项下的规定。

5. 含量均匀度　除另有规定外，凝胶贴膏（除来源于动、植物多组分且难以建立测定方法的凝胶贴膏外）照含量均匀度检查法测定，应符合规定。

6. 微生物限度 除另有规定外，照非无菌产品微生物限度检查：微生物计数法和控制菌检查法及非无菌药品微生物限度标准检查，凝胶贴膏应符合规定，橡胶贴膏每10cm²不得检出金黄色葡萄球菌和铜绿假单胞菌。

练一练7-5

下列哪项不是贴膏剂的检查项目（ ）

A. 含膏量　　　　　　　B. 微生物限度　　　　　C. 黏附力

D. 耐热性　　　　　　　E. 融变时限

答案解析

五、贴膏剂的典型处方分析

例7-8 伤湿止痛膏

【处方】伤湿止痛用流浸膏50g　水杨酸甲酯15g　颠茄流浸膏30g　芸香浸膏12.5g　薄荷脑10g　冰片10g　樟脑20g　生橡胶16kg　羊毛脂4kg　凡士林1.5kg　液体石蜡1kg　氧化锌20kg　汽油45kg

【制法】按处方量称取伤湿止痛用流浸膏、水杨酸甲酯、颠茄流浸膏、芸香浸膏、薄荷脑、冰片、樟脑，另加3.7~4.0倍重的由橡胶、松香等制成的基质，制成膏料，进行涂膏，回收溶剂，切段，盖衬，切成小块，即得。

【性状】本品为淡黄绿色至淡黄色的片状橡胶膏；气芳香。

【临床应用】祛风除湿，活血止痛。用于风湿性关节炎、肌肉疼痛、关节肿痛。

【分析】本品为橡胶贴膏。

【贮藏】密封。

例7-9 三七凝胶贴膏

【处方】三七提取物2g　薄荷脑2g　樟脑3g　卡波姆2.4g　甘油7.7g　PVP6g　明胶0.5g　三乙醇胺适量　氮酮和丙二醇适量　蒸馏水加至100g

【制法】按处方量称取三七提取物、薄荷脑、樟脑、卡波姆、甘油、PVP、明胶、三乙醇胺、氮酮、丙二醇，按要求顺序混匀，制得膏体，涂布，压防粘层，切割，即得。

【性状】本品类白色片状凝胶贴膏剂。

【临床应用】用于跌打损伤。

【分析】三七凝胶贴膏剂是一个亲水凝胶型透皮系统。卡波姆、PVP、明胶合用为凝胶剂；甘油为保湿剂；三乙醇胺用以调节pH使卡波姆成为稠厚对的凝胶状，可增加膏体的赋形性和持黏力，氮酮和丙二醇为双相透皮促进剂。

【贮藏】遮光，不超过30℃密封保存。

答案解析

一、**A型题**（最佳选择题）

1. 用聚乙二醇作软膏基质时常采用不同分子量的聚乙二醇混合，其目的是（ ）

A. 调节稠度　　　　　　　B. 调节吸水性　　　　　　C. 降低刺激性

D. 增加药物穿透性　　　　E. 增加药物在基质中的溶解度

2. 以下哪项是软膏剂的水溶性基质（   ）

    A. 硅酮   B. 甘油   C. 硬脂酸

    D. 十八醇   E. 聚乙二醇

3. 以下属于 W/O 型乳化剂的是（   ）

    A. 卖泽类   B. 吐温类   C. 司盘类

    D. 泊洛沙姆   E. 月桂醇硫酸钠

4. 常用于 O/W 型乳剂型基质乳化剂的是（   ）

    A. 司盘类   B. 胆固醇   C. 羊毛脂

    D. 三乙醇胺皂   E. 硬脂酸钙

5. 软膏剂的类脂类基质是（   ）

    A. 甘油   B. 十六醇   C. 羊毛脂

    D. 聚乙二醇   E. 硬脂酸脂肪酸酯

6. 眼膏剂常用的基质有（   ）

    A. 液体石蜡、羊毛脂、蜂蜡

    B. 液体石蜡、硬脂酸、蜂蜡

    C. 液体石蜡、硬脂酸、羊毛脂

    D. 凡士林、液体石蜡、羊毛脂

    E. 凡士林、液体石蜡、硬脂酸

二、B 型题（配伍选择题）

【1 – 3】

A. 聚乙二醇   B. 甘油   C. 凡士林

D. 十二烷基硫酸钠   E. 对羟基苯甲酸乙酯

1. O/W 型基质的保湿剂（   ）

2. 油性基质（   ）

3. O/W 型基质的乳化剂（   ）

三、X 型题（多项选择题）

1. 下列是软膏烃类基质的是（   ）

    A. 硅酮   B. 蜂蜡   C. 羊毛脂

    D. 凡士林   E. 固体石蜡

2. 下列是软膏类脂类基质的是（   ）

    A. 羊毛脂   B. 固体石蜡   C. 蜂蜡

    D. 凡士林   E. 十六醇

四、实例分析题

分析丹皮酚软膏中各组分的作用，设计制备工艺。

【处方】丹皮酚   50g

          丁香油   7ml

          硬脂酸   110g

          单硬脂酸甘油酯 25g

          碳酸钾   9g

三乙醇胺	3ml
甘油	100g
水	720ml

（黄　娇）

书网融合……

重点回顾　　　　微课　　　　习题

项目八　其他制剂的制备与质控

学习目标

知识目标：

1. **掌握**　栓剂的概念、质量要求；栓剂的处方组成、栓剂常用的基质及基质的质量要求；气雾剂的概念、特点、组成和制备；膜剂的含义、特点、匀浆制膜技术的生产工艺流程。

2. **熟悉**　栓剂的分类、作用特点；栓剂基质和附加剂的选用；栓剂的质量检查；栓剂置换价的计算；喷雾剂和粉雾剂的概念、特点；气雾剂、喷雾剂和粉雾剂的质量评价；常用成膜材料的性质、特点与选用；生物技术药物特点与分类；生物技术药物注射给药系统处方组成及设计特点。

3. **了解**　不同类型栓剂的形态、大小、贮存要求及使用注意事项等；喷雾剂的喷雾装置；涂膜剂的含义、特点、成膜材料等；生物技术药物非注射给药系统的给药途径和需要解决的问题。

技能目标：

能按照工艺规程制备栓剂、膜剂并进行质控与质检；能够准确区分气雾剂、喷雾剂和粉雾剂；能够学会气雾剂的制备方法；能独立进行典型处方分析。

素质目标：

培养安全生产、质量第一、依法依规制药的意识，养成积极负责，敢于创新，团结协作，严谨细致，精益求精的操作习惯。

📖 导学情景

情景描述：刘先生43岁，近日痔疮发作，坐立不安，便到药店买药，药师向他推荐了化痔栓，并交代置于阴凉干燥处保存，使用时宜取侧卧位，塞入肛门 2～2.5cm 处，可有效缓解症状。

情景分析：化痔栓是经直肠给药，用于治疗痔疮的一种栓剂。栓剂常用的类型有直肠栓、阴道栓和尿道栓，因使用的腔道不同、用药目的不同而有不同的形态和大小。

讨论：1. 栓剂的分类及常见形态有哪些？

2. 为什么要塞入肛门 2～2.5cm 处，若塞入更深些，效果是否更好？

3. 栓剂有哪些性质，为什么要在阴凉干燥处保存？

学前导语：栓剂是药物与适宜的基质制成的供腔道给药的一种固体制剂。因使用的腔道不同而有不同的形态和大小；大部分栓剂给药后发挥局部作用，也有的栓剂经直肠给药也可发挥全身治疗作用。

任务一　栓剂的制备与质控

一、栓剂的基础知识 📱微课

（一）栓剂的概念

栓剂系指原料药物与适宜基质和附加剂制成的供腔道给药的固体制剂。栓剂在常温下为固体，经给药进入人体腔道后，在体温状态及体液条件下能够迅速软化、融化或溶化，并与分泌液混合，逐渐释放药物而产生局部或全身作用。对胃肠道有刺激性，在胃中不稳定或有明显首过效应的药物，根据需要可制成栓剂经直肠给药，以减轻对胃肠的刺激性，增加药物稳定性和提高生物利用度。

（二）栓剂的类型

栓剂因施用腔道的不同，可分为直肠栓、阴道栓和尿道栓。其中最常用的是肛门栓和阴道栓。为适应机体应用部位，栓剂的形状及重量各不相同，一般均有明确规定。

1. 肛门栓　常用的肛门栓有圆锥形、圆柱形、鱼雷形等形状（图 8 – 1）。每颗重量约 2g，儿童用约 1g，长 3 ~ 4cm。其中以鱼雷形较好，因塞入肛门后，易进入直肠内。

2. 阴道栓　常用的阴道栓有球形、卵形、鸭嘴形等形状（图 8 – 2）。每颗重量约 3 ~ 5g，直径 1.5 ~ 2.5cm，其中鸭嘴形较好，因相同重量的栓形，鸭嘴形的表面积最大。

3. 尿道栓　一般呈笔形、棒状。男性用尿道栓约 4g，长 1.4cm；女性用尿道栓约 2g，长 0.7cm。

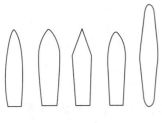

图 8 – 1　肛门栓形状

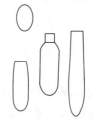

图 8 – 2　阴道栓形状

4. 新型栓剂　主要有双层栓、中空栓、微囊栓、泡腾栓、阴道膨胀栓等。

（1）双层栓　双层栓的内外层一般含有不同药物，可以避免药物发生可能的配伍禁忌；有的双层栓剂分上下两层，分别用脂溶性基质和水溶性基质达到速释和缓释的效果；也有将上半部分用空白基质填充，以阻止药物经直肠上静脉吸收，提高生物利用度。

（2）中空栓　中空栓（图 8 – 3）的外壳为空白或含药基质，中空部分填充固体或液体药物。中空栓剂可以避免配伍禁忌，也可加速药物的释放。

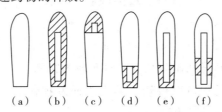

（a）　（b）　（c）　（d）　（e）　（f）

图 8 – 3　中空栓形状

（a）普通栓剂　　（b）中空栓剂

（c）（d）（e）（f）控释型中空栓剂

（3）微囊栓　将药物先制成微囊，后再与基质混合制成的栓剂。微囊栓具有血药浓度稳定，维持时间长的特点。

（4）泡腾栓　在中加入发泡剂，使用时产生泡腾作用，加速药物的释放，并有利于药物分布和渗透入黏膜，尤其适于制备阴道栓。

（5）阴道膨胀栓　系指含药基质中插入具有吸水膨胀性能的内芯后制成的栓剂；膨胀内芯系以脱脂棉或黏胶纤维等经加工、灭菌制成。

（三）栓剂的特点

1. 局部作用　局部作用的栓剂，主要发挥局部润滑、止痛、止痒、抗菌消炎等作用，常用药物为局部麻醉药、消炎药、杀菌药等。例如甘油栓经直肠给药起到润滑作用，用于治疗便秘。克霉唑栓经阴道给药发挥局部抗菌消炎、止痒作用，用于治疗念珠菌性阴道炎。

2. 全身作用　全身作用的栓剂主要通过直肠给药，药物由腔道吸收至血液循环起全身治疗作用。临床常用的以全身作用为目的的栓剂主要有解热镇痛药、抗生素类药、肾上腺皮质激素类药、抗恶性肿瘤药等。例如治疗感冒发热的对乙酰氨基酚栓和消炎镇痛的吲哚美辛栓等。

与口服制剂比较，栓剂经直肠给药发挥全身作用具有以下特点：①不受胃肠道 pH、酶或细菌的分解破坏，可以较高浓度到达作用部位；②避免药物对胃肠道刺激；③适用于不能或者不愿口服给药的患者，对伴有呕吐患者的治疗是一种有效途径；④使用得当可避免肝脏的首关消除；⑤吸收不稳定、使用不如口服剂型方便。

（四）栓剂的质量要求

栓剂在生产和储藏期间应符合《中国药典》（2020 年版）的有关规定，栓剂的一般质量要求如下。

（1）栓剂中的药物与基质应混合均匀，栓剂外形应完整光滑。

（2）塞入腔道后应无刺激性，应能融化、软化或溶化，并与分泌液混合，逐渐释放出药物，产生局部或全身作用。

（3）应有适宜的硬度，以免在包装或贮存时变形。

（4）除另有规定外，栓剂应在 30℃ 以下密闭贮存和运输，防止因受热、受潮而变形、发霉、变质。

（5）阴道膨胀栓内芯应符合有关规定，以保证其安全性。

（6）栓剂所用内包装材料应无毒性，并不得与原料药物或基质发生理化作用。

（7）生物制品原液、半成品和成品的生产及质量控制应符合相关品种要求。

（五）栓剂的吸收途径及其影响因素

1. 直肠吸收途径　直肠位于肠的末段，从骨盆向下终于肛门。人的直肠全长 12～15cm，直肠大致分为两部分，在骨盆部长 10～12cm，在肛门部长 2～3cm，最大直径为 5～6cm。健康人的直肠平均温度为 36.9℃（36.2～37.6℃），直肠黏膜能吸收水分而进入血液，血液中的水分也可通过渗透进入直肠。与小肠不同的是，直肠无蠕动作用，表面无绒毛，皱褶少，有效吸收面积小，一般不是药物吸收的最佳部位。但直肠静脉血液系统的分布较为特殊，如图 8-4 所示，有的药物在直肠中可以被较多的吸收而发挥作用。药物透过直肠黏膜后主要有三条吸收途径。

（1）通过门肝系统　栓剂塞入距肛门 6cm 处，药物经直肠上静脉进入门静脉，经肝脏代谢后，再进入血液循环。

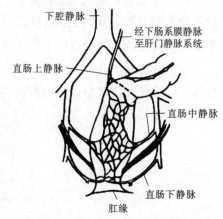

图 8-4　直肠静脉血液系统示意图

（2）不通过门肝系统　栓剂塞入距肛门2cm处，有50%～70%药物经直肠中下静脉和肛管静脉进入下腔静脉，绕过肝脏直接进入血液循环，可避免某些药物的首关消除。

（3）药物经直肠黏膜吸收进入淋巴系统，淋巴系统对直肠药物的吸收几乎与血液处于相同的地位。

2. 影响药物直肠吸收的主要因素

（1）吸收途径　不同吸收途径，药物从直肠部位吸收的速率和程度不同，可根据药物性质和临床需要，调整给药的深度以取得预期的效果。

（2）生理因素　肠腔内容物少，药物有较大的机会接触直肠和结肠的吸收表面，所以可在应用栓剂前先灌肠排便以获得较好的吸收效果。其他情况如腹泻及组织脱水等均能影响药物从直肠部位吸收的速率和程度。

（3）pH及直肠液缓冲能力　直肠的缓冲能力较弱，直肠的pH主要由溶解的药物决定；弱酸、弱碱比强酸、强碱、强解离型药物更易吸收，分子型药物易透过肠黏膜，而离子型药物则不易透过。

（4）药物的理化性质　溶解度、粒度、解离度等都可影响药物从直肠部位的吸收。

（5）基质对药物作用的影响　基质不同，释放药物的速度也不同，从而影响药物的吸收。

练一练8-1

下列关于影响栓剂中药物吸收的因素，错误的是（　　）

A. 栓剂塞入直肠的深度影响药物的吸收

B. 栓剂中基质的理化性质影响药物的吸收

C. 栓剂中药物的吸收不受直肠pH值的影响

D. 药物的溶解度、粒度、解离度等均可影响吸收

E. 栓剂中药物的吸收与直肠的生理因素有关

答案解析

二、栓剂的处方组成

栓剂的处方主要由药物、基质和附加剂组成。

（一）栓剂的基质

栓剂基质不仅赋予药物成型，而且可影响药物发挥局部作用和全身作用。优良的基质是栓剂成型并发挥其治疗作用的基础，必须满足剂型特性对基质的质量要求。常用的栓剂基质根据性质不同可分为油脂性基质和水溶性基质两大类。

1. 基质的质量要求

（1）室温时有适宜的硬度与韧性，塞入腔道时不变形或碎裂。基质的熔点与凝固点相差小，在体温时易软化、熔化或溶解。

（2）与药物混合后不起反应，亦不妨碍主药的作用与含量测定。

（3）对黏膜无刺激性、无毒性、无过敏性。

（4）性质稳定，在贮存过程中不发生理化性质改变，不易霉变等。

（5）不因晶型转化而影响栓剂成型。

（6）具有适宜的润湿或乳化能力，能容纳较多的水。

（7）适合冷压法和热熔法制备栓剂，在冷凝时能充分收缩而不变形，使栓剂易于脱模。

（8）油脂性基质还应要求酸价应在0.2以下，皂化价应在200～245之间，碘价低于7。

（9）释药速度能符合临床治疗要求，产生局部作用的栓剂，基质释药应缓慢而持久；起全身作用

的栓剂引入腔道后能迅速释放药物。

但实际使用的基质不可能完全满足上述条件。了解上述质量要求有助于设计理想的处方和选用最合理的基质。

2. 基质的种类

（1）油脂性基质

1）可可豆脂　可可豆脂是梧桐科植物可可树种仁中得到的一种固体脂肪。主要是含硬脂酸、棕榈酸、油酸、亚油酸和月桂酸的甘油酯，其中可可碱含量可高达 2%。可可豆脂为白色或淡黄色、脆性蜡状固体。有 α、β、β′、γ 四种晶型，其中以 β 型最稳定，熔点为 31～34℃。通常应缓缓升温加热待熔化至 2/3 时，停止加热，让余热使其全部熔化，以避免晶型转变。每 100g 可可豆脂可吸收 20～30g 水，若加入 5%～10% 的吐温可增加其吸水量，有助于药物混悬在基质中。

2）半合成或全合成脂肪酸甘油酯　系由椰子或棕榈种子等天然植物油水解、分馏所得 C_{12}～C_{18} 游离脂肪酸，经部分氢化再与甘油酯化而得的三酯、二酯、一酯的混合物，即称半合成脂肪酸酯。这类基质化学性质稳定，成形性能良好，具有保湿性和适宜的熔点，不易酸败，目前为取代天然油脂的较理想的栓剂基质。国内已生产的有半合成椰油酯、半合成山苍子油酯、半合成棕榈油酯。

除半合成脂肪酸酯外，也可直接用化学品合成符合栓剂基质要求的全合成栓剂基质，常用的有混合脂肪酸甘油酯和硬脂酸丙二醇酯。①半合成椰油酯：系椰子油加硬脂酸与甘油经酯化而成。本品为乳白色块状物，有油脂臭，熔点为 35.7～37.9℃，抗热能力较强，刺激性小。②半合成山苍子油酯：由山苍子油水解、分离得月桂酸再加硬脂酸与甘油经酯化得的油酯。③半合成棕榈油酯：系由棕榈仁油加硬脂酸与甘油经酯化而成。本品为乳白色固体，抗热能力强，酸价和碘价低，对直肠和阴道黏膜均无不良影响。④混合脂肪酸甘油酯：为月桂酸及硬脂酸与甘油经酯化而成的脂肪酸甘油酯混合物。本品为白色或类白色蜡状固体，规格有 34 型（33～35℃）、36 型（35～37℃）、38 型（37～39℃）、40 型（39～41℃）。其中 38 型最常用，外观为黄色或乳白色块状物，具油脂光泽。主要化学性质与可可豆脂相似。⑤硬脂酸丙二醇酯：系由硬脂酸和丙二醇酯化而成的单酯与双酯的混合物。本品为乳白色或微黄色蜡状固体，具有油脂臭，水中不溶，遇热水可膨胀，熔点 36～38℃，无明显的刺激性、安全、无毒。

（2）水溶性基质

1）甘油明胶　通常将明胶、甘油、水按 70：20：10 的比例在水浴上加热融合，蒸去大部分水后放冷凝固而成。多用作阴道栓剂基质，起局部作用。其优点是有弹性、不易折断，塞入腔道后能软化并缓慢地溶于分泌液中，药效缓和而持久。该基质溶解度与明胶、甘油、水三者的比例量有关，甘油和水含量越高越易溶解，甘油还能防止栓剂干燥。

2）聚乙二醇类（PEG）　PEG 类基质随乙二醇的聚合度、分子量不同，物理性状也不一样。常用的分子量 200、400 及 600 者为无色透明液体，随着分子量的增加则逐渐呈半固体到固体，熔点也随之升高，如 PEG 1000、PEG 1540、PEG 4000、PEG 6000 的熔点分别为 38～40℃、42～46℃、53～56℃、55～63℃。将不同分子量的 PEG 以一定比例加热融合，可制成适当硬度的栓剂基质。该基质无生理作用，遇体温不熔化，但能缓缓溶于体液中而释放药物。因吸湿性较强，对黏膜有一定的刺激性，加入约 20% 的水则可减轻刺激性。为避免刺激还可以在纳入腔道前先用水润湿，亦可在栓剂表面涂一层鲸蜡醇或硬脂醇薄膜。

PEG 基质不宜与银盐、鞣酸、奎宁、水杨酸、乙酰水杨酸、本佐卡因、氯碘喹啉、磺胺类配伍。水杨酸能使 PEG 基质软化，乙酰水杨酸能与聚乙二醇生成复合物，巴比妥钠等许多药物在聚乙二醇中析出结晶，使用时应注意。PEG 基质受潮容易变形，所以 PEG 基质栓应储存于干燥处。本品易滋长真菌等微生物，制成栓剂时应加入抑菌剂。

3）聚氧乙烯（40）单硬脂酸酯类 商品代号为 S-40，系聚乙二醇的单硬脂酸酯和二硬脂酸酯的混合物，并含有游离乙二醇。本品呈白色或微黄色，为无臭或稍有脂肪臭味的蜡状固体，熔点为 39~45℃；可溶于水、乙醇、丙酮等，不溶于液状石蜡。

4）泊洛沙姆 系由乙烯氧化物和丙烯氧化物组成的嵌段聚合物（聚醚），易溶于水。型号有多种，随聚合度增大，物态从液体、半固体至蜡状固体，均易溶于水，可用做栓剂基质。常用型号为泊洛沙姆 188 型，熔点为 52℃。能促进药物的吸收并起到缓释与延效的作用。

3. 基质用量的计算 通常情况下栓剂模型的容量一般是固定的，但它会因基质或药物的密度不同可容纳不同的重量，生产前必须通过实验和计算确定基质的用量。而一般栓模容纳重量是指以可可豆脂为代表的基质重量。加入药物会占有一定体积，特别是不溶于基质的药物。为保持栓剂原有体积，就要考虑引入置换价的概念。

药物的重量与同体积基质重量的比值称为该药物对基质的置换价，通常用 f 表示。置换价（f）的计算公式可通过以下测定求出。

置换价的测定：取基质适量，用熔融法制成不含药物的栓剂若干枚，准确称定，求出每枚不含药的空白栓（基质）的重量为 G，再精密称取适量药物与基质用热熔法制备含药栓若干枚，并求出每枚含药栓重量为 M，每枚含药栓中的主药重量为 W，那么 $M-W$ 即为含药栓中基质的重量，而 $G-(M-W)$ 即为纯基质栓与含药栓中基质重量之差，亦即为与药物同体积（被药物置换）的基质重量。置换价（f）的计算公式为：

$$f = \frac{W}{G-(M-W)} \tag{8-1}$$

式中，W 为每粒栓中的主药重量；G 为纯基质的空白栓重量；M 为含药栓重量。

栓剂基质的用量可以根据置换价进行计算。根据公式 8-1，求出置换价，则制备每粒栓剂所需基质的理论用量（X）为：

$$X = G - \frac{W}{f} \tag{8-2}$$

式中，X 为每粒栓剂所需基质的理论用量；G 为纯基质的空白栓重量；W 为每粒栓中的主药重量；f 为置换价。

例1 已知某含药栓 10 枚重 20g，含药量为 20%，空白栓 5 枚重 9g，计算此药物对此基质的置换价。

解析：根据题意可求出 $W=0.4g$，$G=1.8g$，$M=2.0g$，带入公式（8-1）即得：

$$f = \frac{W}{G-(M-W)} = \frac{0.4}{1.8-(2.0-0.4)} = 2.0$$

故该药物对此基质的置换价为 2.0。

例2 制备鞣酸栓 100 粒，每粒含鞣酸 0.2g，用可可豆脂为基质，空白基质栓重为 2.0g，求需基质多少克？已知鞣酸对可可豆脂的置换价为 1.6。

解析：根据题意可知 $G=2.0g$，$W=0.2g$，$f=1.6$，利用公式 8-2 可得：

$$m = \left(G-\frac{W}{f}\right) \times n = \left(2-\frac{0.2}{1.6}\right) \times 100 = 187.5g$$

故制备鞣酸栓剂 100 枚所需基质的重量为 187.5g。

若以可可豆脂及半合成脂肪酸酯为基质，其重量定为 1，则一些常用药物的置换价见表 8-1。

表 8 - 1　常用药物的可可豆脂及半合成脂肪酸酯的置换价

药物名称	可可豆脂	半合成脂肪酸酯
盐酸吗啡	1.6	
盐酸乙基吗啡		0.71
普鲁卡因		0.80
苯佐卡因		0.68
巴比妥	1.2	0.81
苯巴比妥	1.2	0.84
苯巴比妥钠		0.62
阿司匹林		0.63
茶碱		0.63
磷酸可待因		0.80
水合氯醛	1.3	
盐酸可卡因	1.3	
阿片粉	1.4	
酚	0.9	
磺胺噻唑	1.6	
盐酸奎宁	1.2	
氨茶碱	1.1	
甘油	1.6	
鞣酸	1.6	

👁看一看

置换价的理解

置换价 (f) 的含义是同体积的药物与基质的重量之比，也可以理解为药物与基质的密度之比。$f = W_{药物} / W_{基质} = \rho_{药物} / \rho_{基质}$

假设每枚栓剂中规定药物含量是 W，将空白栓剂基质（不含主药）灌注到栓模中，切平后，单枚栓重是 G（图 8 - 5a）；将药物和基质的混合物灌注到栓模中，切平后，测得单枚栓重是 M（图 8 - 5b）。显然，投料前我们需要知道每一枚栓剂中需要加入的基质的重量是 $(M - W)$，但 $G \neq (M - W)$。为方便理解，我们简化栓剂中的药物存在方式：栓剂中的药物应该是均匀分布的，假设药物不是均匀分布，而是集中于栓剂中部外表面的某一块部位（图 8 - 5c），此部位占据一定体积，除了此部位之外的栓剂都由纯基质占据，这部分基质的重量就是我们要计算的 $(M - W)$。如果将这一块抠掉（图 8 - 5d），补上同体积的基质，其所得重量应正好等于 G，所以，要计算 $(M - W)$，需要用 G 减去补上的这一块与药物体积相同的基质的重量，即 $M - W = G - W/f$。

a.空白栓　b.含药栓　c.假设药物集中　d.补足基质

图 8 - 5　栓剂置换价示意图

（二）栓剂中药物的加入方法

栓剂中常用的药物可以为化学药物或中药及其提取物。供制备栓剂用的固体药物，除另有规定外，应预先用适宜方法制成细粉或最细粉。栓剂中药物的加入方法应根据药物和基质的性质而定，主要有以下三种。

1. 水溶性药物　可直接与已熔化的水溶性基质混匀；或加少量水用适量羊毛脂吸收后，与油脂性基质混匀；或将提取浓缩液制成干浸膏粉，直接与已熔化的油脂性基质混匀。

2. 脂溶性药物　挥发油或冰片等可直接溶解于已熔化的油脂性基质中，若药物用量大而使基质的熔点降低或使栓剂过软，可加适量蜂蜡、鲸蜡调节硬度；或以适量乙醇溶解后加入水溶性基质中；或加乳化剂乳化分散于水溶性基质中。

3. 不溶于任何基质中的药物　应粉碎成细粉或最细粉，能全部通过六号筛，并与基质混合均匀。

（三）栓剂的附加剂

栓剂的处方中常根据不同的需要加入一些附加剂，以增加栓剂的稳定性、促进药物吸收或延长其局部作用时间等。常用的附加剂有表面活性剂、硬化剂、增稠剂、乳化剂、吸收促进剂、抗氧剂、抑菌剂、着色剂等。

1. 表面活性剂　在基质中加入适宜的表面活性剂，能增加药物的亲水性，尤其对覆盖在直肠黏膜壁上的连续的水性黏液层有胶溶、洗涤作用，并造成有空隙的表面，从而增加药物的穿透性。

2. 硬化剂　若制得的栓剂在贮藏或使用时过软，可加入适量的硬化剂，如白蜡、鲸蜡醇、硬脂酸、巴西棕榈蜡等调节。

3. 增稠剂　当药物与基质混合时，因机械搅拌情况不良或生理上需要时，栓剂制品中可加增稠剂，常用的增稠剂有：氢化蓖麻油、单硬脂酸甘油酯、硬脂酸铝等。

4. 乳化剂　当栓剂处方中含有与基质不能相混合的液相时，特别是在此相含量较高时（大于5%），可加入适量的乳化剂。

5. 吸收促进剂　其全身治疗作用的栓剂，可加入吸收促进剂以增加直肠黏膜对药物的吸收。常用的吸收促进剂有表面活性剂、氮酮等，此外尚有氨基酸乙胺衍生物、乙酰醋酸酯类、芳香族酸性化合物，脂肪族酸性化合物也可作为吸收促进剂。

6. 抗氧剂　对易氧化的药物应加入抗氧剂，如叔丁基羟基茴香醚（BHA），叔丁基对甲酚（BHT），没食子酸酯类等。

7. 抑菌剂　当栓剂中含有植物浸膏或水性溶液时，可使用抑菌剂，如对羟基苯甲酸酯类。使用抑菌剂时应验证其溶解度、有效剂量、配伍禁忌以及在直肠中的耐受性。

8. 着色剂　可选用脂溶性着色剂，也可选用水溶性着色剂，但加入水溶性着色剂时，必须注意加水后对 pH 和乳化剂乳化效率的影响，还应注意控制脂肪的水解和栓剂中的色移现象。

❓ 想一想8-1

吲哚美辛是一种非甾体抗炎类药物，该药的剂型较多，但口服药对患者有副作用，会产生黑便现象，于是更多的人会选择栓剂。

请问：吲哚美辛栓剂的优点是什么？为什么口服吲哚美辛会产生黑便现象呢？

答案解析

三、栓剂的制备技术

根据栓剂基质的性质和药物性质，栓剂的制备方法有搓捏法、冷压法和热熔法三种。

（一）搓捏法

取药物的细粉置乳钵中，加入约等量的基质锉末研匀后，缓缓加入剩余的基质制成均匀的可塑性团块，必要时可加入适量的植物油或羊毛脂以增加可塑性。将团块置瓷板上，用手隔纸搓揉，轻轻加压转动滚成圆柱体，按需分割成若干等份，再根据使用腔道不同搓捏成适宜的形状。

搓捏法可用于脂肪性基质少量制备栓剂，但制备过程中容易受环境温度的影响，外形欠佳。冷压法可用于脂肪性基质栓的大量制备，不需加热，有利于保护栓剂中药物的稳定性，但生产效率低，制备过程中易存在气泡，主要用于药物对热不稳定的栓剂的制备；热熔法制备栓剂应用最广泛，适用于水溶性、油脂性基质制备栓剂，可实现小剂量实验室制备栓剂，也可实现大规模自动化制栓机制栓。热熔法适用面广，对基质无特殊要求，主要考虑药物的热稳定性。

（二）冷压法

取药物置于适宜容器内，加等量的基质混合均匀后，再加剩余的基质混匀，制成团块，冷却后，再制成粉末状或粒状，然后装填于制栓机内，通过模型压制成一定的形状。此法适用于油脂性基质栓剂的大量生产。冷压法避免了加热对主药和基质稳定性的影响，不溶性药物也不会在基质中沉降，但生产效率较低，成品中往往夹带空气而不易控制重量。冷压法制备栓剂的工艺流程如图 8-6 所示。

图 8-6　冷压法制备栓剂的工艺流程图

（三）热熔法

热熔法制备栓剂适用范围广，对基质无特殊要求，实验室小量制备可采用手工灌模法，大量生产可采用全自动栓剂灌封机组。

1. 实验室制备　将计算量的基质用水浴或蒸汽浴加热熔化，温度不宜过高，然后根据药物性质不同，以适宜方法加入药物混合均匀，倾入涂有润滑剂的模型中至稍微溢出模口，自然放冷，待完全凝固后，削去溢出部分，打开栓模取出栓剂。

热熔法制备栓剂一般步骤如下。

（1）基质的处理　一般采用水浴加热使基质熔化，为避免基质过热，一般在基质熔融达 2/3 时即停止加热，适当搅拌，利用余热将剩余基质熔化。

（2）加入药物　按药物的性质以不同方法将药物加入接近凝固点的基质中。若药物为不溶性固体药物，则加入时应一直搅拌至冷凝，避免药物混合不均匀。

（3）栓模处理　栓模是制备栓剂常用的设备，栓模模孔的形状决定栓剂的形状。如图 8-7、图 8-8、图 8-9 所示，为使栓剂成型后易于取出，在熔融物注入栓模之前，应先在模具内表面涂润滑剂。润滑剂可根据基质和药物性质选用。

①亲水性润滑剂　脂肪性基质的栓剂常用软肥皂、甘油各 1 份与 95% 乙醇 5 份制成醇溶液。

②油脂性润滑剂　水溶性基质栓剂则用液体石蜡或植物油等油脂性润滑剂。

③其他　有的基质如可可豆脂或聚乙二醇类不粘模，可以不用润滑剂。

（4）注模　待熔融的混合物温度降至 40℃ 左右，或由澄清变混浊时，倾入栓模中，注意要一次完成，以免发生液层凝固而断层，倾入时应稍溢出模口，以确保凝固时栓剂的完整。

（5）冷却脱模　注模后可将模具于室温或冰箱中冷却，待完全凝固后，削去溢出部分，然后打开模具，推出栓剂，晾干，包装，即得。

图 8 - 7 鸭嘴形阴道栓模型

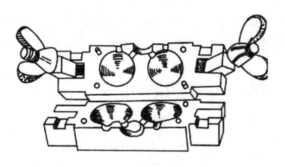

图 8 - 8 阴道栓模型

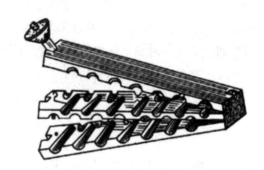

图 8 - 9 肛门栓模型

2. 工厂制备 工厂大量生产可采用半自动或全自动栓剂灌封机组（图 8 - 10）。图 8 - 10 为全自动栓剂灌封机组，生产效率高（16000 ~ 22000 粒/小时），能自动完成栓剂的制壳、灌注、冷却成型、封口、打批号等全部工序。图 8 - 11 为 U 型高速栓剂生产线，具有稳定高效的预热模具、加热模具、成型模具、制带、灌装、冷冻、封口等生产工序，完成制栓全部过程，生产能力 18000 ~ 23000 粒/小时。

图 8 - 10 全自动栓剂灌封机组

热熔法制备工艺流程如图 8 - 11 所示。

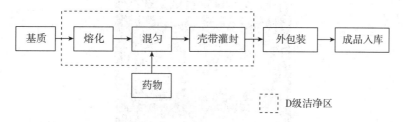

图 8 - 11 热熔法制备栓剂的工艺流程图

251

四、栓剂的典型处方分析

例 8 - 1 吲哚美辛栓

【处方】吲哚美辛 1.0g，半合成脂肪酸酯适量，共制肛门栓 10 枚。

【制法】称取处方量半合成脂肪酸酯在 60℃水浴上熔化，另取吲哚美辛过 80 目筛，加入熔融的基质中，搅拌均匀，使成均匀的混悬液，浇模，冷却后削去多余基质，脱模，即得。

【临床应用】本品用于小儿解热及缓解肌肉痛、关节痛。用于风湿性关节炎、类风湿性关节炎、强直性脊椎炎、骨关节炎、急性痛风作等。

【解析】①半合成脂肪酸酯性质稳定、熔化迅速，故选作基质；②吲哚美辛不溶于基质，制备时要先粉碎、过 80 目筛后加入，在混合和注模的过程中要注意搅拌，避免药物分层或出现分布不均的现象；③吲哚美辛是一种非甾体抗炎类药物，该药的剂型丰富，但口服药对患者有副作用，会产生黑便现象，于是更多的人会选择栓剂。

【贮藏】置于 30℃以下密闭贮藏，防止因受热、受潮而变形、发霉和变质等。

五、栓剂的质量检查

《中国药典》（2020 年版）规定，除另有规定外，栓剂应进行以下相应检查。

（一）重量差异

照下述方法检查，应符合规定。

检查法：取栓剂 10 粒，精密称定总重量，求得平均粒重后，再分别精密称定各粒的重量。每粒重量与平均粒重相比较（有标示粒重的中药栓剂，每粒重量应与标示粒重比较），超出重量差异限度的药粒不得多于 1 粒，并不得超出限度 1 倍。栓剂重量差异限度如下表 8 - 2 所示。

表 8 - 2 栓剂重量差异限度表

平均重量/g	重量差异限度/%
1.0 及 1.0 以下	±10
1.0 以上至 3.0	±7.5
3.0 以上	±5

凡规定检查含量均匀度的栓剂，一般不再进行重量差异检查。

（二）融变时限

除另有规定外，照融变时限检查法（通则 0922）检查，应符合规定。脂肪性基质的栓剂 3 粒均应在 30 分钟内全部融化、软化或触压时无硬心。水溶性基质的栓剂 3 粒在 60 分钟内全部溶解，如有 1 粒不合格应另取 3 粒复试，均应符合规定。常用的设备为栓剂融变时限检查仪，如图 8 - 12 所示。

图 8 - 12 栓剂融变时限检查仪

（三）微生物限度

除另有规定外，照非无菌产品微生物限度检查：微生物计数法（通则 1105）和控制菌检查法（通则 1106）及非无菌药品微生物限度标准（通则 1107）检查，应符合规定。

（四）膨胀值

除另有规定外，阴道膨胀栓应检查膨胀值，并符合规定。

检查法：取本品 3 粒，用游标卡尺测其尾部棉条直径，滚动约 90°再测一次，每粒测 2 次，求出每粒测定的 2 次平均值（R_i）；将上述 3 粒栓用于融变时限测定结束后，立即取出剩余棉条，待水断滴，均轻置于玻璃板上，用游标卡尺测定每个棉条的两端以及中间三个部位，滚动约 90°后再测定三个部位，每个棉条共获得 6 个数据，求出测定的 6 次平均值（r_i），计算每粒的膨胀值（P_i），3 粒栓的膨胀值均应大于 1.5。计算公式如下：

$$P_i = \frac{r_i}{R_i} \tag{8-3}$$

（五）其他参考项目

1. 溶出速度试验　通常采用的方法是将待测栓剂置于透析管的滤纸筒中或适宜的微孔滤膜中，溶出速度试验是将栓剂放入盛有介质并附有搅拌器的容器中，于 37℃每隔一定时间取样测定，每次取样后需补充同体积的溶出介质，求出介质中的药物的量，将其作为在一定条件下基质中药物溶出速度的参考指标。

2. 体内吸收试验　体内吸收实验可用家兔，开始时剂量不超过口服剂量，以后再两倍或三倍地增加剂量。给药后按一定时间间隔抽取血液或收集尿液，测定药物浓度。最后计算动物体内药物吸收的动力学参数和 AUC 等。

3. 稳定性试验　将栓剂在室温（25）±3℃下贮藏，定期检查外观变化和软化点范围、主药的含量及药物的体外释放。

4. 刺激性试验　对黏膜刺激性检查，一般用动物实验，即将基质检品的粉末溶液或栓剂，施于家兔的眼黏膜上，或纳入动物的直肠、阴道，观察有何异常反应。在动物实验基础上，临床验证多在人体肛门或阴道中观察用药部位有无灼痛、刺激以及不适感觉等反应。

六、栓剂的包装与贮藏

（一）栓剂的包装

栓剂包装形式多样，常将栓剂逐个嵌入无毒塑料硬片的凹槽中，再将另一张配对的硬片盖上，然后热合。亦有将栓剂制成后置于小纸盒内，内衬蜡纸，并进行间隔，以免接触粘连，或栓剂分别用蜡纸或锡箔包裹后放于纸盒内，注意免受挤压。大生产用栓剂包装机，将栓剂直接密封在玻璃纸或塑料泡眼中。

（二）栓剂的贮藏

除另有规定外，栓剂应在 30℃以下密闭贮藏，防止因受热、受潮而变形、发霉和变质等。油脂性基质的栓剂最好在冰箱 0℃贮存；甘油明胶基质栓还要避免干燥失水、变硬或收缩，所以应密闭、低温贮藏。

栓剂为古老剂型之一，我国古代称之为塞药或坐药，即纳入腔道之意。栓剂在中外均有悠久历史，在公元前 1550 年的埃及《伊伯氏纸草本》中即有记载。我国《史记·扁鹊仓公列传》有类似栓剂的早期记载，后汉张仲景的《伤寒论》中载有蜜煎导方，就是用于通便的肛门栓；晋葛洪的《肘后备急方》中有用半夏和水为丸纳入鼻中的鼻用栓剂和用巴豆鹅脂制成的耳用栓剂等。由于新基质的不断出现、使用机械大量生产、应用新型的单个密封包装技术，以及中药栓剂不断涌现等，使这种剂型应用越来越广泛。我国近年来栓剂机制及品种创新方面，都取得了新进展，研发了双层栓剂、微囊栓剂、中空栓剂、渗透泵栓剂、凝胶栓剂等。

实训 16　栓剂的制备与质量评价

一、实训目的

1. 掌握热熔法制备栓剂的基本操作及注意事项。
2. 熟悉栓剂不同基质的处理以及栓剂的质量要求。
3. 能按规范制备合格的栓剂并进行外观、融散时限检查。

二、实训指导

根据栓剂基质的性质和药物性质，栓剂的制备方法有搓捏法、冷压法和热熔法三种。

热熔法制备栓剂适用范围广，对基质无特殊要求，实验室小量制备可采用手工灌模法，大量生产可采用全自动栓剂灌封机组。

1. 基本原理　将计算量的基质用水浴或蒸气浴加热熔化，温度不宜过高，然后根据药物性质不同，以适宜方法加入药物混合均匀，倾入涂有润滑剂的模型中至稍微溢出模口，自然放冷，待完全凝固后，削去溢出部分，打开栓模取出栓剂。

2. 工艺流程　热熔法制备栓剂工艺流程图如图 8-13 所示。

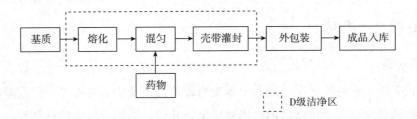

图 8-13　热熔法制备栓剂工艺流程图

3. 热熔法制备栓剂一般步骤

（1）基质的处理　一般采用水浴加热使基质熔化，为避基质过热，一般在基质熔融达 2/3 时即停止加热，适当搅拌，利用余热将剩余基质熔化。

（2）加入药物　按药物的性质以不同方法将药物加入接近凝固点的基质中。若药物为不溶性固体药物，则加入时应一直搅拌至冷凝，避免药物混合不均匀。

（3）栓模处理　栓模是制备栓剂常用的设备，栓模模孔的形状决定栓剂的形状。为使栓剂成型后易于取出，在熔融物注入栓模之前，应先在模具内表面涂润滑剂。润滑剂选用原则见正文。

（4）注模　待熔融的混合物温度降至40℃左右，或由澄清变混浊时，倾入栓模中，注意要一次完成，以免发生液层凝固而断层，倾入时应稍溢出模口，以确保凝固时栓剂的完整。

（5）冷却脱模　注模后可将模具于室温或冰箱中冷却，待完全凝固后，削去溢出部分，然后打开模具，推出栓剂，晾干，包装，即得。

三、实训药品与器材

1. 药品　甘油、无水碳酸钠、硬脂酸、液体石蜡、酒精棉球、95%乙醇

2. 器材　托盘天平、电子天平、蒸发皿、水浴锅、烧杯、栓模、刮刀、烘箱等。

四、实训内容

甘油栓的制备

【处方】甘油24g　碳酸钠0.6g　硬脂酸2.4g　纯化水3ml　制成肛门栓10枚

【制法】取碳酸钠与纯化水共置蒸发皿内，搅拌溶解，加入甘油混匀后置水浴上加热。将硬脂酸细粉分次加入蒸发皿内，边加边搅拌，待泡沫停止、溶液澄明，即可注入已涂有润滑剂（液体石蜡）的栓模中（共制10枚），放冷成型，削去溢出部分，脱模即得。

【性状】本品为无色透明或半透明固体栓剂，外观完整光洁。

【临床应用】本品塞入肛门后能增加肠的蠕动而呈现通便作用，为润滑性泻药，有缓和的通便作用。用于治疗便秘。

【用法与用量】直肠给药（塞入肛门内）。成人一次1枚。

【贮藏】应密闭、低温贮藏。

【操作要点】①制备甘油栓时，水浴要保持沸腾，且蒸发皿底部应接触水面，使硬脂酸细粉（少量分次加入）与碳酸钠充分反应，直至泡沫停止、溶液澄明、皂化反应完全，才能停止加热。产生的二氧化碳必须除尽，否则所制得的栓剂内含有气泡，影响外观。其化学反应如下：$2C_{17}H_{35}COOH + Na_2CO_3 \rightarrow 2C_{17}H_{35}COONa + CO_2 \uparrow + H_2O$。②碱量比理论量超过10%～15%，皂化快，成品软而透明。③水分含量不宜过多，否则成品浑浊，也有主张不加水的。④栓模预热至80℃左右，这样可使冷却较慢，成品硬度更为适宜。

【质量检查】重量差异检查和融变时限检查的具体检查方法见正文内容。

五、实训思考题

1. 甘油栓的制备原理是什么？操作应注意什么问题？

2. 热熔法制备栓剂应注意什么问题？

3. 如何评价栓剂的质量？

任务二　气雾剂的制备与质控

PPT

一、气雾剂的基础知识

（一）气雾剂的概念

气雾剂系指原料药物或原料药物和附加剂与适宜的抛射剂共同装封于具有特制阀门系统的耐压容器中，使用时借助抛射剂的压力将内容物呈雾状物喷至腔道黏膜或皮肤的制剂。

（二）气雾剂的分类

1. 按分散系统分类

（1）溶液型气雾剂　固体或液体药物溶解在抛射剂中，形成均匀溶液，喷出后抛射剂挥发，药物以固体或液体微粒状态到达作用部位发挥局部或全身作用，是应用最广的一种气雾剂。

（2）混悬型气雾剂　难溶固体药物以固体微粒状态分散在抛射剂中，形成混悬液，喷出后抛射剂挥发，药物以固体微粒状态到达作用部位发挥局部或全身作用，又被称为粉末气雾剂。

（3）乳剂型气雾剂　液体药物或药物溶液与抛射剂按一定比例混合形成 O/W 型或 W/O 型乳剂型气雾剂。O/W 型乳剂型气雾剂在喷射时随着内相抛射剂的汽化而以泡沫形式喷出，又称为泡沫气雾剂。W/O 型乳剂型气雾剂在喷射时随着外相抛射剂的汽化而形成液流。

2. 按处方组成分类

（1）二相气雾剂　一般指溶液型气雾剂，由气、液两相组成，气相是抛射剂所产生的蒸气，液相为药物与抛射剂所形成的均相溶液。

（2）三相气雾剂　一般指混悬型气雾剂与乳剂型气雾剂，由气-液-固或气-液-液三相组成。在混悬型气雾剂中，气相是抛射剂所产生的蒸气，液相是抛射剂，固相是不溶性药物；在乳剂型气雾剂中，气相是抛射剂所产生的蒸汽，药液与抛射剂形成双液相，即 O/W 型或 W/O 型。

✎ 练一练8-2

二相气雾剂的组成为（　　）

A. 气-固　　　　　　　B. 气-固-固　　　　　　　C. 气-液

D. 气-液-液　　　　　　E. 气-液-固

答案解析

3. 按给药途径分类

（1）吸入用气雾剂　系指原料药物或原料药物和附加剂与适宜抛射剂共同装封于具有定量阀门系统和一定压力的耐压容器中，形成溶液、混悬液或乳液，使用时借助抛射剂的压力，将内容物呈雾状物喷出而用于肺部吸入的制剂。

（2）非吸入气雾剂　系指使用时将内容物直接喷到口腔、鼻腔、阴道等腔道黏膜的气雾剂。阴道黏膜用气雾剂，常用 O/W 型泡沫气雾剂，主要用于治疗微生物、寄生虫等引起的阴道炎，也可用于节制生育；鼻用气雾剂系指经鼻吸入沉积于鼻腔的制剂，主要适用于鼻部疾病的局部用药和多肽类药物的系统给药。

（3）外用气雾剂　系指用于皮肤和空间消毒用气雾剂。皮肤用气雾剂主要用于保护创面、清洁消毒、局部麻醉及止血等。空间消毒用气雾剂主要用于杀虫、驱蚊及室内消毒等。

4. 按给药定量与否分类　分为定量气雾剂和非定量气雾剂。

（三）气雾剂的特点

1. 气雾剂的优点

（1）具有速效和定位作用，气雾剂可直接达到作用部位或吸收部位，药物分布均匀，起效快，可减少剂量，降低不良反应。

👁 看一看

药物肺部吸收的特点

吸入气雾剂的吸收主要靠肺部，可以达到速效的效果，不亚于静脉注射，例如异丙托溴铵吸入气雾剂吸入后仅 1~2 分钟即起到平喘的作用，主要原因有三：①具有巨大的吸收表面积，人的肺部约有 3 亿~4 亿个肺泡囊，总表面积可达 70~100m^2，为体表面积的 25 倍；②上皮屏障较薄及膜通透性高，肺泡囊壁有单层上皮细胞构成，厚度只有 0.5~1μm；③吸收部位血流丰富，肺泡表面覆盖着致密的毛细血管网，肺泡表面到毛细血管距离仅约 1μm，气雾剂达到肺部，不仅立即起局部作用，并且可以迅速吸收而起全身作用。一般起全身作用雾滴粒径在 0.5~1μm 比较合适。

（2）药物密闭于容器内，高压下的内容物可防止微生物侵入，能保持药物清洁无菌，由于容器不透明、避光、不与空气中的氧或水分直接接触，稳定性增加。

（3）气雾剂可通过定量阀门准确控制剂量，使用时只需按动推动纽，内容物即可喷出且均匀分布，方便患者使用。

（4）药物以细小雾滴等形式喷于患处，机械刺激性小，减小局部涂药的疼痛与感染，尤其适用于外伤和烧伤患者。

（5）便携、耐用、方便、多剂量。

2. 气雾剂的缺点

（1）若患者无法正确使用吸入气雾剂，就会造成肺部剂量较低或不均一。

（2）气雾剂需要耐压容器、阀门系统和特殊生产设备，故成本较高。

（3）抛射剂有高度挥发性因而具有致冷效应，多次使用于受伤皮肤上可引起不适感与刺激。

（4）气雾剂遇热或受撞击后易发生爆炸；若封装不严可因抛射剂的泄露而失效。

（5）阀门系统对药物剂量有所限制，无法递送大剂量药物，大多数现有的定量气雾剂没有剂量计数器。

药爱生命

气雾剂使用存在许多误区，如果不了解正确使用的方法，容易降低疗效甚至导致意外损害，作为药师，要努力做到无一药不精通其性，无一方不洞悉其理。急患者之所急，想患者之所想，全心全意、实实在在为民服务，树立正确的职业道德。

使用气雾剂时应注意如下问题。①使用前应充分摇匀储药罐，使罐中药物和抛射剂充分混合。首次使用前或距上次使用超过 1 周时，先向空中试喷一次。②患者张口，微仰头，以使吸入气流通道成直线，利于气雾深吸入。③先用力呼尽气，直到不再有空气可以从肺内呼出，垂直握住雾化吸入器，用嘴包绕住吸入器口开始深而缓慢吸气并按动气阀，尽量让喷入的气雾剂能随气流方向进入支气管深部。④喷后应屏气 5~10 秒钟，再闭口，用鼻慢慢呼气。可以总结为"一呼、二吸、三屏气"如此喷雾，可使药剂直达深部支气管黏膜，使其成分发挥疗效。⑤最后用半杯清水漱口，以清除口腔、咽喉的药物，避免副作用，尤其是吸入激素类药物应刷牙，避免药物对口腔黏膜和牙齿的损伤。

（四）气雾剂的质量要求

1. 气雾剂在生产与贮藏期间应符合下列有关规定

（1）根据需要可加入溶剂、助溶剂、抗氧剂、抑菌剂、表面活性剂等附加剂，除另有规定外，在制剂确定处方时，该处方的抑菌效力应符合《中国药典》（2020 年版通则 1121）抑菌效力检查法的规定。气雾剂中所有附加剂均应对皮肤或黏膜无刺激性。

（2）二相气雾剂应按处方制得澄清的溶液后，按规定量分装。三相气雾剂应将微粉化（或乳化）原料药物和附加剂充分混合制得混悬液或乳状液，如有必要，抽样检查，符合要求后分装。在制备过程中，必要时应严格控制水分，防止水分混入。吸入气雾剂的有关规定见吸入制剂。

（3）气雾剂常用的抛射剂为适宜的低沸点液体。根据气雾剂所需压力，可将两种或几种抛射剂以适宜比例混合使用。

（4）气雾剂的容器，应能耐受气雾剂所需的压力，各组成部件均不得与原料药物或附加剂发生理化作用，其尺寸精度与溶胀性必须符合要求。

（5）定量气雾剂释出的主药含量应准确、均一，喷出的雾滴（粒）应均匀。

（6）制成的气雾剂应进行泄漏检查，确保使用安全。

（7）气雾剂应置凉暗处贮存，并避免曝晒、受热、敲打、撞击。

（8）定量气雾剂应标明：①每罐总揿次；②每揿主药含量或递送剂量；③临床最小推荐剂量的揿数；④如有抑菌剂，应标明名称。

（9）气雾剂用于烧伤治疗，若为非无菌制剂，应在标签上标明"非无菌制剂"，产品说明书中应注明"本品为非无菌制剂"。同时在适应证下应明确"用于程度较轻的烧伤（Ⅰ°或浅Ⅱ°）"；注意事项下规定"应遵医嘱使用"。

2. 吸入气雾剂的特殊质量要求

（1）吸入气雾剂的微细粒子剂量应采用空气动力学特性测定法（《中国药典》2020版通则0951）进行控制。

（2）定量气雾剂应进行递送剂量均一性检查，评价气雾剂罐内和罐间的剂量均一性。罐内剂量均一性必须采集各吸入剂表示次数的前、中、后揿次的释药样本。

二、气雾剂的组成

气雾剂是由抛射剂、药物与附加剂、耐压容器和阀门系统所组成。抛射剂、药物与附加剂一同封装在耐压容器中，抛射剂汽化产生压力，若打开阀门，则药物、抛射剂一起喷出而形成雾滴。离开喷嘴后抛射剂和药物的雾滴进一步汽化，雾滴变得更细。雾滴的大小取决于抛射剂的类型、用量、阀门和揿钮的类型以及药液的黏度等。

（一）抛射剂

抛射剂是喷射药物的动力，有时兼作药物溶剂或稀释剂，多为液化气体，常温常压下蒸气压高于大气压，沸点低于室温。需装入耐压容器内，由阀门系统控制。阀门开启时，借抛射剂的压力将容器内的药液以雾状喷出到达用药部位。抛射剂的喷射能力的大小直接受其种类和用量的影响，可根据气雾剂用药目的和要求加以合理的选择。

1. 抛射剂的种类 抛射剂应无毒、无致敏性和刺激性，不与药物等发生反应，不易燃、不易爆炸，无色、无臭、无味，价廉易得，主要种类有氟氯烷烃类、氢氟烷烃类、碳氢化合物、压缩气体及二甲醚。

（1）氟氯烷烃类 又称氟利昂，沸点低，常温下蒸气压略高于大气压，性质稳定，不易燃烧，液化后密度大，无味，基本无臭，毒性较小。不溶于水，可做脂溶性药物的溶剂。常用氟利昂有三氯一氟甲烷（F_{11}）、二氯二氟甲烷（F_{12}）和二氯四氟乙烷（F_{114}）。使用时可选用一种或根据产品需要选用混合抛射剂，以克服单一抛射剂的某些不足。但由于其对大气臭氧层的破坏，国际有关组织已要求停用，国家食品药品监督管理局规定，从2010年1月1日起，全面禁止氟利昂作为抛射剂用于药用吸入气雾剂中。

（2）氢氟烷烃类 氢氟烷烃类为饱和烷烃，极性小，无毒，在常温下是无色无臭的气体，具有较高蒸汽压，不易燃易爆，一般条件下化学性质稳定，几乎不与任何物质产生化学反应，室温及正常压力下可以按任何比例与空气混合。HFA结构中不含氯原子，故不破坏大气臭氧层。HFA作为一种新型抛射剂，它对许多化合物具有良好的溶解性。国际药用气雾剂协会于 1994 年和 1995 年组织和完成了四氟乙烷（HFA 134a）和七氟丙烷（HFA 227）的安全性评价。1996 年，第一个以 HFA – 134a 作为抛射剂的硫酸沙丁胺醇气雾剂在欧洲上市，目前氢氟烷烃类作为抛射剂的，已成为氟氯烷烃类的主要代用品，目前全球大部分市售的吸入气雾剂的抛射剂均为氢氟烷烃。但由于此类抛射剂化学稳定性较差，极性比氟氯烷烃小，故传统的氟氯烷烃制剂技术并不能简单的移植给氢氟烷烃类剂型，而应根据药物与辅料在氢氟烷烃中的溶解度，重新设计。

（3）二甲醚　二甲醚在常温常压下为无色、具有轻微醚香味的气体，且常温下有惰性，不易氧化，可长期储存而不分解或转化，无腐蚀性，无致癌性，对极性和非极性物质均有高度溶解性，在大气层中被降解为二氧化碳和水。二甲醚因其稳定的化学性质、优良的物理特性以及低毒性特别适合作为性能优越的气雾制品抛射剂。

（4）压缩气体类　主要有二氧化碳、氮气和一氧化氮等，化学性质稳定，不与药物发生反应，不燃烧。但液化后的沸点很低，常温时蒸气压过高，对容器耐压性能要求高。若在常温下充入此类非液化压缩气体，则压力容易迅速降低，达不到持久喷射的效果，因而在吸入气雾剂中不常用，主要用于喷雾剂。

（5）碳氢化合物类　主要有丙烷、正丁烷、异丁烷。此类抛射剂虽然稳定，毒性不大，密度低及沸点低，但易燃、易爆，不宜单独使用，可与其他抛射剂合用。

2. 抛射剂的用量　气雾剂喷射能力应符合临床用药的要求，其强弱取决于抛射剂的用量及其蒸气压。一般用量大，蒸气压高，喷射能力强，反之则弱。

（1）溶液型气雾剂　抛射剂的种类及用量比会直接影响雾滴大小。一般用量比越大，雾滴粒径越小，故可根据所需粒径调节抛射剂用量。如发挥全身治疗作用的吸入气雾剂，雾滴要求较细，以 $1 \sim 5\mu m$ 为宜，则抛射剂用量较多；皮肤用气雾剂的雾滴可粗些，直径为 $50 \sim 200\mu m$，则抛射剂用量较少。

（2）混悬型气雾剂　抛射剂的用量较高。如用于腔道给药时，抛射剂用量为 30% ~ 45%（g/g）；用于吸入给药时，抛射剂用量高达 99%（g/g），以确保喷射时药物微粉能均匀地分散。另外，抛射剂与混悬的固体药物的密度应尽量相近，常以混合抛射剂调节密度。

（3）乳剂型气雾剂　抛射剂用量一般为 8% ~ 10%（g/g），有的高达 25% 以上。此外，产生泡沫的性状取决于抛射剂的性质和用量：若抛射剂蒸气压高且用量大时，则产生具有黏稠性和弹性的干泡沫；若抛射剂的蒸气压低而用量少时，则产生柔软的湿泡沫。

（二）药物与附加剂

药物的理化性质和临床治疗决定配制何种类型的气雾剂，进而决定潜溶剂、润湿剂等附加剂的使用。

1. 药物　供制备气雾剂的药物有液体、半固体或固体粉末。目前临床上应用较多的主要是呼吸道系统用药如支气管扩张剂、糖皮质激素类、心血管系统用药，解痉药及烧伤用药等，近年来多肽类药物的气雾剂研究也逐渐增多。药物制成供吸入用气雾剂，应测定其血药浓度，定出有效剂量，安全指数小的药物必须做毒性试验，确保安全。

2. 附加剂　为保证制备质量稳定的气雾剂，根据需要应加入适宜的附加剂，视具体情况而定。

（1）溶液型气雾剂　可加入乙醇、丙二醇等作潜溶剂以使药物与抛射剂均匀混合成均相溶液。

（2）混悬型气雾剂　有时加固体润湿剂如滑石粉、胶体二氧化硅等，以使药物微粉易分散混悬于抛射剂中；或加入适量低 HLB 值的表面活性剂（如三油酸山梨坦、司盘85）及高级醇类（如月桂醇），使药物不聚集和重结晶，在喷雾时不会阻塞阀门。

（3）乳剂型气雾剂　当药物不溶于水或在水中不稳定时，可用甘油、丙二醇类代替水，还应加适当的乳化剂，如聚山梨酯、三乙醇胺硬脂酸酯或司盘类。

此外，根据药物性质和剂型的特点还可添加抗氧剂、矫味剂、防腐剂等附加剂。

（三）耐压容器

气雾剂的容器应能耐受气雾剂所需的压力，各组成部件均不得与药物或附加剂发生理化作用，尺寸精度与溶胀性必须符合要求。目前常用的耐压容器有：玻璃容器、金属容器和塑料容器。

1. 玻璃容器 化学性质稳定，但耐压和耐撞击性差，需要在玻璃瓶外面裹以塑料层，以缓冲外界的冲击。

2. 金属容器 包括铝、不锈钢等容器，耐压性强，但对药液不稳定，需要内涂聚乙烯或环氧树脂等，目前多用铝制容器。

3. 塑料容器 多由热塑性好的聚丁烯对苯二甲酸树脂和乙缩醛共聚树脂制成。质地轻、牢固耐压，具有良好的抗击性和抗腐蚀性。但塑料本身通透性较高，添加剂可能会影响药物的稳定性，目前应用不普遍。

（四）阀门系统

气雾剂的阀门系统是控制药物和抛射剂从耐压容器中喷出的主要部件，除一般阀门外，还有供吸入气雾剂用的定量阀门，供腔道或皮肤等外用的泡沫阀门系统。阀门系统应坚固、耐用和结构稳定，因其主直接影响到制剂的质量。阀门材料必须对内容物为惰性，加工应精密。阀门系统一般由推动钮、阀门杆、橡胶封圈、弹簧、定量室和浸入管组成。目前使用最多的定量型的吸入气雾剂阀门系统的结构与组成如图 8-14 所示。

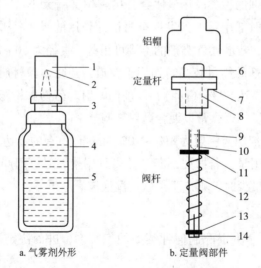

a. 气雾剂外形　　　　　b. 定量阀部件

图 8-14 气雾剂的定量阀门系统装置外形及部件示意图
1. 推出钮；2. 喷出孔；3. 定量阀门；4. 塑料套；5. 玻璃瓶

6. 定量室；7. 橡胶垫圈；8. 小孔；9. 膨胀室；10. 内孔；11. 弹出液体封圈；12. 弹簧；13. 进液弹体封圈；14. 引液槽（轴芯槽）

1. 封帽 封帽通常为铝制品，将阀门固封在容器上，必要时涂上环氧树脂等薄膜。

2. 阀门杆 阀门杆常由尼龙或不锈钢制成。顶端与推动钮相接，其上端有内孔和膨胀室，其下端还有一段细槽或缺口以供药液进入定量室。内孔是阀门沟通容器内外的极细小孔，其大小关系到气雾剂喷射雾滴的粗细。内孔位于阀门杆之旁，平常被橡胶封圈封在定量室之外，使容器内外不流通；当揿下推动钮时，内孔进入定量室与药液相通，药液即通过它进入膨胀室，从喷嘴喷出。膨胀室在阀门杆内，位于内孔之上，药液进入此室时，部分抛射剂因汽化而骤然膨胀，使药液雾化、喷出，进一步形成细雾滴。

3. 橡胶封圈 橡胶封圈有弹性，通常由丁腈橡胶制成，分进液和出液两种。进液封圈紧套于阀门杆下端，在弹簧之下，它的作用是托住弹簧，同时随着阀门杆的上下移动而使进液槽打开或关闭，且封闭定量室下端，使杯室内药液不致倒流。出液橡胶封圈紧套于阀门杆上端，位于内孔之下、弹簧之上，它的作用是随着阀门杆的上下移动而使内孔打开或关闭，同时封闭定量室的上端，使杯室内药液不易溢出。弹簧套于阀门杆，位于定量杯内，提供推动钮上升的弹力，由不锈钢制成。

4. 弹簧 由不锈钢制成，套于阀杆，位于定量室内，为推动钮提供上升的动力。

5. 定量杯（室） 定量杯（室）为塑料或金属制成，其容量一般为 0.05 ~ 0.2ml。上下封圈控制药液不外溢，使喷出准确的剂量。

6. 浸入管 浸入管为塑料制成，其作用是将容器内的药液向上输送到阀门系统的通道，向上的动力是容器的内压，如图 8 - 15 所示。国产药用吸入气雾剂不用浸入管，故使用时需将容器倒置，使药液通过阀门杆的引液槽进入阀门系统的定量室，如图 8 - 16 所示。喷射时，按下揿钮，阀门杆在揿钮的压力下顶入，弹簧受压，内孔进入出液橡胶封圈以内，定量室内的药液由内孔进入膨胀室部分汽化后自喷嘴喷出。同时引流槽全部进入瓶内，封圈封闭了药液入定量室。

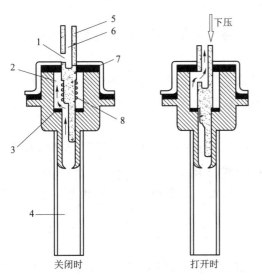

图 8 - 15　有浸入管的定量阀门系统结构示意图

1. 阀门杆；2. 膨胀室；3. 内孔；4. 出液弹体封圈；5. 定量室；

6. 弹簧；7. 进液弹体封圈；8. 引液槽；9. 浸入管

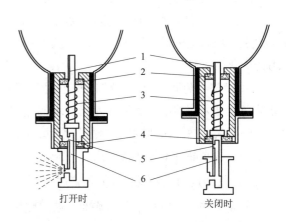

图 8 - 16　无浸入管的定量阀门系统结构示意图

1. 引液槽；2. 进液橡胶封圈；3. 弹簧；

4. 出液橡胶封圈；5. 内孔；6. 膨胀室

三、气雾剂的制备技术

气雾剂应在规定的洁净环境条件下进行制备，通常不低于 D 级。各种用具、容器等需用适宜的方法清洁、灭菌，整个操作过程应注意防止微生物污染，灌装室必须安装高效过滤器，对尘埃粒子、微生物、换气次数、温度、湿度进行监控。气雾剂制备工艺流程见图 8 - 17 所示。

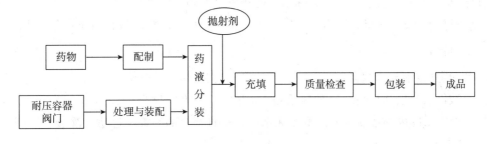

图 8 - 17　气雾剂制备工艺流程图

（一）容器与阀门系统的处理、装配

1. 玻璃搪塑　先将玻璃瓶洗净烘干，预热至 120 ~ 130℃，趁热浸入塑料黏浆中，使瓶颈以下黏附一层塑料浆液，倒置，在 150 ~ 170℃烘干 15 分钟，备用。

2. 容器阀门系统的处理与装备　将阀门的各种零件分别处理。橡胶制品可在 75% 乙醇中浸泡 24 小时，以除去色泽并消毒，干燥备用；塑料、尼龙零件洗净再浸泡在 95% 乙醇中备用；不锈钢弹簧在 1% ~ 3% 氢氧化钠碱液中煮沸 10 ~ 30 分钟，用水洗涤数次，然后用纯化水洗涤 2 ~ 3 次，直至无油腻为止，浸泡在 95% 的乙醇中备用。最后将上述已处理好的零件，按照阀门结构装配，定量室与橡胶垫圈套合，阀门杆装上弹簧与橡胶垫圈及封帽等。

（二）药物的配制与分装

按处方组成及要求的气雾剂类型进行配制。溶液型气雾剂应制成澄清药液；混悬型气雾剂应将药物微粉化并保持干燥状态，严防药物微粉吸附水蒸气；乳剂型气雾剂应制成稳定的乳剂。然后定量分装在已准备好的容器内，安装阀门，轧紧封帽。

（三）抛射剂的填充

抛射剂的填充有压灌法和冷灌法两种。由于抛射剂大多易燃易爆，所以在车间设计上，即车间墙壁、插座、开关和灯具等均需按照防爆要求进行设计。

1. 压灌法　先将配好的药液在室温下灌入容器内，再将阀门装上并轧紧，然后通过压装机压入定量抛射剂。压入法的设备简单，不需要低温操作，抛射剂损耗较少。但生产速度较慢，且使用过程中压力的变化幅度较大。

2. 冷灌法　药液借冷灌装置中热交换器冷却至 -20℃左右，抛射剂冷却至沸点以下至少 5℃。先将冷却的药液灌入容器中，随后加入已冷却的抛射剂。立即将阀门装上并轧紧，操作必须迅速，以减少抛射剂的损失。冷灌法速度快，对阀门无影响，成品压力较稳定。但需制冷设备和低温操作，抛射剂损失较多。含水品种不宜使用此法。

（四）气雾剂的生产设备及工艺管理

在工业生产中，通常采用气雾剂自动灌装机。该机器由输送带、旋转工作台、理盖机、电磁阀组、电器控制五大部分组成，输送带将空铝听送入旋转工作台、将已灌装好的铝听从旋转工作台取出。在旋转工作台上，铝听通过旋转盘的等分转动，依次进入灌液、装盖、封口、灌气等工位，完成自动灌液、装盖、封口、灌气等工序。

（1）一般气雾剂的灌装室洁净度要求不低于 D 级，墙壁、插座、开关和灯具均需按照防爆要求设计并安装。

（2）与药品直接接触的设备表面光滑、平整、易清洗、耐腐蚀，不与所加工的药品发生化学反应或吸附所加工的药品。

（3）使用前检查各管路、连接是否无泄漏。

（4）生产过程中所有物料应有明显的标示，防止发生混药、混批。

（5）在制备过程中应严格检查原料药、抛射剂、窗口、用具的含水量，防止水分混入。

（五）气雾剂制备举例

案例 8 - 2　丙酸倍氯米松气雾剂

【处方】丙酸倍氯米松 0.068g　　四氯乙烷 18.2g　　乙醇 0.182g

【制法】取处方量的丙酸倍氯米松溶解于无水乙醇中直至全部溶解，过滤，灌装，压阀，填充四氯乙烷，检漏，包装即得。

【性状】本品在耐压容器中为无色至微黄色澄清液体，揿压阀门，药液即呈雾粒喷出。

【临床应用】用于治疗和预防支气管哮喘及过敏性鼻炎。

【解析】本品为溶液型气雾剂，四氯乙烷为抛射剂，乙醇为潜溶剂。

【贮藏】密封，在凉暗处保存。

❓ 想一想8-2

异丙托溴铵气雾剂用于慢性阻塞性支气管炎伴或不伴有肺气肿、轻到中度支气管哮喘，处方如下：

答案解析

【处方】异丙托溴铵 0.374g　　无水乙醇 150g　　HFA－134α 844.6g　　枸橼酸 0.04g
蒸馏水 5.0g

分析处方中各组分的作用、质量要求。

四、气雾剂的质量评价

气雾剂的质量评价，首先对气雾剂的内在质量进行检测评定以确定其是否符合规定要求，然后，对气雾剂的包装容器和喷射情况，在半成品时进行逐项检查，具体检查方法参见《中国药典》2020 版第四部制剂通则 0113。除另有规定外，气雾剂应进行以下相应检查。

1. 每罐总揿次　定量气雾剂照吸入制剂（《中国药典》2020 年版通则 0111）相关项下方法检查，每罐（瓶）总揿次应不少于标示总揿次。

2. 递送剂量均一性　定量气雾剂照吸入制剂（《中国药典》2020 版通则 0111）相关项下方法检查，递送剂量均一性应符合规定。

3. 每揿主药含量　定量气雾剂照下述方法检查，应符合规定。

检查法　取供试品 1 罐，充分振摇，除去帽盖，按产品说明书规定，弃去若干揿次，用溶剂洗净套口，充分干燥后，倒置于已加入一定量吸收液的适宜烧杯中，将套口浸入吸收液液面下（至少25mm），喷射 10 次或 20 次（注意每次喷射间隔 5 秒并缓缓振摇），取出供试品，用吸收液洗净套口内外，合并吸收液，转移至适宜量瓶中并稀释至刻度后，按各品种含量测定项下的方法测定，所得结果除以取样喷射次数，即为平均每揿主药含量。每揿主药含量应为每揿主药含量标示量的 80%～120%。凡规定测定递送剂量均一性的气雾剂，一般不再进行每揿主药含量的测定。

4. 喷射速率　非定量气雾剂照气雾剂项下方法检查，应符合规定。

检查法　取供试品 4 罐，除去帽盖，分别喷射数秒后，擦净，精密称定，将其浸入恒温水浴（25℃±1℃）中 30 分钟，取出，擦干，除另有规定外，连续喷射 5 秒钟，擦净，分别精密称重，然后放入恒温水浴（25℃±1℃）中，按上法重复操作 3 次，计算每罐的平均喷射速率（g/s），均应符合各品种项下的规定。

5. 喷出总量　非定量气雾剂照气雾剂项下方法检查，应符合规定。

检查法　取供试品 4 罐，除去帽盖，精密称定，在通风橱内，分别连续喷射于已加入适量吸收液的容器中，直至喷尽为止，擦净，分别精密称定，每罐喷出量均不得少于标示装量的 85%。

6. 每揿喷量　定量气雾剂照下述方法检查，应符合规定。

检查法　取供试品 1 罐，振摇 5 秒，按产品说明书规定，弃去若干揿次，擦净，精密称定，揿压阀门喷射 1 次，擦净，再精密称定。前后两次重量之差为 1 个喷量。按上法连续测定 3 个喷量；揿压阀门连续喷射，每次间隔 5 秒，弃去，至 $n/2$ 次；再按上法连续测定 4 个喷量；继续揿压阀门连续喷射，弃去，再按上法测定最后 3 个喷量。计算每罐 10 个喷量的平均值。再重复测定 3 罐。除另有规定外，均应为标示喷量的 80%～120%。凡进行每揿递送剂量均一性检查的气雾剂，不再进行每揿喷量检查。

7. 粒度 除另有规定外，混悬型气雾剂应作粒度检查。

检查法 取供试品 1 罐，充分振摇，除去帽盖，试喷数次，擦干，取清洁干燥的载玻片一块，置距喷嘴垂直方向 5cm 处喷射 1 次，用约 2ml 四氯化碳或其他适宜溶剂小心冲洗载玻片上的喷射物，吸干多余的四氯化碳，待干燥，盖上盖玻片，移置具有测微尺的 400 倍或以上倍数显微镜下检视，上下左右移动，检查 25 个视野，计数，应符合各品种项下规定。

8. 装量 非定量气雾剂照最低装量检查法（《中国药典》2020 年版通则 0942）检查，应符合规定。

9. 无菌 除另有规定外，用于烧伤［除程度较轻的烧伤］、严重创伤或临床必需无菌的气雾剂，照无菌检查法（《中国药典》2020 版通则 1101）检查，应符合规定。

10. 微生物限度 除另有规定外，照非无菌产品微生物限度检查：微生物计数法（《中国药典》2020 年版通则 1105）和控制菌检查法（《中国药典》2020 年版通则 1106）及非无菌药品微生物限度标准（《中国药典》2020 年版通则 1107）检查，应符合规定。

任务三　喷雾剂的制备与质控

PPT

一、喷雾剂的基础知识

（一）喷雾剂的概念

喷雾剂系指原料药物或与适宜辅料填充于特制的装置中，使用时借助手动泵的压力、高压气体、超声振动或其他方法将内容物呈雾状物释出，直接喷至腔道黏膜或皮肤等的制剂。

练一练8-3

喷雾剂使用时药物成雾状喷出的动力为（　）

A. 药物　　　　　　　B. 抛射剂　　　　　　C. 高压气体

D. 超声振动　　　　　E. 手动泵

答案解析

（二）喷雾剂的分类

喷雾剂按内容物组成分为溶液型、乳状液型或混悬型。按用药途径可分为吸入喷雾剂、鼻用喷雾剂及用于皮肤、黏膜的非吸入喷雾剂。按给药定量与否，喷雾剂还可分为定量喷雾剂和非定量喷雾剂。定量吸入喷雾剂系指通过定量雾化器产生供吸入用气溶胶的溶液、混悬液或乳液。

（三）喷雾剂的特点

1. 喷雾剂不含有抛射剂，故不需要加压包装，也无大气污染。

2. 生产工艺简单、成本较低。

3. 药物成雾状直达病灶，形成局部浓度，可减少疼痛，使用方便。

4. 随着使用次数增加，器内压力降低可影响喷出的雾滴大小及喷射量的恒定。

5. 药效强、安全指数小的药物不易制成喷雾剂。

（四）喷雾剂的质量要求

喷雾剂在生产与贮藏期间应符合下列规定：①溶液型喷雾剂的药液应澄清；乳状液型喷雾剂的液滴在液体介质中应分散均匀；混悬型喷雾剂应将原料药物细粉和附加剂充分混匀、研细，制成稳定的混悬液；②除另有规定外，喷雾剂应避光密封贮存。

　　喷雾剂用于烧伤治疗如为非无菌制剂的，应在标签上标明"非无菌制剂"；产品说明书中应注明"本品为非无菌制剂"，同时在适应证下应明确"用于程度较轻的烧伤（Ⅰ°或浅Ⅱ°）"；注意事项下规定"应遵医嘱使用"。

二、喷雾剂的组成

　　喷雾剂由药物、附加剂及给药装置组成，根据需要可加入溶剂、助溶剂、抗氧剂、抑菌剂、表面活性剂等附加剂。所加附加剂对皮肤或黏膜应无刺激性。其给药装置通常由两部分构成，一部分是起喷射药物作用的喷雾装置；另一部分为盛装药物溶液的容器。国产喷雾剂的非定量阀门系统结构示意图见图8-18所示，有的也装有定量阀门。喷雾剂装置中各组成部件均应采用无毒、无刺激性、性质稳定、与原料药物不起作用的材料制备。

（一）喷雾装置

　　常用的喷雾剂是利用机械或电子装置制成的手动（喷雾）泵进行喷雾给药的。手动泵主要由泵杆、支持体、密封垫、固定杯、弹簧、活塞、泵体、弹簧帽、活动垫或舌状垫及浸入管等基本元件组成。手动泵采用的材料多为聚丙烯、聚乙烯、不锈钢弹簧及钢珠。该装置具有以下优点：①使用方便；②无需预压，仅需很小的触动力即可达到喷雾所需压力；③适用范围广等。手动泵产生的压力取决于手揿压力或与之平衡的泵体内弹簧的压力，远远小于气雾剂中抛射剂所产生的压力。在一定压力下，雾滴的大小与液体所受的压力、喷雾孔径、液体黏度等有关。

（二）容器

　　喷雾剂常用的容器有塑料瓶和玻璃瓶两种，前者一般由不透明的白色塑料制成，质轻、强度较高，便于携带；后者一般由不透明的棕色玻璃制成，强度差些。对于不稳定的药物溶液，还可以封装在一种特制的安瓿瓶中，在使用前打开安瓿瓶，装上安瓿泵，即可进行喷雾给药。

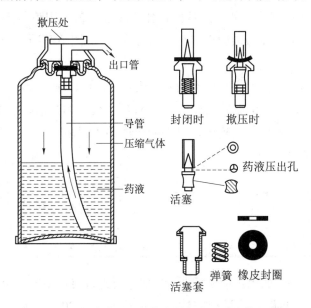

图8-18　国产喷雾剂的非定量阀门系统结构示意图

三、喷雾剂的制备和质量检查

（一）喷雾剂的制备

　　喷雾剂的制备比较简单，应在相关品种要求的环境配制，如一定的洁净度、灭菌条件和低温环境等，配制方法与溶液剂基本相同，然后灌装到适宜的容器中，最后装上手动泵即可。

（二）喷雾剂的质量检查

根据《中国药典》（2020年版）的相关内容，除另有规定外，喷雾剂应进行以下相应检查。

鼻用喷雾剂除符合喷雾剂项下要求外，还应符合鼻用制剂（《中国药典》2020年版通则0106）相关项下要求。

1. 每瓶总喷次 多剂量定量喷雾剂照下述方法检查，应符合规定。

检查法 取供试品4瓶，除去帽盖，充分振摇，照使用说明书操作，释放内容物至收集容器内，按压喷雾泵（注意每次喷射间隔5秒并缓缓振摇），直至喷尽为止，分别计算喷射次数，每瓶总喷次均不得少于其标示总喷次。

2. 每喷喷量 除另有规定外，定量喷雾剂照下述方法检查，应符合规定。

检查法 取供试品1瓶，按产品说明书规定，弃去若干喷次，擦净，精密称定，喷射1次，擦净，再精密称定。前后两次重量之差为1个喷量。分别测定标示喷次前（初始3个喷量）、中（$n/2$喷起4个喷量，n为标示总喷次）、后（最后3个喷量），共10个喷量。计算上述10个喷量的平均值。再重复测试3瓶。除另有规定外，均应为标示喷量的80%～120%。

凡规定测定每喷主药含量或递送剂量均一性的喷雾剂，不再进行每喷喷量的测定。

3. 每喷主药含量 除另有规定外，定量喷雾剂照下述方法检查，每喷主药含量应符合规定。

检查法 取供试品1瓶，按产品说明书规定，弃去若干喷次，用溶剂洗净喷口，充分干燥后，喷射10次或20次（注意喷射每次间隔5秒并缓缓振摇），收集于一定量的吸收溶剂中，转移至适宜量瓶中并稀释至刻度，摇匀，测定。所得结果除以10或20，即为平均每喷主药含量，每喷主药含量应为标示含量的80%～120%。

凡规定测定递送剂量均一性的喷雾剂，一般不再进行每喷主药含量的测定。

4. 递送剂量均一性 除另有规定外，混悬型和乳状液型定量鼻用喷雾剂应检查递送剂量均一性，照吸入制剂（《中国药典》2020年版通则0111）或鼻用制剂（《中国药典》2020年版通则0106）相关项下方法检查，应符合规定。

5. 装量差异 除另有规定外，单剂量喷雾剂照下述方法检查，应符合规定。

检查法 除另有规定外，取供试品20个，照各品种项下规定的方法，求出每个内容物的装量与平均装量。每个装量与平均装量相比较，超出装量差异限度的不得多于2个，并不得有1个超出限度1倍。喷雾剂装量差异限度见表8-3。

表8-3 喷雾剂装量差异限度表

平均装量	装量差异限度
0.30g以下	±10%
0.30g及0.30g以上	±7.5%

凡规定检查递送剂量均一性的单剂量喷雾剂，一般不再进行装量差异的检查。

6. 装量 非定量喷雾剂照最低装量检查法（《中国药典》2020年版通则0942）检查，应符合规定。

7. 无菌 除另有规定外，用于烧伤［除程度较轻的烧伤（Ⅰ°或浅Ⅱ°外）］、严重创伤或临床必须无菌的喷雾剂，照无菌检查法（《中国药典》2020年版通则1101）检查，应符合规定。

8. 微生物限度 除另有规定外，照非无菌产品微生物限度检查；微生物计数法（《中国药典》2020年版通则1105）和控制菌检查法（《中国药典》2020年版通则1106）及非无菌药品微生物限度标准（《中国药典》2020 年版通则 1107）检查，应符合规定。

四、喷雾剂的典型处方分析

案例　利巴韦林喷雾剂

【处方】利巴韦林 0.5g　氯化钠 0.83g　卡波姆 0.3g　5% 苯扎溴铵 0.2ml　氢氧化钠溶液适量　加水至 100ml

【制法】将卡波姆加适量蒸馏水，用搅拌机高速搅拌至完全溶解，加入利巴韦林、苯扎溴铵、氯化钠继续搅拌至完全溶解，滴入氢氧化钠溶液适量，调节 pH 至 5.5 ~ 6.5，加水至 100ml，灌装于喷雾瓶中。

【性状】本品为无色的澄清液体，掀压手动泵，药液即呈雾状喷出。

【临床应用】抗病毒药物，用于流行性感冒。

【分析】利巴韦林为主药，卡波姆为增稠剂，氯化钠为等渗调节剂，苯扎溴铵为抑菌剂，氢氧化钠为 pH 调节剂，水为溶剂。

【贮藏】密封，在凉暗处保存。

想一想8-3

莫米松喷雾剂用于预防和治疗成人、青少年和 3 ~ 11 岁儿童季节性或常年性鼻炎，处方如下。

【处方】莫米松糠酸酯 3g　　聚山梨酯 80 适量　　注射用水适量　制成 1000 瓶

本品按分散系统分属于哪类喷雾剂？分析处方中各组分的作用、质量要求。

答案解析

任务四　粉雾剂的制备与质控

PPT

一、粉雾剂的基础知识

（一）粉雾剂的分类与概念

粉雾剂按用途可分为吸入粉雾剂、非吸入粉雾剂和外用粉雾剂。

1. 吸入粉雾剂　系指固体微粉化原料药物单独或与合适载体混合后，以胶囊、泡囊或多剂量贮库形式，采用特制的干粉吸入装置，由患者吸入雾化药物至肺部的制剂。如布地奈德吸入粉雾剂。

2. 非吸入粉雾剂　系指药物或与载体以胶囊或泡囊形式，采用特制的干粉给药装置，将雾化药物喷至皮肤、腔道黏膜的制剂。如鲑降钙素鼻用粉雾剂，主治骨质增生。

3. 外用粉雾剂　系指药物或与适宜的附加剂灌装于特制的干粉给药器具中，使用时借助外力将药物喷至皮肤或黏膜的制剂。

近年来，关于吸入粉雾剂的研究和开发不断深入，其应用也越来越广泛，本任务主要介绍吸入粉雾剂。

（二）粉雾剂的特点

（1）患者主动吸入药粉，不存在给药协同配合问题。

（2）药物可以胶囊或泡囊形式给药，剂量准确。

（3）不含抛射剂，可避免对大气环境的污染。

（4）不含抑菌剂及乙醇等溶剂，可避免对病变黏膜带来刺激。

（5）药物呈干粉状，稳定性好，尤其适用于多肽和蛋白类药物给药。

（三）吸入粉雾剂的质量要求

吸入粉雾剂在生产与贮藏期间应符合以下规定：①吸入粉雾剂中药物粒子的大小应控制在 $10\mu m$ 以下，其中大多数应在 $5\mu m$ 以下；②为改善吸入粉雾剂的流动性，可加入适宜的载体和润滑剂，所有附加剂均应为生理可接受物质，且对呼吸道黏膜和纤毛无刺激性、无毒性；③胶囊型、泡囊型吸入粉雾剂应标明每粒胶囊或泡囊中的药物含量、应置于吸入装置中吸入（而非吞服）；多剂量贮库型吸入粉雾剂应标明每瓶总吸次、每吸主药含量。

👁 看一看

粉雾剂的发展

自 1971 年英国的 Bell 研制的第一个干粉吸入装置（spinhaler）问世以来，粉末吸入装置已由第一代的胶囊型，发展至第三代的贮库型，粉雾剂的上市品种也已由当初的色甘酸钠粉雾剂发展到多个治疗领域。活性药物由单方向复方发展，也有将药物制成脂质体后吸入给药的研究报道。

发展至今，吸入粉雾剂，在分剂量的准确性、粉末分散的有效性以及传递效率的提高方面均取得了显著进展。但并不是复杂的装置设计和单元模块的堆砌就可以开发出理想吸入粉雾剂。随着吸入剂在临床上的广泛使用，各国药监部门对吸入剂的质量要求也变得越来越严格。

二、吸入粉雾剂的组成

（一）药物与附加剂

1. 药物 药物微粉化是吸入粉雾剂的关键。采用的粉碎方法有气流粉碎、球磨粉碎、喷雾干燥、超临界粉碎、水溶胶、控制结晶等。

2. 附加剂 药物经微粉化后，粉粒容易发生聚集，粉末的电性和吸湿性也对分散性造成影响。因此为了得到流动性和分散性良好的粉末，使吸入的剂量更加准确，常加入适宜的载体，如乳糖、木糖醇等，将药物附着在其上，以阻止药粉聚集，改善药粉的流动性。载体物质的加入同时可以提高机械填充时剂量的准确度；当药物剂量较小时，载体可以充当稀释剂。也可在处方中加入少量的润滑剂、助流剂及抗静电剂等。

（二）给药装置

吸入粉雾剂由干粉吸入装置和供吸入用的干粉组成。合适的吸入装置是肺部给药系统的关键部件。近年来，干粉吸入装置的最显著的进步是由原来靠患者的呼吸吸入气溶胶的单剂量给药系统向依靠动力驱动的多剂量给药系统的演变。根据干粉的计量形式，吸入装置可分为：胶囊型、泡囊型和多剂量贮库型。

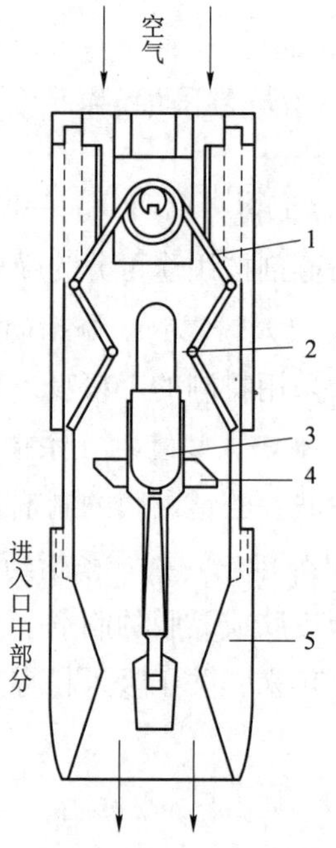

1. 胶囊型给药装置 该类装置的药物干粉装于硬胶囊中，使用时载药胶囊被小针刺破，患者用力吸入，药粉便从胶囊中吸进给药室中，并在气流的作用下经口吸入肺部。下面以其中一种粉末雾化器（图 8-19）为例对其工作原理进行说明。

图 8-19 胶囊型粉末雾化器结构示意图
1. 药物胶囊；2. 弹簧杆；3. 扇叶推进器；
4. 口吸器；5. 不锈钢弹簧节

该粉末雾化器结构主要由雾化器的主体、扇叶推进器和口吸器三部分组成。主体外套有能上下移动的套筒，套筒内上端两侧装有不锈钢针；有的装置在口吸器的中心也装有不锈钢针，作为扇叶推进器的轴心及胶囊一端的致孔针。其具体使用步骤如下：①先将雾化器主体和口吸器卸开，然后将扇叶固定于口吸器中心的转轴上，再将装有极细粉胶囊的深色盖端插入扇叶的中孔中，最后将三部分组合，并将主体与口吸器旋紧；②推动套筒，使两端的不锈钢针刺入胶囊；再提起套筒，使不锈钢针脱开，这样扇叶内的胶囊就产生两个与外界相通的孔洞，并且随扇叶自由转动的同时，胶囊中的药物将被患者吸入；③将口吸器夹于中指与拇指之间，再把口吸器放入口中之前先深呼气，然后立即将口吸器接口置于唇齿间，深吸气并屏气 2～3 秒后再缓慢呼气（当患者在吸嘴端吸气时，空气由另一端进入，经过胶囊将粉末带出，并由推进器扇叶扇动气流，将粉末分散成气溶胶后吸入患者呼吸道起治疗作用）；④如此反复吸粉 3～4 次，使胶囊内粉末充分吸入，以提高治疗效果；⑤最后应清洁粉末雾化器，并保持干燥状态。

此类装置采用单剂量胶囊包装药物，防潮性能差，每次用前必须在装置内塞入一个胶囊，对急性哮喘发作和老年患者使用不便，且装置需要经常清理。

2. 泡囊型给药装置　如圆盘状吸入器含有 4 个或 8 个药物泡罩的转盘和底座组成，使用时先刺破泡罩铝箔，泡罩内的药物干粉粒子随吸气流进入肺内发挥作用。此装置为单元型多剂量给药装置，内含有多个药物泡囊，患者无需每次使用前重新安装，通过转轮便可自动转向下一个泡囊，它的防潮作用也优于胶囊型给药装置。但含有的单元剂量有限，一般 2～3 天需要更换药物转盘。

3. 贮库型给药装置　为贮库型多剂量给药装置，有的装置贮库中储存了 200 个剂量，通过激光打孔的转盘精确定量，使用时旋转底座，药物即由贮库中分散出一定剂量给予患者吸入。装置口器部分的内部结构采用了独特的双螺旋通道，气流在局部产生湍流，以利于药物颗粒的分散，增加了小粒子的输出量和肺部沉积药量。该装置可免除多次填装药物的麻烦，但给药剂量的准确性、均一性及储库中药物的稳定性不如泡囊型给药装置。由于储药室位于装置的底座一端，使用时必须垂直（口器向上）旋转，故适用于 5 岁以上儿童。

目前还有一类吸入装置，患者在吸入干粉时，不是借助呼吸气流，而是利用外加能量（如压缩空气、马达驱动的涡轮、电压等）来分散或传递药物，此类主动吸入装置，对患者的协调性要求较低，患者无需用力吸气，实现了药物的准确定量传递与呼吸气流和呼吸频率无关的设计要求。

练一练8-4

（多选题）粉雾剂的吸入装置包括（　　）

A. 耐压容器　　　　　　B. 胶囊型　　　　　　C. 泡囊型

D. 喷瓶　　　　　　　　E. 多剂量贮库型

答案解析

三、粉雾剂的制备技术

与气雾剂借助抛射剂汽化作为动力给药形式不同，粉雾剂是由患者主动吸入或借助特制给药装置。其基本工艺流程为：药物原料→微粉化→与载体等添加剂混合→装入胶囊、泡囊或装置中→抽样质检→包装→成品。

制备过程中注意的问题如下。

1. 药物的微粉化　常用的微粉化工艺有研磨法（球磨机、流能磨）、喷雾干燥法以及重结晶法，应根据主药的理化性质选择合适的微粉化工艺。此外，由于药物的微粉化粉末之间、粉末与辅料以及与容器系统之间复杂的相互作用可能直接关系到制剂的质量，故经微粉化处理后的药物粉末需进行粉体学测定。

2. 载体的粉碎　改善粉末流动性最常用的方法就是加入一些粒径较大的颗粒作为载体。不同粒度的载体对微粉化药物的吸附力不同，故需对载体的粉碎粒度进行筛选，以满足粉末流动性和给药剂量均匀性的要求。

3. 水分和环境湿度的控制　若处方中水分含量较高，则粉末流动性降低，粒度增大，从而影响制剂的质量，故需控制药物与辅料的含水量。另外，在混合和分装过程中应注意控制环境的相对湿度，使其低于药物与辅料的临界相对湿度。

此外，药物与辅料的比例、混合方式和混合时间等均会影响制剂的质量，故在制备过程中应注意观察和控制。

四、粉雾剂的典型处方分析

案例 8-3　色甘酸钠粉雾剂

【**处方**】色甘酸钠　20g　　乳糖　20g　　共制 1000 粒

【**制法**】将色甘酸钠粉碎成极细粉末，与处方量乳糖充分混合均匀，分装到硬明胶胶囊中，即得。

【**性状**】白色粉末，无毒，无刺激性气味。

【**临床应用**】本品为抗变态反应药，用于治疗和预防支气管哮喘、过敏性哮喘及过敏性鼻炎。

【**分析**】本品为胶囊型粉雾剂，用时需装入相应的装置中，供患者吸入使用。色甘酸钠为主药，在胃肠道仅吸收 1% 左右，而肺部吸收较好，吸入后 10~20 分钟血药浓度即可达峰。处方中的乳糖为载体。

【**贮藏**】密封，在凉暗处保存。

❓ 想一想8-4

布地奈德吸入粉雾剂为糖皮质激素类平喘药，可用于治疗非糖皮质激素依赖性或依赖性的支气管哮喘和慢性支气管炎，处方如下：

布地奈德 0.2g　　乳糖 25g　　共制 1000 粒

请问如何制备布地奈德吸入粉雾剂？试分析处方中各成分的作用。

答案解析

五、吸入粉雾剂的质量检查

吸入粉雾剂在生产与贮存期间应符合《中国药典》（2020 年版）四部（通则 0111）的有关规定。除另有规定，吸入粉雾剂应进行以下相应检查。

1. 递送剂量均一性　照吸入粉雾剂项下检查，应符合规定。

2. 微细粒子剂量　照吸入制剂微细粒子空气动力学特性测定法检查，照各品种项下规定的装置与方法，依法测定，计算微细粒子剂量，应符合规定。除另有规定外，微细药物粒子百分比应不少于每吸主药含量标示量的 10%。

3. 多剂量吸入粉雾剂总吸次　在设定的气流下，将吸入剂撤空，记录撤次，不得低于标示的总撤次（该检查可与递送剂量均一性测定结合）。

4. 微生物限度　除另有规定外，照非无菌产品微生物限度检查：微生物计数法和控制菌检查法及非无菌药品微生物限度标准检查，应符合规定。

PPT

任务五 膜剂的制备与质控

一、膜剂的概述

（一）膜剂的概念

膜剂系指原料药物与适宜的成膜材料经加工制成的膜状制剂。供口服或黏膜用。膜剂的形状、大小、厚度等视用药部位的特点和含药量而定。

（二）膜剂的分类

膜剂通常按给药途径或结构特点进行分类。

1. 按给药途径分类 可分为口服膜剂、口腔用膜剂（包括口含、舌下给药及口腔内局部贴敷）、眼用膜剂、鼻用膜剂、阴道用膜剂、皮肤及创伤面用膜剂及植入膜剂等。

2. 按结构特点分类

（1）单层膜剂 药物直接溶解或分散在成膜材料中所制成的膜剂，有可溶性膜剂和不溶性膜剂两类。厚度约 $0.1 \sim 0.2mm$，口服用面积为 $1.0cm^2$，眼用面积为 $0.5cm^2$，阴道用面积为 $5.0cm^2$。

（2）多层膜剂 系将有配伍禁忌或不宜直接混合的药物分别制成单层膜，然后再将各层叠合黏结在一起制得的膜剂。有的多层膜剂是起到缓释和控释作用。

（3）夹心膜剂 系将含有药物的膜剂包藏在两层不溶性的高分子膜中间而成，主要起到缓释或控释作用。

（三）膜剂的特点

膜剂是近年来国内外研究和应用进展很快的剂型，与其他剂型相比较，具有如下特点。

1. 优点

（1）药物含量准确，稳定性好，吸收快，疗效迅速。

（2）体积小，重量轻，携带、运输及贮存方便。

（3）使用方便，适用于多种给药途径。

（4）制备工艺简单，生产过程中无粉尘飞扬，适宜于有毒药物的生产。

（5）成膜材料用量少，可节约辅料和包装材料。

（6）选择不同的成膜材料及辅料可制成不同释药速度的膜剂。

2. 缺点

（1）载药量少，只适用于剂量小的药物。

（2）重量差异不易控制，收率不高。

二、膜剂的质量要求

膜剂在生产与贮藏期间应符合下列规定。

（1）原辅料的选择应考虑到可能引起的毒性和局部刺激性。

（2）原料药物如为水溶性，应与成膜材料制成具有一定黏度的溶液；如为不溶性原料药物，应粉碎成极细粉，并与成膜材料等混合均匀。

（3）膜剂外观应完整光洁、厚度一致、色泽均匀、无明显气泡。多剂量的膜剂，分格压痕应均匀清晰，并能按压痕撕开。

（4）膜剂所用的包装材料应无毒性、能够防止污染、方便使用，并不能与原料药物或成膜材料发生理化作用。

5. 除另有规定外，膜剂宜密封贮存，防止受潮、发霉和变质。

三、膜剂的处方组成

膜剂一般由药物、成膜材料和附加剂三部分组成。

（一）药物

原料药物若为可溶性的，可以与成膜材料制成具有一定黏度的溶液；若为不溶性原料药物，则应粉碎成极细粉，并与成膜材料等混合均匀。

（二）成膜材料

成膜材料是膜剂的重要组成部分，其性能和质量对膜剂的成型、成品的质量以及药效的发挥有重要影响。成膜材料及附加剂应无毒、无刺激性、性质稳定、与原料药物兼容性良好。

常用的成膜材料是一些高分子物质，按来源不同可分为两类：一类是天然高分子物质，如明胶、阿拉伯胶、淀粉等，其中多数可降解或溶解，但成膜、脱膜性能较差，常与其他成膜材料合用；另一类是合成高分子物质，如聚乙烯醇类、丙烯酸共聚物类、纤维素衍生物等。

1. 成膜材料的要求　理想的成膜材料应具有如下条件：①生理惰性，无毒、无刺激性、不干扰免疫机能，外用不妨碍组织愈合，能被机体代谢或排泄，不致敏，长期使用无致畸、致癌作用；②性质稳定，不降低主药药效，不干扰药物的含量测定；③成膜、脱膜性能好，制成的膜具有一定的抗拉强度和柔韧性；④用于口服、腔道、眼用膜剂的成膜材料应具有良好的水溶性，能逐渐降解、吸收或排泄；用于皮肤、黏膜等的外用膜剂应能迅速、完全地释放药物；⑤来源广、价格适宜。

2. 常用的成膜材料

（1）聚乙烯醇（PVA）　聚乙烯醇系由醋酸乙烯在甲醇溶剂中进行聚合反应生成聚醋酸乙烯，再与甲醇发生醇解反应而得。为白色或淡黄色粉末或颗粒，对眼黏膜及皮肤无毒性、无刺激性；口服后在消化道吸收很少，80%的PVA在48小时内由直肠排出体外。它是目前国内最为常用的成膜材料，适于制成各种给药途径应用的膜剂。

PVA的性质主要取决于其分子量和醇解度，分子量越大，水溶性越小，水溶液的黏度越大，成膜性能越好。一般认为醇解度为88%时，水溶性最好，在冷水中能很快溶解；当醇解度为99%以上时，在温水中只能溶胀，在沸水中才能溶解。目前常用的规格有PVA05-88和PVA17-88，其平均聚合度分别为500~600和1700~1800（用前两位数字05和17表示），醇解度均为88%（用后两位数字88表示），分子量分别为22000~26200和74800~79200。这两种PVA均能溶于水，PVA05-88聚合度小、水溶性大、柔韧性差；PVA17-88聚合度大、水溶性小、柔韧性好。将二者以适当比例（如1:3）混合使用，能制成优良的膜剂。

（2）乙烯-醋酸乙烯共聚物（EVA）　本品为无色粉末或颗粒，是乙烯和醋酸乙烯在过氧化物或偶氮异丁腈引发下共聚而成的水不溶性高分子聚合物，可用于制备非溶蚀型膜剂的外膜。其性能与分子量及醋酸乙烯含量有关，当分子量相同时，醋酸乙烯含量越高，溶解性、柔韧性、弹性和透明性也越大。按醋酸乙烯的含量可将EVA分成多种规格，其释药性能各不相同。

EVA无毒性、无刺激性，对人体组织有良好的适应性；不溶于水，溶于有机溶剂，熔点较低，成膜性能良好，成膜后较PVA有更好的柔韧性。

（3）聚乙烯吡咯烷酮（PVP）　本品为白色或淡黄色粉末，微有特臭，无味；在水、乙醇、丙二醇、甘油中均易溶解；常温下稳定，加热至150℃时变色；无毒性和刺激性；水溶液黏度随分子量增加而增大，可与其他成膜材料配合使用；易长霉，应用时需加入抑菌剂。

（4）羟丙基甲基纤维素（HPMC） 本品为白色粉末，是应用最广泛的纤维素类成膜材料。在60℃以下的水中膨胀溶解，超过60℃时则不溶于水；本品在纯的乙醇、三氯甲烷中几乎不溶，能溶于乙醇 – 二氯甲烷（1∶1）或乙醇 – 三氯甲烷（1∶1）的混合液中。成膜性能良好，坚韧而透明，不易吸湿，高温下不黏着，是抗热抗湿的优良材料。

（三）附加剂

膜剂处方中，根据药物性质以及制备工艺等需要，可加入增塑剂（如甘油、三醋酸甘油酯、丙二醇、山梨醇）、遮光剂（如二氧化钛 TiO_2）和着色剂，必要时还可加入填充剂（淀粉、糊精、$CaCO_3$、SiO_2）、脱膜剂及表面活性剂（如聚山梨酯80、十二烷基硫酸钠、豆磷脂）等，口含膜剂还可加适量矫味剂如蔗糖、甜叶菊等。各组分常用品种和所占比例（W/W）如表8 – 4所示。

表 8 – 4 膜剂常用品种和其比例

品种	比例
主药	0% ~ 70%
成膜材料（PVA、PVP、EVA 等）	30% ~ 100%
增塑剂（甘油、山梨醇等）	0% ~ 20%
表面活性剂（聚山梨酯80、十二烷基硫酸钠、豆磷脂等）	1% ~ 2%
填充剂（$CaCO_3$、SiO_2、淀粉、糊精等）	0% ~ 20%
遮光剂（TiO_2）和着色剂（色素）	0% ~ 2%
脱膜剂（液体石蜡、甘油、硬脂酸、聚山梨酯80等）	适量

 练一练8–5

膜剂处方中的二氧化钛（TiO_2）起的作用是（　　）

A. 增塑剂 　　　　　 B. 遮光剂 　　　　　 C. 填充剂

D. 着色剂 　　　　　 E. 抑菌剂

答案解析

四、膜剂的制备技术

膜剂常用流延法、热塑制膜法、复合制膜法等方法制备。

（一）流延法

流延法系将成膜材料溶于适当溶剂中形成浆液，再将药物及附加剂溶解或分散在上述成膜材料浆液中制成均匀的药浆，静置除去气泡，经涂膜、干燥、脱膜后，根据主药含量计算单剂量膜面积，剪切成单剂量小格，包装，最后制得所需膜剂。流延法制备膜剂工艺流程如图8 – 20所示。

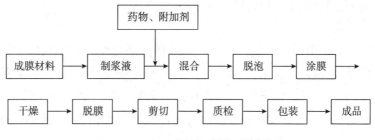

图 8 – 20 流延法制备膜剂工艺流程图

大量生产时常用涂膜机涂膜，如图 8 – 21 所示，将已配好的含药成膜材料浆液置于涂膜机的料斗中，浆液经流液嘴流出，涂布在预先涂有液体石蜡或聚山梨酯 80 的不锈钢循环带上，涂成宽度和厚度一定的涂层，经热风（80～100℃）干燥成药膜带，外面用聚乙烯膜或涂塑纸、涂塑铝箔、金属箔等包装材料烫封，按剂量热压或冷压划痕成单剂量的分格，再进行外包装即得。

实验室小量制备可用推（刮）板法，如图 8 – 22 所示。可将配制好的药浆倾倒于平板玻璃或不锈钢薄板上，然后用推杆推涂成厚度均匀的薄层，烘干后根据剂量切割、包装即得。

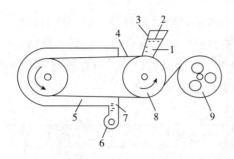

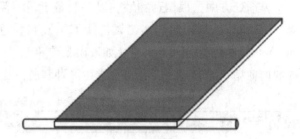

图 8 – 21　涂膜机示意图　　　　　　　　图 8 – 22　实验室少量推膜示意图

1. 流液嘴；2. 浆液；3. 控制板；4. 循环带；5. 干燥器；
6. 鼓风机；7. 加热器；8. 转鼓；9. 卷膜盘

（二）热塑制膜法

热塑制膜法是将药物细粉和成膜材料（如 EVA）颗粒相混合，用橡皮滚筒混碾，热压成膜，随即冷却，脱膜即得；或将热融的成膜材料如聚乳酸等，在热融状态下加入药物细粉，使其溶解或均匀混合，在冷却过程中成膜。本法可以不用或少用溶剂，可机械化生产，效率高。

（三）复合制膜法

复合制膜法是以不溶性的热塑性成膜材料（如 EVA）为外膜，分别制成具有凹穴的底外膜带和上外膜带，另用水溶性成膜材料（如 PVA 或海藻酸钠）用流延法制成含药的内膜带，剪切后置于底外膜带凹穴中热封即得。也可用易挥发性溶剂制成含药浆液，以间隙定量注入的方法注入底外膜带凹穴中，经吹风干燥后，盖上外膜带热封即得。此法适用于缓释膜剂的制备，常采用机械设备生产。

五、膜剂的典型处方分析

例　硝酸甘油膜

【处方】硝酸甘油乙醇溶液（10%）100ml　PVA17 – 88　78g　聚山梨酯 80　5g　甘油 5g　二氧化钛 3g　纯化水 400ml

【制法】取 PVA、聚山梨酯 80、甘油、纯化水在水浴上加热搅拌使溶解，再加入二氧化钛研磨，过 80 目筛，放冷。在搅拌下逐渐加入硝酸甘油乙醇溶液，放置过夜以消除气泡，用涂膜机在 80℃下制成厚 0.05mm、宽 10mm 的膜剂，用铝箔包装，即得。

【临床应用】舌下给药，用于心绞痛等症。

【分析】（1）处方中硝酸甘油为药物，PVA17 – 88 为成膜材料，聚山梨酯 80 为表面活性剂，甘油为增塑剂，二氧化钛为遮光剂，纯化水分散介质。（2）该制剂采用匀浆制膜法制备，主要工艺包括：①成膜材料制成浆液；②加入原辅料混匀；③消泡；④涂膜；⑤干燥；⑥脱模；⑦分剂量剪切；⑧包装。（3）本品以舌下给药，用于心绞痛等症。与普通硝酸甘油片相比，此膜剂的稳定性好，释药速度比片剂快 3～4 倍，用药后 20 秒左右即显效。

【贮藏】密封贮存，防止受潮、发霉和变质。

六、膜剂的质量检查

1. 外观 膜剂外观应完整光洁、厚度一致、色泽均匀、无明显气泡。多剂量的膜剂的分格压痕应均匀清晰，并能按压痕撕开。

2. 重量差异限度 根据《中国药典》（2020年版）中规定的检查方法，做如下检查。

取供试品20片，精密称定总重量，求得平均重量，再分别精密称定各片的重量。每片重量与平均重量相比较，按表8-5中的规定，超出重量差异限度的膜片不得多于2片，并不得有1片超出限度1倍。

表8-5 膜剂的重量差异限度

标示装量	装量差异限度（%）
0.02g 及 0.02g 以下	±15%
0.02g 以上至 0.20g	±10%
0.20g 以上	±7.5%

凡进行含量均匀度检查的膜剂，一般不再进行重量差异检查。

3. 微生物限度 除另有规定外，照非无菌产品微生物限度检查，微生物计数法和控制菌检查法及非无菌药品微生物限度标准检查，应符合规定。

七、膜剂的包装与贮藏

膜剂所用的包装材料应无毒性、能够防止污染、方便使用，不与原料药物或成膜材料发生理化作用。除另有规定外，膜剂应密封贮存，防止受潮、发霉和变质。

实训17 膜剂的制备与质量评价

一、实训目的

1. 掌握膜剂的概念、特点；匀浆制膜法（涂膜法）制备小量膜剂的方法。
2. 熟悉常用成模材料的性质和特点；膜剂的质量评定方法。

二、实训指导

膜剂是指药物与适宜的成膜材料经加工制成的膜状制剂，供口服或黏膜使用。膜剂按给药途径可分为口服膜剂、口腔用膜剂（包括口含、舌下给药及口腔内局部贴敷）、眼用膜剂、鼻用膜剂、阴道用膜剂、皮肤及创伤面用膜剂及植入膜剂等。

膜剂一般由药物、成膜材料和附加剂三部分组成。

成膜材料是膜剂的重要组成部分，其性能和质量对膜剂的成型、成品的质量以及药效的发挥有重要影响。成膜材料及附加剂应无毒、无刺激性、性质稳定、与原料药物兼容性良好。原料药物若为可溶性的，可以与成膜材料制成具有一定黏度的溶液；若为不溶性原料药物，则应粉碎成极细粉，并与成膜材料等混合均匀。

膜剂常用的制备方法有流延法、热塑制膜法、复合制膜法等。

实验室小量制备膜剂可采用刮（推）板法，即选用大小适宜、表面平整的玻璃板，洗净，擦干，均匀涂布少许液体石蜡或其他脱膜剂后用作"推板"，然后将浆液倾倒于"推板"上，再用有一定间距的刮刀（或玻棒）将药浆刮平（或推平），置于一定温度的烘箱中干燥即可。

除用脱膜剂脱膜外，尚可用聚乙烯薄膜或保鲜膜等为"垫材"，脱膜效果更佳。以聚乙烯薄膜为垫材制备药膜的操作方法如下。

玻璃板以75%乙醇涂擦一遍，趁湿铺上一张两边宽于玻璃板的聚乙烯薄膜，轻压以驱除气泡，使薄膜紧密、平展地贴于玻璃板上，宽余的部分紧贴于玻璃板的背面，使薄膜固定，即可用于推膜。此法不但易揭膜，且可将此聚乙烯薄膜作为药膜的被衬一起剪切，于临用时再揭膜去掉。

1. 生产工艺流程　刮板法生产工艺流程如图 8 - 23 所示。

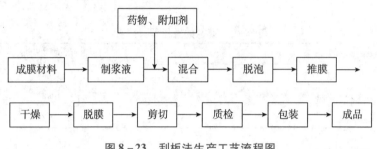

图 8 - 23　刮板法生产工艺流程图

2. 工艺步骤

（1）制备膜材料浆液　将成膜材料加相应溶剂混匀，放置适宜时间，使成膜材料充分浸润、膨胀、溶解成浆液。

（2）混合　将药物加入到充分膨胀后的成膜材料中混匀，必要时适当加热。

（3）脱泡　常温静置，消去气泡。

（4）涂膜　将玻璃板预热至相同温度后，涂膜，推涂成厚度均匀的薄层。

（5）干燥及脱模　将其晾干或低温烘干，小心揭下药膜，封装于塑料袋中，即得。

（6）质量检查　成品应进行质量检查。

（7）包装及贴标签　质量检查合格后，定量分装于适当的洁净容器中或进行切制，加贴符合要求的标签。

三、实训药品与仪器

1. 药品　硝酸（或盐酸）毛果芸香碱、PVA、甘油、注射用水。
2. 仪器　烧杯、量筒、玻璃板、玻璃棒、托盘天平等。

四、实训内容

毛果芸香碱膜剂

【处方】硝酸（或盐酸）毛果芸香碱 15g　聚乙烯醇（PVA05 - 88）4.5g　甘油 2g　纯化水加至 30ml

【制法】将处方量的聚乙烯醇、甘油和纯化水混匀，充分浸润膨胀后，置于水浴上加热使溶解，四层纱布趁热滤过；稍放冷后加入硝酸（或盐酸）毛果云香碱，常温静置至消去气泡即的药浆。将制作好的推板预热至与药浆相同温度后，倒上药浆，推涂成厚度均匀的薄层，晾干，揭膜，分剂量，封装于塑料袋中，即得。

【性状】本品平整、光洁、色泽均匀，无明显气泡。

【临床应用】用于眼部细菌感染所致结膜炎等。

【用法与用量】每格内含硝酸（或盐酸）毛果芸香碱 2mg，一次使用 1 格。

【操作要点】

（1）硝酸（或盐酸）毛果芸香碱是主药；聚乙烯醇是成膜材料；甘油是增塑剂，使膜具有良好的韧性，表面光滑，并有一定的抗拉强度。

（2）聚乙烯醇浸泡时间要长，一定要使其充分膨胀，然后加热使溶解。玻璃板可用铬酸清洁液处理，洗后自然晾干，有利于药膜的脱膜。或洗净干燥后，涂擦液体石蜡以利于脱膜。

（3）静置除去气泡再涂膜。

（4）干燥后用刀片划痕分格，封装于塑料袋中。

五、实训思考题

1. 膜剂在应用上有哪些特点？

2. 制备膜剂时，如何防止气泡产生？

任务六　涂膜剂的制备与质控

PPT

一、涂膜剂的概述

涂膜剂是指药物溶解或分散于含成膜材料的溶剂中，涂搽患处后形成薄膜的外用液体制剂。用时涂于患处，有机溶剂迅速挥发，形成薄膜保护患处，并缓慢释放药物起治疗作用。一般用于慢性无渗出液的皮损、过敏性皮炎、牛皮癣和神经性皮炎等。如治疗神经性皮炎的 0.5% 氢化可的松涂膜剂、烫伤涂膜剂、冻疮涂膜剂等。涂膜剂制备工艺简单，制备过程中不需要特殊的机械设备，使用方便，不易脱落，易洗除。

涂膜剂应符合以下规定：无毒、无局部刺激性；无酸败、变色现象，根据需要可加入抑菌剂或抗氧剂；遮光，密闭保存；通常在开启后最多使用 4 周。

二、涂膜剂的处方组成

涂膜剂由药物、成膜材料和挥发性有机溶剂三部分组成。常用成膜材料有聚乙烯醇缩甲乙醛、聚乙烯醇缩甲丁醛、火棉胶、聚乙烯醇等；挥发性溶剂有乙醇、丙酮、乙酸乙酯、乙醚等，或将上述溶剂以不同比例混合后使用。涂膜剂中一般还要加入增塑剂，常用的有邻苯二甲酸二丁酯、甘油、丙二醇、山梨醇等。

三、涂膜剂的制备技术

涂膜剂一般用溶解法制备。如药物能溶解于溶剂中，则直接加入溶解；如药物不溶于溶剂中，则用少量溶剂充分研磨后再分散于成膜材料的浆液中；如为中药，则应先制成乙醇提取液或提取物的乙醇 - 丙酮溶液，再加入到成膜材料中。

四、涂膜剂的质量检查

根据《中国药典》（2020 年版）对涂膜剂的质量检查有关规定，涂膜剂用时涂布患处，有机溶剂迅速挥发，形成薄膜保护患处，并缓慢释放药物起治疗作用；涂膜剂应无毒、无局部刺激性。除另有规定外，涂膜剂需要进行如下方面的质量检查。

1. 装量　除另有规定外，照最低装量检查法（通则 0942）检查，应符合规定。

2. 无菌 除另有规定外，用于烧伤或严重创伤的涂膜剂，照无菌检查法（通则1101）检查，应符合规定。

3. 微生物限度 除另有规定外，照微生物限度检查：微生物计数法（通则1105）和控制菌检查法（通则1106）及非无菌药品微生物限度标准（通则1107）检查，应符合规定。

五、涂膜剂的典型处方分析

癣净涂膜剂

【处方】 水杨酸40g　苯甲酸40g　硼酸4g　鞣酸30g　苯酚2g　薄荷脑1g　月桂氮䓬酮1ml　甘油10ml　聚乙烯醇-124　4g　纯化水40ml　95%乙醇加至100ml

【制法】 取PVA-124加入纯化水和甘油中充分溶胀后，在水浴上加热使完全溶解；另将水杨酸、苯甲酸、硼酸、鞣酸、苯酚及薄荷脑依次溶于适量95%乙醇中，加入月桂氮䓬酮，再添加乙醇使成50ml，搅匀后缓缓加至PVA-124溶液中，随加随搅拌，搅匀后迅速分装，密闭，即得。

【临床应用】 本品具有抗真菌、止痒作用，用于治疗手、足、股癣等。

【分析】 水杨酸、苯甲酸、硼酸、鞣酸、苯酚及薄荷脑为主药，月桂氮䓬酮为透皮吸收促进剂，甘油为增塑剂，取PVA124为成膜材料，95%乙醇为溶剂。

【注意事项】 金属离子能使处方中所含鞣酸、水杨酸、苯酚等变色，故制备及使用时应避免与金属器具接触。

任务七　认识生物药物制剂

PPT

一、生药药物的概述

（一）基本概念

生物药物制剂，是指将生物技术药物经现代制剂工艺生产制备而成的用于预防、治疗或诊断疾病的一类药物制剂的总称。

生物技术药物（简称为生物药物）是来自细菌、酵母、昆虫、植物或哺乳动物的细胞等各种表达系统，通过细胞培养、重组DNA技术、转基因技术制备（即通过生物技术手段所得到的），用于预防、诊断或治疗疾病的物质。如运用DNA重组技术和克隆技术生产的蛋白质、多肽、酶、激素、疫苗、单克隆抗体和细胞生长因子等药物。

生物技术又称生物工程，是利用生物有机体（动物、植物、微生物）或其组成部分（包括器官、组织、细胞或细胞器）发展各种生物新产品或新工艺的一种技术体系。生物技术包括基因工程、细胞工程、发酵工程与酶工程。以基因工程为核心以及具备基因工程和细胞工程内涵的发酵工程和酶工程才被称为现代生物技术。

👁看一看

已上市用于临床的常用生物技术药物

药名	缩写	作用与用途
1. 重组细胞因子药物		
α干扰素	IFNα	白血病、肝炎、癌症、ABs等
γ干扰素	IFNγ	慢性肉芽肿、过敏性皮炎等
β干扰素	IFNβ	多发性硬化症

续表

药名	缩写	作用与用途
粒细胞 - 集落刺激因子	G - CSF	骨髓移植、粒细胞减少、AIDs、再生障碍性贫血
粒细胞巨噬细胞 - 集落刺激因子	GM - CSF	骨髓移植、粒细胞减少、AIDs、再生障碍性贫血
人促红细胞生成素	EPO	各种贫血症
白细胞介素 2	TL - 2	癌症、免疫缺陷、免疫佐剂
白细胞介素 11	TL - 11	放化疗所致血小板减少
表皮生长因子	EGF	外用治疗烧伤与溃疡
碱性成纤维细胞生长因子	bFGF	外用治疗烧伤、外周神经炎
2. 重组激素类药物		
人胰岛素	Insulin	治疗糖尿病
人生长激素	rhGH	促进身体长高
3. 治疗性抗体		
小鼠抗 T 细胞单抗	OKT$_3$	治疗急性肝移植后的排斥反应
抗血小板凝聚单抗		预防血管成形术中的血液凝结
小鼠抗 CIh 单抗	CD$_3$ Mab	治疗肾移植后的排斥反应
4. 其他类		
组织溶酶原激活素	t - PA	治疗急性心肌梗死
乙肝病毒疫苗	HBV 疫苗	预防乙型肝炎
肿瘤坏死因子受体	TNF 受体	治疗顽固性类风湿关节炎

（二）生物药物的特点

生物药物大多数为蛋白质类、肽类、核酸类及多糖类等，目前上市品种绝大多数为蛋白质与多肽类。与小分子化学药物相比，生物技术药物具有以下几个特点。①药理活性高，一般使用剂量低；②结构复杂，且理化性质不稳定；③口服给药易受胃肠道环境 pH、菌群及酶系统破坏；④生物半衰期短，体内清除率高；⑤具有功能多样性，作用比较广泛；⑥检测过程中存在诸多困难和不便。

生物技术药物因为来源的原因有可能存在潜在免疫原性的问题。虽然大多数蛋白质、多肽类药物为内源性物质，药理活性高，临床使用剂量小，不良反应少，很少出现过敏反应，但是由于其大多数是从生物产物中分离、纯化得到的，其所含杂质也常为同类（如蛋白质），这些杂质的存在就可能引起过敏反应或出现与预期治疗作用不同的反应。而重组生物制剂与内源性物质略有差别，就会激发免疫不良反应。且从菌群中制备得到的重组生物制剂若被一定量的细菌污染也会激发免疫不良反应。

生物技术药物多数为大分子物质，其结构特性决定了对温度、环境 pH、酶、离子强度等条件较为敏感，容易失活。与小分子化学药物相比，保持其物质的稳定性对其发挥治疗作用至关重要。蛋白和多肽等药物由于相对分子量大，且常以多聚体形式存在，很难透过胃肠道黏膜的上皮细胞层，故吸收量少，一般不宜口服给药，患者依从性差，如胰岛素、多肽类、蛋白质类药物的药代动力学具有以下特点：①体内分布具有组织特异性，分布容积小，有些药物还呈现非线性消除动力学特征；②在体内降解快，且分布广泛；③该类药物血中消除速度较快，因此作用时间较短，往往注射给药不能充分发挥其作用。

如何运用制剂手段，研究开发生物技术药物的适宜制剂，特别是生物药物新的给药系统是药物制剂工作者的一个重要任务。提高蛋白质、多肽类药物的稳定性，延长作用时间，减少给药次数，开发生物技术药物的非注射给药系统，是目前药物制剂研究开发的全球性热点和难点。随着蛋白、多肽类药物的鼻腔给药、肺部给药、口服给药研究的不断深入，生物药物的非注射给药也将与注射给药同样重要。

（三）生物药物分类

生物药物的分类方法有三种，即按来源和制造方法分类；按其化学本质与特性分类；按照其生理功能和用途分类。这三种分类方式各有优缺点。生物技术药物虽然可按照其来源和制造方法进行分类，但是许多实际应用的生物技术药物是几种来源和制造方法相结合生产出来的。

按其化学本质与特性分类有利于比较药物的结构与功能的关系，方便阐述分离制备方法和检验方法。按此分类主要有：①氨基酸及其衍生物类，如可防治肝炎、肝坏死和脂肪肝的蛋氨酸，可用于防治神经衰弱、肝昏迷和癫痫的谷氨酸；②多肽和蛋白质类；③酶与辅酶类；④核酸及其降解物和衍生物类；⑤糖类；⑥脂类，包括不饱和脂肪酸、磷脂、前列腺素、胆酸类等；⑦细胞生长因子类；⑧生物制品类。目前已经上市的生物技术药物按化学结构分类主要为蛋白质、多肽、核酸、多糖等药物。

按生理功能和用途分类：①治疗药物，具有治疗疾病的功能，生物技术药物尤其对于疑难杂症，如肿瘤、艾滋病、心脑血管疾病等难以根治疾病的治疗效果有着其他药物不可比拟的优势；②预防药物，常见的预防性生物技术药物有疫苗、菌苗、类毒素等；③诊断药物，现有临床上使用的大部分诊断试剂来自生物技术药物，其具有速度快、灵敏度高、特异性强的特点，如免疫诊断试剂、酶诊断试剂、单克隆抗体诊断试剂、器官功能诊断药物和基因诊断药物等；④其他生物医药用品，生物技术药物应用范畴广泛，已拓展到生化试剂、化妆品、食品保健品等各个领域。

（四）生物药物制剂存在的问题

生物药物与小分子化学药物在理化性质、生物学性质等方面存在很大差异，如常温下极不稳定，半衰期短，体内易降解，极易变性，如何将该类药物制成安全、有效、稳定的制剂是一大难题；且对酶很敏感、不易穿透胃肠道黏膜等原因，临床上往往只能注射给药，但单一、频繁注射给药使得患者的顺应性差，难以满足临床需要。因此需利用现代药剂技术，研究在各种给药途径下生物技术药物与生理环境、疾病状态、剂型与药物、剂型与机体的相互作用，寻找得到影响该类药物吸收、跨膜转运、稳定性以及制剂设计的规律，设计出安全、有效、稳定、使用方便的生物技术药物新制剂。

❓ 想一想8-5

生物技术药物因为结构复杂，理化性质等原因，在临床给药中往往出现问题。如普通胰岛素皮下注射给药 $t_{1/2}$ 为 6～9 分钟，每天需给药 3～4 次。因此，生物技术药物给药存在诸多困难和不便，临床应用受到一定限制。

答案解析

讨论：

1. 如何改善生物药物给药中存在的问题？

2. 如何运用制剂手段，改善胰岛素注射剂的给药频率，延长给药间隔时间？

二、生物药物的注射给药系统

生物药物在胃肠道中易水解，吸收差且半衰期短，临床上常常需要重复给药。为保证其生物利用度，目前市售的生物技术药物主要是通过注射给药，根据体内作用过程，可分成两大类。一类为普通的注射剂，包括溶液型注射剂、混悬型注射剂、注射用无菌粉末；另一类为缓控释型注射给药系统，包括利用微球、微囊、脂质体、纳米粒和微乳等新制剂工艺制备的缓释、控释注射系统和缓释、控释植入剂等。

（一）生物药物注射剂的处方设计

生物技术药物因不同的分子结构，在溶液中的稳定性存在一定差异。某些蛋白质、多肽及多糖药物的溶液中适当添加稳定剂且低温保存时可放置数月或两年以上；而有些蛋白质、核酸药物（特别是经纯化的）在溶液状态下活性只能保持几个小时或几天。所以在剂型上，选择溶液型注射剂或注射用无菌粉末，主要取决于蛋白质、多肽类药物在溶液中的稳定性情况。

蛋白质、多肽类药物的注射剂可有多种给药途径，包括静脉注射、肌内注射或静脉滴注等，对其质量要求与一般注射剂基本相同。一般可通过结构修饰和添加适宜辅料两种方式来增加生物技术药物（特别是蛋白质、多肽药物）的稳定性。在蛋白质、多肽类药物的溶液型注射剂中常用的稳定剂包括盐类、缓冲液、表面活性剂类、糖类、氨基酸和人血白蛋白（HSA）等。

pH值对蛋白质、多肽类药物的稳定性和溶解度均有明显的影响。在较强的酸、碱性条件下，蛋白质、多肽药物易发生化学结构的改变，在不同的pH条件下蛋白质、多肽药物还可发生构象的可逆或不可逆改变，以至于出现聚集、沉淀、吸附或变性等现象；大多数蛋白质、多肽类药物在pH 4~10比较稳定，并在等电点对应的pH最稳定，但溶解性最差。常用的缓冲剂包括枸橼酸钠/枸橼酸缓冲对和磷酸盐缓冲对等。

血清蛋白可提高蛋白质、多肽类药物的稳定性，其中HSA可用于人体，用量为0.1%~0.2%。HSA易被吸附，可减少蛋白质药物的降解，可保护蛋白质的构象，也可作为冻干保护剂。但HSA对蛋白质、多肽类药物含量分析上的干扰以及对产品纯度的影响应予以关注。

糖类与多元醇等可增加蛋白质药物在水中的稳定性，这可能与糖类促进蛋白质的优先水化有关。常用的糖类包括蔗糖、海藻糖、葡萄糖和麦芽糖，而常用多元醇有甘油、甘露醇、山梨醇、PEG等。

一些氨基酸（如甘氨酸、精氨酸、天冬氨酸和谷氨酰胺等）物质可以增加蛋白质药物在给定pH下的溶解度，并可提高其稳定性，用量一般为0.5%~5.0%。其中甘氨酸比较常用。氨基酸除了可降低表面吸附和保护蛋白质的构象之外，还可防止蛋白质、多肽类药物的热变性与聚集。

无机盐类对蛋白质的稳定性和溶解度的影响比较复杂。有些无机离子能够提高蛋白质高级结构的稳定性，但会使蛋白质的溶解度下降（如盐析），而另一些离子，可降低蛋白质高级结构的稳定性，同时会使蛋白质的溶解度增加（如盐溶）。一般加入的无机盐离子在低浓度下可能以盐溶为主，而高浓度下则可能发生盐析。选择适当的离子和浓度下，可增加蛋白质的表面电荷，促进蛋白质与水的作用，从而增加其溶解度；相反，无机盐离子与水产生很强作用时，会破坏蛋白质的表面水层，促进蛋白质之间的相互作用而使其产生聚集。在蛋白质、多肽类药物的溶液型注射剂中常用的盐类有NaCl和KCl等。

蛋白质、多肽类药物对表面活性剂非常敏感。含长链脂肪酸的表面活性剂或离子型表面活性剂（如十二烷基硫酸钠等）均可引起蛋白质的解离或变性。但少量的非离子型表面活性剂（主要是聚山梨酯类）具有防止蛋白质聚集的作用。可能的机制是表面活性剂倾向性地分布于气-液或液-液界面，防止蛋白质在界面的变性等。聚山梨酯类可用于单抗制剂和球蛋白制剂等。

蛋白质、多肽药物溶液型注射剂一般要求在2~8℃下保存，不能冷冻或振摇，取出后在室温下一般要求在6~12小时内使用。

在制备蛋白质、多肽类药物的注射用无菌粉末（冷冻干燥制剂更常用）时，一般要考虑加入填充剂、缓冲剂和稳定剂等。由于单剂量的蛋白质、多肽类药物剂量一般都很小，因而为了冻干成型需要加入一定量填充剂。常用的填充剂包括糖类与多元醇，如甘露醇、山梨醇、蔗糖、右旋糖酐、葡萄糖、海藻糖和乳糖等，最常用为甘露醇。糖类和多元醇等还具有冻干保护剂的作用。在冷冻干燥过程中，随着周围的水被除去，蛋白质容易发生变性，而多羟基类化合物（糖类、多元醇）可替代水分子，可使蛋白质与之产生氢键，有利于蛋白质药物稳定，抑菌剂和等张调节剂可加入至稀释液中，临用前溶解冻干制剂。

练一练8-6

（多选题）

1. 生物技术药物的特点有（　　）

　　A. 药理活性高，一般使用剂量低　　　B. 结构复杂，理化性质不稳定

　　C. 分子量小　　　　　　　　　　　　D. 生物半衰期短，体内清除率高

　　E. 具有功能多样性，作用比较广泛

2. 生物技术药物按化学本质和特性分类主要分为（　　）

　　A. 蛋白质　　　　　　B. 多肽　　　　　　C. 核酸

　　D. 多糖　　　　　　　E. 脂类

答案解析

（二）质量检测和稳定性评价

生物药物由于其一般稳定性差，对温度、环境 pH、离子强度、酶等较为敏感而发生失活外，注射剂的制备工艺过程可能对其活性产生影响，且这类药物可能因为立体结构改变致活性丧失而无药理作用，常用的化学法测定则可能表现为含量几乎没变化。因此，对此类药物的质量控制和质量检测提出了新的要求。

1. 制剂中药物的含量测定　制剂中蛋白质类药物的含量测定可根据处方组成确定，如紫外分光光度法和反相高效液相色谱法常用于测定溶液中蛋白质的浓度，但必须进行方法的适用性试验，在处方中其他物质不干扰药物测定的前提下，将药物制剂溶于 1.0mol/L 氢氧化钠溶液中后采用 292nm 波长条件下的紫外分光光度法测定。也可采用反相高效液相色谱（RP－HPLC）、离子交换色谱（IEC）与分子排阻色谱（SEC）测定。

2. 制剂中药物的活性测定　蛋白质类药物制剂中药物的活性测定是评价制剂工艺可行性的重要方面，活性测定方法有药效学方法和放射免疫测定法。其中药效学方法又分为体外药效学方法和体内药效学方法。体外药效学方法是利用体外细胞与活性蛋白质、多肽的特异生物学反应，通过剂量（或浓度）效应曲线进行定量（绝对量或活性单位），该方法具有结果可靠、方法重现性好的特点，是制订药物制剂质量标准最基本的方法。体内药效学方法是直接将药物给动物或者人体之后观察药效学反应，从而对药物的药效进行评价，这种方法药效确切，能够反映药物的确切作用。在新药研究中，体内药效学研究是必做项目。放射免疫测定法是建立在蛋白质类药物的活性部位与抗原决定簇处在相同部位时实施的一种方法，否则活性测定会产生误差。此外，也可采用十二烷基硫酸钠－聚丙烯酰胺凝胶电泳（SDS－PAGE）法测定蛋白质类药物活性。

3. 制剂中药物的体外释药速率测定　缓释制剂中药物的体外释放速率受到制剂本身、释放介质、离子强度、转速、温度等多种因素的影响。其中制剂本身的影响因素主要集中在药物、聚合物、制备工艺和附加剂等几个方面。测定缓释制剂中蛋白质类药物的体外释药速率时考虑到药物在溶出介质中不稳定，多采用测定制剂中未释放药物量的方法。

4. 制剂的稳定性研究　蛋白质类药物制剂的稳定性研究应包括制剂的物理稳定性和化学稳定性两个方面，物理稳定性研究应包括制剂中药物的溶解度、释放速率以及药典规定的制剂常规指标的测定，化学稳定性包括药物的降解稳定性和生物活性等测定。检测手段根据不同药物的特性选择光散射法、圆二色谱法、电泳法、分子排阻色谱法和细胞病变抑制法等。

5. 体内药动学研究　由于蛋白质类药物剂量小，体内血药浓度检测的灵敏度要求高，常规体外检

测方法不能满足体内血药浓度测定，此外，药物进入体内后很快被分解代谢，因此选择合适的检测方法是进行体内药动学研究的关键。对于非静脉给药的缓控释制剂的体内药动学试验可考虑选择放射标记法测定血浆中药物的量，该方法灵敏度高，适合多数蛋白质类药物体内血药浓度的测定。如果药物血药浓度与药效学参数呈线性关系，也可用药效学指标代替血药浓度进行体内吸收和药动学研究。

6. 刺激性及生物相容性研究 生物技术药物的刺激性与相容性实验的原则和方法与其他类型药物制剂基本相同，《药品注册管理办法》规定，皮肤、黏膜及各类腔道用药需进行局部毒性和刺激性试验，各类注射（植入）途径给药剂型除进行局部毒性和刺激性试验外还需进行所用辅料的生物相容性研究，以确保所用辅料的安全性。

三、生物药物的非注射给药系统

由于生物药物注射给药给患者使用带来诸多不便，因此非注射给药的研究越来越重视。蛋白质、多肽类药物的非注射制剂可以基本上分为黏膜吸收制剂和经皮吸收制剂两大类给药途径。

这些给药途径的制剂研究中，需重点解决以下几个问题：①给药部位黏膜透过性低，使药物吸收差；②体液引起药物水解或酶解；③首过效应；④药物对作用部位的靶向性等。

（一）蛋白质、多肽类药物的黏膜吸收制剂

蛋白质、多肽类药物的黏膜吸收途径很广泛，包括口服、口腔、舌下、鼻腔、肺部、结肠、直肠、子宫、阴道和眼部等部位。其中，蛋白质、多肽类药物的口服给药研究比较深入，但由于胃肠道的内环境使其极具挑战性；蛋白质、多肽类药物的鼻腔和肺部给药已展现出较好的应用前景。通过鼻、直肠、阴道、眼部和口腔黏膜给药能避免首过效应，避免胃肠道降解、消除，使药物更好地被吸收。

黏膜给药制剂需解决的主要问题是生物利用度低，主要原因是：①黏膜上皮细胞对大分子药物具有高度选择性；②给药位点或循环系统中会发生酶解，且给药位点上存在多种酶可能使蛋白质和多肽类药物发生降解；③上皮具有清除外源性物质的机制。

1. 鼻腔给药制剂 目前研究蛋白质、多肽类药物鼻腔给药的主要剂型有滴鼻剂、喷雾剂、粉末剂、微球制剂、凝胶剂、脂质体等。已有一些蛋白质和多肽类药物鼻腔给药系统上市，如布舍瑞林、去氨加压素（DDAVP）、降钙素、催产素等。虽然有的产品生物利用度并不高（如那法瑞林和催产素的生物利用度约分别为3%和1%），但临床应用效果却不错。

蛋白质、多肽类药物的鼻腔给药具有一定的优势。鼻腔黏膜中小动脉、小静脉和毛细淋巴管分布丰富，有利于药物吸收；鼻腔黏膜的酶活性相对较低，对蛋白质、多肽类药物降解作用低于胃肠黏膜；鼻腔中大量的微细绒毛吸收面积较大、鼻腔黏膜的穿透性相对较高，这使得鼻腔给药吸收较容易；药物在鼻黏膜的吸收可以直接进入体循环，故能避开肝的首过效应；特别是很容易使药物到达吸收部位，这一点比肺部给药更优越。蛋白质、多肽类药物鼻腔给药存在的主要问题包括局部刺激性、对纤毛的损害或妨碍、大分子药物吸收仍较少或吸收不规则等，尤其是需要长期用药。因此一些蛋白质、多肽类药物（如降钙素）的鼻腔给药可替换注射给药的治疗。但是鼻腔中的酶（如亮氨酸氨肽酶）存在会使药物半衰期变短，如胰岛素在鼻腔中的 $t_{1/2}$ 约为30分钟。

一些低分子多肽鼻腔给药生物利用度较高，但超过27个氨基酸的多肽鼻腔给药的生物利用度一般小于1%，因而蛋白质、多肽药物鼻腔给药的主要难以解决问题仍然是生物利用度低，所以，蛋白质、多肽类药物鼻腔给药制剂设计和研究的重点是如何提高生物利用度问题。

提高蛋白质、多肽类药物鼻腔给药生物利用度的方法主要包括制剂处方中添加吸收促进剂和酶抑制剂，或者制成微球、纳米粒、脂质体、凝胶剂等新剂型以延长作用时间或增加吸收。常用的鼻腔吸收促进剂有：①胆盐类，如胆酸钠、脱氧胆酸钠、甘氨胆酸钠、牛磺脱氧胆酸钠等；②表面活性剂，

如聚氧乙烯月桂醇醚、皂角苷等；③螯合剂，如乙二胺四乙酸盐、水杨酸盐等；④脂肪酸类，如油酸、辛酸、月桂酸等；⑤甘草次酸衍生物，甘草次酸钠、碳烯氧代二钠盐等；⑥梭链孢酸衍生物，如牛磺二氢俤酸霉素钠、二氢俤酸霉素钠等；⑦磷脂类及衍生物，如溶血磷脂酰胆碱、二癸酰磷脂酰胆碱等；⑧酰基肉碱，如月桂酰基肉碱、辛酰基肉碱、棕榈酰肉碱等；⑨环糊精，如 α、β、γ 7 - 环糊精、环糊精衍生物。胰岛素鼻腔给药，不用促进剂时的生物利用度 <1%，如用葡萄糖胆酸酯作为吸收促进剂，其生物利用度可提高 10% ~ 30%。如将胰岛素制成淀粉微球，达峰时间为 8 分钟，维持时间 4 小时，其生物利用度约30%，最近，新的黏膜促进剂被开发（如甲壳胺、壳聚糖），特别是用于肽类和蛋白质的鼻腔、口腔以及疫苗的给药。

2. 肺部给药制剂 蛋白质、多肽类药物肺部给药与其他黏膜给药途径相比，对药物的吸收具有一定的优势。肺部可提供巨大的吸收表面积（大于 $100m^2$）和十分丰富的毛细血管；肺泡上皮细胞层很薄，易于药物分子透过；肺部的酶活性较胃肠道低，且没有胃肠道的酸性环境；从肺泡表面到毛细血管的转运距离极短；在肺部吸收的药物可直接进入血液循环，可避免肝的首过效应。特别是在胃肠道难以吸收的药物（如大分子药物），肺部可能是一个很好的给药途径。但是，相对于注射途径给药，蛋白质及多肽类药物肺部给药系统的生物利用度仍很低。为了提高这类药物的生物利用度，一般采用加入吸收促进剂或酶抑制剂，对药物进行修饰或制成脂质体等。

常用的吸收促进剂有胆酸盐类、脂肪酸盐和非离子型表面活性剂等。常用的酶抑制剂有稀土元素化合物和羟甲基丙氨酸等。

肺部给药的最大问题在于将药物全部输送到吸收部位比较困难，很多药物可在上呼吸道沉积使吸收减少；同时肺部也是一个比较脆弱的器官，长期给药的可行性需经过药理毒理实验验证。鉴于这一原因，蛋白质、多肽类药物肺部给药系统应尽量少用或不用吸收促进剂，而主要通过吸入装置的改进来增加药物到达肺深部组织的比率，从而增加吸收。蛋白质、多肽药物的肺部给药主要是以溶液和粉末的形式，即采用 pMDIs 或 DPIs 装置，但也有制成为微球、纳米粒和脂质体等的报道。利用脂质体等技术也可使多肽或蛋白类药物的相对生物利用度大大提高。

3. 口服给药制剂 口服给药是最容易被患者接受的给药方式。但现在市场上用于全身作用的口服蛋白质、多肽药物仅有环孢素（环肽）等少数药物。另外，有些蛋白质药物（如蚓激酶）虽然吸收很少，但在大剂量下仍能发挥一定的药理效应，故也有口服的制剂产品。多数的口服酶制剂只是在胃肠道发挥局部作用。

正常情况下，氨基酸或小肽可通过肠黏膜上的水性孔道而吸收，而多肽片段则不能，只能通过主动转运方式吸收。一般的蛋白质、多肽药物在胃肠道的吸收率都小于2%，原因主要是：①多肽相对分子质量大，脂溶性差，难以通过生物膜屏障；②吸收后易被首过效应消除；③胃肠道中存在着大量多肽水解酶和蛋白水解酶，可将蛋白质、多肽类药物水解为氨基酸或小肽等；④存在化学和构象不稳定问题。目前人们研究的重点放在如何提高多肽的生物膜透过性和抵抗蛋白酶降解这两个方面。提高蛋白质、多肽类药物胃肠道吸收的方式已有较多的报道，包括使用酶抑制剂、用 PEG 修饰多肽以抵抗醇解、应用生物黏附性颗粒以及制备蛋白质、多肽类药物的脂质体、微球、纳米粒、微乳或肠溶制剂等。

蛋白质、多肽类药物通过新剂型手段的确可以在一定程度上增加其在胃肠道的吸收，可能的机制包括载体材料（或酶抑制剂）对药物的保护作用、药物分散在载体中阻止了药物的聚集、颗粒性载体在胃肠道微绒毛丛中的滞留时间明显延长、用生物黏性材料（如多糖类）增加药物与黏膜接触的机会、将药物输送至酶活性较低的大肠部位等。目前存在的问题包括生物利用度低、结果的重现性较差等。

4. 口腔给药制剂 口腔黏膜给药的特点是：①患者用药顺应性好；②口腔黏膜虽然较鼻黏膜厚，但是面颊部血管丰富，药物吸收经颈静脉、上腔静脉进入体循环，不经消化道且可避免肝首过效应；

③口腔黏膜有部分角质化，因此对刺激的耐受性较好。口腔黏膜给药的不足之处是如果不加吸收促进剂或酶抑制剂时，大分子药物的吸收较少。增加口腔黏膜吸收的方法主要是改进药物膜穿透性和抑制药物代谢两方面。蛋白质、多肽类药物的口腔给药系统的关键问题是选择高效低毒的吸收促进剂。国内有研究用磷脂等作吸收促进剂的胰岛素口腔喷雾剂的报道，已进入临床研究。加拿大一家公司研制的胰岛素口腔气雾剂也已进入临床研究。

5. 直肠给药制剂 虽然蛋白质、多肽类药物的直肠给药吸收较少，但是也具有一定的优点：①直肠中环境比较温和，pH接近中性，降解酶活性很低，经过直肠给药后药物被破坏少；②在直肠中吸收的药物也可直接进入全身循环，避免药物的肝首过效应；③不像口服给药易受胃排空及食物等影响。因此，蛋白质和多肽类药物直肠给药是一条可选的途径，不足之处是长期用药时患者用药依从性差。

选择适当的吸收促进剂，以栓剂形式给药可明显提高蛋白质、多肽类药物的直肠吸收。常用的吸收促进剂包括水杨酸类、胆酸盐类、烯胺类、氨基酸钠盐等。如胰岛素在直肠的吸收小于1%，但加入烯胺类物质苯基苯胺乙酰乙酸乙酯后，吸收增加至27.5%；用甲氧基水杨酸或水杨酸可明显增加其吸收。目前胰岛素、生长激素、促胃液素等药物直肠给药系统研究已取得了一定进展。

（二）蛋白质、多肽类药物的经皮吸收制剂

由于蛋白质、多肽类药物分子质量大、亲水性强、稳定性差，因此，在所有非侵入性给药方式中，皮肤透过性最低。但通过一些特殊的物理或化学的方法和手段，仍能显著地增加蛋白质、多肽类药物的经皮吸收。这些方法包括超声导入技术、离子导入技术、电穿孔技术、固体药物的皮下注射和传递体输送等。目前在经皮吸收制剂方面研究并取得进展的蛋白质和多肽类药物有人胰岛素（DNA重组）、人生长激素、凝血因子ⅧC、干扰素$\alpha-2a$、干扰素$\alpha-2b$、生长激素和组织纤溶酶原激活剂等。

超声导入、电致孔、离子导入、高速微粉给药和类脂转运技术的应用均能实现蛋白质、多肽类药物的经皮吸收，且多种促透技术的联用既可以充分发挥单一技术的优势，又可以减少不良反应。

超声导入技术是利用超声波的能量来实现药物透过皮肤转运的一种物理方法。在进行超声导入时，需要一些介质将超声波的能量从源头传递到皮肤表面，这些介质主要是甘油、丙二醇或矿物油和水的混合物。研究表明，在低频超声波作用下，一些蛋白质、多肽类药物（如胰岛素、EPO等）可以透过人体的皮肤。其原理在于超声波引起的致孔作用、热效应、对流效应和机械效应等，导致皮肤角质层的紊乱，从而增加了药物的透过。值得注意的是，超声波对皮肤的作用是可逆的，而超声波引发的气泡可能使蛋白质、多肽类药物暴露在气液界面，造成聚集或不稳定。

电穿孔技术是利用高压脉冲电场使皮肤产生暂时性的水性通道来增加药物穿透皮肤的方法。该技术在分子生物学和生物技术中已广泛应用，如用于细胞膜内DNA、酶和抗体等大分子的导入，制备单克隆抗体或进行细胞的融合等，现在已用于药物透皮给药的研究，其中包括不少的蛋白质、多肽类药物（如肝素、LHRH和环孢素等）。

离子导入法是利用直流电流将离子型药物（或中性分子）导入皮肤的技术。由于蛋白质、多肽类药物大多数具有两亲性，在一定的电场作用下可以随之发生迁移并透过皮肤的角质层。影响蛋白质、多肽类药物透皮性能的因素包括电场强度和维持时间、电场引起膜的改变程度、药物溶液酸度和离子强度以及电场所致水的渗透程度等。已有不少的蛋白质、多肽药物（如胰岛素、加压素、促甲状腺素释放激素等）开展了离子导入的研究。

传递体又称柔性脂质体，它可通过柔性膜的高度自身形变并以渗透压差为驱动力，高效地穿过比其自身小数倍的皮肤孔道。它可作为大分子药物（如多肽及蛋白质）的载体，使药物进入皮肤深部甚至进入体循环。在脂质体的双分子层中加入不同的附加剂可改变脂质体的性质和功能。柔性脂质体与普通脂质体相比一般粒径的分布更均匀。有研究报道，胰岛素柔性脂质体在经皮给药研究中表现出很好的透皮吸收效果。

答案解析

目标检测

一、A 型题（最佳选择题）

1. 栓剂在常温下是（　　）
   A. 固体　　　　　　　B. 半固体　　　　　　C. 易流动的液体　　　D. 黏稠液体

2. 水溶性或亲水性基质制备栓剂时，可选用的润滑剂是（　　）
   A. 软肥皂或甘油　　　　　　　　　　　B. 液体石蜡或植物油
   C. 乙醇或甘油　　　　　　　　　　　　D. 软肥皂或乙醇

3. 发挥全身作用的栓剂在应用时，塞入距肛门口的距离最适宜的是（　　）
   A. 2cm　　　　　　　B. 4cm　　　　　　　C. 6cm　　　　　　　D. 8cm

4. 下列不属于栓剂水溶性基质的是（　　）
   A. 聚乙二醇　　　　　B. 甘油明胶　　　　　C. S-40　　　　　　　D. 可可豆脂

5. 油脂性基质的栓剂可用的制备方法是（　　）
   A. 热熔法和冷压法　　B. 研合法　　　　　　C. 熔融法　　　　　　D. 滴制法

6. 能与蛋白质产生配伍禁忌的药物（鞣质等）制备栓剂时不宜选用（　　）
   A. 吐温61　　　　　　B. S-40　　　　　　　C. 甘油明胶　　　　　D. 聚乙二醇

7. 下列不是对栓剂基质的要求是（　　）
   A. 在室温下保持一定的硬度　　　　　　B. 不影响主药的作用
   C. 不影响主药的含量测量　　　　　　　D. 有黏性具有延展与涂布性

8. 下列有关置换价的正确表述是（　　）
   A. 药物的重量与基质重量的比值　　　　B. 药物的体积与基质体积的比值
   C. 药物的重量与同体积基质重量的比值　D. 药物的重量与基质体积的比值

9. 下列关于栓剂的描述错误的是（　　）
   A. 可发挥局部与全身治疗作用　　　　　B. 制备栓剂可用冷压法
   C. 栓剂应无刺激，并有适宜的硬度　　　D. 可以使全部药物避免肝脏的首过效应

10. 制备油脂性基质的栓剂时，可选用的润滑剂是（　　）
    A. 液体石蜡　　　　　　　　　　　　　B. 植物油
    C. 软肥皂、甘油、乙醇　　　　　　　　D. 肥皂

11. 水溶性基质栓全部溶解的时间应在（　　）
    A. 30分钟　　　　　　B. 40分钟　　　　　　C. 50分钟　　　　　　D. 60分钟

12. 混悬型气雾剂为（　　）
    A. 泡沫气雾剂　　　　B. 二相气雾剂　　　　C. 三相气雾剂　　　　D. 吸入粉雾剂

13. 气雾剂抛射药物的动力为（　　）
    A. 推动钮　　　　　　B. 内孔　　　　　　　C. 抛射剂　　　　　　D. 定量阀门

14. 膜剂的质量要求与检查中不包括（　　）
    A. 重量差异　　　　　　　　　　　　　B. 含量均匀度
    C. 微生物限度检查　　　　　　　　　　D. 黏着强度

15. 对膜剂正确描述的是（　　）

    A. 只能外用
                       B. 多采用匀浆制膜法制备

    C. 常用的成膜材料是聚乙二醇
          D. 为释药速度单一的制剂

16. 膜剂的制备多采用（　　）

    A. 涂膜法
         B. 热熔法
               C. 溶剂法
               D. 冷压法

17. PVA 的中文名称为（　　）

    A. 聚丙烯
         B. 聚乙烯醇
           C. 聚乙烯吡咯烷酮
       D. 聚乙二醇

二、X 型题（多项选择题）

1. 栓剂的特点有（　　）

    A. 常温下为固体，纳入腔道迅速熔融或溶解
        B. 可产生局部和全身治疗作用

    C. 不受胃肠道 pH 或酶的破坏
              D. 不受肝脏首过效应的影响

    E. 适用于不能或者不愿口服给药的患者

2. 栓剂中油溶性药物的加入方法有（　　）

    A. 直接加入熔化的油脂性基质中
        B. 以适量乙醇溶解加入水溶性基质中

    C. 加乳化剂
                      D. 若用量过大，可加适量蜂蜡、鲸蜡调节

    E. 用适量羊毛脂混合后，再与基质混匀

3. 栓剂的主要吸收途径有（　　）

    A. 直肠下静脉和肛门静脉→肝脏→大循环
    B. 直肠上静脉→门静脉→肝脏→大循环

    C. 直肠淋巴系统
                   D. 直肠上静脉→髂内静脉→大循环

    E. 直肠下静脉和肛门静脉→下腔静脉→大循环

4. 下列可作为栓剂的基质有（　　）

    A. 羧甲基纤维素
              B. 石蜡

    C. 可可豆脂
               D. 聚乙二醇类

    E. 半合成脂肪酸甘油酯类

5. 影响栓剂中药物吸收的因素（　　）

    A. 塞入直肠的深度
              C. 药物的溶解度

    B. 直肠液的酸碱性
              D. 药物的粒径大小

    E. 药物的脂溶性

6. 下列哪些是栓剂基质的要求（　　）

    A. 有适当的硬度
              B. 熔点与凝固点应相差很大

    C. 具润湿与乳化能力
          D. 水值较高，能混入较多的水

    E. 不影响主药的含量测定

7. 用热熔法制备栓剂的过程包括（　　）

    A. 涂润滑剂
         B. 熔化基质
              C. 加入药物

    D. 注模
            E. 冷却、脱模

8. 栓剂的制备方法有（　　）

    A. 研和法
         B. 搓捏法
              C. 冷压法

    D. 热熔法
         E. 乳化法

9. 喷雾剂的质量检查项目包括（　　）

    A. 每瓶总喷次
       B. 每喷喷量
         C. 每喷主药含量

D. 递送剂量均一性　　　E. 微细粒子剂量

10. 下列关于气雾剂的特点正确的是（　　）

A. 具有速效和定位作用

B. 可以用定量阀门准确控制剂量

C. 药物可避免胃肠道的破坏和肝脏首过作用

D. 生产设备简单，生产成本低

E. 由于起效快，适合心脏病患者使用

11. 膜剂理想的成膜材料应具备的条件有（　　）

A. 无刺激性、无致畸、无致癌等

B. 在体内能被代谢或排泄

C. 不影响主药的释放

D. 成膜性、脱膜性较好

E. 在体温下易软化、熔融或溶解

12. 膜剂常用的辅料有（　　）

A. 成膜材料　　　　　　B. 增塑剂　　　　　　C. 着色剂

D. 遮光剂　　　　　　　E. 矫味剂

13. 下列哪些物质属于人工合成高分子成膜材料（　　）

A. PVP　　　　　　　　B. 琼脂　　　　　　　C. PVA

D. 阿拉伯胶　　　　　　E. EVA

14. 涂膜剂的组成包括（　　）

A. 药物　　　　　　　　B. 润湿剂　　　　　　C. 挥发性有机溶剂

D. 黏合剂　　　　　　　E. 成膜材料

15. 下列有关膜剂的特点，正确的是（　　）

A. 体积小，重量轻

B. 可节省大量成膜材料和辅料

C. 制备工艺简单

D. 给药途径广泛，使用方便

E. 载药量小，不适合用量大的药物

三、简答题

1. 肛门栓剂应用上有什么特点？

2. 栓剂的制备方法有哪些？

3. 栓剂基质的类型有哪些？

4. 气雾剂的组成有哪些？

5. 膜剂应用上有什么特点？

6. 膜剂的制备方法有哪些？请写出匀浆制膜法的工艺流程。

四、计算题

鞣酸栓剂：每粒含鞣酸0.2g，空白检重2g，已知鞣酸置换价为1.6，则每粒鞣酸栓剂可可豆脂理论用量为多少？

五、实例分析题

1. 分析下列醋酸氯己定泰栓处方中各成分的作用，并简述其制备过程。

　[处方] 醋酸氯己定　　　　0.1g　　　（　　　　）

　　　　　吐温80　　　　　　0.4g　　　（　　　　）

　　　　　冰片　　　　　　　0.005g　（　　　　）

　　　　　乙醇　　　　　　　0.5g　　　（　　　　）

　　　　　甘油　　　　　　　12.0g　　（　　　　）

明胶　　　　　　　　5.4g　　　（　　　　　　　）

纯化水　　　　　　　加至40g　　（　　　　　　　）

2. 分析盐酸异丙肾上腺素气雾剂处方中各成分的作用，并简述其制备过程。

盐酸异丙肾上腺素气雾剂

［处方］盐酸异丙肾上腺素　2.5g　　　（　　　　　　　）

　　　　乙醇　　　　　　　296.5g　　（　　　　　　　）

　　　　维生素 C　　　　　1.0g　　　（　　　　　　　）

　　　　柠檬油　　　　　　适量　　　（　　　　　　　）

　　　　二氯二氟甲烷　　　适量　　　（　　　　　　　）

　　　　制成　　　　　　　1000g

3. 分析下列硝酸钾牙用膜剂处方中各成分的作用，并简述其制备过程。

　硝酸钾牙用膜剂

［处方］硝酸钾　　　　　　1.0g　　　（　　　　　　　）

　　　　吐温 80　　　　　40.0ml　　（　　　　　　　）

　　　　2% CMC – Na　　0.2g　　　（　　　　　　　）

　　　　甘油　　　　　　　0.5g　　　（　　　　　　　）

　　　　糖精钠　　　　　　0.1g　　　（　　　　　　　）

　　　　纯化水　　　　　　10.0ml　　（　　　　　　　）

书网融合……

 重点回顾　　　　　微课　　　　　习题

项目九　药物新剂型与制剂新技术

学习目标

知识目标：

1. **掌握**　经皮吸收制剂、靶向制剂、缓释制剂、控释制剂、迟释制剂、固体分散技术、包合技术、微囊微球、脂质体、微丸的概念、特点；固体分散体和脂质体的制备方法。

2. **熟悉**　经皮吸收制剂、靶向制剂、缓释制剂、控释制剂、固体分散体、包合物、微囊微球、脂质体、微丸的分类、组成和常用辅料。

3. **了解**　贴剂的质量要求；缓、控释制剂的质量评价；包封率的测定。

技能目标：

能按要求和规程完成固体分散体的生产和制备；能选用适当的方法进行脂质体的制备；能指导各新剂型的临床应用、保障制剂质量。

素质目标：

培养质量第一、依法依规制药的意识，养成严谨细致、精益求精的操作习惯。

📖 导学情景

情景描述：男性，30岁，患有较严重的晕动症，却因工作需要常年出差，因此身边常备苯巴比妥东莨菪碱片，每次乘车前20分钟服用1片，但服药后易出现嗜睡、精神状态不佳，影响工作效率。后经朋友介绍，改用复方氢溴酸东莨菪碱贴膏，乘车前20分钟贴于翳明或内关双侧穴位，乘车后及时撕下撤药，工作精神状态大大改善。

情景分析：上述两种制剂因均含东莨菪碱成分而产生相似的不良反应如视力模糊、嗜睡、心悸、局部潮红、定向障碍、头痛、尿潴留、便秘等，相较于片剂，贴剂能随时撤药，及时解除上述不良反应的影响。

讨论：两种制剂的成分、适应证和不良反应相近，哪种剂型更有优势？

学前导语：这个例子展现了贴剂使用方便，发现不良反应时可及时中断给药等优点。除此以外，贴剂还有哪些优点呢？哪些药物可制成贴剂？制备贴剂需要用哪些辅料？

任务一　认识经皮吸收制剂

PPT

一、经皮吸收制剂的概述

（一）经皮吸收制剂的概念与特点

1. 概念　经皮吸收制剂，又称经皮递药系统（transdermal drug delivery systems，TDDS）或称经皮治疗系统（transdermal thrapeutic systerms，TTS），是指药物以皮肤敷贴方式透过皮肤吸收而产生预防或治疗作用的一类制剂，既可起局部作用也可起全身作用。

2. 特点

（1）优点　TDDS与常用普通剂型，如口服片剂、胶囊剂或注射剂等比较具有以下优点。

①可避免首关效应及胃肠因素对药物吸收的干扰，减少药物胃肠给药的不良反应。

②可长时间维持恒定的治疗血药浓度，减小峰谷波动，增强治疗效果，降低毒副作用。

③延长作用时间，降低用药频次。

④可通过改变给药面积调节给药剂量，实现个性化给药。

⑤方便患者自主用药，适用于婴儿、老人及不宜口服给药的患者。发现不良反应时可及时中断给药等。

（2）缺点　TDDS也有其局限性，存在以下缺点。

①载药量小，大剂量药物不宜制成TDDS。

②对皮肤有刺激性和过敏性药物也不宜制成TDDS。

③起效慢，不适合要求快速起效的药物。

④药物吸收的个体差异及给药部位差异比较大。

⑤TDDS的生产工艺及条件较为复杂。

（二）经皮吸收制剂的分类

广义上说，经皮吸收制剂包括所有可透过皮肤吸收而产生局部或全身作用的制剂，如软膏剂、乳膏剂、凝胶剂、糊剂、涂剂、涂膜剂、气雾剂、喷雾剂、贴剂等。狭义上的经皮吸收制剂一般指的是贴剂。

贴剂根据结构组成和释药机制不同可分为：黏胶分散型、周边黏胶骨架型和储库型。

二、经皮吸收制剂的吸收

（一）皮肤的构造

皮肤由表皮、真皮、皮下脂肪组织及皮肤附属器构成。

1. 表皮　由外到内分为角质层、透明层、颗粒层、有棘层和基底层等五层。角质层具有类脂膜特性，是药物经皮吸收的主要障碍。

2. 真皮　位于表皮与皮下脂肪组织之间，主要由结缔组织构成，毛囊、皮脂腺和汗腺等皮肤附属器分布于其中，含丰富的毛细血管、淋巴及神经丛。

3. 皮下脂肪组织　只是一种脂肪组织，一般不成为药物的吸收屏障，并可以作为脂溶性药物的贮库。

4. 皮肤附属器　包括毛囊和腺体（皮脂腺和汗腺），大分子及离子型药物难以透过角质层，可能通过这些途径转运。

（二）药物经皮吸收的途径

药物经皮吸收进入血液循环的途径有两条。

1. 经表皮吸收途径　系指药物透过角质层进入活性表皮，再扩散至真皮和皮下脂肪组织，经由毛细血管和淋巴管吸收进入血液循环。这是药物经皮吸收的主要途径。

药物透过角质层的途径有两种：①通过细胞间隙扩散；②通过细胞膜扩散。角质层细胞膜是一种致密的交联的蛋白网状结构，细胞内有大量微丝角蛋白和丝蛋白规整排列而成，两者均不利于药物的扩散。而角质层细胞间隙主要结构是类脂质双分子层，通过使用透皮促进剂，能够改变脂质双分子层的空间结构，提高其流动性，从而大大降低药物渗透的阻力。

2. 经皮肤附属器吸收途径 系指药物通过毛囊、皮脂腺和汗腺等皮肤附属器吸收。此途径比表皮途径吸收快，但由于皮肤附属器所占表面积小，因此不是药物经皮吸收的主要途径，大分子及离子型药物可能通过此途径转运。

（三）影响药物经皮吸收的因素

1. 生理因素 影响药物经皮吸收的生理因素主要有种族、年龄、性别、给药部位及皮肤条件等，主要是角质层的厚度、致密性和附属器的密度差异对皮肤的渗透性产生影响。

（1）种族 种族不同，皮肤的角质层或全皮情况不同，从而导致药物透过性存在差异。如研究表明黑种人和白种人的皮肤角质层厚度相似，但黑种人角质层中细胞密度及脂质含量高于白种人，影响药物的透皮吸收。

（2）年龄 婴儿缺乏发达的角质层，皮肤渗透性较大，随着年龄增长，皮肤结构功能不断完善，皮肤渗透性逐渐降低。

（3）性别 男性皮肤比女性皮肤厚，一般情况下，男性皮肤渗透性低于女性。

（4）给药部位 给药的皮肤部位不同，其药物渗透性不一样，主要与部位的角质层厚度、皮肤附属器数量、角质层脂质构成及皮肤血流情况有关。通常情况下，不同部位渗药速度快慢为阴囊＞耳后＞腋窝＞前额＞背部＞腹部＞足底或手掌。

（5）皮肤条件 皮肤受损时，角质层遭到破坏，可加速药物的渗透与吸收；随着皮肤温度、湿度的升高，药物的透过速度也升高；清洁皮肤有利于药物透入；此外，皮肤水化可降低角质层的致密性，增加渗透性，对水溶性药物的渗透促进作用强于脂溶性药物。

2. 药物因素

（1）药物的溶解性与油/水分配系数（K） 药物穿透皮肤角质层的能力为脂溶性药物＞水溶性药物，但脂溶性太大的药物难以透过水性活性表皮，主要在角质层蓄积，所以油/水分配系数居中的药物，即在油相和水相中均具有较大溶解度的药物其经皮吸收较好。

（2）药物的分子量 一般情况下，分子量＞500的药物分子较难透过皮肤角质层。

（3）药物的熔点 一般情况下，低熔点的药物容易渗透通过皮肤。

（4）药物的吸收量 药物在基质中的存在状态影响其吸收量：液态药物＞混悬态药物；微粉＞细粒；一般溶解呈饱和状态的药液透皮过程易于进行。

（5）分子形式 很多药物是有机弱酸或有机弱碱，它们以分子型存在时有较强的透皮性能，而离子型难以透过皮肤。

3. 剂型因素

（1）释药速率 药物从制剂中释放越快，越有利于形成皮肤两侧的药物浓度差，促进药物经皮的扩散吸收。通常半固体中药物的释放较快，骨架型贴剂中药物的释放较慢。

（2）基质 一般情况下，药物与基质的亲和力不宜太大，否则药物难以从基质中释放并扩散至皮肤；药物与基质的亲和力也不能太小，否则会导致载药量太小无法达到制剂要求。

（3）pH 给药系统内的 pH 能影响有机酸或有机碱类药物的解离程度，进而影响药物的经皮吸收，若基质的 pH 有利于药物分子型显著增加即有利于吸收。

（4）药物浓度与给药面积 一般情况下，基质中的药物浓度越大，药物的经皮吸收量就越大，但当浓度超过一定范围后，吸收量不再增加。给药面积越大，经皮吸收速率也越大，药物吸收量增加。因此，可通过改变贴剂面积调节给药剂量，设计贴剂的规格，但一般贴剂面积不宜超过 $60cm^2$，否则会影响患者的用药依从性。

（5）透皮吸收促进剂　制剂中添加适宜的透皮吸收促进剂可大大提高药物的吸收速率。

（四）促进药物经皮吸收的方法

1. 化学方法　常用方法包括使用透皮吸收促进剂和离子对。

（1）透皮吸收促进剂　透皮吸收促进剂可以降低角质层细胞的致密性，增加细胞脂质双分子层的流动性，提高皮肤通透性。使用透皮吸收促进剂是改善药物经皮吸收的首选方法。常用的几种透皮吸收促进剂有：①月桂氮草酮，亦称氮酮，与其他促进剂合用效果较好；②油酸，与丙二醇合用有协同作用，浓度不宜过高；③肉豆蔻酸异丙酯，刺激小，具很好的皮肤相容性，与其他促进剂合用有协同作用；④醇类化合物，包括短链醇、脂肪醇、多元醇（丙二醇、甘油、聚乙二醇）等；⑤薄荷醇，清凉止痛，起效快，副作用小，常与丙二醇合用产生协同作用；⑥表面活性剂，阳离子型表面活性剂的促透作用优于阴离子型和非离子型表面活性剂，但对皮肤的刺激性强，因此一般选用阴离子型、非离子型表面活性剂及卵磷脂等；⑦二甲基亚砜（DMSO）及其类似物，有较强的促渗透作用，由于其对皮肤有较严重的刺激性，应用受到限制。

（2）离子对　加入与离子型药物带相反电荷的物质与药物形成脂溶性离子对，使药物易于扩散通过角质层类脂。当离子对复合物扩散到水性的活性表皮内时，又可解离成水溶性的离子型药物，继续扩散至真皮。该方法多用于脂溶性较强的药物经皮给药，如双氯芬酸可与有机胺形成离子对改善其经皮透过量。

2. 物理方法　物理促透法包括离子导入、电致孔导入、超声导入、微针技术、无针注射给药系统等，这里仅介绍离子导入方法和微针技术。

（1）离子导入　该方法是指在直流电场作用下，将离子型药物分子通过电极定位导入皮肤，进入局部组织或血液循环的过程。使用正负电极在人体局部组织外形成一个直流电场，根据"同性相斥，异性相吸"的原理，利用直流电场的作用，使药物中的阳离子从阳极、阴离子从阴极导入体内，达到治疗疾病的目的。一般情况下，药物的透过量与电流强度成正比，但从安全角度考虑，临床上电流强度应控制在 $0.5mA/cm^2$ 以下。

离子导入方法适用于难以穿透皮肤的大分子多肽类药物和离子型药物的经皮给药，可通过调节电流的大小来控制药物经皮导入的速率。

（2）微针技术　微针技术是指利用微制造技术将硅、金属或聚合物制成微针阵列，一般高 10～2000μm、宽 10～50μm，恰好能穿透表皮，又不触及神经，使用时无疼痛感。微针的促经皮吸收机制是通过微针的穿刺作用对皮肤角质层造成轻度的物理损伤，在角质层上制造直径为微米级的孔洞，通过孔洞导入药物。

微针贴片是将微针阵列敷于贴剂一侧的给药系统，具有注射器与经皮给药贴剂的双重优点，特别适合核酸类、多肽类、蛋白疫苗等生物技术药物的透皮给药。微针贴片也可以结合离子导入技术使用。

3. 药剂学方法　该类方法主要借助于一些新型微粒或纳米粒药物载体，如微乳、脂质体、纳米粒、包合物等，来改善药物透过皮肤吸收的能力。

三、贴剂

（一）贴剂的概念

贴剂系指原料药物与适宜的材料制成的供贴敷在皮肤上的，可产生全身性或局部作用的一种薄片状柔性制剂。

贴剂可用于完整皮肤表面，也可用于有疾患或不完整的皮肤表面。其中用于完整皮肤表面能将药物输送透过皮肤进入血液循环系统起全身作用的贴剂称为透皮贴剂。

（二）贴剂的组成

1. 贴剂的组成　贴剂通常由含有活性物质的支撑层和背衬层以及覆盖在药物释放表面上的保护层组成。根据需要，贴剂可使用药物贮库、控释膜或黏附材料。

2. 贴剂的辅助材料

（1）背衬材料　背衬材料是用于支持药库或压敏胶的薄膜，应对药物、溶剂、胶液、湿气和光线等有较好的阻隔性能。常用多层复合铝箔，即由铝箔、聚乙烯或聚丙烯等膜材复合而成的双层或三层复合膜。也可以使用聚对苯二甲酸乙二醇酯（polyethylene terephthalate，PET）、高密度聚乙烯（polyethylene，PE）、聚苯乙烯等充当背衬材料。

（2）骨架材料　应用较多的高分子骨架材料包括：聚乙烯醇（polyvinyl alcohol，PVA）和醋酸纤维素（cellulose acetate，CA）等。

聚乙烯醇（PVA）是由醋酸乙烯在甲醇中进行聚合反应生成聚醋酸乙烯，然后在氢氧化钾的醇溶液中经醇解反应制得。它的理化性质与醇解度和聚合度有关，一般认为醇解度为88%时其水溶性最好。

醋酸纤维素（CA）是醋酸酐与纤维素反应生成的乙酰化纤维素，按照其乙酰化程度，分为一醋酸纤维素、二醋酸纤维素和三醋酸纤维素。透皮给药系统中用三醋酸纤维素作微孔骨架材料或微孔膜材料。

（3）控释膜　控释膜分为均质膜和微孔膜。均质膜使用的材料有乙烯－醋酸乙烯共聚物和聚硅氧烷等。微孔膜一般通过聚丙烯拉伸而得，也可用醋酸纤维膜制得。

乙烯－醋酸乙烯共聚物（ethylene vilnylacetate copolymer，EVA）是乙烯和醋酸乙烯经共聚制得。本品无毒、无刺激性，柔软性好，与人体组织有良好的相容性，性质稳定，加工成型性和机械性能好，但对油脂及高温耐受性较差。EVA对药物的通透性受共聚物中醋酸乙烯的含量影响，随醋酸乙烯含量增加，其溶解性、柔软性、弹性和透明性均增大。

（4）压敏胶　压敏胶（pressure sensitive adhesive，PSA）是对压力敏感的胶黏剂。它只需施加轻度指压，即可与被黏物牢固黏合，同时又容易剥离。压敏胶在经皮药物给药系统中起多重作用：①使贴剂与皮肤紧密贴合；②作为药物贮库或载体材料；③调节药物的释放速度等。

作为药用辅料的压敏胶应具有良好的生物相容性，对皮肤无毒、无刺激性，不引起过敏反应；具有足够的黏附力和内聚强度；化学稳定性好，对温度、湿度稳定；能适应皮肤柔软、收缩性强和多褶皱的特点；能容纳一定量的药物和经皮吸收促进剂而不影响其化学稳定性和黏附力。

经皮吸收制剂中常用的压敏胶有：①聚丙烯酸酯压敏胶；②聚异丁烯压敏胶；③硅酮压敏胶；④热熔压敏胶；⑤水凝胶型压敏胶。

（5）防黏层材料　常用聚乙烯、聚苯乙烯、聚丙烯、聚碳酸酯、聚四氟乙烯等高聚物膜材，有时也使用表面经石蜡或甲基硅油处理过的光滑厚纸。

（三）贴剂的分类

贴剂可分为3种，即黏胶分散型、周边黏胶骨架型、贮库型。贴剂模式见图9-1。

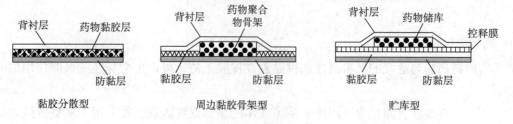

背衬层　药物黏胶层　　背衬层　药物聚合物骨架　　背衬层　药物储库　　控释膜

防黏层　　黏胶层　防黏层　　黏胶层　防黏层

黏胶分散型　　　　　周边黏胶骨架型　　　　　贮库型

图9-1　典型贴剂模式图

（四）贴剂的质量要求

贴剂外观应完整光洁，有均一的应用面积，冲切口应光滑，无锋利的边缘。药贮库应无气泡和泄漏。当用于干燥、洁净、完整的皮肤表面，用手或手指轻压，贴剂应能牢牢地贴于皮肤表面，从皮肤表面除去时应不对皮肤造成损伤，或引起制剂从背衬层剥离。贴剂对皮肤应无刺激性或不引起过敏。粘贴层涂布应均匀，使用有机溶剂涂布的贴剂应对残留溶剂进行检查。除另有规定外，贴剂还应按《中国药典》（2020 年版）四部通则进行黏附力、释放度、含量均匀度和微生物限度检查，均应符合相关规定。

（五）经皮吸收制剂举例

例 9 - 1　芬太尼贴剂

【处方】

①贮库层：芬太尼 14.7mg　　30% 乙醇 适量　　羟乙基纤维素　共制 1g

②背衬层：复合膜

③控释膜：乙烯 - 乙酸乙烯共聚物

④压敏胶层：聚硅氧烷压敏胶

⑤防黏层：硅化纸

【制法】

（1）药物贮库的制备　将 14.7mg 芬太尼溶于 30% 的乙醇水混合溶剂中，加入 2% 羟乙纤维素制成 1g 凝胶，作为药物贮库。

（2）控释膜 - 压敏胶层的制备　在聚酯膜上展开聚硅氧烷压敏胶溶液，并挥发溶剂，得到厚度为 0.05mm 的压敏胶层。再将 0.05mm 的乙烯 - 乙酸乙烯共聚物（乙酸乙烯含量为 9%）控释膜层压在压敏胶层上。

（3）热封、切割　使用旋转热封机将药物贮库层封装到背衬层和控释膜 - 压敏胶层之间，并使得每平方厘米面积上含有 15mg 凝胶，然后切割成规定尺寸的单个贴剂。

【性状】本品应为圆角长方形半透明的薄膜贴剂。

【临床应用】本品用于治疗中度到重度慢性疼痛。

【分析】①芬太尼作为吗啡的替代品，其镇痛强度是吗啡的 80 倍。毒副作用与吗啡相比明显降低，制成经皮给药制剂可用于治疗包括癌性疼痛在内的慢性疼痛。②芬太尼贴剂是膜控释型经皮给药制剂，采用 EVA 为控释膜，通过恒定释放药物而发挥长效镇痛作用。③该贴剂制备好后应平衡至少 2 周，使得药物和乙醇在控释膜和压敏胶层中达到平衡浓度。

任务二　认识靶向制剂

PPT

一、靶向制剂的概述

（一）靶向制剂的概念

靶向制剂又称靶向给药系统（targeting drug delivery systerm，TDDS），系指借助载体将药物通过局部给药或循环系统而选择性地浓集定位于靶组织、靶器官、靶细胞或细胞内结构的递药系统。

成功的靶向制剂应同时具备定位浓集、控制释药和无毒可生物降解三个要素。

（二）靶向制剂的分类

靶向制剂按照药物到达的部位可以分为三级：①第一级指到达特定的靶组织或靶器官，如肝、肺和脑等；②第二级指到达特定的细胞，如肝脏的肿瘤细胞；③第三级指到达细胞内的特定部位或细胞器，如肝脏肿瘤细胞的线粒体和细胞核。

按照给药途径不同，靶向制剂也可分为：口服靶向制剂、注射给药靶向制剂、经皮给药靶向制剂和植入靶向制剂等。

按照靶向原理不同，靶向制剂大致可分为三类：被动靶向制剂、主动靶向制剂和物理化学靶向制剂。

1. 被动靶向制剂　亦称自然靶向制剂，其原理是利用载药微粒（乳剂、脂质体、微囊、微球等）使药物进入机体后，被巨噬细胞作为外来异物吞噬而浓集于巨噬细胞丰富的肝、脾、肺、骨髓及淋巴等器官组织。

2. 主动靶向制剂　主动靶向制剂系指将特异性配体或抗体修饰在载体微粒的表面或连接于药物分子上，将药物定向地运送到靶区浓集发挥药效的制剂。

3. 物理化学靶向制剂　物理化学靶向制剂是应用某些物理或化学条件使靶向制剂在特定部位发挥药效。该物理或化学条件可以是体内靶部位特有的，也可以是外加的。

👁 **看一看**

靶向制剂的评价

靶向制剂的靶向性需通过体内分布直观地进行评价，通常采用以下3个指标进行定量分析。

1. 相对摄取率（r_e）　亦称相对靶向效率，系指将靶向制剂和游离药物分别给予实验动物后，靶部位的药–时曲线下面积之比。其反映不同制剂对同一组织或器官的选择性，$r_e > 1$ 表示药物制剂在该部位具有靶向性，且 r_e 值越大，靶向效果越好；$r_e \leqslant 1$ 时认为无靶向性。

2. 靶向效率（t_e）　系指给予实验动物靶向制剂后，靶器官与非靶器官的药–时曲线下面积之比。t_e 表示靶向制剂对靶器官有无选择性，$t_e > 1$ 表示制剂对靶部位比某非靶部位有选择性，且 t_e 值愈大，选择性越强。

3. 峰浓度比（C_e）　系指分别给予实验动物靶向制剂和游离药物后，靶部位的药物最大浓度之比。C_e 反映了不同制剂对同一组织或器官的选择性，C_e 值愈大，表明改变药物分布的效果愈明显。

二、被动靶向制剂

常见的被动靶向制剂有乳剂、脂质体、纳米球、纳米囊、微球、微囊等。其与主动靶向制剂主要区别在于这些载体上未修饰具有分子特异性的配体、抗体等。

被动靶向微粒在体内的分布取决于两个方面。①微粒的粒径大小：粒径大于7μm 的微粒通常被肺的最小毛细血管以机械滤过的方式截留，被单核细胞摄取进入肺组织或肺气泡中；粒径小于7μm 时通常被肝、脾中的巨噬细胞摄取，其中粒径为 200~400nm 的微粒集中于肝后迅速被肝清除，粒径为 100~200nm 的微粒很快被网状内皮系统（RES）的巨噬细胞从血液中清除，最终到达肝库普弗细胞溶酶体中，粒径为 50~100nm 的微粒可以进入肝实质细胞中，粒径小于50nm 的微粒则透过肝脏内皮细胞或者通过淋巴传递到脾和骨髓中。②微粒的表面性质：主要表现在亲水性和带电性两个方面。单核–吞噬细胞系统对微粒的摄取主要通过微粒吸附血液中的调理素后黏附在巨噬细胞的表面，然后经过内吞和融合被吞噬细胞摄取。亲水微粒不易受调理，因此较少被吞噬而易浓集于肺部；疏水的微粒更容易被单核–吞噬细胞摄取而浓集于肝脏。此外，带负电荷的微粒 Zeta 电位的绝对值越大，越容易被肝的单核–吞噬细胞系统吞噬而浓集于肝脏；带正电荷的微粒则易被肺部的毛细血管截留而浓集于肺部。

三、主动靶向制剂

主动靶向制剂包括经修饰的药物载体、前体药物两大类制剂。为确保不被毛细血管（直径为 $4 \sim 7\mu m$）截留，主动靶向制剂微粒的粒径不应大于 $4\mu m$。

（一）修饰的药物载体

1. 修饰的脂质体

（1）长循环脂质体　脂质体经适当修饰后，避免被单核-吞噬细胞系统吞噬，延长其在循环系统中的滞留时间，称为长循环脂质体。如脂质体用聚乙二醇（PEG）修饰，使脂质体的亲水性增强，降低了被巨噬细胞识别和吞噬的可能性，从而延长其在循环系统中的滞留时间，有利于肝、脾以外的组织或器官的靶向作用。

（2）免疫脂质体　在脂质体表面连接某种抗体，使其对特异靶细胞产生识别能力，进而提高脂质体的专一靶向性。例如在阿昔洛韦脂质体上连接抗细胞表面病毒糖蛋白抗体，得到阿昔洛韦免疫脂质体，可以识别并浓集于眼部疱疹病毒结膜炎的病变部位，病毒感染后 2 小时给药可以特异性地与被感染细胞结合，并抑制病毒复制。

（3）糖基修饰的脂质体　在脂质体表面连接不同的糖基，可产生不同的分布特性，如连接半乳糖残基时可被肝实质细胞所摄取，连接甘露糖残基时可被 K 细胞摄取，连接氨基甘露糖则集中分布于肺内。

2. 修饰的纳米乳　如布洛芬辛酯微乳分别以磷脂和泊洛沙姆 388 作乳化剂，制成粒径几乎无差异的纳米乳。静脉注射相同剂量时，以磷脂为乳化剂者在循环系统中很快消失，并主要分布于肝、脾、肺；而后者由于泊洛沙姆 388 的亲水性使微乳的表面性质发生改变，存在于循环系统中的时间延长，药物在炎症部位的浓度较前者高 7 倍。

3. 修饰的微球　采用聚合物将抗原或抗体吸附或交联形成的微球称为免疫微球，既可用于抗癌药的靶向治疗，还可用于标记和分离细胞进行诊断和治疗。

（二）前体药物

前体药物是活性药物衍生而成的药理惰性物质，能在体内特定靶部位再生成活性的母体药物而发挥其治疗作用。如利用癌细胞比正常细胞含较高浓度的磷酸酯酶和酰胺酶的原理，将某些抗癌药制成磷酸酯或酰胺类前体药物可在癌细胞中定位；某些肿瘤细胞能够产生大量的纤维蛋白溶酶原激活剂，激活肿瘤组织的血清纤维蛋白溶酶原成为活性纤维蛋白溶酶，故可将抗癌药与合成肽连接成前药，进入体内后成为纤维蛋白溶酶的底物，使抗癌药在肿瘤部位再生。

四、物理化学靶向制剂

根据方法不同，可将物理化学靶向制剂分为磁性靶向制剂、栓塞靶向制剂、热敏靶向制剂及 pH 敏感靶向制剂等。

（一）磁性靶向制剂

采用磁性材料与药物制成磁导向制剂，由体外磁场引导至靶部位的制剂称为磁性靶向制剂。常见的有磁性微球、磁性纳米囊、磁性脂质体等。与其他靶向制剂相比较，磁性靶向制剂有以下特点：在磁场的作用下，增加靶区药物浓度，提高疗效；降低药物对其他器官和正常组织的毒副作用；磁性药物粒子具有一定的缓释作用，可以减少给药总剂量；在交变磁场的作用下会吸收磁场能量产生热量，起到一定的热疗作用。

（二）栓塞靶向制剂

动脉栓塞是指通过插入动脉的导管将栓塞物输到靶组织或靶器官的医疗技术。栓塞的目的是阻断对靶区的供血和营养，使靶区的肿瘤细胞缺血而坏死。如栓塞制剂含有抗肿瘤药物，则具有栓塞和靶向性化疗的双重作用。

（三）热敏靶向制剂

1. 热敏脂质体　根据相变温度的不同可制成热敏脂质体。将不同比例类脂质的二棕榈酸磷脂（DPPC）和二硬脂酸磷脂（DSPC）混合，可制得不同相变温度的脂质体，通过适当技术使靶部位局部温度高于磷脂相变温度，可使靶部位的脂质体的类脂质双分子层由胶态过渡到液晶态，增加其通透性，加速药物的释放，提高游离药物浓度而产生治疗作用，在其他部位则因为释药缓慢导致游离药物浓度低而降低毒副作用。

2. 热敏免疫脂质体　在热敏脂质体膜上交联抗体，可得热敏免疫脂质体，在交联抗体的同时完成对水溶性药物的包封。这种脂质体同时具有物理化学靶向与主动靶向的双重作用，如阿糖胞苷热敏免疫脂质体等。

（四）pH 敏感的靶向制剂

1. pH 敏感脂质体　利用肿瘤间质液的 pH 比周围正常组织显著低的特点设计而成。该类脂质体采用对 pH 敏感的类脂（如 DPPC、十七烷酸磷脂）为类脂质膜，在低 pH 环境下，膜材结构发生改变而使膜融合加速释药。

2. pH 敏感的口服结肠定位给药系统（oral colon specific drug delivery system，OCSDDS）　针对结肠液 pH 高（7.6~7.8 或更高）设计的 pH 敏感的口服给药系统。

练一练9-1

以下不属于物理化学靶向的制剂是（　）

A. 栓塞靶向制剂　　　　　B. 热敏靶向制剂　　　　　C. pH 敏感靶向制剂

D. 磁性靶向制剂　　　　　E. 脂质体

答案解析

PPT

任务三　认识缓释、控释、迟释制剂

一、缓释、控释、迟释制剂的概述　微课1

（一）缓释、控释、迟释制剂的含义

1. 缓释制剂　系指在规定的释放介质中，按要求缓慢地非恒速释放药物，与相应的普通制剂比较，给药频率减少一半或有所减少，且能显著增加患者用药依从性的制剂。

2. 控释制剂　系指在规定的释放介质中，按要求缓慢地恒速释放药物，与相应的普通制剂比较，给药频率减少一半或有所减少，血药浓度比缓释制剂更加平稳，且能显著增加患者用药依从性的制剂。

3. 迟释制剂　系指在给药后不立即释放药物的制剂，包括肠溶制剂、结肠定位制剂和脉冲制剂等。

（1）肠溶制剂　系指在规定的酸性介质（pH 1.0~3.0）中不释放或几乎不释放药物，而在要求的时间内，于 pH 6.8 的磷酸盐缓冲液中大部分或全部释放药物的制剂。

（2）结肠定位制剂　系指在胃肠道上部基本不释放、在结肠内大部分或全部释放的制剂，即一定时间内在规定的酸性介质与 pH 6.8 的磷酸盐缓冲液中不释放或几乎不释放，而在要求的时间内，于

pH 7.5 ~ 8.0 的磷酸盐缓冲液中大部分或全部释放的制剂。

（3）脉冲制剂　系指不立即释放药物，而在某种条件下（如在体液中经过一定时间或一定 pH 值或某些酶作用下）一次或多次突然释放药物的制剂。

（二）缓释、控释制剂的特点

1. 优点

（1）减少服药频次，延长药物作用时间，使用方便，提高患者用药的依从性。特别适用于半衰期短或需频繁给药的药物以及需长期服药的慢性病患者。

（2）血药浓度平稳，避免或减少峰谷现象，有利于降低药物的毒副作用，同时又能确保在有效浓度范围之内维持疗效。

（3）减少用药总剂量，可用最小剂量达到最佳疗效。

（4）某些缓控释制剂可以按照要求定时、定位释放药物，有利于疾病的治疗。

2. 缺点

（1）在临床使用中剂量调整缺乏灵活性，如果遇到某种特殊情况（如出现严重不良反应），往往不能立即停止治疗。一般可通过增加制剂的剂量规格来改善，如硝苯地平有 20mg、30mg、40mg 和 60mg 等规格。

（2）缓控释制剂通常是基于健康人群的群体药动学参数而定的，当患者药动学特征受疾病状态的影响而有所改变时，往往难以灵活调节给药方案。

（3）释药速率相对缓慢，药物起效也相对较慢。

（4）生产工艺复杂，成本高。

（三）缓释、控释制剂中药物的要求

缓控释制剂是在普通制剂的基础上发展起来的一类新剂型，但并非所有的药物都适合制备缓控释制剂，需要考虑药物的临床应用特点、理化性质及药动学特点等。以下几种情况不宜将药物设计制成缓控释制剂。

1. 一次给药剂量过大（＞1g）的药物　一般情况下口服普通制剂单次给药的最大剂量为 0.5 ~ 1.0g，因此，单次给药剂量过大的药物不宜设计成缓控释剂型。但随着制剂技术的发展和异形片的出现，目前上市的口服片剂中已有很多超过此限。有时可采用一次服用多片的方法降低每片含药量。

2. 半衰期很短（＜1 小时）或半衰期很长（＞12 小时）的药物　一般半衰期非常短的药物要维持其缓释作用，单位给药剂量必须很大，导致剂型过大，不方便给药。因此，通常半衰期 ＜1 小时的药物不适宜制成缓释制剂。对于半衰期 ＞24 小时的药物，由于其本身在体内的药效就能维持较长的时间，所以没有必要制成缓释制剂，如地高辛、华法林等药物。缓控释制剂适用于半衰期在 4 ~ 8 小时的药物，如茶碱、硝苯地平等。

3. 具有特定吸收部位的药物　对于口服缓控释制剂，一般要求在整个消化道都有吸收，且吸收稳定，因此对具有特定吸收部位的药物不宜设计制成缓控释制剂。如维生素 B_2 只在十二指肠上部吸收，而 $FeSO_4$ 的吸收在十二指肠和空肠上段进行，这些药物制成口服缓控释制剂，生物利用度和疗效不理想。

此外，药效剧烈、溶解吸收很差的药物，剂量需要精密调节的药物及抗菌效果依赖于峰浓度的抗生素一般不宜设计制成缓控释制剂。但随着制剂技术的发展，这些限制已经被打破，硝酸甘油（$t_{1/2}$ ＜0.5 小时）、地西泮（$t_{1/2}$ ＞30 小时）、头孢氨苄和克拉霉素等药物均有缓释制剂上市。

二、缓释、控释制剂的释药原理

缓释、控释制剂的释药原理主要有溶出、扩散、溶蚀、渗透压或离子交换作用。

1. 溶出原理 由于药物的释放受溶出速度的限制，溶出速度慢的药物显示出缓释的性质。根据 Noyes-Whitney 溶出速度公式 (9-1)，可通过减小药物的溶解度，增大药物的粒径，以降低药物的溶出速度，达到长效作用。

$$dC/dt = KS(C_s - C) \tag{9-1}$$

式中，K 为溶出速度常数，S 为溶出界面积。C_s 为药物的饱和浓度；C 为溶液主体中药物的浓度。

具体方法有：①制成溶解度小的盐或酯，如青霉素普鲁卡因盐、非诺贝特（非诺贝酸的酯）；②与高分子化合物生成难溶性盐，如鱼精蛋白胰岛素、丙米嗪鞣酸盐；③控制粒子大小，减小药物的总表面积，如超慢性胰岛素中所含的胰岛素锌晶粒较大（大部分超过 $10\mu m$），使其作用长达 30 小时；而含晶粒较小（不超过 $2\mu m$）的半慢性胰岛素锌，其作用时间只有 $12\sim14$ 小时；④将药物包藏于溶蚀性骨架中；⑤将药物包藏于亲水性高分子材料中。

2. 扩散原理 以扩散为主的缓释、控释制剂，药物首先溶解成溶液后再从制剂中扩散出来进入体液，其释药速度由扩散速率控制。

药物的释放以扩散为主的情况有 3 种：①透膜扩散（零级释放），水不溶性膜材包衣，包衣膜上交联的聚合物链间存在分子大小的间隙，增塑剂或其他辅料润湿这些孔道，药物可通过孔隙扩散；②膜孔释放（近零级释放），包衣膜中含有水溶性聚合物（致孔剂），当包衣制剂进入胃肠道中，致孔剂遇水溶解，形成大量的细小亲水性孔道，药物可通过孔道进行扩散；③骨架型扩散（非零级释放），水不溶性骨架型缓控释制剂中药物粒子通过骨架孔隙扩散。

延缓药物扩散的方法有：①增加黏度以减少扩散速度；②包衣；③制成微囊、不溶性骨架片、植入剂、乳剂等。

3. 溶蚀与溶出、扩散结合 某些骨架型制剂，如生物溶蚀性骨架系统、亲水凝胶骨架系统、膨胀型控释骨架，不仅药物从骨架中扩散出来，而且骨架本身也存在溶蚀过程，使得药物扩散的路径改变，形成移动界面扩散系统，其释药过程是骨架溶蚀和药物扩散的综合过程。此类释药系统的优点是由于骨架材料的生物溶蚀性能，使之最后不会形成空骨架；缺点是其释药动力学很难控制。

4. 渗透压驱动原理（零级释放） 利用渗透压原理制成的控释制剂能均匀恒速地释放药物，释药不受释药环境 pH 的影响，极大地提高药物的安全性和有效性。渗透泵片（osmotic pump tablet，OPT）是迄今为止口服控释制剂中最理想的一种。

渗透泵片的片芯为水溶性药物和水溶性聚合物或其他辅料制成的，外面用水不溶性的聚合物（如 CA、EC 等）包衣，成为半渗透膜，依据半透膜性质，水可渗入膜内，而药物不能渗出。半透膜表面开一细孔，当片剂与水接触后，水通过半渗透膜进入片芯，溶解药物和高渗透压辅料成饱和溶液，形成膜内外的渗透压差，推动药物的饱和溶液从细孔持续流出，单位时间的药液流出量与渗透入膜内的水量相等，直至片芯内的药物完全溶解。

此类系统的特点主要是能恒速释药，血药浓度稳定；释药速率不受环境 pH、胃肠蠕动等因素的影响。缺点是造价贵，此外对溶液状态不稳定的药物不适用。

5. 离子交换作用 由水不溶性交联聚合物组成的树脂，其聚合物链上含有成盐基团，带电药物可结合于树脂上，制剂经过消化道时，当带有适当电荷的离子可通过离子交换将药物游离释放出来。

$$树脂^+ - 药物^- + X^- \longrightarrow 树脂^+ - X^- + 药物^- \tag{9-2}$$

$$树脂^- - 药物^+ + Y^+ \longrightarrow 树脂^- - Y^+ + 药物^+ \tag{9-3}$$

X^- 和 Y^+ 为消化道中的离子，交换后，游离的药物从树脂中扩散出来。阳离子交换树脂与有机胺类药物的盐交换，阴离子交换树脂与有机羧酸盐或磺酸盐交换，即成含药树脂；再将干燥的含药树脂制成缓释胶囊剂或片剂供口服用。

三、缓（控）释制剂的类型

缓控释制剂依据其释药机制不同可分为4种类型：骨架型、膜控型、渗透泵型和离子交换型。

（一）骨架型缓（控）释制剂

骨架型缓（控）释制剂系指将药物和一种或多种惰性固体骨架材料通过压制或融合技术制成片状、小粒或其他形式的制剂。由于所用的骨架材料不同，可将缓控释骨架片分为亲水凝胶骨架片、生物溶蚀性骨架片和不溶性骨架片三大类。

1. 亲水凝胶骨架片　该骨架片是以亲水性高分子聚合物为骨架材料，加入药物和其他辅料压制得的，是目前口服缓控释制剂的主要类型之一。其释药过程是骨架溶蚀和药物扩散的综合作用过程，其中水溶性药物的释放速度主要由药物在凝胶层中的扩散速度决定，而在水中溶解度小的药物的释放速度主要由凝胶层的溶蚀速度决定。如图9-2所示。

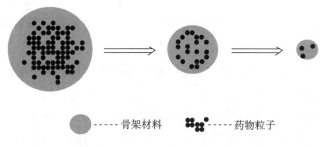

　----- 骨架材料　　　　----- 药物粒子

图9-2　亲水凝胶骨架片释药示意图

常用的亲水凝胶骨架材料有：①天然凝胶类，如海藻酸钠、琼脂和西黄蓍胶等；②纤维素类衍生物，如甲基纤维素（MC）、羧甲纤维素钠（CMC-Na）、羟乙纤维素（HEC）、羟丙纤维素（HPC）等；③非纤维素多糖类，如半乳糖、壳聚糖、甘露聚糖等；④高分子聚合物，如丙烯酸聚合物、聚乙烯醇（PVA）和聚维酮（PVP）等。

2. 生物溶蚀性骨架片　是由药物与蜡质、脂肪酸及其酯等物质混合后压制得的。该骨架片中的药物是通过骨架中的孔道扩散或随骨架材料的逐渐溶蚀而释放出来的。由于骨架的释药面积不断变化，因此药物难以维持零级释放，通常按一级速率释药。其释药过程为溶蚀-扩散-溶出过程，如图9-3所示。

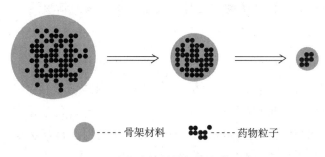

　----- 骨架材料　　　　----- 药物粒子

图9-3　生物溶蚀性骨架片释药示意图

常用的骨架材料有蜂蜡、氢化植物油、硬脂醇、硬脂酸、单硬脂酸甘油酯、硬脂酸丁酯、巴西棕榈蜡等。常将巴西棕榈蜡与硬脂醇或硬脂酸联合使用。在骨架材料中加入表面活性剂或润湿剂如三乙醇胺等作致孔剂，可以增加该类骨架片的释药速率。

3. 不溶性骨架片　将药物与水不溶性的高分子聚合物等骨架材料混合压制成片剂。该骨架片适于水溶性药物的制备。当药片进入体内，胃肠道中的消化液渗入骨架缝隙中，将药物溶解并通过骨架中复杂弯曲的孔道缓慢扩散并释放出来。在药物释放的整个过程中，骨架几乎无变化，并以原型随粪便排出体外。如图9-4所示。

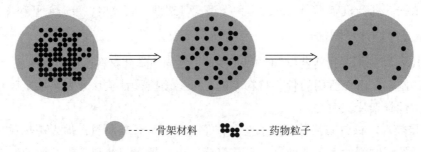

----- 骨架材料 　　　 ----- 药物粒子

图9-4　不溶性骨架片释药示意图

　　常用的不溶性骨架材料有乙基纤维素（EC）、聚甲基丙烯酸树脂、聚乙烯、无毒聚氯乙烯、乙烯-醋酸乙烯共聚物（EVA）等。

　　多数的骨架型制剂可用常规的生产设备和工艺制备，也有用特殊的设备和工艺，例如微囊法、熔融法等。骨架型制剂常为口服剂型，通常有以下几种制剂。

　　（1）缓释、控释颗粒（微囊）压制片　缓释、控释颗粒压制片在胃中崩解后，作用类似于胶囊剂，具有缓释胶囊的特点，并兼有片剂的优点。

　　（2）胃内滞留片　胃内滞留片由药物、一种或多种亲水胶体及其他辅助材料组成的。口服后可维持自身比重小于胃内容物，在胃液中呈漂浮状态，使片剂在胃内的滞留时间延长，改善药物吸收，提高药物生物利用度。多数口服缓释或控释片剂在其吸收部位的滞留时间仅有2~3小时，而制成胃内滞留片后可在胃内滞留时间达5~6小时，具有骨架片释药的特性。

　　（3）生物黏附片　生物黏附片是指采用生物黏附性的聚合物作为辅料制备的片剂。这种片剂能长时间地黏附于生物黏膜，缓慢释放药物并由黏膜吸收以达到治疗目的，常应用于口腔、鼻腔、眼眶、阴道及胃肠道的特定区段，产生局部或全身作用。生物黏附片一般由生物黏附性聚合物与药物混合组成片芯，然后由此聚合物围成外周，再加覆盖层而成的。生物黏附性高分子聚合物有卡波姆、羟丙纤维素、羧甲纤维素钠等。

　　（4）骨架型小丸　将药物与骨架型材料混合，加入一些其他辅料，采用适宜的方法制成光滑完整、硬度适宜、大小均一（粒径为0.25~2.5mm）的微丸，然后填装于空心胶囊中制成胶囊剂。口服后可均匀地分布在胃肠道，提高其生物利用度，无时滞现象，并可减少刺激性。亲水凝胶形成的骨架型小丸常可通过包衣获得更好的缓控释效果。

❓ **想一想9-1**

　　某药物，可溶于水，水溶液在pH 4以上易被氧化降解，其口服吸收良好，1小时可达最大血药浓度，但在结肠段几乎无吸收，消除半衰期为2~3小时，剂量通常保持在每天两次，每次25~50mg，最大耐受剂量为150mg/d，欲制成缓释制剂，该药物适合设计成哪一种骨架型制剂？需用什么类型骨架材料？

答案解析

（二）膜控型缓（控）释制剂

　　膜控型缓（控）释制剂也称包衣型缓控释制剂，指采用一种或多种包衣材料对药物颗粒、小丸或片剂的表面进行包衣，使药物以恒定或接近恒定的速率通过包衣膜释放出来达到缓释、控释的目的。目前市场上的膜控型缓控释制剂有以下几种。

1. 微孔膜包衣片 微孔膜控释剂型通常是用胃肠道中不溶解的聚合物，如醋酸纤维素、乙基纤维素、乙烯－醋酸乙烯共聚物、聚丙烯酸树脂等作为衣膜材料，包衣液中加入少量致孔剂，如 PEG 类、PVP、PVA、十二烷基硫酸钠、糖和盐等水溶性的物质，或者将药物加在包衣液内既作致孔剂又是速释部分，将包衣液包在普通片剂上即成微孔膜包衣片。水溶性药物的片芯应具有一定的硬度和较快的溶出速率，以使药物的释放速率完全由微孔包衣膜控制。当微孔膜包衣片与消化液接触时，膜上存在的致孔剂遇水部分溶解或脱落，在包衣膜上形成微孔或弯曲孔道。消化液通过这些微孔渗入膜内，溶解片芯内的药物，在膜内外浓度差的推动下，药物分子便通过这些微孔向膜外扩散释放，水分子向膜内渗透。只要膜内药物维持饱和浓度且膜内外存在漏槽状态，则可获得零级或接近零级速率的药物释放。包衣膜在胃肠道内不被破坏，最后排出体外。

2. 膜控释小片 膜控释小片是将药物与辅料按常规方法制粒，压制成小片，其直径约为 3mm，用缓释膜包衣后装入硬胶囊使用。每粒胶囊可装入几片至 20 片不等，同一胶囊内的小片可包不同缓释作用的衣膜或不同厚度的相同种类衣膜。此类制剂在体内外皆可获得恒定的释药速率，是一种较理想的口服控释剂型。其生产工艺也较控释小丸剂简便，质量也易于控制。

3. 肠溶膜控释片 此类控释片是药物的片芯外包肠溶衣，再包上含药的糖衣层而得。含药糖衣层在胃液中释药，当肠溶衣片芯进入肠道后，衣膜溶解，片芯中的药物释出，因而延长了释药时间。

4. 膜控释小丸 膜控释小丸由丸芯与控释薄膜衣两部分组成。丸芯含药物与稀释剂、黏合剂等辅料，所用的辅料与片剂的辅料大致相同。包衣膜亦有亲水薄膜衣、不溶性薄膜衣、微孔膜衣和肠溶衣等。

（三）渗透泵型缓（控）释制剂

渗透泵型缓（控）释制剂以其独特的释药方式和稳定的释药速率，成为目前口服缓控释制剂中最为理想的一类制剂。

渗透泵型控释制剂由药物、半透膜包衣材料、渗透活性物质和推进剂组成。常用的半透膜材料有醋酸纤维素（CA）、乙基纤维素（EC）等。渗透活性物质又称渗透促进剂，能产生高渗透压，起调节药室内渗透压的作用，其用量多少关系到零级释药时间的长短，常用氯化钠、乳糖、果糖、葡萄糖、甘露糖等。推进剂亦称为助渗剂，为高分子亲水聚合物，易吸水膨胀，产生推动力将药物层的药物推出释药小孔，常用的有聚羟甲基丙烯酸烷基酯、PVP、卡波姆羧酸聚合物等。除上述组成外，渗透泵片中还可加入致孔剂、助悬剂、黏合剂、润滑剂、润湿剂等辅料。

渗透泵型控释片按其结构特点分为单室和多室渗透泵片。双室渗透泵片适于制备水溶性小或难溶于水的药物制备渗透泵片。

1. 单室渗透泵片 由片芯、包衣膜和释药小孔组成。片芯包含药物和渗透活性物质，包衣膜由水不溶性聚合物如 CA、EC、EVA 等组成，在胃肠液中形成半透膜，包衣膜上开一个释药小孔，如图 9－5 所示。

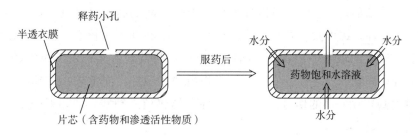

图 9－5 单室渗透泵片构造与释药示意图

单室渗透泵片经口服后,消化道中的水分通过半透膜渗入片芯,溶解片芯中的药物及渗透活性物质,使药物及渗透活性物质形成饱和溶液,由于半透膜只能允许水分子通过,使得膜内渗透压远远高于膜外,推动药液通过释药小孔泵出;随着水分的不断渗入,渗透活性物质被逐步溶解,保持半透膜内外恒定的高渗透压差,不断推动半透膜内的药液通过释药小孔泵出,直至片芯中的药物耗尽。

2. 多室渗透泵片 由于难溶性药物的溶解度低,在片芯中难以形成高浓度及高渗透压溶液,因此需要加入大量的渗透压活性物质来维持恒定持久的渗透压,其用量往往比较大,甚至超出了正常的片重范围,为此可将难溶性药物制成双室或多室渗透泵片,如图9-6所示。

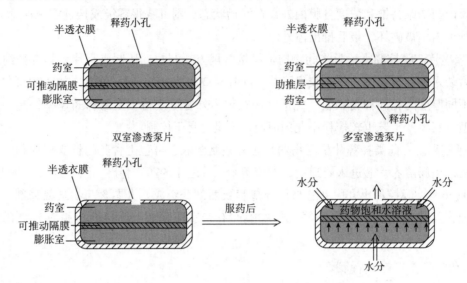

图9-6 双室和多室渗透泵片构造与释药示意图

多室渗透泵片的片芯为双层,分别为药室和膨胀室,也可以有两个药室,药室由药物、渗透压活性物质和辅料组成,膨胀室由推动剂、渗透压活性物质和其他辅料组成,中间以弹性隔膜将两者隔开,片芯外包半透膜,在靠近药室的片面上用激光打孔。口服后,水分通过半透膜渗入片芯,药室中,助渗剂和难溶性药物溶解或分散于水中,形成一定浓度和渗透压的药物混悬液;膨胀室中,推动剂吸水膨胀,并推动药室中的药物混悬液从释药孔中释放出来。

(四)离子交换型缓释制剂

离子交换树脂系指能再生、反复使用、不溶于酸、碱溶液及有机溶剂的高分子聚合物。离子交换树脂具有网状立体结构,含有与离子结合的活性基团且能与溶液中其他离子进行交换。由于药物释放较快,需要采取微囊化技术进一步控制药物的释放,为第一代的口服药物树脂控释系统。为了克服树脂因溶胀性导致囊膜破裂的缺点,将树脂用浸渍剂如聚乙二醇4000和甘油处理,阻止膨胀;最后采用包衣等技术调节药物释放,为第二代Pennkinetic®控释系统。

除以上四种缓控释制剂外,还有一种以皮下植入方式给药的缓控释制剂,称为植入剂。该类制剂的药物很容易到达体循环,因而其生物利用度高;另外,给药剂量比较小,释药速率缓慢而均匀,成为吸收的限速过程,故血药浓度平稳且持续时间可长达数月甚至数年;皮下组织较疏松,富含脂肪,神经分布较少,对外来异物的反应性较低,植入药物后的刺激性、痛觉较小。其不足之处是植入时需在局部(多为前臂内侧)做一小的切口,用特殊的注射器将植入剂推入,如果使用了无生物降解性材料,在终了时还需手术取出。

植入剂按其释药机制可分为膜控型、骨架型、渗透压泵型,可用于避孕、治疗关节炎、抗肿瘤、胰岛素、麻醉药拮抗剂等。

（五）缓控释制剂举例

例 9 - 2　盐酸地尔硫䓬缓释片（120mg）

【处方】盐酸地尔硫䓬60g　　乳糖7.5g　　HPMC 72g　　海藻酸钠1.5g　　EC 19g

【制法】将主药和辅料分别过100目筛，按处方量称取后混合均匀。用适量15% PVP - K30乙醇溶液润湿，制软材，过18目筛制粒，干燥，整粒，置于单冲压片机上。压成直径11mm、重0.4g的片剂，硬度9～11kg/cm²。

【性状】本品为微黄色薄膜衣片，内含适量阻滞剂。

【临床应用】本品用于冠状动脉痉挛引起的心绞痛和劳力型心绞痛、高血压等疾病的治疗。

【分析】HPMC为凝胶骨架材料，加入疏水性辅料EC，使形成的凝胶骨架在水中维持较长时间，并且能控制药物从骨架中的释放速率。以乳糖和海藻酸钠作为填充剂，调节释放速率和片剂重量。

例 9 - 3　硝苯地平控释片

【处方】

①贮库层：硝苯地平30mg　聚环氧乙烷（PEO）106mg　KCl 3mg　HPMC 7.5mg　硬脂酸镁3mg

②推动层：聚环氧乙烷51mg　NaCl 22mg　硬脂酸镁1.5mg

③包衣液：醋酸纤维素95g　PEG4000 5g　二氯甲烷1960ml　甲醇820ml

【制法】①贮库层：硝苯地平、PEO、KCl和HPMC分别过40目筛，混合15～20分钟，以乙醇和异丙醇为润湿剂制软材，过16目筛制粒，室温干燥24小时，加硬脂酸镁混合20～30分钟。②推动层：PEO和NaCl分别过40目筛，混合10～15分钟，用甲醇和异丙醇制软材，过16目筛制粒，22.5℃干燥24小时，加硬脂酸镁混合20～30分钟。③以贮库层和助推层制备双层片，包衣，打孔。

【性状】本品为薄膜衣片，除去包衣后片芯为黄色与红色的双层片。

【临床应用】本品用以治疗高血压和心绞痛。

【分析】本品为双室渗透泵片。

四、缓控释制剂的质量评价

根据《中国药典》（2020年版）四部（通则9013）缓释、控释和迟释制剂指导原则，对缓控释制剂的质量评价有体外释放度试验、体内试验和体内 - 体外相关性试验。

1. 体外释放度试验　体外释放度试验是在模拟体内消化道条件下（如温度、介质的pH值、搅拌速率等），测定制剂的药物释放速率，并最后制订出合理的体外药物释放度标准，以监测产品的生产过程及对产品进行质量控制。结合体内 - 体外相关性研究，释放度可以在一定程度上预测产品的体内行为。对于释放度方法可靠性和限度合理性的评判，可结合体内研究数据进行综合分析。具体试验方法详见《中国药典》（2020年版）四部（通则9013）缓释、控释和迟释制剂指导原则。

2. 体内试验　体内试验是通过体内的药效学和药物动力学试验对缓释、控释的安全性和有效性进行评价。其意义在于验证该类制剂在动物或人体内释放性能的优劣，评价体外试验方法的可靠性，并通过在体内进行的药物动力学研究，计算相关动力学参数，为临床用药提供可靠的依据。主要包括生物利用度和生物等效性评价。

生物利用度是指活性物质从药物制剂中释放并被吸收后，在作用部位可利用的速度和程度，通常用血浆浓度 - 时间曲线来评估。生物等效性是指一种药物的不同制剂在相同的实验条件下给予相同的剂量，其吸收速度和程度没有明显差异。《中国药典》（2020年版）规定缓控释制剂可根据单次和多次给药试验进行生物利用度和生物等效性评价，具体试验方法详见《中国药典》（2020年版）四部（通则9011）药物制剂人体生物利用度和生物等效性试验指导原则。

3. 体内－体外相关性试验　体内－体外相关性指的是由制剂产生的生物学性质或由生物学性质衍生的参数（如 t_{max}、C_{max} 或 AUC），与同一制剂的物理化学性质（如体外释放行为）之间建立合理的定量关系。缓释、控释制剂要求进行体内外相关性试验，它应反映整个体外释放曲线与血药浓度－时间曲线之间的关系。只有当体内外具有相关性时，才能通过体外释放曲线预测体内情况。具体试验方法详见《中国药典》（2020 年版）四部（通则 9013）缓释、控释和迟释制剂指导原则。

任务四　固体分散技术

PPT

一、固体分散技术的概述

（一）固体分散技术的概念

固体分散技术是指药物以分子、胶态、微晶或无定形状态高度分散在另一种适宜的固体载体材料中的技术，制成的这种固态物质称为固体分散体。固体分散体是中间剂型，可根据需要进一步制成片剂、胶囊剂、颗粒剂、软膏剂、栓剂等剂型。

（二）固体分散体的特点

1. 具有高度分散性　药物与固体分散载体材料混合后，以微晶、胶态、分子等状态均匀地分散在载体中。

2. 可以调整药物的溶出特性　以水溶性高分子材料为载体材料的团体分散体，因药物高度分散而增加了难溶性药物的溶解度和溶出速率，促进药物吸收，提高生物利用度。如灰黄霉素－琥珀酸低共熔物，其溶解速率较纯灰黄霉素提高 30 倍。以难溶性或肠溶性材料为载体材料的固体分散体可使药物具有缓释或肠溶性的作用。如硝苯地平－羟丙甲纤维素邻苯二甲酸酯（HP－55）固体分散体缓释颗粒剂，提高了原药的生物利用度，同时具有缓释作用。

3. 可以增加药物的稳定性　通过载体材料对药物分子的包裹作用，可减缓药物在生产、贮存过程中的水解和氧化速率。

4. 可以掩盖药物的不良臭味与刺激性　提高患者使用的顺应性。

5. 可以实现液体药物固体化　将液体药物与固体载体材料混合后可制得固态的固体分散体后进一步加工制成固体剂型。

固体分散体存在的问题：①在长期贮存过程中固体分散体的药物分子有可能自发聚集或晶型转化，即发生老化现象；②载药量小，不适用于剂量较大的难溶性药物；③工业化生产难度较大。

（三）固体分散体的分类

1. 按释药特征分类　一般可分为速释型、缓控释型及肠溶型固体分散体。

2. 按分散状态分类　一般可分为低共熔混合物、固态溶液、共沉淀物。

（1）低共熔混合物　当药物与载体材料依低共熔物的比例混合熔融后，经骤冷固化，药物以微晶的状态均匀分散于载体中形成的物理混合物。

（2）固态溶液　固体药物以分子状态分散于适宜的载体材料中形成的均相分散体系称为固态溶液。固态溶液中药物的分散度比低共熔混合物高。

（3）共沉淀物　共沉淀物也称共蒸发物，是将药物与载体材料以恰当的比例溶解有机溶剂后，蒸发去除溶剂，得到的一种非结晶性无定形的固体分散体。

二、固体分散体的载体材料

固体分散体中药物的溶出速率在很大程度上取决于载体材料的特性。载体材料应无毒性、无刺激性，不与主药发生化学反应，不影响药物的稳定性、疗效及含量测定，能够使药物维持最佳的分散状态或释放效果，价廉易得等。

常用的固体分散载体材料有水溶性、水不溶性和肠溶性三类，这些载体材料可以单独使用也可联合使用，以达到制剂速释、缓释或控释的效果。

（一）水溶性载体材料

1. 聚乙二醇类（PEG） 是最常用的水溶性载体材料。一般选用的是PEG4000和PEG6000，常温下为蜡状固体，具有良好的水溶性，熔点比较低（50~58℃），毒性较小，化学性质稳定（但180℃以上分解），能与多种药物配伍，显著增加药物的溶出速率，提高药物的生物利用度。联合使用不同分子量的PEG为载体材料，可以适当改善固体分散体的性能。

2. 聚维酮类（PVP） 因聚合度不同而有多种规格，常用PVP－K15、PVP－K30、PVP－K90等。本品无毒，熔点较高，对热稳定（150℃变色），易溶于水和多种有机溶剂，能抑制药物析出结晶，但贮存中因成品易吸湿而析出药物结晶。

3. 表面活性剂类 作为载体材料的表面活性剂多数含聚氧乙烯基，其特点是溶于水或有机溶剂，载药量大，在制备固体分散体过程中可阻滞药物产生结晶，是比较理想的速释载体材料。常用泊洛沙姆188（Poloxamer 188，即Pluronic F68）、吐温80、卖泽类等。

4. 有机酸类 分子量较小，如枸橼酸、富马酸、酒石酸、琥珀酸、胆酸及脱氧胆酸等，易溶于水而不溶于有机溶剂。本类载体材料不适用于对酸敏感的药物。

5. 糖类与醇类 糖类常用的有壳聚糖、右旋糖酐、半乳糖和蔗糖等，多与PEG类载体材料联用；醇类常用甘露醇、山梨醇、木糖醇等。本类材料的水溶性好，毒性小，适用于小剂量、熔点高的药物。

6. 纤维素衍生物 常用的有羟丙纤维素（HPC）、羟丙甲纤维素（HPMC）等，采用研磨法制备固体分散体时，需加入适量乳糖、微晶纤维素等改善固体分散体的研磨性能。

（二）水不溶性载体材料

1. 纤维素类 常用乙基纤维素（EC），其载药量大，稳定性好，不易老化，是一种理想的载体材料。

2. 聚丙烯酸树脂类 为含季氨基的聚丙烯酸树脂Eudragit（包括E、RL和RS等几种），在胃液中可溶胀，在肠液中不溶，不被吸收，对人体无害，广泛用于制备缓释固体分散体。

3. 脂质类 常用的有胆固醇、β－谷甾醇、棕榈酸甘油酯、胆固醇硬脂酸酯、蜂蜡、巴西棕榈蜡及氢化蓖麻油、蓖麻油蜡等，均可制成缓释固体分散体。

以上水不溶性载体材料在制备固体分散体时，常加入适量适宜的水溶性材料调节释药速率，以达到满意的释药效果。

（三）肠溶性载体材料

1. 纤维素类 该类载体材料常用的有纤维醋法酯（CAP）、羟丙甲纤维素酞酸酯（HPMCP）以及醋酸羟丙甲纤维素琥珀酸酯（HPMCAS）等，均能溶于肠液中，可将胃中不稳定的药物制备成在肠道释放和吸收的固体分散体，提高药物的生物利用度。

2. 聚丙烯酸树脂类 常用Eudragit L100和Eudragit S100，分别相当于国产聚丙烯酸树脂Ⅱ和Ⅲ号。

前者可在 pH 6 以上的介质中溶解，后者可在 pH 7 以上的介质中溶解，两者联合使用，可制成较理想的肠溶固体分散体。

练一练9-2

作为不溶性固体分散体载体材料的是（　　）

A. 乙基纤维素　　　　　　B. PEG 类　　　　　　C. 聚维酮

D. 丙烯酸树脂 RL 型　　　E. HPMCP

答案解析

三、固体分散体的制备技术

固体分散体的制备方法主要有熔融法、溶剂法、溶剂－熔融法、研磨法、液相中乳化溶剂扩散法等。采用何种制备技术，主要取决于药物的性质与载体材料的结构、性质、熔点及溶解性能等。

（一）熔融法

熔融法系将药物与载体材料混匀，加热至熔融，剧烈搅拌下迅速冷却固化，制得固体分散体。本法简单易行，不使用有机溶剂，经济、环保，适用于对热稳定的药物，多用于熔点低、不溶于有机溶剂的载体材料，如 PEG 类、枸橼酸、糖类等。制备成功的关键是迅速冷却，使多个胶态晶核迅速形成，以保证药物能够高度分散在载体材料中。

（二）溶剂法

溶剂法又称共沉淀法或共蒸发法，系将药物与载体材料共同溶解于适宜的有机溶剂中，混匀后，采用适宜的方法蒸除有机溶剂，使药物与载体材料同时析出，然后将共沉淀物干燥后即可得到固体分散体。除采用传统蒸发法外，还可采用喷雾干燥法或冷冻干燥法除去溶剂，称为溶剂－喷雾（冷冻）干燥法。

本法能避免高温加热，适用于对热不稳定或易挥发的药物的制备。但由于使用大量有机溶剂，导致成本高及存在环保及安全等问题。本法制备的固体分散体必须检查有机溶剂残留量。

（三）溶剂－熔融法

溶剂－熔融法系将药物先溶于少量有机溶剂中，将载体材料置于水浴中加热熔融，然后将药物溶液加入熔融的载体材料中，搅拌均匀，水浴加热除去溶剂，然后按熔融法进行迅速冷却固化处理即得固体分散体。

本法适用于热稳定性差的药物，也适用于液体药物如鱼肝油，维生素 A、D、E 等，但仅限于小剂量药物，一般剂量在 50mg 以下。

（四）研磨法

研磨法又称机械分散法，系将药物与载体材料按一定的比例混匀后，顺同一方向进行强有力地研磨一段时间，不加溶剂而是借助机械力降低药物的粒度，或使药物与载体以氢键相结合形成固体分散体。常用的载体材料有微晶纤维素、乳糖、PVP、PEG 等。

本法可避免高温对药物及载体材料的影响，适用于对热不稳定或挥发性的药物固体分散体的制备。

（五）固体分散体制备举例

例 9-5　尼群地平固体分散体

【处方】尼群地平 10g　聚维酮（PVP）－K30　30g

【制法】加适量无水乙醇溶解尼群地平和 PVP – K30，混匀，于60℃水浴挥去溶剂，60℃干燥24小时，粉碎过80目筛，即得。

【性状】本品为淡黄色粉末。

【临床应用】本品用于抗高血压，不直接用于临床，需进一步制备成片剂或胶囊剂等剂型应用。

【分析】采用溶剂法制备尼群地平固体分散体；尼群地平为主药，用于抗高血压；PVP – K30 为水溶性载体材料，用以提高主药的溶解度。

👁 看一看

液相中乳化溶剂扩散法

该方法是球晶造粒技术的一种，主要用于制备固体分散体型速释或缓释微丸。操作如下：将药物与肠溶性高分子如 HPMCP 或 Eudragit L100 或 EudragitS100、阻滞剂如 EC 或 Eudragit RS100 或 Eudragit RL100，加入于良溶剂和液体架桥剂的混合液中溶解，药物与高分子完全溶解后再加入微粉硅胶均匀混溶。在搅拌条件下倒入水性不良溶剂中，形成以药物 – 高分子 – 微粉硅胶 – 良溶剂 – 架桥剂为内相、不良剂为外相的亚稳态乳剂；随着乳滴中的良溶剂的扩散，乳滴中析出的药物与高分子一并沉积在微粉硅胶的内外表面，且在架桥剂的作用下，使药物、高分子与微粉硅胶聚结，形成球形颗粒。在制备过程中高分子固化较快时，可在高分子药物溶液中加入适量增塑剂，待球形粒子固化完毕后，过滤，收集球形颗粒，50℃鼓风干燥12小时即可。

四、固体分散体的验证

由于药物的溶出速率、吸收程度与其分散状态密切相关，制得的固体分散体需对其进行物相鉴定，以确定药物在载体辅料中的分散状态及其变化。目前较常用的固体分散体验证方法有溶出速率法、红外光谱法、热分析法、X 射线衍射法、氢核磁共振波谱法等。为得到正确结论，应综合分析多种验证方法的结果。

（一）溶出速率法

药物制成固体分散体后，溶解度和溶出速率都会有所改变，可通过测定药物的溶出速率来判定固体分散体是否形成。如药物亮菌甲素的溶解度试验显示，在各个时间点的溶出度均显著提高，明显优于物理混合物。结果表明形成固体分散体 – 共沉淀物可大大提高亮菌甲素药物的溶解度。

（二）热分析法

常采用差示热分析法与差示扫描量热法进行测定。后者性能优于前者，主要表现在测定热量更准确，分辨率和重现性也更好。

差示扫描量热法（differential scanning calorimetry，DSC）是将样品和参比物在相同环境中程序升温或降温，测量两者的温度差保持为零所必须补偿的热量，制作 DSC 曲线。固体分散体中若有药物晶体存在，则 DSC 曲线中会出现吸热峰，吸热峰总面积的大小反映药物晶体存在量的多少，如无晶体存在，则吸热峰消失。与物理混合物比较，可通过差示扫描量热法的谱图考察药物在载体辅料中的分散状态和分散程度。

（三）X 射线衍射法

药物晶体经不同波段的 X 射线射入后可在衍射图上呈现药物晶体衍射峰，借助这种特征峰的存在与否来判断固体分散体的形成。鉴别固体分散体时，若 X 射线衍射图中的特征峰均消失，则说明药物以无定形态存在于固体分散体中。需要注意的是，结晶度在5%~10%或以下的晶体是无法用X射线衍射法测出的。

（四）红外光谱法

物质结构中的官能团不同，红外特征吸收光谱也不同。药物与高分子载体间发生某种反应（如生成氢键）时，会引起红外吸收峰位移或峰强度改变，以及吸收峰的产生或消失。由此可鉴别固体分散体形成与否。如对比布洛芬、布洛芬-PVP物理混合物及布洛芬-PVP共沉淀物的红外光谱图表明，布洛芬及布洛芬-PVP物理混合物均于$1720cm^{-1}$波数均有强吸收峰，而布洛芬-PVP共沉淀物中的吸收峰向高波数位移，强度也大幅降低。

（五）核磁共振法

主要通过观察核磁共振图谱上共振峰的位移或消失等现象，确定药物与载体有无分子间或分子内相互作用。如醋酸棉酚核磁共振谱在$\delta 15.2$有分子内氢键产生的峰信号，与PVP形成固体分散体后，该共振峰消失，而在$\delta 14.2$和$\delta 16.2$出现两个钝型位移峰，用重水交换后，两峰消失。表明醋酸棉酚-PVP固体分散体中醋酸棉酚与PVP形成了分子间氢键。

实训18 布洛芬固体分散体的制备与质量评价

一、实训目的

1. 掌握共沉淀法制备固体分散体的制备工艺。
2. 初步掌握固体分散体的质量评价方法。

二、实训指导

固体分散体技术是将难溶性药物高度分散在固体载体材料中，形成固体分散体的新技术。它能够提高难溶性药物的溶出速率和溶解度，以提高药物的吸收和生物利用度。

固体分散体常用的载体材料有：①水溶性载体材料包括聚乙二醇类（PEG）、聚维酮（PVP）类、表面活性剂类和纤维素衍生物等；②难溶性载体材料包括乙基纤维素（EC）、聚丙烯酸树脂类（含季铵盐的聚丙烯酸树脂Eudragit）等；③肠溶性载体材料包括纤维素类和聚丙烯酸树脂类（Eudragit L100和Eudragit S100）。

固体分散体的制备方法有：熔融法、溶剂法、溶剂-熔融法、溶剂-喷雾干燥法、研磨法等。

固体分散体中药物分散状态可呈现分子、无定形、胶体、微晶等状态。物相的鉴别方法有溶出速率法、红外光谱法、热分析法、X射线衍射法、氢核磁共振波谱法等。

三、实训药品与器材

1. **药品** 布洛芬、PVP-K30、无水乙醇、二氯甲烷
2. **器材** 蒸发皿、水浴锅、干燥器、80目药筛、溶出度仪

四、实训内容

1. 布洛芬-PVP固体分散体的制备

【处方】

布洛芬0.5g PVP-K30 2.5g

【制法】

取 PVP－K30 2.5g，置于蒸发皿中，加入无水乙醇－二氯甲烷（1∶1）混合溶剂 10ml，于 50～60℃水浴中加热溶解，加入布洛芬 0.5g，搅拌使溶解，不断搅拌蒸发去除溶剂，取出蒸发皿置于氯化钙干燥器内干燥并降至室温，粉碎，过 80 目筛，即得。

【操作要点】

（1）布洛芬－PVP 共沉淀物制备时，溶剂蒸发速度是影响共沉淀物均匀性和防止药物结晶析出的重要因素，应在搅拌下快速蒸发，得到均匀性好、药物结晶少、溶出速度快的共沉淀物。

（2）共沉淀物蒸去溶剂后，可以倾入不锈钢板（下面放冰块冷却）上，迅速冷凝固化，有利于保持共沉淀物的均匀性，减少结晶析出，提高溶出速度。

2. 布洛芬－PVP 物理混合物的制备

【处方】同上

【制法】 取 PVP－K30 2.5g，布洛芬 0.5g，置于蒸发皿中混匀，即得。

3. 溶出速率法验证固体分散体的质量

（1）试验样品　布洛芬 200mg，相当于布洛芬 200mg 的布洛芬－PVP 共沉淀物及物理混合物。

（2）溶出介质的配制　取 0.2mol/L 磷酸二氢钾溶液 250ml，0.2mol/L NaOH 溶液 175ml，加入新煮沸放冷的纯化水，定容至 1000ml，摇匀，即得。

（3）标准曲线的制作　精密称取干燥至恒重的布洛芬约 20mg，置 100ml 容量瓶中，加无水乙醇溶解，定容后摇匀；吸取溶液 1、2、3、4、5、6、7ml 分别置于 100ml 容量瓶中，加溶出介质定容；以溶出介质为空白对照，在 222nm 波长处测定吸光度，以吸光度对浓度回归，得标准曲线方程。

（4）测定　按《中国药典》（2020 年版）第四部（通则 0931）溶出度与释放度测定法中第二法（桨法）。

①测定条件　转速 75r/min，温度（37±0.5）℃，溶出介质如上。

②测定方法　介质温度恒定至 37±0.5℃后，加入精密称定的样品，分别在 1、3、5、10、15、20、30 分钟取样，每次取样 4ml（同时补入溶出介质 4ml），过滤，弃去初滤液，取续滤液 1ml，置 25ml 容量瓶中，加溶出介质定容，在 222nm 波长处测定吸光度，按标准曲线方程计算不同时间点药物溶出的累积百分数，填入下表。比较三个样品的溶出速率大小。

时间 \ 溶出百分数 \ 试验样品	布洛芬－PVP 共沉淀物	布洛芬－PVP 物理混合物	布洛芬纯品
1min			
3min			
5min			
10min			
15min			
20min			
30min			

五、实训思考题

1. 药物在固体分散体中呈现哪些分散状态？这些状态与药物结晶存在哪些性质差异？

2. 固体分散体的制备方法有哪些？简述其操作过程。

PPT

任务五　包合技术

一、包合技术的概述

（一）概念

包合技术是指一种分子被全部或部分包入另一种分子空穴结构内，形成包合物的技术。包合物由主分子和客分子组成，具有包合作用的外层分子称为主分子，被包合到主分子空穴中的小分子称为客分子。主分子需具有一定的形状和大小的空洞、笼格或洞穴，以容纳客分子。

（二）包合技术在制剂中的应用

1. 增加药物的溶解度和溶出度　如难溶性药物吲哚美辛、洋地黄毒苷和氯霉素等制成包合物之后，溶解度、溶出度和生物利用度均可显著增加。

2. 掩盖药物的不良臭味、降低刺激性　有的药物具有苦味、涩味等不良臭味，甚至还具有较强的刺激性。药物包合后可掩盖不良臭味，降低刺激性。如大蒜精油具有臭味，对胃肠道的刺激性也比较大，有研究者用环糊精将其制成包合物后显著降低了臭味和刺激性。

3. 提高药物的稳定性　环糊精可以包合许多容易氧化或光解的药物，提高药物的稳定性。如前列腺素 E_2 在 40℃ 紫外光照射 3 小时其活性就降低一半，而包合物在相同条件下 24 小时其活性未见降低。当然，也有制成包合物稳定性降低的情况，如阿司匹林制成包合物后反而更容易水解。

4. 液体药物粉末化　中药中的许多挥发油，如薄荷油、生姜挥发油和紫苏油等，容易挥发，一般也不溶于水。传统的做法是用吸收剂将挥发油吸附后再压片或装胶囊等，生产过程容易挥发损失。如羌活油在制成感冒冲剂时，不易混匀，且制成颗粒剂后极易挥发影响疗效，制成包合物后羌活油液态变固态，容易混匀并降低挥发。

✎ 练一练9-3

下列关于包合物，叙述正确的是（　　）

A. 包合物是一种分子同另一种分子以配位键结合的复合物

B. 包合物是一种药物被包裹在高分子材料中形成的囊状物

C. 包合物是一种普通混合物

D. 包合物是一种分子被包入另一种分子空穴结构中形成的复合物

答案解析

二、常用包合材料

（一）环糊精

环糊精（cyclodextrin，CYD）是将淀粉用嗜碱性芽孢杆菌酶解后得到的、由 6～10 个葡萄糖分子连接而成环状化合物。该环状化合物内腔性质疏水，外围亲水，因此能够将难溶性药物的疏水基团包合而增溶。常见的有 α、β、γ 三种环糊精，分别由 6、7、8 个葡萄糖分子连接而成，环糊精对酸较不稳定，对碱、热和机械作用都相当稳定，其基本性质见表 9－1。

表 9 - 1　几种环糊精的基本性质

项目	α - CYD	β - CYD	γ - CYD
葡萄糖单体个数	6	7	8
分子量	973	1135	1297
分子空洞内径（nm）	0.45 ~ 0.6	0.7 ~ 0.8	0.85 ~ 1.0
空洞深度（nm）	0.7 ~ 0.8	0.7 ~ 0.8	0.7 ~ 0.8
比旋度	+ 150.5°	+ 162.5°	+177.4°
25℃溶解度（g/L）	145	18.5	232
结晶形状	针状	棱柱状	棱柱状
碘络合物颜色	蓝色	黄色	紫褐色

　　三种环糊精的空洞内径及物理性质差别很大，其中以 β - CYD 空洞大小适中，最为常用，它在水中溶解度最小，制备包合物后易于从水中分离出来，而且其溶解度随着温度的升高而增大，当温度由 20℃升高至 80℃，溶解度由 18g/L 增加至 183g/L，这些性质对包合物的制备，提供了有利条件。

　　（二）环糊精衍生物

　　近年来主要对 β - CYD 分子结构进行修饰，如将甲基、羟丙基等基团引入 β-CYD 分子中，可对其理化性质进行改善，提高环糊精的水溶性和包合性。

　　1. 羟丙基-β-CYD　羟丙基-β-CYD 是运用羟丙基将环糊精的葡萄糖残基中的 C-2、C-3 和 C-6 三个羟基的氢原子取代，控制反应条件，可以分别形成以 2-羟丙基 - β - CYD 为主或以 3-羟丙基-β-CYD、6-羟丙基-β-CYD 为主的羟丙基-β-CYD 混合物。羟丙基 β-CYD 呈无定形状态，极易溶于水，其混合物是目前研究最多、对药物增溶和提高药物稳定性最好的环糊精衍生物。

　　2. 甲基-β-CYD　常用的甲基-β-CYD 主要有 2,6-二甲基 β-CYD 和 2,3,6-三甲基 β-CYD，溶解度都大于 β-环糊精，在水和有机溶剂中均能溶，形成的包合物水溶性较强，可提高药物的溶出速度。环糊精甲基化后，由于封闭了其分子内羟基，可以抑制其环糊精饱和水溶液中的不稳定性反应。

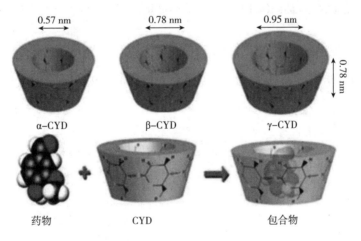

图 9 - 7　CYD 的空间结构模型及包合物示意图

三、包合物的制备技术

　　1. 饱和水溶液法（重结晶或共沉淀法）　将环糊精制成饱和水溶液，加入客分子药物（难溶性药物可先用适量有机溶剂溶解）搅拌混合 30 分钟以上，形成的包合物自水中析出。水中溶解度大的药物，其包合物不易析出，此时可加入有机溶剂使析出沉淀。将析出的包合物过滤、洗涤、干燥即得。

如大蒜油–β–CYD的制备，大蒜油和β–CYD按1：12比例制备，称取大蒜油用少量乙醇稀释，在不断搅拌下滴入β–CYD饱和水溶液中，调节pH值为5，在20℃下搅拌5小时，得到混悬液，冷藏放置后抽滤，干燥，即得到白色粉末状包合物。

2. 研磨法　取环糊精加入2～5倍水，研匀，加入药物（难溶性药物可先用适量有机溶剂溶解），充分研磨成糊状，除去水分和其他溶剂，即得包合物。如维A酸–β–CYD的制备，维A酸和β–CYD按1：5的比例制备，将β–CYD在50℃水浴中加适量蒸馏水研至糊状，维A酸用适量乙醚溶解后加入上述糊状物种，研磨，挥发除去乙醚，得到半固体物质，在遮光干燥器中减压干燥，即得。

3. 喷雾干燥法　如果所得包合物易溶于水，难以析出沉淀，可用喷雾干燥法制备包合物。先在适当溶剂中将药物包合在包合材料中，再用喷雾干燥法除去溶剂。如地西泮β–CYD用喷雾干燥法制得，增加了地西泮的溶解度，也提高了它的生物利用度。

4. 超声波法　向环糊精饱和溶液中加入客分子药物，混合溶解后用超声波处理，析出的沉淀进行过滤、洗涤、干燥即得。

5. 冷冻干燥法　先在适当溶剂中将药物包合在包合材料中，再用冷冻干燥法除去溶剂。

四、包合物的验证

环糊精与药物是否形成包合物，可根据药物的性质选用适当的方法进行验证。

1. X射线衍射法　由于晶体物质在X射线衍射图谱中能显示不同的衍射峰，可以用于判断是否形成包合物。如萘普生β–CYD无药物衍射峰，说明包合物是处于无定形状态，而萘普生和β–CYD物理混合时两者衍射峰重叠。

2. 薄层色谱法　此法是利用药物在形成包合物前后有无薄层斑点、斑点数和R_f值的差异进行判断是否形成包合物。

3. 光谱法　包括紫外可见分光光度法、荧光光谱法和红外光谱法等，利用药物在形成包合物前后吸收曲线与吸收峰的位置及高度进行判断。

4. 热分析法　常用差示热分析（DTA）和差示扫描量热法（DSC），此法利用包合物形成前后热分析曲线的变化进行判断。

5. 圆二色谱法　非对称的有机物分子对组成平面偏正光的左旋和右旋圆偏正光的吸收系数不等，称圆二色性，将他们吸收系数之差对波长作图可得圆二色图谱，用于测定分子的立体结构，判断是否形成包合物。

任务六　微囊微球的制备技术

PPT

一、微囊的概述

（一）概念

微囊是利用天然的或合成的高分子材料（囊材）将固体或液体药物（囊心物）包封而成的粒径为1～250μm的微型胶囊；或使药物溶解或分散在成球材料中，形成基质型微小球状实体的固体骨架物称微球。微囊的粒子直径属微米级，粒径在纳米级的为纳米囊。药物微囊化在制剂过程中均是一种中间体，之后可进一步制成散剂、颗粒剂、片剂、胶囊剂、注射剂等不同剂型。

制备微囊的过程称为微型包囊技术，简称微囊化（microencapsulation），被包裹的药物称囊心物，包裹药物所用的高分子材料称为囊材。

（二）微囊化的特点

1. 掩盖药物的不良臭味　如大蒜素、鱼肝油、氯贝丁酯、生物碱类及磺胺类等药物制成微囊化制剂后，可有效掩盖药物的不良臭味，进而提高患者用药顺应性。

2. 增加药物的稳定性　一些不稳定的药物如易水解药物阿司匹林、易氧化的药物如维生素 C 和 β－胡萝卜素等药物制成微囊化制剂后，能够在一定程度上避免 pH、光线、湿度和氧的影响，提高药物的化学稳定性。易挥发的挥发油类微囊化后能防止其挥发，提高制剂的物理稳定性。

3. 阻止药物在胃内失活或降低对胃的刺激性　如尿激酶、红霉素、胰岛素等药物易在胃内失活，氯化钾、吲哚美辛等对胃有刺激性，易引起胃溃疡，以邻苯二甲酸羟丙基甲基纤维素等肠溶材料制成微囊，可克服上述缺点。

4. 使液态药物固态化　将液体药物制成微囊后可以实现液态药物固态化，便于制剂的生产、应用、运输与贮存。如脂溶性维生素、油类、香料等油状成分制成微囊后，可完全改变其外观形状，从油状变成粉末状，有利于制剂的工艺生产。

5. 减少复方制剂中药物之间的配伍禁忌　如阿司匹林与氯苯那敏配伍后，易加速阿司匹林的水解；将二者分别制成微囊后，再制成复方制剂，可有效防止阿司匹林的水解。

6. 延缓药物释放，降低毒副作用　应用成膜材料、可生物降解材料、亲水凝胶材料等作为微囊囊材，从而使药物具有控释或缓释性。已有的微囊化制剂如吲哚美辛缓释微囊、左炔诺孕酮控释微囊及促肝细胞生长素速释微囊等。如硫酸庆大霉素可生物降解乳酸微囊，可产生长达 2～3 周的局部抗菌效果。

二、囊心物与囊材

（一）囊心物

囊心物可以是固体，也可以是液体。囊心物除主药外，也可加入附加剂，如稳定剂、稀释剂、控制释放速率的阻滞剂或促进剂以及改善囊膜可塑性的增塑剂等。通常将主药与附加剂混匀后再微囊化，也可先将主药单独微囊化，再加入附加剂。主药成分有两种及以上时，可以将多种主药混合后微囊化，也可以将不同主药分别微囊化再混合，主要取决于药物与囊材的性质要求以及工艺条件。

（二）囊材

常用的囊材可分为天然高分子、半合成高分子、合成高分子三大类。囊材的基本要求：①安全、无毒、无刺激性；性质稳定，能与药物配伍，不影响药物释放和测定；有较好的包合性，有一定的强度和可塑性；有适宜的释放速率；有一定的黏度、亲水性、渗透性、可溶性等。

1. 天然高分子囊材　包括明胶、阿拉伯胶、海藻酸盐、蛋白类、壳聚糖和淀粉等，因其性质稳定、无毒、成膜性好而成为最常用的囊材。

（1）明胶　明胶是氨基酸与肽交联形成的直链聚合物，其平均分子量在 15000～25000 之间。因制备时水解方法的不同，分为酸法明胶（A 型）和碱法明胶（B 型）。A 型明胶的等电点为 7～9，B 型明胶的等电点为 4.7～5.0，可以根据药物对 pH 的要求来选用。两者的成囊性无明显差别，均可生物降解，几乎无抗原性。通常可根据药物对酸碱性的要求选用 A 型或 B 型，用作囊材的用量为 20～100g/L。使用时常加入甘油或丙二醇来改善明胶的弹性。

（2）阿拉伯胶　为非洲豆科类植物金合欢树的树干或树枝的胶状渗出物经干燥而成，由多糖和蛋白质组成。阿拉伯胶溶于水中呈酸性，带负电荷。一般常与明胶等量配合使用，用作囊材的用量为 20 ~ 100g/L，亦可与白蛋白配合作复合材料。

（3）海藻酸盐　系多糖类化合物，常用稀碱从褐藻中提取而得。海藻酸钠可溶于不同温度的水中，不溶于有机溶剂；但海藻酸钙不溶于水，故海藻酸钠可用氯化钙固化成囊来制备微囊。但要注意的是，高温会使海藻酸盐黏度降低和断键，因此一般采用过滤除菌法除去微生物。

（4）蛋白类　常用的是白蛋白、玉米蛋白、鸡蛋白等，可生物降解，无明显抗原性，常加热交联固化或用化学交联剂固化制备微囊。

（5）壳聚糖　常用的是脱乙酰壳聚糖，为壳聚糖在碱性条件下脱乙酰化而得，可溶于酸或酸性水溶液，无抗原性，在体内能被溶菌酶等酶解，具有优良的生物降解性、低毒性和生物相容性。

（6）淀粉　常用的是玉米淀粉，有杂质少、色泽好、价格低、来源广的优点。淀粉无毒、无抗原性，在体内可被淀粉酶降解。

2. 半合成高分子囊材　作囊材的半合成高分子材料多为纤维素衍生物，其特点是毒性小、黏度大、成盐后溶解度增大。由于其易于水解，不宜高温处理。

（1）羧甲基纤维素盐　羧甲基纤维素盐属阴离子型的高分子电解质，如羧甲基纤维素钠（CMC - Na）常与明胶配合作复合囊材。CMC - Na 遇水溶胀，体积增大，但在酸性液中不溶，有一定的热稳定性，水溶液不会发酵，可单独作为微球的成球材料。

（2）醋酸纤维素酞酸酯（CAP）　在强酸中不溶解，可溶于 pH > 6 的水溶液，分子中的游离羧基多少决定其水溶液的 pH 值及能溶解 CAP 的溶液最低 pH 值。用做囊材时可单独使用，也可与明胶配合使用。

（3）乙基纤维素（EC）　化学稳定性高，适用于多种药物的微囊化，不溶于水、甘油和丙二醇，可溶于乙醇，遇强酸易水解，故强酸性药物不适宜使用。

（4）甲基纤维素（MC）　遇水溶胀成胶体溶液，可与明胶、CMC - Na、聚维酮（PVP）等配合作复合囊材。

（5）羟丙甲纤维素（HPMC）　能在冷水中溶胀成为黏性胶体溶液，有一定的表面活性，但不溶于热水，长期贮存稳定性较好。

3. 合成高分子囊材　合成高分子材料有生物可降解型和不可生物降解型两类。近年来生物可降解型材料受到普遍重视，如聚碳酯、聚氨基酸、聚乳酸（PLA）、聚乳酸 - 羟基乙酸共聚物（PLGA）、聚乳酸 - 聚乙二醇嵌段共聚物（PLA - PEG）等，其特点是无毒、成膜性好、化学稳定性高，可用于注射。其中尤以 PLA 和 PLGA 应用最为广泛，PLGA 为无毒的可生物降解的聚合物，由乳酸和羟基乙酸聚合而成。

三、微型包囊常用制备技术

目前微囊化方法可归纳为物理化学法、物理机械法和化学法三大类。

（一）物理化学法

成囊过程在液相中进行，通过改变条件使囊材的溶解度降低，从溶液中析出，产生一个新相（凝聚相），并将囊心物包裹形成微囊，故又称相分离法。相分离法微囊化步骤大体可分为囊心物的分散、囊材的加入、囊材的沉积和囊材的固化四步，如图 9 - 8 所示。根据形成新相的原理不同分为单凝聚法、复凝聚法、溶剂 - 非溶剂法、改变温度法和液中干燥法。物理化学法所用设备简单，高分子材料来源广泛，可将多种类别的药物微囊化，现已成为药物微囊化的主要工艺之一。

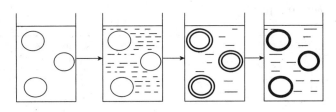

图 9 - 8　相分离法微囊化四步骤图示

1. 单凝聚法　单凝聚法是相分离法中较常用的一种，制备微囊时是将囊心物分散到囊材的水溶液中，然后加入凝聚剂（如乙醇、丙酮、无机盐等强亲水性物质），以降低高分子材料的溶解度而凝聚成囊的方法。这种凝聚是可逆的，一旦解除促进凝聚的条件（如加水稀释），就可发生解凝聚，使微囊很快消失。在制备过程中可以反复利用这种可逆性，调节凝聚微囊形状。最后再采取适当的方法将囊膜交联固化，使之成为不粘连、不可逆的球形微囊。以明胶为囊材的单凝聚法工艺流程见图 9 - 9。

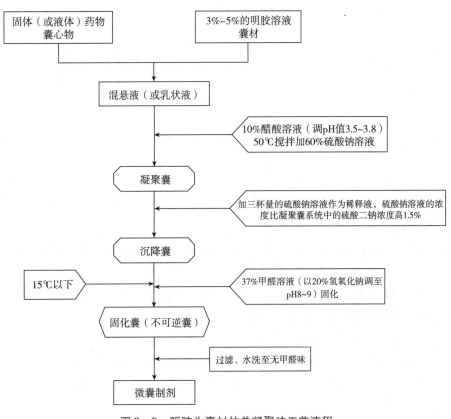

图 9 - 9　明胶为囊材的单凝聚法工艺流程

2. 复凝聚法　复凝聚法是指利用两种聚合物在不同 pH 值时，相反电荷的高分子材料互相吸引后，溶解度降低，从而产生了相分离，这种凝聚方法称为复凝聚法。该法是经典的微囊化方法，适用于难溶性药物的微囊化。

常在一起作复合囊材的带相反电荷的高分子材料组合有明胶 - 阿拉伯胶、海藻酸盐 - 聚赖氨酸、海藻酸盐 - 壳聚糖、海藻酸 - 白蛋白、白蛋白 - 阿拉伯胶等，其中明胶 - 阿拉伯胶组合最常用。

现以明胶与阿拉伯胶为例，说明复凝聚法的基本原理。明胶为两性蛋白质，当 pH 值在等电点以上时明胶带负电荷，在等电点以下时带正电荷，阿拉伯胶在水溶液带负电荷。明胶与阿拉伯胶溶液混合后，调 pH 4.0 ~ 4.5，带正电荷的明胶与带负电荷的阿拉伯胶互相吸引交联形成正、负离子的络合物，溶解度降低而凝聚成囊,如图9-10所示。

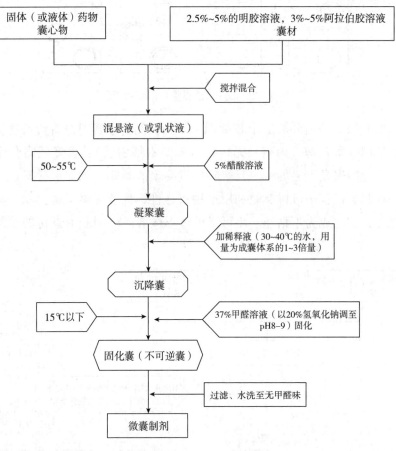

图9-10 复凝聚法工艺流程

(二)物理机械法

本法是将固态或液态药物在气相中进行微囊化,需要一定设备条件。近年来制药技术及设备不断发展,物理机械法制备微囊的应用越来越广。

1. 喷雾干燥法 喷雾干燥法是将囊心物分散在囊材的溶液中,再用喷雾法将此混合物喷入热气流中,溶剂迅速蒸发,囊膜凝固将药物包裹而成微囊。

2. 喷雾冻凝法 又称为喷雾凝结法,是将囊心物分散于熔融的蜡质囊材中,然后将此混合物喷雾于冷气流中,囊材凝固而成微囊。如蜡类、脂肪酸和脂肪醇等囊材均可采用此法。

3. 空气悬浮包衣法 又称流化床包衣法,使囊心物悬浮在包衣室中,囊材溶液通过喷嘴喷撒于囊心物表面而得到的微囊。

(三)化学法

化学法是利用在溶液中单体或高分子通过聚合反应或缩合反应生成高分子囊膜,从而将囊心物包裹成微囊,主要分为界面缩聚法和辐射化学法两种。本法的特点是不需要加凝聚剂。

四、微囊制剂的质量评价

药物微囊化以后,可根据临床需要制成散剂、胶囊剂、片剂及注射剂等剂型。由于微囊本身的质量控制可直接影响制剂的质量,因此微囊的质量评价不仅要求其相应制剂符合药典规定,还需要评价微囊本身的质量,包括囊形与大小、微囊中药物的含量、微囊中药物的释放度等。

（一）微囊的形状与大小

微囊的外形一般为圆球形或近圆球形，有时候也可以是不规则形。可采用光学显微镜、电子显微镜等观察形态，用自动粒度测定仪、库尔特计数仪测定粒径大小和粒度分布。

（二）微囊中药物的含量

微囊中药物的含量测定时，应注意囊材对药物包封率的影响，如果囊膜破坏不完全，主药提取可能不完全，测得的药物含量就偏低。

（三）微囊中药物的释放度测定

根据微囊的特点与用途，可采用《中国药典》（2020 年版）四部中释放度测定方法进行，也可将微囊置于半透膜透析管内，再进行测定。

任务七 脂质体的制备技术

PPT

一、脂质体的概述

（一）概念

脂质体（Liposome）是指将药物包封于类脂双分子层内的一种微型囊泡。脂质双分子层的厚度约 4nm，含有单层脂质双分子层的囊泡称为单室脂质体，其粒径一般在 200nm 以下，不过大的单室脂质体粒径可达到 200 ~ 1000nm；含有多层脂质双分子层的囊泡称为多室脂质体，其粒径一般在 1 ~ 5μm 之间。脂质体的结构示意图见图 9 – 11，左侧为单室脂质体，右侧为多室脂质体。亲水性药物被包裹于脂质分子形成的亲水性空腔内（图中黑色圆点所围成的空腔），疏水性药物被包裹于疏水性空腔内（图中圆点的"尾巴"所围成的空腔）。

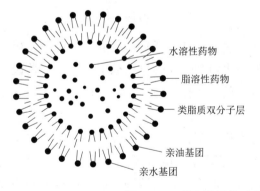
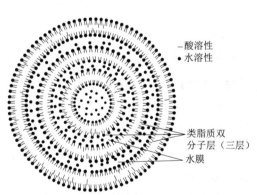

图 9 – 11 单室脂质体（左）和多室脂质体（右）的结构示意图

近年来，随着脂质体制备工艺逐步完善，脂质体作为一种能在体内降解、无毒性和免疫原性的药物载体，其降低药物毒性、提高药物疗效的优点逐步凸显，因此脂质体作为药物载体的研究越来越倍受青睐。

（二）脂质体在药物制剂上的应用

脂质体除了具有良好的细胞亲和性与组织相容性之外，对淋巴系统、肿瘤细胞还具有靶向性，可用于抗肿瘤药物的载体使药物在肿瘤细胞部位富集，并可防止肿瘤扩散转移。因此脂质体在药物载运上受到越来越多的重视并得到广泛应用。

1. 抗肿瘤药物的载体 脂质体可提高化疗药物的靶向性，在降低化疗药物的毒副作用的同时，提高化疗药物的治疗指数。脂质体作为抗癌药物的载体可增加与癌细胞的亲和力，克服耐药性，增加癌细胞对药物的摄取量，降低药物对正常细胞和组织的副作用，起到增效降副的作用。

2. 抗菌药物的载体 脂质体作为抗生素的载体可提高抗菌效果。如将青霉素 G 制成脂质体后其穿透眼角膜的能力可提高 4 倍；将庆大霉素制成脂质体后其抗肺炎疗效可提高 2 倍以上；将两性霉素 B 制成脂质体后可显著降低药物的肾毒性。

3. 抗寄生虫药物的载体 由于脂质体对内皮网状系统的天然靶向性，可将药物有效地运送到网状内皮系统的病灶部位释放药物，有利于治疗内皮网状系统疾病。如脂质体作为治疗利什曼病的五价含锑药物的载体可提高治疗指数 30 ~ 40 倍。

4. 解毒剂的载体 重金属铅、钚进入人体内引起中毒时，可利用金属离子络合剂如乙二胺四乙酸二钠、二乙撑三胺五醋酸溶解金属并排泄出体外。但是由于这些络合剂不能穿透细胞膜，难与细胞内的重金属络合，影响了其疗效。制成脂质体后，这些络合剂则可进入细胞发挥作用。

除此之外，脂质体还可作为激素类药物、酶、抗结核药物的载体，发挥降副增效的作用。总之，作为一种有效的载体工具，脂质体的应用非常广泛。当前，我国也已经有多个药物制成了脂质体上市，这些品种在降副增效的同时，也为制药企业创造了较高的经济效益。

二、脂质体的制备材料

脂质体主要以磷脂类和胆固醇为膜材。磷脂为两亲性物质，其结构上有亲水及亲油基团（分别对应于图 9 - 11 中的圆点和"尾巴"）。常用的磷脂材料包括卵磷脂、大豆磷脂和脑磷脂。我国以大豆磷脂最为常见，是药企生产脂质体的重要材料。

胆固醇也属于两亲物质，其结构上也具有亲水和亲油两种基团，加之它还具有一定的抗癌功能，因此胆固醇常与磷脂一起共同构成脂质体的基础物质。

三、脂质体的制备方法

1. 薄膜分散法 这是最早且至今仍然常用的方法。本法系将磷脂、胆固醇等膜材和脂溶性药物溶于适量的三氯甲烷或其他有机溶剂中，然后通过旋转蒸发除去溶剂，在容器内壁上形成一层薄膜，加入含有水溶性药物的缓冲液，不断振摇或搅拌即得粒径较大的脂质体，之后可通过薄膜挤压、高压均质等方式制备成大小均匀、粒径较小的脂质体。

2. 逆相蒸发法 将磷脂等膜材溶于三氯甲烷、乙醚等有机溶剂，加入亲水性药物的水溶液（有机相与水相比例通常为 2：1 或 4：1 为宜），超声处理形成 W/O 型乳剂，减压蒸发除去有机溶剂至呈现胶态体系，滴加缓冲盐，旋转使器壁上的凝胶脱落，继续减压蒸发除去有机溶剂，通过超速离心法除去未包入的药物，即得载药脂质体。

3. 注入法 将类脂和脂溶性药物溶于乙醚、乙醇等有机溶剂中，然后匀速注入高于有机相沸点的恒温磷酸盐缓冲液中，搅拌挥去有机溶剂，再超声处理或高压均质处理即得。

4. 其他方法 冷冻干燥法、熔融法、复乳法、前体脂质体法等。

四、脂质体的质量评价

1. 药物含量与包封率 粉末状的脂质体可仅测载药量，处于液态介质中的脂质体，需要采取超速离心、凝胶过滤、超滤膜过滤等分离方法，将脂质体内外的药物分离，再计算载药量和包封率。

载药量系指脂质体内所包封药物重量占脂质体总重量的百分比。

$$LE（\%）=\frac{W_e}{W_m}\times100\%$$

式中，LE 为载药量；W_e 为包封在脂质体内药量；W_m 为载药脂质体的总重量。

包封率一般指重量包封率，系指包入脂质体内的药物量与投药量的百分比。

$$Q_w（\%）=\frac{W_e}{W_t}\times100\%$$

式中，Q_w 为包封率；W_e 为包封在脂质体内药量；W_t 为药物投料量。

2. 粒径与形态 脂质体粒径大小和分布均匀程度与脂质体的包封率和稳定性有关，还会影响其在机体的分布和代谢，影响到治疗效果。采用激光粒度仪可测定脂质体的粒径与粒度分布，采用高倍显微镜、甚至是电镜可观察脂质体的形态。

3. 释放度 脂质体中药物的释放行为是脂质体制剂重要的质量控制项目之一，可用于了解脂质体的通透性，以便调整释药速率，达到预期要求。目前常采用透析管法和试管离心法。

为了提高脂质体的靶向性和体内稳定性，人们研究了许多新型脂质体，如热敏脂质体、pH 敏感脂质体、长效脂质体和免疫脂质体，以更有效地将药物定向递送至癌细胞或其他靶向组织。

实训 19　氟尿嘧啶脂质体的制备与质量评价

一、实训目的

1. 能用逆向蒸发法制备脂质体。
2. 会对脂质体进行初步的质量评价。
3. 能正确使用旋转蒸发器、超声波清洗器、高效液相色谱仪、离心沉淀仪、激光粒度仪。

二、实训指导

1. 制备方法 脂质体的制备方法有很多，氟尿嘧啶为水溶性药物，因此氟尿嘧啶脂质体采用逆向蒸发法进行制备。

2. 脂质体包封率检查 脂质体的包封率的测定是衡量脂质体内在质量的一项重要指标。本试验采用鱼精蛋白凝聚法定脂质体的包封率。鱼精蛋白含有精氨酸，精氨酸带正电，会与带负电或中性的磷脂产生絮凝作用，使得脂质体和游离药物得以分离，所以它是一种具有快速、用量少、针对脂质体或纳米粒电荷性质的聚离心法。

三、实训药品与器材

1. 药品 氟尿嘧啶缓冲溶液（2.5mg/ml）、卵磷脂、胆固醇、三氯甲烷、乙醚、鱼精蛋白溶液（10mg/ml）、生理盐水、磷酸盐缓冲液（pH 7.4）。

2. 器材 圆底烧瓶、旋转蒸发器、超声波清洗器、高效液相色谱仪、离心沉淀仪、激光粒度仪。

四、实训内容

1. 氟尿嘧啶脂质体的制备

【处方】氟尿嘧啶缓冲溶液（2.5mg/ml）　　　4ml

　　　　卵磷脂　　　　　　　　　　　　　　235mg

　　　　胆固醇　　　　　　　　　　　　　　25mg

三氯甲烷	8ml
乙醚	4ml

【制法】 取卵磷脂 235mg 和胆固醇 25mg 于圆底烧瓶中，加入有机溶剂（三氯甲烷 8ml 和乙醚 4ml）使之完全溶解，加入氟尿嘧啶缓冲溶液（2.5mg/ml）4ml，超声 10 分钟，在旋转蒸发仪上除去有机相（水域温度控制在 35~37℃），超声 30 秒（功率 80~100W），220nm 滤膜过滤，得到氟尿嘧啶脂质体。

【性状】 本品为类白色的粉末。

【功能】 氟尿嘧啶是一种常用的抗癌药物，一般静脉给药，但由于氟尿嘧啶选择性较差，有严重的骨髓抑制和胃肠道反应的副作用，将它做成脂质体，可以提高选择性，优化药物体内分布，从而提高治疗效果，降低毒副作用。

【操作要点】

（1）卵磷脂与胆固醇比例增加，包封率会增加，但会有一个最佳比例，所以不能无限制增加卵磷脂和胆固醇的用量。

（2）氟尿嘧啶脂质体制备过程中，加入氟尿嘧啶缓冲溶液超声后要立即在水浴中减压蒸发至呈凝胶状，再继续蒸除去有机相。

2. 氟尿嘧啶脂质体质量检查

（1）包封率的测定

①精密吸取 0.1ml 氟尿嘧啶脂质体于 10ml 锥形离心管中，加入 0.2ml 鱼精蛋白溶液，搅匀，静置 3 分钟，加入 3ml 生理盐水，4000r/min 离心 50 分钟，吸取 0.5ml 上清液加 5ml 生理盐水，用高效液相测定药物浓度。

②精密吸取 0.1ml 氟尿嘧啶脂质体于 10ml 锥形离心管中，用甲醇破乳至 2ml，用高效液相测定药物浓度。

③按公式 $Q_w（\%）=\dfrac{W_e}{W_t}\times100\%$ 计算包封率。

（2）粒径的测定　取适量氟尿嘧啶脂质体，用磷酸盐缓冲液稀释 10 倍，用激光粒度仪测定，记录平均粒径。

五、实训思考题

1. 逆向蒸发法制备脂质体过程中，关键的处方因素和工艺因素有哪些？
2. 在操作时应如何控制使脂质体外观形态好且包封率高？

PPT

任务八　微丸的制备技术 ⓔ 微课 2

微丸（pellets）系指由药物与辅料构成的直径小于 2.5mm 的球状实体。一般充填于硬胶囊中，袋装或者制片后服用。微丸最早产生于中国，如六神丸，完全具备现代微丸的基本特征，已有数百年的生产历史，近年来，微丸在缓释、控释制剂方面备受瞩目，成为中西药物新制剂研究的一个热点。

一、微丸的特点

（一）生物利用度高，局部刺激性小

微丸将一个剂量的药物分散在许多微型隔室内，用药后药物广泛分布在胃肠道黏膜表面，有利于吸收，其生物利用度较高。由于其分布面积大，使药物对胃肠道的刺激性相对减少。

（二）受消化道输送食物节律影响小

微丸剂由于粒径小，即使当幽门括约肌闭合时，仍能通过幽门，因此微丸在胃肠道的吸收一般不受胃排空的影响。若微丸用非生物降解材料包衣，则可获得重现性好、不依赖 pH 值的零级释药速率。

（三）改善药物稳定性

制备成复合微丸，可增加药物的稳定性，提高疗效，降低不良反应，而且生产便于控制质量。如制成复合微丸和多层微丸还可以减少药物的配伍禁忌。

（四）可根据不同需要将其制成片剂和胶囊剂等剂型

微丸也可压制成片，如茶碱缓释片就是由含茶碱的微丸和药粉经压制而成的片剂，还可将速释微丸与缓释微丸装于胶囊中制成控释胶囊剂。缓释或控释微丸的释药行为是组成一个剂量的各个微丸释药行为的总和，个别微丸在制备中的失误或缺陷不会对整体制剂的释药行为产生严重影响，因此缓释、控释微丸在安全性、重现性方面要优于其他缓释、控释剂型。

（五）工艺学上有优点

例如有较好的流动性质，不易破碎，易于包衣、分剂量等。

二、微丸的类型及释药机制

微丸种类按其释放特性可分为速释微丸、缓释微丸和控释微丸。其中缓释微丸、控释微丸按其结构和种类又可分为骨架型微丸、肠溶衣型微丸、可溶性薄膜衣型微丸、不溶性薄膜衣型微丸和树脂型微丸。

（一）速释微丸

速释微丸是药物与一般制剂辅料（如微纤维素、淀粉、糖等）制成的具有较快释药速度的微丸。其释药机制与颗粒剂基本相同，一般情况下，要求 30 分钟溶出度不得少于 70%，处方中常加入一定量的崩解剂或表面活性剂，以保证丸的快速崩解和药物溶出。

（二）骨架型缓释微丸

骨架型缓释微丸通常以蜡类、脂类及不溶性高分子材料为骨架，无孔隙或极少孔隙，水分不易渗入丸芯，药物的释放主要是外表面的磨蚀→分散→溶出过程。影响释药速度的因素主要有药物溶解度、微丸的孔隙率及孔径等，其释药方式通常符合 Higuchi 方程。因脂溶性药物在水中溶解度低，故只有水溶性药物适合于制成该类微丸。

（三）肠溶衣型微丸

肠溶衣型微丸是将速释微丸用丙烯酸树脂 II 等肠溶性高分子材料包衣制成的在胃中不溶或不释药的微丸。衣膜由于在高 pH 值的环境下才溶解，因此构成肠溶的特性。较适合于对胃具有刺激性的药物（如阿司匹林）和在胃中不稳定药物（如红霉素等）微丸制剂的制备。

（四）可溶性薄膜衣微丸

可溶性薄膜衣微丸以亲水性聚合物制成包衣膜，药物可加在丸芯中，也可加在薄膜衣内，或二者兼有。服用后薄膜衣遇消化液即溶胀，形成凝胶屏障层而控制药物的溶出，其释药很少受胃肠道生理因素和消化液 pH 值变化影响。

（五）不溶性薄膜衣微丸

不溶性薄膜衣微丸通常将药物制成丸芯，以不溶性聚合物包衣，包衣处方中常含有适量的致孔剂和增塑剂。当衣膜与胃肠液接触时，致孔剂溶于水后形成许多微孔，水分渗入丸芯，形成药物饱和溶液，通过微孔将药物扩散至体液中，从而达到近似零级释药过程。

（六）树脂型微丸

将可电离的药物先交换到树脂上，经聚合物包衣制成缓释微丸。口服后胃肠道离子可将药物从树脂上置换下来而释药，从而发挥缓释作用。树脂粒径、衣膜厚度、聚合物黏度及介质离子强度、pH 值对微丸的释放度有影响。

（七）脉冲控释微丸

脉冲释药微丸从内到外分为四层，即丸芯、药物层、膨胀层、水不溶性聚合物外层衣膜。水分通过外层衣膜向系统内渗透并与膨胀层接触，当水化膨胀层的膨胀力超过外层衣膜的抗张强度时，衣膜便开始破裂，从而触发药物释放。故可通过改变外层衣膜厚度来控制时滞。此类微丸以定时控制方式在胃肠道特定部位（胃、结肠）释药，符合人体昼夜节律变化。

三、微丸的制备技术

微丸的制备方法较多，其实质都是将药物与适宜辅料混合均匀，制成完整、圆滑、大小均一的小丸。

（一）滚动成丸法

此法是较传统的制备微丸方法，常用泛丸锅制备。将药材与辅料细粉混合均匀后，加入黏合剂制软材，制粒，放于泛丸锅中滚制成微丸。

（二）沸腾制粒包衣法

将药材与辅料细粉置于流化床中，鼓入气流，使二者混合均匀，再喷入黏合剂，使之成为颗粒，当颗粒大小满足要求时停止喷雾，所得颗粒可直接在沸腾床内干燥。对颗粒的包敷是制微丸的关键，包敷是指对经过筛选的颗粒进行包衣（包粉末）形成微丸产品的过程。在整个过程中，微丸始终处于流化状态，可有效防止微丸在制备过程中发生粘连。

（三）挤压－滚圆成丸法

将药物与辅料细粉加入黏合剂混合均匀，制成可塑性湿物料，放入挤压机械中挤压成高密度条状物，再在滚圆机中打碎成颗粒，并逐渐滚制成大小均匀的圆球形微丸。

其他制备微丸方法有热熔－挤压法、喷雾干燥法、熔合法、微囊包囊技术等。

◉ 看一看 ────────────────────────────────

热熔－挤压法

热熔－挤压法是制备以聚合物为骨架的缓释微丸的一种新技术。与其他制备微丸的方法相比，具有方法简单、可连续操作、一步即可完成制备及省时等优点。此外，还能在微丸中包容高剂量易溶性药物而不失其缓释性能，这也是其他方法难以达到的。但此法存在混合和降解等问题，限制了它的应用。

应用热熔－挤压法，必须对药物、聚合物、增塑剂和其他辅料进行选择，应选择对热稳定者，并对最佳挤压条件通过预试验确定。Follonier 等人对四种可口服的聚合物，乙基纤维素、醋酸丁酸纤维素、乙烯－醋酸乙烯聚合物和羧甲基丙烯酸衍生物用上法制备盐酸地尔硫等多种药物的缓释微丸的可行性进行探索。

四、微丸的质量检查

（一）微丸粒度

微丸的粒度要求在 2.5mm 以下，若高于这个粒度，则微丸剂与其他剂型相比的优势则会减小，因此微丸的粒度是微丸的一项重要质量评价指标。评价微丸的粒度可用粒度分布、平均直径、几何平均径、平均粒宽和平均粒长等参数来表达。比较简便而又有效的方法就是筛析法。即取一定量的微丸筛分一定时间，收集通过不同目筛（如 10、16、20、40、60 和 80 目等）的微丸，测定各部分的数量即可绘制微丸的粒度分布图，从而了解此批微丸主要的粒度分布范围。

（二）微丸的圆整度

微丸的圆整度是微丸的重要特性之一，它反映了微丸成型或成球的好坏。多数药物制成微丸后都要进行包衣，而制成缓释、控释制剂，微丸的圆整度会直接影响膜在丸面的沉积和形成，还可影响到膜控微丸的包衣质量，进而影响膜控微丸的释药特性。

（三）质量差异

该指标实际上与微丸的粒度范围相关，为保证微丸的性质均一，一般认为应控制在较小的（如 1%）范围内。

（四）硬度

微丸的硬度与释药速度有关，可采用作用原理类似于片剂硬度仪的仪器进行测定。

（五）脆碎度

测定微丸的脆碎度可评价微丸物料剥落的趋势。测定脆碎度的方法因使用仪器不同有不同的规定。比如取 10 粒微丸，加 25 粒直径为 7mm 的玻璃珠一起置脆碎度检测仪内旋转 10 分钟，然后将物料置孔径为 250μm 的筛中，置振荡器中振摇 5 分钟，收集并称定通过筛的细粉量，计算细粉占微丸重的比例。

（六）含量均匀度

在制备微丸过程中，药物与辅料逐次加入，药物与辅料在制剂之前可以混合得很均匀。但在制剂过程中，由于药物和辅料的密度不同，有可能导致药物与辅料出现分层的现象，因此有必要控制微丸的含量均匀度，以保证制剂的质量。测定方法可参考其他剂型的测定方法进行。

（七）释放试验

药物的释放是微丸的重要特性，微丸的组成、载药量都与药物释放有关。此外，微丸的水分、溶散时限、堆密度及微生物限度等因素也会影响微丸的质量，应根据具体的品种制定相应的标准。

答案解析

一、A 型题（最佳选择题）

1. 药剂中 TTS 或 TDDS 的含义为（　　）

    A. 药物靶向系统　　　　　B. 透皮给药系统　　　　　C. 多单元给药系统

    D. 主动靶向给药系统　　　E. 智能给药系统

2. 下列物质中，不能作为经皮吸收促进剂的是（　　）

    A. 乙醇　　　　　　　　　B. 山梨酸　　　　　　　　C. 表面活性剂

D. 二甲基亚砜（DMSO）　　　E. 月桂氮䓬酮

3. 以下属于主动靶向给药系统的是（　　）

    A. 磁性微球　　　　　　　　B. 乳剂　　　　　　　　C. 药物 – 单克隆抗体结合物

    D. 药物毫微粒　　　　　　　E. pH 敏感脂质体

4. 渗透泵片控释的基本原理是（　　）

    A. 片剂膜内渗透压大于膜外渗透压，将药物从小孔压出

    B. 药物由控释膜的微孔恒速释放

    C. 减少药物溶出速率

    D. 减慢药物扩散速率

    E. 片外渗透压大于片内，将片内药物压出

5. 可作为不溶性骨架片的骨架材料是（　　）

    A. 聚乙烯醇　　　　　　　　B. 壳多糖　　　　　　　　C. 果胶

    D. 海藻酸钠　　　　　　　　E. 聚氯乙烯

6. 可作为溶蚀性骨架片的骨架材料是（　　）

    A. 硬脂酸　　　　　　　　　B. 聚丙烯　　　　　　　　C. 聚硅氧烷

    D. 聚乙烯　　　　　　　　　E. 乙基纤维素

7. 关于固体分散体叙述错误的是（　　）

    A. 固体分散体是药物以分子、胶态、微晶等均匀分散于另一种水溶性、难溶性或肠溶性固态载体物质中所形成的固体分散体系

    B. 固体分散体采用肠溶性载体，增加难溶性药物的溶解度和溶出速率

    C. 利用载体的包蔽作用，可延缓药物的水解和氧化

    D. 能使液态药物粉末化

    E. 掩盖药物的不良嗅味和刺激性

8. 下列作为水溶性固体分散体载体材料的是（　　）

    A. 乙基纤维素　　　　　　　B. 微晶纤维素　　　　　　C. 聚维酮

    D. 丙烯酸树脂 RL 型　　　　E. HPMCP

9. 关于 β – 环糊精包合的作用，错误的是（　　）

    A. 液体药物粉末化　　　　　B. 减少药物的刺激性　　　C. 降低药物的溶解度

    D. 提高药物稳定性　　　　　E. 增加药物的溶解度和溶出度

10. 脂质体所用的囊膜材料是（　　）

    A. 磷脂 – 明胶　　　　　　　B. 明胶 – 胆固醇　　　　　C. 胆固醇 – 海藻酸

    D. 胆固醇 – 磷脂　　　　　　E. 胆固醇 – 阿拉伯胶

11. 不是脂质体的特点的是（　　）

    A. 能选择性地分布于某些组织和器官

    B. 有降副增效的作用

    C. 与细胞膜结构相似

    D. 毒性大，使用受限制

    E. 有良好的细胞亲和性

12. 关于物理化学法制备微囊，下列叙述错误的是（　　）

    A. 是在材料溶液中加入一种对材料不溶的溶剂，引起相分离，而将药物包封成囊或球的方法

B. 适合于水性药物的微囊化

C. 复凝聚法系指使用两种带相反电荷的高分子材料作为复合囊材，在一定条件下，与囊心物凝聚成囊的方法

D. 必须加入交联固化剂，同时还要求微囊的黏结越少越好

E. 微囊固化要在15℃以下

二、B型题（配伍选择题）

【1-3】

A. 背衬材料   B. 防黏层   C. 药贮库

D. 聚丙烯酸类压敏胶   E. 骨架材料

1. 在经皮给药系统中用于支持药库或压敏胶等的薄膜是（ ）

2. 主要用于经皮给药系统中作为黏胶层的保护的是（ ）

3. 在经皮给药系统中起到把装置黏附到皮肤上的作用的是（ ）

【4-6】

A. pH敏感脂质体   B. 磷脂和胆固醇   C. 纳米粒

D. 微球   E. 前体药物

4. 在体内转化为活性的母体药物而发挥其治疗作用的是（ ）

5. 可提高脂质体靶向性的脂质体的是（ ）

6. 药物溶解或分散在辅料中形成的微小球状实体的是（ ）

【7-10】

A. 不溶性骨架片   B. 渗透泵片   C. 膜控释小丸

D. 亲水凝胶骨架片   E. 溶蚀性骨架片

7. 以药物及渗透活性物质等为片芯，用醋酸纤维素包衣，片面上用激光打孔的片剂是（ ）

8. 用挤出滚圆法制得小丸，再在小丸上包衣的是（ ）

9. 用脂肪或蜡类物质为骨架制成的片剂是（ ）

10. 用无毒聚氯乙烯或硅橡胶为骨架制成的片剂是（ ）

【11-15】

A. 脂质体   B. 环糊精包合物

C. 填二者均可   D. 二者皆不可

11. 起缓释作用的是（ ）

12. 能作静脉注射的是（ ）

13. 能作靶向制剂的是（ ）

14. 可用重结晶法制备的是（ ）

15. 能提高稳定性的是（ ）

【16-19】下列材料常用于制备

A. 环糊精   B. 阿拉伯胶   C. 磷脂

D. 药材粉末   E. 聚乙二醇

16. 微囊（ ）

17. 脂质体（ ）

18. 包合物（ ）

19. 微丸（ ）

三、X 型题（多项选择题）

1. 经皮吸收给药的特点包括（ ）

    A. 血药浓度没有峰谷现象，平稳持久

    B. 避免了肝的首过效应

    C. 减少给药频次，改善患者的顺应性

    D. 发现严重不良作用时，容易将贴剂移去，提高了用药安全性

    E. 适合于不能口服给药的患者

2. 下列关于前体药物的叙述错误的为（ ）

    A. 前体药物在体内经化学反应或酶反应转化为活性的母体药物

    B. 前体药物在体外为惰性物质

    C. 前体药物在体内为惰性物质

    D. 前体药物为被动靶向制剂

    E. 母体药物在体内经化学反应或酶反应转化为活性的前体药物

3. 根据 Noyes – Whitney 方程原理，制备缓控释制剂可采用的方法有（ ）

    A. 控制药物的粒子大小　　　　　　　B. 将药物制成溶解度小的盐或酯

    C. 将药物包藏于不溶性骨架中　　　　D. 包衣

    E. 增加制剂的黏度

4. 环糊精包合物在药剂中常用于（ ）

    A. 提高药物溶解度　　　　B. 液体药物粉末化　　　　C. 提高药物稳定性

    D. 制备靶向制剂　　　　　E. 增加药物的溶出速度

5. 脂质体的制法有（ ）

    A. 逆向蒸发法　　　　B. 熔融法　　　　C. 薄膜分散法

    D. 注入法　　　　　　E. 表面活性剂法

6. 微丸的特点叙述正确的是（ ）

    A. 生物利用度高，局部刺激性小　　　B. 在胃肠道的吸收不受胃排空的影响

    C. 改善药物稳定性，掩盖不良味道　　D. 减少药物的配伍禁忌

    E. 具有靶向性

四、综合分析选择题

【1－2】双氯芬酸钠缓释片

【处方】缓释部分：双氯芬酸钠 40mg，EC 50mg，HPMC 20mg，十八醇 30mg，乳糖 10mg

          速释部分：双氯芬酸钠 10mg，乳糖 20mg，磷酸氢钙 16mg

【制法】将缓释部分、速释部分分别混合均匀，以乙醇为润湿剂制软材，过 20 目筛制粒。45℃干燥，整粒。将上述两种颗粒混匀，加硬脂酸镁压片。

1. 根据处方和制法判断，该缓释制剂属于哪种类型缓释制剂（ ）

    A. 亲水凝胶骨架片　　　　B. 生物溶蚀性骨架片　　　　C. 不溶性骨架片

    D. 膜控型缓释片　　　　　E. 渗透泵型缓释片

2. 该缓释制剂释药原理是（ ）

    A. 溶出原理　　　　　　B. 扩散原理　　　　　　C. 溶蚀、扩散与溶出结合

    D. 渗透压原理　　　　　E. 离子交换原理

五、综合问答题

1. 简述靶向制剂可分为哪几类，有什么特点？
2. 渗透泵片的组成有哪些，其控释的原理是什么？
3. 脂质体的应用与制备方法有哪些？
4. 包合物的应用与制备方法有哪些？
5. 微囊的应用与制备方法有哪些？

六、实例分析题

对以下处方进行处方分析，根据处方写出大蒜微囊的微囊化过程，以及质量检查项目。

【处方】		
大蒜油	5ml
阿拉伯胶	5g
明胶	5g
37%甲醛溶液	2.5ml
10%醋酸溶液	适量
20%NaOH 溶液	适量
蒸馏水	适量

书网融合……

重点回顾　　　　微课1　　　　微课2　　　　习题

项目十　药物制剂的有效性与稳定性

PPT

知识目标：

1. 掌握　药物制剂稳定性的意义；制剂的药物化学降解途径；制剂的稳定化方法。

2. 熟悉　药物制剂有效性的含义；生物药剂学基本知识；药物制剂配伍影响原理。

3. 了解　药物制剂有效性影响因素；药物一般体内过程。

技能目标：

能按药典或相关规程完成药物制剂的稳定性试验；能够分辨影响药物稳定性的因素；能够判断配伍变化，并可根据实际情况给出改进措施。

素质目标：

重视药物制剂稳定性研究，培养质量第一、依法依规制药的意识，养成严谨细致、精益求精的操作习惯。

导学情景

情景描述：患者，56 岁，男，长期服用芦丁片作为高血压的辅助治疗。近日药瓶中的芦丁片有受潮粘连的情况，遂查看效期，发现仍在保质期内，随后将药片全部取出，准备分离晾干后使用。请问他的做法对吗，是哪些原因导致其药片受潮粘连的呢？

情景分析：药物制剂的有效期是药品的一个重要属性，它是指药品在规定的贮藏条件下质量能够符合规定要求的期限。有些患者片面的理解为药品在此期限内质量均符合规定，殊不知还需考虑贮藏环境的影响。

讨论：通常哪些因素会影响药物制剂的稳定性呢？

学前导语：药物制剂的有效性和稳定性是药品本身两个重要的基本属性，不具备有效性不能称之为药，而稳定性不佳则会极大地限制其临床应用。本章就将着重讲授药物制剂的有效性及稳定性相关知识。

任务一　认识生物药剂学

一、生物药剂学的研究内容

生物药剂学于 1961 年被首次提出，并迅速发展成为药剂学重要分支学科，是一门研究药物制剂应用于生命体的科学。生物药剂学是研究药物及其剂型在体内的吸收、分布、代谢及排泄过程，阐明药物的剂型因素、机体的生物因素与药物疗效之间相互关系的科学。

依据药物体内过程影响因素的不同，生物药剂学的研究方向大致可分为剂型因素及生物因素两方面。其中剂型因素不仅包括狭义的剂型概念，还包括与剂型相关的多种因素，如：药物的理化性质（盐、酯、衍生物、晶型、溶解度等）、制剂的处方因素、制剂组分的配伍及相互作用、制剂的制备工艺流程以及贮存条件等。生物因素包括：年龄（新生儿、婴幼儿、成人、老年人等）、性别、种族、生理、病理、遗传等因素。

药物必须进入体循环才能产生全身的治疗效果，除血管内给药没有吸收过程外，其余给药途径给药后都会经过吸收、分布、代谢、排泄四个体内过程。吸收是指药物从用药部位进入体循环的过程。如片剂口服后，在胃肠道内崩解并吸收入血。分布是指药物经由体循环向各个器官、组织或体液转运的过程，如吸收入血的药物随血液流遍全身。药物在吸收过程中或进入体循环后，受到肠道菌群或机体多种酶促系统的作用，使药物结构发生转变的过程称代谢或生物转化。排泄是指药物或其代谢物排出体外的过程。药物的吸收、分布及排泄统称转运，分布、代谢及排泄统称处置，代谢与排泄过程统称消除。图 10-1 为常见给药途径的体内过程。

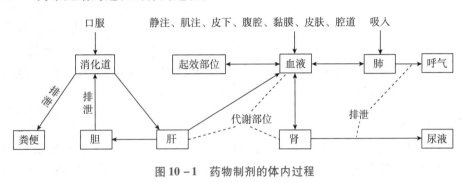

图 10-1　药物制剂的体内过程

二、生物药剂学的临床意义

（一）临床意义

生物药剂学涉及的知识面很广，它与生物化学、药理学、药代动力学、药物治疗学等均有着密切关系，并相互渗透、相互补充。但生物药剂学作为药剂学的一个分支，着重研究的是给药后药物在体内的变化过程。开展生物药剂学研究的主要目的是正确评价药物制剂的质量，设计合理的剂型、处方以及制备工艺，为临床合理用药提供科学依据，使药物在保证安全性的前提下发挥最佳治疗作用。

不同剂型药物的体内变化过程规律及其影响因素是生物药剂学着重解决的问题，研究内容涉及：药物因素对体内转运行为的影响，剂型因素对药物体内过程的影响，依据机体生理特质设计缓控制剂，研究新的给药途径及方法等方面。

（二）生物利用度

生物利用度是指药物活性成分从制剂中释放并吸收进入体循环的程度和速度，可分为绝对生物利用度和相对生物利用度。绝对生物利用度是以静脉制剂（通常认为静脉制剂完全吸收进入体循环，生物利用度为 100%）为参比制剂获得的药物活性成分吸收进入体内循环的相对量；相对生物利用度则是以其他非静脉途径给药的制剂（如片剂和口服溶液）为参比制剂获得的药物活性成分吸收进入体循环的相对量，见式 10-1。

$$F = \frac{AUC_T \times D_R}{AUC_R \times D_T} \times 100\% \tag{10-1}$$

上式为生物利用度计算公式，其中 AUC_T、AUC_R 分别为受试制剂、参比制剂的 AUC（血浆药物浓度—时间曲线下面积）；D_T、D_R 分别为受试制剂、参比制剂的给药剂量。当参比制剂为静脉制剂时，即为绝对生物利用度，并且此时受试制剂的绝对生物利用度数值上最大值为 100%，即药物全部进入体循环。

🔧 **练一练10-1**

以下哪一项不是生物药剂学主要研究的体内过程（ ）

A. 吸收   B. 分布   C. 代谢

D. 起效   E. 排泄

答案解析

任务二　认识药物制剂的有效性 📱微课

一、药物的吸收与药物制剂的疗效

药物依据其给药途径的不同大致可分为口服给药及非口服给药两类，其中非口服给药又可分为注射给药、肺部给药、口鼻黏膜给药、腔道给药等途径。这其中除了注射给药中的血管内给药不存在吸收过程外，其余给药方式均存在药物的吸收过程。药物的吸收是其发挥药效的前提，吸收速度和程度均直接影响药理作用出现的快慢及强弱。

（一）药物的膜转运

药物在人体内的吸收、转运等过程均涉及多种屏障，如胃肠道黏膜、毛细血管壁、血－脑屏障、胎盘屏障等，而这些生物屏障的本质就是一类生物膜。物质透过生物膜的现象叫作膜转运，而药物被机体吸收的过程就是一个膜转运的过程。

1. 生物膜结构　生物膜由磷脂双分子层以及镶嵌在其中的蛋白质和糖类组成，是细胞的重要组成部分和保护屏障，图 10 - 2 为生物膜的结构示意图。细胞膜具有以下特性：①流动性，膜脂及膜蛋白处于运动状态；②不对称性，细胞膜的内外两侧组分及功能存在差异；③细胞膜有半透膜的性质，具有选择透过性。

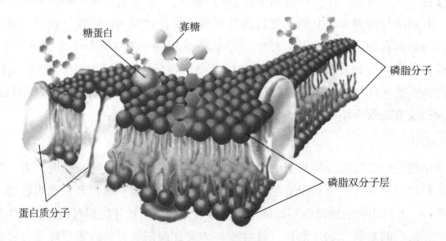

图 10 - 2　生物膜结构

2. 药物的跨膜转运机制　药物的跨膜转运机制大致可分为被动转运、载体转运和膜动转运三类。

被动转运是指药物由高浓度一侧向低浓度一侧被动扩散的过程，可分为单纯扩散、膜孔转运。由于生物膜的磷脂双分子层结构，部分未解离的脂溶性小分子药物可溶于膜脂中，较容易透过细胞膜，绝大多数的有机酸或有机碱在胃肠道的吸收就是通过单纯扩散机制完成。此外，胃肠道上皮的细胞膜有约 0.4 ~ 0.8nm 大小的孔道，这些贯穿的孔道中充满水，某些水溶性的小分子，如水、乙醇、尿素等，可通过此途径透过细胞膜单纯扩散至细胞内，这一过程就称为膜孔转运。被动转运的特点有：①药物从高浓度向低浓度转运；②无需载体参与；③不消耗能量；④无饱和或竞争现象。

载体转运是指药物借助生物膜上的载体蛋白，透过生物膜而被机体吸收的过程，可分为易化扩散和主动转运两种方式。某些药物的水溶性和脂溶性均不好，但仍能在生物膜上载体蛋白的帮助下，顺浓度梯度进入细胞内，这种转运机制叫做易化扩散。由于易化扩散需要特殊膜载体的参与，当膜外药物浓度超过载体转运限度时就会出现饱和现象，而且药物结构的类似物也会竞争载体，影响药物的转运。与被动转运相似，易化扩散也是由高浓度向低浓度方向扩散，且转运过程不耗能，而且速度要比被动转运快，但由于有载体的参与，转运过程中有饱和与竞争的现象。药物借助生物膜载体蛋白，消耗能量实现从低浓度向高浓度转运的过程叫作主动转运。与被动转运和易化扩散相比，主动转运的特点有：①需要消耗能量；②逆浓度梯度转运；③需载体参与；④存在饱和与竞争现象。

膜动转运是基于细胞膜的流动性，通过变形作用将物质摄入细胞内或排出细胞外的过程，通常分为入胞作用及出胞作用。某些大分子物质可通过入胞作用被吸收，如蛋白质、脂溶性维生素等。细胞内无法分解的废物以及合成的物质均可通过出胞作用排出细胞，如胰腺细胞分泌胰岛素就是典型的出胞作用。

（二）口服给药

口服药物的吸收在胃肠道黏膜的上皮细胞中完成，胃肠道中药物的吸收部位主要有胃、小肠、大肠，其中小肠的作用最为重要，绝大部分药物在此被吸收。药物通过各种跨膜转运过程，透过胃肠道黏膜进入体循环进而产生疗效，因此口服药物的胃肠道吸收是药物产生全身疗效的必要前提。

1. 胃肠道结构与药物吸收　胃肠道按结构可分为三大部分，分别是胃、小肠、大肠。其中小肠分为十二指肠、空肠、回肠，全场约 4～6m。小肠内膜上布满许多环状皱襞和大量绒毛凸起，绒毛凸起顶端具有微绒毛，这些结构极大的增大了小肠的有效吸收面积。由于被动转运速度与生物膜有效面积成正比，因此小肠是药物吸收的主要部位，不仅如此小肠也是主动转运的特异性部位。大多数药物在胃内停留并完成崩解或溶出，但由于胃内壁没有绒毛结构，表面积有限，仅对一些酸性药物有较好的吸收。大肠内壁也没有绒毛，不是药物吸收的主要部位。

2. 胃肠道吸收的影响因素　胃肠道的生理环境对口服药物的吸收有非常大的影响。①胃肠道 pH 值：不同部位的胃肠液有着不同的 pH 范围，某些疾病或用药也会对胃肠液的 pH 值造成影响，这些都会引起弱酸或弱碱性药物的解离度发生变化。由于细胞膜是一种类脂膜，分子型药物比解离型药物更易吸收，因此胃肠液 pH 变化对药物的吸收有重要的影响。例如：弱酸性药物在胃中吸收较好，弱碱性药物则在肠内吸收较好。②胃内容物经幽门排入小肠的过程叫胃排空，胃排空的速度决定了药物进入小肠的速度，因此对于主要在肠部吸收的药物，加速胃排空有利于加速药物的吸收。③胃肠道自身存在节律运动，有助于内容物与黏膜接触以及向前推进，某些药物会影响胃肠道自身运动从而干扰药物的吸收。④胃肠道内的血流量对药物的吸收也有一定的影响。⑤药物进入体循环前被肠黏膜或肝脏降解的现象称作首过效应，这其中肝的首过效应最为明显。⑥某些疾病状态影响药物的吸收，如胃酸不足、腹泻等。⑦药物自身的理化性质与其在胃肠道内的吸收也有密切的关系，如解离度、脂溶性、稳定性等。此外食物因素及剂型因素也对药物的胃肠道吸收有一定的影响。

（三）非口服给药

1. 注射给药　常见的注射给药位置有静脉、肌内、皮下等多种，其中静脉注射，药物直接进入体循环，没有吸收过程，生物利用度为 100%。与静脉给药相比，肌内给药更加简便和安全，药物吸收的影响因素也较口服给药少得多，某些给药部位的生物利用度可接近 100%，通常注射部位的血流越充足，药物吸收则越好。由于皮下组织中的血管数量及血流量比肌肉组织少，所以吸收速度低于肌内给药，某些特殊部位皮下给药的吸收速度甚至低于口服，如皮下注射胰岛素。

注射给药的影响因素较少，主要与给药部位的血流量、药物理化性质以及剂型的不同有关。例如：肌内注射的吸收速率是三角肌＞股四头肌＞臀大肌；常见注射剂吸收速率是水溶液＞水混悬液＞油溶液＞乳剂。

2. 吸入给药 将药物分散或气化，经口腔吸入呼吸系统，以达到局部或全身疗效的给药方式，称为吸入给药，或称肺部给药。通常治疗哮喘的吸入型药物主要作用于气管壁上，只有达到肺泡处的吸入型药物才能具有全身疗效。由于肺部吸收面积大且血流丰富，肺泡细胞膜渗透性高，且能够避免肝脏的首过效应，因此肺部给药的生物利用度较高，有些药物可接近静脉注射。

3. 口鼻黏膜给药 鼻腔及口腔内血管丰富，血流充足，是药物较好的吸收部位，既可发挥局部疗效又可产生全身作用。口鼻黏膜给药后药物经黏膜血管直接吸收进入体循环，起效迅速（部分药物与静脉注射相当），可避免首过效应，生物利用度较高，且给药方便，刺激性小，是一种较理想的替代注射给药的全身给药途径，如硝酸甘油舌下片。其中某些药物鼻黏膜给药后还可使部分药物进入脑内，治疗脑部疾病。

4. 腔道给药 直肠位于肠道末端，某些药物制备成栓剂或灌肠剂应用于直肠，可产生局部作用或全身疗效。直肠的血流充足但无绒毛结构，有效吸收面积小，药物吸收缓慢，所以不是药物吸收的主要部位。但直肠栓应用于全身治疗仍有一些优点：通过调整栓剂植入深度可全部或部分避免首过效应，此外对胃有刺激性药物及不能配合口服或注射给药的患者也可采取直肠给药，如小儿退热栓。

阴道内部也具有丰富血管，但由于上皮多层细胞结构的影响，药物的吸收速度要比直肠更慢，同时由于阴道内存在多种微生物对药物的稳定性多有影响，因此阴道给药通常发挥局部治疗目的，如阴道栓剂、泡腾片等，多用于局部抗炎、杀菌等作用。某些发挥全身作用药物，如长效避孕药，可通过阴道内给药装置保持长时间、平稳给药，避免口服给药血药浓度的峰谷波动。常见给药途径特点见表10-1。

表10-1 常见给药途径特点对比

给药方式	吸收部位	首过效应	起效部位	起效速度	维持时间
口服给药	小肠为主	有	全身	慢	长
注射给药	无	无	全身	最快	短
肺部给药	肺泡或气管	无	局部或全身	快	短
口鼻黏膜给药	黏膜	无	局部或全身	快	短
腔道给药	黏膜	部分有	局部或全身	最慢	与剂型有关

？ 想一想10-1

用于治疗支原体肺炎的阿奇霉素常见的剂型有注射剂和分散片，临床一般采用先静脉滴注数日，而后改口服的治疗方式。想一想这两个剂型在吸收途径和起效速度上各有什么不同，都有哪些影响因素呢？

答案解析

二、药物的分布、代谢、排泄与药物制剂的疗效

（一）药物的分布

药物进入体循环后，在血液和各组织器官之间相互转运的过程，称为药物的分布，这是一个迅速的、可逆的、不均匀的分布过程，受到药物理化性质及多种生理因素的影响。药物的分布情况与其疗

效及副作用均有密切的关系。

1. 表观分布容积　表观分布容积是将体内药量与血药浓度关联起来的一个比例常数。设体内药量为 D_0，血药浓度为 C，则表观分布容积 V 如下：

$$V = D_0 / C \qquad\qquad (10-2)$$

表观分布容积虽不具有解剖学意义，但可体现药物在血液和组织中的分布情况，如甘露醇作为高渗降压药，静注后无法透过血管壁，主要分布于血液中，V 值约为 $4 \sim 5$ L（与成人血量相当）；而一些药物如地高辛，大量分布于血管外组织中，V 值则可达到 500L 左右。

2. 药物体内分布的影响因素　影响药物进入体循环并转运至各组织器官速率和程度的因素很多，大致可分为机体因素及药物理化性质两方面。

（1）血液循环及血管通透性　血液循环速度直接影响药物向各组织器官的转运速度，人体中不同组织器官的血液循环情况差异巨大。血流量大、血液循环快的组织器官，药物的转运及分布较为迅速，如心、脑、肝、肾等；而像脂肪组织和结缔组织，血流量小且循环慢，药物的转运分布速度也相对较慢。药物由循环系统向组织器官中的转运，首先要透过毛细血管，基于上文介绍的细胞膜转运机制，通常脂溶性药物和小分子药物更容易通过被动扩散方式透出毛细血管，而依赖于易化扩散和主动转运的药物则与膜上的转运蛋白数量及能力相关。在某些疾病的影响下血管透过性会发生改变进而影响药物的分布，如炎症、肿瘤等。

（2）血浆蛋白结合　药物吸收入血后，部分会与血浆蛋白结合。结合型药物分子量大，不易透过生物膜，通常无药理活性，只有游离型药物才能透过生物膜转运到各组织器官发挥药理作用。因此药物的血浆蛋白结合率与药物的分布、排泄及药效关系密切。通常情况下药物与血浆蛋白的结合是可逆的，有饱和现象，并且游离型与结合型保持一定的动态平衡，当血浆中的游离型药物浓度降低时，此时部分结合型药物转变成游离型药物，通过这种动态平衡，使药物不断的透过生物膜转运至各组织器官。此外不同药物之间还可能存在竞争或抑制作用，影响彼此的蛋白结合率。

（3）药物的蓄积　有些药物在多次给药后可出现特定器官或组织中药物浓度逐渐升高的趋势，这一现象称为蓄积。机理如下：①药物具有较高的亲脂性，容易从血液分布到脂肪组织中；②药物分布到个别组织器官后由于 pH 变化引起药物解离度的改变；③药物与组织器官内蛋白质等结合，无法排出。例如：脂肪组织是人体内血流最慢的组织之一，药物分布较慢，但有些脂溶性较高药物在脂肪组织内分布较快且容易出现蓄积现象，此时脂肪组织对药物起到贮库的作用，可达到延长药效及降低毒性的作用。

（4）药物的理化性质　药物的分布过程与吸收过程相似，同属于跨膜转运过程，机制也类似。大部分药物的跨膜转运是以被动扩散形式完成，这与药物的理化性质关系密切。常见影响因素有：①药物大部分是有机弱酸或弱碱，在血液或体液的 pH 条件下药物的解离程度会存在差异，而解离型药物的透膜能力要远弱于非解离型；②药物的分子量越小越容易完成跨膜转运；③药物的脂溶性越高越容易完成跨膜转运；④特殊剂型，如脂质体可被肝的单核巨噬细胞选择性吸收，实现靶向治疗。

3. 药物向脑及胎儿的分布

（1）药物向脑部分布　脑和脊髓中的毛细血管内皮细胞被神经胶质细胞所包覆，形成无膜孔毛细血管壁，这层质密的胶质细胞主要成分是脂质，它可有效阻止水溶性及大分子药物通过被动扩散方式的透膜转运，这一构造称为血-脑屏障。但当脑部发生感染时，膜透过性增强，使某些水溶性抗生素可以分布到脑内，进而达到治疗的效果。

（2）药物向胎儿分布　母体内的药物必须通过胎盘才能转运分布到胎儿体内，胎盘结构与血-脑屏障类似，但透过性高于血-脑屏障，药物的脂溶性越大、分子量越小，越容易透过胎盘。药物进入胎儿体循环后分布情况与母体不同，主要与药物蛋白结合率以及胎儿自身组织屏障发育情况有关。

练一练10-2

以下哪种跨膜转运方式既需要载体又需要耗能（　　）

A. 易化扩散　　　　　　　　　　B. 膜孔转运

C. 单纯扩散　　　　　　　　　　D. 主动转运

答案解析

（二）药物的代谢

药物在体液环境内以及多种酶的作用下，发生化学结构的改变，使其更适于经肾或胆汁的排泄，这一过程称药物的代谢，绝大多数药物都会经过代谢转化灭活（前体药物除外）并排出体外，这一过程体现了机体对药物的处置。

1. 药物的代谢部位及相关酶系　药物的代谢部位与组织器官的血流量以及相关酶的分布情况密切相关，肝脏由于其血流大，同时含有大量代谢酶，是人体最重要的代谢器官，除此之外胃肠道也是药物代谢的重要部位，血液、肺、肾等组织中也会有部分代谢反应发生。

少数药物的代谢过程可自发进行，如药物在体液中的水解，但绝大多数药物的体内代谢过程都需要在细胞内特异性酶的催化下完成，这些催化药物代谢的特异酶通常可分为微粒体酶和非微粒体酶两大类。微粒体酶主要分布在肝和其他细胞的内质网上，其中肝微粒体酶活性最强。非微粒体酶在肝脏、血浆、肾等组织中均有分布，少数药物由非微粒体酶代谢，如阿司匹林的代谢。

2. 药物代谢反应类型　药物的代谢通常经历两个阶段，第一阶段包括氧化、还原、水解，称为药物的Ⅰ相代谢；第二阶段通常是结合反应，称为药物的Ⅱ相代谢。

（1）药物的Ⅰ相代谢　通常是在脂溶性药物上添加极性基团，增大水溶性的过程。氧化反应在微粒体酶催化下进行的主要有：侧链烷基氧化、杂原子氧化、羟基化等。非微粒体酶催化下进行有：醛酮氧化、胺的氧化等。还原反应主要针对药物中的羰基、羟基、硝基、偶氮基等结构基团。对于酯类、酰胺类药物，水解反应可将其结构中的酯键、酰胺键水解换成羧酸，对于杂环类化合物水解反应还可以将其水解开环。

（2）药物的Ⅱ相代谢　药物经历Ⅰ相代谢后结构中增加的极性基团与体内一些内源性物质结合成多种结合物的过程称为结合反应。结合反应产物一般没有药理活性，且极性较大，易于从体内排出，如葡萄糖醛酸转移酶可催化含有羧酸或酚羟基的药物，其结合产物极性增大，易于排出体外。

3. 药物代谢影响因素　药物代谢的影响因素大致可分为生理因素和药物因素两方面。

（1）生理因素　能够影响药物代谢的生理因素可分为生理因素和病理因素。生理因素可包括：个体差异及种族差异、性别、年龄、妊娠、饮食因素等。由于肝脏是人体药物代谢的主要部位，肝脏的疾病状态会直接影响药物的代谢水平，特别是首过效应明显的药物，此外许多非肝脏类疾病也会影响机体对相关药物的代谢能力。

（2）药物因素　影响药物代谢的药物因素可分为剂型因素及药物间的相互作用。其中剂型因素主要与药物的首过效应有关，如硝酸甘油口服后绝大部分被肝脏代谢灭活，所以临床上主要采用舌下片或注射剂。当两种或两种以上药物同时或序贯使用后，可能出现代谢阶段的相互作用，进而影响药物的代谢水平。如灰黄霉素对华法林有酶诱导作用，同时服用加速后者的代谢，减弱其抗凝作用；而头孢菌素类抗生素与华法林合用则会增强其抗凝作用。

（三）药物的排泄

体内药物及其代谢物排出体外的过程称为排泄，它是药物在体内一系列过程的终点，与代谢合称药物的消除。药物的排泄与其药效、药效维持时间以及毒性都有着密切的关系。当某药物排泄速度增大时，其血药浓度降低太快，无法长时间维持在治疗窗内，以至无法产生预期药效；而当药物排泄速度减慢时，血药浓度降低减缓，此时如不及时调整给药剂量，则会增大出现毒副作用的可能。药物排泄的主要途径有肾排泄和胆汁排泄，此外部分药物还可以通过汗腺、乳腺、唾液腺、肺等途径排泄。

1. 药物的肾排泄 水溶性药物及其代谢物、小分子药物、肝代谢较慢的药物均可经由肾脏排泄，肾是人体排泄药物及其代谢物的最重要器官。肾的基本解剖单位是肾单位，每个肾单位由肾小球和肾小管构成。药物的肾排泄大致可分为肾小球的滤过、肾小管的重吸收以及肾小管的分泌三个过程。肾脏排泄血浆清除率常用于定量的描述肾脏的排泄能力，是指肾脏在单位时间内能够完全清除含有某种药物的血浆体积（一般用毫升表示），简称肾清除率。

（1）肾小球的滤过 肾脏内血流充沛，肾小球的毛细血管壁极薄，而且分布大量 $6 \sim 10nm$ 的小孔，整体的滤过率很高，除血细胞及大分子蛋白质以外，其余组分皆可被滤过，形成原尿。在某些疾病状态下肾小球的滤过率会进一步增大，以至出现蛋白尿症状。

（2）肾小管的重吸收 肾小球滤过的液体中有99%会被肾小管重吸收，而溶解于血浆中的机体必须成分及药物也会被反复地被滤过和重新吸收。肾小管的重吸收机制类似于胃肠道的吸收过程，存在主动吸收和被动吸收两种机制。经主动吸收的多是一些内源性及机体所必需的物质，如氨基酸、维生素、糖类等。例如，成人每天肾小球滤出葡萄糖约250g，在肾小管内几乎全部被重吸收；绝大多数的外源性物质，如药物及其他代谢物则主要是被动吸收，而一些代谢废物如尿素则完全不会被重吸收。

（3）肾小管的分泌 肾小管主动将药物转运至尿液中的过程称为肾小管的分泌。肾小管不仅可重吸收机体所需物质，还可将机体的代谢废物以及某些外源性物质主动分泌到尿液中，从而保证机体内环境的相对稳定。通常情况下如果药物的肾清除率大于其肾小球滤过率，则说明其存在肾小管分泌现象，如某些有机酸和有机碱类药物。

2. 药物的胆汁排泄 胆汁排泄也是人体重要的排泄途径之一，特别是维生素 A、D、E、B_{12}、性激素、甲状腺素及它们代谢产物的排泄。此外某些药物和食品添加剂也主要经胆汁排泄。由于存在肝肠循环的作用，胆汁排泄对于药物的药效及其维持时间、毒性也有着重要的影响。

（1）胆汁排泄 主动分泌是胆汁排泄的主要形式，被动转运的排泄量很少。存在胆汁排泄的药物或其代谢物在胆汁中的浓度会显著高于其血浆浓度，说明这是一个主动转运的过程，存在饱和、逆浓度梯度转运以及药物间的竞争、抑制现象。

（2）肝肠循环 指药物或其代谢物经胆汁排泄进入肠道中后又重新吸收，经门静脉返回肝脏并进入体循环的过程。如果某种药物的胆汁排泄量很大，则肝肠循环可使该药物在体内长时间滞留。

3. 药物的其他排泄途径

（1）汗腺 某些药物及机体代谢产物如：磺胺类、盐类（氯化物为主）、乳酸、尿素等，可随汗液排出体外，药物经由汗腺途径排泄主要依赖被动扩散机制。

（2）乳腺 多数药物能通过乳腺排泄，但其中某些药物在乳汁中的排泄量较大，如红霉素、地西泮、磺胺类等，这可能对哺乳期婴儿的安全造成一定的影响。影响乳腺排泄的主要因素有：①药物的脂溶性，由于乳汁中脂肪的含量高于血液，脂溶性大的药物易于转运到乳汁中；②药物的酸碱性，由于乳汁的 pH 略低于血液的 pH，所以正常情况下乳汁中弱碱性药物的浓度会略高于其血浆浓度，而弱酸性药物则会略低于其血浆浓度。

（3）唾液腺和肺 唾液的分泌量及其成分的个体间差异以及单独个体不同时间段的差异都很大，但总体上血浆中脂溶性游离态药物浓度可与唾液中的浓度相当，蛋白结合率高及非脂溶性药物在唾液中含量较低。经由肺途径排泄的多为低沸点、小分子的原型药物，常见的有吸入式麻醉剂、二甲亚砜、乙醇等。

三、药物的动力学参数与药物制剂的疗效

(一) 药代动力学概述

药代动力学也称药物代谢动力学或药动学，是应用动力学原理与数学的处理方法，定量描述药物体内动态变化规律的一门学科。药物进入体内后的吸收、分布、代谢、排泄过程都存在着血药浓度的经时变化，对不同时间、不同位置的血药浓度变化规律进行定量化的描述即为药代动力学的基本任务。此外，药代动力学的体内药物定量化研究手段在生物药剂学、药理学、毒理学、临床药理学及药物治疗学等相关领域中均有重要的作用，已发展成这些学科的重要理论基础和研究手段。

(二) 药物动力学参数

为了定量描述药物在体内过程的动力学特点及作用变化规律，药代动力学引入了一系列反映药物在体内动态变化规律性的常数，除上文介绍过的生物利用度和表观分布容积外，还有半衰期、峰浓度、达峰时间、清除率等。

1. 半衰期 药物的半衰期常用 $t_{1/2}$ 表示，它是指某种药物体内药量消除一半所需的时间，方程如下。

$$t_{1/2} = \frac{0.693}{k} \tag{10-3}$$

式中，k 为药物的消除系数（在一定的剂量范围内，大部分药物消除速度为一级），由式（10-3）可知，药物的半衰期仅与消除系数 k 成反比，而与给药剂量无关。药物的半衰期长短表征了机体对其消除速度的快慢，通常可用服药后经过几个半衰期来估算体内的剩余药量，见表 10-2。

表 10-2 药物经过若干半衰期后体内药量情况

半衰期数	体内药量	消除药量	半衰期数	体内药量	消除药量
0	100%	0	4	6.25%	93.75%
1	50%	50%	5	3.12%	96.88%
2	25%	75%	6	1.56%	98.44%
3	12.5%	87.5%	7	0.78%	99.22%

2. 峰浓度 药物的峰浓度常用 C_{max} 表示，它是指机体给药后出现的最高血药浓度值。该参数是反映药物在体内吸收速率和吸收程度的重要指标。

3. 达峰时间 药物的达峰时间常用 T_{max} 表示，它是指达到药物峰浓度所需的时间。该参数反映了药物进入体循环的速度，吸收速度快则达峰时间短。

4. 药时曲线下面积 血药浓度-时间曲线下面积又称药时曲线下面积，常用 AUC 表示，方程如下：

$$AUC_{0\to\infty} = \frac{X_0}{kV} \tag{10-4}$$

式中，X_0 为给药剂量；V 为表观分布容积。基于上式可知，AUC 与给药剂量成正比，与药物的消除系数及分布容积成正比。

5. 清除率 药物的血浆清除率常用 CL 表示，它是指单位时间内机体可将多大体积的血液中的药物完全消除，方程如下：

$$CL = kV = \frac{X_0}{AUC_{0\to\infty}} \tag{10-5}$$

该参数单位一般为 L/h，是反映机体对药物处置能力的重要参数，与生理因素有密切关系。

药物产生疗效与血药浓度以及血药浓度维持时间密切相关，通过开展药代动力学研究，阐明血药浓度的变化规律是保证药物安全、有效的重要手段，我国的药物Ⅰ期临床试验就是主要观测药物的药代动力学特征并为临床给药方案提供依据。此外，将药物动力学与药效学研究的血药浓度、时间、药效三者有机结合，形成了药动学－药效学结合模型，它对新药临床试验剂量的选择、给药方法的确定以及个体化给药均有着重要指导意义。

👁 **看一看**

生物等效性

含等量活性成分的两种相同剂型药物，符合相同的质量标准即可认为是药学等效制剂。当药学等效制剂或其他可替代药物在相同试验条件下，给予相同的剂量时，其有效成分的吸收程度和速率均无统计学差异便可认定为是生物等效。通常情况下使用生物利用度的研究方法，以药动学参数作为终点指标，并根据预先确定的等效标准和限度进行对比。药学等效并不意味着生物等效，因为剂型中辅料的不同以及制备工艺的差异等诸多因素均会使最终产品的药物溶出或吸收行为发生改变，导致生物不等效，因此生物等效性试验是药物临床研究中的重要试验。

生物利用度及生物等效性是评价制剂质量的两个重要参数，其中生物利用度是新药研发过程中选择合适剂型和拟定给药方案的重要依据之一。生物等效性通常是与预先确定的参比制剂对比，是保证同一药物的不同制剂体内过程一致性的数据基础，是判断新研发的药品是否可替换原有已上市药品的使用依据，特别是在仿制已有国家标准的药品时。

任务三　认识药物制剂的稳定性

一、药物制剂稳定性的概述

药物制剂的稳定性是指药品保证其化学性质、物理性质、生物活性、毒理性质等，在临床使用前的一系列过程中相对稳定能力。

（一）研究药物制剂稳定性意义

药物制剂应具备安全、有效、稳定、均一的属性，而药物制剂的稳定性是保证其安全有效的前提，药物组分若发生分解变质，不仅可使疗效降低，更有可能带来某些毒副作用。此外药物制剂的稳定性也直接影响到其生产、贮存环境水平及成品有效期的长短，进而影响其使用成本。因此研究药物制剂的稳定性对保证药物的安全有效及指导生产等方面均具有重要的意义。

药物制剂稳定性贯穿于药物制剂的研制、生产、贮藏、运输及使用的全过程，制剂的稳定性研究是药品质量控制的主要研究内容之一，是药物制剂质量标准的重要组成部分。药物制剂稳定性研究是通过考察药物制剂在一定的温度、湿度、光线的影响下随时间变化的规律，为药品的处方设计、生产工艺、包装材料选择、贮藏条件、有效期等提供理论支持，也是新药研发及申报时必须上报的重要资料。

👁 **看一看**

《药品注册管理办法》中关于药物制剂稳定性相关规定

第十条　申请人在申请药品上市注册前，应当完成药学、药理毒理学和药物临床试验等相关研究工作。药物非临床安全性评价研究应当在经过药物非临床研究质量管理规范认证的机构开展，并遵守药物非临床研究质量管理规范。药物临床试验应当经批准，其中生物等效性试验应当备案；药物临床试验应当在符合相关规定的药物临床试验机构开展，并遵守药物临床试验质量管理规范。

申请药品注册，应当提供真实、充分、可靠的数据、资料和样品，证明药品的安全性、有效性和质量可控性。

使用境外研究资料和数据支持药品注册的，其来源、研究机构或者实验室条件、质量体系要求及其他管理条件等应当符合国际人用药品注册技术要求协调会通行原则，并符合我国药品注册管理的相关要求。

（二）药物制剂稳定性研究范围

药物制剂的稳定性研究通常包括以下三个方面。

1. 化学稳定性 一般指药物制剂由于水解、氧化等化学降解反应，使药物含量（或效价）变化、色泽改变。通常是在适宜的温度、湿度、光照、pH 等因素影响下发生的一些化学变化，进而影响到药物的内在质量。

2. 物理稳定性 一般指药物制剂的物理性状发生改变，如混悬剂中药物颗粒结块、结晶生长，乳剂的分层、破裂，胶体制剂的老化，片剂崩解度、溶出速度的改变等。

3. 生物学稳定性 一般指药物制剂由于受微生物的污染，而导致的产品变质、腐败。特别是一些含有蛋白质、氨基酸、糖类等营养成分的制剂更容易发生此类问题，如糖浆剂的霉败、乳剂的酸败等。

✎ 练一练10-3

以下哪类制剂生物学稳定性差（　　）

A. 肠外营养制剂   B. 片剂   C. 滴丸剂

D. 气雾剂   E. 胶囊剂

答案解析

二、影响药物制剂稳定性的因素

影响药物制剂稳定性的因素很多，大致可分为处方因素与外界因素。

（一）处方因素

药物制剂的处方组成是影响制剂稳定性的关键因素。溶剂、pH、缓冲盐、离子强度、表面活性剂、辅料选取等因素，均可影响药物制剂的稳定性。

药物溶液的 pH 不仅影响药物的水解，还可影响其氧化反应。此外，液体制剂中常用的一些缓冲剂如醋酸、醋酸钠、磷酸二氢钠、枸橼酸盐、硼酸盐等作为酸度调节剂及构建缓冲系统，但它们往往会催化某些药物的水解反应。溶剂作为化学反应的介质，其极性的强弱对药物的水解程度也有一定的影响，通常使用介电常数低的非水溶剂，如乙醇、丙二醇、丙三醇等，能降低药物的水解速度。此外处方中加入的一些无机盐，可起到电解质调节等渗、抗氧剂防止氧化、缓冲剂调节 pH 等作用，这些电解质的离子强度增大均可能导致药物降解速度的改变。表面活性剂和制剂处方中的一些辅料也可能影响药物稳定性。

（二）外界因素

药物制剂的生产及贮存环境也对其稳定性有一定的影响，这些外界因素包括温度、湿度、光线、空气中的氧、水分、金属离子及包装材料等。温度对各种化学降解途径均有影响；光线、空气中的氧、金属离子对易氧化药物的稳定性影响较大；湿度和水分主要影响固体制剂的稳定性；包装材料是所有制剂均应考虑的影响因素。

三、药物制剂稳定性的试验方法

稳定性试验的目的是考察原料药或药物制剂在温度、湿度、光线的影响下随时间变化的规律，为药品的生产、包装、贮存、运输条件提供科学依据，同时通过试验建立药品的有效期。药物制剂稳定性研究，首先应查阅原料药物稳定性有关资料，特别了解温度、湿度、光线对原料药物稳定性的影响，并在处方筛选与工艺设计过程中，根据主药与辅料性质，参考原料药物的试验方法，进行影响因素试验、加速试验与长期试验。

稳定性试验的基本要求如下。

（1）稳定性试验包括影响因素试验、加速试验与长期试验。影响因素试验用1批原料药物或1批制剂进行；如果试验结果不明确，则应加试2个批次样品。生物制品应直接使用3个批次。加速试验与长期试验要求用3批供试品进行。

（2）原料药物供试品应是一定规模生产的。供试品量相当于制剂稳定性试验所要求的批量，原料药物合成工艺路线、方法、步骤应与大生产一致。药物制剂供试品应是放大试验的产品，其处方与工艺应与大生产一致。每批放大试验的规模，至少是中试规模。大体积包装的制剂，如静脉输液等，每批放大规模的数量通常应为各项试验所需总量的10倍。特殊品种、特殊剂型所需数量，根据情况另定。

（3）加速试验与长期试验所用供试品的包装应与拟上市产品一致。

（4）研究药物稳定性，要采用专属性强、准确、精密、灵敏的药物分析方法与有关物质（含降解产物及其他变化所生成的产物）的检查方法，并对方法进行验证，以保证药物稳定性试验结果的可靠性。在稳定性试验中，应重视降解产物的检查。

（5）若放大试验比规模生产的数量要小，故申报者应承诺在获得批准后，从放大试验转入规模生产时，对最初通过生产验证的3批规模生产的产品仍需进行加速试验与长期稳定性试验。

（6）对包装在有通透性容器内的药物制剂应当考虑药物的湿敏感性或可能的溶剂损失。

（7）制剂质量的"显著变化"通常定义为：①含量与初始值相差5%；或采用生物或免疫法测定时效价不符合规定；②降解产物超过标准限度要求；③外观、物理常数、功能试验（如颜色、相分离、再分散性、黏结、硬度、每揿剂量）等不符合标准要求；④pH值不符合规定；⑤12个制剂单位的溶出度不符合标准的规定。

（一）影响因素试验

药物制剂进行此项试验的目的是考察制剂处方的合理性、生产工艺及包装条件。供试品用1批进行，将供试品如片剂、胶囊剂、注射剂（注射用无菌粉末如为西林瓶装，不能打开瓶盖，以保持严封的完整性），除去外包装，并根据试验目的和产品特性考虑是否除去内包装，置适宜的开口容器中，进行高温试验、高湿试验与强光照射试验，试验条件、方法、取样时间与原料药相同，重点考察项目见附表。

对于需冷冻保存的中间产物或药物制剂，应验证其在多次反复冻融条件下产品质量的变化情况。

（二）加速试验

此项试验是在加速条件下进行，其目的是通过加速药物制剂的化学或物理变化，探讨药物制剂的稳定性，为处方设计、工艺改进、质量研究、包装改进、运输、贮存提供必要的资料。供试品在温度40℃±2℃、相对湿度75%±5%的条件下放置6个月。所用设备应能控制温度±2℃、相对湿度±5%，并能对真实温度与湿度进行监测。在至少包括初始和末次等的 3 个时间点（如 0、3、6 月）取样，按稳定性考察项目检测。如在 25℃±2℃、相对湿度 60%±5%，条件下进行长期试验，当加速试验 6 个月中任何时间点的质量发生了显著变化，则应进行中间条件试验。中间条件为 30℃±2℃、相对湿度 65%±5%，建议的考察时间为 12 个月，应包括所有的稳定性重点考察项目，检测至少包括初始和末次等的 4 个时间点（如 0、6、9、12 月）。溶液剂、混悬剂、乳剂、注射液等含有水性介质的制剂可不要求相对湿度。试验所用设备与原料药物相同。

对温度特别敏感的药物制剂，预计只能在冰箱（5℃±3℃）内保存使用，此类药物制剂的加速试验，可在温度 25℃±2℃、相对湿度 60%±5% 的条件下进行，时间为 6 个月。

对拟冷冻贮藏的制剂，应对一批样品在 5℃±3℃ 或 25℃±2℃ 条件下放置适当的时间进行试验，以了解短期偏离标签贮藏条件（如运输或搬运时）对制剂的影响。

乳剂、混悬剂、软膏剂、乳膏剂、糊剂、凝胶剂、眼膏剂、栓剂、气雾剂、泡腾片及泡腾颗粒宜直接采用温度 30℃±2℃、相对湿度 65%±5% 的条件进行试验，其他要求与上述相同。

对于包装在半透性容器中的药物制剂，例如低密度聚乙烯制备的输液袋、塑料安瓿、眼用制剂容器等，则应在温度 40℃±2℃、相对湿度 25%±5% 的条件（可用 $CH_3COOK \cdot 1.5H_2O$ 饱和溶液）进行试验。

（三）长期试验

长期试验是在接近药品的实际贮存条件下进行，其目的是为制订药品的有效期提供依据。供试品在温度 25℃±2℃、相对湿度 60%±5% 的条件下放置 12 个月，或在温度 30℃±2℃、相对湿度 65%±5% 的条件下放置 12 个月。至于上述两种条件选择哪一种由研究者确定。每 3 个月取样一次，分别于 0、3、6、9、12 个月取样，按稳定性重点考察项目进行检测。12 个月以后，仍需继续考察的，分别于 18、24、36 个月取样进行检测。将结果与 0 个月比较以确定药品的有效期。由于实测数据的分散性，一般应按 95% 可信限进行统计分析，得出合理的有效期。如 3 批统计分析结果差别较小，则取其平均值为有效期限。若差别较大，则取其最短的为有效期。数据表明很稳定的药品，不作统计分析。

对温度特别敏感的药品，长期试验可在温度 5℃±3℃ 的条件下放置 12 个月，按上述时间要求进行检测，12 个月以后，仍需按规定继续考察，制订在低温贮存条件下的有效期。

对拟冷冻贮藏的制剂，长期试验可在温度 -20℃±5℃ 的条件下至少放置 12 个月，货架期应根据长期试验放置条件下实际时间的数据而定。

对于包装在半透性容器中的药物制剂，则应在温度 25℃±2℃、相对湿度 40%±5%，或 30℃±2℃、相对湿度 35%±5% 的条件进行试验，至于上述两种条件选择哪一种由研究者确定。

对于所有制剂，应充分考虑运输路线、交通工具、距离、时间、条件（温度、湿度、振动情况等）、产品包装（外包装、内包装等）、产品放置和温度监控情况（监控器的数量、位置等）等对产品质量的影响。

此外，有些药物制剂还应考察临用时配制和使用过程中的稳定性。例如，应对配制或稀释后使用、在特殊环境（如高原低压、海洋高盐雾等环境）使用的制剂开展相应的稳定性研究，同时还应对药物的配伍稳定性进行研究，为说明书（标签）的配制、贮藏条件和配制或稀释后的使用期限提供依据。

（四）稳定性试验

原料药物及主要剂型的重点考察项目见表 10-3，表中未列入的考察项目及剂型，可根据剂型及品种的特点制订。对于缓控释制剂、肠溶制剂等应考察释放度等，微粒制剂应考察粒径、包封率或泄漏率等。

表 10-3　原料药物及制剂稳定性重点考察项目参考表（2020 年版药典）

剂型	稳定性重点考察项目
原料药	性状、熔点、含量、有关物质、吸湿性以及根据品种性质选定的考查项目
片剂	性状、含量、有关物质、崩解时限或溶出度或释放度
胶囊剂	性状、含量、有关物质、崩解时限或溶出度或释放度、水分，软胶囊需要检查内容物有无沉淀
注射剂	性状、含量、pH 值、可见异物、有关物质、应考察无菌
栓剂	性状、含量、软化、融变时限、有关物质
软膏剂	性状、均匀性、含量、粒度、有关物质
乳膏剂	性状、均匀性、含量、粒度、有关物质、分层现象
糊剂	性状、均匀性、含量、粒度、有关物质
凝胶剂	性状、均匀性、含量、粒度、有关物质，乳胶剂应检查分层现象
眼用制剂	如为溶液，应考查性状、澄明度、含量、pH 值、有关物质；如为混悬液，还应考察粒度、再分散性；洗眼剂还应考察无菌度；丸剂应考察粒度与无菌
丸剂	性状、含量、色泽、有关物质，溶散时限
糖浆剂	性状、含量、澄清度、相对密度、有关物质、pH 值
口服溶液剂	性状、含量、澄清度、有关物质
口服乳剂	性状、含量、分层现象、有关物质
口服混悬剂	性状、含量、沉降体积比、有关物质、再分散性
散剂	性状、含量、粒度、有关物质、外观均匀度
气雾剂	泄漏率、每瓶主药含量、有关物质、每瓶总批次、每揿主药含量、雾粒分布
粉雾剂	排空率、每瓶总吸次、每吸主药含量、有关物质、雾粒分布
喷雾剂	每瓶总吸次、每吸喷量、每吸主药含量、有关物质、雾粒分布
颗粒剂	性状、含量、粒度、有关物质、溶化性或溶出度或释放度
贴剂（透皮贴剂）	性状、含量、有关物质、释放度、黏附力
冲洗剂、洗剂、灌肠剂	性状、含量、有关物质、分层现象（乳状型）、分散性（混悬型），冲洗剂还应考察无菌
搽剂、涂剂、涂膜剂	性状、含量、有关物质、分层现象（乳状型）、分散性（混悬型），涂膜剂还应考察成膜性
耳用制剂	性状、含量、有关物质、耳用散剂、喷雾剂与半固体制剂分别按相关剂型要求检查
鼻用制剂	性状、pH 值、含量、有关物质、鼻用散剂、喷雾剂与半固体制剂分别按相关剂型要求检查

注：有关物质（含降解产物及其他变化所生成的产物）应说明其生成产物的数目及量的变化；如有可能，应说明有关物质中何者为原料中的中间体，何者为降解产物，稳定性试验重点考察降解产物。

（五）固体制剂稳定性试验特殊要求

上述加速试验方法，一般适用大部分剂型，但根据固体制剂稳定性的特点，还有一些特殊要求，需引入考察。

（1）由于水分对固体剂型影响较大，因此每个考察样品都需测定水分，加速试验过程中也要测定。

（2）样品必须置于密闭容器内，但为考察包材的影响，可将开口容器和封闭容器同时进行试验，以便比较。

（3）准备测定水分和含水量的样品应分别单次包装。

（4）样品含量应均匀，避免测定结果的分散性。

（5）样品粒度对结果也有一定的影响，因此样品应使用规定筛号过筛，并确定其粒度。

（6）试验温度以 60℃ 以下为宜。

此外还需注意考察赋形剂对药物稳定性的影响，实际操作中可使用成品进行加速试验，也可依据处方配比进行配合试验。定期取样测定药物含量、外观、色泽等变化情况，进而判断赋形剂对药物稳定性的影响程度。

任务四　药物制剂稳定技术

一、药物的化学稳定性

药物的化学降解可使制剂中药物的含量降低及有关物质增加，导致药物疗效降低，甚至产生有毒物质等。由于药物化学结构不同，其降解反应也略有差异，水解和氧化是药物降解的两个主要途径。其他如聚合、异构化、脱羧等，在某些药物中也时有发生。药物降解过程比较复杂，有时一种药物兼具两种或两种以上的降解反应。

（一）水解

水解是药物降解的主要途径，易发生此类降解的药物主要有酯（内酯）、酰胺（内酰胺）、苷等。

1. 酯类药物的水解　含有酯键药物的水溶液，在 H^+ 或 OH^- 或广义酸碱的催化下水解反应加速。酯类药物（$RCOOR'$）的水解速度与基团 R 和 R′ 的电子效应和空间效应有关，当酯类药物中的酯键附近存在大体积基团时可凭借其空间阻碍作用保护酯键，增加药物的稳定性。此外由于在碱性溶液中，酯分子水解产生的酸可进一步与 OH^- 反应，使反应进行完全。属于这类的药物有，盐酸普鲁卡因、阿司匹林、盐酸可卡因、盐酸丁卡因、硫酸阿托品等；内酯类药物如硝酸毛果芸香碱、华法林钠等。

2. 酰胺类药物的水解　酰胺类药物水解后生成酸和胺，其水解速度一般低于酯类药物。此类药物主要有青霉素类、头孢菌素类、巴比妥类、氯霉素、对乙酰氨基酚等。如氯霉素在水溶液中易分解生成氨基物和二氯乙酸；青霉素和头孢菌素类药物分子结构中特征基团 β - 内酰胺环，在酸或碱的催化下，易开环失效。巴比妥类也属于酰胺类药物，在碱性溶液中易水解。有些酰胺类药物，如利多卡因，在其邻近酰胺基有较大的基团，由于空间效应而不易发生水解。

3. 其他药物的水解　阿糖胞苷在酸性溶液中脱氨水解得阿糖脲苷。在碱性溶液中，嘧啶环破裂，水解速度加速。另外，如地西泮、碘苷等药物的降解也主要是水解作用。

（二）氧化

氧化是药物降解的另一个主要途径。药物在常温状态下，暴露于空气中，受氧的影响发生的降解称自动氧化。此外药物的氧化过程比水解过程更复杂，反应的难易与结构有密切关系，如酚类、烯醇类、芳胺类、吡唑酮类、噻嗪类等药物较易氧化。氧化反应不仅使药物制剂效价损失，同时还可能伴有颜色改变、沉淀或异味等现象。

1. 酚类药物　此类药物结构中主要含有酚羟基，如肾上腺素、左旋多巴、吗啡、水杨酸钠等。例如，肾上腺素经氧化先生成肾上腺素红，进一步变成棕色聚合物或黑色素。

2. 烯醇类药物　维生素 C 是典型的烯醇类药物，由于其结构中含有烯二醇结构，极易被氧化成双酮化合物，进一步氧化成一系列有色的无效物质。

3. 其他类药物　芳胺类药物如磺胺嘧啶钠、噻嗪类药物如盐酸氯丙嗪、吡唑酮类药物如安乃近、烯烃类药物如维生素 A 等，都易氧化生成有色物质。因此，对于易氧化药物需要特别注意光、氧、金属离子等对其质量的影响，以保证产品质量。

（三）异构化

异构化分为光学异构化和几何异构化两种，通常药物的异构化会使其生理活性降低甚至丧失。

1. 光学异构化　光学异构化可分为外消旋化作用和差向异构化作用。外消旋化是指某些具有光学活性的药物在特定因素的影响下转变为它们的对映体，最后生成等量的左旋体和右旋体，产生旋光抵消作用。如左旋肾上腺素具有生理活性，在 pH = 4 的水溶液中发生外消旋化作用后，生理活性降低 50%。差向异构化是指多个不对称碳原子的基团发生异构化的现象，例如四环素在酸性条件下，4 - 位上的碳原子发生差向异构化，生成 4 差向四环素，治疗活性降低且毒性增大。

2. 几何异构化　几何异构化是指药物的顺反式发生了转变。使原异构体含量及生理活性发生了变化。如维生素 A 的活性形式为全反式，如果在 2、6 位形成顺式异构体，则生理活性降低。

（四）聚合与脱羧

1. 聚合　两个或多个分子结合在一起形成复杂分子的过程称为聚合。如氨苄西林浓溶液在贮存中发生聚合反应，生成二聚体，进一步形成高分子聚合物，可诱发氨苄西林的过敏反应。

2. 脱羧　一些含有羧基化合物，在光、热、酸、碱等一定的条件下，失去羧基而生成二氧化碳的过程称为脱羧。如对氨基水杨酸钠脱羧形成间氨基酚，并进一步生成有色氧化产物，普鲁卡因的水解产物对氨基苯甲酸，也可慢慢脱羧生成苯胺，苯胺在光线作用下氧化生成有色物质，这就是盐酸普鲁卡因注射液变黄的原因。

二、基于处方的药物制剂稳定化方法

（一）调节 pH

许多酯类和酰胺类药物可在 H^+ 或 OH^- 的催化下发生水解，这种催化作用也称专属酸碱催化，此类药物的水解速度主要与 pH 有关。确定最稳 pH 是溶液型制剂处方设计中的首要问题，最稳 pH 通常表示为 pH_m，一般可通过试验或查阅相关文献获得。调整溶液剂的 pH 通常使用盐酸或氢氧化钠。有时为了不引入其他离子而影响药液本身的澄明度等原因，也可加入与药物本体相同的酸或碱，如马来酸麦角新碱中加入马来酸、氨茶碱中加入乙二胺、葡萄糖酸锌中加入葡萄糖酸等。此外为了保持药液的 pH 相对稳定，常加入枸橼酸、醋酸及其盐类组成缓冲体系，但使用这类酸碱时还需考虑广义酸碱催化的影响。

（二）改变溶剂

对于易水解药物，使用乙醇、丙二醇、丙三醇等非水溶剂可减低其水解速度。例如在苯巴比妥注射液和地西泮注射液中加入丙二醇，用以降低其水解速度。

（三）调整离子强度

为提高制剂稳定性，处方中常引入某些化合物调整剂型的离子强度，如加入电解质调节等渗，如氯化钠等；加入某些盐类防止氧化，如水溶的抗氧剂维生素 C、半胱氨酸等，脂溶的抗氧剂维生素 E 等；加入缓冲剂用于稳定 pH 等。

（四）添加表面活性剂

对于一些易水解的药物，加入表面活性剂可使稳定性增加。如苯佐卡因易受碱催化而发生水解，在 5% 的十二烷基硫酸钠溶液中，30℃ 时的 $t_{1/2}$ 增加到 1150 分钟，而未加入十二烷基硫酸钠时的 $t_{1/2}$ 为 64 分钟。但要注意，表面活性剂有时反而使某些药物分解速度加快，如聚山梨酯 80 使维生素 D 稳定性下降，故需通过实验，正确选用表面活性剂。

（五）处方中基质或赋形剂的影响

软膏剂、栓剂的基质会影响药物的稳定性，如聚乙二醇能促进氢化可的松、乙酰水杨酸的分解。

此外，处方中的辅料也会对药物制剂的稳定性产生一定的影响，如片剂常用的润滑剂硬脂酸镁可与乙酰水杨酸反应，生成乙酰水杨酸镁，使体系 pH 升高，使乙酰水杨酸溶解度增加，进而使其降解速度加快。因此，在生产阿司匹林片处方中不应采用硬脂酸镁为润滑剂，而选用影响较小的硬脂酸或滑石粉。再有，辅料中的水分、微量金属离子也会对制剂的稳定性产生影响。

三、基于外界环境的药物制剂稳定化方法

（一）改善温度环境

通常温度升高，化学反应速度加快。一般情况下温度每升高 10℃，反应速度可增加 2~4 倍。药物制剂在生产过程中，或多或少都要经历加热过程，此时就需要考虑温度对药物稳定性的影响，制订出合理的工艺条件。例如制剂可在保证满足灭菌要求的前提下，尽可能地降低灭菌温度，缩短灭菌时间。那些对热特别敏感的药物，如某些抗生素、生物制品等，则需要根据药物性质，设计合适的剂型（如固体剂型），并在生产中采取特殊的工艺，如冷冻干燥，无菌操作等，同时产品要低温贮存，以保证产品质量。

（二）降低光线的影响

药品在生产、周转和贮存过程中，还必须考虑光线的影响。光能激发氧化反应并加速药物的分解。某些药物分子受辐射（光线）作用使分子活化而产生分解，这种反应称为光化降解，其速度与系统的温度无关，这类易被光线降解的物质称为光敏感物质。硝普钠是一种强效、速效降压药，临床效果肯定，本品对热稳定，但对光极不稳定，临床上用5%的葡萄糖配制成0.05%的硝普钠溶液静脉滴注，在阳光下照射10分钟就可分解13.5%，颜色也开始变化，同时 pH 下降。室内光线条件下，本品半衰期为4小时。临床使用时，输液器要用铝箔或不透光材料包裹使其避光。

光敏药物除硝普钠外，还有喹诺酮类、两性霉素 B、阿霉素、异丙嗪、核黄素、氢化可的松、泼尼松、叶酸、维生素 K 等。光敏感药物的制剂，在生产过程中需避光操作，同时包装选择也尤为重要。通常这类药物制剂宜采用棕色玻璃瓶包装或容器内衬垫黑纸并避光贮存。

（三）降低空气的影响

环境中的氧是引起药物制剂氧化的主要因素。氧进入制剂的主要途径通常有两种：首先氧在水中有一定的溶解度，其次在药物容器空间的空气中也存在着一定量的。各种类型的药物制剂几乎都有与氧接触的机会，因此除去氧气对于易氧化的品种，是防止氧化的根本措施。生产中一般在溶液中和容器空间通入惰性气体如二氧化碳或氮气，用以置换其中的空气，但若通气不够充分，对成品质量影响很大。例如：有时同一批号的注射液，其色泽略有不同，则可能是由于通入气体的量有差别所导致。对于其他固体剂型，一般可采取真空包装等手段。

为了抑制易氧化药物的自动氧化，通常可在制剂中加入适量的抗氧剂，一些抗氧剂本身就是强的还原剂。抗氧剂可分为水溶性抗氧剂与油溶性抗氧剂两大类，常用抗氧剂见表 10-4。此外，还有一些药物能显著增强抗氧剂的效果，通常称为协同剂，如枸橼酸、酒石酸、磷酸等。焦亚硫酸钠和亚硫酸氢钠常用于弱酸性药液，亚硫酸钠常用于偏碱性药液，硫代硫酸钠在偏酸性药液中可析出硫的细粒，故只能用于碱性药液中，如磺胺类注射液。使用抗氧剂时，还应注意主药是否与此发生相互作用。

表 10-4　常用抗氧剂

水溶性抗氧剂	常用浓度（%）	脂溶性抗氧剂	常用浓度（%）
亚硫酸钠	0.1~0.2	叔丁基对羟基茴香醚（BHA）	0.005~0.02
亚硫酸氢钠	0.1~0.2	二丁甲苯酚（BHT）	0.005~0.02

水溶性抗氧剂	常用浓度（%）	脂溶性抗氧剂	常用浓度（%）
焦亚硫酸钠	0.1～0.2	没食子酸丙酯（PG）	0.05～0.1
硫代硫酸钠	0.1	生育酚（VE）	0.05～0.5
维生素C	0.2		
半胱氨酸	0.00015～0.05		

（四）金属离子的影响

原辅料、溶剂、容器以及操作过程中使用的工具均有可能为制剂引入金属离子。微量金属离子对自动氧化反应有显著的催化作用，铜、铁、钴、镍、锌、铅等金属离子都有促进氧化的作用，它们主要是缩短氧化作用的诱导期，增加游离基生成的速度，例如：0.0002mol/L的铜离子可使维生素C的氧化速度增大10000倍。要避免金属离子的影响，应选用高纯度的原辅料，操作过程中不要使用金属器具，同时还可加入螯合剂，如依地酸盐（EDTA）或枸橼酸、酒石酸、磷酸等附加剂。例如，硬脂酸镁能促进阿司匹林的水解，因此不能使用硬脂酸镁作为阿司匹林片的润滑剂，实际生产中一般使用滑石粉或硬脂酸作为阿司匹林片处方中的润滑剂。

（五）湿度和水分的影响

空气的湿度与物料中含水量对固体制剂稳定性的影响特别重要。不管是水解反应，还是氧化反应，微量的水均能加速乙酰水杨酸、青霉素G钠盐、氨苄西林钠、对氨基水杨酸钠、硫酸亚铁等的分解。药物的吸湿能力取决于其临界相对湿度（CRH）的大小，如苄卡西林极易吸湿，经实验测定其CRH为47%，如果在相对湿度为75%的条件下，其24小时可吸收水分达20%，并导致其粉末溶解。这类原料药中的含水量必须特别注意，一般控制在1%左右比较稳定，水分含量越高分解速度越快。

（六）包装材料的影响

药物贮存过程中，主要受热、光、水气及空气（氧）的影响。设计包装的目的就是排除这些因素的干扰，同时也要考虑包装材料与药物制剂的相互作用，常用的包装材料有玻璃、塑料、橡胶以及一些金属等。

玻璃的理化性能稳定，不易与药物相互作用，气体不能透过，是目前应用最广的一类容器，特别是在注射剂领域。但有些玻璃会释放碱性物质或脱落不溶性玻璃碎片等，在实际生产中要尤为注意。此外棕色玻璃能阻挡波长小于470nm的光线透过，故光敏感的药物可用棕色玻璃瓶包装。

塑料是聚氯乙烯、聚苯乙烯、聚乙烯、聚丙烯、聚酯、聚碳酸酯等一类高分子聚合物的总称，其中聚氯乙烯作为泡罩式包装的主体在片剂和胶囊剂的包装中应用最广。为了便于成形或防止老化等原因，塑料中常会加入增塑剂、抗老化剂等附加剂。有些附加剂具有毒性，药用包装塑料应选用无毒塑料制品。此外，塑料包材也存在三个问题：①透气性，制剂中的气体可以与环境中的气体进行交换，如导致使盛于聚乙烯瓶中的四环素混悬剂变色变味、乳剂脱水至破裂变质、硝酸甘油挥发逸失；②透湿性；③吸附性，塑料中的物质可以迁移进入溶液，而溶液中的物质（如防腐剂）也可被塑料吸附，如尼龙就能吸附多种抑菌剂。

鉴于包装材料与药物制剂稳定性关系较大。因此，在产品试制过程中要进行"装样试验"，对各种不同包装材料进行认真的选择。

以下哪一个是常用的水溶性抗氧剂（ ）

A. BHA   B. BHT   C. VC

D. VE   E. PG

答案解析

四、药物制剂稳定化的其他方法

（一）改进药物剂型或生产工艺

1. 制成固体制剂 在水溶液中不稳定的药物，通常可制成固体制剂以提高其稳定性。供口服的药品可制成片剂、胶囊剂、颗粒剂等，如维生素 C 片、阿司匹林片等。供注射的药物则可制成注射用无菌粉末，如常见的粉针剂。

2. 制成微囊或包合物 将药物制成微囊或包合物可提高其稳定性。如将维生素 A、维生素 C、硫酸亚铁制成微囊后稳定性均明显提高。此外将某些药物制成环糊精包合物后可降低其氧化、水解速度，防止挥发性成分挥发，大幅提高其稳定性。

3. 使用粉末直接压片或包衣工艺 对于一些对湿热不稳定的药物，可以使用干法制粒或粉末直接压片，如维生素 B、维生素 C、氨茶碱均可使用粉末直接压片工艺提高其稳定性。此外，包衣也是解决片剂稳定性的常规方法之一，个别对光、热、氧、水敏感的药物，如氯丙嗪、酒石酸麦角胺、对氨基水杨酸钠等，制成包衣片后，稳定性均有提升。

（二）制成难溶性盐或前体药物

1. 制成难溶盐 药物在溶液中的降解速度取决于其在溶液中的浓度，因此将不稳定药物进行结构改造，制成难溶盐、酯类等，可提高其在溶液中的稳定性。如将青霉素 G 钾盐制成普鲁卡因青霉素 G（水中溶解度为 1∶250）或苄星青霉素 G（水中溶解度为 1∶6000），稳定性显著提高。

2. 制成前体药物 对于稳定性不好的药物，可通过化学修饰将其制备成相对稳定的前体药物。如缩酮氨苄青霉素作为氨苄西林的衍生物，在体内水解产生氨苄西林，具有很好的耐酸性。

张三有些感冒、发热的症状，找出之前购买并已开封的维生素 C 泡腾片，准备冲水服用，但发现片剂颜色不均且有变深的迹象，但药物仍在有效期内。请问张三还可以继续使用此维生素 C 泡腾片吗，造成这种情况的因素有哪些，实际生活中又该如何避免呢？

答案解析

任务五 药物制剂的配伍变化

一、药物制剂配伍变化的概述

（一）药物制剂配伍的含义

药物制剂配伍是指将两种或两种以上药物混合制成一种药物制剂或将其应用于临床，药物的配伍得当可以改善药剂的理化性质，进而达到增强疗效提高稳定性的目的，但配伍禁忌的情形也时常发生。

多种药物配合使用时，常会引起药物的理化性质和药理效应等方面发生改变，这些统称药物的配伍变化。有些合用产生的配伍变化符合生产或治疗的需求，称为合理的配伍变化，如亚胺培南与西司他丁钠、青霉素与丙磺舒、磺胺甲噁唑与甲氧苄啶均具有有协同作用；某些合用产生的配伍变化使药物的治疗作用减弱、副作用或毒性增强、稳定性下降，称为不合理配伍变化，如青霉素在葡萄糖注射液中不稳定，容易分解或产生致敏物质，因此临床使用生理盐水作为青霉素的溶剂。随着药学与医学的发展，联合用药已成为临床用药的主流趋势，在治疗多种疾病、提高疗效、减少单药用量、减少药物不良反应等方面表现其优势。但鉴于药物本身两面性，药物相互作用的复杂性，联合用药越多，诱发不合理用药的概率则越大，必须引起相关从业者的重视，同时也是复方制剂需要重点考察的项目。

（二）配伍变化的类型

1. 物理的配伍变化 药物制剂配伍后发生了某些物理性质的改变，如分散状态、沉淀、润湿、液化、结块及粒径变化等，这些变化可影响药物的稳定性或疗效，从而造成药物制剂不符合质量和医疗目的要求。常见的物理配伍变化如下。

（1）沉淀 某些液体制剂配伍使用时，药物会因在混合体系中溶解度降低而析出或分层的现象。如氯霉素注射液用生理盐水稀释后出现沉淀。

（2）润湿、液化 药物的吸湿性与环境的相对湿度有关，某些水溶性药物在室温下临界相对湿度较高，但与其他药物混合后，因混合物的临界相对湿度下降而出现吸湿现象，如葡萄糖和维生素 C 的临界相对湿度分别为 82% 和 71%；而混合物的临界相对湿度降为 57%，在环境相对湿度较高时便会出现润湿或液化。此外，两种或两种以上药物混合后，出现润湿或液化的现象称低共熔现象，形成的混合物称为低共熔混合物。如在散剂的制备中，将薄荷脑、樟脑、冰片等混合后会发生共熔现象，形成低共熔混合物。

（3）结块 散剂、颗粒剂由于粒度较小，比表面积较大，在接触空气过程中，吸湿而后逐渐干燥进而引起结块，导致制剂外观状态的改变并影响其分散性，有时甚至会使药物分解失效。在实际生产中，可通过加强环境通风或安装抽湿机的手段，控制空气湿度，避免吸湿引起结块现象。

（4）分层、凝聚 乳剂、混悬剂与其他药物配伍后，可出现粒径变大或久贮后粒径变大，分散相聚结而分层。某些胶体溶液可因电解质或脱水剂的加入，而产生絮凝、凝聚，甚至沉淀。如脂肪乳加入生理盐水出现分层现象。

练一练10-5

（多选题）常见的物理配伍变化有（　　）

A. 沉淀　　　　　　　B. 润湿　　　　　　　C. 液化
D. 结块　　　　　　　E. 分层

答案解析

2. 化学的配伍变化 药物制剂配伍后发生了某些化学反应，如氧化反应、还原反应、水解反应、聚合反应等，并产生了新物质。一般表现为出现沉淀、变色、润湿、液化、产气、爆炸等现象。这些变化可影响药物制剂的制备，使药物制剂的疗效发生改变或产生毒副作用。常见的化学配伍变化如下。

（1）变色 药物的变色反应主要由于药物间发生化学反应并生成有色产物，变色可影响药效，甚至导致其完全失效。易引起变色的药物有碱类、亚硝酸盐类和高铁盐类等，如碱类药物可使芦荟产生绿色或红色荧光，可使大黄变成深红色；高铁盐可使鞣酸变成蓝色。

（2）产气 产生气体也是药物之间发生化学反应的结果。如碳酸氢钠与稀盐酸配伍，会发生中和反应产生二氧化碳气体。

（3）浑浊或沉淀 难溶性酸或碱的可溶盐，在 pH 发生改变后可能会出现沉淀，如苯巴比妥钠在溶液中水解后遇到酸便会析出巴比妥酸沉淀；大多数生物碱的盐溶液与鞣酸混合后均会产生沉淀；硫酸镁遇到可溶性的钙盐或某些碱性较强的溶液时均可产生沉淀。

（4）分解破坏　有些药物制剂配伍后，由于改变了其原有的 pH、离子强度、溶剂等条件，影响制剂的稳定性。如维生素 B_{12} 与维生素 C 混合制成溶液时，会导致两药物分解破坏，效价显著降低，红霉素乳糖酸盐与葡萄糖氯化钠注射液配合会发生分解破坏；乳酸环丙沙星与甲硝唑混合后，甲硝唑浓度降低 90%。

（5）爆炸　爆炸一般由强氧化剂与强还原剂配伍使用引起。如氯化钾与硫、高锰酸钾与甘油、强氧化剂与蔗糖等药物混合研磨时可能发生爆炸。

3. 药理学配伍变化　药理学配伍变化又称疗效学配伍变化，指药物配伍使用后，在机体内一种药物对其他药物的体内过程产生影响，使其药理作用的性质和强度、副作用、毒性等发生改变。药理学配伍变化的影响主要有两方面：一是协同作用，有些药物配伍使用后有利于治疗，如卡比多巴与左旋多巴联用，卡比多巴不能穿透血 – 脑屏障，与左旋多巴合用时，通过抑制外周多巴脱羧酶，使左旋多巴在外周的脱羧减少，降低其副作用，并因提高脑内的多巴胺浓度而使左旋多巴的疗效加强；二是拮抗作用，有些药物配伍后不利于治疗，如异烟肼与麻黄碱合用使不良反应加强。

（1）影响药物吸收过程　药物想产生疗效首先必须被人体吸收，影响药物的吸收过程主要体现在量和速度上。两者都直接影响药物在血液中的浓度。胃肠液的 pH、胃排空速度、肠蠕动情况等都会影响药物的吸收速度与吸收量。首先酸性药物在酸性环境及碱性药物在碱性环境中解离度低，脂溶性高，易吸收。如水杨酸类药物在酸性环境中吸收较好，若同时服用碱性的碳酸氢钠，则吸收减少。其次，小肠是药物吸收的主要场所，改变胃排空及肠蠕动的速率能够明显影响药物在小肠内的滞留时间进而影响其吸收，如绝大多数药物与促胃动力联用时均会降低其吸收水平。此外三环类抗抑郁药可引起口干的不良反应，可使硝酸甘油舌下片的吸收减慢；肾上腺素有明显的缩血管效应，当普鲁卡因中加入极少量的肾上腺素可延长其局部麻醉的效果。

（2）影响药物分布过程　当药物吸收进入血液后，一部分与血浆蛋白发生可逆性结合，形成无活性的大分子化合物，而只有游离型的药物分子才能从血液向组织转运，并在作用部位发挥药理作用。因此药物与血浆蛋白结合起着贮存、调节血药浓度和维持药物作用时间等作用。如阿司匹林与糖皮质激素合用，由于阿司匹林与血浆蛋白的竞争性结合，可致糖皮质激素作用和不良反应增强。

（3）影响药物代谢过程的配伍变化　大部分进入人体的药物会被肝微粒体中的药物代谢酶所代谢。具有酶促或酶抑制作用的药物与其他药物配伍时，会影响另一药物的代谢，从而影响其疗效。如利福平可使口服避孕药的代谢加快，因而使避孕作用降低。

（4）影响药物排泄过程的配伍变化　噻嗪类利尿药、碳酸酐酶抑制剂等可使尿液呈碱性，增加奎尼丁、伪麻黄碱等弱碱性药物的吸收；丙磺舒、吲哚美辛等可减少青霉素自肾小管的排泄，使青霉素的血浆药物浓度升高，半衰期延长。

（三）药物制剂合理配伍的目的

药物间的合理的配伍通常可达到以下目的：①提高药物的稳定性，改善制剂的理化性质，便于制剂生产、贮存、使用；②使配伍的药物产生协同作用，以增强疗效；③提高疗效，减少副作用，减少或延缓耐药性的发生；④利用药物间的拮抗作用以克服某些药物的毒副作用；⑤预防或治疗合并症。

👁 **看一看**

注射剂之间的配伍变化

两种注射剂混合后出现的配伍变化主要是由于混合后 pH 改变造成，如盐酸四环素注射剂的 pH 为

1.8~2.8，而磺胺嘧啶钠注射剂的 pH 为 8.5~10.5，二者混合易发生配伍变化。此外，影响注射剂配伍变化的因素还有以下几种。

1. 配合剂量 实质上是药物浓度的影响。药物在一定浓度下会出现沉淀或增加降解速度。如在 5% 葡萄糖输液剂中，300mg/L 的氢化可的松琥珀酸钠与 200mg/L 的重酒石酸间羟胺注射液混合时则发生沉淀现象。

2. 反应时间 有些注射剂配伍后立即出现浑浊或沉淀，有些则需要经过一定时间后才会出现上述现象。当需要输入大剂量药液时可将其按配比分多次输入，每次重新配合，可减少注射剂出现上述现象的情形。

3. 混合顺序 某些药物混合时产生的沉淀现象可采用改变混合顺序的方法来克服。

4. 外界环境 配伍时外界环境如温度、氧气、二氧化碳、光线等因素均会对配伍结果产生一定的影响。注射剂混合后到使用前这段时间要尽可能短，如将粉末制成贮备溶液时，此浓溶液应贮存于凉暗处。有些药物制成注射液后可在安瓿内充入惰性气体，以防止其氧化降解。对于某些对光敏感的药物应以黑纸遮盖，避免强光照射。

5. 附加剂 某些药物制剂发生配伍变化并不是主药间产生的，而是附加剂与主药或附加剂与附加剂之间发生的。如肾上腺色腙注射剂与氨茶碱注射剂配伍会产生有颜色的醌类化合物。

在药物制剂的生产和应用中，配伍不当常会造成多种不良后果，因此，研究药物制剂配伍变化意义重大。根据药物和制剂成分的理化性质和药理作用机制，研究药物及制剂配伍中可能出现的情况，并给予正确的处理方法，设计出合理的处方、工艺、贮存条件、使用方法等，达到提高药效，避免不良反应发生的目的，以保证药物制剂的安全有效。

二、药物制剂配伍变化的处理

（一）配伍变化的处理原则

了解用药意图，发挥制剂应有疗效，保证用药安全，是药物制剂配伍变化的处理原则。药师应在审查处方发现疑问后及时与开方医师联系，了解用药的意图，明确用药对象基本情况、用药途径等问题。在明确用药意图和患者的具体情况后，结合药物的物理、化学和药理性质分析可能产生的配伍结果及不利因素，并明确解决方法。必要时还可与医师联系，共同确定解决方案，使药物制剂能在恰当的条件下，较好地挥发疗效，并保证患者的用药安全。

（二）配伍变化的处理方法

发现药物制剂存在配伍禁忌，必须在了解医师用药意图后共同加以矫正和解决。但对于常见的物理或化学配伍禁忌的处理，一般可基于上述原则下按下法进行。

1. 改变贮存条件 有些药物在患者使用过程中，由于贮存条件如温度、空气、光线等影响会加速其沉淀、变色或分解，故应在密闭及避光条件下，贮存于棕色瓶中，并且一张处方发放剂量不宜过多。

2. 改变调配次序 改变调配次序往往可避免一些配伍禁忌的产生。如 0.5% 的三氯叔丁醇与 0.5% 的苯甲醇配伍使用时，由于三氯叔丁醇与苯甲醇极易混溶，可将二者先混合，再加入注射用水至规定量。

3. 改变溶媒或添加助溶剂 改变溶媒是指改变溶媒容量或改变成混合溶媒。如制备含电解质的芳香水剂时挥发油易析出，此时将芳香水剂稀释后即可消除，此外加入适当的混合溶剂、助溶剂、表面活性剂后也能得到均匀的溶液。

4. 调整溶液 pH 的改变能影响药物的氧化、水解及其他降解反应的速度，进而影响其稳定性，所以在药品配伍时一定要考虑配伍后的 pH 变化，特别是注射剂，精确控制产品的 pH 非常重要。

5. 改变有效成分或改变剂型 有明确的配伍禁忌的药物不能配伍使用，应及时与医师沟通，并在征得医师同意的条件下更换药物，但更换后药物的疗效应力求与原成分相类似，用法也尽量与原方一致。如使用胰酶片代替乳酶生和西咪替丁合用效果更佳。

❤ 药爱生命

中医传统思想中将单味药的应用同药与药之间的配伍关系总结为七个方面，称为药物的"七情"。除单行者外，其余六个方面都是谈配伍关系。

相须 即性能功效相类似的药物配合应用，可以增强其原有疗效。如石膏与知母配合，能明显地增强清热泻火的治疗效果。

相使 即在性能功效方面有某种共性的药物配合应用，而以一种药物为主，另一种药物为辅，能提高主药物的疗效。如补气利水的黄芪与利水健脾的茯苓配合时，茯苓能提高黄芪补气利水的治疗效果。

相畏 即一种药物的毒性反应或副作用，能被另一种药物减轻或消除。如生半夏和生南星的毒性能被生姜减轻和消除。

相杀 即一种药物能减轻或消除另一种药物的毒性或副作用。如生姜能减轻或消除生半夏和生南星的毒性或副作用，所以说生姜杀生半夏和生南星的毒。由此可知，相畏、相杀实际上是同一配伍关系的两种提法，是药物间相互对待而言的。

相恶 即两种药物合用，一种药物与另一药物相作用而致原有功效降低，甚至丧失药效。如人参恶莱菔子，因莱菔子能削弱人参的补气作用。

相反 即两种药物合用，能产生毒性反应或副作用。如"十八反""十九畏"中的若干药物。

目标检测

答案解析

一、A 型题（最佳选择题）

1. 以下哪种给药途径的生物利用度最高（　　）

    A. 静脉注射　　　　　　　　B. 口服　　　　　　　　C. 肌内注射

    D. 肺部给药　　　　　　　　E. 腔道给药

2. 有机酸或有机碱在胃肠道内的吸收通常采用（　　）

    A. 单纯扩散　　　　　　　　B. 膜孔转运　　　　　　　C. 易化扩散

    D. 主动转运　　　　　　　　E. 膜动转运

3. 用药后 5 个半衰期，体内药量剩余（　　）

    A. 约 25%　　　　　　　　　B. 约 15%　　　　　　　　C. 约 12.5%

    D. 约 10%　　　　　　　　　E. 约 3%

4. 加速试验通常在以下何种条件下进行（　　）

    A. 供试品在温度 40℃ ±2℃、相对湿度 75% ±5% 的条件下放置 3 个月

    B. 供试品在温度 40℃ ±2℃、相对湿度 75% ±5% 的条件下放置 6 个月

    C. 供试品在温度 25℃ ±2℃、相对湿度 75% ±5% 的条件下放置 3 个月

    D. 供试品在温度 25℃ ±2℃、相对湿度 75% ±5% 的条件下放置 6 个月

E. 供试品在温度 40℃ ±2℃、相对湿度 75% ±5% 的条件下放置 12 个月

5. 地高辛的表现分布容积为 500L，远大于人体体液容积，原因可能是（　　）

    A. 大部分与组织蛋白结合，药物主要分布在组织

    B. 药物全部分布在血液

    C. 药物全部与组织蛋白结合

    D. 大部分与血浆蛋白结合，与组织蛋白结合少

    E. 以上均不对

6. 下列给药途径中，产生效应最快的是（　　）

    A. 口服给药　　　　　　　B. 经皮给药　　　　　　　C. 吸入给药

    D. 皮下注射　　　　　　　E. 直肠给药

7. 以下哪项不属于影响药物制剂稳定性的处方因素（　　）

    A. 溶剂　　　　　　　　　B. pH　　　　　　　　　　C. 离子强度

    D. 表面活性剂　　　　　　E. 包装材料

8. 下列哪项不属于片剂稳定性重点考察项目（　　）

    A. 外观　　　　　　　　　B. 主药含量　　　　　　　C. 硬度

    D. 溶出度　　　　　　　　E. 水分

9. 以下哪项是常用的水溶性抗氧剂（　　）

    A. 亚硫酸钠　　　　　　　B. 维生素 E　　　　　　　C. 维生素 C

    D. 叔丁基对羟基茴香醚　　E. 维生素 D

10. 盐酸四环素注射剂与磺胺嘧啶钠注射剂混合后发生配伍变化的原因是（　　）

    A. pH 改变　　　　　　　　B. 溶剂改变　　　　　　　C. 离子强度改变

    D. 辅料的影响　　　　　　E. 浓度的影响

二、X 型题（多项选择题）

1. 药物的 I 相代谢包括（　　）

    A. 氧化　　　　　　　　　B. 还原　　　　　　　　　C. 水解

    D. 结合　　　　　　　　　E. 异构

2. 药物肾排泄的可分为哪几部分（　　）

    A. 肾小球的滤过　　　　　B. 肾小球的重吸收　　　　C. 肾小管的滤过

    D. 肾小管的重吸收　　　　E. 肾小管的分泌

3. 药物应具备的质量属性有（　　）

    A. 安全　　　　　　　　　B. 有效　　　　　　　　　C. 稳定

    D. 均一　　　　　　　　　E. 廉价

4. 以下哪些因素会影响药物的稳定性（　　）

    A. 溶剂　　　　　　　　　B. 温度　　　　　　　　　C. pH

    D. 光线　　　　　　　　　E. 金属离子

5. 药物的稳定性试验包括（　　）

    A. 影响因素试验　　　　　B. 加速试验　　　　　　　C. 长期试验

    D. 短期试验　　　　　　　E. 随机因素试验

6. 药物的化学降解包括（　　）

    A. 氧化　　　　　　　　　B. 水解　　　　　　　　　C. 异构化

D. 聚合   E. 脱羧

7. 以下哪些是常用的脂溶性抗氧剂（　　）

    A. 亚硫酸钠   B. 维生素 E   C. 维生素 C

    D. 叔丁基对羟基茴香醚   E. 半胱氨酸

8. 药物制剂的稳定性研究不包括（　　）

    A. 化学稳定性   B. 物理稳定性   C. 生物稳定性

    D. 药效稳定性   E. 药理稳定性

9. 以下属于化学配伍变化的有（　　）

    A. 产气   B. 爆炸   C. 沉淀

    D. 分解破坏   E. 变色

10. 以下属于物理配伍变化的有（　　）

    A. 沉淀   B. 润湿   C. 结块

    D. 分层   E. 凝聚

11. 避免药物氧化的措施有（　　）

    A. 充氮保存   B. 低温保存   C. 加入抗氧剂

    D. 避光保存   E. 真空保存

三、综合问答题

1. 药物体内分布的影响因素主要有哪些？

2. 基于处方的药物制剂稳定化方法有哪些？

3. 通过合理的药物制剂配伍通常可达到哪些目的？

书网融合……

📄 重点回顾   📱 微课   📝 习题

项目十一　药品调配技术

导学情景

情景描述： 某医院静脉用药集中调配中心摆药工作人员李某，在工作中精神不集中，误将需要250ml葡萄糖输液溶解的药物溶解在了100ml的葡萄糖输液中，并将成品输液发到了病区，患者用药后不到10分钟就出现了十分严重的不良反应，经过及时的救治，患者虽然没有生命危险，但是给患者造成巨大的精神损害，并延长了疾病痊愈的时间。

情景分析： 错将药物溶解在100ml输液剂中导致输液剂体积减少，增大了药物浓度，导致医疗事故的发生。

讨论： 静配中心的摆药、调配人员对工作的细心程度不高，工作中精神不集中，核对、审核人员的责任心不强，职业道德水准要求不高，导致了问题的发生。

学前导语： 药品调配工作是一项重要技能，只有把重视工作的细节、工作的流程与重视病患的生命安全等同起来，才能真正做到万无一失。本章节主要介绍处方以及药品调配等相关基本知识。

任务一　认识处方调配 📱微课

PPT

一、处方调配的概述

处方调配又称为药品调配，是指医院药剂科或社会药房的调配工作人员，按医师处方的要求进行调配、发药的过程。药品调配工作不仅是直接面对患者的服务窗口，也是联系病患与医护人员的重要桥梁，其最终目的是保障患者的合理用药和医疗机构的合法用药。

（一）处方的含义和意义

《处方管理办法》中明确，处方是指由注册的执业医师和执业助理医师（以下简称医师）在诊疗活动中为患者开具的、由取得药学专业技术职务任职资格的药学专业技术人员（以下简称药师）审核、调配、核对，并作为患者用药凭证的医疗文书。处方还包括医疗机构病区用药医嘱单。

处方具有法律、技术和经济多方面的重要意义。

1. 法律性 由于开具处方或调配处方的差错而引起的医疗事故，医师和药师分别负有相应的法律责任，在发生医疗事故或经济问题时，处方是追究医疗责任、承担法律责任的依据。

2. 技术性 处方写明了药品名称、规格、数量及用量用法等，是药师调配、发药的书面依据。开具或调配处方的人员必须经过医药院校系统专业学习，并经资格认定的医药卫生技术人员担任。

3. 经济性 处方是统计调配工作量、药品消耗数量及经济金额等的原始资料，可作为报销、预算和采购的依据。

🔧 **练一练11-1**

处方具有的意义是（　　）

A. 法律性和技术性　　　　　B. 法律性、技术性和经济性

C. 法律性和经济性　　　　　D. 技术性和经济性

E. 社会性、法律性和法规性

答案解析

（二）处方的类型

按处方的性质，处方可分为法定处方和医师处方。

1. 法定处方 是指药典、部颁（国家）标准收载的处方，它具有法律的约束力，在制造或医师开写法定制剂时，均需遵照其规定。

2. 医师处方 指医师为患者诊断、治疗和预防所开具的处方。《处方管理办法》中规定医师应当根据医疗、预防、保健需要，按照诊疗规范、药品说明书中的药品适应证、药理作用、用法、用量、禁忌、不良反应和注意事项等开具处方。

（三）处方的标准

1. 处方内容

（1）前记 包括医疗机构名称、费别、患者姓名、性别、年龄、门诊或住院病历号。科别或病区和床位号、临床诊断、开具日期等。可添列特殊要求的项目。麻醉药品和第一类精神药品处方还应当包括患者身份证明编号以及代办人姓名、身份证明编号。

（2）正文 以 Rp 或 R（拉丁文 recipe "请取"的缩写）表示，分列药品名称、剂型、规格、数量、用法用量，此项为处方的主要部分。

（3）后记 医师签名或者加盖专用签章，药品金额以及审核、调配、核对、发药药师签名或者加盖专用签章。医师和药师签名后，表明对此处方负有法律责任。

2. 处方颜色 《处方管理办法》将医师处方细分为普通处方、急诊处方、儿科处方、麻醉药品处方等，印刷用纸根据实际需要用颜色区分，并在处方右上角以文字注明。

（1）普通处方 印刷用纸为白色。

（2）急诊处方 印刷用纸为淡黄色，右上角标注"急诊"。

（3）儿科处方 印刷用纸为淡绿色，右上角标注"儿诊"。

（4）麻醉药品和第一类精神药品处方 印刷用纸为淡红色，右上角标注"麻、精一"。

（5）第二类精神药品处方　印刷用纸为白色，右上角标注"精二"。

目前，医师处方主要有手写处方和计算机传递处方两种，医师利用计算机开具、传递普通处方时，应同时打印出纸质处方，其组成与手写处方一致。打印的纸质处方经签名或加盖签章后有效。药师核发药品时，应该核对打印的纸质处方，无误后发给患者药品，并将打印的纸质处方与计算机传递处方同时收存备查。

二、处方调配的要求

处方调配的操作流程包括收方、审核处方、调配处方、核对处方以及发药与用药指导，具体流程图如 11 - 1 所示。

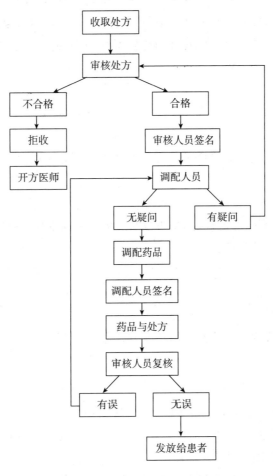

图 11 - 1　处方调配操作流程图

1. 收方　药学技术人员在门诊调剂室（或零售药店）从患者处接收由医师开具的处方，以及在住院部调剂室从病区医护人员或患者处接收医师处方或药品请领单。

2. 审核处方　药学技术人员收到处方后，应根据《处方管理办法》的规定，认真审核处方，做到"四查十对"和医疗机构处方制度的规定，重点审核处方的完整性与规范性、用药的适宜性。

3. 调配处方　药学技术人员应准确调配药品，按照审查合格后的处方，逐一取出药品，或将药品进行分装，并正确书写药袋或粘贴标签，注明患者姓名和药品名称、用法、用量。在取药时应仔细检查，防止错拿药品，保证患者的用药安全。

4. 核对处方　为了防止差错事故的发生，调配处方后必须进行仔细的核对。首先核对患者姓名、年龄、性别、科别是否完整，其次核对调配的药品是否正确，规格、数量、用法用量是否正确等，若有疑问必须询问清楚，复核无误后方可发放给患者。

5. 发药与用药交代　药学技术人员将调配好的药品包装后逐一发给患者或病区医护人员。发药时应呼唤患者全名，向患者交付药品时，按照药品说明书或者处方用法，进行发药交代与用药指导，包括每种药品的用法、用量、注意事项等，并答复询问。

（一）处方审核的要求

处方审核是处方调配中的重要环节，药师接收待审核处方后，应对处方进行合法性、规范性、适宜性审核，确定处方内容正确无误后方可进行调配，审核的具体内容和要求如下。

1. 处方合法性审核

（1）处方开具人是否根据《执业医师法》取得医师资格，并执业注册。

（2）处方开具时，处方医师是否根据《处方管理办法》在执业地点取得处方权。

（3）麻醉药品、第一类精神药品、医疗用毒性药品、放射性药品、抗菌药物等药品处方，是否由具有相应处方权的医师开具。

2. 处方规范性审核

（1）处方是否符合规定的标准和格式，处方医师签名或加盖的专用签章有无备案，电子处方是否有处方医师的电子签名。

（2）处方前记、正文和后记是否符合《处方管理办法》等有关规定，文字是否正确、清晰、完整。

（3）条目是否规范。

3. 处方适宜性审核

（1）规定必须做皮试的药品，处方医师是否注明过敏试验及结果的判定。

（2）处方用药与临床诊断的相符性。

（3）剂量、用法的正确性。

（4）选用剂型与给药途径的合理性。

（5）是否有重复给药现象。

（6）是否有潜在临床意义的药物相互作用和配伍禁忌。

（7）其他用药不适宜情况。

（二）处方调配的要求

1. 四查十对　《处方管理办法》中明确提出，在调剂处方过程中必须做到"四查十对"，即：①查处方，对科别、姓名、年龄；②查药品，对药名、剂型、规格、数量；③查配伍禁忌，对药品性状、用法用量；④查用药合理性，对临床诊断。

药师在审查过程中发现处方中有不利于患者用药处或其他疑问时，应拒绝调配，并联系处方医师进行干预，经医师改正并签字确认后，方可调配。对发生严重药品滥用和用药失误的处方，应当按有关规定报告。

2. 处方调配注意事项

（1）仔细阅读处方，按照处方书写的药品顺序逐一调配。

（2）对贵重药品、麻醉药品等分别登记账卡。

（3）调配药品时应检查药品的批准文号，并注意药品的有效期，以确保使用安全。

（4）药品调配齐全后，对照处方逐一核对药品名称、剂型、规格、数量和用法，准确、规范地书写标签。

（5）对需特殊保存条件的药品应加贴醒目标签，以提示患者注意，如 2~10℃冷处保存。

（6）尽量在每种药品上分别贴上用法、用量、贮存条件等标签，并正确书写药袋或粘贴标签。

特别注意标识以下几点：①药品通用名或商品名、剂型、剂量和数量；②用法用量；③患者姓名；④调剂日期；⑤处方号或其他识别号；⑥药品贮存方法和有效期；⑦有关服用注意事项（如餐前、餐后、冷处保存、开车司机不宜服用、需振荡混合后服用等）；⑧调剂药房的名称、地址和电话。

（7）调配好一张处方的所有药品后再调配下一张处方，以免发生差错。

（8）核对后签名或盖签章。

3. 特殊调剂　根据患者个性化用药的需要，药师应在药房中进行特殊剂型或剂量的临时调配，如稀释液体、研碎药片并分包、分装胶囊、制备临时合剂、调配软膏剂等，应在清洁环境中操作，并作记录。

（三）核对与发药的要求

1. 核对的要求

（1）再次全面认真地审核一遍处方内容。

（2）逐个核对处方与调配的药品，其规格、剂量、用法、用量是否一致。

（3）逐个检查药品的外观质量是否合格（包括形状、色、嗅、味和澄明度），有效期等均应确认无误。

（4）核对人员签字。

2. 发药的要求　发药是调配工作的最后环节，容易产生差错事故，药师应将调配核对正确的药品准确无误地交到该处方患者手中，并用简单明了、通俗易懂的语言或其他方式指导患者正确使用药品。

（1）认真核对患者姓名和年龄，最好询问患者所就诊的科室，以确认患者。

（2）逐一核对药品与处方的相符性，检查药品剂型、规格、剂量、数量、包装无误后，签名或加盖专用签章。

（3）发现处方调配有错误时，应将处方和药品退回调配处方者，并及时更正。

（4）发药时向患者交代清楚每种药品的服用方法和特殊注意事项，同一种药品有 2 盒以上时，需要特别交代。向患者交付处方药品时，应当对患者进行用药指导。

（5）发药时应注意尊重患者隐私。

（6）如患者有问题咨询，应尽量解答，对较复杂的问题可建议到用药咨询窗口或咨询室。

? 想一想

（普通）

门诊号：123456　　姓名：王＊云　　性别：女　　年龄：35　　费别：自费

单位或住址：机械厂职工宿舍　　　　　　　　电话：1234567890

处方日期：2021.10.10　　　　临床（初步）诊断：感冒

答案解析

Rp：白加黑氨酚伪麻那敏分散片　　0.325g×24 片/盒×1 盒

　　　用法：口服 每次 0.325g，每日两次

　　　抗病毒冲剂　　　　　　　　10g×20 袋/盒×1 盒

　　　用法：口服 每次 10g，每日三次

　　　泰诺酚麻美敏片　　　　　　0.325g×20 片/盒×1 盒

　　　用法：口服 每次 0.325g，每日三次

总费用：　　　　　　就诊科室：　　　　　　开单医师：白＊卫

药费：123.4　　　　配药人：　　　　　　　发药人：

注意：请勿遗失，处方当日有效。因特殊情况，该处方三天内有效。

讨论：1. 上述处方是否合理？

2. 如果配伍用药不合理，作为一名药师应如何处理？

三、药品的外观质量检查

药品的外观质量检查是通过人的视觉、触觉、听觉、嗅觉等感官试验，对药品的外观形状，即药物的包装、容器、标签进行检查，来判定药品的质量优劣。外观检查最基本的技术依据是比较法，这是建立在合格药品与不合格药品对照比较基础上的一种方法，药学人员应了解、熟悉各种合格产品的外观、性状，掌握药品外观的基本特性。检查时将包装容器打开，对药品的剂型、颜色、味道、气味、形态、重量、粒度等情况进行重点检查。

药品外观质量是否合格应依据药品质量标准、药剂学、药物分析及药品说明书的内容进行判断。药品的内在质量需要药品检验机构依据药品质量标准校验后确定，一旦判定药品变质应按照假药处理，不得再使用。不同剂型的药品外观检查项目如表 11-1 所示。

表 11-1 各剂型的外观检查项目

剂型	外观检查项目
片剂	检查是否符合下面情况：形状一致，色泽均匀，片面光滑，无毛糙起孔现象；无附着细粉、颗粒；无杂质、污垢；包衣颜色均一，无色斑，且厚度均匀，表面光洁，破开包衣后，片芯的颗粒应均匀，颜色分布均匀，无杂质；片剂的硬度应适中，无磨损、粉化、碎片及过硬现象；其气味、味感正常，符合该药物的特异物理性状
胶囊剂	检查是否符合下面情况：胶囊剂的外形、大小一致，无瘪粒、变形、膨胀等现象，胶囊壳无脆化，软胶囊无破裂漏油现象。胶囊结合状况良好。颜色均匀，无色斑、变色现象，壳内无杂质
颗粒剂	主要应检查外形、大小、气味、口感、溶化性是否符合标准等。检查有无潮解、结块、发霉、生虫等
注射剂	检查是否符合下面情况：液体注射剂的包装严密，药液澄明度好（无白点、白块、玻璃、纤维、黑点），色泽均匀，无变色、沉淀、浑浊、结晶、霉变等现象
口服液	检查是否符合下面情况：外包装严密，无爆瓶、外凸、漏液、霉变现象，药液颜色正常，药液气味、黏度符合该药品的基本物理性状
喷雾剂、酊剂糖浆剂、合剂	主要检查：有无结晶析出、浑浊沉淀、异臭、霉变、破漏、异物、酸败、溶解结块、风化等现象
散剂	检查有无吸潮结块、发黏、生霉、变色等
合剂、糖浆剂	检查有无发霉、发酵及异常酸败气味等
丸剂	检查有无虫蛀、霉变、粘连、色斑、裂缝等
软膏剂	检查均匀度、细腻度，有无异臭、酸败、干缩、变色、油层析出等变质现象
生物制品	其中液体生物制品检查有无变色、异臭、摇不散的凝块及异物；冻干生物制品应为白色或有色疏松固体，无融化现象
栓剂	检查包装是否严密，外形应大小一致，无瘪粒、变形、膨胀、软化、霉变、异臭等现象

任务二 认识医疗机构制剂

PPT

一、医疗机构制剂的含义和特点

医疗机构制剂是流通药品的有益补充。医疗机构制剂有自身的特点，它不仅弥补市场药品不足，在保证人民健康、开发新药等方面也起着积极作用。

（一）医疗机构制剂的含义

医疗机构制剂是根据本医院医疗和科研需要，由持有《医疗机构制剂许可证》的医院药房生产、配制，品种范围属国家或地方药品标准收载或经药品监督管理部门批准，只供本院医疗、科研使用的药品制剂，又称为医院制剂。

《医疗机构制剂注册管理办法（试行）》第三条规定，医疗机构制剂，是指医疗机构根据本单位临床需要经批准而配制、自用的固定处方制剂。医疗机构配制的制剂，应当是市场上没有供应的品种。医疗机构制剂只能在本医疗机构内凭执业医师或者执业助理医师的处方使用，并与《医疗机构执业许可证》所载明的诊疗范围一致。

（二）医疗机构制剂的特点

医院制剂必须坚持为医疗、科研、教学服务的方向，以自用为原则，根据本单位临床、科研需要，参照国内外药品的新进展、新工艺、新剂型，配制疗效确切的制剂。其特点是配制量少、剂型全、品种规格多、季节性强、使用周期短、疗效确切和不良反应低、满足临床科研需要、费用较低、更易为患者所接受。

练一练11-2

医院制剂使用范围是（ ）

A. 可在市场流通　　　　　B. 可在市场销售　　　　　C. 只供本医院使用

D. 只供本市区各医院使用　E. 只按非处方药使用

答案解析

二、医疗机构制剂的分类

按工艺类型医疗机构制剂可分为普通制剂、灭菌制剂和中药制剂等。

1. 普通制剂　软膏剂、片剂、口服液体制剂和外用液体制剂等。

2. 灭菌制剂　注射剂、眼用制剂、滴鼻剂和滴耳剂等。

按依据标准及使用目的可分为：标准制剂、非标准制剂和试用制剂。

1. 标准制剂　是按国家药品标准、地方药品标准、《中国医院制剂规范》和经省级药品监督管理部门批准的《医院制剂手册》等配制的制剂。

2. 非标准制剂　除上述药品标准外的，按医疗单位自行制订的处方、工艺、质量标准等配制的协定处方、经验处方及研究的制剂。

3. 试用制剂　医疗机构的部分非标准制剂，进行临床试用或科研应用，向省级药品监督管理部门申请取得"试"字批准文号的新制剂，又称临时制剂。

三、医疗机构药事管理规定

（1）医疗机构设立制剂室，应当向所在地省、自治区、直辖市人民政府卫生行政部门提出申请，经审核同意后，报同级人民政府药品监督管理部门审批；省、自治区、直辖市人民政府药品监督管理部门验收合格的，予以批准，发给《医疗机构制剂许可证》。

（2）医疗机构配制制剂，必须按照国务院药品监督管理部门的规定报送有关资料和样品，经所在地省、自治区、直辖市人民政府药品监督管理部门批准，并发给制剂批准文号后，方可配制。

（3）医疗机构配制的制剂不得在市场上销售或者变相销售，不得发布医疗机构制剂广告。发生灾情、疫情、突发事件或者临床急需而市场没有供应时，经国务院或者省、自治区、直辖市人民政府的药品监督管理部门批准，在规定限期内，医疗机构配制的制剂可以在指定的医疗机构之间调剂使用。

（4）医疗机构审核和调配处方的药剂人员必须是依法经资格认定的药学技术人员。

四、医疗机构制剂配制质量管理规范

医疗机构配制制剂应取得省、自治区、直辖市药品监督管理部门颁发的《医疗机构制剂许可证》。国家药品监督管理局和省、自治区、直辖市药品监督管理局负责对医疗机构制剂进行质量监督，并发布质量公告。《医疗机构制剂配制质量管理规范》是医疗机构制剂配制和质量管理的基本准则，适用于制剂配制的全过程。

（一）机构与人员

（1）医疗机构制剂配制应在药剂部门设制剂室、药检室和质量管理组织。机构与岗位人员的职责应明确，并配备具有相应素质及相应数量的专业技术人员。

（2）制剂室和药检室的负责人应具有大专以上药学或相关专业学历，具有相应管理的实践经验，有对工作中出现的问题做出正确判断和处理的能力。制剂室和药检室的负责人不得互相兼任。

（3）从事制剂配制操作及药检人员，应经过专业技术培训，具有相关法规知识、基础理论知识和实际操作技能。凡有特殊要求的制剂配制操作和药检人员还应接受相应的专业技术培训。

（二）房屋、设施与设备

（1）为保证制剂质量，制剂室应远离各种污染源，应有防止污染、昆虫和其他动物进入的有效设施。制剂室的房屋和面积必须与所配制的制剂剂型和规模相适应。

（2）制剂室各工作间应按制剂工序和空气洁净度级别要求合理布局。人流、物流分开；一般区和洁净区分开；配制、分装与贴签、包装分开；内服制剂与外用制剂分开；无菌制剂与其他制剂分开；中药制剂和西药制剂分开；办公室、休息室与配制室分开。

（3）各种制剂应根据剂型的需要，工序合理衔接，设置不同的操作间，按工序划分操作岗位。中药材的前处理、提取、浓缩等必须与其后续工序严格分开，筛选、切片和粉碎等操作应有有效的除尘、排风设施。

（4）制剂室应具有与所配制剂相适应的物料、成品等库房，并有通风、防潮等设施。根据制剂工艺要求，划分空气洁净度级别。洁净室（区）内空气的微生物数和尘粒数应符合规定，应定期检测并记录。

（5）制剂配制和检验应有与所配制制剂品种相适应的设备、设施与仪器。设备的选型、安装应符合制剂配制要求，易于清洗、消毒或灭菌，便于操作、维修和保养，并能防止差错和减少污染。纯化水、注射用水的制备、储存和分配应能防止微生物的滋生和污染。

（6）用于制剂配制和检验的仪器、仪表、量具、衡器等其适用范围和精密度应符合制剂配制和检验的要求，应定期校验，并有合格标志。校验记录应至少保存一年。

（7）应建立设备管理的各项规章制度，制定标准操作规程。设备应由专人管理，定期维修、保养，并做好记录。

（三）物料管理

（1）制剂配制所用物料的购入、储存、发放与使用等应制定管理制度。原辅料应符合药用要求，不得对制剂质量产生不良影响，并应合理储存与保管。

（2）制剂的标签、使用说明书必须与药品监督管理部门批准的内容、式样、文字相一致，不得随意更改；应专柜存放，专人保管，不得流失。

（四）卫生管理

（1）制剂室应有防止污染的卫生措施和卫生管理制度，并由专人负责。配制间不得存放与配制无关的物品。配制中的废弃物应及时处理。更衣室、浴室及厕所的设置不得对洁净室（区）产生不良影响。配制间和制剂设备、容器等应有清洁规程。洁净室（区）应定期消毒，使用的消毒剂不得对设备、物料和成品产生污染。消毒剂品种应定期更换，防止产生耐药菌株。

（2）工作服的选材、式样及穿戴方式应与配制操作和洁净度级别要求相适应。洁净室工作服的质地应光滑、不产生静电、不脱落纤维和颗粒性物质。无菌工作服必须包盖全部头发、胡须及脚部，并能阻留人体脱落物并不得混穿。不同洁净度级别房间使用的工作服应分别定期清洗、整理，必要时应消毒或灭菌。洗涤时不应带入附加的颗粒物质。

（3）洁净室（区）仅限于在该室的配制人员和经批准的人员进入。进入洁净室（区）的人员不得化妆和佩戴饰物，不得裸手直接接触药品。

（4）配制人员应有健康档案，并每年至少体检一次。传染病、皮肤病患者和体表有伤口者不得从事制剂配制工作。

（五）文件管理

（1）应根据有关法规要求建立和制订制剂文件系统。应建立文件的管理制度，文件的制订、审查和批准的责任应明确，并有责任人签名。

（2）制剂室应有《医疗机构制剂许可证》及申报文件、验收、整改记录；应有制剂品种申报及批准文件；应有制剂室年检、抽验及监督检查文件及记录。

（3）应有配制管理、质量管理的各项制度和记录。制剂配制管理文件应有配制规程、标准操作规程和配制记录；配制制剂的质量管理文件应有物料、半成品、成品的质量标准和检验操作规程，制剂质量稳定性考察记录和制剂检验记录。

（六）配制管理

（1）配制规程和标准操作规程不得任意修改，如需修改时必须按制定时的程序办理修订、审批手续。

（2）在同一配制周期中制备出来的一定数量常规配制的制剂为一批，一批制剂在规定限度内具有同一性质和质量。每批制剂均应编制制剂批号。每批制剂均应按投入和产出的物料平衡进行检查，如有显著差异，必须查明原因，在得出合理解释，确认无潜在质量事故后，方可按正常程序处理。

（3）每次配制后应清场，并填写清场记录。每次配制前应确认无上次遗留物；不同制剂（包括同一制剂的不同规格）的配制操作不得在同一操作间同时进行；如确实无法避免时，必须在不同的操作台配制，并应采取防止污染和混淆的措施。

（4）在配制过程中使用的容器须有标明物料名称、批号、状态及数量等的标志。根据制剂配制规程选用工艺用水。工艺用水应符合质量标准并定期检验。根据验证结果，规定检验周期。

（5）每批制剂均应有一份能反映配制各个环节的完整记录。操作人员应及时填写记录，填写字迹清晰、内容真实、数据完整，并由操作人、复核人及清场人签字。记录应保持整洁，不得撕毁和任意涂改。需要更改时，更改人应在更改处签字，并需使被更改部分可以辨认。

（6）新制剂的配制工艺及主要设备应按验证方案进行验证。当影响制剂质量的主要因素，如配制工艺或质量控制方法、主要原辅料、主要配制设备等发生改变时，以及配制一定周期后，应进行再验证。所有验证记录应归档保存。

（七）质量管理与自检

（1）质量管理组织负责制剂配制全过程的质量管理。

（2）药检室负责制剂配制全过程的检验，包括制剂成品、半成品、原料和制剂用水等的检验。

（3）医疗机构制剂质量管理组织应定期组织自检。自检应按预定的程序，按规定内容进行检查，以证实与本规范的一致性。自检应有记录并写出自检报告，包括评价及改进措施等。

（八）使用管理

（1）医疗机构制剂应按药品监督管理部门制定的原则并结合剂型特点、原料药的稳定性和制剂稳定性试验结果规定使用期限。

（2）制剂配发必须有完整的记录或凭据，凭处方或医嘱在医疗机构内部使用。超出使用范围的必须按照国家有关规定办理手续。

（3）制剂使用过程中发现的不良反应，应按《药品不良反应监测管理办法》的规定予以记录，填表上报。

任务三　认识静脉用药集中调配

PPT

《药品生产质量管理规范》（GMP）保证了药品在生产过程中的质量安全，而《药品经营质量管理规范》（GSP）保证了药品在采购、储存、配送等流通环节中的质量安全。但是在药品使用过程中，尤其是静脉药物在输注过程中采用开放式或半开放式的环境，药物极有可能受到污染，药物的安全性、稳定性受到极大影响，从而引发药物稳定性差、不良反应增加、交叉感染、耐药性增加等一系列用药安全问题。静脉用药集中调配中心的建立和使用，既可以保证静脉药物的调配质量和静脉用药安全，又可以保护医务人员免受危害药品伤害，有利于保护环境、防止危害药品的污染。而且，药师与护理人员专业分工与合作得以明确，推动和促进了药学服务质量达到更高水平。

一、静脉用药集中调配的概述

（一）常用术语

1. 静脉用药集中调配　是指医疗机构药学部门根据医师处方或用药医嘱，经药师进行适宜性审核，由药学专业技术人员按照无菌操作要求，在洁净环境下对静脉用药物进行加药混合调配，使其成为可供临床直接静脉输注使用的成品输液操作过程。静脉用药集中调配是药品调剂的一部分。

2. 静脉用药集中调配中心　也称静脉药物配置中心（简称静配中心，Pharmacy intravenous admixture service，PIVAS），是指在符合国家标准、依据药物特性设计的操作环境下，经过药师审核的处方由受过专门培训的药学技术人员严格按照标准操作程序进行全静脉营养、细胞毒性药物和抗生素等静脉药物的混合调配，使其成为可供临床直接静脉输注使用的成品输液，为临床提供优质的产品和药学服务的机构。

3. 静脉用药调配中心（室）工作流程　临床医师开具静脉输液治疗处方或用药医嘱→用药医嘱信息传递→药师审核→打印标签→贴签、摆药→核对→混合调配→输液成品核对→输液成品包装→分病区放置于密闭容器中、加锁或封条→由工人送至病区→病区药疗护士开锁（或开封）核对签收→给患者用药前护士应当再次与病历用药医嘱核对→给患者静脉输注用药。

4. 危害药品　是指能产生职业暴露危险或者危害的药品，即具有遗传毒性、致癌性、致畸性，或对生育有损害作用以及在低剂量下可产生严重的器官或其他方面毒性的药品，包括肿瘤化疗药品和细胞毒药品。

5. 成品输液　按照医师处方或用药医嘱，经药师适宜性审核，通过无菌操作技术将一种或数种静脉用药品进行混合调配，可供临床直接用于患者静脉输注的药液。

6. 输液标签　依据医师处方或用药医嘱经药师适宜性审核后生成的标签，其内容应当符合《处方管理办法》有关规定：应当有患者与病区基本信息、医师用药医嘱信息、其他特殊注意事项以及静脉用药调配各岗位操作人员的信息等。

7. 交叉调配　系指在同一操作台面上进行两组（袋、瓶）或两组以上静脉用药混合调配的操作流程。

（二）静脉用药集中调配的意义

1. 保障输液质量　药品生产与经营要执行相应的标准，即要执行 GMP、GSP 标准，然而以前的输液调配环节却没有相应的参照标准，完全在开放的环境中徒手操作，由此所造成的药物污染、药物不良反应等问题无可避免，这种"先洁净后污染"的情况使得优质药品在临床使用过程中不能保证其质量，无法发挥应有的疗效。《静脉用药集中调配质量管理规范（2010）》中明确静脉用药必须采取集中调配方式，要在封闭的洁净环境下进行无菌调配，这就避免了空气、环境、操作者带来的输液污染，保证了临床应用环节的药品质量。

2. 保护医务人员健康，避免环境污染　临床常用的一些抗肿瘤、抗病毒药物具有细胞毒性，能改变 DNA 的结构，抑制细胞有丝分裂，抑制抗原敏感细胞的活动，妨碍 RNA 合成。配液时无防护地经常接触此类药物，可能引起医务人员脏器的损伤，如肝功能、淋巴细胞计数改变等。静脉用药集中调配中心把细胞毒性药物的调配放在生物安全柜中，操作均在负压条件下进行，调配人员穿防护衣、戴手套、口罩、防护镜，保障了工作人员的健康。与此同时，也避免了此类药物对环境的污染。

3. 提高药品管理水平　传统的输液调配由护理人员在护理站完成，因护理站的无菌条件有限，调配过程中有尘埃等不溶性微粒散落，都将会污染输液。另外，各科室分头备药也会给药品带来积压和浪费，难于管理。集中调配、集中管理药品，有利于药品质量管理，杜绝浪费，使医院的药品管理水平得到提高。

4. 提高工作效率　由于明确了药师与护理人员的专业分工与合作，一方面可以把护士从日常繁杂的配液、输液工作中解脱出来，护士有更多的时间用于临床护理，提高了护理质量；另一方面药师的专业技术特长得以发挥，提高了输液质量。PIVAS 集中使用人力、工作场地、医疗耗材等，显著提高了工作效率。

5. 促进合理用药　药师在调配药物前对医嘱进行审核，审查其合理性。审核内容包括：药物选择、溶媒选择及溶媒容量、药物浓度的合理性、给药方法的合理性、给药时间、给药途径、药物配伍、药物使用的合理环境（包括是否需要避光）等。通过审核临床医嘱，指出不合理处方，避免和减少了不良反应的发生，提高了临床合理用药水平，保障患者用药安全、有效、经济。

（三）国内外静脉用药集中调配的发展概况

建立 PIVAS 的目的是加强对药品使用环节的质量控制，保证药品质量体系的连续性，提高用药的安全性和有效性，实现医院药学由单纯供应保障型向技术服务型的转变，体现以患者为中心的药学服务理念，提高现代化医院的医疗质量和管理水平。

早在 20 世纪 60 年代初期，国外就提出医院药房是最适合集中调配治疗型输液的部门。1963 年在美国俄亥俄州立大学附属医院成立了世界第一个静脉用药调配中心，随后几乎所有的美国联邦政府医院都建立了静脉用药调配中心，大部分非政府医院也开展了此项服务。其他发达国家如英国、澳大利亚、加拿大、新加坡、日本等医院也相继开展了这方面的服务。现在，静脉用药集中调配已成为国外医院药师重要的工作内容之一，静脉用药集中调配服务已经从部分调配，发展到全面调配，有严格的制度和管理措施。

我国的静脉用药集中调配起步较晚，在 1998 年，原卫生部调研起草《医疗机构药事管理暂行规定》时提出了静脉用药集中调配的设想。1999 年，我国第一个静脉用药调配中心（室）在上海市静安区中心医院建立，随后澳大利亚静脉用药调配中心的经验及标准逐步引入国内并被国内的部分医疗机构所借鉴。2002 年 1 月，原卫生部发布实施的《医疗机构药事管理暂行规定》中第 28 条规定："医疗机构要根据临床需要逐步建立全肠道外营养和肿瘤化疗药物等静脉液体调配中心（室），实行集中配制和供应。"2010 年 4 月，原卫生部颁布了《静脉用药集中调配质量管理规范》，该规范是静脉用药集中调配工作质量管理的基本准则，适用于肠道外营养液、危害药品和其他静脉用药调配的全过程。随着规范的执行，越来越多的医疗机构正在建立静脉用药调配中心（室），目前全国已有 1200 余家，一些省市还根据自身医疗水平的发展情况，陆续出台相关的验收标准和收费标准。

❤ 药爱生命

PIVAS 的药学服务对许多药学人员是一项新课题，要求药师必须具有扎实的专业知识和相关医学知识及技能，并且能够在实践中不断认识，不断积累，发挥药师的职业潜能，在药物合理使用方面控制应用环节。临床医生在使用药物时较多考虑疗效，而忽略药物的配伍、药物使用合理性方面的问题，使处方中出现不合理现象，药师应发挥职业专长，协助医师合理用药，提供技术服务，体现药师价值。

二、静脉用药集中调配的相关法律法规

《静脉用药集中调配质量管理规范》是静脉用药集中调配工作质量管理的基本要求，适用于肠外营养液、危害药品和其他静脉用药调剂的全过程。医疗机构其他部门开展集中或者分散临床静脉用药调配，也需参照规范执行。同时，医疗机构集中调配静脉用药应当严格按照《静脉用药集中调配操作规程》执行。

（一）人员基本要求

人员是静脉用药调配中心（室）每个工作环节的最重要的因素。人员素质决定着静脉用药集中调配的质量，直接关系到患者的治疗。因此，调配中心的工作人员应具有强烈的责任心、扎实的理论知识，严守岗位职责，对专业知识应有创新的意识和能力。

（1）静脉用药调配中心（室）负责人，应当具有药学专业本科以上学历，本专业中级以上专业技术职务任职资格，有较丰富的实际工作经验，责任心强，有一定管理能力。

（2）负责静脉用药医嘱或处方适宜性审核的人员，应当具有药学专业本科以上学历、5 年以上临床用药或调剂工作经验、药师以上专业技术职务任职资格。

（3）负责摆药、加药混合调配、成品输液核对的人员，应当具有药士以上专业技术职务任职资格。

（4）从事静脉用药集中调配工作的药学专业技术人员，应当接受岗位专业知识培训并经考核合格，定期接受药学专业继续教育。

（5）与静脉用药调配工作相关的人员，每年至少进行一次健康检查，建立健康档案。对患有传染病或者其他可能污染药品的疾病，或患有精神病等其他不宜从事药品调剂工作的，应当调离工作岗位。

（二）房屋、设施和布局基本要求

静脉用药调配中心（室）总体区域设计布局、功能室的设置和面积应当与工作量相适应，并能保证洁净区、辅助工作区和生活区的划分，不同区域之间的人流和物流出入走向合理，不同洁净级别区域间应当有防止交叉污染的相应设施。

（1）静脉用药调配中心（室）应当设于人员流动少的安静区域，且便于与医护人员沟通和成品的运送。设置地点应远离各种污染源，禁止设置于地下室或半地下室，周围的环境、路面、植被等不会

对静脉用药调配过程造成污染。洁净区采风口应当设置在周围30m内环境清洁、无污染地区，离地面高度不低于3m。

（2）静脉用药调配中心（室）的洁净区、辅助工作区应当有适宜的空间摆放相应的设施与设备；洁净区应当含一次更衣、二次更衣及调配操作间；辅助工作区应当含有与之相适应的药品与物料贮存、审方打印、摆药准备、成品核查、包装和普通更衣等功能室。

（3）静脉用药调配中心（室）室内应当有足够的照明度，墙壁颜色应当适合人的视觉；顶棚、墙壁、地面应当平整、光洁、防滑，便于清洁，不得有脱落物；洁净区房间内顶棚、墙壁、地面不得有裂缝，能耐受清洗和消毒，交界处应当成弧形，接口严密；所使用的建筑材料应当符合环保要求。

（4）静脉用药调配中心（室）洁净区应当设有温度、湿度、气压等监测设备和通风换气设施，保持静脉用药调配室温度18~26℃，相对湿度40%~65%，保持一定量新风的送入。洁净区应当持续送入新风，并维持正压差；抗生素类、危害药品静脉用药调配的洁净区和二次更衣室之间应当呈5~10Pa负压差。

（5）药品、物料贮存库及周围的环境和设施应当能确保各类药品质量与安全储存，应当分设冷藏、阴凉和常温区域，库房相对湿度40%~65%。二级药库应当干净、整齐，门与通道的宽度应当便于搬运药品和符合防火安全要求。有保证药品领入、验收、贮存、保养、拆外包装等作业相适宜的房屋空间和设备、设施。

（6）静脉用药调配中心（室）内安装的水池位置应当适宜，不得对静脉用药调配造成污染，不设地漏；室内应当设置有防止尘埃和鼠、昆虫等进入的设施；淋浴室及卫生间应当在中心（室）外单独设置，不得设置在静脉用药调配中心（室）内。

（三）仪器和设备基本要求

静脉用药调配中心（室）应当配置百级生物安全柜，供抗生素类和危害药品静脉用药调配使用；设置营养药品调配间，配备百级水平层流洁净台，供肠外营养液和普通输液静脉用药调配使用。

三、静脉用药调配中心（室）的工作流程

（一）临床医师开具处方或用药医嘱

医师应当按照《处方管理办法》有关规定开具静脉用药处方或医嘱，遵循安全、有效、经济的合理用药原则，其信息应当完整、清晰。病区按规定时间将患者次日需要静脉输液的长期医嘱传送至静脉用药调配中心（室），临时静脉用药医嘱调配模式由各医疗机构按实际情况自行规定。

（二）审核处方或用药医嘱

审核处方是医院静脉用药集中调配中心药师的一项重要工作，目的是及时发现并制止处方中各种不合理用药现象。药师应当按《处方管理办法》有关规定和《静脉用药集中调配操作规程》，审核用药医嘱所列静脉用药混合配伍的合理性、相容性和稳定性等内容，对不合理用药应当与医师沟通，提出调整建议。对处方或用药医嘱存在错误的，应当及时与处方医师沟通，请其调整并签名。因病情需要的超剂量等特殊用药，医师应当再次签名确认。对用药错误或者不能保证成品输液质量的处方或医嘱应当拒绝调配。

（三）打印标签与标签处理

（1）经药师适宜性审核的处方或用药医嘱，汇总数据后以病区为单位，将其打印成输液处方标签（简称输液标签）。核对输液标签上患者姓名、病区、床号、病历号、日期、调配日期、时间、有效期，将输液标签按处方性质和用药时间顺序排列后，放置于不同颜色（区分批次）的容器内，

以方便调配操作。

（2）输液标签由电脑系统自动生成编号，编号方法由各医疗机构自行确定。

（3）打印输液标签，应当按照《静脉用药集中调配质量管理规范》有关规定采用电子处方系统运作或者采用同时打印备份输液标签方式。输液标签贴于输液袋（瓶）上，备份输液标签应当随调配流程，并由各岗位操作人员签名或盖签章后，保存1年备查。

（4）输液标签内容除应当符合相关的规定外，还应当注明需要特别提示的下列事项：①按规定应当做过敏性试验或者某些特殊性质药品的输液标签，应当有明显标识；②药师在摆药准备或者调配时需特别注意的事项及提示性注解，如用药浓度换算、非整瓶（支）使用药品的实际用量等；③临床用药过程中需特别注意的事项，如特殊滴速、避光滴注、特殊用药监护等。

（四）贴签摆药与核对

（1）摆药前药师应当仔细阅读、核查输液标签是否准确、完整，如有错误或不全，应当告知审方药师校对纠正。

（2）按输液标签所列药品顺序摆药，按其性质、不同用药时间，分批次将药品放置于不同颜色的容器内；按病区、按药物性质不同放置于不同的混合调配区内。

（3）摆药时需检查药品的品名、剂量、规格等是否符合标签内容，同时应当注意药品的完好性及有效期，并签名或者盖签章。

（4）摆药核对操作规程：①将输液标签整齐地贴在输液袋（瓶）上，但不得将原始标签覆盖；②药师摆药应当双人核对，并签名或盖签章；③将摆有注射剂与贴有标签的输液袋（瓶）的容器通过传递窗送入洁净区操作间，按病区码放于药架（车）上。

（5）摆药后应当及时对摆药准备室短缺的药品进行补充，并应当校对；补充的药品应当在专门区域拆除外包装，同时要核对药品的有效期、生产批号等，严防错位，如有尘埃，需擦拭清洁后方可上架；补充药品时，应当注意药品有效期，按先进先用、近期先用的原则；对氯化钾注射液等高危药品应当有特殊标识和固定位置。

（6）摆药注意事项：①摆药时，确认同一患者所用同一种药品的批号相同；②摆好的药品应当擦拭清洁后，方可传递入洁净室，但不应当将粉针剂西林瓶盖去掉；③每日应当对用过的容器按规定进行整理擦洗、消毒，以备下次使用。

（五）混合调配

（1）在调配操作前30分钟，按操作规程启动洁净间和层流工作台净化系统，并确认其处于正常工作状态，操作间室温控制于18~26℃、湿度40%~65%、室内外压差符合规定，操作人员记录并签名。调配人员按更衣操作规程，进入洁净区操作间，首先用蘸有75%乙醇的无纺布从上到下、从内到外擦拭层流洁净台内部的各个部位。

（2）将摆好药品容器的药车推至层流洁净操作台附近相应的位置，调配人员按输液标签核对药品名称、规格、数量、有效期等的准确性和药品完好性，确认无误后，进入加药混合调配操作程序。

（3）选用适宜的一次性注射器，拆除外包装，旋转针头连接注射器，确保针尖斜面与注射器刻度处于同一方向，将注射器垂直放置于层流洁净台的内侧；用75%乙醇消毒输液袋（瓶）的加药处，放置于层流洁净台的中央区域；除去西林瓶盖，用75%乙醇消毒安瓿瓶颈或西林瓶胶塞，并在层流洁净台侧壁打开安瓿，应当避免朝向高效过滤器方向打开，以防药液喷溅到高效过滤器上；抽取药液时，注射器针尖斜面应当朝上，紧靠安瓿瓶颈口抽取药液，然后注入输液袋（瓶）中，轻轻摇匀；溶解粉针剂，用注射器抽取适量静脉注射用溶媒，注入于粉针剂的西林瓶内，必要时可轻轻摇动（或置振荡器上）助溶，全部溶解混匀后，用同一注射器抽出药液，注入输液袋（瓶）内，轻轻摇匀；调配结束后，再次核对输液标签与所用药品名称、规格、用量，准确无误后，调配操作人员在输液标签上签名或者盖签章，标注调配时间，并将调配好的成品输液和空西林瓶、安瓿与备份输液标签及其他相关信息一并放入筐内，以供检查者核对；通过传递窗将成品输液送至成品核对区，进入成品核对包装程序。

（4）每完成一组输液调配操作后，应当立即清场，用蘸有75%乙醇的无纺布擦拭台面，除去残留药液，不得留有与下批输液调配无关的药物、余液、用过的注射器和其他物品。每天调配工作结束后，按清洁消毒操作程序进行清洁消毒处理。

（5）静脉用药混合调配注意事项：①不得采用交叉调配流程；②静脉用药调配所用的药物，如果不是整瓶（支）用量，则必须将实际所用剂量在输液标签上明显标识，以便校对；③若有两种以上粉针剂或注射液需加入同一输液时，应当严格按药品说明书要求和药品性质顺序加入；对肠外营养液、高危药品和某些特殊药品的调配，应当制定相关的加药顺序调配操作规程；④调配过程中，输液出现异常或对药品配伍、操作程序有疑点时应当停止调配，报告当班负责药师查明原因，或与处方医师协商调整用药医嘱；发生调配错误应当及时纠正，重新调配并记录；⑤危害药品调配时应当重视操作者的职业防护等。

（六）成品输液的核对、包装与发放

经核对合格的成品输液，用适宜的塑料袋包装，按病区分别整齐放置于有病区标记的密闭容器内，送药时间及数量记录于送药登记本。在危害药品的外包装上要有醒目的标记。将密闭容器加锁或加封条，钥匙由调配中心和病区各保存一把，配送工人及时送至各病区，由病区药疗护士开锁或启封后逐一清点核对，并注明交接时间，无误后，在送药登记本上签名。

四、静脉用药调配中心（室）的质量控制

静脉用药调配中心（室）工作任务繁重，流程环节众多，通过开展质量控制工作，成立质量控制组织，建立一整套完善的质量控制制度和措施，能够有效提升工作质量，预防差错事故发生，保障患者用药安全有效。

（一）全面建立静脉用药调配中心（室）标准操作规程和质量管理规范

应至少包括以下4个方面：①建立各环节的标准操作规程；②建立肠外营养、危害药品等药物的混合调配标准操作规程；③建立药品、耗材质量管理制度；④建立静脉用药调配中心（室）净化设施与设备维护保养、洁净级别监测的质量管理制度。

（二）建立质量管理小组，并明确责任

建立静脉用药调配中心（室）质量管理组织，制定各级职责，实行组长负责制、阶梯式管理，权责明确，避免因承担的任务过多过杂导致管理混乱的现象。同时，积极鼓励、引导员工参与到静脉用药调配中心（室）的全面质量管理工作中去。

（三）建立考核标准，持续改进

建立质量管理考核标准和绩效考核标准，将管理工作进一步细化和标准化，有效防止管理中的疏漏，有利于工作质量的控制和提升。对质量管理中出现的问题，每月及时总结、反馈，使静脉用药调配中心（室）的质量管理体系持续改进。

👁 看一看

新型配液装置

目前，国内大多数 PIVAS 都在沿用传统的注射器加药法，工作量巨大，并且在溶解粉针剂的操作

过程中需要多次穿刺瓶塞及反复抽拉活栓，使不溶性微粒进入液体瓶内，增加了污染的机会，同时也降低了工作效率。为了减少污染机会、加快工作速度，适应 PIVAS 同种药品集中调配的特点，探索更加科学、先进的调配方法，国内一些单位研制多种新型配液装置，如组合式配液装置。组合式配液装置的各个组件（双腔针头、滤器、球囊、多通装置）均可根据需要自由拼接，球囊相当于传统注射器针栓活塞的作用，其使用还能精确定量非整瓶液体的配置。

PPT

任务四　静脉用药调配与质控技术

一、危害药品的调配

危害药品是指能产生职业暴露危险或者危害的药品，即具有遗传毒性、致癌性、致畸性，或对生育有损害作用以及在低剂量下可产生严重的器官或其他方面毒性的药品，包括肿瘤化疗药品和细胞毒药品。目前临床常用的危害药品主要有抗恶性肿瘤药、致敏性抗生素和免疫抑制剂等。危害药品的调配对于人员、环境、设备、工作程序以及废弃物的处理等都有着特殊要求。如在普通环境中调配危害药品，不但存在被污染的危险，更为严重的是在调配过程中药物的任何微小散出都将给环境和工作人员的身体造成危害，如细菌耐药、突变及致癌因素污染等。因此，在生物安全柜中进行危害药品的调配，以保证向患者提供标准化、高质量的最终产品，且能降低工作人员的职业风险以及治疗成本。

（一）危害药品的调配操作规程

我国《静脉用药集中调配质量管理规范（2010）》第五条第三款规定：静脉用药集中调配中心应当配置百级生物安全柜，供抗生素类和危害药品静脉调配使用。生物安全柜使用时前挡玻璃开启高度不得超过安全警戒线，确保负压，以防止危害药品气溶胶向外扩散。调配的具体操作如下。

1. 通过传递窗接收预调配静脉输液药品　从危害药品专用传递窗接收已摆好药物的药框并检查，如有破损、泄露、无输液标签或输液标签不清的不得调配。

2. 核对标签内容与药篮内的药品是否相符　核对输液标签内容与药物是否相符，核对用法、时间、药物剂量、批次等。

3. 确定输液袋无菌　用75%乙醇消毒输液袋（瓶）的加药口后，放置在生物安全柜工作台的中央区域，注意所有的物品均应轻拿轻放于生物安全柜内，任何物体在安全柜内放置的位置都不能阻碍吸风口，以维持相对负压。

4. 熟练一次性注射器拆包装及准备的操作　需注意如下操作检查空针的有效期及密封性（不漏气），无误后，从撕口处撕开，固定针头，防止针栓同针筒分离。取出空针，再次固定针头，使针头与刻度在同一水平面上。

5. 熟练从安瓿中抽吸药液，加入输液袋中的操作　调配安瓿类危害药品的操作时须注意：①针筒中的液体不能超过针筒长度的3/4，防止针栓从针筒中意外滑落。手不得握住活塞，只能持活塞柄。为保持其无菌性，调配过程中，应将其放于铺好的无菌盘内；②在调配危害药品过程中使用的针筒和针头，应避免挤压、敲打、滑落，以及在丢弃针筒时，须将针帽套上，应立即丢入锐器盒中再处理，这样可以防止药物液滴的产生和针头刺伤；③操作中注意双手姿势不能阻碍流经药瓶及注射器的气流；④整个操作过程中，严禁用力过大或操作不当导致使针头对着高效过滤网喷溅而造成污染堵塞。

6. 熟练溶解西林瓶中的药物，加入输液袋中的操作　调配西林瓶类危害药品的操作时还须注意：①进针时西林瓶应与针筒成45°，针尖斜面向上，稍用力进针，防止橡胶碎屑进入瓶内；②在向西林瓶中加入液体时，应当去除与液体等量的空气，以防止西林瓶内产生过高压力；③从西林瓶中抽取液体前，必须先确认瓶中药品已完全溶解；④抽液体前向瓶内注入少量空气，以便造成轻微压力，便于液体抽吸。

7. 细胞毒泵用药的调配 细胞毒泵近年来广泛应用于大剂量氟尿嘧啶等药物的持续灌注，其调配技术使用频繁，操作过程须注意的事项有：①操作时首先在调配前根据药物的总量，计算好需要稀释的液体体积；②调配药物顺序为先加稀释液，后加药物；③注药时避免因为用力过度或加药的速度太快损坏细胞毒泵内的单向阀而导致药液外流；④每次加药前不要打开太多安瓿，避免不慎把开口的安瓿药液瓶碰倒，造成药液流失和环境污染；⑤为了减少药液中肉眼看不见的微粒、玻璃碎屑等微粒，可使用过滤器连接注射器，药液经过滤网过滤后再注入细胞毒泵。

8. 难溶药物的处理 调配一些难溶的粉针剂如环磷酰胺等，溶解时每瓶溶媒量不能过少，一般为8～10ml，这样振摇时可加快药物粉末的溶解；有些药物振摇后会产生大量泡沫，因此振摇后放置1～2分钟，使混合溶液的泡沫破裂，便于吸取；从冰箱中取出的药物，需要在室温下放置5分钟左右，以便于抽取或溶解。

9. 其他 将调配好的输液袋、空西林瓶、安瓿放入篮子内（注意避免扎破输液袋），在输液袋标签上签字确认。注意，所有用过的器材包括污染的器材应立即分类丢置于生物安全柜的一次性专用垃圾袋内密封后放于专用容器中。

（二）调配操作危害药品注意事项

（1）危害药品调配应当重视操作者的职业防护，调配时应当拉下生物安全柜防护玻璃，前窗玻璃不可高于安全警戒线，以确保负压。

（2）危害药品调配完成后，针头与针筒应完整丢弃，不得折断、套回针头或压碎针筒以避免意外针刺伤和尽量减少潜在的意外暴露。

（3）药师对调配好的危害药品进行成品复核后，必须将留有危害药品的西林瓶、安瓿等单独置于适宜的包装中，与成品输液及备份输液标签一并送出，以供核查。

（4）调配危害药品用过的一次性注射器、手套、口罩及检查后的西林瓶、安瓿等废弃物，按规定由本医疗机构统一处理。

二、全静脉营养液的调配

全静脉营养液（total nutrients administration，简称TNA）是指完全从静脉供给患者所需的全部营养要素，使患者在不能进食的情况下仍然可以维持良好的营养状况，体重增加，伤口愈合，儿童可以继续生长发育等，又称为肠外营养液。全静脉营养成分包括水、碳水化合物、氨基酸、脂肪、维生素以及电解质和微量元素等成分，各种营养成分同时均匀输入体内，各司其职，最接近生理条件，同时避免了各种物质分别输注时的一些副作用和可能发生的不良反应，有利于营养素的充分吸收、有利于机体更好地代谢和利用，可有效提高全静脉营养液的疗效。

一次性使用静脉营养输液袋（简称"三升袋"）皮薄质软，在大气挤压下随着液体的排空逐渐闭合，无需空气进入袋内，降低气栓发生，减少肠外营养液的污染机会。

（一）全静脉营养液的调配操作规程

我国《静脉用药集中调配操作规程（2010）》第六条规定：对肠外营养液、高危药品和某些特殊药品的调配，应当制定相关的加药顺序调配操作规程。

已审核合格的全静脉营养液配方，如调配时配伍不当会产生沉淀或破乳，为保证全静脉营养液中各成分稳定，在无菌条件下必须按图11-2中①和②步骤进行混合配置。

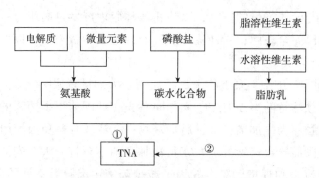

图 11－2　全静脉营养液调配操作流程图

1. 调配操作前的准备工作　操作开始前，提前启动水平层流台的循环风机运行30分钟，用75%乙醇擦拭层流洁净台顶部、两侧及台面，顺序为从上往下、从里向外进行消毒，然后打开照明灯进行调配。调配技术人员应当按输液标签核对药品名称、规格、数量、有效期等的准确性和药品的完好性，同时严格严查静脉营养输液袋的有效期、外包装、输液管道是否密闭、有无破损。确认无误后方可进入加药混合调配操作程序。

2. 调配操作程序　按照《静脉用药集中调配操作规程》中的相应规范和操作规程进行操作。所有操作均应在水平层流台上进行，并严格按照无菌操作技术操作和保持处于"开放窗口"。按照全静脉营养液调配顺序进行：①将磷酸盐、微量元素分别加入氨基酸溶液中，充分混匀，以避免局部浓度过高；②将电解质及胰岛素分别加入葡萄糖或糖盐溶液中，充分混匀；③用脂溶性维生素溶解水溶性维生素后加入脂肪乳中，充分混匀；④灌装前关闭三升袋的所有输液管夹，先将葡萄糖或糖盐溶液和氨基酸溶液在三升袋通过缓慢按压充分混匀，最后灌入脂肪乳轻轻按压。调配结束后应将袋中多余的空气排出，关闭输液管夹，套上无菌帽。挤压全静脉营养输液袋，观察是否有液体渗出。调配好的静脉营养液口袋上应贴上输液标签。

3. 调配操作后的清洁工作　在调配过程中，每完成一组成品输液调配，应清洁操作台面。每天调配工作结束后，按要求进行清洁消毒处理。

（二）全静脉营养液混合调配注意事项

（1）含钙的电解质不可与磷酸盐同时加入同一输液瓶中，避免生产磷酸钙沉淀。

（2）多种微量元素与水溶液维生素也不建议溶于同一输液瓶内。

（3）葡萄糖输液的 pH 为 3.5～5.5，当脂肪乳在 pH < 5 时容易影响稳定性，故不宜直接与脂肪乳混合。

（4）氨基酸不可与脂肪乳直接混合，氨基酸中常常加入磷制剂，如果阳离子浓度过高，直接与脂肪乳混合后影响脂肪乳的稳定性。

（5）脂肪乳的 pH 约为 8，氨基酸先与氨基酸混合，混合液的缓冲能力下降，后加入葡萄糖时，由于葡萄糖的 pH 为 3.5～5.5，有可能导致脂肪乳不稳定；两者直接混合也不利于操作者观察混合液的微粒异物。

全静脉营养液成品复核时应检查营养输液袋管夹是否关闭、有无裂纹，输液应无沉淀、变色、异物、分层、破乳等现象；进行挤压试验，观察营养袋有无渗漏；同时，检查输液标签的完整性，按输液标签内容逐项核对所用的输液和空西林瓶与安瓿的药名、规格、用量等是否相符；各岗位操作人员签名是否齐全。确定无误后核对者应签名或盖签章。经核对合格的全静脉营养液需用适宜的塑料袋包装，采取避光措施，整齐地分别放置于有病区标记的密闭容器内，应避免挤压。

实训 20　医疗机构液体制剂制备与质量评价

一、实训目的

1. 掌握双黄连口服液体制剂的配制、滤过、灌封、灭菌等基本操作，学习装量检查的方法。

2. 熟悉口服液的制备工艺及操作方法。

3. 能按操作规程制备合格的口服液，并能根据《中国药典》（2020 年版）规范地进行装量检查。

二、实验指导

1. 口服液制备工艺

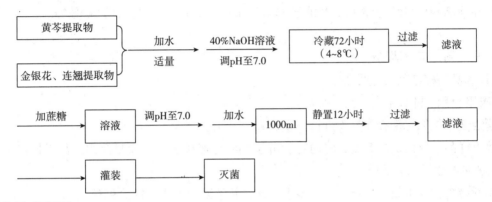

2. 操作注意事项

（1）灌封　为防止污染，灌封操作应在高洁净度环境下进行，要求在 D 级环境中操作。

（2）灭菌　应注意灭菌温度和时间，在温度达到要求温度时开始计时，灭菌完毕后要注意降温后再启盖。

（3）质量检查　若加蔗糖作为附加剂，除另外有规定外，其含糖量不高于 20%（g/ml）；允许有少量轻摇易散的沉淀。

3. 口服液体制剂质量检查　包括 pH、装量、微生物限度等检查。

三、实训药品与器材

1. 药品　金银花、连翘、黄芩、2mol/L 盐酸溶液、40% NaOH、乙醇、蔗糖、香精等

2. 器材　提取罐、浓缩器、过滤器、灭菌柜等

四、实训内容

1. 双黄连口服液的制备

【处方】

金银花	375g
黄芩	375g
连翘	750g
注射用水	加至 1000ml

【制法】

（1）取以上三味，黄芩加水煎煮三次，第一次 2 小时，第二、三次各 1 小时，合并煎液，滤过，

滤液浓缩并在80℃时加入2mol/L盐酸溶液适量调节pH至1.0～2.0，保温1小时，静置12小时。

（2）过滤，沉淀加6～8倍量水，用40%氢氧化钠溶液调节pH至7.0，再加等量乙醇，搅拌使溶解，滤过，滤液用2mol/L盐酸溶液调节pH至2.0，60℃保温30分钟，静置12小时，滤过，沉淀用乙醇洗至pH为7.0，回收乙醇备用。

（3）金银花、连翘加水温浸30分钟后，煎煮二次，每次1.5小时，合并煎液，滤过。

（4）滤液浓缩至相对密度为1.20～1.25（70～80℃）的清膏，冷至40℃时缓缓加入乙醇，使含醇量达75%，充分搅拌，静置12小时，滤取上清液，残渣加75%乙醇适量，搅匀，静置12小时，滤过。

（5）合并乙醇液，回收乙醇至无醇味，加入上述黄芩提取物，并加水适量，以40%氢氧化钠溶液调节pH至7.0，搅匀，冷藏（4～8℃）72小时，滤过。

（6）滤液加入蔗糖300g，搅拌使溶解，或再加入香精适量，调节pH至7.0，加水制成1000ml，搅匀静置12小时，滤过。

（7）取样检测pH、含量合格后，精滤至澄明，灌封，于115℃热压灭菌30分钟。

（8）质检。

（9）规范清场，填写清场记录。

【性状】 本品为棕红色的澄明液体。

【临床应用】 用于疏风解表、清热解毒。

2. 质量检查 按照标准操作规程进行装量检查。

（1）检查样品 取供试品5支，将内容物分别倒入已经校正的干燥量筒内，尽量倾净。在室温下检视，每支装量与表示量相比较。

（2）判断结果 少于装示量的应不得多于1支，并不得少于装示量的95%。

（3）记录结果 及时记录结果，完成表20-1。

表20-1 装量结果记录表

样品数（支）	废品数（支）			合格品数（支）
	少于装示量（支）	超出装示量（支）	合计	

五、实训思考题

1. 影响该产品生产澄清度的关键环节有哪些？
2. 口服液体制剂的一般检查项目有哪些？

 目标检测

答案解析

一、A 型题（最佳选择题）

1. 处方按性质可分为（ ）

　　A. 法定处方、普通处方　　　　B. 法定处方、协定处方　　　　C. 法定处方、医师处方

　　D. 法定处方、临时处方　　　　E. 协定处方、医师处方

2. 处方中的主要部分，是处方开具者为患者开写的用药依据（ ）

　　A. 法定处方　　　　　　　　　B. 医师处方　　　　　　　　　C. 协定处方

　　D. 急诊处方　　　　　　　　　E. 普通处方

3. 开具西药、中成药处方，每一种药品应当另起一行，每张处方不得超过（　　）

　　A. 3 种　　　　　　　　　　B. 4 种　　　　　　　　　　C. 5 种

　　D. 6 种　　　　　　　　　　E. 7 种

4. 完整的处方应包括（　　）

　　A. 医院的名称、就诊科室、就诊日期

　　B. 患者的姓名、性别、年龄、临床诊断

　　C. 药品的名称、剂型、规格、数量、用法和用量

　　D. 处方前记、处方正文和处方后记

　　E. 医师、药师的签名

5. 关于处方的说法，正确的是

　　A. 由医务人员开具，药师审核、调配、核对，作为患者用药凭证的医疗文书

　　B. 由执业药师开具，药师审核、调配、核对，作为患者用药凭证的医疗文书

　　C. 由注册医师开具，药师审核、调配、核对，作为患者用药凭证的医疗文书

　　D. 由实习医师开具，药师审核、调配、核对。作为患者用药凭证的医疗文书

　　E. 由注册医师开具，护士审核、调配、核对，作为患者用药凭证的医疗文书

6.《静脉用药集中调配质量管理规范（2010）》规定除（　　）外必须由药学部门集中调配。

　　A. 全静脉营养液　　　　　B. 抗肿瘤药物　　　　　　　C. 抗病毒药物

　　D. 危害药品　　　　　　　E. 营养制剂

7. 下列哪项的缩写为 PIVAS（　　）

　　A. 静脉用药集中调配　　　　　　　　B. 静脉用药集中调配中心

　　C. 静脉药物配置　　　　　　　　　　D. 静脉用药集中调配质量管理规范

　　E. 医疗机构药事管理规定

8. 静脉用药调配中心的说法错误的是（　　）

　　A. 洁净区采风口应当设置在周围 30m 内环境清洁、无污染地区，离地面高度不低于 3m；排风口应当处于采风口下风方向，其距离不得小于 3m 或者设置于建筑物的不同侧面

　　B. 洁净区应当设有温度、湿度、气压等监测设备和通风换气设施，保持静脉用药调配室温度 18～26℃，相对湿度 40%～65%

　　C. 各功能室的洁净级别要求：一次更衣室、洗衣洁具间为十万级；二次更衣室、加药混合调配操作间为万级；层流操作台为百级

　　D. 洁净区应当持续送入新风，并维持负压差

　　E. 抗生素类、危害药品静脉用药调配的洁净区和二次更衣室之间应当呈 5～10Pa 负压差

9. 静脉药物调配前的审方工作由（　　）完成

　　A. 药师　　　　　　　　　B. 药士　　　　　　　　　　C. 护士

　　D. 医生　　　　　　　　　E. 药房主任

10. 下列关于摆药核对操作，说法错误的是（　　）

　　A. 不同批次的调配药品用不同颜色的药筐存放，同一批次采用相同颜色的药筐

　　B. 药师摆药应当双人核对，并签名或盖签章

　　C. 将摆有注射剂与贴有标签的输液袋的容器通过传递窗送入洁净区操作间

　　D. 输液标签必须将原始标签覆盖

　　E. 摆药核对操作必须严谨认真负责

11. 摆药时需检查药品的项目不包括（　　）

    A. 药品规格　　　　　　B. 药品厂家　　　　　　C. 药品剂量

    D. 药品名称　　　　　　E. 药物配伍禁忌

二、B 型题（配伍选择题）

【1-5】处方颜色

A. 白色　　　　　　　　B. 淡黄色　　　　　　　C. 淡绿色

D. 淡红色　　　　　　　E. 淡蓝色

1. 第二类精神药品处方印刷用纸为（　　）

2. 急诊处方印刷用纸为（　　）

3. 麻醉药品处方印刷用纸为（　　）

4. 普通处方印刷用纸为（　　）

5. 儿科处方印刷用纸为（　　）

三、X 型题（多项选择题）

1. 以下有关调配处方"四查十对"的叙述中，正确的是（　　）

    A. 查用药合理性，对适应证

    B. 查用药合理性，对临床诊断

    C. 查处方，对科别、姓名、年龄

    D. 查药品，对药名、剂型、规格、数量

    E. 查配伍禁忌，对药品性状、用法用量

2. 关于处方下列叙述正确的是（　　）

    A. 处方是医疗活动中关于药品调制的重要书面文件

    B. 处方是由执业医师或执业助理医师在诊疗活动中为患者开具的医疗文书

    C. 处方是取得药学专业技术职务任职资格的药学专业技术人员为患者调配发药的凭证

    D. 处方是药品消耗及药品经济收入结账的凭证和原始依据

    E. 处方按性质可分为法定处方、医师处方、协定处方三种

3. 处方的正文可包括（　　）

    A. 自然项目　　　　　　B. 用法用量　　　　　　C. 医师签字

    D. 药品规格、数量　　　E. 临床诊断

4. PIVAS 区域的基本条件有（　　）

    A. 人流少的安静地区　　B. 远离各种污染源　　　C. 便于成品运输

    D. 可以选择地下室　　　E. 温湿度可控制

5. 设置 PIVAS 的意义有（　　）

    A. 保障输液质量　　　　B. 保护医务人员健康　　C. 提高药品管理水平

    D. 提高工作效率　　　　E. 促进合理用药

6. 下列关于静脉药物混合调配操作的说法，正确的是（　　）

    A. 通过传递窗接收已排好的静脉输液药品，核对标签内容与药篮内的药品是否相符

    B. 用 75% 乙醇消毒输液袋的加药口后，放置在层流工作台的中央区域

    C. 从安瓿中抽吸药液，注射器针尖斜面朝上，靠在安瓿瓶颈口，拉动针栓，抽吸药液

    D. 需在调配好的输液袋标签上签字确认

    E. 通过传递窗将已调配好的输液袋送出，经核对药师核对

四、综合问答题

1. 处方调配的基本程序与注意事项。

2. 静脉用药集中调配是医院药学部门药品调剂的一部分，建立静脉用药集中调配中心的意义有哪些?

书网融合……

 重点回顾

 微课

 习题

参考文献

［1］吴正红，祈小乐．药剂学［M］，北京：中国医药科技出版社，2020.

［2］喻维新，赵汉臣，张晓东．药师手册（第4版）［M］．北京：中国医药科技出版社，2019.

［3］孟胜男，胡容峰．药剂学［M］，北京：中国医药科技出版社，2016.

［4］杨明，李小芳．药剂学［M］，北京：中国医药科技出版社，2018.

［5］杨凤琼，徐芳辉，江荣高．药物制剂［M］，武汉：华中科技大学出版社，2016.

［6］朱照静，张荷兰．药剂学［M］，北京：中国医药科技出版社，2021.

［7］祁秀玲，贾雷．药剂学［M］，北京：科学出版社，2021.

［8］丁立，郭幼红．药物制剂技术［M］，北京：高等教育出版社，2020.

［9］李忠文．药剂学［M］，北京：人民卫生出版社，2018.